○用POS机顾客显示屏制作的电子钟

○简易电子湿度计

○用感光板制作各种工艺品——相框

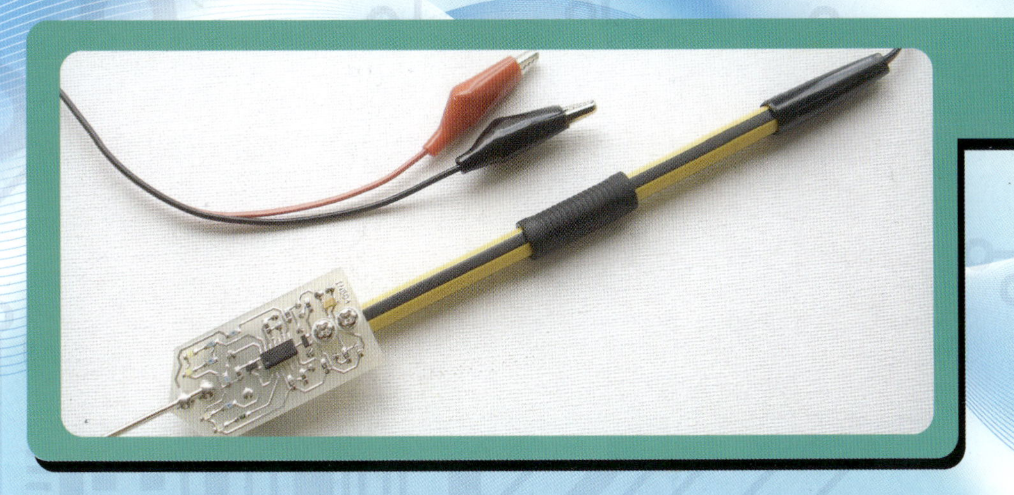

○简易逻辑笔

○用硬盘音圈电机制作的工艺品

○用POS机顾客显示屏制作的电子钟

○用POS机顾客显示屏制作的电子钟

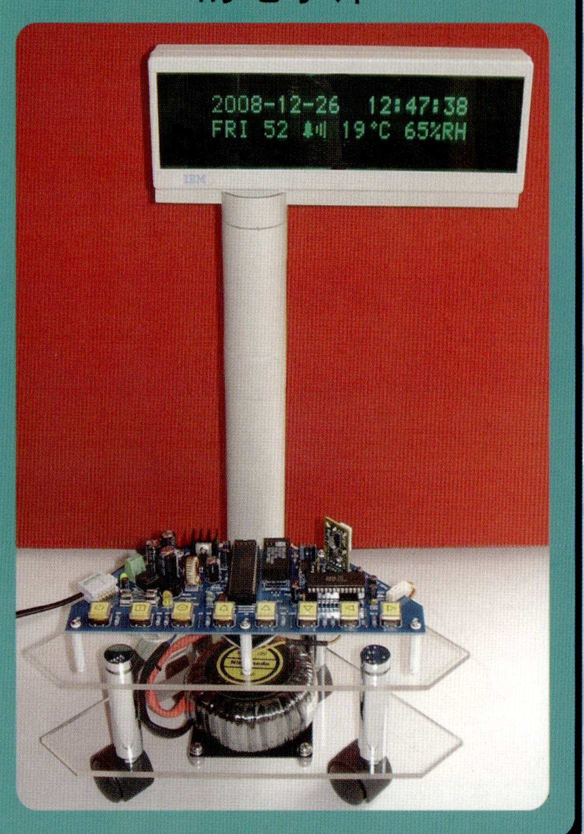

○具有“星光闪烁”效果的彩灯控制器

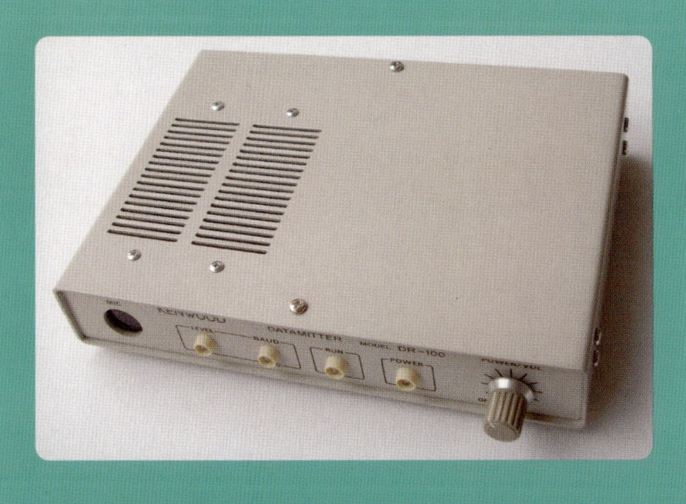

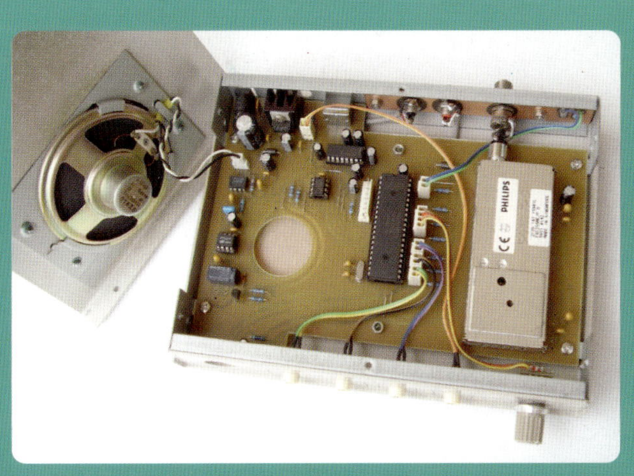

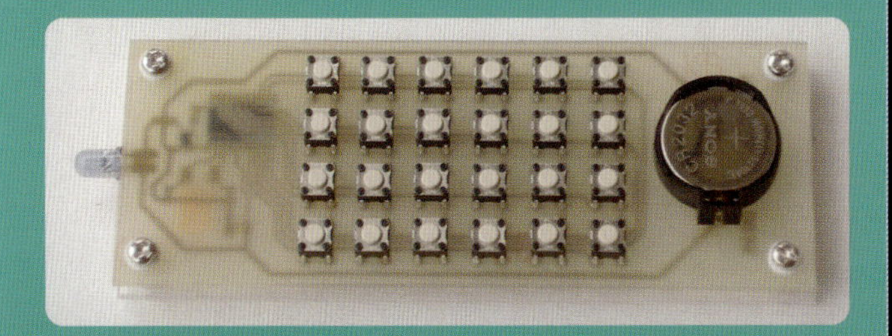

○别致的电视信号接收器

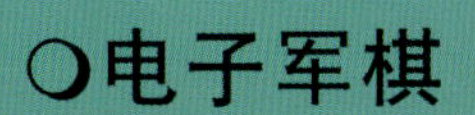

○电子军棋

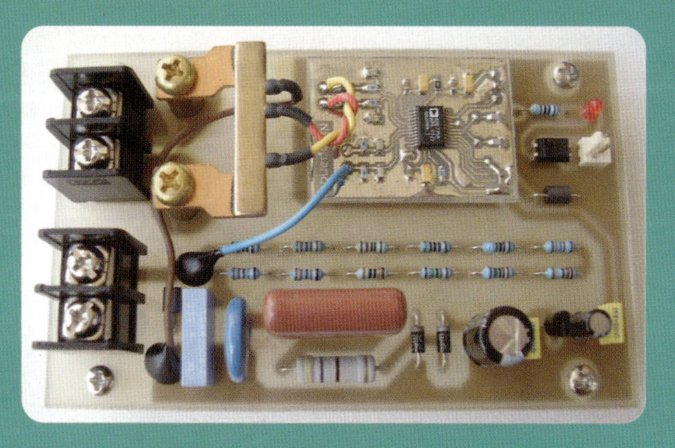

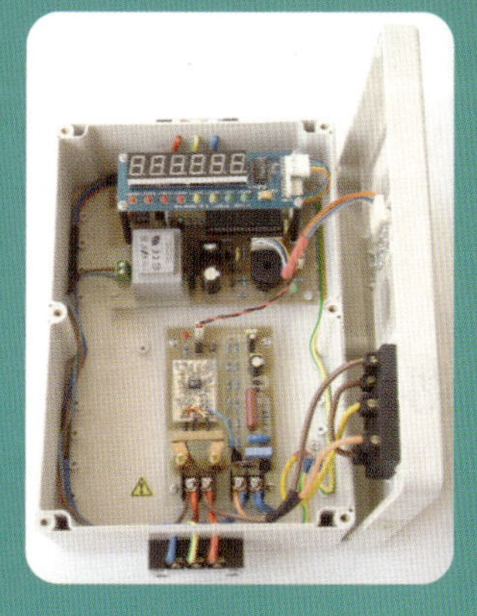

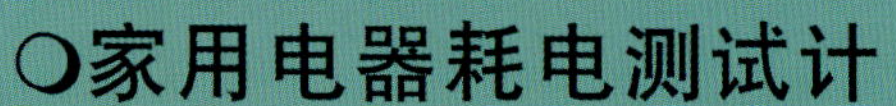

○家用电器耗电测试计

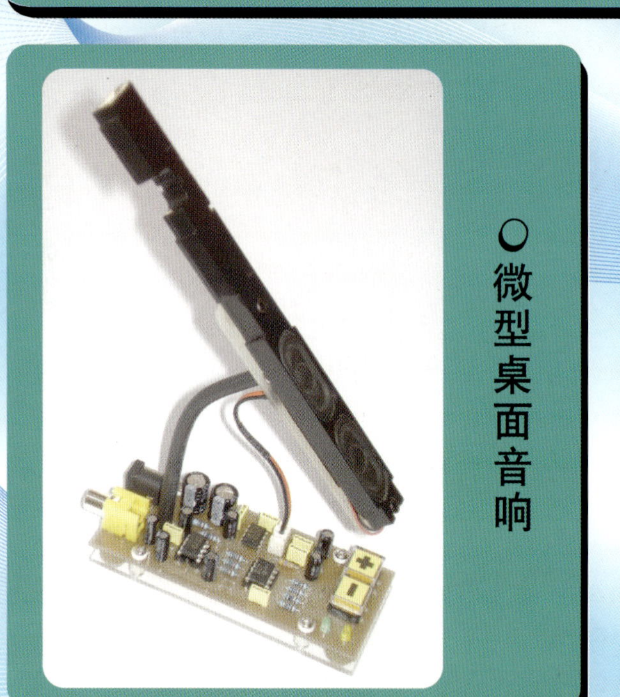

○微型桌面音响

○打造自己的个性收音机

【博客藏经阁丛书】

创意电子设计与制作

刘　宁　著

北京航空航天大学出版社

内 容 简 介

本书以“创”为主导思想、以“精”为具体要求，从新颖、实用的角度出发，系统而全面地介绍了电子设计与制作的方法与流程以及提高电子制作水平的要领与技巧，同时阐述了作者在电子设计与制作方面的理念。本书也是作者多年电子设计与制作经验的积累和思想的总结。

本书共分为6章。其中，前2章主要介绍了电子设计与制作的相关思想和电子制作的概念、特点、流程以及各流程的具体操作方法、步骤和所需要的工具、材料；后4章则将十余个制作实例分为4类逐一详细介绍，把前2章的内容具体化、细致化、深入化，体现在实际应用中，达到实战的目的。书中每个制作实例都详细地介绍了设计背景、功能操作、工作原理以及设计制作方法与流程，同时提供了硬件电路原理图、PCB布局图、器件清单、软件程序流程图、源程序、制作成品外观图、关键部件外观图以及必要的机械结构图、加工图、装配图等。

本书适合广大电子爱好者阅读，同时可供高等院校电子类及相关专业的学生在课程设计、毕业设计、电子设计竞赛时借鉴，另外也可供电子工程技术人员在设计开发相关产品时参考。

图书在版编目(CIP)数据

创意电子设计与制作/刘宁著. --北京：北京航空航天大学出版社，2010.5
ISBN 978-7-5124-0081-8

Ⅰ.①创… Ⅱ.①刘… Ⅲ.①电子电路—电路设计
Ⅳ.①TN702

中国版本图书馆CIP数据核字(2010)第076183号

创意电子设计与制作
刘 宁 著
责任编辑 刘 星
*
北京航空航天大学出版社出版发行
北京市海淀区学院路37号(邮编：100191) http://www.buaapress.com.cn
发行部电话：(010)82317024 传真：(010)82328026
读者信箱：bhpress@263.net 邮购电话：(010)82316936
北京宏伟双华印刷有限公司印装 各地书店经销
*
开本：889×1 194 1/16 印张：19.25 字数：679千字
2010年5月第1版 2012年5月第2次印刷 印数：5 001～8 000册
ISBN 978-7-5124-0081-8 定价：49.00元(含光盘1张)

前　言

在过去的几十年里，电子技术迅猛发展，各种电子产品随之诞生，电子技术和电子产品的神奇魅力吸引着一代又一代的人，逐渐形成了浩浩荡荡的电子爱好者大军，作者也是其中的一员。在记忆中，作者早在孩童时代就已经对电子产生了浓厚的兴趣，经常捡一些大人不要的电子设备或机械设备的破烂零件摆弄得不亦乐乎；上学后，随着知识的积累，作者设计制作的电路成品逐渐趋于合理化和实用化；参加工作后，经济条件得到改善，综合水平也进一步提高，设计制作的电路成品则更加精品化和产品化。作者从小到大总共完成了近千件电子制作成品，参加过四十余次电子设计制作和发明创造方面的比赛并获奖，在享受其中乐趣的同时也积累了丰富的电子设计与制作的经验。

为了和广大电子爱好者朋友们分享电子设计与制作的经验和乐趣以及交流电子设计与制作的创意和心得，作者在 2006 年 3 月开通了名为“Ningpanda 工作室”的博客，其内容以电子设计与制作、发明与创新为核心。目前，国内有关电子设计与制作的博客和网站非常多，但其中追求原创、追求创新、追求精品的却少之又少，所以作者的博客从一开始就坚持以“全部原创、绝无转载”为特色，以“宁缺毋滥、精益求精”为原则。创意和灵感不一定时时都有，设计和制作也不可能瞬间完成，因而作者博客中日志的数量并不是非常多，更新也相对比较缓慢，访问量更是无法和明星名家相比，但三年来还是有不少电子爱好者朋友关注和支持此博客，作者已颇感欣慰。

互联网具有信息量大、功能强、更新快等突出优点，它的出现和普及改变了人们的生活，如今互联网已经成为人们获取知识和交流思想的重要方式和平台，人们也越来越离不开互联网。然而，互联网也存在内容的系统性、连贯性、规范性以及版权保护性较差等缺点，而且与阅读印刷出版物相比，用计算机或手机浏览网页也不方便做笔记、做标记以及对比前后内容，时间长了还容易使人感到疲劳，所以到目前为止网页仍然不能完全取代印刷出版物。也正是这个原因，作者一直都希望能够通过图书或期刊的方式将自己电子设计与制作的方法、经验和乐趣记录下来，作为博客的补充、延伸和升华，以便更深入地与电子爱好者朋友们分享。2007 年 6 月，收到北京航空航天大学出版社胡晓柏先生的邀请，写一本有关电子设计与制作以及创新思想的图书，作者当即欣然接受。经过半年多的酝酿，2008 年初正式开始撰写本书。在此后的十几个月里，作者马不停蹄、昼夜兼程，终于在 2009 年 8 月初完成了本书的撰写。

本书以“创”为主导思想、以“精”为具体要求，从新颖、实用的角度出发，系统而全面地介绍了电子设计与制作的方法与流程以及提高电子制作水平的要领与技巧，同时阐述了作者在电子设计与制作方面的理念。本书也是作者多年电子设计与制作经验的积累和思想的总结。

“创”主要体现在创意和原创两个方面。本书中单独或穿插介绍了若干个制作实例，这些制作实例均有一定的创意，其中有的是在外观结构和功能操作上融入了个性，也有的是在实现原理、硬件设计、软件设计以及制作工艺、制作材料上作了新的尝试。这些创意新颖但不脱离实际，会让读者有备受启发的感觉，从而很自然地以此为基础在脑海中产生更多更好的创意。对于电子制作，很多电子爱好者做不出或做不好并不是因为不够聪明或不够勤奋，而往往是因为方法不对头或技巧没掌握。本书介绍了很多原创的方法和技巧，能够使读者较快地掌握电子制作的一般技能，在有限的条件下用自己的方法做出高水平的制作。此外，本书还提出了很多原创的观点，将电子制作理论化、规范化、艺术化，这些内容是目前已有出版物中所没有的，它可以使读者对电子制作有全新的认识。

"精"主要体现在精良和精练两个方面。也许很多人认为在业余条件下制作的东西都很简单，但简单的东西做到极致也就不再简单；也许很多人认为在业余条件下搞电子制作是玩，但玩出水平、玩出风格玩也就不再是玩了。本书以作者的这种理念对电子制作提出了更高的要求和标准，不仅要做得出、做得好，而且还要做得精。目前国内介绍精品电子制作及相关理念的图书和网站很少，仅有的一些也主要集中在音响制作领域，本书则将精品意识扩展至整个电子制作领域，对于任何类别的电子制作，都要求设计制作精良，力求接近、达到甚至超过一般电子产品的水准。市场上专门介绍硬件电路设计、软件程序设计、PCB布局设计及相关软件使用的图书有很多，因而本书没有拿出单独的章节介绍这些内容，而是选择其中重要和精髓的部分，结合作者的经验和要求将之穿插于具体的制作实例中来介绍。同时，考虑到大多数读者手中的图书、期刊等文献比较多，下载相关器件的数据表、应用笔记等资料也比较容易，所以本书没有过多地介绍一般文献中常见的内容或简单照搬、直接翻译器件特别是常用器件的资料，而更多是根据作者的理解和实践介绍一些一般文献中没有或很少提及以及器件资料中没有说明、不好理解、容易忽略或比较重要的内容，以求精练。

本书共分6章，依次为：想、做、看、听、测、用。"想"主要介绍电子设计与制作的相关思想以及电子制作的概念、特点和流程；"做"主要介绍电子制作各流程的具体操作方法和步骤以及所需要的工具和材料。如果说前2章是"渔"，那后4章便是"鱼"，它将十余个制作实例分为4类逐一详细介绍，把前2章的内容具体化、细致化、深入化，体现在实际应用中，达到实战的目的。"看"主要介绍与视频和图像相关的制作实例；"听"主要介绍与音频和语音相关的制作实例；"测"主要介绍与测量和计时相关的制作实例；"用"则介绍以实用和妙用为特点的制作实例，其中还包括一些非常另类的电子制作。书中每个制作实例都详细地介绍了设计背景、功能操作、工作原理以及设计制作方法与流程，同时提供了硬件电路原理图、PCB布局图、器件清单、软件程序流程图、源程序、制作成品外观图、关键部件外观图以及必要的机械结构图、加工图、装配图等。此外，本书还配有1张光盘，收录了本书中所有制作实例的电路原理图文件、PCB布局图文件、源程序文件以及制作成品、相关部件、制作过程的照片或图片文件。

本书中的大部分制作实例在几年前就已经完成，并且在作者的博客中也做过简单的介绍，但当时没有逐环节、逐步骤地记录，特别是没有以照片的形式记录制作过程。为了能够在书中更准确、更细致、更生动地介绍制作方法和流程，在撰写这些章节时作者重新设计制作了相关电路并详细记录了整个过程。此次设计同时也对原来的方案作了改进和完善，并且将原来电路中使用的业余条件下不太常用的单片机换成了业余条件下常用的单片机，以方便读者制作。本书中各制作实例的电路和程序均已经过检验和测试，其中部分制作实例本身已经是产品，如果读者仅仅是仿制，直接"按图施工"即可。虽然后4章的"鱼"可以"拿来就用"，但"鱼"毕竟是有限的，因而作者更希望也相信读者能够领悟和掌握前2章的"渔"以获得无穷无尽的"鱼"。

由于本书中所有文字的撰写、插图的绘制、照片的拍摄以及实例的制作均由作者一人完成，所花的时间相对比较长，而且为了能够将本书打造成一本有特色、有价值的好书至少是一本对得起读者的书，作者先后多次对书稿进行修改，所以交稿日期有所推迟，在此对北京航空航天大学出版社给予的理解和支持表示感谢。

最后，衷心地感谢北京航空航天大学出版社的胡晓柏先生对本书出版的支持、帮助和建议，没有他的真诚和热情以及对作者的信任，本书也无法与读者见面。同时，感谢作者的父母、家人、同学及朋友对本书撰写的关心和支持，特别要感谢作者的妻子，在作者辞去工作写书的日子里她承担了更多的家务，多年来她对作者的爱好给予了极大的理解和支持，不论何时何地，作者在浩瀚的电子海洋中驰骋之时总有她的陪伴。此外，在本书撰写的过程中，很多网友通过网络询问本书的有关情况并提出了宝贵的意见和建议，在此也一并感谢。

虽然作者处处要求尽善尽美，但由于水平所限，加上是第一次写书，书中难免还会有一些不足甚至错误的地方，敬请广大读者不吝指正。有兴趣的读者，可以发送电子邮件到：ningpanda@21ic.com，与作者进一步交流。

刘宁

2009年12月

于深圳南山

声 明

目　录

第1章

想——思想与认识

1.1 设计制作随想

1.1.1 创新并不神秘

创新即创造新的事物或新的方法，所创造出的新事物或新方法也可以叫做有创意的事物或有创意的方法。说到创新人们往往会联想到发明，这就给创新蒙上了神秘的色彩，使很多人都认为创新遥不可及，其实创新并不神秘，也不遥远。创新和发明既有联系又有区别，这二者的关系简单的讲就是，创新的结果不一定是发明，而发明则一定有创新的成分。对于创新，应当从更广义的角度去理解，把创新十分自然地作为一种习惯、一种兴趣、一种陶冶情操的方式，而不应将创新狭义地看做是一门高深的学问，也不应将创新仅仅是作为发明创造的同义词或近义词。

创新不一定非要惊天动地、掀起革命，也不一定非要遥遥领先、填补空白，只要创造出原来没有的事物、原来没用过的方法或者在原有事物的基础上有所变化、在原有方法的基础上有所改进，甚至只是极其微小的、非实质性的变化和改进都可以认为是创新。创新的规模和影响力也许有大小之分，但是创新的意识和精神却绝无大小之分。只要有创新意识和创新精神，能够做到常创新、多创新，哪怕只是规模和影响力都很小的创新，积累到一定程度就可能会有规模和影响力较大的创新。

创新也不必强求其结果能够转化为产品，诞生新产品是创新的目的和意义之一，但绝非全部。事实上很多发明都未必能转化为产品，这并不是因为这些发明本身不好，而是因为生产和销售产品要追求利润最大化，发明能否成为有必要生产的产品更多是由成本和市场等方面的因素来决定的，若相关企业经过调查评估认为不能盈利或盈利较少则再好的发明也不可能成为产品。但是从广义的创新的角度来看，创造出的新事物或新方法哪怕仅仅是自己喜欢、仅仅是能为自己做某件事带来少许方便或能给自己解决某个很小的问题，那么创新也是有价值、有意义的。

长期以来人们不断对创新和发明进行研究，如今发明学已成为一个学科，发明方法已上升为一种理论，国内外相关理论的研究者也归纳总结出了若干种发明创造的方法，如希望点列举法、缺点列举法、强制联想法、头脑风暴法、检核表法、和田12动词法等。但是这些方法相对比较抽象，在缺乏创新意识、眼界思路不够开阔的情况下很难在短时间内理解、掌握和运用，而且从创新本身来讲，意识比方法更重要，因而创新应首先从培养创新意识入手。培养创新意识无须专门去学习或练习什么，只要平时能够做到“看得广”、“想得美”，久而久之便会形成创新意识。

“看得广”是创新的源泉。所谓“看得广”就是主动、随时随地、全方位、多角度地去观察身边的各种事物，这里所讲的观察不仅只是看，而且还要有选择、有目的地去了解和研究；这里所讲的观察也不仅限于自己感兴趣的方向和研究领域，自己不感兴趣的方向和研究领域之外的其他领域，甚至是自己厌恶的方向以及与自己研究领域毫不相干的领域的事物也要去观察。人们常说艺术来源于生活，其实创新也同样来源于生活，创新不是脱离生活、虚无缥缈的空想，而是一种能够实实在在改变生活的活动，只有热爱生活、深入生活、多观察、多留意才能发现创新的素材，产生创新的灵感。

“想得美”是创新的前提。“想得美”是日常生活中经常听到的一个词，它多用来表示否定，认为不可能出现某种情况或结果，但是换个角度来考虑，如果想得不"美"做得能"美"吗？当然不能。要创新就必须要"想得美"，而且要想得非常美。只有从美好的愿望出发，对所观察到的事物进行列举、比较、归纳、联想、组合、拆分、扩大、缩小、颠倒、模仿、替代、移植、量化等"思想加工"，才能将不可能变为可能，也才会创造奇迹。其实不仅是对于创新，对于做任何事也都应该"想得美"。"想得美"能够指导和激励人们去"做得美"，退一步来讲，就算做得没有想得"美"，那至少在脑海中也会有一个美妙的想法，只要有想法，通过努力就有可能实现目标，而没有想法也就没有目标，更谈不上实现目标。

1.1.2 动手不可缺少

人有两个宝，双手和大脑。
双手会做工，大脑会思考。
用手又用脑，才能有创造。

这是一首在很多版本小学《语文》课本中都能够见到的儿歌，它告诉人们做一件事不要只用手或只用脑，手脑并用才能把事情做好。但是由于历史、观念等原因，长期以来人们对"用手"的认识和重视远不及"用脑"，甚至认为需要动手的工作是"低贱"的体力活，这种观点是不可取的，特别是对于一个合格的电子工程师或一个真正的电子爱好者来讲更是不可忽视动手的重要性。

人的手和脑虽然距离并不是很近，但动手与动脑却有着非常紧密的联系，主要体现在以下三个方面。

第一，动手能够检验动脑。常言道："眼过千遍不如手过一遍"，只有通过动手实践才能知道自己是否已经掌握所学的知识或记住所观察到的事物，也只有通过动手实践才能检验自己的想法是否正确。

第二，动手能力是动脑水平的体现。人们常用"心灵手巧"来形容聪明能干的人，这里"心灵"可以理解为动脑水平发达，"手巧"则可以理解为动手能力强。因为手是靠脑来指挥的，所以从某种意义上讲"手巧"一定"心灵"，而"心灵"则不一定"手巧"。换句话说也就是能够"做得出"必定已先"想得到"，能够"想得到"则未必能够"做得出"，动手能力的强弱往往能够在一定程度上体现出动脑水平的高低，但动脑水平的高低却不能体现动手能力的强弱。

第三，动手也可以促进动脑。动手本身就是一种对大脑的锻炼，除此之外，在动手的过程中会经常遇到一些预想不到的问题，而分析解决问题都需要动脑，这会进一步促进大脑活动，因而经常动手能够使大脑更灵活，使知识和经验更丰富。

总而言之，不论是电子产品设计开发还是电子制作，或者是学习电子知识，动手永远都是不可缺少的。

1.1.3 兴趣是源动力

谈到兴趣自然会想到爱好，大多数人都有自己的爱好，本书中多次提到的电子爱好者则是指对电子电路、电子器件、电子设备、电子制作等具有浓厚兴趣的这部分人。

对于电子爱好者来讲，入门是爱好发展的初级阶段，这一阶段将确定自己兴趣的具体方向至少是短期的具体方向，同时为今后在自己感兴趣的方向深造奠定基础。二十世纪五十年代至七十年代的电子爱好者一般是从制作收音机入门的，所以那时的电子爱好者也叫无线电爱好者；八九十年代的电子爱好者多半是从摆弄音响入门的，那时的电子爱好者同时也是音响"发烧友"；进入二十一世纪，电子爱好者则更多是通过组装计算机入门的，这一时期的电子爱好者往往也是"计算机迷"。除此之外，设立业余无线电台（这部分电子爱好者即通常所说的"火腿族"、"HAM 族"）、参与无线电测向活动、剖析家用电器、研究卫星电视接收、改造电子乐器、做电学实验等都是常见的电子爱好者入门途径。

跨入电子之门后便可开始在自己感兴趣的方向深造，进入爱好发展的高级阶段。深造是一个漫长而无止境的过程，正因为这一点，深造也是爱好的"试金石"，很多"电子爱好者"就是在深造的过程中放弃了自己的爱好。放弃爱好的理由多半是"没有时间"或"精力有限"，其实这都是借口，真正的原因是兴趣不够浓厚。每个人的时间和精力都差不多，就看如何取舍和安排，如果真的有兴趣就会挤出时间甚至牺牲休息、娱乐或赚钱的时间来投入自己的爱好，如果真的有兴趣也会将大部分甚至全部精力投入自己的爱好，而爱好仅仅是一时兴起或叶公好龙则做不到这些，自然也就会觉得“没有时间”或“精力有限”。

对于真正的电子爱好者来讲，深造的过程也就是兴趣不断浓厚的过程。子曰：“知之者不如好之者，好之者不如乐之者。”这里所讲的“乐之者”是指对某种事物的兴趣浓厚到一定程度以之为乐的人，这也是爱好的最高境界。兴趣是爱好发展的源动力，只有具有浓厚的兴趣才能心甘情愿、不知疲倦、不厌其烦地为自己的爱好去付出，从而不断提高、不断收获，从学习的角度来看，这正所谓“兴趣是最好的老师”。兴趣也是爱好能够持之以恒的保证，只要兴趣在，无须刻意坚持爱好也不会荒疏，而一旦兴趣丧失，即使强迫自己去坚持爱好也是名存实亡。

爱好是属于自己的一个天地，只要进入这个天地一切烦恼、忧愁就会烟消云散。人一生中能够拥有执着的爱好是一件非常幸福和自豪的事，爱好不仅能带给自己无穷的乐趣，而且它也能充实自己的生活，更重要的是它还能给自己一个良好的心境，给自己一个支点，让自己充满自信、勇往直前，不迷失生活的方向。只要不放弃，爱好就会很忠诚地陪伴着自己，这样便能够终身拥有这笔宝贵的财富。

1.1.4 态度决定结果

态度通常可以理解为对事情的看法和采取的行动，它决定着事情的发展和结果，正确的态度也是成功的保证。对于电子设计和电子制作，以认真、严谨、踏实的态度去面对才能获得满意的结果。

1. 认 真

认真是做好一切事情的前提和保证，“凡事最怕认真”，只要认真，事情往往就会“简单”很多。认真不是一时的兴致和激情，而是一种长久的做事态度，要认真就应该事事认真、时时认真。

所谓事事认真就是不论事情大小，要不就不做，要做就认真做。做一件事情，认真做也罢，不认真做也罢，总是要花费时间的。认真做就可能会有比较理想的结果，就算结果不够理想也不会很遗憾，至少通过认真做看到了自己的真实水平和不足之处；而不认真做则一定不会有很理想的结果，甚至可能会徒劳无功，由于不认真，所以做事情的过程中也不会太留意每个细节，事情过后自然也不会有很多心得体会。因此，以不认真的态度去做事情可以看做是在消磨时间、浪费时间，绝非明智之举。

所谓时时认真就是在做事的过程中，自始至终每个步骤都要认真。虽然有时马虎一点看起来没关系，有些地方差一点看起来也不要紧，但是“千里之堤，溃于蚁穴”，往往是小东西坏大事。一时偷懒看似节省了精力、节约了时间，但事实上往往要加倍偿还，糊弄事情其实就是糊弄自己。做事情从一开始就要认真对待，力争一次做好，不要总想着将来再认真检查，否则将来的认真检查才是真正意义上的做事情，并不能算是检查，而且问题发现得越晚，解决问题所花的代价越大，做事情把问题都留到最后往往会使事情复杂化，结果也不会很理想。

2. 严 谨

技术是实实在在的东西，来不得半点虚假，严谨的态度不论是对电子设计还是电子制作都是不可缺少的。严谨主要体现在不轻易接受、不轻易忽略、不轻易下结论三个方面。

在设计和制作过程中经常会参考器件数据表、协议标准、专业书籍、专业期刊等文献资料，参考时必须要明白一点：参考是有选择、有原则的借鉴和学习，而不是囫囵吞枣的全盘接受、拿来就用。文献资料是完成设计和制作必不可少的资源，但有时文献资料中的某些结论本身不够严密、不够完整甚至还可能有误，而且文献资料在翻译、录入、排版、印刷或转载、传播的过程中也可能会出现错误，所以一定要将文献资料研究透彻之后才能借鉴和应用，如果对其中某些内容有怀疑应多参考几种文献资料以求正解。此外，对文献资料应追本溯源、查其出处，尽量参考最权威、最正宗、最可靠的版本，例如：对于器件数据表应参考其制造商提供的，对于协议标准应参考其制定组织或机构发布的，对于书籍期刊应参考通过正规渠道出版发行的，对于论文应参考原创首发的。不轻易接受往往能够减少设计错误和制作失误，同时也能够更深入、更准确地理解文献资料中的关键内容，真正做到不仅知其然，而且还知其所以然。

文献资料中一般都会有一些条件、范围、单位、含义、注意事项等方面的注释，而这些注释往往被放在不是很显眼的地方，参考文献资料时如果忽略了这些注释则很有可能会影响对文献资料内容的理解，甚至还会导致设计错误或其他严重后果。调试是电子产品开发和电子制作的重要步骤，在调试过程中如果忽略了仪器仪表读数最后几位的变化或忽略了某些不太明显的现象，则很可能就无法发现某些隐患或缺陷，甚至还会错过重大发现或发明创造的机会。因而，在设计和制作过程中要多注意细节，不要轻易忽略。

在设计和制作过程中，为了确定下一步做什么或如何做，经常需要对一些问题下结论，如“某个器件性价比高低”、“某个方案是否可行”、“某个电路性能如何”、“某个程序执行效率怎样”等。作为一个电子工程师或一个电子爱好者，切记不要轻易下结论。在对某个问题下结论之前一定要先作大量观察、调查、试验、分析，查阅大量文献资料，否则所下的结论往往是不妥当的，是经不起推敲的，甚至还可能是错误的。此外还应注意要下结论就要下得准确，“差不多”、“估计行”、“应该是”等词汇不应该出现在结论中，虽然有时在结论中使用这些词汇也不会造成什么后果，但时间长了就会养成不求精准的坏习惯，这和追求严谨是相悖的。

3. 踏　实

电子设计的过程中难免会遇到各种各样的困难，电子制作的过程中也会有相对枯燥的工作，克服这些困难、完成这些工作必须要有踏实的态度。踏实主要体现在有耐心和不浮躁两个方面。

电路调试时没测试几分钟就认为没有问题而草草收场，没经过深入分析就认为器件设计有缺陷而就此罢手，搜索资料时没翻几部文献或没浏览几页网页就认为没有自己所要的资料而放弃努力等都是缺乏耐心的表现，而事实上往往坚持到最后才会发现问题，才会解决问题，也才会“柳暗花明又一村”，没有足够的耐心只会半途而废，不可能在技术领域有很大的作为。

阅读文献资料时没看几遍就认为已经过时、没有价值而不愿再看，研究他人的设计和制作时没了解多深就认为很简单、很普通而不去深究，做某些工作特别是枯燥的、重复性的工作时没干多久就认为没有意义、没有收获而不再坚持等都是浮躁的表现，而事实上往往只有脚踏实地才能看到事物本身的亮点，也才能吸取到精华，内心浮躁是无法提高设计和制作水平的。

1.1.5　习惯左右行为

习惯是在一定环境下、一定时间内逐步形成的一种不容易改变的行为方式，人的行为往往会受习惯的支配，做事的效率和结果也往往会受习惯的影响。人在日常生活、工作和学习中需要养成的好习惯有很多，对于电子工程师和电子爱好者来讲最基本也是最重要的两个习惯就是独立思考和勤于记录。

1. 独立思考

在电子设计和电子制作的过程中难免会遇到各种各样的问题，寻求这些问题的答案通常有两种方式：要么自己独立思考，要么问别人。

问别人看似能够更快地解决问题或得到答案，其实也不尽然。问别人首先要找一位能够解答并且也愿意解答自己问题的“别人”，找到合适的“别人”并不容易，很多时候寻找“别人”所花的时间甚至比通过自己独立思考去寻求答案所花的时间还要长。就算找到了“别人”也没有理由要求“别人”一定是专家或全才，若“别人”提供的答案不够全面、不能从根本上消除疑问，则还要继续花时间去寻找其他“别人”；若“别人”提供的答案本身有误，除了要浪费时间去做无用功以外，还要花大量的时间去理清已经扰乱的思绪，使问题回到原点。

问别人必须要向“别人”描述自己的问题，“别人”也必须要明白自己的问题，自己描述有偏差或“别人”理解有偏差则很有可能会得到不够全面、没有价值甚至错误的答案，而自己独立思考则不会涉及描述和理解，所以也不存在上述问题。问别人得到的答案往往是“别人”站在其自身的立场上得出的见解或根据其自身的情况作出的判断，未必完全正确，对自己而言也未必有参考借鉴的价值。既然问题是自己遇到的，那毫无疑问只有自己才最清楚自己的问题、最了解自己的实际情况，也只有自己独立思考才能得到最正确、最有价值的答案，就像大家熟知的《小马过河》故事中所讲的一样，身高不同的“别人”对河水深浅的认识也不同，只有自己亲自下水才知道河水真正的深浅。

问别人实际上是放弃了自己思考的权利，经常问别人会形成了一种对“别人”的依赖性，自己也会越来越懒惰，时间久了自己思考问题的能力还会因得不到锻炼而退化，一旦遇到问题找不到合适的“别人”，自己便会不知所措、茫无头绪。相反，经常自己独立思考能够有效地锻炼思考问题的能力，能够使自己敢于思考、勤于思考、善于思考、乐于思考，不论遇到什么样的问题都不会慌张，也不会“受制于人”。另一方面，问别人也许能够很快得到答案，但很难得到“别人”的思想，而自己独立思考则会参与分析思考、查阅资料的全过程，寻求答案的印象要比问别人深刻

得多，也只有这样才能举一反三、积累经验。

很多人总是将“怕走弯路”作为不去独立思考的理由，但不能因为怕走弯路就不去走路，况且有时走弯路也是一个必要的学习过程，一种很好的积累经验的方式。走别人已经走过的所谓的捷径也许不会遇到荆棘坎坷，也许能够节省时间，但一路上也不会或不能多思考，自然也就不会有很大的收获。弯路和捷径也是相对的，有的人虽然走了很多弯路但最终还是到达了终点，而有的人因为怕走弯路而不肯迈步或为了寻找捷径而不断改道，却永远在原地踏步或最终误入歧途。

当然，提倡独立思考也并不是反对问别人，必要的请教和讨论对开阔思路、增长见识以及发现和弥补自己的不足还是大有裨益的，但问别人应该是在自己思考了很长时间、尝试了很多遍、查阅了很多资料之后将问题归纳成若干点后有的放矢的发问，而绝对不是漫无边际、不分主次的乱问，更不是一味的索取或等待。只有在自己独立思考后再问别人才能很快地理解“别人”提供的答案，也才能从中学到思考问题的方法，而且这样“别人”也才更愿意解答自己的问题。

总的来说，独立思考是最可靠的寻求问题答案的方式，而对于问别人这种寻求问题答案的方式来讲，独立思考也是必要的准备工作。每当遇到问题或提出问题都应该首先自己思考，逐步养成独立思考的好习惯。

2. 勤于记录

大脑会记忆，大脑也会遗忘，人很难做到过目不忘，更难做到永远不忘，作记录是最有效、最主要的分担大脑记忆任务以及保存思维过程和结果的方式。勤于记录也是一种良好的习惯。

每个人的记忆力都不同，同一个人不同时期的记忆力也会有所差异。不论记忆力强弱都不能太相信、太依赖记忆，更不能仅凭记忆去做事。在日常生活中，忘记或记错可能会给人带来不便，也可能会使人错失良机，甚至还可能会造成重大损失；而如果平时养成勤于记录的习惯就会经常记录、经常翻看记录，这样忘记和记错的可能性就大大降低，也就能够最大程度地避免上述各种后果的发生。俗话说：“好记性不如烂笔头”，随手记录往往比专门记忆更可靠。

创意和灵感并不是时时都有，偶尔产生也是转瞬即逝，思绪被打断或者时隔太久都有可能使创意和灵感消失得无影无踪。但如果在产生创意和灵感之后就立即将之记录下来，则创意和灵感就不会轻易“溜走”，日后通过记录便可回想起当时的创意和灵感。因此，记录可以看做是创意和灵感的再现。电子设计和电子制作的过程中将设计思想、参考资料、计算过程、程序注释、调试现象、测试数据、心得体会等详细记录下来，不仅能够方便使用和维修，而且日后设计制作其他电路也可以参考，等记录积累到一定量以后还可以对其进行分析对比、归纳总结，从中提炼出规律性和理论性的精华，使自己的学识上升到一个新的高度。因此，记录也可以看做是知识和经验的积累。每次试验或实验作好记录能够避免以后再浪费时间去验证同样的现象或理论，平时存放器件、资料或其他物品时作好记录能够节省使用时寻找物品的时间。可见，记录还是一种节约时间的办法。

1.1.6 要求等于水准

要求通常是指做一件事情之前提出的具体愿望或条件，它也是对做事的一种约束和激励，会直接影响事情的结果。对于电子设计和电子制作来讲，要求严格与否往往决定着设计水准的高低和制作质量的优劣。

1. 做得出、做得好和做得精

电子设计和电子制作的要求一般有三个层次，由低到高分别是做得出、做得好和做得精。做得出即要求设计制作的电路能够正常工作并能够实现预期的功能；做得好是在做得出的基础上还要求设计制作的电路方案优、性能好、工艺精、外观美；做得精则是在以上基础上更进一步、精益求精，要求设计制作的电路近乎完美。

做得出是电子设计和电子制作的起码要求，而非一般要求，在设计和制作时不能只要求做得出，而应该要求做得好，更应该要求做得精。只追求“能用就行”是永远设计制作不出高水准的电路的。每次都按最高要求设计和制作，自己就会为了达到要求去观察、去学习、去思考、去尝试，这样设计制作的电路自然也就会具有较高的水准。高要求坚持久了、高水准感受久了，自己的审美品位就会越来越高，自己的要求也会随之进一步提高。继续坚持按最高要求设计和制作，则设计制作的电路的水准就会继续提高，同时自己的设计和制作水平也会不断攀升。由此可见，高要求是水准不断提高的动力。

在设计和制作过程中经常会遇到一些意想不到的问题，也难免会出现一些不可预测的失误，最终设计制作好的电路与预期目标往往会或多或少有一些差距，实际能够达到的水准也往往会在预先要求的基础上打个折扣，以十分的要求去做也许最终只是八分的水准，追求完美也许最终只是近乎完美。因此，以做得精去要求最终也可能只是做得好，以做得好去要求最终也可能只是做得出，而以做得出去要求则最终很可能会做不出。从这个角度来看，高要求也是成功的保证，只有尽善尽美，局部略有不足或稍有闪失才不至于全盘失败。

2. 完美和速度

人们通常认为追求完美就会放慢速度，不求完美才能加快速度，表面看起来也许是这样的，但实际上并不完全如此。追求完美是一种高要求、高标准的做事准则，它也可以看做是一种极其认真的做事态度、一种极其负责的做事习惯、一种精益求精的做事风格，但追求完美绝不是吹毛求疵、没事找事，也不是不分主次的盲目苛求，更不是不讲求效率、浪费时间。如果追求完美，在设计和制作的过程中就会格外注意、加倍小心，认真严谨地对待每一个细节，保质保量地完成每一步工作，这样对人而言就会少犯高级错误，更不会犯低级错误，对事而言性能和质量就会有保证，因而也就不会浪费很多时间去修正错误、排除故障或返工，整体看来速度并不慢。相反，如果不求完美，则在设计和制作的过程中就会有意无意地降低要求、降低标准，就会时时妥协、处处妥协，甚至会马虎应付，这样每一步工作的进度也许很快，但“欲速则不达”，整体性能和质量会大打折扣，而且往往还要浪费时间去修正错误、排除故障或返工，整体看来速度也不快。因此，追求完美与追求速度并不对立，追求完美也未必会妨碍追求速度，而且从某种意义上讲，追求完美还是追求速度的保证。换言之，高要求才是真正意义上高速度的保证。

3. 专业和业余

很多人认为在专业环境、专业条件下制造的产品必定具有专业水准，在业余环境、业余条件下制作的东西则只能是业余水准，其实并不是这样。打个比方，某个人既是某企业的工程师，又是一个电子爱好者，工作期间在工厂设计制作了某个电路，闲暇之余在家里以更高的要求又设计制作了同样功能的电路并加以改良，很显然后者的性能会优于前者。如果说在工厂设计制作的电路是专业水准，那在家里设计制作的电路恐怕也不能认为是业余水准。判断制造的产品或制作的东西是专业水准还是业余水准，并不是或不仅是看它是在什么环境、什么条件下制造的，而是或更多是看它是以什么要求、什么标准制造的。况且专业环境、专业条件和业余环境、业余条件也是相对的，只要热爱、只要努力、只要愿意，在家里也可以营造专业环境、创造专业条件；而如果不愿投入、不合要求、不按标准，工厂或实验室也可能只是个作坊，不能算是专业环境，也未必具备专业条件。在专业环境、专业条件下更容易达到专业水准，但绝不是一定能达到专业水准；在业余环境、业余条件下难以达到专业水准，但绝不是无法达到专业水准。如果仅仅是以“能用就行”的标准去要求，设计制造时又抄袭拼凑、偷工减料，那么就算是在专业环境、专业条件下也只能制造出业余水准的产品；而如果以高标准去要求，精心设计和制作，在业余环境、业余条件下也可以做出具有专业水准的东西，这样的东西只要投入资金也一样可以成为产品。

1.1.7 学习贯穿始终

常言道：“活到老，学到老”，可以说学习贯穿于人一生的始终。每一次设计和制作都离不开学习，设计和制作的过程本身也是学习的过程。“学习模拟电路有用还是学习数字电路有用”、“搞软件开发有前途还是搞硬件设计有前途”、“搞电子这一行是否需要具备一定的机械专业知识”、“学习知识和技术是广一点好还是专一点好”是电子工程师和电子爱好者，特别是刚走上工作岗位的电子工程师和刚入门的电子爱好者在学习过程中常想或常问的问题，其实不要从对立和取舍的角度来看，这些问题就自然有了答案。

1. “模”、“数”不分家

模拟电路（英文为 Analog Circuit，我国台湾地区称为类比电路）指处理模拟信号即时间上与幅值上连续的信号的电路，这类电路信号处理是通过信号幅度、频率、相位、强度等变化来体现的；数字电路（英文为 Digital Circuit，我国台湾地区称为数位电路）指处理数字信号即时间上与幅值上离散的信号的电路，这类电路信号处理则是通过信号电平高低状态等变化来体现的。

模拟电路和数字电路既有区别又有联系，从某种意义上讲，数字信号是一种特殊的模拟信号，模拟电路是数字

电路的基础，数字电路也是模拟电路的一部分。虽然数字电路发展迅速，很多应用领域都逐步用数字信号取代模拟信号来进行处理和传输，纯粹的模拟电路系统已经越来越少，但是数字电路仍不能完全取代模拟电路，有数字电路的系统中必有模拟电路的存在。因而学习模拟电路和学习数字电路同等重要，都非常有用，二者不可偏废。

2. “软”、“硬”不分家

硬件主要指系统（多指计算机系统）中由器件、PCB、连接线等构成的电路板或整机，它是软件运行的载体；软件主要指计算机系统中用于数据计算、逻辑判断、信息处理的程序，它指挥硬件执行动作。如果把一个包含硬件和软件两部分的系统比作一个人，那硬件便是人的躯干，软件则是人的思维。

随着计算机技术的发展和相关器件价格的降低，计算机的应用领域越来越广，其重要性和特有的魅力也逐步体现出来。但是与此同时也出现了“重软轻硬”的现象，很多电子工程师和电子爱好者甚至企业认为硬件看得见、摸得着，是固定不变的，设计时随便参考几张电路原理图就行了，而软件则看不见、摸不着，是灵活多变的，需要花大力气去专门开发。然而这是一种短视行为，虽然合理有效地运用软件可以简化硬件电路，实现很多硬件无法或难以实现的功能，设计开发更灵活、效率也更高，但软件永远不可能脱离硬件。软件结构再理想、算法再先进，硬件上若有先天不足，整个系统仍不能可靠的工作，而整个设计也不能认为是优秀的设计，对硬件电路没有足够的了解和认识是无法设计出优秀的软件特别是嵌入式系统软件的。因此，在学习过程中应当软件和硬件并重。

3. “机”、“电”不分家

机械以力学原理为理论基础，电子以电学原理为理论基础，机械和电子是相互独立的两个学科，这二者看似无关，其实不然。机械可以让电子“运动”，电子可以使机械“智能”。随着科学技术的不断发展，机械和电子的关系越来越紧密，机械设备中往往会有电子器件，电子装置中也时常用到机械部件，机电一体化产品更是随处可见。

合格的电子工程师不应对机械原理、机械设计等方面的基本常识毫无所知，设计出的电路或编写出的程序无法满足控制要求，很多时候就是因为对所控制的机械系统不够了解；真正的电子爱好者也不能把机械加工看成是纯粹的体力活，电子制作整体质量水平不高往往是机械加工拖后腿。此外，在电子设计和制作过程中，外形尺寸图的识别、结构部件的受力分析、加工工具的选用、标准件的选取等也都会用到相关的机械专业知识。因此，电子工程师和电子爱好者掌握一定的机械专业知识是非常有必要的。

4. “广”、“专”不矛盾

这里所讲的“广”是指知识面宽广，也可以叫做“博”；这里所讲的“专”是指精通某方面的知识，也可以叫做“精”。之所以人们经常将“广”和“专”作比较或在“广”和“专”之间作取舍，是因为人们觉得“博学”就会肤浅，“精学”才会深透，同时又觉得“精学”就会狭隘，“博学”才会“多才”，往往是既担心“贪多嚼不烂”又认为“技多不压人”。其实“广”和“专”并没有这么尖锐的矛盾。

“广”和“专”是相对的，不同的人或同一个人在不同的时期对“博学”和“精学”的定义标准也不同。对于某方面的知识，有的人“精学”可能还不如有的人“博学”钻研得深，同一个人从前“精学”也可能还不如后来“博学”掌握得牢固。“广”和“专”也是相辅相成的，一个人不“博学”就不能找到颇具研究价值且最适合自己去钻研的“精学”方向，没有很“广”的认识自然也就不会真正的“专”，“广”是“专”的前提和基础；从另一方面讲，只有通过“精学”才能发现自己在知识上的不足之处，从而才会通过“博学”来补充所欠缺的知识，“专”能够使“广”更具目的性和实用性。因而在学习过程中应将“广”和“专”辩证的统一起来，“广”中选“专”，“专”后再“广”，如此往复才能够不断进步，使自己在某个方向或某个领域有所建树，同时也能够将不同方向不同领域的知识融合在一起有所创新和突破。

1.2 初识电子制作

1.2.1 电子制作的概念

作为了解和认识电子制作的第一步，这里有必要先探讨一下电子制作是什么。制作的意思是制造，即用人工使原材料成为可供使用的物品。电子制作则是指以人力为主、机械为辅进行加工和组装，使电子元器件、覆铜板、导线等原材料成为以电子电路为核心或包含电子电路的具有某种功能的装置或设备。从这层意思来讲，说得时髦一点，电子制作也就是“电子 DIY”。“DIY(Do It Yourself)”一词是“舶来品”，它的本意是自己动手做，也指购买配件自己组装的方式。“DIY”一词出现在人们的生活中已经有很多年，这个词逐渐被人们所接受并成为流行用语，“电子 DIY”也成为电子制作的代称而在网络或报刊中频繁出现。此外，电子制作有时也指具体制作出来的成品即上文提到的装置或设备，自己动手制作完成的每一件纯电子类或机械电子类作品，不论大小都可以称之为电子制作。

1.2.2 电子制作的特点

由前面所讲的电子制作的概念可知，从名词的角度来看电子制作就是某种装置或设备，而市场上出售的电子产品同样也是某种装置或设备，虽然这二者都是装置或设备，但在某些方面又有一定的差别。相对于电子产品而言，电子制作主要有以下特点：

① 个性鲜明。

电子产品要兼顾不同层次、不同品位的消费者的审美，力求让大多数消费者接受；而电子制作则无须考虑这些，只要自己喜欢、自己满意就可以，因而电子制作往往带有自己的个性，而且很多时候电子制作是为自己量身定做的，能够最大限度地满足自己的要求。

② 形式多样。

电子制作可以是和电子产品一样的整机，也可以是没有外壳的电路板；可以是市场上已有的某种成熟产品，也可以是自己发明创造的某种新生事物；可以是传统意义上的电子装置或设备，也可以是新奇另类的与电子相关的工艺品或玩具；可以完全自制，也可以在现有某种电子产品的基础上改造。它的形式多种多样，设计制作灵活自由，这一点是一般电子产品无法相比的。

③ 丰俭由人。

电子产品必须要兼顾质量与成本，权衡消费群体的品质要求和价格承受能力，这也是电子产品设计和制造的无奈之处；而电子制作对于这一点的把握则要容易和灵活得多，可以不计成本地去打造精品和极品，也可以能省即省地去制作最经济、最平民化的用品，根据自己的要求和经济条件便可做出选择。

以上 3 点都是从好的方面来讲的，从不好的方面来讲电子制作还有以下特点：

① 单件成本较高。

电子制作一般只制作一两件或很少几件，并非像电子产品那样批量生产，因而单件成本比较高，即使不计人工费，制作一件装置或设备的花费也往往要比购买同样功能、同等档次的电子产品高不少，不过电子制作的乐趣是无法用金钱来衡量的。

② 制作耗时费力。

电子制作过程中大部分工作通常都是靠人力通过手工方式来完成，因而制作周期要比产品生产长得多，一些比较复杂的东西可能会做几个月、几年甚至更久，而且所花的精力和心血也很大，当工具设备缺乏、经济条件有限时更是十分辛苦。当然对于真正的电子爱好者来讲，这也正是电子制作的乐趣所在。

③ 规模水准有限。

电子产品设计制造一般都是由一个团体在相对专业的条件下完成，而电子制作则多半是自己独立在业余条件下完成，这就决定了电子制作在资金、人力、材料、设备、知识等方面都会受到一定的限制，制作规模不会很大，制作出的装置或设备的工艺水准和技术含量也有限。但是电子产品也是人做出来的，随着时间的推移，电子爱好者各方面的条件在不断改善，知识在不断积累，加工操作技能也在不断提高，同时随着信息和物流产业的不断发展，电子爱好者获取各种资源也变得越来越容易，在业余条件下制作出和电子产品水准相当甚至超越电子产品水准的装置或设备也并非没有可能。

1.2.3 电子制作的流程

电子制作完整的流程如图 1.2.1 所示。一般来讲从萌发出想法到制作出成品需要经过 3 个阶段，共 9 个步骤，本书后 4 章中的每个制作也都是按这个流程来介绍的。这 9 个步骤相互都有关联，其中某些步骤在具体制作时可以根据实际情况交叉、同步进行或省略。

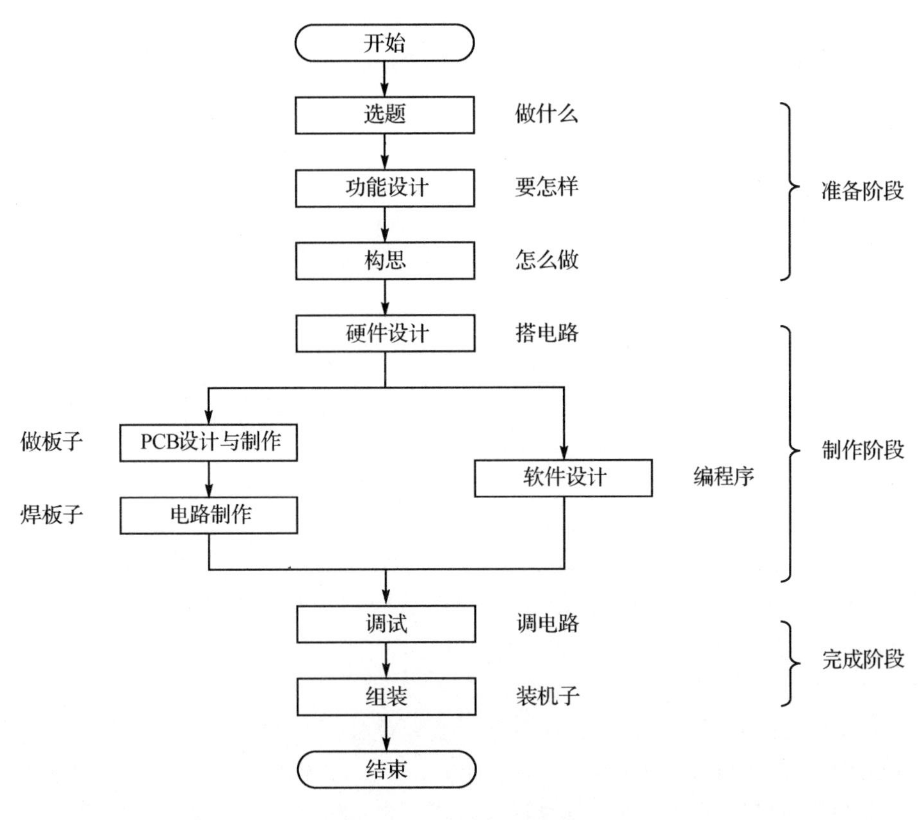

图 1.2.1　电子制作流程

1. 选　题

选题即选择电子制作的主题并确定最终作品的名称，简单的讲就是确定“做什么”。虽然电子制作选题相对比较自由，而且一般情况下对主题也基本上没有什么特殊的要求，但是在具体选题时仍要考虑到以下3个方面：

① 感兴趣。

选题应从自己的兴趣出发，选择自己感兴趣的方向和领域的主题，这样才能主动地、轻松愉悦地投入时间、精力和金钱去将设计变成现实，而且这样制作效率和成功率更高，成功之后也会更有成就感和喜悦感。

② 有意义。

选题应有实际意义，制作出的成品应是一件能正常工作、能起到一定作用或解决一定问题、可供使用的物品，同时在制作过程中也应能学到某种知识或掌握某种技能，而不应漫无目的地为了制作而制作，更不能选择可能危害人身安全或社会安全等违犯法律或违反道德的主题。

③ 能实现。

选题应不违背科学常理，同时还要考虑自身知识水平、动手能力、调试经验、经济条件以及现有的材料和工具等客观情况，以保证所选的主题容易实现，至少是能够实现。虽然目标定高一些有时的确能够创造奇迹，但目标也不能是“空中楼阁”，选择不切实际的主题不仅无法完成制作，而且还可能会使自己丧失信心，甚至对电子制作失去兴趣。

从“有意义”的角度来看，电子制作往往带有一定的目的性，根据制作目的的不同，电子制作常见的主题可以大致归纳为以下几类：

① 生活需要。

这类主题指为了满足日常生活需要而确定的电子制作主题，比如自己的计算机没有配套的多媒体音箱则可以制作“有源音箱”，书房缺日历和时钟则可以制作“电子日历钟”等。本书中介绍的“别致的电视信号接收器”、“打造自己的个性收音机”等都属于此类主题。这类主题的电子制作往往是一些实用的电器，其功能与市场上的同类产

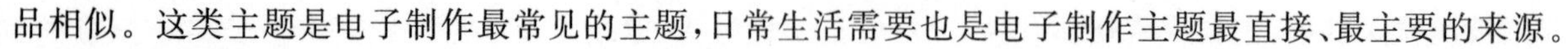

品相似。这类主题是电子制作最常见的主题，日常生活需要也是电子制作主题最直接、最主要的来源。

② 利用材料。

这类主题指为了利用现有的某种器件、某个外壳或某些其他材料而确定的电子制作主题，比如利用从网上购得的一块 TFT 液晶显示屏制作“监视器”，利用木质礼品盒制作“迷你音箱”等。本书中介绍的“用 POS 机顾客显示屏制作的电子钟”、“用硬盘音圈电机制作的工艺品”等都属于此类主题。这类主题的电子制作的外观和功能往往都很另类，市场上找不到相同的产品，而且很多时候是废物利用，经济条件有限时更适合选择此类主题。

③ 学习研究。

这类主题指为了学习某种知识或研究、验证某种理论以及评估某种器件的性能而确定的电子制作主题，比如为了学习单片机可以制作“单片机实验板”，为了研究放大电路可以制作“前级电压放大器”和“后级功率放大器”等。本书中介绍的“功能齐全的语音录放装置”属于此类主题。这类主题的电子制作通常带有试验或实验的性质，因而最终制作出的成品有时不一定是完整的装置或设备，而且功能也不一定很完善，但这类主题在电子制作中也占有很大的比例。

④ 改造修理。

这类主题指为了改造或修理身边现有的电器产品而确定的电子制作主题，比如将普通机械式电风扇改造为“智能遥控电风扇”，给普通台灯加装“调光控制器”等。本书 2.2.2 小节中介绍的“自制调速器”属于此类主题。常见的改造方法主要有机械变电子、手动变自动、普通变智能、低档变高档、专用变多用等，在实际制作时又可以根据具体情况通过直接改造和外加控制器两种方式来实现。

⑤ 模仿复制。

这类主题指为了仿制书籍、报刊以及网络介绍的某个电子制作或市面上的某种电子产品而确定的电子制作主题，比如参考本书仿制“简易电子湿度计”，参考 Pass Laboratories 旗下 PassDIY 网站的资料仿制“Pass A40 音频功率放大器”等。实际制作时可以完全模仿也可以局部模仿，还可以在模仿的基础上将自己的设计与之融合在一起。由于有制作资料或现有的成品作参考，所以这类主题的电子制作实现起来相对比较容易，初学者适合选择此类主题。

⑥ 发明创造。

这类主题指为了验证或应用自己创造的新理论、提出的新构想、设计的新电路以及开发的新算法而确定的电子制作主题。本书中介绍的“能识别家人的电子门铃”、“电子军棋”等都属于此类主题。这类主题的电子制作通常具备一定的新颖性、创造性和实用性，它本身就是发明创造或是其雏形，与其他几类主题相比，选择此类主题对制作者的创新能力、知识水平等方面的综合要求更高。

以上主题分类仅是为选题提供一个方向性的参考，并非绝对分类，某些主题有时可能具有双重或多重目的。电子爱好者实际选题时也可以开阔思路，从不同角度考虑，去寻找和发现更新的电子制作主题。

2. 功能设计

功能设计主要是确定制作出的成品将要实现的功能，简单的讲就是确定“要怎样”。它具体又包括人机接口输入方式选择、人机接口输出方式选择、操作方法设计、信号接口设计以及参数指标制定等几个方面，除此之外，很多时候整机外观设计和面板设计也被作为功能设计的一部分在这步一并完成。

常见的人机接口输入方式主要有使用按键、开关、电位器、编码器、拨码盘、触摸屏等器件的机械输入方式，使用话筒、压电陶瓷片等器件的声音输入方式以及使用光敏电阻、光电二极管等器件的光电输入方式三种，此外还有使用热释红外传感器、指纹传感器等器件的多种特殊输入方式，具体选择时应保证操作安全、可靠、简便、准确。

常见的人机接口输出方式主要有使用 LED、LCD、VFD、CRT、灯泡等器件的光电输出方式，使用蜂鸣器、扬声器等器件的声音输出方式以及使用指针式表头、震动电机等器件的机械输出方式三种，此外还有使用存储卡、硬盘、打印机等器件或外部设备的多种特殊输出方式，具体选择时应保证输出信息直观、稳定、容易获取。

操作方法设计主要是确定如何操作和使用刚提到的人机接口，设计时要以简单、有效为原则。

信号接口设计主要是确定电源输入接口、信号输入/输出接口以及其他设备接口的型式、数量和布局，设计时要以实用、通用、易用为原则。

参数指标制定主要是初步确定制作出成品的工作电压、工作电流、输出功率、工作效率和输入/输出信号的幅度范围、频率范围、相位要求以及其他相关的技术参数指标。对于功能简单、要求不高、类别特殊的制作或目标不明确的试验性制作有时也可以不制定参数指标。

除了上面提到的几点外，功能设计时还应考虑制作成本、加工条件、硬件和软件的设计难度以及外壳形状和尺寸等方面的具体要求和实际情况。功能设计的过程中多参考一些家用电器、电子仪器等产品，特别是与制作主题相同或相近的产品及其使用说明书往往可以事半功倍，同时也可以使设计更加规范化和产品化。

功能设计完成后最好将之制作成文档即功能说明书，以便后续设计、制作和调试以及日后使用、改造和维修时参考。对于某些功能单一、操作简单或无需操作的制作，功能设计也可以省略或者在构思和硬件设计的步骤中同时完成。

3. 构　思

构思主要是根据设计好的功能构想出若干种实现方案，并对这些方案的原理、可行性和优缺点进行分析和比较，从中选出最合适的方案，简单的讲就是确定“怎么做”。它具体又包括方案构想和方案选择两个过程，这一步将为后续硬件设计和软件设计奠定理论基础。

方案构想是个可长可短的过程，有可能在几分钟之内就完成构想，也有可能花几年时间还是毫无进展，这主要取决于功能繁简、指标高低以及自身知识水平、经济条件和资源配置。在方案构想的过程中，可以查阅一些与制作主题相关的文献资料，剖析一些与制作主题相同或相近的产品，或者参考一些自己或他人已经完成的类似制作成品，这样能够开阔思路、增加方案数量、提高方案的可行性，同时也能够加快方案构想的进程。如果以现有的条件在短时间内确实无法构想出能够实现设计功能、达到设计指标的方案，可以酌情删减部分功能或降低某些指标。

方案选择与方案构想同等重要，虽然方案选择看起来比方案构想要容易，但是也不能随意取舍。一般来讲方案选择应遵循如下原则：

① 合理。

所选的方案应逻辑合理、原理科学、可行性高，而且要安全可靠，对人体无害，这一点是制作成功的保证。

② 先进。

所选的方案应是先进成熟的方案，而不应是落后淘汰的方案，这样不仅性能有保证，而且制作时器件更容易采购，与方案相关的文献资料和开发调试设备等资源也更加丰富。

③ 简洁。

在能够实现设计功能和达到设计指标的前提下，应尽量选择结构比较简单、实现方式比较直接的方案，这样可以降低后续硬件和软件设计以及电路制作和调试的难度，提高制作成功率。

④ 经济。

在保证以上几点的前提下应尽量选择成本较低的方案，这样不仅能够减少制作花费，而且也有利于在可能的情况下将制作转化为产品。

构思完成后，最好按最终确定的方案绘制出系统结构框图（系统原理框图）和硬件电路框图，涉及软件的制作应绘制出软件结构图，涉及较复杂的机械系统的制作还应绘制出机械结构图，这些设计图对后续硬件和软件设计以及调试和装配都十分有用，同时这些设计图也是设计经验的物质体现，日后构思其他制作时也可以参考和借鉴。对于原理极其简单的制作，如果可能，构思也可以和硬件设计一起进行。

4. 硬件设计

硬件设计主要是根据硬件电路框图和技术参数指标要求，设计系统各部分的具体电路，通俗的讲就是“搭电路”。

对于如采用78XX系列稳压IC构成的电源电路、采用运放构成的有源滤波器电路、单片机最小系统电路、数码管扫描显示电路等成熟、通用并已模块化的电路，通常可以根据自己的经验或参考相关书籍、期刊等文献资料来设计；对于以某种新推出或专用的IC、电路模块、传感器等器件为核心的电路则最好按器件的Datasheet（数据表）、Application Note（应用笔记）、Specification（规格书）、User's Manual（用户手册）、Design Guide（设计指南）等资料提供的参考电路以及外围器件选取和参数计算方法来设计，以保证电路的正确性。

硬件设计过程中，特别是当电路中某些器件的参数不好确定或对设计的电路把握不大时，应当用面包板或万能板简单地搭出部分电路进行试验和测试，这样可以提前发现问题，不至于使后续各步骤的辛苦成为“无用功”。随着计算机辅助设计技术的不断发展，电路设计仿真软件也越来越多并日趋成熟，硬件设计过程中也可以适当地借助于 Multisim、PSpice 等软件来检验电路的正确性、测试电路的性能或确定电路中某些器件的参数。与搭出实际电路试验和测试相比，软件仿真效率更高、成本更低，而且也不会损坏器件，不存在试验风险，但是软件仿真有一定的局限性，不能完全替代搭电路试验和测试。

此外还应注意，硬件设计不仅要考虑电路的正确性和可靠性，而且还要兼顾 PCB 布局、软件设计以及调试的便捷性，这一步多花时间考虑往往能够降低后续几个步骤的操作难度，从而提高制作质量和制作成功率。

在硬件设计过程中如果发现根据所选方案设计出的电路确实无法实现设计功能或无法达到设计指标，则应重新构想和选择方案或酌情调整功能和指标。硬件设计一般都会涉及器件选型，这部分内容本书 2.1 节将会作详细的介绍。

硬件设计完成后应绘制出系统中各部分的电路原理图，以便后续 PCB 设计、软件设计以及电路制作和调试时参考，同时也可供日后升级、维修或设计其他制作的电路时参考。

5. PCB 设计与制作

PCB 设计与制作主要是根据上一步设计好的电路原理图以及外壳和相关器件的机械尺寸图，设计 PCB 布局图并制作 PCB，通俗的讲就是“做板子”。

PCB 设计主要有手工设计和计算机辅助设计两种方法，一般推荐采用后者。常用的 PCB 设计软件主要有 Protel、OrCAD Layout、PADS Layout(PowerPCB)等，具体可以根据实际条件、设计要求和个人习惯来选择。PCB 设计时如果确实放不下器件、布不通走线或者虽然能勉强放得下器件、布得通走线但电气性能不够理想，可以酌情调整 PCB 尺寸、形状、结构、层数或修改电路。

PCB 布局图设计完成后可以根据电路复杂程度、制作工艺要求及自身经济条件，选择自己手工制作 PCB 或委托工厂加工 PCB。关于 PCB 设计与制作，本书 2.3 节将会作专门的介绍。

6. 电路制作

电路制作主要是将电路中的各个器件焊接在 PCB 上使之成为能够正常工作的电路板，通俗的讲就是“焊板子”。

电路制作前首先要备齐器件、PCB、连接线等制作所需要的材料，备料往往会涉及器件采购，这部分内容本书 2.1 节将会作详细的介绍。材料备齐后即可开始焊接，关于电路焊接的具体方法与流程，本书 2.4 节将会作专门的介绍。

7. 软件设计

电路中用到单片机、可编程逻辑器件、DSP、ARM 等器件时往往要自行设计嵌入式系统软件，涉及与计算机通信的制作还要设计 PC 上位机软件。软件设计主要是根据软件结构图、功能说明书以及电路原理图、器件操作时序等设计图和资料编写相关的程序，也就是常说的“编程序”。

器件不同、软件类型不同，相应的编程语言和开发环境往往也有所不同，同种器件、同类软件很多时候也可以采用不同的语言来编写程序或采用不同的开发环境来调试程序，软件设计时具体采用何种编程语言、何种开发环境，由器件的资源、相关开发工具软件的支持情况、程序执行任务的多寡和程序在实时响应性、可移植性、执行效率等方面的要求以及个人习惯来决定。有一点需要明白，软件设计的精髓并不在于采用何种编程语言或何种开发环境，而在于算法和结构的把握，或者说是在于思考方式。

本书中绝大部分的制作都是以单片机为核心。对于单片机软件设计，在编写程序前应先根据软件结构图画出主程序及各子程序的程序流程图。虽然有些比较简单或自己比较熟悉的程序不画出程序流程图也能直接编写，但还是推荐画出程序流程图，哪怕仅仅是画个草图也比不画好得多。这是因为画程序流程图的过程中往往能够发现软件结构上的缺陷和逻辑上的错误，而且有了程序流程图程序编写和后续程序调试也更为方便，日后修改程序或编写其他程序时还可以参考。程序流程图画好后可以大致检查和分析一下，如果没有问题则可以正式开始编写程序。

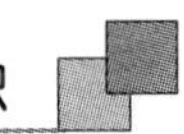

为了合理利用时间，提高制作效率，软件设计也可以利用 PCB 制作的空闲时间或电路制作的休息时间来进行，对于某些算法不确定或结构比较特殊的程序，软件设计还可以与调试交叉进行。

8. 调　试

调试主要是对制作好的电路和编写好的程序进行测试，并不断调整使电路能够正常工作、程序能够正常运行，从而实现设计的功能，达到制定的指标，简单的讲就是“调电路”。这一步将对前面各个步骤所做的工作进行检验，它是电子制作过程中最激动人心的一步。

不论硬件调试还是软件调试，其基本流程都可以归纳为“发现问题→查找原因→解决问题”。调试也是一个可长可短的过程，如果顺利可能“一次成功”，硬件和软件无须作任何修改电路就能够正常工作；如果不顺利则有可能调试很久都不能实现设计的功能或达到制定的指标，甚至电路板在调试过程中还会损坏或报废。调试顺利与否往往与前面各个步骤息息相关，因而在电子制作过程中从一开始就应该认真对待、尽量做好，不要把所有问题都留到调试时来解决。

一般来讲调试结束后就基本能够看到最终成品的雏形，对于不需要外壳的制作，调试结束则制作也就完成了。关于电路调试和检测，本书 2.5 节将会作专门的介绍。

9. 组　装

组装主要是将调试好的各块电路板和相关部件安装在外壳上构成一台整机，通俗的讲就是“装机子”，这一步完成后将会看到最终的成品。

组装往往离不开外壳，因而组装前要先对外壳进行加工，当没有合适的外壳时还需要自己制作外壳。关于外壳加工和组装，本书 2.6 节将会作专门的介绍。

第 2 章

做——方法与流程

2.1 器件选择与存放

2.1.1 概 述

电子元器件是构成电路的基本元素，任何一款电子制作都离不开元器件。元器件是元件和器件的合称。元件指构成电路的单个制件，可以在同类电路中调换使用，如电阻、电容、晶体管等；器件指电路中能独立起控制变换作用的单元，一般由多个元件组成，如集成电路、模块等。本书中所提到的器件是广义的器件，元件、器件以及安装于电路板上的其他部件包括电路板本身均称之为器件。

器件是电子爱好者进入电子制作之门最先接触的东西，而“电路设计时依据什么原则来选择器件”、“购买器件需要注意什么”、“如何得到器件”以及“器件应如何存放”则是与器件相关最常见的问题，本节将给出这些问题的答案。

2.1.2 器件的选择

器件种类繁多、特性各异，特别是随着电子技术的发展，新器件不断涌现，在选择器件时更是让人眼花缭乱。器件选择是个大课题，并不是三言两语可以讲明白、讲到位的。什么器件好什么器件不好并非是绝对的，也不好界定，如果非要给出一个“好器件”的概念那也只能是“适合设计需要的器件就是好器件”。不同的电路有不同的要求，同样的电路在不同的技术指标要求和不同的成本要求下器件又有不同的选择，脱离具体电路和要求谈器件选择意义并不大。以有限的篇幅笼统地介绍某种器件如何选择犹如隔靴搔痒，并不能真正解决问题，而且市场上也有大量有关电子元器件特性和如何选择电子元器件等内容的书籍和期刊，所以本书将具体器件选择穿插于各个制作中介绍，这样更有的放矢，而这里仅是介绍一些器件选择的一般原则和注意事项。

电子制作的流程中主要是硬件设计和电路制作两个环节会涉及器件选择，这两个环节的器件选择分别称为设计选型和采购选料，虽然二者都是选择器件，但各有侧重。设计选型主要是根据功能要求选择合适的电路方案并确定电路中各器件的型号和参数，在器件选择上更偏重于功能和参数。采购选料主要是根据电路原理图制作的物料清单选择满足电路要求和成本预算的器件，在器件选择上更偏重于质量和价格。

设计选型遵循的一般原则主要有以下 4 点：

① 通用。

电路设计时除特殊情况外，一般不要选择偏门冷门、已经淘汰、已经停产或即将停产的器件，而应该尽量选择比较通用、比较新而且还在大规模生产的器件，最好选择有多家制造商在生产或容易代换的器件，这样的器件容易采购，价格相对便宜，而且也便于日后维修更换。

② 标准。

电路设计时器件的参数规格要符合一定的标准或优先数系，非标准或优先数系以外规格的器件在市场上是没有的，就算能够定做价格也非常高，不是一般电子爱好者所能承受的。当电路一定要使用规格比较特殊的器件时，

可以通过串联或并联器件、采用参数可调整的器件等方法来实现。

③ 精简。

电路设计时优先使用功能强大、集成度高的器件，在性能和指标能够满足要求的前提下尽可能地减少电路中器件的数量，这样可以减小电路的体积，同时也能够降低PCB布局和硬件电路制作的难度。

④ 整合。

电路设计时在能够满足要求的情况下尽量采用自己已有的器件，并且同一制作中使用器件规格的种类要尽量少，例如电路中的电源滤波电容、上拉电阻等器件的参数在一般情况下对电路性能影响不是很大，这些器件可以和电路中参数接近的同类器件整合为一种规格。以上两点能够避免器件积压，同时也方便器件采购和管理。

采购选料主要需要注意以下3方面：

① 优质。

在经济允许的情况下尽量选择优质、高档、名牌器件，这样的器件虽然价格高但使用这样的器件不会因为器件质量问题而耽误时间，它能够提高制作成功率，同时制作出的成品外观更好，使用寿命也更长。在商品化的今天，一分价钱一分货，对于电子器件来讲物美价廉的东西基本上是不存在的，不要一时贪图便宜而得不偿失。

② 适用。

很多器件同样的型号有很多种后缀，采购时一定要仔细区分，要养成携带器件清单去采购的习惯，不要光凭记忆，以免由于记错型号而买到不合用的器件。接插件等器件种类繁多但其规格型号又不像IC那样明确，采购这类器件时可以现场用尺子测量，必要也可以携带样品或PCB来比对，要特别注意的是不要过分相信自己的眼睛，参照物不同目测的准确度也不同，很多时候就是因为目测失误而导致买错器件。

③ 正宗。

有利润的产品往往就会有伪劣品，电子器件也不例外，除了直接仿冒以外旧货翻新、更改型号等都是制造伪劣器件的常用手段。伪劣器件性能指标达不到正品的设计要求，有些根本无法工作甚至上电还可能发生危险，因此购买器件一定要选择正规渠道，并且要逐渐积累一定的识别伪劣器件的经验。

2.1.3　器件的来源

当电路设计好开始制作时，首先要做的就是备齐制作所需要的器件，在一般情况下电子爱好者获得器件的途径主要有购买、拆机和申请样品等几种。

1. 购　买

购买是电子爱好者获得电子器件最主要的来源，它可以分为直接购买和间接购买两种。直接购买即当面交易，它是最常见的购买方式，这种购买方式的最大好处是一手交钱、一手交货，在不缺货的情况下可以立即拿到所需要的器件，并且也可以当场验货，基本上不存在购买风险。但是直接购买有一定的局限性，很多时候当地特别是中小城市的元器件市场上不一定有所需的器件，就算有价格也贵得离谱，此时可以选择间接购买的方式来获得所需的器件。间接购买主要是邮购和托人代购，其中邮购更加普遍和方便。邮购是一种顾客和商家不见面的交易，因而存在一定的风险，在邮购时一定要选择诚实可靠、信誉良好的商家，一般来讲正规期刊杂志和书籍上的邮购广告信息相对更加可靠。由于邮购过程中汇款、邮寄及包装处理等环节都需要花费时间，因而当器件急用时采用邮购的方式购买可能会耽误使用，费时也是邮购最大的缺点。但是随着网络以及金融和物流产业的发展，如今网络即时沟通、银行即时到账汇款、航空快递发货已经很普遍，邮购越来越快速和方便，它也成为购买器件非常理想的方式。

2. 拆　机

拆机指从现有的成品电路板上拆取所需要的器件，在电子制作中拆机也是一种比较常见的获得器件的途径。拆机最大的优点就是拿来就用，而且拆机的主要对象是身边的废旧电器和自己制作的电路，一般不需要花钱购买，因此对于经济条件有限的电子爱好者拆机也是个不错的选择，其实很多电子爱好者也都是从使用拆机器件制作各种电路开始入门的。但是拆机也有很多缺点，如器件质量不可靠、外观欠佳、一致性差、有局限性等。拆机器件在拆下前已经在原来电路中工作了一定的时间，电解电容、接插件、电位器、继电器等相对容易老化失效的器件其性能已经有一定程度的降低，某些器件也可能已经损坏，使用这些器件制作新电路很容易出问题。因此不要拆取已经破损或外观有异样的器件，这样的器件往往其性能也已经劣化，对于要求比较高的电子制作应尽量避免使用拆机品，不论由何种途径获得的拆机器件在安装前一定要先仔细测量。器件拆卸时要尽量避免器件过热以及引脚变形，以免器件受损报废或在将来的制作中留下隐患。拆机不可能获得电子制作所有需要的器件，一般只拆取一些价格比较高或急用的器件，而对于电阻等廉价器件拆机没有太大意义，不必浪费时间。

3. 申请样品

有些较新、市场上较少或不零售的器件一时无法购买到时，可以尝试通过申请样品的方式来获得。很多器件制造商特别是一些较大的半导体制造商都为电子工程师提供免费样品，可以通过网络或传真直接向制造商或其授权代理商申请索取。样品器件由制造商提供，质量保证，绝无假货的可能，比任何购买方式都可靠，而且申请样品往往还可以获得相应的技术支持。需要特别注意的是申请样品要遵守制造商制定的相关条款，样品器件只能用于性能评估和试验，不得用于产品制造和销售。

此外还有一种获得样品器件的方式就是参加相关比赛，很多半导体制造商会定期或不定期举办一些与器件应用相关的比赛，一般都会提供关键器件和技术支持。虽然这种方式不具备普遍性，但却是非常值得推荐的，通过参加比赛不但可以感受电子制作本身的乐趣，还可以学习新知识、提高技术水平。

2.1.4 器件的存放

电子器件算是比较娇贵的东西，天气太潮湿器件的金属部分容易氧化生锈，天气太干燥对静电敏感的器件容易被静电损坏，日晒又会导致器件的塑料部分老化退色，而且很多器件的引脚比较纤细，稍不注意就可能变形或断裂，太小的器件保存不当还容易丢失，器件的存放对于电子产品制造行业也是一个重要的研究课题。最理想的器件存放方式就是器件的原包装，因为原包装已经考虑了到以上几点，在防潮、防氧化、防静电、防挤压、防震动及避光等方面都采取了一定的措施。但是电子爱好者购买器件一般数量都比较少，很难得到原包装，因而如何来存放暂时不用或制作没有用完的器件需要专门考虑。

1. 一般器件的存放

绝大多数的电子器件都可以装入塑料袋来存放。塑料袋最好选用透明的，这样无须开袋就可以看到袋中的器件，推荐使用自封口塑料袋(自封塑料袋)，如图 2.1.1 所示。这种塑料袋的袋口有能够相互咬合的卡槽，轻轻将卡槽压紧或拉开袋口即可封闭或打开，使用非常方便，这种塑料袋虽然不能完全密封但其防潮性能要比普通不封口塑料袋好很多，而且袋内的器件也不会轻易掉出。对静电敏感的器件可以使用防静电塑料袋(静电屏蔽塑料袋)来存放，如图 2.1.2 所示。这种塑料袋相当于一个“法拉第笼”，它一般为多层复合结构，其中一层为能够导电的金属镀膜层或金属箔，它具有良好的静电屏蔽性能，同时这种塑料袋自身也不容易产生静电，它是目前应用比较广泛的防静电包装材料。以上介绍的两种塑料袋在市场上有多种规格，大小、厚度和质量各不相同，可以根据器件的外形、数量和存放要求来选择。

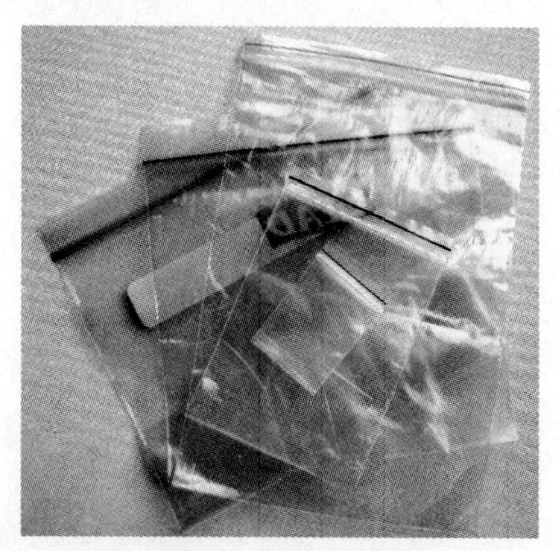

图 2.1.1 自封口塑料袋

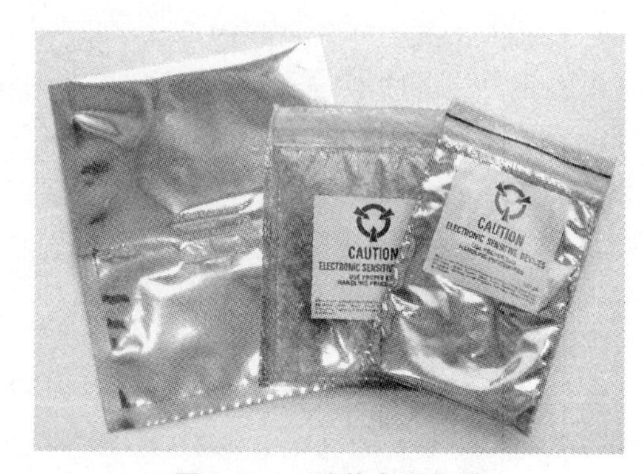

图 2.1.2 防静电塑料袋

器件在装袋前要对塑料袋进行检查，不干净或有破损的塑料袋不要使用，以免污染或丢失器件。此外应注意器件装袋时不要通过用嘴吹气的方法来使塑料袋撑开，吹气时很容易将唾液或水蒸气吹入袋中，这将可能导致器件污染或锈蚀。器件装袋后在塑料袋上用记号笔注明袋内器件的型号、数量、制造商、购买日期等内容，也可以将以上内容写在标签上后粘贴于塑料袋表面，这个工作看似多余，但它却非常重要，可以避免日后由于忘记器件具体型号而用错器件，同时也便于器件管理，特别在器件种类较多的情况下这样做能够节约大量寻找器件的时间。

当器件种类和数量比较多时，可以将已装袋的器件分成若干类放入不同的盒子中，这样方便取放器件的同时也可以为器件再增加一层保护。存放器件的盒子要结实、干净，最好能够密封，盒子的材料没有特殊要求，纸盒、塑料盒、铁盒等都可以。市场上常见的食品保鲜盒是存放器件不错的选择，这种盒子密封性好、规格齐全，大多数的产品价格比较便宜。对于一些贵重的器件必要时可以用防潮箱来存放，防潮箱一般用来存放照相器材、精密仪器等物品，存放电子器件选择一般档次的防潮箱就可以了。器件装入盒中时要摆放有序以方便取放，此外还要注意较重的器件不要压容易变形的器件，有棱角的器件不要靠近容易被划伤的器件，带磁性的器件不要靠近怕磁的器件。器件装入盒中后可以在空隙放一些石灰干燥剂或硅胶防潮珠以保证盒内干燥，干燥剂无法买到时也可以用某些食品或皮鞋等包装盒内的干燥剂。存放器件的盒子要避光保存，并且不要经常搬动。

2. 易损器件的存放

液晶屏、VFD显示屏、触摸屏等器件都是玻璃制品，非常容易破碎，这些器件在存放时要特别对待。液晶屏和触摸屏等器件表层材料较软，容易被划伤，所以其表面一般都贴有保护膜，在存放时切记不要揭去保护膜。如果器件的保护膜已经脱落丢失可以裁一块尺寸合适的PVC静电膜贴在表面，条件有限时可以用多层食品保鲜膜来代替保护膜。存放时用两块尺寸比器件大的泡沫塑料或珍珠棉、海绵将器件夹在中间然后用透明胶带缠好，之后再装入塑料袋。对于有排气管的VFD显示屏在存放时要在排气管周围多放置一些缓冲材料，以免排气管受损而导致器件报废。

IC以及一些接插件等引脚较细的器件虽然不会像玻璃那样破碎，但这些器件引脚在外力的作用下非常容易变形或断裂，在存放时也要做好保护工作。这类器件一般都是采用防静电包装管、包装盘或包装带来包装，这些包装材料也最适合用来存放这类器件，一般的器件销售商有大量这种包装材料，在购买时可以索取一些来存放自己的器件。当没有合适的包装材料时可以用以下方法来保护引脚：直插器件引脚一般向下引出，而且比较长，这类器件存放时可以将器件插在较厚的防静电海绵上，条件有限时也可以用一般的泡沫塑料或珍珠棉来代替；表面贴装器件引脚一般水平引出，而且比较短，这类器件存放时可以用透明胶带将器件粘贴在一块尺寸比器件略大的硬纸板或塑料板上，粘贴时透明胶带不要太大以免使用时不容易取下，之后再将作过保护处理的器件装入塑料袋存放。

3. 重型器件的存放

重型器件主要指较重较大的器件，如变压器、扬声器、大功率电阻、高耐压高容量的电容等，这类器件存放时容易相互碰撞变形或损坏，也容易撞坏或压坏其他器件，因而这类器件存放时应独立包装。重型器件最好的包装材料是气泡袋，没有合适的气泡袋时也可以用多块泡沫塑料将器件围起来后放入纸箱，这些包装材料都能够起到有效的缓冲作用。重型器件在包装好后要轻拿轻放，以免损伤桌面或跌落。

4. 多规格器件的存放

电阻、电容和电感等器件规格非常多，以常用的E24系列电阻为例，阻值规格多达近200种，而这些阻值在不同的电路中又都有可能用得到，因而各种阻值的电阻都要准备。面对如此多的规格，在存放时既要区分规格，又要按顺序排列以方便取放，在空间有限的情况下妥善存放这类器件绝非易事。

图2.1.3 抽屉式组合元件盒

存放规格较多的直插器件较为常用的方法是采用抽屉式组合元件盒，这种元件盒也叫积木式组合元件盒，如图2.1.3所示。它一般用塑料制成，以组为单位出售，每组元件盒有若干个小抽屉，每个小抽屉又能分成若干个小格，不同组还可以相互拼接组合，使用非常灵活。由于抽屉内小格的大小能够调整，所以这种元件盒也可以用来存放一些较大的器件，除电子器件外它还可以用来存放螺钉、螺母等细小五金零部件。存放时各组元件盒可以根据允许的空间大小来组合，器件要按种类及规格大小顺序来存放并在抽屉表面粘贴标签注明盒内器件的规格。按 100 个规格来计算，采用这种元件盒来存放器件仍然要占用较大的空间，在业余条件下不太现实，此外这种元件盒密封性差，器件容易氧化，而且由于结构的问题在取放器件时也很容易将不同规格的器件混在一起，因而在业余条件下推荐用元件册来存放规格较多的直插器件。

元件册在市场上并无成品，需要自己制作。制作元件册的主要材料有大号 A4 双孔文件夹 1 个、A4 透明或磨沙塑料封面 40 张(具体数量可以根据器件规格调整)、180 mm×80 mm 的自封口塑料袋若干。制作时先将每张塑料封面用双孔文件打孔机打好间距为 80 mm 的 2 个孔，然后将 3 个塑料袋用双面胶粘贴在塑料封面上，粘接处不要距袋口太近，以免妨碍器件取放，为了美观塑料袋粘贴时要均匀排列，而且每张塑料封面上塑料袋的位置要一致。之后将加工好的塑料封面用文件夹夹起来，再用打印机打印出常用的规格剪下后用双面胶粘贴在各个塑料袋的右上方元件册就制作完成了，如图 2.1.4 所示。为了便于查找器件可以用不同颜色的纸将不同数量级的规格隔开，还可以再按图 2.1.5 制作一张索引夹在首页。存放时按塑料袋上的规格将器件装入相应的塑料袋即可，如图 2.1.6 所示，除了电阻外这种元件册还可以用来存放体积较小的电容、电感、二极管等器件。这种元件册具有密封性好、节省空间、便于携带、查找方便、各种规格不易弄混等优点，由于塑料封面是活页的，增删器件规格也非常方便。

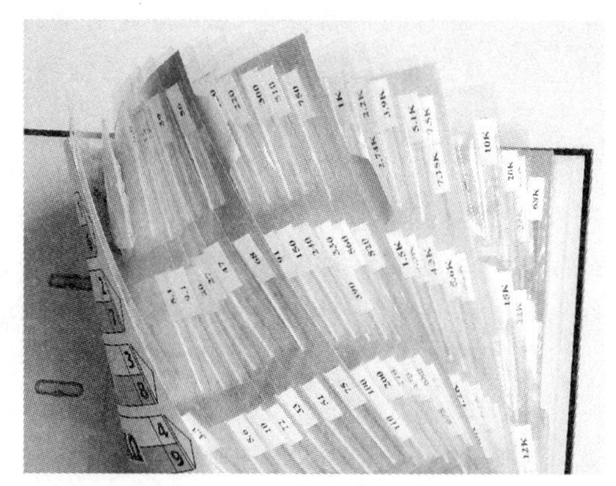

图 2.1.4　规格标签的粘贴

图 2.1.5　索引的制作

图 2.1.6　用元件册存放电阻

存放规格较多的表面贴装器件较为常用的方法是采用贴片元件盒，这种元件盒尺寸非常小，如图 2.1.7 所示。它一般用塑料制成，每个元件盒装有带弹簧片的小盖，开关很方便，而且元件盒边缘有卡钩，能够将多个元件盒拼接组合起来。这种元件盒很适合存放贴片电阻、贴片电容等体积极小的器件，存放时先根据器件规格数量组合好元件盒，再将器件按种类及规格大小顺序装入盒中，并在盒盖表面粘贴标签注明盒内器件的规格。使用这种元件盒时应注意不要同时打开多个盒盖，以免器件没有夹持稳而落入其他盒内，而且取出器件后要随手关闭盒盖，以防器件洒落；此外还要特别注意元件盒不要跌落，一旦跌落将可能导致多种规格的器件混在一起，贴片器件体积非常小，贴片电容等器件表面没有任何标识，要将混在一起的器件按规格分离是十分困难的。当规格较多时贴片元件盒还是会占用不少空间，也不方便携带。此外贴片元件盒的密封性一般，用这种元件盒保存器件一般都要去掉器件的包装纸带或塑料带，器件引脚容易氧化，因而贴片元件盒不适合长期存放器件。

业余条件下也可以用相册(或底片册)来存放规格较多的贴片器件，相册的大小和厚度可以根据要存放器件规格的多少来选择。器件存放前用打印机打印出常用的规格剪下后粘贴在每张“照片”的右上角。贴片电阻、贴片电容等器件一般用纸带或塑料带来包装，存放时不要去掉包装带，根据相册大小将包装带剪成若干段，之后再根据规格插入相册相应的位置，如图2.1.8所示，为了避免在使用中弄混规格还可以用笔将器件的规格写在包装带上。用相册存放贴片器件具有成本低廉、节省空间、携带方便、不怕跌落、器件引脚不易氧化等优点，它是电子爱好者存放贴片器件很不错的方法。

图2.1.7　贴片元件盒

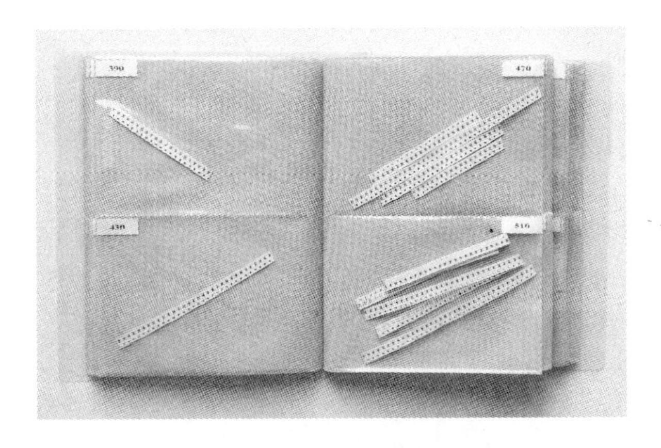

图2.1.8　用相册存放贴片电阻

2.1.5　小　结

本节介绍了电子制作中硬件设计和电路制作两个环节器件选择的一般原则和注意事项，这些内容不仅适合电子制作，同样也适合一般电子产品的开发。关于具体器件的种类、特点、用途及选择方法等内容，有兴趣的读者可以参考相关书籍。本节也总结了电子器件常见的几种来源，可以供读者在获取器件时参考。此外本节还介绍了不同种类器件存放时需注意的问题以及存放方法，其中特别介绍了元件册的制作方法，读者存放器件时可以根据器件种类和数量的多少来选择合适的存放方法。

2.2　工具配备与使用

2.2.1　概　述

“没有金刚钻，不揽瓷器活”和“工欲善其事，必先利其器”这两句常听到的俗语很贴切地说明了工具配备对于做好某种工作的重要性。工具配备对于电子制作同样也是非常重要的，没有顺手的工具很难做出高水准的电子制作。

本节将分门别类地对电子制作常用工具的原理、结构、用途及配备等进行细致全面的介绍，同时也将穿插介绍一些实用工具的自制方法，还将通过一些电子制作常用的加工工艺介绍部分工具的使用，此外对工具使用时人身安全及工具保护的注意事项也将作详细介绍。

2.2.2　工具的配备

常用的工具可以分为增力类工具、夹持类工具、切削类工具、电动工具、电热工具、测量类工具、清洁类工具等几类，这个分类仅是为了叙述方便，并非绝对分类，某些工具可能同时属于上述多种类别，这里则按其最主要的特征或用途来归类。

1. 增力类工具

增力类工具主要指利用杠杆原理和冲量等于动量的改变量原理，以较小的力获得较大的力完成某种操作的工具，这类工具的结构一般比较简单，是最常见的一类工具。

(1) 螺丝刀

螺丝刀又叫改锥、起子或螺丝批，这类工具也称作旋具。它是装卸螺钉最常用的工具，也是人们最熟悉的工具，就算不是机械相关专业的人也都知道。螺丝刀结构很简单，一般分为刀头、刀杆和刀柄三部分。

不同槽型的螺钉需要不同刀头的螺丝刀来装卸，而螺钉的槽型种类繁多，除了常见的一字槽和十字槽外还有内六角、防盗内六角、梅花、防盗梅花、方槽、三角槽、人字槽、米字槽、H 形槽、Y 形槽以及多种槽型复合槽、非标准槽等数十种，所以按刀头对应的槽型来分类螺丝刀也有数十种。同样槽型的刀头又有大小规格之分，同样刀头的螺丝刀刀杆还有长短之分，如此便组成了一个非常庞大的螺丝刀"大家族"。

按用途来分螺丝刀可以分为专用螺丝刀和多用螺丝刀两大类。专用螺丝刀的刀头和刀杆是一体的并和刀柄固定在一起，这类螺丝刀只能装卸某一种槽型的螺钉，常见的专用螺丝刀如图 2.2.1 所示。多用螺丝刀的刀头和刀杆或刀杆和刀柄为可拆卸结构，因而可以更换不同槽型的刀头或不同长度的刀杆，能够适应多种槽型和规格螺钉装卸的需要，常见的多用螺丝刀如图 2.2.2 所示。此外还有一种多功能螺丝刀，它的刀杆为软轴结构，适合在空间狭小或操作角度受限制的场合使用。

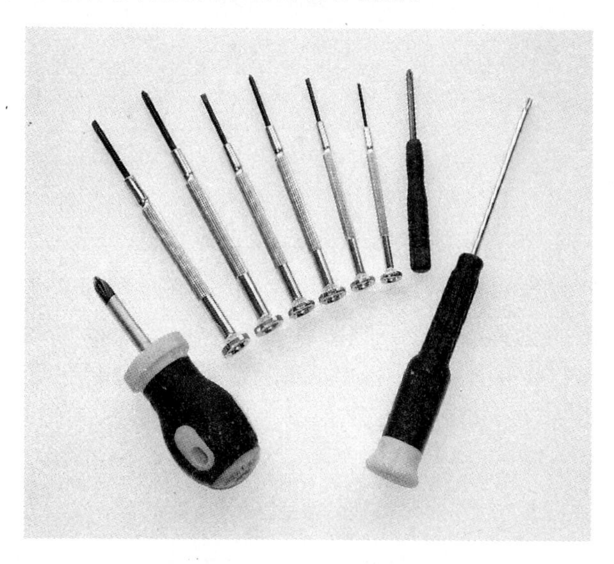

图 2.2.1　专用螺丝刀

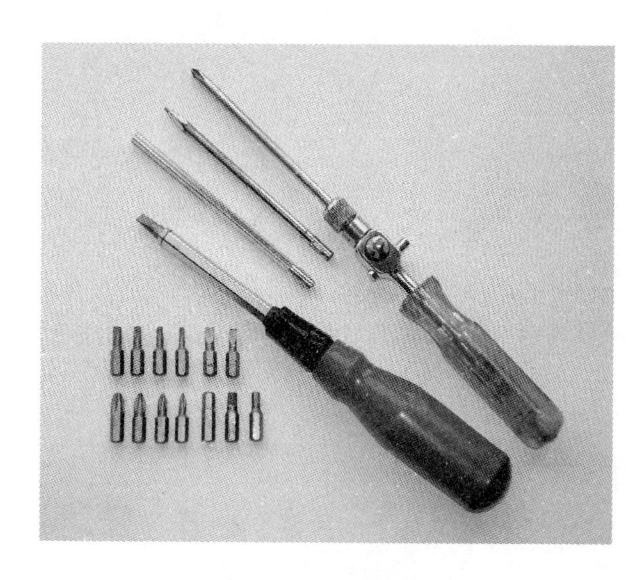

图 2.2.2　多用螺丝刀

螺丝刀除了其本身用途外，有些多功能螺丝刀也能够作为试电笔、套筒扳手或手电筒等工具来使用，一字螺丝刀还可以作为撬棍撬动某些部件以及当作锥子或錾子在较软的板材上钻孔或开槽，当然这样可能损伤工具，只适合在某些情况下应急。有些螺丝刀刀头带有磁性，在使用时能够吸起螺钉，使操作更方便，但要注意这种螺丝刀不要用于磁头、磁鼓等怕磁性器件的安装，以免器件被磁化而影响性能。

虽然螺丝刀种类很多，但是对于电子制作一般配备几把中等长度的一字和十字螺丝刀就可以了，有条件再配备一套袖珍螺丝刀(钟表起子)，可以用于精细电路的制作和维修。电动螺丝刀(电批)和气动螺丝刀(风批)也属于螺丝刀，但这类螺丝刀价格昂贵，一般用于生产线，不适合电子爱好者使用。

(2) 扳　手

扳手又叫扳子，是拧紧或松开螺母、螺钉常用的工具。根据主要用途扳手可以分为螺钉扳手和螺母扳手两大类。

螺钉扳手主要用于装卸螺钉，它也可以看作是一种特殊的螺丝刀，这种螺丝刀的刀头和普通螺丝刀相同，刀杆为"L"形或"Z"形，一般没有刀柄。螺钉扳手靠旋动弯折的刀杆来拧紧或松开螺钉，其力臂要比一般螺丝刀大很多，还能够通过加套管的方式进一步增大力臂。与一般螺丝刀相比螺钉扳手更适合需要较大扭矩或空间有限无法伸入较长螺丝刀的场合使用。常见的螺钉扳手主要有内六角、梅花、一字和十字几种，如图 2.2.3 所示。

螺母扳手主要用于装卸六角形或方形螺母，也可以用于装卸螺栓或螺柱。螺母扳手的结构比较简单，一般可以分为扳口和扳体两部分。常见的螺母扳手有固定扳口扳手、可调扳口扳手和套筒扳手三种，其中前两种扳手的扳口为扁平状，后一种扳手的扳口为筒状。固定扳口扳手的扳口宽度是固定的，这种扳手只能够装卸某一种或两种(对于双头扳手)规格的螺母。呆扳手和梅花扳手都是常用的固定扳口扳手，如图 2.2.4 所示。较薄的片状呆扳手也叫片扳手，适合高度受限制空间内螺母的装卸。可调扳口扳手的扳口宽度可以根据需要调整，这种扳手能够装卸多种规格的螺母。活扳手是最常用的可调扳口扳手，如图 2.2.5 所示，另外有一种称作"万能扳手"的钩状扳手也属于可调扳口扳手。套筒扳手也叫套管扳手，它的扳口为六角或十二角孔，形状与梅花扳手类似，这种扳手特别适合装卸在沉孔内或低凹处的螺母或螺栓，由于受力均匀，与其他扳手相比套筒扳手对螺母的损伤更小。套筒扳手的扳体有"L"形、"T"形、"Y"形及十字形等多种外形，很多套筒扳手可以更换不同规格的套筒以适应不同规格的螺母，如图 2.2.6 所示。选择旋具套筒则套筒扳手还可以作为螺钉扳手来使用，非常方便和灵活，有些套筒扳手还设计了万向节和棘轮机构，能够在扳手旋转角度受限制的场合使用。

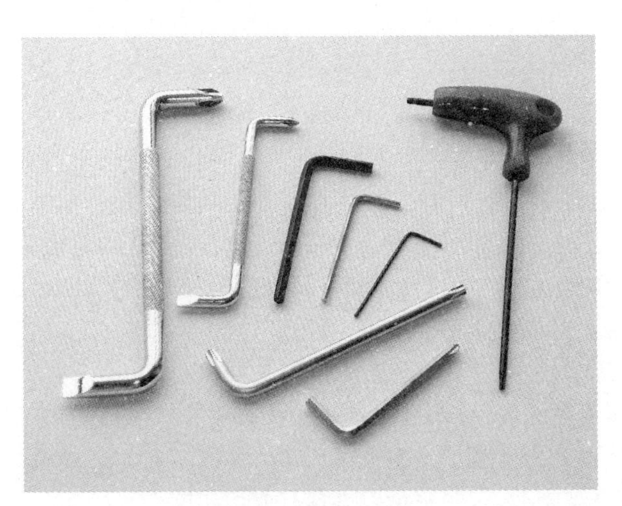

图 2.2.3　螺钉扳手

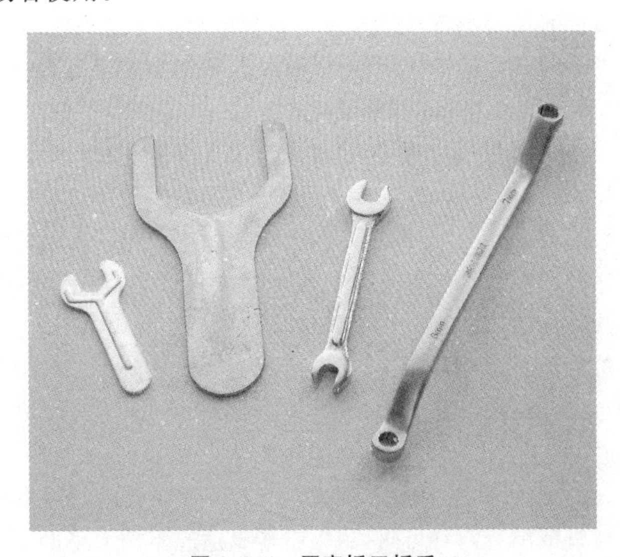

图 2.2.4　固定扳口扳手

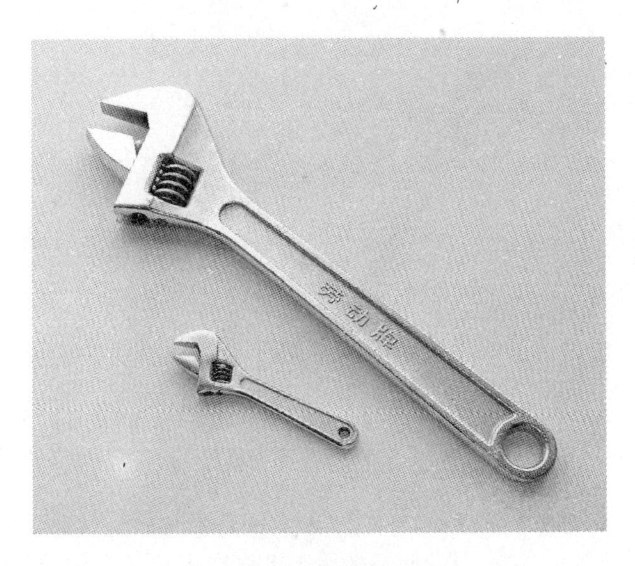

图 2.2.5　可调扳口扳手

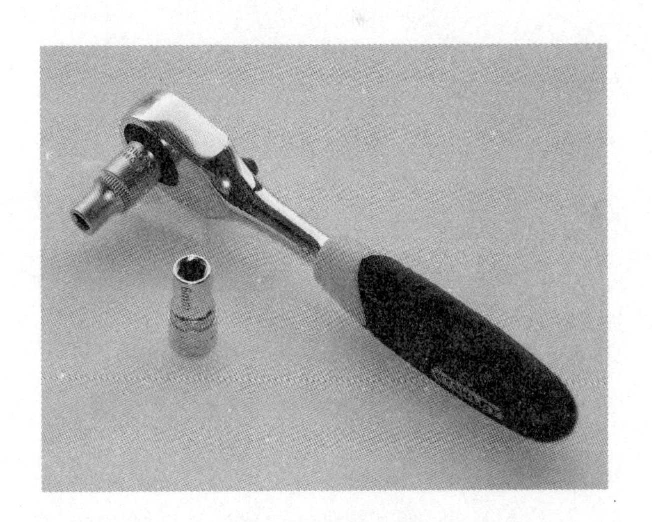

图 2.2.6　套筒扳手

(3) 锤　子

锤子是一种用于敲打东西的工具，它由锤头和锤柄两部分组成。用途不同的锤子其锤头和锤柄的材料也不同，锤头一般用金属、硬质塑料或橡胶等材料制成，锤柄用木头或金属制成，铁质锤头、木质锤柄的锤子是最常见的锤子。锤子可以单独使用完成钉钉子、木楔、销和棒状金属部件以及金属板材整形等操作，也可以配合锥子、錾子、冲子等其他工具完成开孔、开槽、铆钉铆接以及零部件拆装等操作。

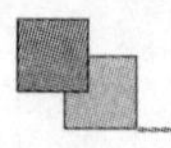

2. 夹持类工具

夹持类工具主要指用于夹取零部件和夹钮或固定工件的工具，这类工具能够起到替代双手、解放双手的作用。

(1) 镊　子

镊子是最常见也是结构最简单的夹持类工具，主要用于夹取细小部件及器件引脚整形或成型，它一般为“V”形，由两片具有弹性的钢片组成，如图 2.2.7 所示。

镊子主要有直头和弯头两大类，每一类镊子根据其头部形状的不同又可以分为尖头、圆头和扁平头等多种，其中尖头还有普通型和精密特细型之分。此外还有一种专门针对电子制造行业设计的防静电镊子，其表面有防静电涂层或头部用防静电材料制成，适合夹持对静电敏感的部件。对于一般的电子制作，直尖头不锈钢镊子是首选。

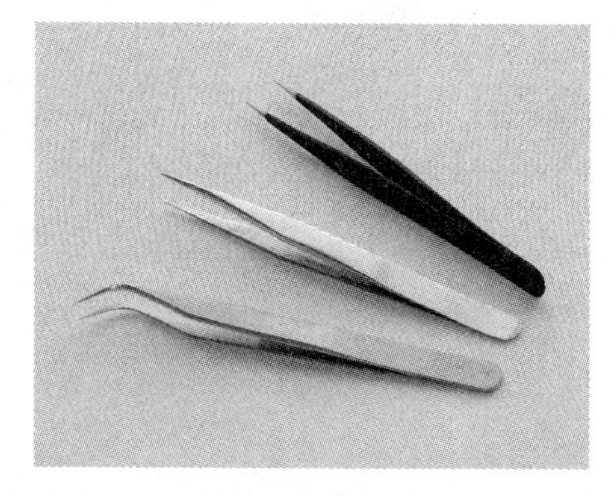

图 2.2.7　镊　子

(2) 尖嘴钳、圆嘴钳和扁嘴钳

尖嘴钳是一种常见的夹持类工具，如图 2.2.8 所示。它钳头比较尖，钳口内一般有齿，主要用于工件整形、成型或拔取较为细小的部件，在某种意义上它相当于一把夹持力大、刚性好的镊子，一些带有刃口的尖嘴钳也可以用于剪切导线、铁丝等细小棒状材料。此外有一种尖嘴钳的钳口前端是弯的，也叫弯嘴钳，它可以用于一些操作角度比较特殊的场合。与尖嘴钳外形相似的钳子还有圆嘴钳和扁嘴钳。圆嘴钳钳口两部分均为圆锥状且内表面无齿，它适合用来弯制圆环或卷制圆筒；扁嘴钳的钳口为扁平状，与工件的接触面积要比尖嘴钳大，它适合需要夹持较小部件但又要有较大夹持力的场合使用。

(3) 鲤鱼钳

鲤鱼钳外形为鱼形，如图 2.2.9 所示。它的钳口内有粗细不等的齿，可以用来夹持柱状或扁平状工件，具有较大的夹持力，有时可以用来代替扳手来夹持螺母或螺栓。鲤鱼钳的最大特点是钳腮可以滑动，同一把钳子的钳口开口范围有两种可选，这样就能够适应不同大小的工件，使用比较灵活，有些鲤鱼钳也具有剪切功能。

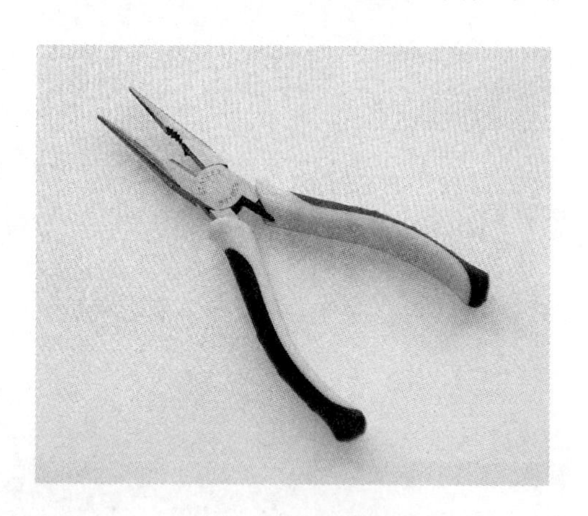

图 2.2.8　尖嘴钳

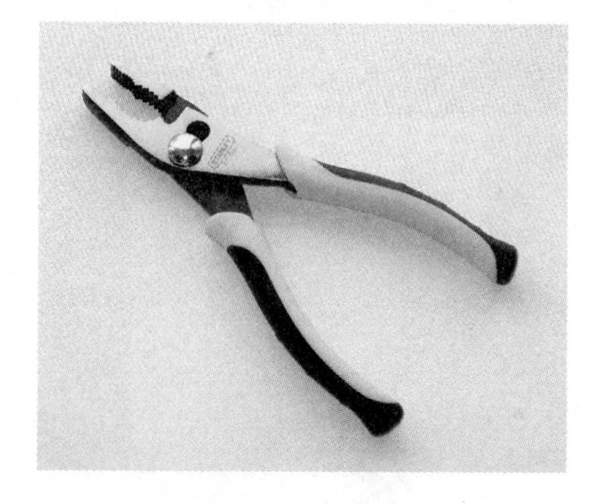

图 2.2.9　鲤鱼钳

(4) 压线钳

压线钳又叫电缆(导线)压接钳，是一种特殊的钳子，它并非用来夹持工件，而是专用于电线电缆和接插件的连接，也是电子行业常用的手工工具。水晶头(电信接头)压线钳和端子压线钳是最常见的压线钳，分别如图 2.2.10 和图 2.2.11 所示。水晶头压线钳有 RJ9、RJ11 和 RJ45 等多种，适合电话线和网线配套的水晶头压线使用；端子压线钳适合绝缘和非绝缘欧式端子及类似结构的开口插片、钩式插片、直插片、接线鼻和接线帽等压线使用。压线钳有专用和多用之分，有些多用压线钳还具有剪线和剥线功能。由于接插件种类繁多，所以对应的压线钳种类也很多，除了上述两种压线钳外，IDC 接头/排线压线钳、BNC/F/RCA 等接头压线钳也比较常用，可以根据需要来配备。

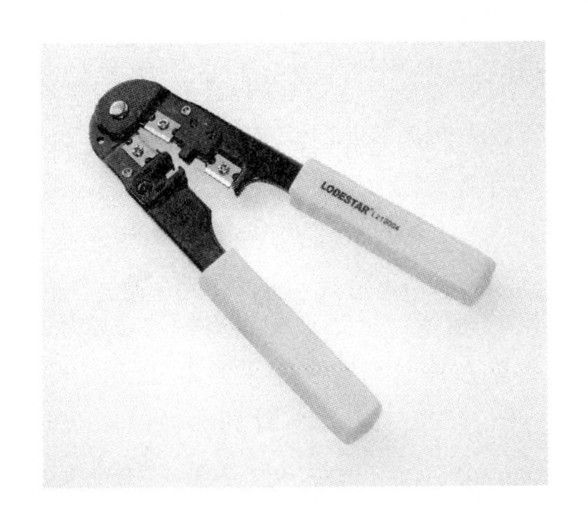

图 2.2.10　水晶头压线钳

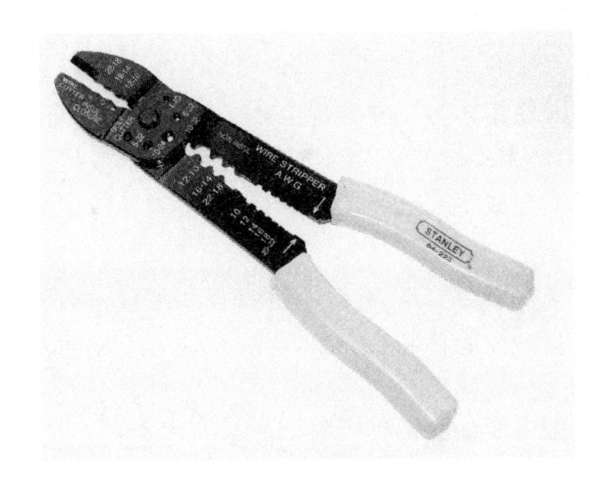

图 2.2.11　端子压线钳

(5) 钳　台

钳台又叫台钳、台虎钳，是钳工常用的夹持工具。钳台一般由动钳体、定钳体、丝杆和底座几部分组成。动钳体能够通过丝杆机构活动从而改变钳口开口的大小并夹紧工件，底座可以通过螺栓或丝杆夹紧机构固定于工作台，有些钳台的钳体还能够在底座上旋转，使用更加方便。钳台钳口宽、夹持力大，能够夹持较大的工件进行加工。钳台大小有很多种，较大的钳台往往还配有铁砧，可以用于工件整形或铆钉铆接等加工。对于一般的电子制作选择中小型钳台或迷你钳台就能满足加工要求，图 2.2.12 是一种较常见的金属迷你钳台。除此之外还有一种塑料迷你钳台，这种钳台的钳体和底座均为塑料材质，底座通过吸盘与工作台固定，它只能用来夹持一些细小部件，不能用于受力较大的加工，而且耐用程度也一般，但价格低廉，在经济条件有限的情况下可以选择。

由于钳台钳口宽、夹持力均匀而且容易控制，在没有合适的压线钳时钳台也可以代替专用的压线钳来压接 IDC 插头和排线，效果也不错，算是钳台的一种妙用。

(6) G 字夹

G 字夹又叫 G 字木工夹，是木工常用的工具，它主要用于木工粘接时固定板材。常见的 G 字夹如图 2.2.13 所示，它由铸铁骨架和钢质丝杆两部分组成。这里介绍 G 字夹主要是因为在某些时候它能够代替钳台或一些专用的夹具，用于钻孔、裁板、切割等加工时固定工件，而它的价格相对便宜很多，在经济条件有限的情况下，G 字夹是非常理想的夹持工具。G 字夹有很多种规格，大多数的电子制作体积都不大，有两只最小号的 G 字夹就能够满足一般的加工要求。

图 2.2.12　迷你钳台

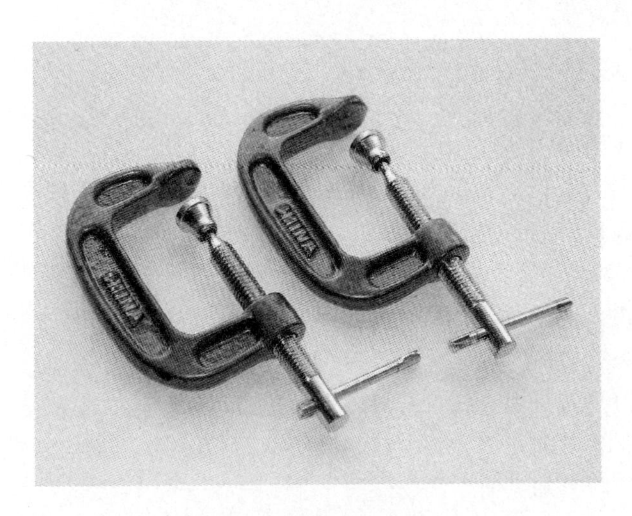
图 2.2.13　G 字夹

(7) 钻夹头

钻夹头又叫钻头卡盘,准确的来讲它不属于工具,它只是个用来夹紧钻头的电钻配件,这里特别介绍它是因为它能够变通使用作为一种夹持工具。钻夹头除了可以夹钻头外也可以夹开孔器、丝锥、磨头、多用起子的刀头等工具,还可以用来夹圆柱、三棱柱、六棱柱等柱状或接近柱状的工件,非常适合经济条件有限或一时购买不到合适夹具的情况下完成手工钻孔、攻丝、打磨、切割等加工。只要使用得当,钻夹头便可以一物多用,很多时候比钳台和钳子还灵活。

钻夹头一般为三爪,有扳手钻夹头和手紧钻夹头两种,如图 2.2.14 所示。扳手钻夹头需要配合专用的带齿扳手(也叫钥匙)才能将钻头夹紧,与手紧钻夹头相比其夹紧力更大,手紧钻夹头只需要用手旋转外套即可将钻头夹紧,操作方便、快捷,而且其表面一般有塑料护套,手感相对更好些。钻夹头有锥孔和螺纹孔两种,作为手工加工夹持工具使用这两种都可以。常用的钻夹头有 0.6～6 mm、1～10 mm、1.5～13 mm 等几种规格,可以根据夹持的工具和工件来选择。

(8) 焊接台

焊接台是用于电路焊接时固定电路板、器件、导线或焊锡丝的工具,如图 2.2.15 所示,它由底座、支架、机械臂和夹具几部分组成。底座比较厚重,一般由铸铁制成,支架固定在底座上,机械臂有若干个,每个机械臂上安装有一个夹具,一般为鳄鱼夹,机械臂通过万向球结构与支架和夹具相连,因此机械臂和夹具都可以自由活动。大多数的焊接台都带有放大镜,它对于焊接贴片器件或装卸细小零部件非常有用。

图 2.2.14 钻夹头

图 2.2.15 焊接台

3. 切削类工具

切削类工具主要指用于去除工件部分材料和使工件断裂、碎裂或发生趋于断裂、碎裂的形变的工具,这类工具也是种类最多的一类工具。

(1) 刀

刀是人们最熟悉的切削类工具,它的种类非常多,用于电子制作的刀主要有直刀、弯刀、铲刀和钩刀四大类。在结构上一般的刀可以分为刀刃、刀体和刀柄三部分。

直刀指刀刃为直线且与刀体平行的刀,如图 2.2.16 所示,常见的裁纸刀、美工刀以及大多数的电工刀等都属于直刀。直刀的刀刃和刀尖都可以使用,刀刃主要用来切割较软的板材或棒状、条状材料,刀尖则用于简单的雕刻以及某些材料加工前划线或开槽。

弯刀指刀刃为弧形的刀,如图 2.2.17 所示。弯刀的刀尖不凸出,不能用来雕刻,一般只使用刀刃,它主要用于切割较软的材料,特别适合材料表层曲线切割,与直刀相比,弯刀切割更顺畅和灵活,切口毛刺也更少。

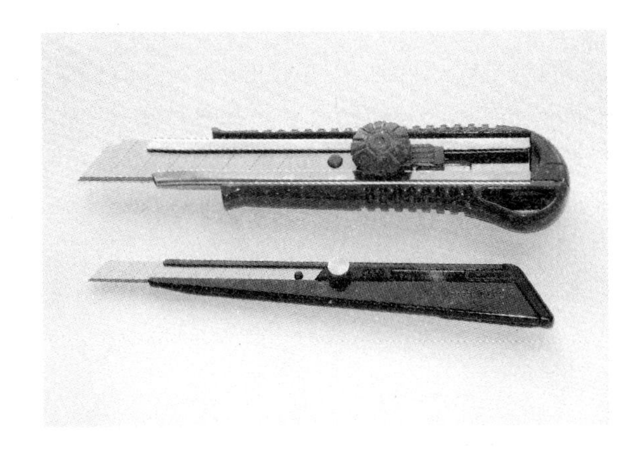

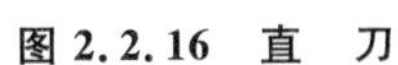

图 2.2.16　直　刀

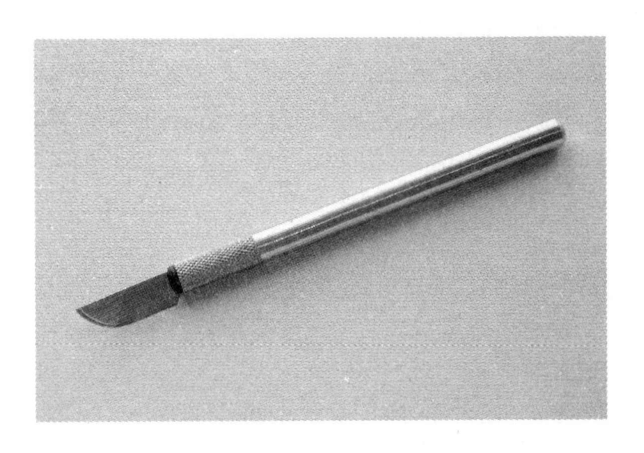

图 2.2.17　弯　刀

铲刀指刀刃为直线且与刀体呈一定角度的刀，如图 2.2.18 所示，大多数的刻刀都属于铲刀。铲刀的刀刃和刀尖都可以使用，刀刃主要用来铲除或刮除材料，刀尖则用于雕刻材料。刀刃较宽的铲刀也可以用于木材的刨削，还可以作为有一定操作角度的直刀使用。

钩刀指刀体呈钩状的刀，如图 2.2.19 所示。钩刀一般只使用刀尖（钩尖），它主要用于裁切板材和开深槽。直刀和弯刀是通过使材料形变并将之挤压到刀刃两旁完成切割的，适合于裁切较薄较软的材料；而钩刀是通过去除材料完成切割的，它在切割时可以将材料碎屑排出，因此它能够裁切较厚较硬的材料。

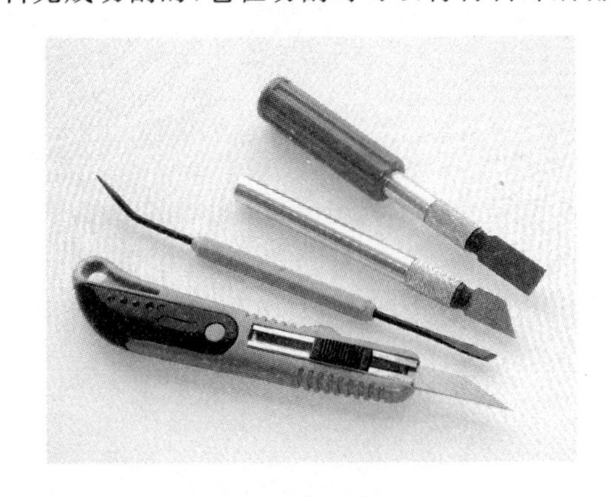

图 2.2.18　铲　刀

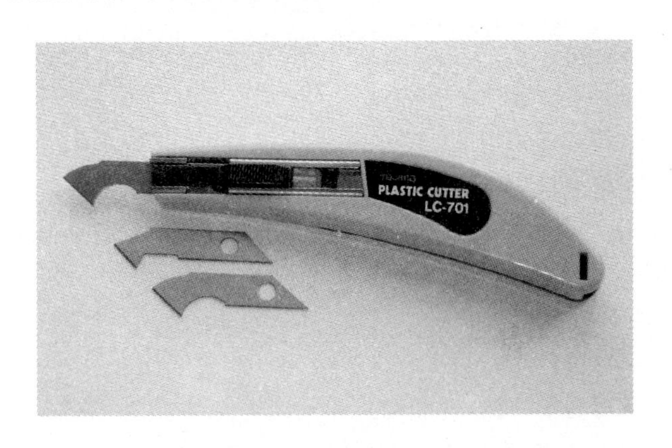

图 2.2.19　钩　刀

（2）剪　刀

剪刀也是人们非常熟悉的切削类工具，它主要用来剪切纸板、塑料板、布、皮革等较薄较软的材料，一些特制的剪刀也能够剪切薄金属板。剪刀的种类非常多，对于一般的电子制作家用剪或美工剪就能满足要求，有条件也可以再配备一把铁皮剪。

（3）钢丝钳

钢丝钳也叫克丝钳、老虎钳，是最常见的钳类工具，如图 2.2.20 所示。它的刃口与钳柄所在平面平行，主要用于剪切或弯折导线、钢丝等棒状材料。钢丝钳的钳口部分非常厚实，具有较大的剪切力，能够剪切较粗和较硬的材料。大多数钢丝钳的钳口内有齿，因此钢丝钳也可以用来夹持工件，此外钢丝钳还可以应急当作锤子来敲击较小的工件。

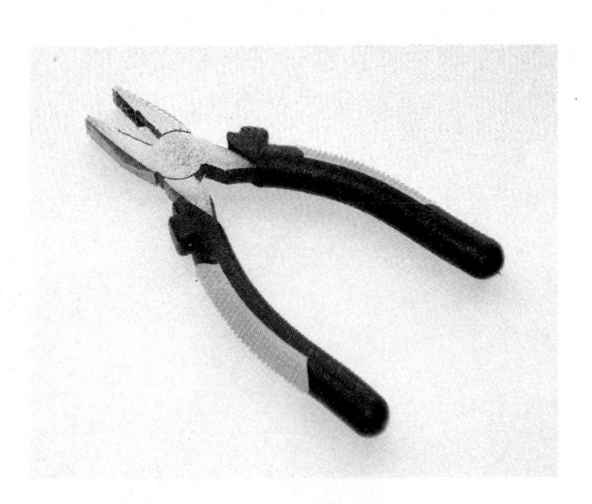

图 2.2.20　钢丝钳

(4) 斜口钳和水口钳

斜口钳也叫斜嘴钳，如图 2.2.21 所示，它的钳头比较尖，刃口与钳柄所在平面呈一定角度，适合剪切低凹处或齐根剪切凸出于表面的棒状材料。斜口钳的钳口部分较薄，一般不能剪切较粗和较硬的材料。有一种外观和结构与斜口钳非常相似的钳子叫做水口钳，习惯上也叫作剪钳。与斜口钳相比，水口钳钳口部分更薄，手感更轻巧，它的刃口一般为单斜刃即外侧刃口表面与钳口外表面是平齐的，因而剪切时工具对工件的冲击更小，剪切后工件的切割面也更加平整。水口钳专门用于剪切塑料制品表面残留的水口(一般指浇口，这里指注塑时模具内部浇口和流道处的成型物)，但目前市场上更常见的水口钳是电子水口钳，如图 2.2.22 所示，它主要用来剪切器件引脚或导线。电子水口钳是电子制造行业常用的工具，也是电子制作首选的剪脚工具。

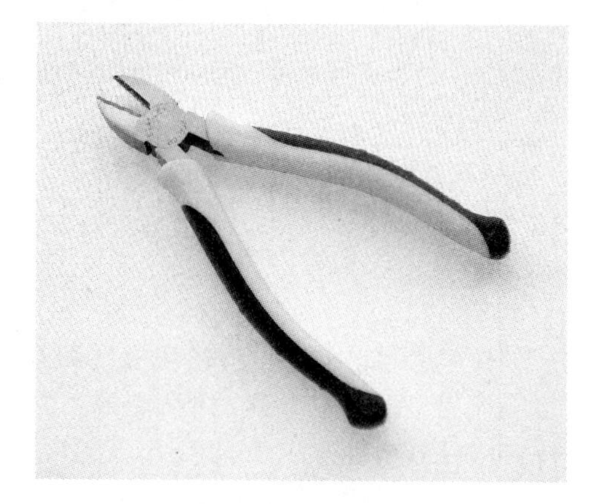

图 2.2.21　斜口钳

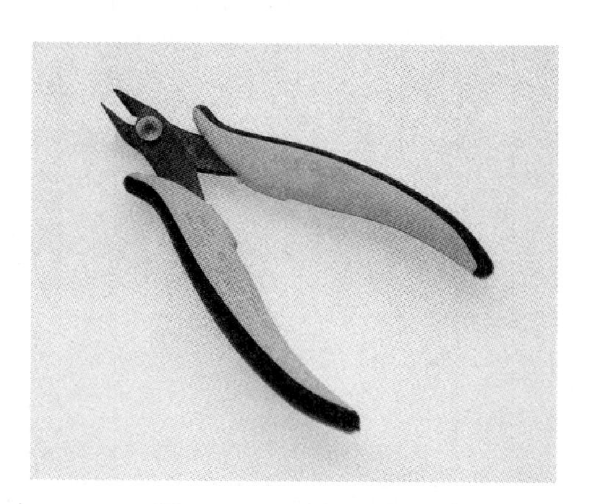

图 2.2.22　电子水口钳

(5) 顶切钳和胡桃钳

顶切钳的刃口与钳柄所在平面垂直，如图 2.2.23 所示，它主要用于齐根剪切材料或拔除凸出于表面的部件。顶切钳的刃口比较宽，除了能够剪切棒状材料外它还可以剪切带状或扁平状的材料。指甲钳在结构上也属于顶切钳，在条件有限时它也可以作为一个轻型顶切钳来应急使用。胡桃钳是制鞋行业常用的钳子，它的外观、结构和用途与顶切钳相似，但胡桃钳的钳口更大，电子制作中如果需要也可以选用。

(6) 剥线钳

剥线钳是专门用来剥除导线或电缆绝缘外皮的电工工具，主要有手动剥线钳和自动剥线钳两大类。手动剥线钳也叫简易剥线钳，有侧切式和顶切式两种，图 2.2.11 中的端子压线钳同时也是一种侧切式手动剥线钳。手动剥线钳结构简单、价格较低，但剥线时在绝缘外皮割开后需要手动拉扯才能将绝缘外皮剥离。自动剥线钳剥线时只需夹紧钳柄即可完成绝缘外皮的切割和剥离，使用自动剥线钳剥线更省力，工作效率也更高。常见的自动剥线钳有尖嘴剥线钳和鸭嘴剥线钳(鹰嘴剥线钳)两种。尖嘴剥线钳如图 2.2.24 所示，它具有剥线快速、不伤线芯及外皮和使用寿命长等优点。手动剥线钳和尖嘴剥线钳刃口均为半圆；而鸭嘴剥线钳的刃口为直线，因而它更适合排线剥皮，此外它还能够选择剥线长度和压力，使用比较方便。

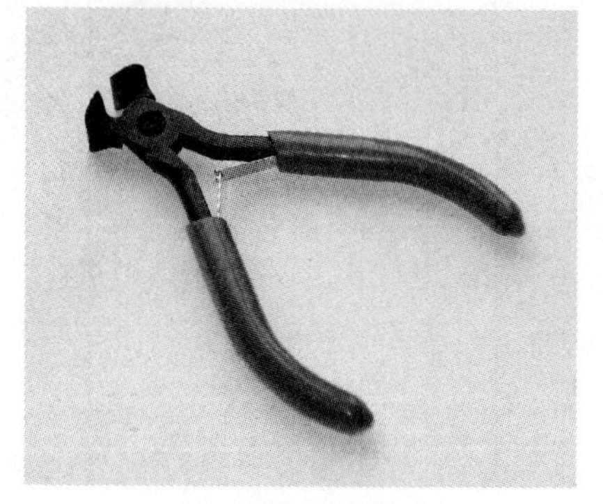

图 2.2.23　顶切钳

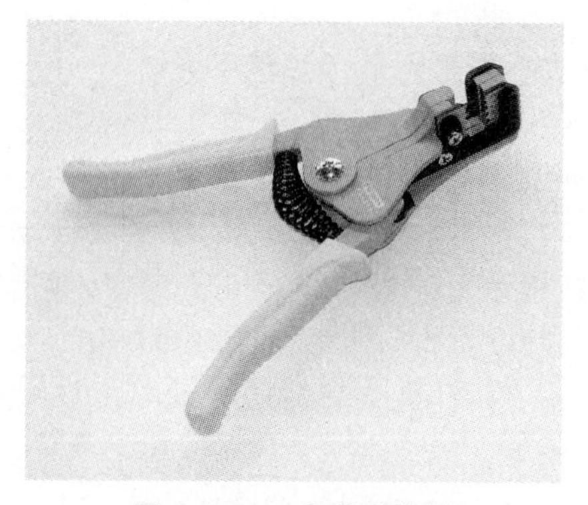

图 2.2.24　尖嘴剥线钳

(7) 钻　头

钻头是用于加工较小圆孔(一般直径不超过 13 mm)的工具,它需要由钻夹头夹持配合电钻或手钻来完成加工。钻头一般由高速钢或硬质合金制成,表面有螺旋排屑槽,呈麻花状,所以这种外形的钻头又称作麻花钻头。根据钻头柄的不同钻头有直柄和锥柄等几类,这里介绍的钻头均为直柄钻头,电子制作常用的钻头主要有金属钻头、木工钻头和 PCB 钻头三种。

金属钻头是最常见的钻头,它的外形如图 2.2.25 所示。金属钻头适合在金属、塑料、木材及各种 PCB 板材等材料上钻孔,它有多种直径和长度规格,可以根据钻孔的直径和深度来选择。有些金属钻头表面具有氮化钛涂层,耐磨性更好,有条件可以选用。

木工钻头的外观与金属钻头相似但其头部更尖,排屑槽更宽,如图 2.2.26 所示,它也称作三尖木工钻头。这种钻头更适合在纤维板、胶合板及实木等木材上钻孔,与金属钻头一样,木工钻头也有多种直径和长度规格。

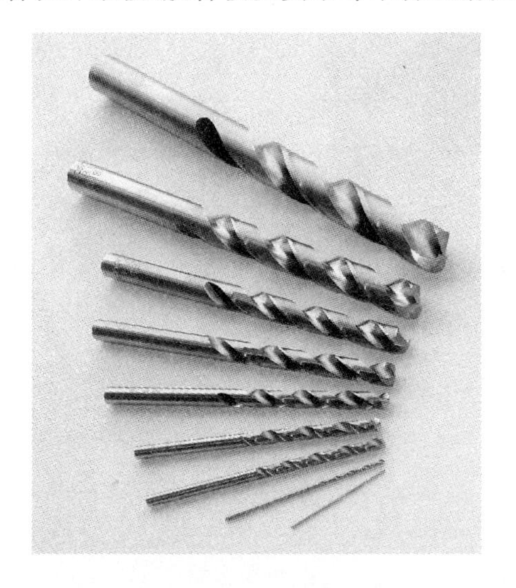

图 2.2.25　金属钻头

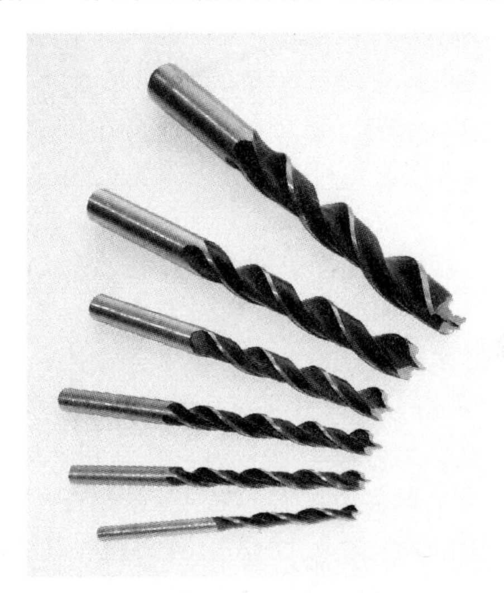

图 2.2.26　木工钻头

PCB 钻头是 PCB 制造行业使用的一种钻头,它适合在各种 PCB 板材上钻孔。PCB 钻头的外形如图 2.2.27 所示,与其他钻头不同,PCB 钻头不论标称直径大小,其柄的直径是固定的,一般为 3.175 mm 或 2.0 mm。PCB 钻头经过特殊设计,它具有刚性强、切削刃锋利、排屑空间大、耐磨性好、能够加工微孔等特点,用这种钻头加工出的孔精度高、垂直度好、孔壁光滑。虽然 PCB 钻头与同直径的普通金属钻头相比价格高很多,但它性能优良,对于电子制作也是首选的 PCB 钻孔工具。特别是业余使用的电钻钻夹头夹持直径在 1 mm 以下的钻头同心度一般都比较差,而 PCB 钻头柄直径比较大,钻小孔采用 PCB 钻头更能够提高钻孔精度。常用的 PCB 钻头标称直径范围为 0.1～6.5 mm,对于电子制作为了节省开支准备一支 0.8 mm 的 PCB 钻头就可以了,加工大孔可以通过用普通金属钻头扩孔来实现。

还有一种比较常见的钻头是冲击钻头,它外观与金属钻头相似但其前端扁平,主要用于建筑装潢时在混凝土或石材上钻孔,电子制作一般用不到。

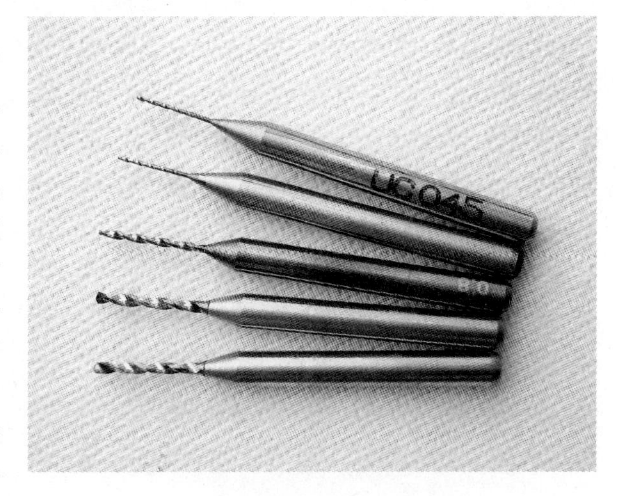

图 2.2.27　PCB 钻头

(8) 开孔器

开孔器是用于加工较大圆孔(一般直径在 13 mm 以上)的工具,它需要由钻夹头夹持配合电钻来完成加工。开孔器可以分为金属开孔器、木工开孔器、玻璃开孔器和石材开孔器等几大类,后两类特别是石材开孔器主要用于建筑和装潢，电子制作一般用不到，除非是一些以玻璃为外壳或底板的制作以及涉及石材加工如沙盘、盆景等特殊的电子制作才可能会需要，这里主要介绍金属开孔器和木工开孔器。

金属开孔器一般由切割刀、导钻和轴柄三部分组成。切割刀为杯形，开口的一侧边缘有锋利的锯齿，因而这种结构的金属开孔器有时也称为开孔锯；导钻是一根直径为 4～8 mm 的直柄麻花钻头，它固定在切割刀的中心，主要起定位和定心的作用，加工时导钻先行钻入被切割材料，其圆心的位置也就是最终开孔圆心的位置；轴柄用于钻夹头夹持，由于在加工时开孔器受力较大，为了使轴柄能够与电钻三爪钻夹头紧密配合及避免打滑，轴柄的外形一般设计为近似三棱柱或六棱柱。大多数金属开孔器这三部分是可拆卸结构，也有部分产品切割刀和轴柄是一体的。市场上常见的金属开孔器主要有高速钢开孔器和双金属开孔器两种，这两种开孔器切割刀的制造工艺和材料不同，但结构和切削原理基本相同。

高速钢开孔器切割刀的刀刃和刀体均采用高速钢制造，强度非常高，锯齿刀刃部分通过计算机分度高速磨削成型。它具有刀刃锋利、同心度好、加工尺寸准确以及切削平稳等特点，适合在普通钢、铸铁、铝、铜等金属材料上开孔。常见的高速钢开孔器如图 2.2.28 所示。

图 2.2.28　高速钢开孔器

双金属开孔器切割刀的刀刃由强度极高的高速钢制成，而刀体则由韧性较好的弹簧钢等材料制成。刀刃和刀体采用电子束焊接技术连接为一体，由于切割刀采用了两种不同的金属材料，故称作“双金属”。双金属开孔器具有加工速度快、切削轨迹细以及加工深度范围宽等特点，适合在不锈钢、低碳钢、铸铁、铝、铜或合金等金属材料上开孔。双金属开孔器切割刀有等齿和变齿(不规则齿)两种，变齿切割刀的锯齿间距不等，可以防止加工时发生共振，同时也不容易卡齿或锛刃。一些高档产品的切割刀还设计有安全边，能够避免切割刀在切割透材料后继续进给穿过材料而损伤材料表面。大多数双金属开孔器的切割刀表面开有排屑孔，导钻外侧套有排料弹簧，排屑孔和排料弹簧分别用于在切割过程中甩出材料碎屑和在切割透材料后弹出切割下的材料，使切割更加顺畅。常见的双金属开孔器如图 2.2.29 所示，除了这种以外还有一种可以更换切割刀的双金属开孔器，如图 2.2.30 所示。这种开孔器更换切割刀无须任何工具，非常简便快速，当加工不同直径的孔时只需要更换不同规格的切割刀而不用将导钻和轴柄从钻夹头上取下，缩短了加工时间，同时存放和携带也更方便。

图 2.2.29　双金属开孔器

图 2.2.30　可更换切割刀的双金属开孔器

以上介绍的两种金属开孔器主要用于在表面平整的金属材料上加工通孔，此外它也能够用于在曲面工件(如管材)上以及在 PCB 板材、有机玻璃、PVC、木材等非金属材料上开孔。加工时应注意材料厚度不能超过允许的加工深度。金属开孔器常见规格为15～100 mm，直径越大价格也越高。

木工开孔器专门用来在实木、纤维板、胶合板等木质材料上开孔，市场上常见的木工开孔器主要有钻削型和锯削型两种。钻削型木工开孔器是比较常用的一种木工开孔器，它在加工时相当于一个大直径的钻头，被切割下的材料是松散的碎屑而非整体，因此它除了能够加工通孔外还可以加工盲孔，加工深度范围也比较宽。钻削型木工开孔器由切割刀和轴柄两部分组成，这两部分在结构上是一个整体，切割刀的刀刃和定心锥由刀体直接磨削而成或由硬质合金制成镶嵌在刀体表面。钻削型木工开孔器常见规格为15～80 mm，外观一般如图2.2.31所示。锯削型木工开孔器的结构和切削原理与金属开孔器类似，在加工时被切割下的材料是连在一起的整体，所以它只能用来加工通孔，而且材料厚度不能超过允许的加工深度。

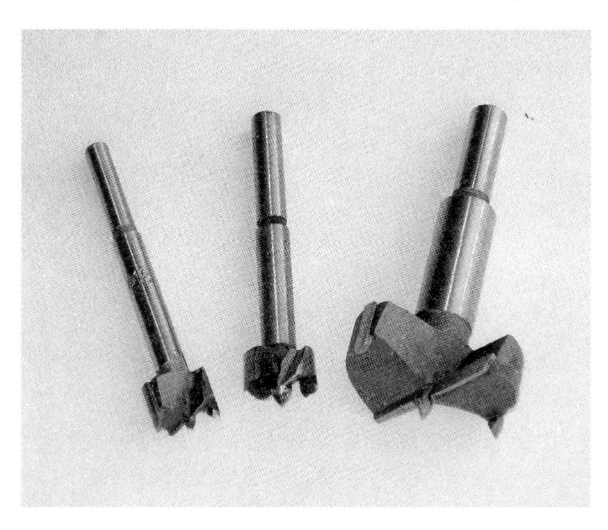

图2.2.31　木工开孔器

飞机形开孔器是一种特殊的锯削型木工开孔器，它外形与飞机类似，故由此而得名，有的制造商也称之为小林开孔器。飞机形开孔器的最大优点是开孔直径可以在较大范围内灵活调节，开孔最大直径可达300 mm，非常适合制作音箱时加工扬声器和倒相管孔。此外，球形开孔器也是一种常见的木工开孔器，它属于锯削型木工开孔器，全称为球形门锁开孔器。这种开孔器主要用于安装门锁或抽屉锁，功能单一且规格不够齐全，电子制作中一般不选用。

木工开孔器特别是钻削型木工开孔器在使用时一定要注意不能用于在木材以外如金属等较硬的材料上开孔，以免损坏开孔器及发生危险。

(9) 锥　子

锥子算是比较原始和简单的工具，但它却非常有用。锥子主要用来在较软的材料上开孔、扩孔或钻孔时在材料上刺出钻头定位凹坑，根据锥尖形状的不同它可以分为圆锥和棱锥两类。与其他工具相比市场上锥子的种类很少，当无法购买到合适的锥子时也可以用废圆规、废镊子或钉子等带尖的物品自制。图2.2.32是作者用一种玩具飞镖制作的锥子，读者自制时可以参考，此外还可以将较粗的钢针用拿子(一种钟表维修工具)夹紧来当做锥子。

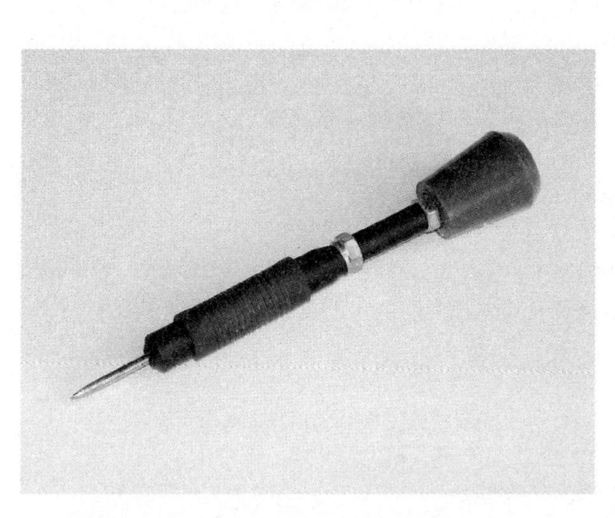

图2.2.32　自制锥子

(10) 冲　子

冲子也叫冲头，有时也写作铳子，分为空心冲子和实心冲子两类，它一般与锤子、砧子配合使用。空心冲子前端为管状且边缘较薄，如图2.2.33所示，主要用于在塑料、纸板和皮革等质地较软的材料上打孔。空心冲子有多种规格，绝大多数用来打圆孔，也有些特殊的空心冲子能够打非圆孔。如果一时买不到所需规格的空心冲子也可以用直径合适的废金属笔杆或金属圆珠笔芯等金属管自制，制作比较容易，只需将金属管的一头裁剪整齐并将边缘打磨薄即可，如图2.2.34所示。市场上有一种打孔钳，它钳口两部分相当于空心冲子和砧子，通过转轮机构能够转换多种不同直径的冲头，操作很方便，它适合材料较薄、开孔数量较多时使用。实心冲子与锥子的用途类似，但比锥子硬度要高，能够承受较大的冲击力，更适合在较硬的工件上冲钻头定位凹坑，一些特制的实心冲子还能够用于空心铆钉铆接，这样的冲子也叫铆钉冲子。

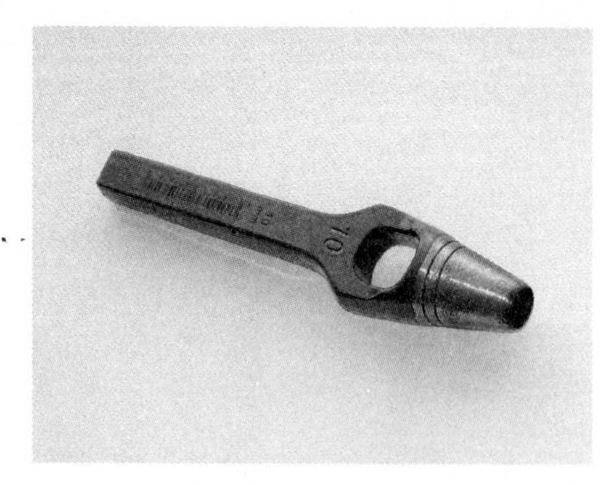

图 2.2.33　空心冲子

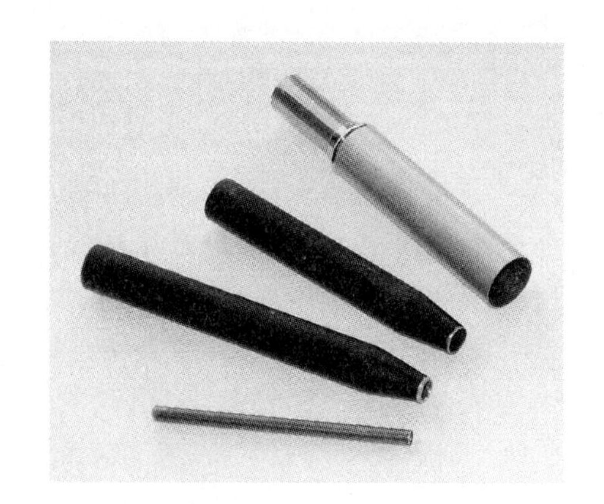

图 2.2.34　自制空心冲子

(11) 丝　锥

丝锥是用于加工内螺纹的工具，一般用高速钢制成，它的外形与螺栓类似，沿轴向开有排屑用的沟槽，如图 2.2.35 所示。丝锥分为机用丝锥和手用丝锥两种，对于一般的电子制作这两种丝锥都可以使用。大多数的手用丝锥同样的规格一套有两支(也有的是三支)，分别称为头锥和二锥，也叫头攻和二攻，二者外观相差无几，只是切削部分的长短和切削量不同。丝锥有多种规格，可以根据所需要螺纹的公称直径、旋向和具体类型等来选择。

使用丝锥手工攻丝需要配合丝锥扳手(丝锥绞手)来完成加工，常见的丝锥扳手如图 2.2.36 所示。

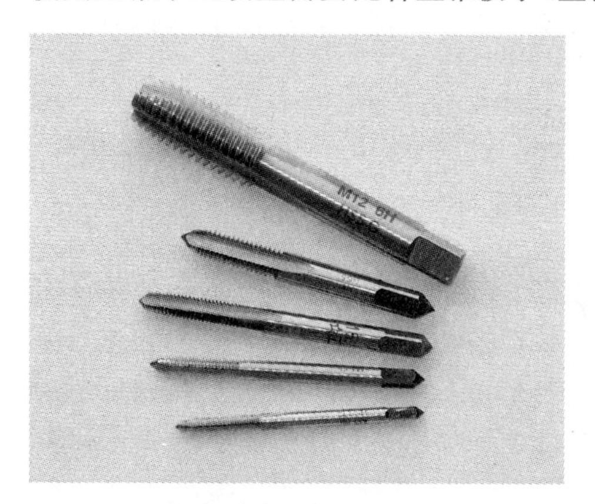

图 2.2.35　丝　锥

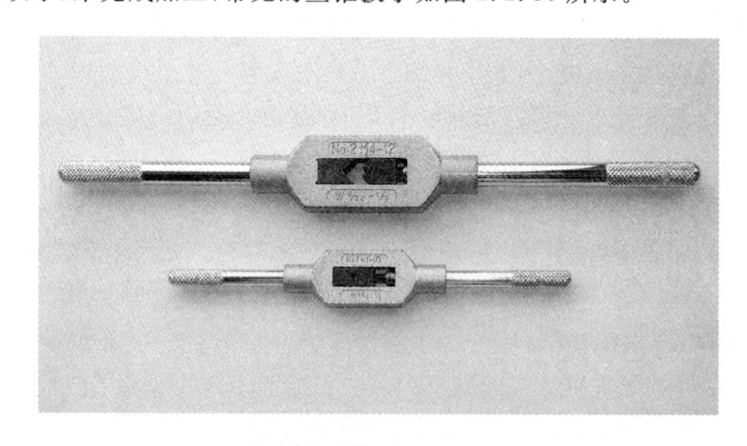

图 2.2.36　丝锥扳手

(12) 板　牙

板牙是用于加工外螺纹的工具，一般用高速钢制成，它的外形与螺母类似，沿轴向开有排屑用的沟槽，如图 2.2.37 所示。与丝锥一样，板牙也有多种规格，可以根据所需要的螺纹来选择。

使用板牙手工套丝需要配合板牙扳手(板牙架)来完成加工，常见的板牙扳手如图 2.2.38 所示。

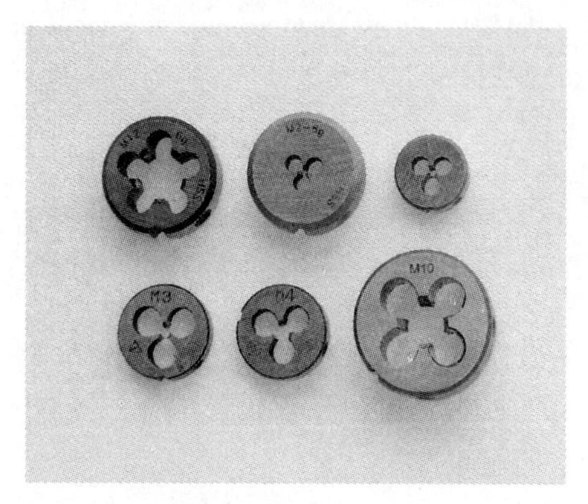

图 2.2.37　板　牙

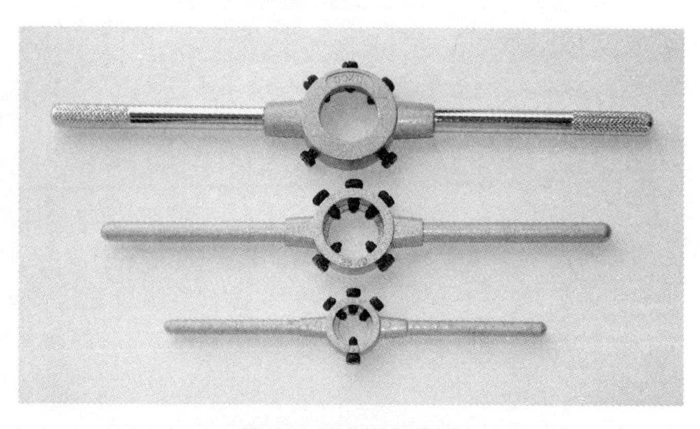

图 2.2.38　板牙扳手

(13) 手　锯

手锯是比较常用的手工切割工具，它主要由锯条（锯片）和锯弓（锯架）两部分组成，前者用于锯削，后者则用于固定和拉紧前者。根据用途的不同手锯可以分为木工锯和钢锯两大类。木工锯的锯齿比较粗疏，适合锯削木材等较软的材料；钢锯的锯齿比较细密，适合锯削金属等较硬的材料，但它也可以用来锯削塑料和木材，相对而言电子制作中钢锯用得更多一些。

常见的钢锯如图 2.2.39 所示，图中左侧为最常见的钢锯，它适合锯削较大的工件；中间为雕花锯，这种锯锯条细薄，工件在锯弓内侧回旋空间大，特别适合精细锯削和曲线锯削，与木工常用的钢丝锯用途类似，大部分的航模锯也可以作为雕花锯来使用；右侧是一种结构非常简单的手锯，它仅是在锯条上安装了一个手柄，这种手锯很轻巧，适合锯削较小的工件或在操作空间有限的场合使用，在普通锯条末端多缠几层纸或塑料布，也能应急作为这种手锯来使用。

(14) 锉

锉也叫锉刀，是用于对金属、木材、塑料等材料进行修边、开槽、整形等微量加工的手工工具，它主要由锉身和手柄两部分组成，锉身一般为条形，表面有均匀的锉齿（锉刃）。与手锯类似，锉也可以分为木工锉和钢锉两大类，木工锉的锉齿粗疏，钢锉的锉齿相对细密，后者在电子制作中更为常用。常见的钢锉如图 2.2.40 所示，按截面形状可以分为平锉（板锉或扁锉）、方锉、三角锉、圆锉、半圆锉等多种，每种锉又有不同长短的规格，可以根据锉削工件的大小和形状来选择。什锦锉（整形锉）是一种套装锉，它包括若干支截面和头部形状各不相同的小型钢锉，非常适合较小部件的精细锉削，是电子制作首选的钢锉。此外还有一种特殊的钢锉称为金刚石锉，这种锉的锉身为钢质，表面由高强度人造金刚石电镀而成，它适合锉削刀具、玻璃和陶瓷等硬度较高的工件，需要时可以选用。

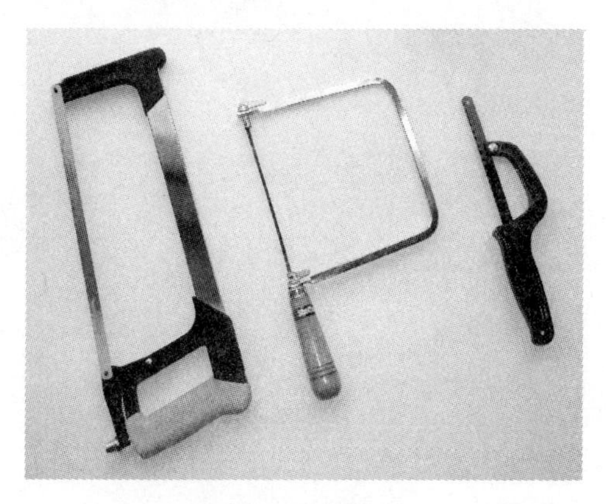

图 2.2.39　钢　锯

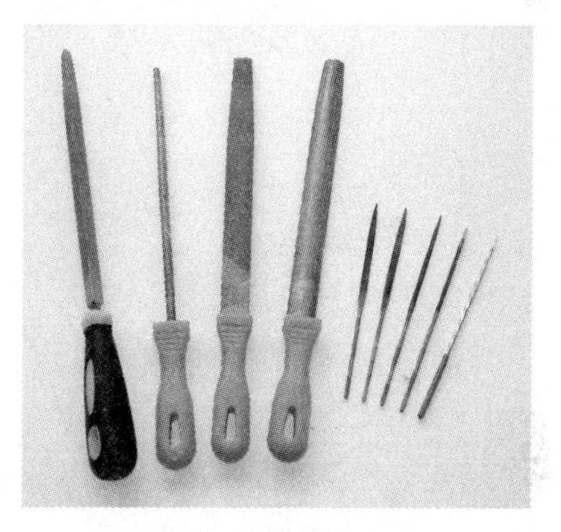

图 2.2.40　钢　锉

(15) 砂　纸

砂纸是用于磨光工件表面的工具，一般在后期加工时使用。砂纸通过在纸张或布上粘接人造刚玉、人造金刚石、玻璃砂等材料的磨粒而制成，市场上常见的砂纸主要有木砂纸、水砂纸、砂布等几类。木砂纸适合用来干磨木材等材料，有时也叫干磨砂纸。水砂纸也叫耐水砂纸，适合用来蘸水或油打磨金属、漆面等材料；它也可以用于干磨 PCB 板材、有机玻璃、硬塑料等材料；一些情况下还能够代替木砂纸，水砂纸用途广泛，是电子制作最常用的砂纸。砂布也叫铁砂布，主要用于金属表面磨光或除锈。此外市场上还有一种金相砂纸，它的磨粒极细，主要用于精密研磨和抛光，电子制作一般用不到。砂纸的粗细是用磨料的粒度来表示的，粒度有若干种，其中粗磨粒为 P12～P220，微粉为 P240～P2500，粒度数目越大砂纸越细，具体可以根据打磨要求来选择。

(16) 磨　头

磨头是一种比较常用的磨削工具，它需要配合电磨机来使用，条件有限时也可以配合电钻使用。磨头的柄一般为钢质，根据前端磨削部分材料的不同磨头可以分为若干种，常见的有砂轮磨头、羊毛磨头和钢丝磨头等几种，外形如图 2.2.41 所示。砂轮磨头表面磨粒一般为碳化硅、人造刚玉、人造金刚石等硬质材料，适合于金

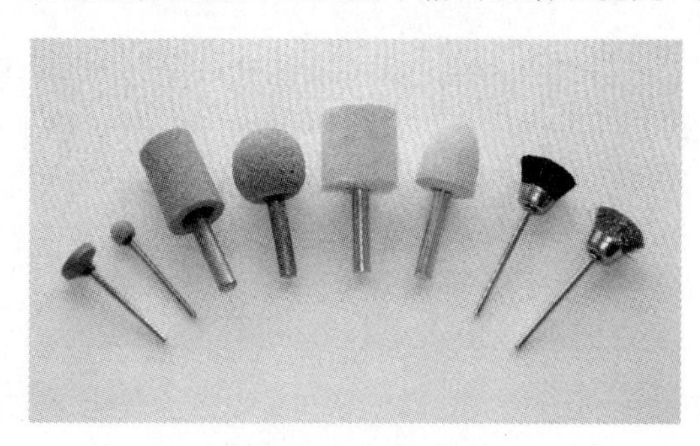

图 2.2.41　磨　头

属材料磨削，主要用于去除工件毛刺、提高工件表面光洁度或打磨切削工具刃口。羊毛磨头的磨削材料为羊毛毡，主要用于抛光。钢丝磨头外形更像刷子，它主要用于去除锈迹或表面特殊处理。各种磨头有不同大小和形状多种规格，可以根据磨削需要来选择。

4. 电动工具

电动工具主要指将电能转化为机械能的工具，绝大多数的电动工具需要配合相应的刀具来使用，刀具一般做旋转运动，它可以代替人力完成一些加工，能够提高加工效率和加工质量。

(1) 手电钻

手电钻是用于钻孔的手持式电动工具，也是最常见的电动工具，它除了能够配合钻头或开孔器完成钻削加工外还可以配合磨头应急作为电磨机来使用。手电钻的主要特点是体积小、携带方便，基本上不受操作空间及工件位置的限制，可以在各个方向上钻孔，使用很灵活。手电钻主要由电动机、外壳、开关和钻夹头等几部分构成。一般普通大、中型手电钻采用交流电动机，充电型和微、小型手电钻则采用直流电动机。根据外形的不同手电钻大致可以分为弯式和直式两类。弯式手电钻的握柄和钻头基本上是垂直的，通常所说的手枪式电钻就是弯式手电钻，如图 2.2.42 所示。直式手电钻的握柄和钻头在一条轴线上，如图 2.2.43 所示，大多数的微、小型手电钻都是直式手电钻。对于电子制作至少应配备一把微型手电钻用于 PCB 钻孔，有条件可以再配备一把中型手枪式电钻用于机壳等较大工件钻孔。

图 2.2.42　手枪式电钻

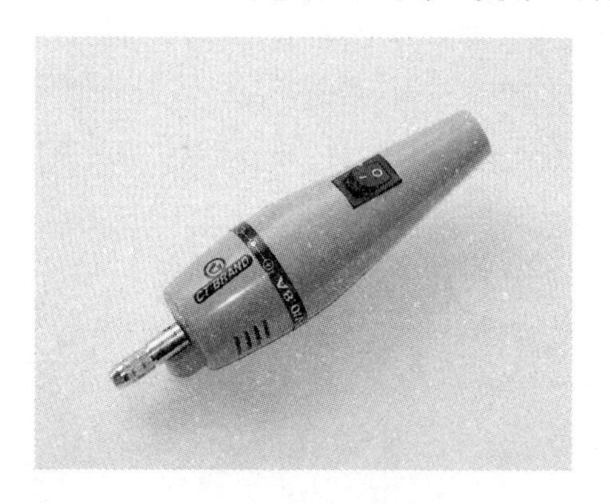

图 2.2.43　直式手电钻

当一时无法购买到合适的微型手电钻时也可以自制，制作微型手电钻所需的材料并不多，主要有微型钻夹头、电动机、按钮、插座和胶卷盒。微型钻夹头是微型手电钻的配件，一般为四爪，市场上有成品出售。电动机选用普通玩具电动机、录音机机芯电动机或老光驱的主轴电机等都可以，但要注意电动机的轴要与钻夹头的孔相匹配，轴太粗可能无法安装，轴太细则又会影响同心度。胶卷盒是电钻的外壳，选用其他大小合适的塑料筒也可以。制作时先分别在胶卷盒的底部、侧面及盒盖上钻好电动机轴孔和安装孔、按钮安装孔及插座安装孔，再将电动机、按钮和插座安装在相应的位置，之后将电动机与按钮、插座用导线连接，最后通过钻夹头侧面的螺钉将钻夹头固定在电动机轴上，一款别致的微型手电钻就做好了，如图 2.2.44 所示。

图 2.2.44　自制微型手电钻

这款微型手电钻采用交流适配器供电，具体电压由电动机决定，连接电源时应注意极性，要保证电动机旋转方向正确。微型钻夹头一般为铜质，强度不是很高，使用时应注意钻头直径不能超过钻夹头允许的范围，否则容易使钻夹头变形而影响钻孔精度，甚至可能“断爪”导致钻夹头报废。这款微型手电钻制作简单、成本低廉，是初学者非常理想的钻孔工具。

(2) 台　钻

台钻是台式钻床的简称，它是用于钻削加工的小型机床，一般配合钻头、开孔器或锪钻等工具完成加工，有些多功能台钻如台式钻铣床还可以配合铣刀完成铣削加工。常见的台钻如图 2.2.45 所示，它主要由机体、电动机、立柱、钻台和底座几部分组成，机体内部又包括进给机构和变速机构。台钻钻头进给靠扳动三叉手柄来完成，通过改变机体内皮带在变速塔轮的位置能够选择若干种不同的主轴转速。台钻通常安放在工作台上使用，用台钻进行加工时工件必须固定于钻台或底座。钻台和底座上加工有T形槽，以方便安装各种夹具，钻台的高度、位置和倾斜角度都能够灵活调整，可以适应不同工件加工的需要。

与手电钻相比台钻比较笨重，加工时对工件的大小和位置也有要求，灵活性不及手电钻；但是台钻的钻孔精度和垂直度是手电钻所不能相比的，特别是对于较硬和较厚的材料二者差别更为明显，而且使用台钻加工也更加省力，因此在有台钻并且能用台钻加工的情况下优先使用台钻来加工。

图2.2.45 台 钻

(3) 自制调速器

大多数电钻的转速都是固定的或只有几级可调，当进行不同材料或不同尺寸的钻削需要调整电钻转速时可以通过固定转速电钻配合调速器来实现。这里介绍一种简单的无级调速器，它除了能够用于交流电钻调速外还能够用于电烙铁、热风枪等电热工具调温或白炽灯调光。调速器的电路原理图如图2.2.46(a)所示，这是一个典型的双向可控硅移相调压电路，调整电位器 VR_1 可以改变 TR_1 的导通角，进而改变负载的平均工作电压，TR_1 工作在Ⅰ、Ⅲ象限，关于双向可控硅移相调压的原理可以参见本书6.4节的相关介绍。调速器的PCB和制作好的成品分别如图2.2.46(b)和2.2.46(c)所示。为了安全制作好的电路应装入合适的外壳。

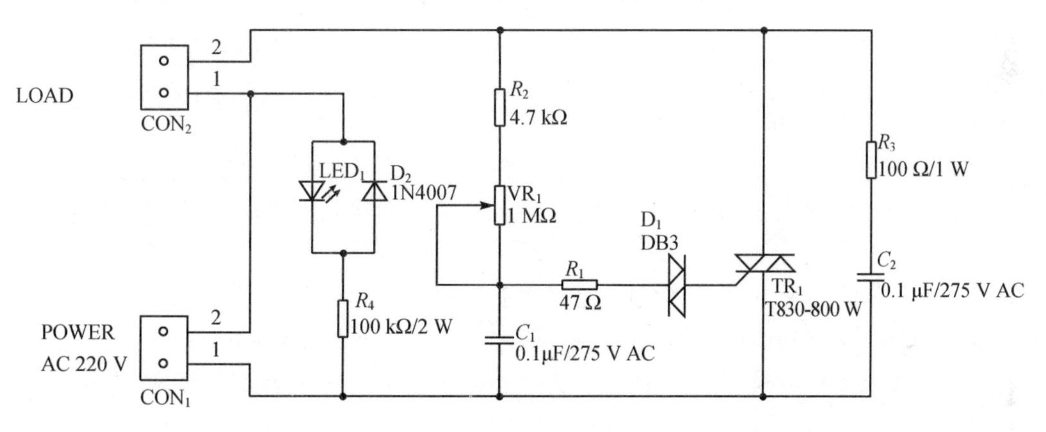

(a) 电路原理图

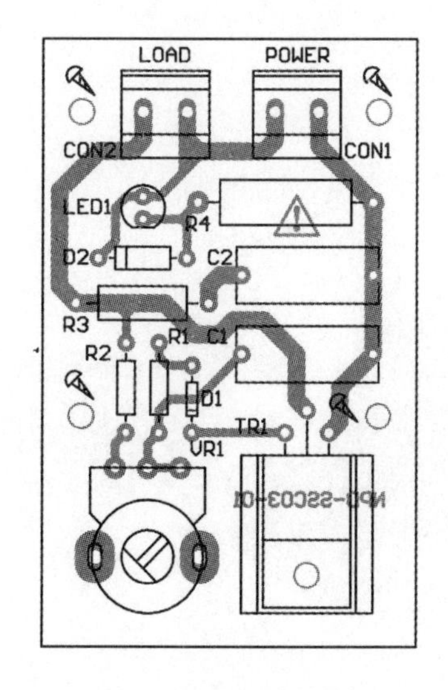

(b) PCB布局图

(c) 制作好的调速器

图2.2.46 自制调速器

5. 电热工具

电热工具主要指将电能转化为热能的工具,它一般用于加热工件或熔化某种材料。

(1) 电烙铁

电烙铁是一种通过直接接触焊锡并使之熔化来拆装器件的电热工具,它一般配合焊锡来使用。电烙铁是电子制作必不可少的工具,对于电子爱好者来讲,电烙铁如同书画家的笔或是演奏家的乐器一样重要,跨入电子制作之门首先要配备的工具便是电烙铁。电烙铁主要由烙铁头、烙铁芯和烙铁柄三部分构成。烙铁头是与焊锡接触的部分,一般由紫铜或其他导热性好、耐腐蚀的合金制成,它有多种形状,比较常见的是锥形和铲形。烙铁芯是电烙铁的发热部件,一般为电热丝或 PTC 发热元件。烙铁柄为使用时手持的部分,用耐高温且不导热、不导电如塑料、电木等材料制成。

根据烙铁芯和烙铁头安装内外关系的不同电烙铁可以分为内热式和外热式两大类,这两类电烙铁只是烙铁芯和烙铁头的结构不同,在使用和焊接效果上无太大差别。内热式电烙铁的烙铁芯在烙铁头内部,烙铁头相对比较粗且一般为空心结构;外热式电烙铁的烙铁芯环绕在烙铁头周围,烙铁头相对比较细且一般为实心结构。常见的电烙铁如图 2.2.47 所示,其中左上方为内热式电烙铁,右下方为外热式电烙铁。

根据温度控制的不同电烙铁又可以分为普通电烙铁、恒温电烙铁和调温电烙铁三大类,这几类电烙铁的性能和价格各不相同,焊接效果和焊接效率也有一定的差别。

普通电烙铁内部不带任何温度控制装置,通电后电烙铁一直处于加热状态,当长时间不焊接时,特别是在烙铁头表面焊锡较少的情况下烙铁头温度较高很容易在表面形成氧化层,氧化层积厚将导致烙铁头不能沾锡无法继续焊接即通常所说的"烧死",同时也会缩短烙铁头的寿命,这是普通电烙铁的最大缺点。但普通电烙铁价格便宜、品种多,初学者或条件有限时可以选用。

恒温电烙铁内部有温度开关或类似功能的器件,当烙铁头的温度超过某一温度时停止加热,低于某一温度时再恢复加热,能够有效地减少"烧死"的发生。恒温电烙铁在外观上和普通电烙铁无太大区别,价格比普通电烙铁略高。

调温电烙铁内部有感温器件和温度控制电路,通过调节手柄上的旋钮可以在一定范围内改变烙铁头的温度,能够满足不同的焊接要求。与普通电烙铁相比使用更灵活,对器件的热损伤也更小。

此外有一种台式调温电烙铁称作调温焊台,它一般由电烙铁、控制台和烙铁架三部分构成,如图 2.2.48 所示。电烙铁内部有烙铁芯和感温器件,控制台内部有变压器和温度控制电路,高档产品还有温度显示电路,电烙铁和控制台通过电缆连接。调温焊台除了具有一般调温电烙铁的优点外还具有操作方便、性能稳定,温度控制准确、升温迅速、温度恢复快等特点,而且烙铁芯大都采用 24 V 低压供电,与其他电烙铁相比使用更加安全。调温焊台价格相对较高,条件允许的情况下可以配备。

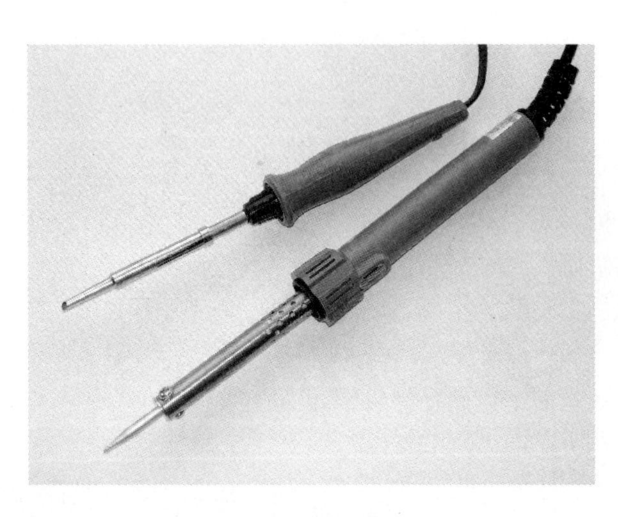

图 2.2.47 电烙铁

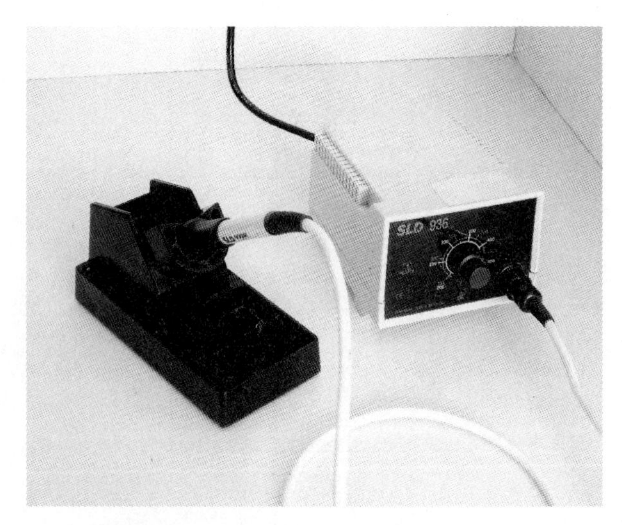

图 2.2.48 调温焊台

普通电烙铁和恒温电烙铁有多种功率规格，功率大小应根据焊接对象来选择。绝大多数器件的焊点不会太大，焊接时选用 20～30 W 的电烙铁为宜；而对于金属屏蔽框、散热器等焊点较大、容易通过引脚散热的器件的焊接或某些特殊场合的焊接则可以选用50～60 W的电烙铁。调温电烙铁的功率一般都在 50 W 以上，由于烙铁头温度可调所以功率选择就不太重要了。

电烙铁除了焊接外有时也可以用于烘烤、加热某些部件或收缩热缩管，还可以用于在塑料等材料上烫孔或剥线时烫绝缘外皮，当然这对烙铁头有一定的损伤，一般只是应急才这样使用。

(2) 烙铁架

烙铁架主要用于放置电烙铁，可以避免电烙铁跌落损坏及烫伤皮肤或烫坏桌面，它不属于电热工具，但它是和电烙铁配套使用，所以在这里顺带介绍。调温焊台一般都配有烙铁架，无须单独购置，但大多数的普通电烙铁都需要自行配置烙铁架。常见的烙铁架如图 2.2.49 所示，它由底座和支架两部分构成。底座一般用铸铁制成，有些烙铁架的底座还安装有盛放烙铁清洁海绵的金属盘。支架一般为螺旋状，用铁丝焊接而成，具有保温功能的烙铁架支架为筒状，内部安装有保温材料。

条件有限时烙铁架也可以自制，找一段直径为 3.5～4.0 mm 的铁丝将之弯成“M”形并在铁丝两端套 M4 螺纹，加工后的铁丝即为支架，再找一块大小合适的木板或金属板作为底座，之后在底座上钻两个孔并用螺母将支架固定在底座上，最后在底座上用胶粘贴一个铁质瓶盖用于盛放烙铁清洁海绵，制作好的简易烙铁架如图 2.2.50 所示。

图 2.2.49　烙铁架

图 2.2.50　自制烙铁架

(3) 吸锡器

吸锡器又叫吸锡筒，是常用的手动去锡工具，它不属于电热工具，但它需要配合电烙铁使用，因此在这里也一并介绍。常见的吸锡器如图 2.2.51 所示，它主要由吸锡嘴、储锡筒、活塞和弹簧等几部分组成。使用时先将活塞按下并锁死，当焊锡熔化后将活塞释放，活塞在弹簧的作用下迅速弹起，由此造成储锡筒内气压骤减，吸锡嘴附近熔化的焊锡随即被吸入储锡筒。不同档次和质量的吸锡器结构基本相同，其主要区别是气密性好坏和活塞弹起瞬间震动大小不同，气密性不好吸锡效果差，活塞弹起瞬间震动大则容易使吸锡嘴撞击焊盘及器件引脚从而可能导致焊盘脱落或器件偏位、引脚变形。吸锡器有大小两种，小型吸锡器操作比较方便，吸锡效果与大型吸锡器差别不太大，一般选用这种吸锡器即可。此外有一种将吸锡器和电烙铁组合在一起的去锡工具称为吸锡烙铁，高档的吸锡烙铁还带有气泵，能够自动吸锡。吸锡烙铁使用非常方便，单手即可完成去锡操作，但这种烙铁价格比较贵，而且体积也

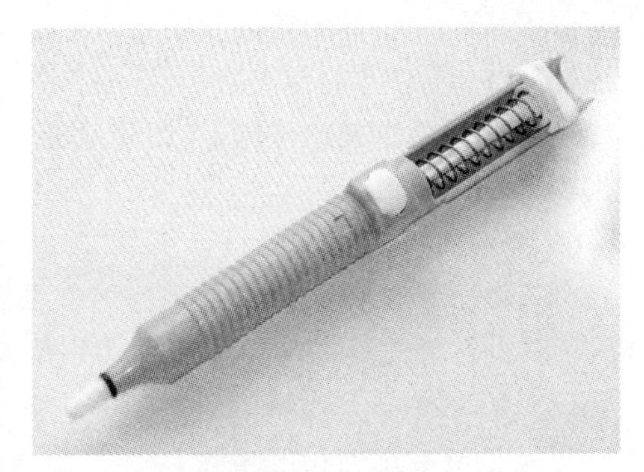

图 2.2.51　吸锡器

比较大，它更适合批量拆卸器件时使用，对于电子制作一般不需要配备。

(4) 热风枪

热风枪是一种能够吹出高温气流的电热工具，它主要有手枪式和焊台式两大类。

手枪式热风枪如图 2.2.52 所示，它主要由电热丝、电动机、风叶、外壳及温度和风量控制电路等几部分构成，结构与吹头发用的电吹风类似，但气流温度要比电吹风高得多。手枪式热风枪温度和风量调整档位较少，只能作粗略调整；但它价格相对便宜，主要用于塑料或有机玻璃等工件热弯成型、收缩热缩管或热缩膜以及其他工件加热，在条件有限时也可以用于表面贴装器件的拆装。

焊台式热风枪一般称作热风拆焊台或热风拔焊台，外形与调温焊台相似，如图 2.2.53 所示，它一般由喷枪和控制台两部分构成，使用时手持喷枪部分。喷枪内部有发热芯和感温器件，控制台内部有气泵、变压器及温度和风量控制电路，高档产品还有温度和风量显示电路。喷枪和控制台二者通过电缆和软管连接，也有些产品气泵在喷枪内，喷枪和控制台二者则只需要用电缆连接。焊台式热风枪温度和风量调整范围比较宽而且控制也很准确，同时它还具有发热迅速、气流平稳、噪音小、使用安全可靠等优点，它更适合用于表面贴装器件的拆装。焊台式热风枪的喷枪通常配有多个专用枪嘴，出风口形状各不相同，安装枪嘴后气流更加集中同时也更容易控制，拆装器件时是否安装枪嘴或安装何种枪嘴由器件的封装及操作空间、操作要求等具体情况来决定。有些多功能焊台式热风枪的控制台还同时连接有电烙铁，使用更加方便灵活。

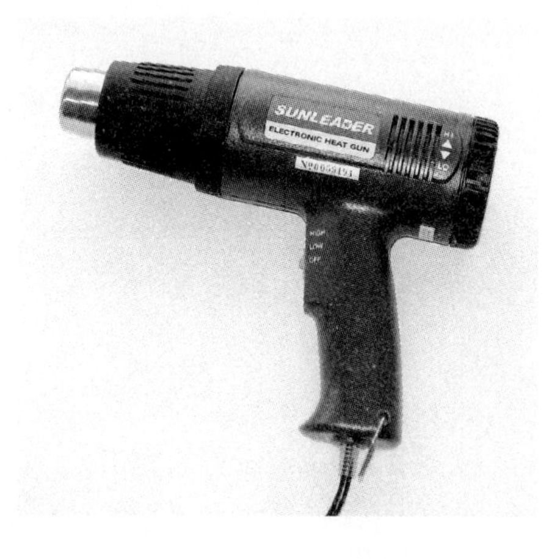

图 2.2.52　手枪式热风枪

图 2.2.53　焊台式热风枪

(5) 热熔胶枪

热熔胶枪是用于熔化热熔胶棒并将之挤出的工具，它需要配合热熔胶棒使用，是电子制作常用的粘接和加固工具。热熔胶枪外形一般为手枪形，如图 2.2.54 所示，它主要由加热器、胶棒进给机构、外壳和枪嘴等几部分组成。大多数的热熔胶枪接市电工作，使用时从尾部安装好热熔胶棒，经过一段时间的预热后扣动“扳机”即可将热熔胶从枪嘴挤出。根据使用热熔胶棒直径的不同，热熔胶枪有大小两种，二者差别不大，可以根据需要来选择。

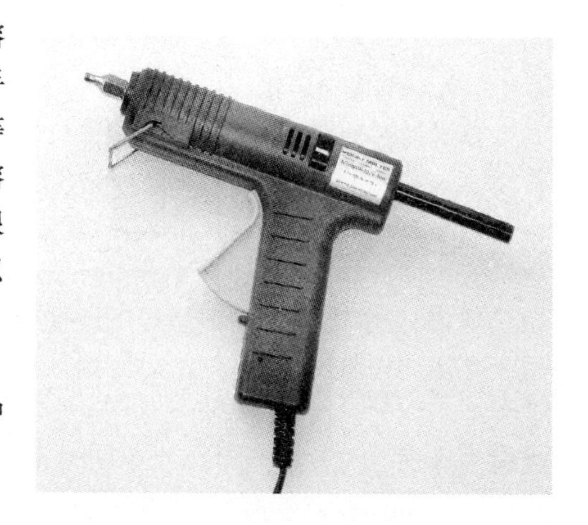

图 2.2.54　热熔胶枪

6. 测量类工具

测量类工具也叫量具，它主要指用于测量和检验工件以及加工过程中作为模具的一类工具，这类工具的优劣直接关系到工件加工的准确性。

(1) 直　尺

直尺是最常见的长度测量工具，一般为条形，表面刻有或印有刻度，由有机玻璃、塑料、不锈钢或木材等材料制成。直尺除了能够用于测量外，它也可以用于在工件表面划直线或在裁板等加工时作为靠模使用。卷尺也属于一种特殊的直尺，它适合测量比较长或比较高的工件。

（2）角　尺

角尺也叫直角尺，它由相互垂直的两部分构成，外形为“L”形，如图 2.2.55 所示。常用的角尺有钢质和木质两种，它主要用于检查工件的平直度和垂直度以及在工件表面划垂线。条件有限时一般也可以用丁字尺或三角板等绘图工具代替角尺。

（3）游标卡尺

游标卡尺也简称为卡尺，是一种精密的长度测量工具，它除了能够用于一般的长度测量外，还能够用于工件内径、外径、深度、厚度等测量。与一般直尺相比游标卡尺的精度和准确度更高，应用范围更广泛，是工件加工和 PCB 设计首选的长度测量工具。常见的游标卡尺如图 2.2.56 所示，它一般分为主尺和副尺（游标尺）两部分，最终长度测量值的整数部分和小数部分分别从主尺和副尺读取。有些游标卡尺的副尺为圆形表盘，读数方法与上述游标卡尺类似；还有些游标卡尺的副尺上有液晶显示屏，读数更加方便，这种游标卡尺也叫数显游标卡尺或电子游标卡尺。除游标卡尺外千分尺也是常用的精密测量工具而且测量精度更高，但操作不如游标卡尺方便，对于电子制作一般不需要。

图 2.2.55　角　尺

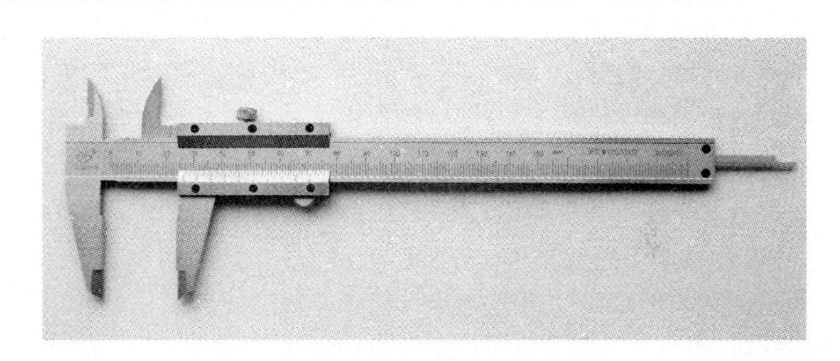

图 2.2.56　游标卡尺

（4）自制 mil 尺

mil 也叫密耳，是一个英制的长度单位，1 mil 为千分之一英寸，约 0.025 4 mm。很多器件的引脚间距、外形尺寸以及 PCB 设计软件都采用 mil 为单位，而市场上以 mil 为单位的尺子却非常少见，自制一把 mil 尺对于 PCB 设计和加工都是非常有用的。

mil 尺的制作方法很简单，也不需要准备什么特殊的材料。首先用 Protel 或其他 PCB 设计软件按图 2.2.57 绘制好尺子的外框和刻度（绘制好的 PCB 文件见本书配套光盘中\sch_pcb\2.2\ruler.pcb），绘制时要保证尺寸准确，这将直接关系到最终制作出尺子的准确度。然后将绘制好的尺子图按 1∶1 的比例打印出来，打印时最好用精度比较高的激光打印机以保证尺子的准确度和质量。之后再在打印好的纸的尺子部分正反面各贴一层透明胶带以保护刻度和防水，必要时可以多贴几层，这样尺子更加耐用。透明胶带的宽度要大于尺子的宽度，并且尽量选择厚实、透明度高、黏性好的产品，粘贴时要边贴边抹平，以免起皱或出现气泡而影响尺子质量。最后用刀沿边框将尺子裁下 mil 尺即制作完成，裁切用的刀一定要锋利，以保证尺寸准确及减少边缘毛刺。

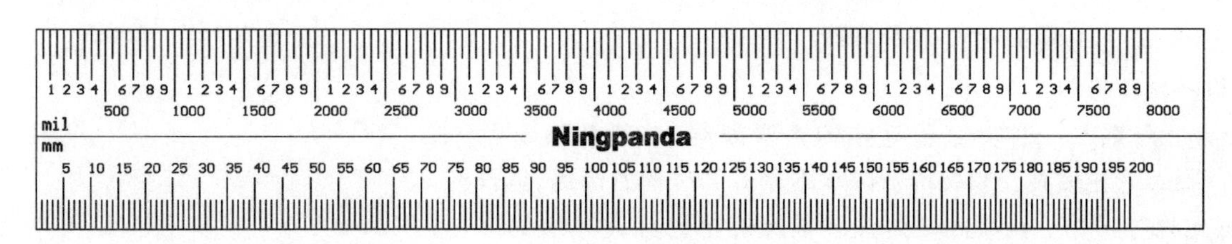

图 2.2.57　自制 mil 尺

这种 mil 尺取材和制作都非常容易，成本几乎可以忽略不计，是电子爱好者值得一做的一款工具。mil 尺为纸质，它比较柔软，所以除了能够用于直线和平面测量外它也能够用于曲线和曲面测量。此外制作时用彩色纸打印或粘贴彩色透明胶带还可以制作出不同颜色的 mil 尺。

7. 清洁类工具

清洁类工具主要指用于去除灰尘、污迹或其他残留物的工具，这类工具虽然没有直接参与制作加工，但却是电子制作必不可少的工具。

(1) 刷　子

刷子由刷毛和刷柄两部分构成，根据刷毛材料的不同可以分为毛刷和金属丝刷两大类。毛刷的刷毛一般由人造毛、纤维或尼龙等材料制成，它主要用于干刷除尘、除屑或蘸液体清洗。电子制作使用的毛刷都比较小，小号油漆刷、油画笔或水粉画笔等都是不错的选择。常用的金属丝刷有钢丝刷和铜丝刷，它主要用于金属工件表面除锈、切削刀具除屑或非金属材料粘接前表面打毛，较为细密柔软的铜丝刷还可以用来处理 PCB 表面的铜箔。

(2) 棉　棒

棉棒主要用于在工件表面涂抹液体或蘸液体擦拭工件。家用卫生棉签和医用卫生棉签是最常见的棉棒，在一般的电子制作中都可以使用，但这种棉签的毛絮容易散落也容易被钩挂，对于洁净度要求比较高的电子制作最好自制一个特殊的棉棒。自制棉棒很简单，找一根粗细合适的木棒或塑料棒作为手柄，在距手柄前端约 1 cm 处沿表面开一条凹槽，如图 2.2.58(a)所示。将一小团棉花或海绵用棉布包裹好并将手柄前端插入，之后用铁丝在手柄凹槽处将棉布箍紧在手柄上，箍紧时注意要将棉花或海绵露出的部分塞入棉布内，最后用剪刀剪去多余的棉布棉棒就制作好了，如图 2.2.58(b)所示。这种棉棒非常好用，它既能充分吸取液体，又能避免毛絮散落或钩挂。如果条件实在有限用镊子夹棉球或卫生纸也可以应急代替棉棒，但要小心镊子尖划伤工件。

(3) 吹尘球

吹尘球又叫皮吹，是用于吹去工件表面灰尘的工具。虽然用嘴吹是最简单的方法但一般不推荐，因为这样容易将唾液、水蒸气一起吹出而污染电路，同时脸部距离工件太近也容易发生危险。吹尘球一般用橡胶制成，简易型吹尘球结构比较简单，它仅是一个气囊，高档的吹尘球如图 2.2.59 所示。它的进气口和出气口分别设计在两端，而且内部有阀门，可以有效地避免由于在吸气时吸入灰尘、在吹气时又将灰尘吹出而造成的二次污染，非常适合于光学类、精密仪器类等对空气洁净度要求较高的电子制作或维修使用。在条件有限的情况下也可以用废气压暖瓶内的气囊或橡胶空心玩具来自制吹尘球。

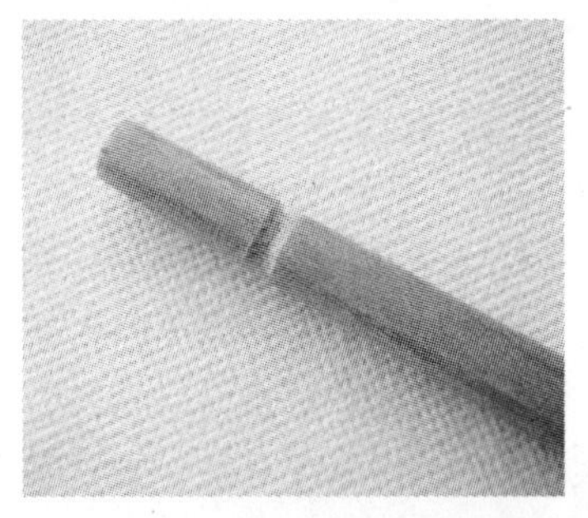

(a) 开　槽

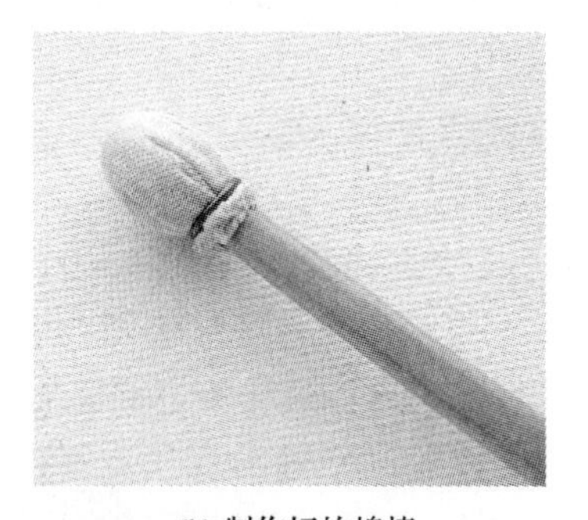

(b) 制作好的棉棒

图 2.2.58　自制棉棒

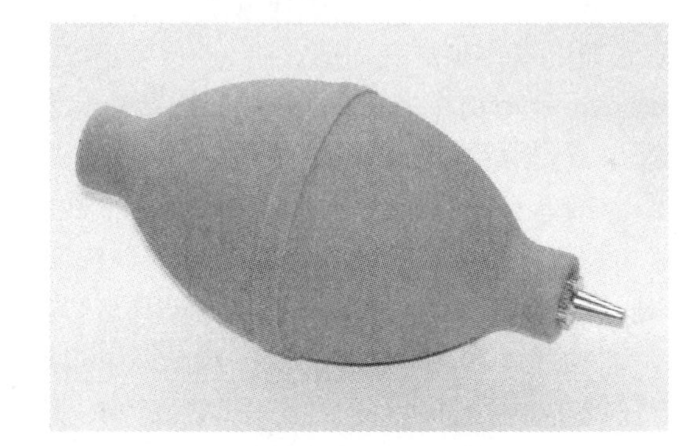

图 2.2.59　吹尘球

(4) 烙铁清洁海绵

烙铁清洁海绵是一种能够耐高温的木浆海绵，一般为淡黄色，如图 2.2.60所示，它主要用于焊接时清除电烙铁头部残留的焊锡、助焊剂、氧化物、碳化物等污物。购买到的烙铁清洁海绵都已经过压缩处理，遇水或受潮体积会增大，在使用时应先将烙铁清洁海绵用水润湿使之涨大并具有弹性，之后要将多余的水挤干以免损坏烙铁头。一时购买不到烙铁清洁海绵也可以用略微湿润的卫生纸或餐巾纸来应急。

图 2.2.60　烙铁清洁海绵

2.2.3　常用加工工艺

完成一件电子制作需要经过多道工序、多种工艺的加工，不同的加工工艺使用不同的工具。这里仅介绍一些较为常用的加工工艺，一些特殊的加工工艺及其他工具的使用将在后面章节具体制作中介绍。

1. 孔的加工

孔可以用于安装和固定，孔也可以用来透气和透音，孔还能作为窗口，在电子制作中孔无处不在，可以毫不夸张的说电子制作离不开孔。孔的加工是电子制作中的重要环节，很多加工工艺也是以孔的加工为基础的。这里将孔分为小圆孔、小非圆孔、大圆孔和大非圆孔四类分别介绍其加工方法。

(1) 小圆孔的加工

小圆孔指直径不超过 13 mm 的圆孔，这类孔一般采用钻头来加工，钻头应根据工件的材料来选择。钻孔时尽量选用刃口锋利的新钻头，这样加工出的孔毛刺少，而且钻孔速度快、工具不易过载，操作也更安全。一整包或一整盒钻头打开后使用，要将用过的钻头做好标记，以便日后区分新钻头和旧钻头。直径较大的钻头其表面刻有直径和材料标识，而直径较小(一般在 2 mm 以下)的钻头表面没有任何标识，使用时容易弄混，用错钻头将影响加工质量甚至导致工件报废，而如果每次使用前进行测量则又会耽误很多时间，因此直径较小的钻头应预先做好标识。淡色的钻头可以用记号笔直接在其表面写好直径，黑色的钻头可以装入小袋或小瓶子中，在外面做标识。

钻孔加工可以通过钻头与钻夹头或拿子等夹具配合由手工来完成，也可以通过钻头与手电钻或台钻(为了方便介绍，以下将手电钻和台钻统称为电钻)等工具配合由机器来完成。手工钻孔费时费力，加工精度不高，一般不推荐；机器钻孔加工质量和加工效率都很高，特别是对于较厚和较硬的工件其优势更为明显，机器钻孔是最普遍也是首选的钻孔加工方式。手电钻和台钻的特点和适用场合在前面已经介绍过了，这里不再赘述，但有一点要注意，如果使用冲击钻(电锤钻)钻孔则应关闭锤击功能。

钻孔前首先要做的就是定位，即在工件表面要钻的孔的中心位置加工一个小凹坑，它的主要作用就是引导钻头，它能够有效地避免钻头与工件接触时打滑和偏位。对于较软的材料定位可以采用锥子来完成，操作时锥尖一定要磨尖以保证尺寸准确；对于较硬的材料定位可以采用实心冲子来完成，敲击冲子时要注意受力方向，以免有偏差。定位完成后应再测量检查一下，如果有偏差可以用工具修补，使凹坑中心与预定要钻的孔的中心相吻合。虽然不经过这个步骤也能完成钻孔，但加工精度和质量将可能会受到影响。

定位完成后将所需直径的钻头安装到电钻的钻夹头上，安装时钻夹头应夹持钻头的光柄部分而不能夹持麻花状切削部分，同时一定要保证钻夹头的 3 个卡爪都要与钻头接触而不能将钻头夹在卡爪的间隙中，对于直径较小的钻头更要注意这一点。钻头安装到位后用钻夹头专用扳手锁紧钻夹头，每次使用扳手后要谨记随手取下，以免开机后扳手被甩出发生危险。钻头安装好后可以启动电钻检查钻头是否在钻夹头的轴心，如果有偏差则要重新安装钻头。

钻孔时应将工件用手或夹具固定在钻台或工作台上，当要钻的孔直径较小(一般不超过 5 mm)、工件较薄时工件可以用手来固定，这样操作更加方便，特别是当钻孔数量较多时用手固定工件还能够节省装卸工件的时间从而提高加工效率；当要钻的孔的直径较大、工件较厚或工件非常微小时则工件不能用手来固定，以免由于手无法压紧工件而发生危险，此时应使用钻台配套的夹具或 G 字夹等工具来固定工件，夹紧工件时最好在夹具和工件之间垫一层木板或塑料板以保护工件表面。

钻孔时要先启动电钻再将钻头向工件靠近，而不要将钻头压在工件上再启动电钻，以免因电钻启动瞬间其自身抖动而导致钻头折断或偏位。钻头向工件靠近应缓慢而小心，当钻头接触工件时若发现钻头不在定位凹坑中心，则要及时用手调整工件的位置或将钻头移走松开夹具重新安装工件(对于使用手电钻钻孔也可以调整钻头的位置)，而不能盲目继续钻削，否则钻出的孔必将偏位，当钻头较细时受定位凹坑的影响还可能会折断钻头。这一点对于保证钻孔加工精度非常重要，钻孔时要特别注意。钻头进入定位凹坑后进给速度要均匀，当孔快要钻通时要放慢钻头进给速度并压紧工件，工件被钻通的一瞬间钻头和工件受力变化较大，这也是钻孔过程中最危险的一瞬间。如果工件固定不牢则很容易被钻头带动一起旋转，从而导致工件和工具损坏甚至伤及自己或他人，这也是钻直径较大的孔推荐用夹具来固定工件最主要的原因。对于使用手电钻钻孔还要注意防止钻头向前冲而折断钻头或损坏工件，钻孔时在工件下垫木板或其他合适的材料在一定程度上能够避免钻头前冲。

钻孔看似简单其实要钻出高精度、高质量的孔也并非易事，它需要积累经验，也要掌握一些技巧。在正式工件上钻孔前最好先在类似材料的废工件上试钻一下，以确保钻头和电钻工作正常，这也是避免出现不合格、低质量工件的措施之一。使用手电钻钻孔时握钻姿势要正确，在钻削过程中要始终保持钻头与工件平面垂直。对于电路板等加工精度要求比较高的工件钻孔推荐采用“先钻小孔、再扩大孔”的方法来加工，这是因为钻小孔钻头抖动小，绝对偏差较小，而且出现偏差还可以用锉等工具进行修补，修补后再扩为大孔偏差就基本上降低至能够接受的水平了；而直接钻出大孔，本身定位比较困难，而且一旦出现偏差一般没有弥补的余地。由于钻孔时钻头抖动，所以钻出的各个孔的中心并非与定位凹坑的中心绝对吻合，而是略微向一个方向偏移，使用手电钻钻孔这个偏移更加明显。因此对于同一工件在钻不同的孔时要尽量保证工件始终朝一个方向，这样各个孔的偏移是相同的，由此可以保证各个孔的相对位置是准确的，将钻孔偏移对部件安装的影响降至最低。当钻出的孔与工件不垂直或位置有偏差时可以通过扩孔、用锉修补或重新钻孔的方法来勉强满足安装要求，但这只是消极补救的一些方法，并非钻孔加工提倡的做法，它也只适合要求不高的制作。对于要求比较高的制作，钻孔偏位也基本上意味着工件报废，因此在钻孔过程中每一步都要非常仔细。钻削过程中钻头与工件摩擦会发热，温度过高时可能导致工具切削性能下降或损坏，对于有机玻璃、塑料等材料的工件温度过高还可能使工件熔化与钻头发生粘连，从而影响钻孔精度和质量甚至导致工件报废。因此在钻较深的孔或在易熔化的材料上钻孔时，应经常退出钻头及时散热及排除碎屑，必要时还可以加注冷却液，钻削效果会更好。

在皮革、橡胶、珍珠棉、纸等质地较软或具有弹性的材料上用钻头无法加工出形状规则且无毛刺的孔，对于这类材料应该使用空心冲子来冲孔。

(2) 小非圆孔的加工

最常见的小非圆孔就是电路板上的跑道形孔，有时也叫长孔。大多数器件引脚的截面为圆形，电路板上钻圆孔就可以安装，但有些器件引脚的截面并非圆形，而是方形、狭长形或其他形状。引脚截面为方形或接近于方形的器件一般也可以用圆孔来安装；但引脚截面为狭长形即引脚为片状的器件，如果用圆孔来安装则孔的直径会很大，焊接时焊锡容易漏到另一面影响焊接效果，所以这样的器件一般不用圆孔而是用跑道形的孔来安装。PCB 工厂一般是用铣刀加工跑道形孔，业余条件下可以用钻头来加工。

如图 2.2.61 所示，用钻头加工跑道形孔实际上就是用若干个圆孔来组成跑道形孔，这些圆孔的直径、数量和位置都很重要。圆孔的直径和数量分别由跑道形孔的宽 w 和长 l 决定。各圆孔应在一条直线上并以跑道形孔的中心为中心对称分布，圆孔之间的距离太近则加工时钻头容易滑入相邻的孔，无法在预定的位置钻孔并可能导致钻头折断；而距离太远则相邻的孔不容易打通连在一起，因此确定圆孔的位置时也应权衡以上两点。一般情况下圆孔的间距与圆孔的直径相等即相邻两圆孔刚好相切较为合适。

确定好各圆孔的位置后按小圆孔的加工方法钻孔，钻好孔后再用什锦锉稍作修整跑道形孔就加工完成了。图 2.2.62 为用这种方法在电路板上加工的跑道形孔，这种方法也适合在其他材料的工件上加工其他形状小非圆孔。

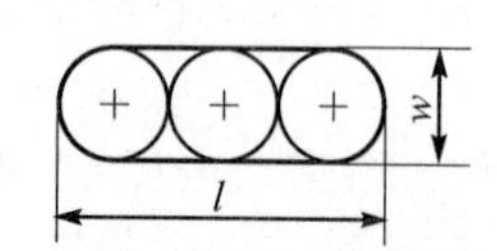

图 2.2.61　跑道形孔的加工

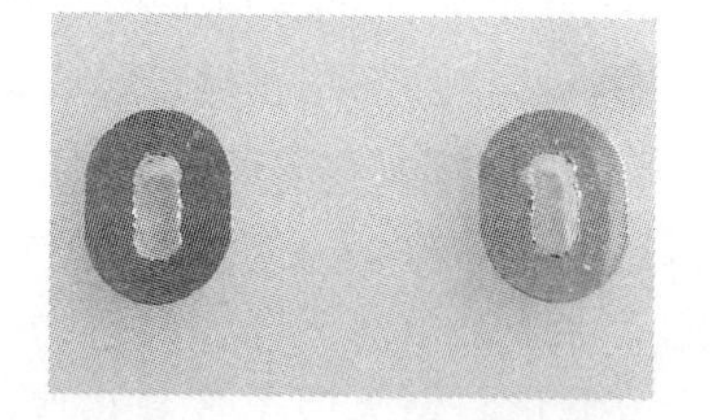

图 2.2.62　加工好的跑道形孔

在质地较软或具有弹性的材料上加工小非圆孔，一般通过使用较尖的铲刀雕刻来实现。

(3) 大圆孔的加工

大圆孔指直径超过 13 mm 的圆孔，这类孔一般采用开孔器来加工，开孔器应根据工件的材料来选择。使用开孔器加工孔时最好选用台钻并适当调低转速，这样抖动较小同时操作也更加安全。加工前应先用钻头钻一个直径小于开孔器导钻直径的小孔，这个孔作为导钻的引导孔，它能够避免由于导钻打滑偏位而造成大圆孔偏位。这个孔的位置一定要准确，它将决定最终大圆孔的位置。使用开孔器加工时工件所受的力要比使用钻头加工时大，因此工件要用夹具夹持，同时钻夹头要锁得更紧，切削过程中刀具进给也要更缓慢。加工时工件的厚度不能超过开孔器的允许值，如果一定要在较厚的材料上开孔，可以从工件的正面和反面分别切削，这样实际能够切削工件的厚度变为允许值的两倍，使用这种方法加工在即将“合龙”时一定要放慢刀具进给速度以保证操作安全和孔壁光滑。总的来讲使用开孔器加工孔与使用钻头加工孔大同小异，在加工过程中开孔器相当于一个大钻头，其他加工要点和注意事项可以参考小圆孔的加工。

在质地较软或具有弹性的材料上加工大圆孔一般通过使用铲刀雕刻或剪刀剪切来实现。

(4) 大非圆孔的加工

大非圆孔主要是PCB或外壳上一些特殊部件的安装孔和窗口，在产品生产时这类孔一般都是用冲床冲出。在业余条件下加工大非圆孔并不容易，这里介绍一种可行性比较高并且也比较常用的方法。

这种加工大非圆孔方法的原理与撕邮票类似，它通过在大非圆孔边缘内侧沿边缘钻一圈小圆孔的方法来去除大非圆孔内的材料。小圆孔的直径可以根据大非圆孔的尺寸来选择，大非圆孔的尺寸越大，小圆孔的直径也应越大，但也不能太大，否则最终锉削修整的工作量会加大。小圆孔的疏密要适中，太稠密加工困难并且工作量也大，太稀疏则不容易去除大非圆孔内的材料。

加工时首先在工件上画出要加工的大非圆孔的边缘，并根据边缘确定好各小圆孔的大致位置，然后再按小圆孔的加工方法钻孔，如图2.2.63(a)所示。小圆孔的加工要求并不高，钻好的小圆孔排列不整齐、间隔不均匀或边缘有毛刺都不要紧，但一定不能超出所画的边缘，这一点要特别注意。待所有小圆孔钻好后用斜口钳剪断或用小螺丝刀撬断各孔之间相连的部分，将大非圆孔内的材料推出，如图2.2.63(b)所示。最后用什锦锉按所画的边缘仔细锉削修整，直到大非圆孔的尺寸满足要求为止，如图2.2.63(c)所示。

在质地较软或具有弹性的材料上加工大非圆孔的方法与加工大圆孔的方法相同。

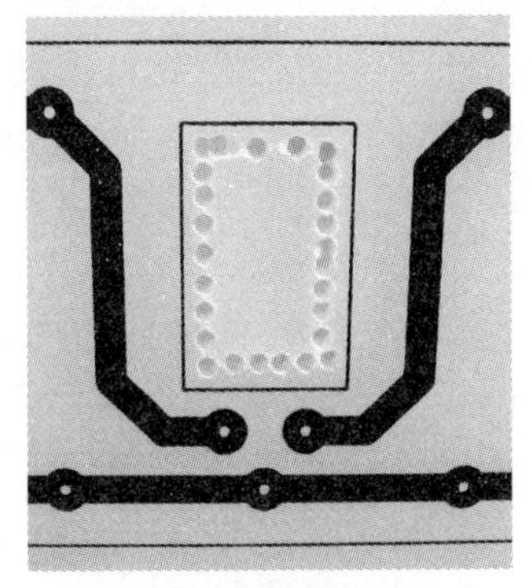
(a) 钻小圆孔

(b) 去除大非圆孔内的材料

(c) 修整后的大非圆孔

图2.2.63　大非圆孔的加工

2. 螺纹的加工

螺纹连接是电子制作中最常用的连接方式，大型器件的固定、各部件的连接以及外壳的安装一般都是采用这种连接方式。螺纹连接离不开螺纹，当工件没有现成的螺纹时可以自己手工加工螺纹，螺纹加工分为内螺纹加工和外螺纹加工。

加工内螺纹的操作也叫做攻丝，从便于理解的角度来看就是“制造螺母”。电子制作中大部分的螺纹加工都是内螺纹加工，内螺纹一般采用丝锥来加工。

攻丝前首先应在工件上钻一个孔，这个孔也就是将要加工螺纹的孔，一般称为底孔。底孔可以是通孔也可以是盲孔，由于丝锥前端部分不能用来切削，所以如果底孔为盲孔则孔的深度要大于所需螺纹的长度，具体由丝锥的规格决定。底孔的直径要略大于螺纹的小径，对于大多数的材料底孔可以按表2.1.1推荐的尺寸来加工。

表2.2.1　不同公称直径的螺纹在攻丝时推荐的底孔直径

mm

公称直径	2	3	4	5	6	8	10	12
底孔直径	1.6	2.5	3.3	4.2	5.0	6.8	8.5	10.2

使用钻头钻孔时，由于抖动等原因加工出孔的直径往往会略微大于钻头标称直径，对于铝等硬度不高的金属

材料以及使用手电钻或手工钻孔更是如此，因此可以根据工件材料或钻孔工具的不同，在底孔加工时钻头适当选小些以保证加工出的螺纹能和螺钉紧密配合。底孔的孔口最好加工倒角，以便于丝锥攻入。有时工件上已经有现成的孔，这种情况下攻丝也可以根据孔的直径通过表 2.2.1 来反推出应选用丝锥的规格。

攻丝时丝锥由丝锥扳手或其他夹具夹持，应注意的是丝锥不能用普通钳子等无法均匀施力的工具来夹持，以免折断丝锥或损坏工件。丝锥攻入时要保证丝锥与工件表面垂直，攻前几圈时要边旋入边施加压力，当丝锥已经与工件咬合 2～3 牙时应停止加压，此后如果再加压则容易破坏已加工好的螺纹，之后将丝锥继续旋入，直到加工出所需长度的螺纹为止。在丝锥旋入过程中丝锥扳手受力要均匀和对称，每旋入 2～3 圈退半圈以断屑，保证后续加工顺畅。盲孔攻丝时要经常将丝锥退出清除孔内的碎屑，以免碎屑堵塞而影响继续加工，当丝锥接近孔的底部时要放慢旋入速度，防止用力过猛而扭断丝锥或滑牙，丝锥齐根断在工件内不仅仅是工具受损，往往工件也报废了，这一点要特别注意。如果使用手用丝锥加工要先用头锥再用二锥，不要弄混，通孔攻丝有时不用二锥也能完成，但对于盲孔一定要经过二锥加工，螺纹才能够达到所需的长度；机用丝锥只有一支，不存在上述问题。加工过程中加注适量润滑油能够提高螺纹加工质量以及延长丝锥使用寿命。

加工外螺纹的操作也叫做套丝，从便于理解的角度来看就是“制造螺钉”，电子制作中需要加工外螺纹的场合相对于内螺纹少一些，外螺纹一般采用板牙来加工。

套丝加工主要是针对圆柱状的工件，工件的直径要略小于螺纹的大径即公称直径，套丝前要先对工件进行加工，使其直径满足套丝的要求，同时工件末端要加工倒角，以便于板牙套入。业余条件下没有车床等设备无法对工件进行切削，只能是根据工件的尺寸来选择适合的板牙，当工件直径与板牙规格相差较大时加工出的螺纹会很浅，使用时容易滑丝或根本无法使用，因此直径大于某一规格(螺纹的大径)但又远小于相邻规格的工件不适合在业余条件下加工外螺纹。

套丝加工与攻丝加工类似，板牙在套丝时由板牙扳手夹持。板牙套入时要保证板牙与工件垂直，套前几圈时要边套入边施加压力，当板牙已经与工件咬合 2～3 牙时则应停止加压，之后将板牙继续套入，直到加工出所需长度的螺纹为止。在板牙套入过程中板牙扳手受力要均匀和对称，同时要经常将板牙退出以便排出碎屑。

3. 裁　板

电子制作中经常会用到板材，印刷电路板、外壳及很多部件都是用板材加工而成的，掌握裁板即板材切割的方法对于电子制作是非常重要的。

较厚较硬的板材一般用手锯来切割。切割前先在板材上用笔或锥子画好切割线，由于锯缝有一定宽度，所以对切割后的板材尺寸要求比较严格时，画线一定要留有足够的加工余量。然后将板材用 G 字夹等夹具固定在工作台上，板材夹紧时最好在板材上下各垫一层木板或塑料板以保护其表面，对于方便手持的板材也可以用手来固定，板材的固定点不要离切割线太远，以防锯削时板材随锯条上下摆动。起锯时锯条与板材的角度要小并且动作要缓慢以免锯削偏位或损坏锯齿，为了使锯条能够迅速切入板材，也可以用刀或锉在板材的起锯点加工一个小豁口。锯条切入板材后即可反复拉动手锯进行锯削，锯削过程中可以根据需要调整锯条与板材的角度，但要始终保持锯条与板材垂直，而且锯条不要左右摆动以免折断锯条。手锯使用时用力要均匀，中途休息或暂时走开时要将手锯取下，以免损坏板材或工具。锯削是粗加工，锯削完毕后一般还需要用砂纸等打磨。以上介绍的板材锯削方法也适用于非板材工件的锯削。

PCB 板材、有机玻璃等较薄较软的板材更适合用钩刀来切割，与手锯相比这类板材用钩刀切割更省力、更快速，割缝更直、更细，毛刺更少。切割前先用笔或刀尖在板材上画好切割线，对切割后的板材尺寸要求比较严格时画线要留有一定的加工余量。然后将直刀紧靠直尺沿切割线反复划几次，这样做主要是为了保护钩刀刀尖，同时也加深了切割线，可以看作是预切割。之后再用钩刀沿直刀划出的槽继续切割，切割时要保证钩刀刀片与板材垂直，刀体与板材夹角不应超过 20°，尽量使用刀尖来切割，如图 2.2.64 所示。钩刀只能在一个方向切割，每次切割由板材顶部开始到底部结束，下刀后要握紧刀柄，均匀用力拉动钩刀，使刀尖从板材顶部向其底部匀速移动，同时另一只手要将板材和直尺压牢，在刀尖移动的过程中刀片要始终紧靠直尺，这样才能保证切割线平直。直尺在这里作为靠模，其本身平直与否将直接影响切割质量，在选择直尺时要特别注意。为了便于用手将直尺压牢裁板时应尽量选用较宽的直尺，必要时也可以用角尺或三角板。此外，常见的有机玻璃尺多次用于裁板后，由于刀具刮擦其表面会凹凸不平或呈弧形，这将影响裁板质量，因此裁板最好选用不易磨损的不锈钢尺。对于一般的材料，反复切割若干次后，当切割深度达到板材厚度的六成时就能够将板材沿切割线折断，操作时应将切割线与桌边对齐，一只手将板材压在桌面上，另一只手将板材悬空的部分向下用力弯折即可使板材断裂，对于尺寸较小不方便双手用力的板材可以用钳台或鲤鱼钳等工具夹持来将之折断。有些材料用上述方法切割毛刺较多或容易开裂，这可以通过双面切割的方法来解决，双面切割即在板材的正反两面各切割一遍。双面切割时要保证两面的切痕完全重合，否则会影响裁板质量。钩刀裁板同样是粗加工，切割后也需要用砂纸打磨。

钩刀刀片使用过后要做好标记，以便日后根据加工要求选择新刀片或旧刀片。与美工刀刀片相比，钩刀刀片价格高很多，因此要节约使用。用钝了的刀片也不要丢弃，它可以用于切割不重要的板材，一时买不到新刀片还可以用钳子把旧刀片的刀尖掰去一部分，如图 2.2.65 所示，将锋利的断口作为刀刃来裁板。

图 2.2.64 用钩刀裁板

图 2.2.65 旧钩刀刀片的利用

裁板出现尺寸偏差、板边不直、垂直度差等缺陷可以通过打磨来修补，但修补是有限的，缺陷严重时或要求较高时修补后的板材仍可能会因达不到要求而成为废品，因此裁板操作一定要仔细并最好预先留有适当的修补余量。

4. 打 磨

打磨是精加工，对于一般的电子制作，打磨加工基本上是最后一道机械加工的工序。打磨加工有两种方式，一种是工件固定工具活动，另一种则相反，是工具固定工件活动，这两种加工方式根据工件和具体的加工要求来选择。电子制作中的打磨主要有表面打磨、边缘打磨和整形打磨三种。

表面打磨的目的是去除表面污迹、锈迹或瑕疵使表面平整、光滑，一般用砂纸来加工。当工件比较大时适合采用工件固定工具活动的方式来打磨，加工时工件用钳台等夹具固定，便于手持的工件也可以用手来固定，将砂纸包在大小适中表面平整如木块、铁块等物体上在工件表面反复摩擦。打磨的位置要经常变换而且用力要均匀以保证表面平整，砂纸也要经常更换。当工件比较小时适合采用工具固定工件活动的方式来打磨，加工时将砂纸绷紧铺平粘贴或钉在玻璃、大理石地面或木板等平滑的表面上，手持工件使其表面朝下反复在砂纸上摩擦。打磨过程中用力一定要均匀，否则很容易造成表面歪斜或有弧度，从而导致工件报废。在工件和砂纸允许的情况下，为了提高打磨质量也可以蘸水来打磨。

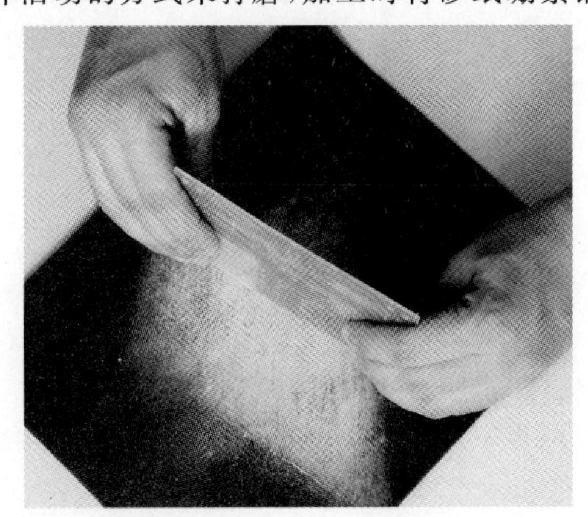

图 2.2.66 边缘打磨

边缘打磨主要针对于板材，其目的是去除边缘毛刺使边缘平直、棱角分明，一般也用砂纸来加工。采用工具固定工件活动的方式来进行边缘打磨可以使边缘更加平直，具体打磨方法与采用此方式进行表面打磨类似。需要注意的是在打磨过程中板材要与砂纸保持垂直，如图 2.2.66 所示，板材在砂纸上摩擦移动的方向应是与板材平面垂直而不是平行的方向，这样可以避免由于受力不均而使边缘呈弧形或在其两端出现圆角。

整形打磨的目的是使工件的形状和尺寸满足设计要求，它适合采用工件固定工具活动的方式来打磨。具体打磨方法和采用此方式进行表面打磨类似，但整形打磨使用的工具更多，除了砂纸外还可以使用锉和磨头等工具来打磨，具体使用什么工具由工件的材料和加工的形状、尺寸及其他要求来决定。打磨过程中要经常测量尺寸，以免由于切削过量造成工件出现瑕疵或报废。整形打磨是个比较耗时的工作，加工时要认真仔细，而且还要有足够的耐心。

5. 引脚成型

引脚成型指用工具将电子器件的引脚弯折成一定形状以满足安装和使用要求，它是电子制造行业特有的机械加工。引脚成型的基本要求是不伤器件、尺寸准确、整齐划一，在生产中一般由机器完成，在业余条件下想要快速完成引脚成型并能满足上述基本要求并不是很容易，它需要掌握一定方法与技巧。虽然胡乱弯折甚至不用工具也能进行引脚成型，但这样操作可能折断或折裂引脚从而造成器件报废或留下隐患，也可能导致尺寸不够准确影响安装，更容易出现引脚歪斜、形状各异而影响美观，这些都是高水平、高质量电子制作不能允许的。电子器件封装、外形多种多样，不同的外形和不同的安装要求有不同的引脚成型要求，这里只介绍几种比较常用而且具有代表性的引脚成型方法。

DIP 封装是直插 IC 最常见的封装，刚买来的 DIP 封装的器件引脚并不是与其表面完全垂直，而是向外略微张开，安装时应进行引脚成型，使两排引脚与 PCB 垂直。加工时双手持器件塑料部分的两端，将一侧引脚贴紧玻璃等光滑表面用力向期望的方向弯折，直到引脚与器件表面垂直为止，加工好一侧引脚再按同样方法加工另一侧。弯折时一定要用力均匀，以免各引脚弯曲程度不一致影响成型效果。加工过程中尽量不要用手触碰器件引脚，以防止静电损坏器件及汗液污染引脚。在有迷你钳台的情况下也可以通过用迷你钳台夹持器件两侧引脚的方法来完成加工，这样受力更均匀，但要注意动钳体进给要缓慢以免损伤引脚。

TO－220、TO－92、TO－126、TO－3P 等封装的器件有时为了增加引脚间距需要将一排引脚整形加工为两排，这类引脚成型一般配合模具来完成，最简单的模具就是两块板，为了方便介绍这里称之为模板。加工时首先将器件有引脚的一侧紧靠模板，然后将需要弯折的各引脚向与器件垂直的方向弯折，如图 2.2.67(a)所示。之后将另一块模板放在不需要弯折的引脚上并紧靠上一步骤已经弯折好的引脚，最后再将需要弯折的各引脚向与器件平行的方向弯折引脚成型即完成，如图 2.2.67(b)所示。加工过程中每次引脚弯折的施力点应尽量靠近模板的棱，以保证弯折点尺寸准确和美观一致，弯折时引脚不要向两侧偏，必要时可以用镊子矫正。两块模板的厚度分别决定了引脚弯折点与引脚根部的距离和两排引脚的间距，可以根据加工需要来选择合适的模板，模板使用后应收藏好，以方便下次加工时使用。配合模具进行引脚成型加工具有不伤引脚、整齐、准确、快速等优点，图 2.2.68 是用这种引脚成型方法加工好的器件，可以在加工时参考。

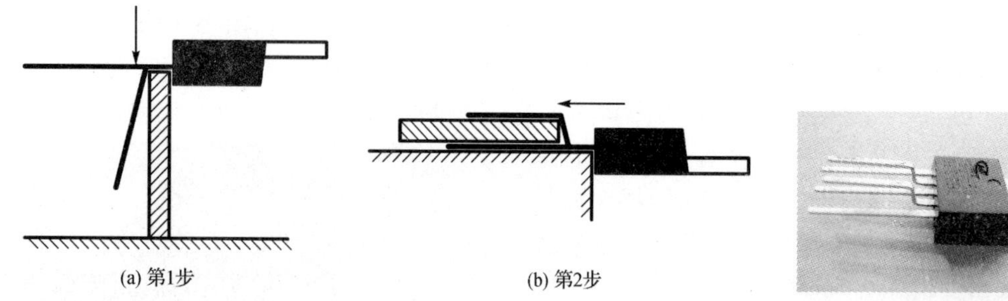

(a) 第1步　　(b) 第2步

图 2.2.67　TO－220 封装器件引脚成型

图 2.2.68　引脚成型加工后的器件

电阻、二极管等轴向引脚的器件在卧式安装时也需要进行引脚成型，它一般使用尖头镊子来加工，当器件引脚较粗较硬时也可以用尖嘴钳。加工时用镊子夹住器件的一个引脚并紧靠器件，然后用手将器件引脚向与器件轴线垂直的方向弯折，如图 2.2.69 所示，之后用同样的方法加工另一个引脚。引脚弯折时施力点应尽量靠近镊子以保证弯折点尺寸准确，同时要使器件表面的型号和规格等字符朝上（色环则不用考虑这一点），这样器件在安装后更容易看到型号和规格，便于电路调试与维修。由于尖头镊子前端夹持器件引脚的部分近似于等腰三角形，所以，镊子夹持器件引脚的位置将决定弯折点与引脚根部的距离 d，如图 2.2.70 所示。显然，夹持位置越靠外 d 越小。为

了保证加工的一致性，可以根据不同器件成型尺寸的要求在镊子前端用刀或记号笔做好标记，这样在加工时只要将每个器件的引脚都夹持在相应标记的位置，就可以保证所有器件引脚的弯折点与引脚根部的距离都相同。

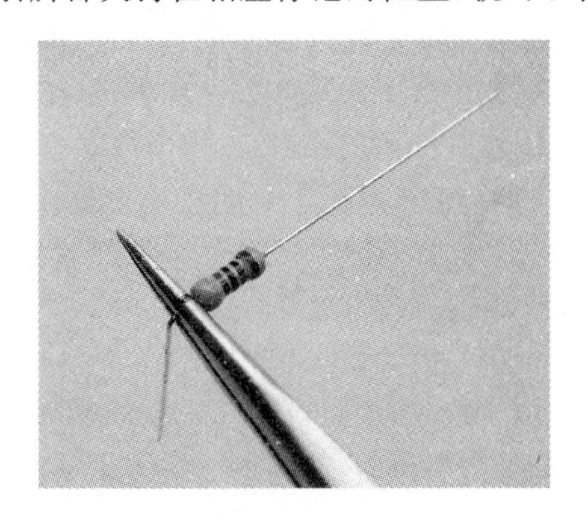

图 2.2.69 电阻引脚成型

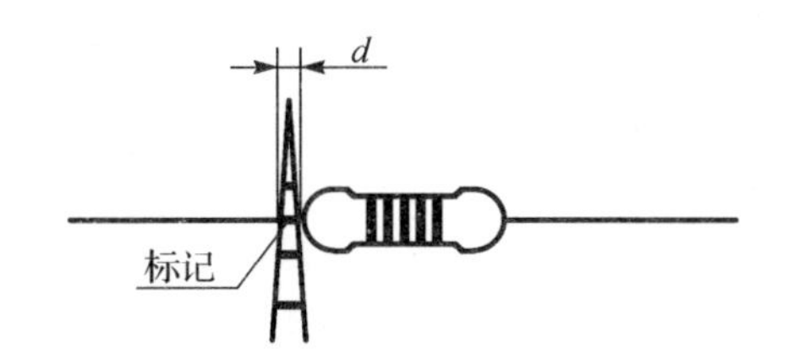

图 2.2.70 镊子标记

2.2.4 工具使用的注意事项

在工具使用的过程中涉及到人、工件和工具，很显然这三者的重要性是依次降低的，在拿起工具准备“真刀真枪”大干一番时，首先应了解如何保护这三者。这里主要介绍如何保证人身安全及如何保护工具，关于如何保护工件已在常用加工工艺中有所提及并将在具体的制作中穿插介绍。

1. 安全第一

提到工具的使用就不能不提安全，虽然科学技术研究要有献身精神，但绝对不是在没有任何使用常识和保护措施的情况下蛮干，人身安全永远是第一位的。

一般来讲使用工具可能出现的危险主要有机械性创伤、触电和烫伤三种。机械性创伤是最容易发生的创伤，大多数工具特别是切削类工具都具有极其锋利的刃口或刀尖，而且很多时候被加工的工件也有尖锐的棱角，加工过程中稍不留意就有可能受伤。触电事故主要由电动工具和电热工具漏电引起，工具外壳或电线绝缘外皮老化破损、工具进水以及工具内部电路发生故障等都可能导致漏电。烫伤主要是由于在使用电热工具时，手或身体其他部位接触工具发热部分或加热过的物体而导致。为了避免或减少出现上述危险，在使用工具时应做到以下 5 点：

① 遵守操作规程。

每种工具都有其正确的使用方法，每种加工也都有其规范的操作流程，在使用工具前一定要仔细阅读工具使用说明书或操作手册。对于电子制作来讲，电动工具是相对比较危险的工具，使用此类工具时不得戴手套，留有长发的应将头发盘起或戴帽，穿有较长较宽松袖口的衣服应将袖口扎紧，更换刀具或工件以及对机器进行清扫除屑或润滑时一定要先断电，这些使用电动工具的安全注意事项要时刻牢记。虽然变通使用工具在条件有限的情况下很常见，但也要以安全为前提。遵守操作规程是主动防备，它能够防患于未然。

② 做好防护工作。

在使用切削类工具时应戴好专用护目镜，条件有限时也可以将普通树脂片眼镜作为护目镜，钳工类加工应配戴手套，使用电动和电热工具时应将地线连接妥当。做好防护工作虽然是被动防备，但它能够在危险发生时不受损失或将损失降至最低。

③ 集中精神、不疲劳作业。

事故多出于麻痹大意，在使用工具时一定要全神贯注，不要边聊天或边吃东西边加工，更不能在使用工具时嬉戏打闹，否则可能导致严重的后果。使用工具时应站稳或坐正，当身体疲惫时不要勉强使用工具，以免由于体力不支发生危险，疲劳作业还可能影响工件的加工质量，甚至导致工件报废，前功尽弃。

④ 用前检查、用后保养。

在使用工具前应当仔细检查工具功能是否正常，表面有无破损、裂痕、锈蚀等隐患，以免在加工过程中由于工具失效或失灵而发生危险。工具使用后要及时保养，以延长工具的使用寿命并为下次安全使用工具提供保障。

⑤ 养成良好的习惯。

工具使用时要保证光线充足，工作台上的工具要摆放整齐，做到取放有序，尽量不要在操作工具的空间附近放置其他物品，以免妨碍工具操作及躲避危险。使用电动和电热工具前应先对电源线进行梳理，不要相互缠绕或打结并尽量远离工具发热或转动部件。电热工具使用时要妥善放置，以免烫伤自己或烫坏衣服、工件、桌面等物品，同时周围切不可堆放易燃易爆物品，以防发生爆炸、火灾等危险。电动和电热工具在用毕或在使用过程中操作者暂时离开，应随手断电，工具用完后要及时收捡，不要随处乱放，这样便于再次使用也同时能够避免在不经意之间受伤或损坏工具。此外及时清理加工工件产生的碎屑，及时收好已加工好的工件等都是很好的习惯，养成良好的工具使用习惯能够消除隐患，对于保护自己、保护工件和保护工具都是非常重要的。

2. 工具保护

使用工具除了安全问题外，另一个需要要注意的就是对工具的保护。保护好工具不仅能够延长工具的使用寿命，而且还能够在一定程度上提高使用工具的安全性。保护工具主要有以下 5 点：

① 防跌落。

较细和较脆的工具在跌落后可能变形或断裂，带有刃口或刀尖的工具在跌落后可能锛刃或锛尖，电动和电热工具在跌落后则可能损坏其外壳或内部电路，工具跌落往往会对工具造成较大的损伤甚至使工具报废，此外工具跌落还可能导致砸伤身体或砸坏工件。因此在使用和取放工具时一定要将工具持稳抓牢，临时放置也要选择妥当的地方，以避免跌落。

② 防过载。

这一点主要针对在使用中承受较大力的工具，这类工具使用时其载荷不能超过允许值，工件材料的硬度也不能超过工具的硬度。加工时要根据工件的大小、材料和加工要求选择合适的工具，不要强行加工或违规操作，否则可能损坏工具或工件甚至发生危险。每种工具都有专门的用途，一般情况下不要随意改变其用途，条件有限为了应急不得已改变工具的用途时，也要考虑工具的载荷能力、硬度、结构等因素。此外取放工具时不要持工具比较脆弱或容易损坏的部位，不可拉着电源线来提起电动和电热工具。

③ 防锈蚀。

大多数工具都是金属材质或具有金属材质的部件，当金属工具或金属部件表面被氧化锈蚀后其强度和性能将大打折扣，外观也差很多。防锈蚀也是保护工具的重要方面，一般可以通过在表面涂抹防锈油或防锈脂的方法来防止锈蚀，此外取放工具时尽量不要接触工具的金属部分，特别是刃口和刀尖部分以避免附着汗液而生锈。

④ 防摩擦。

很多工具都有轴、滑块、棘轮、万向节等活动机构，润滑油或润滑脂缺失、变质及灰尘或材料碎屑积聚等都可能导致这些机构在使用一段时间后摩擦力增大而无法活动或活动不够畅顺。对于这类工具应定期在其活动机构部位加注润滑油或涂抹润滑脂以保证机构活动自如。

⑤ 防进水。

电动工具、电热工具和一般的电器一样，在使用中和存放时机器内部各部件都不得被水浸湿，否则可能发生触电事故或损坏工具，这一点要特别注意。

2.2.5 小　结

完整的电子制作不仅是电路制作，它还会涉及机械加工，因而需要的工具也比较多。本节介绍了机械、电子、电工等不同行业领域的工具四十余种，基本上涵盖了所有电子制作常用的工具，这部分内容也可以作为精简的电子五金工具手册来使用。本节花较多笔墨来介绍工具是因为工具也算得上是电子制作的要素之一，很多时候做不出高水平的作品正是因为工具选择不对路或工具使用不得当。

从理论上来讲工具当然是多多益善，越齐全越方便，但在实际上应根据经济条件、使用频率和制作加工需求来配备工具。由于现实中不一定能够拥有所有需要的工具，特别是在业余条件下，灵活变通运用已有的工具和自制一些工具是非常不错的解决办法。本节介绍了很多工具除本身用途外的其他用途，也介绍了一些实用工具的制作方法，读者配备工具时可以参考。

此外本节还介绍了一些电子制作最基本、最常用的加工工艺，对加工流程及所用到工具的使用方法作了详细描述。工具的使用是一个熟能生巧的过程，不可能一蹴而就，关键是要多用，工具使用得多了自然就会总结出好的经验，加工水平也就提高了。

最后切记安全第一！

2.3 电路板设计与制作

2.3.1 概 述

电路板通常指印刷电路板(印制线路板)，很多时候也按英文称之为PCB(Printed Circuit Board)，它是一种用于固定和连接电子器件的板材，表面有蚀刻好的铜箔走线。印刷电路板也是电子制造业最重要的发明之一。如果把安装在电路板上的器件比作城市中的建筑物，那么电路板就是承载建筑物的大地，电路板上的走线则是城市中纵横交错的道路。对于电子产品或是电子制作来讲电路板的作用并不比电子器件小。

本节将从电路连接的一般形式、印刷电路板的材料、印刷电路板的设计和印刷电路板的制作等几个方面，系统地介绍电子制作中电路板设计制作这个重要环节所要掌握的知识，并且着重介绍印刷电路板的自制方法。

2.3.2 电路连接的一般形式

电子制作中将各器件连接成完整电路的形式有很多种，如图2.3.1所示，这些连接形式各有千秋，在电路制作时可以根据实际条件和制作要求来选择。图2.3.2是一款极其简单的循环灯电路，它实质上是一个无稳态多谐振荡器，通电后2个LED交替点亮和熄灭。这里以这个电路为例来介绍各种电路连接形式。

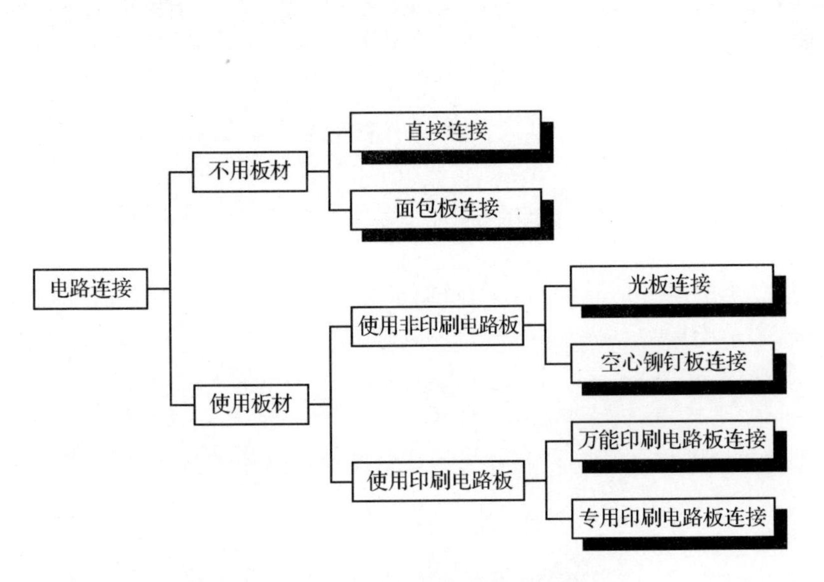

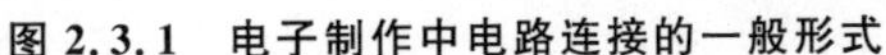
图2.3.1 电子制作中电路连接的一般形式

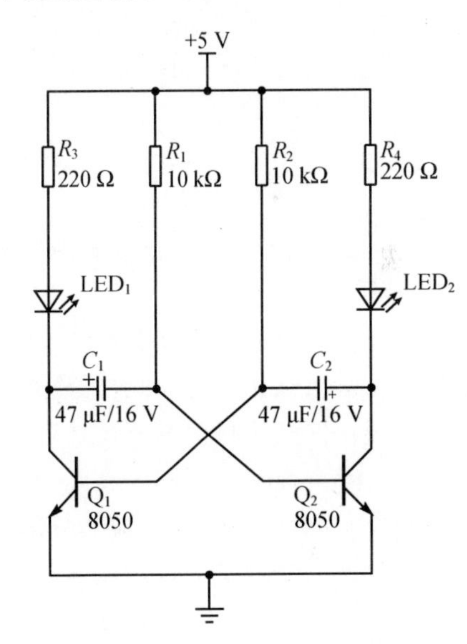

图2.3.2 循环灯电路原理图

1. 直接连接

用直接连接形式制作好的循环灯电路如图2.3.3所示。这种连接形式不需要任何板材，器件通过引脚和粗铜线来固定和连接，通常也将这种连接形式称为“搭棚”，早期电子产品中的电路有时也采用这种连接形式。直接连接最大的好处就是省去了制作电路板的麻烦，制作成本也随之降低，而且这种连接形式器件布局非常灵活，能够“立体交叉”安装。此外与一般印刷电路板的铜箔相比粗铜线的电阻更小，能够通过更大的电流，也正是这个原因很多胆机(电子管功放、前级等以电子管为核心器件的音响器材)电路常常采用这种连接形式。但是这种连接形式机械性能较差，稍微碰撞就可能导致电路变形或损坏，而且制作麻烦，检查和维修也比较困难；此外由于器件引脚和连线都裸露在外，也很容易短路，对于高压电路还容易触电，因而直接连接形式更适合在有外壳的情况下采用。

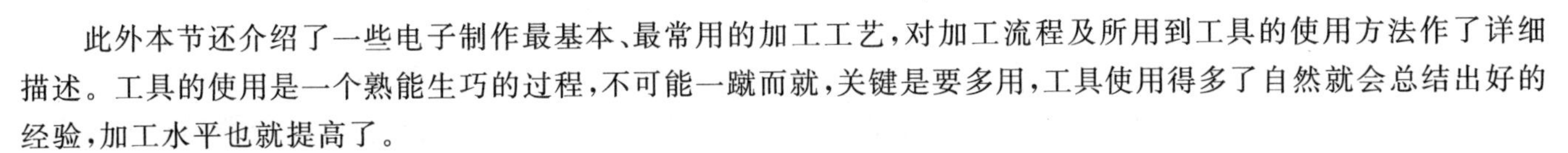

2. 面包板连接

面包板是学校电路实验常用的设备,与其说它是一种板不如说它是一种多孔插座。面包板表面有排列整齐的孔,孔的间距一般为 100 mil(2.54 mm)或其整倍数。每个孔相当于一个插座,孔内有金属簧片,可以插入器件引脚或导线。这些孔根据分布和排列方向的不同分为若干组(一般每 5 个孔为一组),在板的背后按一定规则通过孔内的金属簧片相互连通。面包板有不同大小多种规格,有些面包板侧面还有卡槽,可以将多块拼接在一起使用。

用面包板搭接电路比较简单,将器件插入合适的孔再根据孔的连通关系用导线将各器件按电路连接即可,用这种连接形式制作好的循环灯电路如图 2.3.4 所示。采用面包板搭接电路主要有使用方便、无须制作电路板和焊接、器件可以重复利用等优点;但是这种连接形式的缺点也是显而易见的,它只能使用体积较小且引脚排列相对比较规则的直插器件,电路不能太复杂,也不适合连接大功率、高电压等对连接可靠性要求较高的电路。面包板的外形和结构决定了用其连接电路需要大量"飞线",连接好的电路容易短路也不美观,而且器件和连接线没有经过焊接很容易脱落,连接好的电路不能作为成品来使用,也不便于携带和保存。此外大多数面包板在使用一段时间后其各个孔内的金属簧片会变形或弹力减弱,由此可能造成器件引脚或连接线与金属簧片接触不良,从而导致电路无法正常工作甚至器件损坏。因此除了简单测试和临时搭接外,一般不推荐使用面包板连接电路。

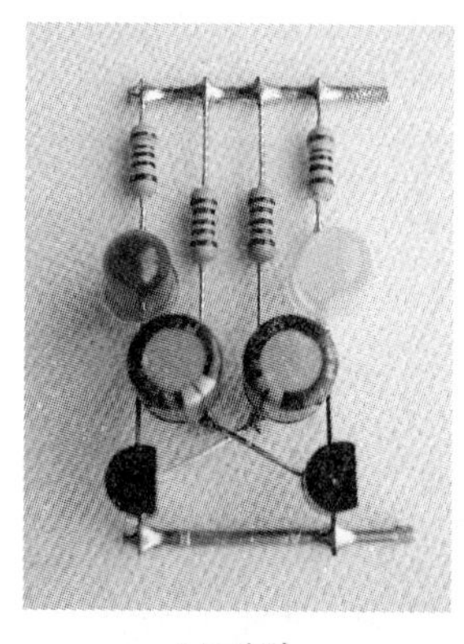

(a) 正面

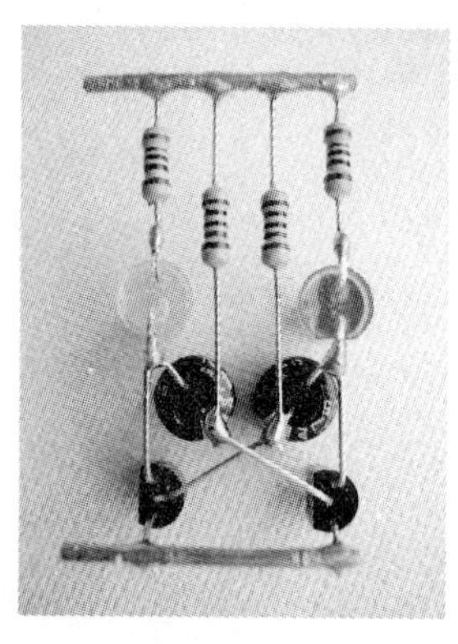

(b) 背面

图 2.3.3 用直接连接形式制作的循环灯电路

图 2.3.4 用面包板连接形式制作的循环灯电路

3. 光板连接

这里所讲的光板是相对于覆铜板而言的,它是指本身不导电而且表面也没有粘贴覆盖任何导电材料的板材,一般的环氧树脂板、电木板或木板等都可以认为是光板。光板连接是一种以光板为基板的电路连接形式,制作时先根据器件的位置和引脚间距在光板上钻好孔,之后再将各器件插入,最后在光板背面用导线或直接利用器件引脚将各器件按电路连接起来制作就完成了,用这种连接形式制作好的循环灯电路如图 2.3.5 所示。

光板连接在器件连接方面与直接连接类似,但它的可靠性更高,而且它取材容易、制作简单。当没有合适的覆铜板时,这种连接形式也是一种不错的选择。这种连接形式的主要缺点是维修困难,特别是当电路比较复杂时背面的连接线很多,更换器件或连接线都比较麻烦;另外由于器件并没有和光板固定在一起,所以在使用过程中器件也很容易松动或歪斜。

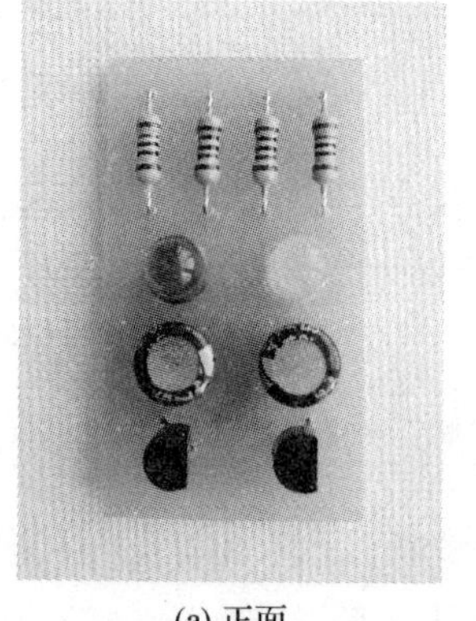

(a) 正面

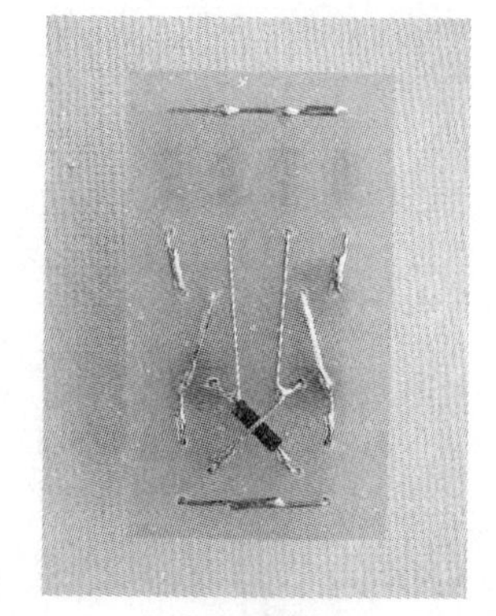

(b) 背面

图 2.3.5 用光板连接形式制作的循环灯电路

4. 空心铆钉板连接

空心铆钉板与光板类似,所不同的是它在光板的基础上增加了铜质空心铆钉。空心铆钉板连接在早期的电器产品和现在的胆机中都很常见，它也是早期电子制作类书籍和期刊中经常提到的一种电路连接形式。制作时先根据器件的位置和引脚间距在板材上钻好孔，再在各个孔铆上空心铆钉制成空心铆钉板，如图 2.3.6(a)所示。铆好的铆钉也就是焊接器件的焊盘，如果电路连接比较简单，则可以在铆接铆钉的同时将连接线在背面一并铆好。之后将各器件焊接在相应的铆钉上，每个铆钉可以只焊一个器件引脚，也可以焊多个，具体由铆钉的大小和电路的复杂程度来决定。最后在空心铆钉板背面用导线将各铆钉按电路连接起来制作就完成了，如果连接线已经预先铆好则这一步可以省略，用这种连接形式制作好的循环灯电路如图 2.3.6(b)和图 2.3.6(c)所示。

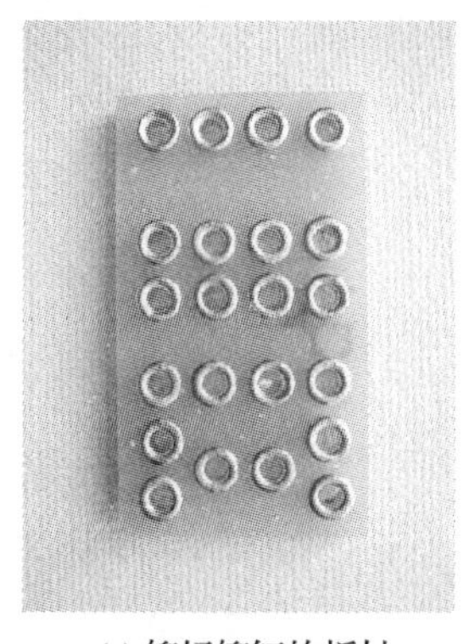

(a) 铆好铆钉的板材

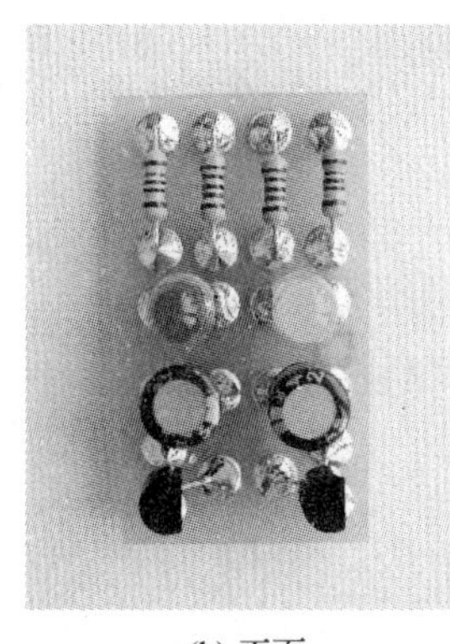

(b) 正面

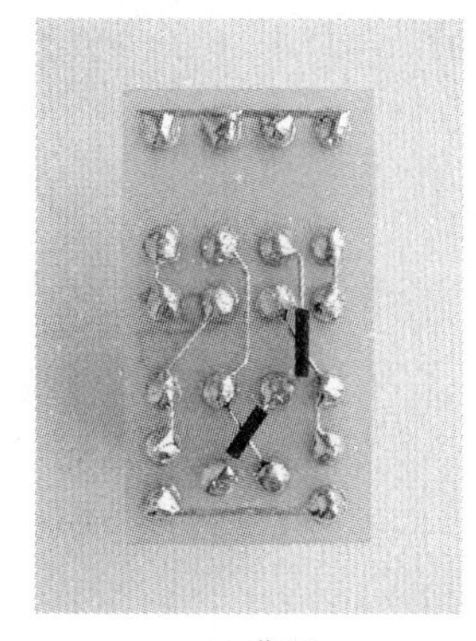

(c) 背面

图 2.3.6 用空心铆钉板连接形式制作的循环灯电路

与光板连接相比空心铆钉板连接器件安装更加牢固，更换器件也比较方便，在没有合适的覆铜板并且对可靠性要求比较高时，可以采用这种连接形式。但是这种连接形式也有一些缺点，由于在制作时需要铆接铆钉，所以制作过程略显繁琐，而且受铆钉尺寸的限制，器件安装和连接线布局的密度相对较低，此外用这种连接形式制作出的电路成品外观也一般。

5. 万能印刷电路板连接

万能印刷电路板一般简称为万能板，它是一种特殊的印刷电路板，可以用于不同电路的连接。如图 2.3.7 所示，万能板表面有排列整齐的孔，所以不少电子爱好者也将万能板称为“洞洞板”，这些孔的间距一般为 100 mil(2.54 mm)，每个孔对应一个焊盘，有的万能板上还布局有一些简单的走线。万能板有单面和双面之分，双面万能板可以双面安装器件，器件安装也比单面板更加牢固。但是万能板一般都需要自行焊接走线，而双面万能板的孔都是金属化孔，两面的焊盘是相通的，这样反而不方便用裸线焊接走线，同时也无法使用跳线在两面交叉布线，而且焊接时焊锡也容易从一面流到另一面，影响焊接效果和美观。对于万能板来讲双面板体现不出太大的优势，再则双面板价格比单面板贵很多，因此除了一些需要双面安装器件的特殊制作外一般不推荐使用双面万能板。随着表面贴装器件的不断增多，市场上又出现了一些特殊的万能板，如图 2.3.8 所示。这些万能板可以安装多种封装的贴片器件，由于这种万能板能够将贴片器件转换为直插器件或其他引脚、焊盘间距较大的形式来连接，所以它也称为转换万能板或转接板。市场上的万能板有多种档次，主要是电路板材料和制作工艺不同。高档万能板一般采用玻璃纤维板材，表面有阻焊，焊盘镀锡或镀金；低档万能板一般采用纸板板材，表面无阻焊，焊盘也未经过特殊处理。不同档次的万能板价格差别较大，可以根据经济条件和制作要求来选择。

图 2.3.7 常见的万能板

用万能板制作电路只需要将器件焊接到板上后，再用导线或器件引脚将各器件按电路连接妥当即可，用这种连接形式制作好的循环灯电路如图 2.3.9 所示。万能板连接既可以用于电路试验，也可以用于制作电路成品，用万能板制作电路具有布局灵活、制作方便、能够随时增减器件和修改走线等优点。万能板连接的主要缺点是成品机械性能较差，由于万能板上有很多孔，所以它在受力较大时容易像撕邮票一样断裂，此外当电路比较复杂时万能板的连接线也比较多，检查和维修都比较困难。不过总的来讲，万能板连接是除专用印刷电路板连接之外最理想的电路连接形式。

图 2.3.8　转换万能板

(a) 正面

(b) 背面

图 2.3.9　用万能板连接形式制作的循环灯电路

6. 专用印刷电路板连接

专用印刷电路板是指针对某一电路专门设计制作的印刷电路板，它以覆铜板为原材料，通过开料、制版、蚀刻、钻孔、切边等多道工序制成。用专用印刷电路板制作电路最简单，将电路中各器件焊接在电路板上即可。由于电路板表面已经有铜箔走线，因此焊好器件后无须再用导线连接，用这种连接形式制作好的循环灯电路如图 2.3.10 所示。制作专用印刷电路板工序较多，花费时间很长，成本也相对比较高，但是这种连接形式具有可靠性高、电路成品外观好、检查和维修方便、安装快速、能够批量生产等诸多优点。它是电子产品制造最主要的电路连接形式，也是电子制作首选的电路连接形式。

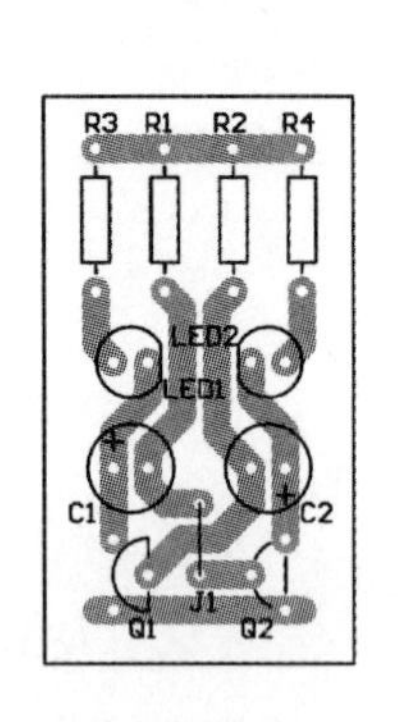

(a) PCB布局图

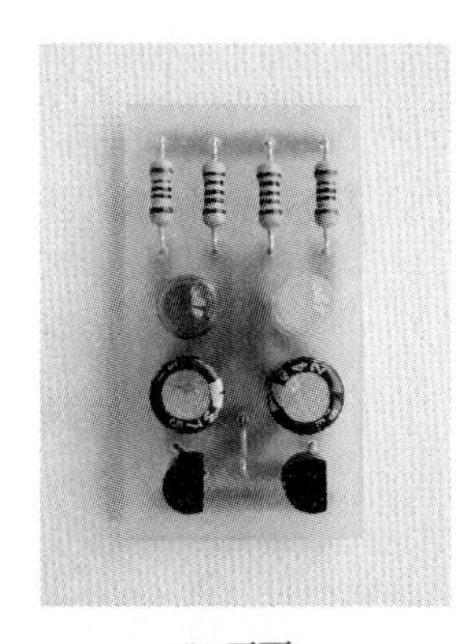

(b) 正面

(c) 背面

图 2.3.10　用专用印刷电路板连接形式制作的循环灯电路

2.3.3　印刷电路板的材料

在设计和制作 PCB 之前，首先要对制作 PCB 的原材料覆铜板有一定的了解，这样在 PCB 设计时就可以根据板材的电气特性和机械特性，来选择更合适的走线宽度、走线间距、焊盘尺寸、孔径及安装孔间距等设计参数；在 PCB 制作时也可以根据性能和成本要求来选择合适的板材。

覆铜板也叫覆箔板，全称为覆铜箔层压板，它是一种将铜箔和绝缘基材用粘结剂粘合在一起制成的板材。一

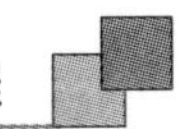

般的电子产品和电子制作使用的覆铜板主要有以下三类：

① 纸板。

这类板材主要有酚醛纸层压板和环氧纸层压板两种。酚醛纸层压板有时也叫电木板，它的绝缘基材以酚醛树脂为粘结剂、以纤维素纸为增强材料，它密度较小，电气性能和机械性能都一般，耐热性和耐湿性较差，但它成本非常低，适合要求不高的电路大批量生产时使用，常见的产品型号为 FR－1。环氧纸层压板的绝缘基材以环氧树脂为粘结剂、以纤维素纸为增强材料，它的电气性能和机械性能较酚醛纸层压板略有提高，常见的产品型号为 FR－3。

② 玻璃纤维板。

这类板材主要指环氧玻璃布层压板，它的绝缘基材以环氧树脂为粘结剂、以无碱玻璃布为增强材料，它具有卓越的电气性能和机械性能，耐热性和耐湿性也非常好，板材特性基本上不受环境影响，而且尺寸稳定，加工特性良好，常见的产品型号为 FR－4。玻璃纤维板与纸板相比价格高一些，但是对于电子制作来讲一般量不大，板材对制作成本影响很小，玻璃纤维板是首选的板材。

③ 半玻璃纤维板。

这类板材绝缘基材的粘结剂为环氧树脂，增强材料为复合材料，一般表层为玻璃布，内芯为纤维素纸或玻璃纤维素纸。这类板材的性能和价格介于纸板和玻璃纤维板之间，当产品追求性价比时半玻璃纤维板是最好的选择，常见的产品型号为 22F、CEM－1 和 CEM－3，其中 CEM－3 基本上能够代替 FR－4。

除了以上介绍的几种外还有用于特殊电路的聚酰亚胺玻璃布层压板、聚四氟乙烯玻璃布层压板、聚苯醚玻纤布层压板、铝基板、陶瓷板以及用于柔性（挠性）PCB 的聚脂薄膜、聚酰亚胺薄膜等多种板材，可以根据需要选用。

覆铜板有 0.8 mm、1.0 mm、1.2 mm、1.6 mm、2.0 mm 等多种厚度规格，具体可以根据制作要求来选择，其中 1.6 mm 是最常用的规格。

2.3.4　印刷电路板的设计

印刷电路板设计主要有手工设计和计算机辅助设计两种方法，前者器件布局、焊盘和走线绘制均由手工完成，设计和检查都非常耗时，除非条件有限或电路简单否则不推荐采用；后者所有设计工作都通过计算机软件辅助来完成，省时又准确，是 PCB 设计首选的方法。

PCB 设计需要考虑的问题很多，不同的电路有不同的设计要求和不同的布局方法，关于 PCB 设计的要点本书将在后续各章节针对不同电路来分别介绍。市场上有大量有关 PCB 设计软件的使用以及与 PCB 设计相关的 EMC 设计等知识的书籍和期刊，有兴趣的读者在实际 PCB 设计时可以参考，这些内容本书不多赘述。以下所讲的 PCB 设计，主要是从 PCB 制作的角度介绍一些推荐的做法、最基本的原则和注意事项。

1. 万能印刷电路板的设计

用万能板制作电路一般无须进行 PCB 设计，在焊接时即兴布线即可，但是对于比较复杂和要求比较高的电路，最好还是先用软件进行器件布局和走线设计，这样能够使器件布局和走线更为合理，电路性能和外观也更好。

万能板上的孔的间距为 100 mil，因此布局时应将 PCB 设计软件的网格也设为 100 mil，同时器件的焊盘只能布局在网格的节点上，走线也只能在网格线上布局，走线布不下需要用导线专门连接时应做好标记。为了方便钻孔和裁板加工，各安装孔应尽量布局在网格的节点上，PCB 的边框也应尽量布局在网格线上。万能板器件布局及走线可以参考图 6.3.6。

2. 专用印刷电路板的设计

专用 PCB 设计时应做到以下三点：

① 正确。

正确是 PCB 设计的起码要求，它包括电路正确、布局正确和尺寸正确三方面。电路设计好后不要急于设计 PCB，而应将关键部分的电路和把握不大的电路先用万能板或面包板搭出来测试一下，这样能够发现电路中的错误或考虑不周之处，从而避免设计制作出电路错误的 PCB。PCB 设计时要认真、仔细，不要盲目追求快速，要严格依照原理图及由其生成的网络表来设计，陌生或外形特殊的器件要多测量，不要想当然或凭记忆来布局。PCB 设计好后要多检查几遍，最好将 PCB 用打印机按 1∶1 打印出来与器件、外壳等需要安装的部件比对一下，这样可以

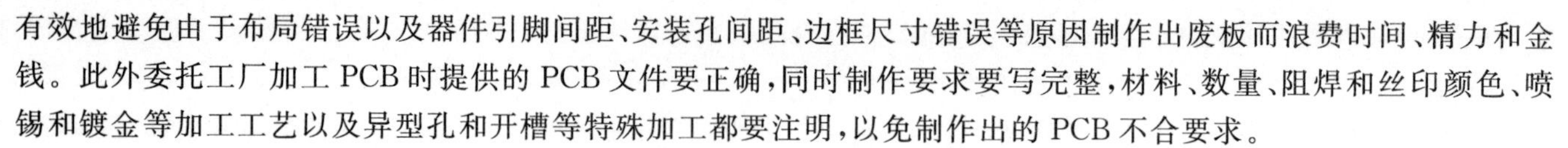

有效地避免由于布局错误以及器件引脚间距、安装孔间距、边框尺寸错误等原因制作出废板而浪费时间、精力和金钱。此外委托工厂加工 PCB 时提供的 PCB 文件要正确，同时制作要求要写完整，材料、数量、阻焊和丝印颜色、喷锡和镀金等加工工艺以及异型孔和开槽等特殊加工都要注明，以免制作出的 PCB 不合要求。

② 合理。

对于 PCB 设计，仅做到“放得下器件、布得通走线”是远远不够的，在此基础上还应讲求合理，它包括布局合理、走线合理和安装合理三方面。布局合理主要指强电和弱电分离、强信号和弱信号分离、模拟和数字分离、干扰源和易受干扰的电路分离、发热器件和怕热器件分离。走线合理主要指走线的宽度要满足电流的要求、走线之间以及走线与焊盘之间的距离要满足安规中对爬电距离的要求，同时走线应避免用直角或锐角转向。对于自制 PCB 适当加宽走线能够降低制作难度。安装合理主要指 PCB 布局的器件之间以及器件与外壳或其他部件安装不冲突，安装孔的位置、数量、孔径和间距以及各孔与板边的距离应满足机械强度的要求。PCB 设计时要有足够的耐心，要反复调整器件和走线使设计更加合理。

③ 美观。

美观是在正确和合理的基础上提出的更高层次的要求。PCB 设计时特别是对于要求较高的电子制作，应多注意细节，在保证电路性能的前提下，器件和走线布局要尽量均匀、整齐、协调，使电路板具有一定的美感。

在做到以上三点的前提下还应考虑以下两方面：

① 通用。

自己制作 PCB 费时费力，委托工厂加工 PCB 价格又比较高，与一般器件相比 PCB 更加“来之不易”，因此 PCB 设计时，接口和安装孔应尽量按一定的标准(可以自己制定)来设计，这样其他制作也可以利用。表头、显示、按键等电路最好采用模块化设计，可以根据功能各自单独布局在一块板上，其他制作需要时直接将之嵌入使用即可，如图 5.2.21 所示，其中的显示电路就是一个通用的模块，这样设计能够减少重复劳动、降低制作成本，同时使用也更加方便。

② 节约。

业余条件下资金有限，PCB 设计的同时也要考虑如何节省资金。对体积没有要求的制作尽量使用单面板布局，如果需要双面安装器件或走线比较密集不方便布局时，可以通过“板上加板”的方法用单面板代替双面板，如图 5.2.19 所示，这样也能够降低 PCB 自制的难度。在加工工艺允许的情况下应尽可能地将多块 PCB 拼在一起来设计(也可以分别设计后再拼在一起)，这样委托工厂加工每块板的单价更低，自己制作也更节省材料。

2.3.5 印刷电路板的制作

这里所讲的印刷电路板的制作都是针对于专用印刷电路板，电子制作中所需要的 PCB 主要是通过工厂加工和自己制作两种途径得到。委托工厂加工 PCB，自己做的工作相对少很多，只需将 PCB 文件和制作要求发给 PCB 工厂即可。工厂加工出的 PCB 质量和外观都非常好，而且工艺完善，便于焊接和保存；此外工厂加工 PCB 对电路的复杂程度一般没有限制，可以制作多层 PCB，同时也能够进行较为复杂的机械加工。委托工厂加工 PCB 最大的缺点就是成本较高，业余电子制作并非产品制造，一般数量不大，都是作为样板来制作，而 PCB 制造工艺复杂，做样板的流程和正式产品差不了太多，所以价格比较贵，平均每块 PCB 要几十元甚至几百元，而且随着原材料价格的上涨以及对环境污染的控制，工厂加工 PCB 的费用越来越高。

对于大多数的电子爱好者来讲每个电路的 PCB 都委托工厂加工费用太高，非常不现实，为了节省费用有些电路也可以自己动手制作 PCB。与工厂加工 PCB 相比自己制作 PCB 更加快速，而且在制作过程中发现错误也能够及时修正，制作更加随心所欲；此外自己制作 PCB 不存在技术泄密的可能，对于保密性要求比较高的电路自己制作是比较妥当的做法。但是不论采用哪种方法自制 PCB 过程都很复杂，制作起来比较耗费精力，而且自己制作的 PCB 走线宽度和间距不能太小，制作高密度特别是贴片器件较多的 PCB 比较困难。自己制作的 PCB 一般也没有阻焊和丝印，这会对焊接和保存有一定的影响，同时外观也略差一些。总的来讲业余条件下不论怎样认真和努力，自己制作出的 PCB 在整体上和工厂加工的还是有一定的差距，因此对于质量和可靠性要求比较高、走线密集以及贴片器件较多的 PCB 还是推荐交由工厂加工。

自己制作PCB可以是单面板，也可以是双面板，但是除某些特殊情况外一般不推荐自己制作双面板。这是因为双面板的优点不仅是能够双面安装器件和双面布线，更重要的是，它能够通过金属化孔将两面的走线连接起来，而业余条件下制作金属化孔比较困难，一般是通过双面焊接的方法来连通两面的走线，但这样做需要较大的焊盘，当过孔较多时还不如单面板安装跳线方便，基本上体现不出双面板的优势；由于没有阻焊，元件面的走线裸露在外很容易短路，同时外观也不好；此外双面板板材价格较高，制作过程也更加复杂。综合各方面来考虑，制作双面板委托工厂加工更为合适。

从某种意义上讲，PCB的制作过程就是去除覆铜板表面不需要的铜箔的过程。去除铜箔主要有物理刻除和化学腐蚀两种方法，业余条件下自己制作PCB也是基于这两种方法。自制PCB的具体方法很多，比较常见且可行的方法如图2.3.11所示，下面将介绍的这几种自制PCB的方法都是指单面板的制作方法。

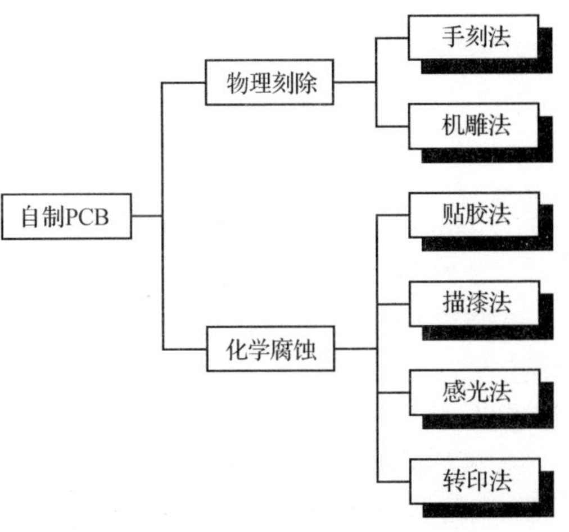

图 2.3.11 常见的自制PCB的方法

1. 手刻法

手刻法是成本最低的自制PCB的方法，用这种方法制作PCB去除覆铜板表面不需要的铜箔是通过手工雕刻来完成，比较费时和费力，而且制作出的成品外观和质量也一般，这种方法仅在条件非常有限的情况下才使用。用手刻法制作PCB的主要工艺流程为：开料→钻孔→绘图→雕刻→打磨→清洗。

(1) 开 料

首先选择一块材料、厚度和尺寸都能够满足电路制作要求的覆铜板，然后按所设计的电路板的实际尺寸进行裁切。裁板时每条边应留有0.5～1.0 mm的余量以备打磨损耗，裁板的具体方法可以参考本书2.2节介绍的相关内容。覆铜板在制造和运输过程中难免会产生瑕疵，对于业余制作，采购数量不大，更是时常碰到有瑕疵的板材。所谓瑕疵主要是指划伤、裂痕、凹坑、凸起等缺陷，裁板时应尽可能地裁切无瑕疵或瑕疵少的部分来使用，也可以根据PCB的布局调整裁切位置，使瑕疵处于电路板的大孔内或器件下方。裁板后剩下的余料不要丢弃，日后可以用于其他制作。板材裁切好后再按本书2.2节介绍的边缘打磨方法将边缘打磨整齐即开料完成。对电路板的尺寸及边缘质量要求较高时，开料也可以参考后面将介绍的感光法中“切边”方法和要求来加工；对表面外观要求较高时，开料前还可以预先在覆铜板的元件面(没有铜箔的一面)贴若干层透明胶带，它能够有效地避免后续加工对元件面的损伤。

(2) 钻 孔

钻孔前首先要确定孔的位置即定位，定位一般有直接定位和间接定位两种方法。直接定位先用尺子测量，在覆铜板上标出孔的位置，再用锥子加工出定位凹坑。间接定位先通过PCB设计软件设计，并将标有孔位的图按1∶1打印在纸上(如果是手工设计则直接在纸上将孔的位置标出)作为图样，为了方便定位每个孔用十字叉标出。然后将图样沿PCB边框裁下用双面胶粘贴在覆铜板的铜箔面(虽然从元件面也可以钻孔，但一般来讲，从铜箔面钻孔加工质量更好，对板材的损伤也更小)，如图2.3.12(a)所示。粘贴时要保证图样PCB边框与覆铜板边缘完全重合，粘接点的大小和多少可以根据电路板的尺寸来确定，以既方便图样取下又不容易使图样错位为宜。之后用锥子穿过每个十字叉的中心，在覆铜板上加工出定位凹坑，如图2.3.12(b)所示，所有孔的定位凹坑加工好后再仔细检查一遍以免遗漏。最后将图样取下，再复查一遍定位凹坑，加工不到位的可以用锥子进行修补，定位加工后的覆铜板如图2.3.12(c)所示。直接定位加工快速、简单，但孔的位置偏差较大，它只适合孔比较少要求不高的电路使用。间接定位孔的位置特别是相对位置偏差比较小，而且不容易出现错误或遗漏，它是首选的定位方式。

定位完成后即可开始钻孔，为了方便钻孔以及保证加工精度，钻孔时首先用0.8 mm的钻头加工出所有的孔，为了方便介绍这里将这些孔称为底孔，再对电路板中直径要求比底孔大的孔用相应的钻头进行扩孔。底孔直径选得太大不能达到减小偏差的目的，选得太小又会增加扩孔的工作量，实践证明底孔直径选0.8 mm较为合适，在保证加工精度的前提下，对于大多数器件的安装都无须再扩孔。钻好孔后可以将引脚较多或排列比较特殊的器件试装一下，如果孔位和孔径有偏差应修补或返工，切不可强行安装，以免损坏器件或板材。钻孔加工的具体方法可以参考本书2.2节介绍的相关内容。钻孔是PCB制作过程中的重要环节，同时也是非常能够体现PCB制作水平的

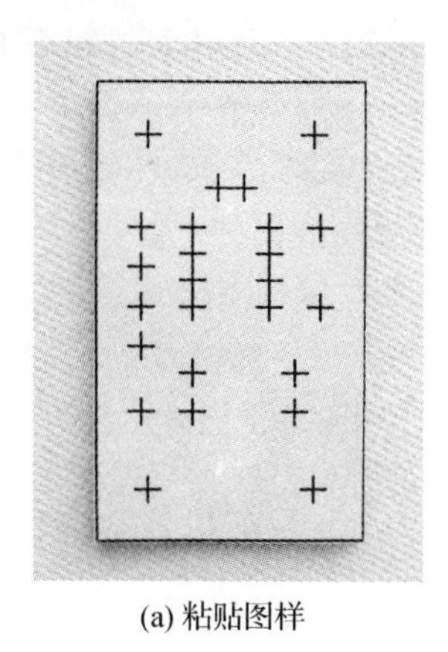

(a) 粘贴图样

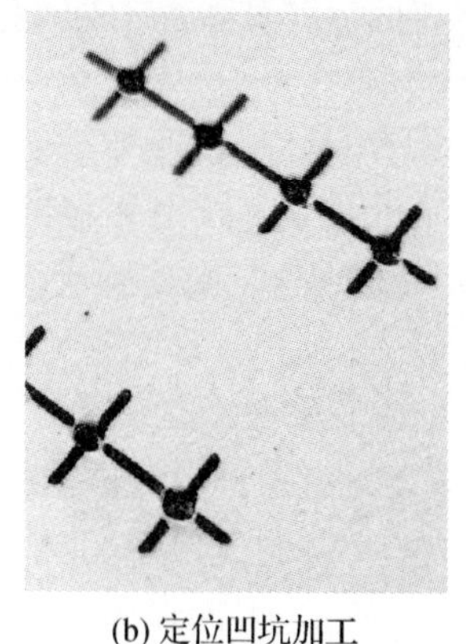

(b) 定位凹坑加工

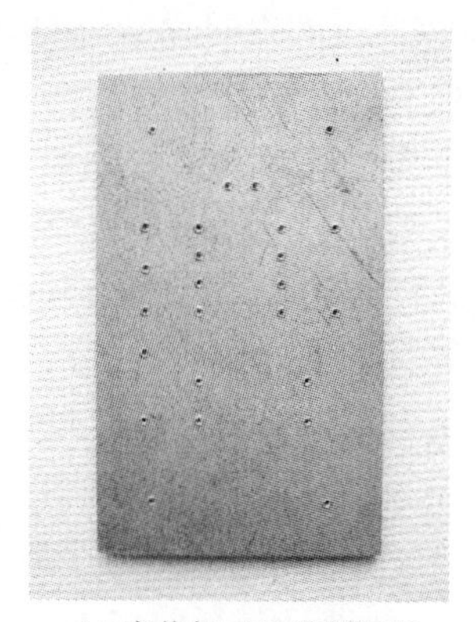

(c) 定位加工后的覆铜板

图 2.3.12 间接定位加工

一个环节，钻孔加工偏差的大小将直接决定着器件能否顺利可靠安装。一般 PCB 都有几十个、几百个或更多个孔，其中有一个孔有偏差就会影响 PCB 的整体质量，可见钻孔还是最容易出现失误的一个环节，因而这个环节要特别认真和仔细。

将钻孔安排在绘图和雕刻之前，是为了保证在孔位准确的前提下每个孔能处于焊盘的中心，同时也能够避免钻孔对较小焊盘和较细走线的损伤。在某些情况下也可以将钻孔安排在雕刻之后进行。

(3) 绘　图

绘图过程比较简单，根据设计好的 PCB 布局图用削尖的较软(2B 以上)的铅笔直接在覆铜板铜箔表面画出焊盘和走线即可。绘制时每个焊盘要以钻好的孔为中心，线条要尽量纤细以保证精度，绘制过程中铅笔笔尖要随时削整，出现错误可以用橡皮修改。为了便于配合直尺来雕刻，PCB 的焊盘可以绘制成方形，走线则绘制成直线，这样线条也比较整齐，如图 2.3.13 所示。走线绘制好后要对照 PCB 布局图或电路原理图多检查几遍，有错误及时修改。除了铅笔外，有现成 1∶1 的 PCB 图样时也可以采用复写纸来绘制走线。

图 2.3.13 用手刻法制作 PCB 推荐的焊盘和走线形状

(4) 雕　刻

雕刻时先用弯刀或直刀沿绘制的线条进行切割，当铜箔划透后再用铲刀将不需要的铜箔挑起，之后用镊子或钳子将铜箔撕去，某些位置不方便撕扯时可以用铲刀将铜箔铲去，当所有不需要的铜箔都去除后再对各处细节进行修整。在雕刻过程中用力要均匀，以免失手损伤有用的铜箔。雕刻讲起来容易做起来难，它需要足够的耐心，也是用手刻法制作 PCB 最辛苦的一个环节。

(5) 打　磨

覆铜板在钻孔和雕刻后表面有很多毛刺，而且在加工过程中表面也被油污或汗液污染，为了便于使用以及改善外观，一般情况下还需要对雕刻好的电路板的表面进行精细打磨。打磨时应选用较细的耐水砂纸，表面打磨的具体方法可以参考本书 2.2 节介绍的相关内容。

(6) 清　洗

打磨后的电路板表面往往会有残留的板材和磨料碎屑，在使用前应进行清洗，如果电路板的元件面贴有胶带则应在清洗前先揭去。一般情况下清洗用清水即可，对于表面比较干净的电路板也可以用毛刷干刷，如果表面有残胶还可以用抹机水或酒精清洗。清洗之后电路板可以用布或纸擦干，也可以用电吹风吹干，清洗过的电路板不要再用手触碰以免污染。为了便于焊接，同时也为了防止铜箔氧化，电路板铜箔表面还可以再涂一层松香酒精溶液，涂抹过程中通过电路板上的孔漏到元件面的溶液应用酒精擦除，涂好松香酒精溶液 PCB 就制作完成了。

2. 机雕法

机雕法是最快的自制 PCB 的方法。近年来市场上出现很多种用物理刻除的方法制作 PCB 的机器，一般称为电路板雕刻机或电路板制作机。这种机器属于小型数控机床，使用时先将计算机设计好的 PCB 文件传送给机器，之后机器根据 PCB 文件刻除覆铜板表面不需要的铜箔，同时完成钻孔、切边等加工。用这种方法制作 PCB 快速、精确、操作简便、自动化程度高，还可以用于除覆铜板之外如有机玻璃等材料的加工，但是这类设备价格比较高，而且在制作过程中刻除铜箔的同时也刻除了一部分绝缘基材，PCB 成品的机械性能略有下降。在经济条件允许的前提下，当 PCB 急用时或者平时 PCB 制作比较频繁时可以考虑采用这种方法。

3. 贴胶法

通过化学腐蚀的方法制作 PCB，一般都需要先在覆铜板铜箔表面制作抗腐蚀层(保护层)。贴胶法是以表面带胶的材料为抗腐蚀层自制 PCB 的方法，这种方法又可以分为贴图法和胶带法两种。

用贴图法制作 PCB 需要购买市场上出售的 PCB 贴图材料，这种贴图材料由纸或 PVC 制成，表面有不干胶，外形主要有焊盘和线条两类，焊盘直径和线条宽度有多种规格。制作时先开料并将覆铜板表面处理干净，然后根据设计好的 PCB 布局图选择合适的焊盘和线条贴图材料粘贴在覆铜板铜箔表面，之后再进行腐蚀，最后经过钻孔、打磨和清洗 PCB 即制作完成。用贴图法制作 PCB 简单、快速，但是这种贴图材料较难买到，而且粘贴时不容易保证焊盘间距尺寸准确以及线条相互平行和分布均匀，灵活性相对较差，制作出的 PCB 外观也一般，对电路板质量要求不高时自制 PCB 可以用这种方法。

用胶带法制作 PCB 无须购买专门的材料，它采用生活中常见的透明胶带来做抗腐蚀层。用这种方法制作 PCB 具有取材容易、成本低廉、成品外观和质量好等优点，而且不需要其他专门的设备，操作很容易掌握，制作成功率也比较高。胶带法是一种很值得推荐的自制 PCB 的方法，当条件有限时它也是最理想的方法。用胶带法制作 PCB 的主要工艺流程为：开料→钻孔→绘图→贴胶→雕刻→腐蚀→打磨→清洗。

(1) 开　料

同手刻法。

(2) 钻　孔

钻孔加工方法和注意事项与手刻法相同，但钻孔后要对覆铜板铜箔表面特别是孔的边缘进行粗略打磨，以防止贴胶时透明胶带无法粘贴牢固或被孔边的毛刺刺破，同时这样也有利于接下来腐蚀，钻好孔并经过打磨的覆铜板如图 2.3.14 所示。将钻孔安排在绘图、贴胶、雕刻和腐蚀等工序之前的原因与手工雕刻中将钻孔安排在绘图和雕刻之前的原因是一样的，在某些情况下也可以将钻孔安排在腐蚀之后进行。

(3) 绘　图

绘图方法和注意事项与手刻法类似，所不同的是，为了避免雕刻后揭去不需要的透明胶带时因应力集中而导致要保留的胶带残缺或断裂，PCB 的焊盘最好绘制成圆形，走线应以圆弧转向并且与焊盘相接要过渡自然，不要有尖角，绘制好焊盘和走线的覆铜板如图 2.3.15 所示。

图 2.3.14　钻好孔并经过打磨的覆铜板

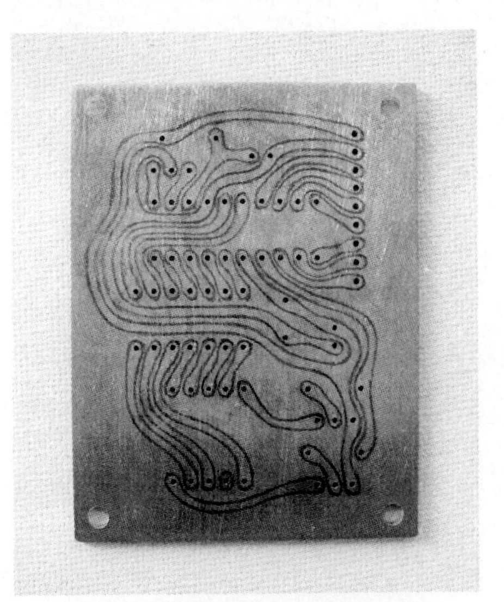

图 2.3.15　绘制好焊盘和走线的覆铜板

(4) 贴　胶

透明胶带的质量对于用胶带法制作 PCB 是非常重要的，制作时应选用胶层均匀、韧性强、较宽较厚的优质产品，质量较差的胶带在腐蚀时容易脱落，影响 PCB 质量，甚至可能导致板材报废、制作失败。有些胶带在粘贴后再撕下残留的胶比较多，这样的胶带不要使用，否则雕刻后揭去不需要的胶带时清理残胶会非常麻烦。此外常见的黄色封箱胶带也不推荐使用，这种胶带透明度不高，雕刻时无法看清楚线条，影响雕刻效果。

贴胶主要是将透明胶带粘贴于覆铜板铜箔表面，贴胶前应先用毛刷将覆铜板表面绘图留下的铅笔和橡皮碎屑清除，贴胶时从覆铜板的一边开始贴起，边粘贴边用手将胶带抹平，粘贴好的胶带不应有褶皱，胶带下方也不能有气泡，如果出现这两种情况则需要重新粘贴。粘贴好的胶带尺寸应大于覆铜板的尺寸，多余的胶带可以剪去，也可以折到覆铜板没有铜箔的一面；当所用的胶带比较窄时可以平行粘贴多条直至贴满整个覆铜板，每一条胶带一定要粘贴在上一条胶带上并至少重合 5 mm 以保证抗腐蚀层的质量。胶带粘贴好后，用柔软的干布在胶带表面特别是接缝重合处反复用力擦拭几遍，以使胶带更平整、粘贴更牢固。

(5) 雕　刻

雕刻可以使用直刀、弯刀，也可以使用刀刃与刀体夹角较小的铲刀，但不论使用何种刀所用的刀一定要锋利，使用钝刀不仅雕刻效率低而且还容易将胶带刮破。雕刻时一只手固定覆铜板，另一只手握刀沿绘制的线条匀速切割胶带，如图 2.3.16 所示。需要注意的是刀体与覆铜板的夹角以不宜超过 30°，夹角太大影响走刀的流畅性，而且也容易刮破胶带。由于透明胶带比较薄，所以切割时无须太用力，一般只需轻轻一划即可将胶带割透，用力太大容易失手划坏要保留的胶带或刻穿铜箔损伤覆铜板的绝缘基材。此外在切割的过程中应保持刀尖的方向基本不变，刀尖也不要大幅度的移动，尽量以调整覆铜板的方向和移动覆铜板从而使刀尖做相对运动来代替刀尖直接转向和大幅度移动，这样操作更加顺手，能够显著地提高切割的准确性，同时也能够进一步避免失手划坏要保留的胶带。

当各线条都划透后则雕刻基本完成，如图 2.3.17 所示，之后即可将要腐蚀的铜箔表面的胶带揭去。揭除胶带可以配合刀和镊子来完成，揭除时用力要轻，没有划透的部分要用刀修补而不要强行撕扯，以免损坏要保留的胶带。在所有不需要的胶带揭去后应仔细检查几遍，如果焊盘和走线表面的胶带有多余的部分可以直接用刀切割揭去，如果有残缺或切痕则可以用油性记号笔、涂改液或指甲油来修补，对于较大的缺陷还可以通过“打补丁”来修补。“打补丁”即在缺陷处粘贴一小块胶带重新雕刻，修补时应保证“补丁”胶带要将有缺陷的胶带完全盖住或重合 5 mm 以上，同时新切割的线条与已有的线条衔接要流畅。此外，如果要腐蚀的铜箔表面有残胶应用刀将残胶刮去，以免影响腐蚀。

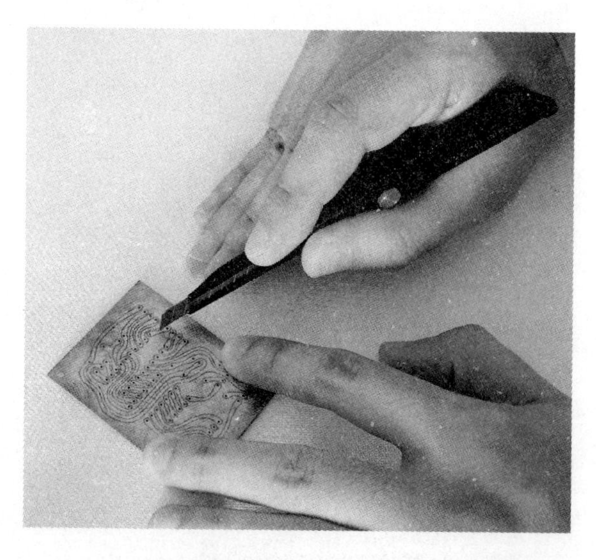

图 2.3.16　雕　刻

图 2.3.17　雕刻完成的覆铜板

由于透明胶带是无色透明的，而且覆铜板的铜箔也容易反光，所以雕刻完成的覆铜板表面的焊盘和走线并不是很直观，检查起来比较困难，在光线不理想的情况下更是如此，因而必要时可以在覆铜板表面蒙一层较薄较软的白纸，用较软的铅笔在白纸表面密集地画线涂抹将焊盘和走线拓下来检查，如图 2.3.18 所示。检查确认无误后在覆铜板表面盖一张纸，用柔软的干布隔着纸用力反复擦拭焊盘和走线表面的胶带，使之与铜箔粘贴更紧密，揭去不需要的胶带并经过修补等处理后的覆铜板如图 2.3.19 所示。雕刻是用胶带法制作 PCB 最需要技巧也是最重要的一个环节，它将直接决定着最终 PCB 的质量和外观，因此操作时一定要认真仔细，并且要有足够的耐心。

图 2.3.18　拓下来的焊盘和走线图样

图 2.3.19　揭去不需要的胶带并经过修补处理的覆铜板

(6) 腐　蚀

三氯化铁是自己制作 PCB 最常用的腐蚀剂，其分子式为 $FeCl_3$，它一般为黄褐色块状或粉末状，有较浓的铁锈味。用三氯化铁蚀刻铜箔的过程，实质上就是利用其较强的氧化性将固态金属铜氧化为铜离子的过程，裸露的铜箔在三氯化铁溶液中主要发生如下反应：

$$Cu + 2FeCl_3 = CuCl_2 + 2FeCl_2 \tag{2.3.1}$$

腐蚀前首先要配制腐蚀液，腐蚀液由三氯化铁和水按 1∶2～1∶5(质量比)配制而成，具体比例可以根据三氯化铁的纯度来掌握。腐蚀液的浓度对腐蚀质量影响不大，但对腐蚀速度有一定影响，浓度越大腐蚀速度越快。配制时三氯化铁的用量由要腐蚀铜箔的面积决定，对于中等纯度的块状三氯化铁和一般厚度的铜箔，根据经验每10 cm^2 的铜箔用 1～2 g 三氯化铁就够了。实际配制时为了节约三氯化铁，可以先将溶液配稀一些，腐蚀时如果腐蚀速度过慢或腐蚀不完全再酌情添加三氯化铁。配制腐蚀液可以用塑料容器也可以用玻璃或陶瓷容器，但不能用金属容器。配制腐蚀液的容器往往也作为腐蚀覆铜板的容器，因而容器的尺寸要大过覆铜板，但也不要大太多以减少腐蚀液的配用量，容器的深度要在 20 mm 以上，太浅容易将腐蚀液溅出。为了避免清洗容器的麻烦推荐使用一次性容器，这样在腐蚀完成后就可以将容器丢弃，现在市场上的商品包装都很好，只要底部平整并且不泄漏液体的包装盘或包装盒都可以作为腐蚀用的一次性容器，实在找不到合适的容器在纸盒上套几层塑料袋也可以代替。

腐蚀液配制好后即可将覆铜板放入容器中，为了方便取出或翻动覆铜板也可以利用覆铜板上的孔系一根绳子放在容器外，如图 2.3.20 所示。腐蚀时腐蚀液要没过覆铜板 10 mm 以上，当容器较大覆铜板较小时，可以将容器一边垫高使容器倾斜，让腐蚀液尽量没过覆铜板。覆铜板放入腐蚀液之后，表面没有抗腐蚀层的铜箔会迅速由有光泽的铜箔本色变为无光泽的淡粉红色，此时焊盘和走线一目了然，更容易发现一些上一工序难以发现的问题，因而覆铜板放入腐蚀液后不要急于腐蚀，而应首先作最后的检查。如果表面有残胶则无须将覆铜板取出，直接用牙签、一次性塑料刀叉或其他较尖的木棍、较薄的塑料片(不能用金属器具以免腐蚀)刮除即可；但如果焊盘和走线存在残缺、断裂、短路、变形等缺陷或抗腐蚀层脱落则应将覆铜板取出用水冲洗干净后进行修补。

除了上文提到的腐蚀液浓度外，腐蚀液的温度也会影响腐蚀速度，提高腐蚀液的温度可以加快腐蚀速度，但温度也不能太高以免导致抗腐蚀层变形或脱落。三氯化铁在溶解时会大量放热，在夏季用常温的水配制腐蚀液温度就能够满足要求，冬季可以用 50 ℃左右的温水来配制腐蚀液，腐蚀时也可以用图 2.3.21 所示的简易加热装置对腐蚀液进行加温。腐蚀反应发生时溶液中除了具有式 2.3.1 中的几种物质外，还可能有一些中间反应和副反应的产物，如 $CuCl$、CuO、Fe_2O_3等，这些物质附着在覆铜板表面可能会形成影响腐蚀的钝化膜，也可能会破坏抗腐蚀层。因此在腐蚀的过程中要经常晃动容器或翻动覆铜板，使腐蚀液在覆铜板表面流动，这样可以将覆铜板表面的附着物冲刷干净，能够显著地提高腐蚀速度。在腐蚀液浓度和温度满足要求、操作方法得当的情况下，腐蚀一块普通的覆铜板一般需要 10～45 分钟。

图 2.3.20　腐蚀中的覆铜板

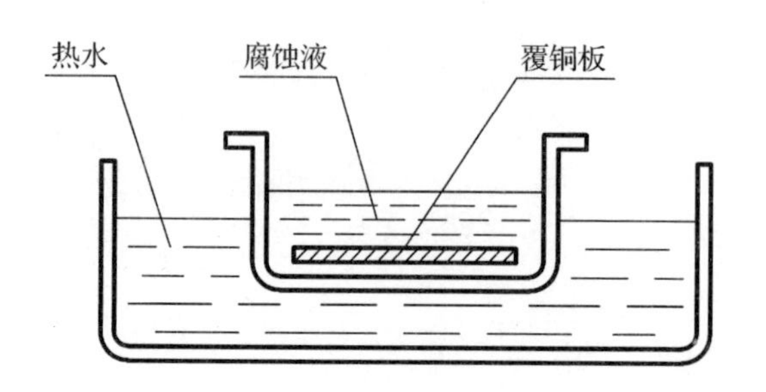

图 2.3.21　腐蚀液简易加热装置

在腐蚀的过程中要时常观察腐蚀进度，不要随意走开，以免导致过腐蚀。当覆铜板上不需要的铜箔全部消失并且走线也非常清晰时即可将覆铜板取出，之后用大量清水冲洗。清洗时如果发现在覆铜板表面还有细小的残留铜箔，可以放入腐蚀液中继续腐蚀，也可以在清洗后用刀刻除。最后将清洗好的覆铜板擦干或吹干腐蚀就完成了，腐蚀好的覆铜板如图 2.3.22 所示。

用三氯化铁腐蚀覆铜板具有价格便宜、配制方便、容易掌握、工艺稳定等优点，三氯化铁也是业余条件下，用化学腐蚀的方法制作 PCB 最理想的腐蚀剂。三氯化铁虽然不是剧毒物质但也尽量不要用手直接接触，特别小心不要溅到眼睛里，在配制腐蚀液和腐蚀的过程中应配戴手套，手套可以选用市场上常见的清洁用塑料、橡胶手套或化工用橡胶手套。三氯化铁溶液滴在衣服上或地面上很难擦洗，腐蚀时要做好防护工作。三氯化铁非常容易潮解，保存时一定要密封，而且远离金属物品。用完的腐蚀液不要丢弃，装入瓶中密封避光保存以备下次使用，对于无法再使用的腐蚀液以及容器要妥善处理，以免污染环境。

除了三氯化铁外，盐酸和双氧水的混合物也是自己制作 PCB 常用的腐蚀剂，用这种腐蚀剂腐蚀覆铜板具有腐蚀速度快、腐蚀液透明度高容易观察等优点，但由于腐蚀速度快也容易造成过腐蚀，而且与三氯化铁相比使用盐酸和双氧水危险性更大，除非对制作速度有要求，否则一般不推荐使用。

(7) 打　磨

打磨加工方法和注意事项与手刻法相同，但打磨前要先揭去铜箔表面的透明胶带。

(8) 清　洗

同手刻法，制作完成的 PCB 如图 2.3.23 所示。

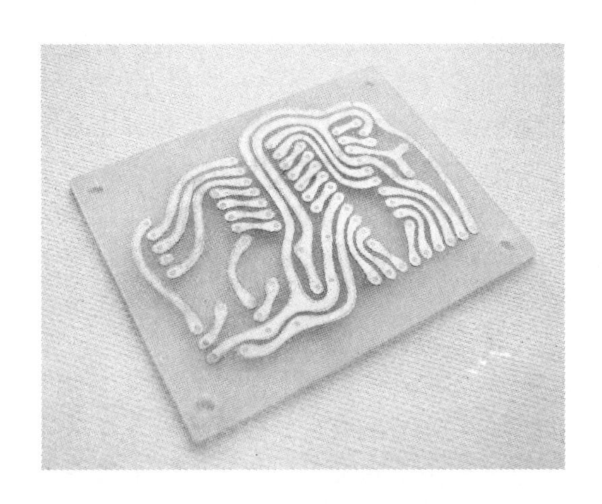

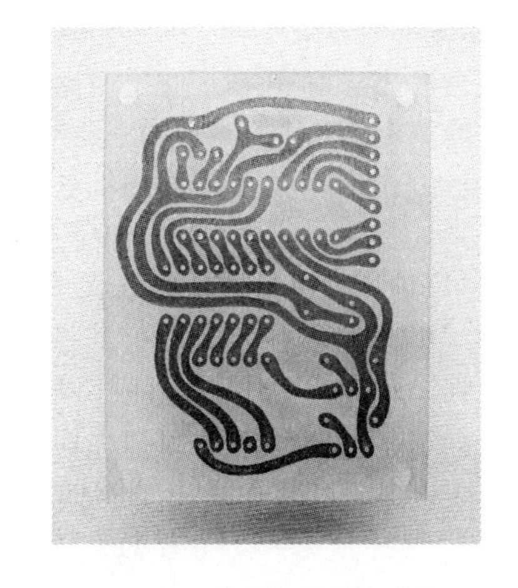

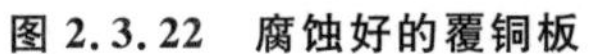

图 2.3.22　腐蚀好的覆铜板

图 2.3.23　用胶带法制作完成的 PCB

4. 描漆法

描漆法是以油漆或油性涂料为抗腐蚀层制作 PCB 的方法。制作时先开料并将覆铜板表面处理干净，然后用铅笔在覆铜板铜箔表面按 PCB 布局图绘制焊盘和走线的底稿，再用毛笔（为了提高绘制质量也可以使用鸭嘴笔、针管或勾线笔）蘸油漆绘出焊盘和走线，油漆干透后用刀片去除线条毛刺，之后再进行腐蚀，最后经过钻孔、打磨和清洗 PCB 即制作完成。

用这种方法制作 PCB 取材容易、成本低廉，但是由于油漆不好控制，同时干得也很慢，所以绘出的线条不够均匀，毛刺比较多，制作出的 PCB 外观较差；而且在绘制过程中容易污染破坏已经绘好的线条，出现错误也不好修改，当漆膜不够厚时制作出的 PCB 的焊盘和走线往往会存在残缺、断裂等缺陷，因而一般情况下不推荐用这种方法制作 PCB。用油性记号笔代替油漆绘制焊盘和走线相对更加容易控制，而且油墨干得也比较快，但是绘制出的抗腐蚀层的厚度不够均匀，制作出的 PCB 外观和质量也不是很理想，这种方法同样也不推荐。

5. 感光法

感光法是以感光材料为抗腐蚀层制作 PCB 的方法，用这种方法制作 PCB 需要使用专用的感光覆铜板，也叫感光电路板，简称感光板。感光板是通过在普通覆铜板铜箔表面涂附感光材料制成的一种特殊覆铜板，市场上出售的感光板的感光材料一般为蓝绿色，表面贴有不透光的塑料保护膜。感光板常见的尺寸规格有 100 mm×150 mm、150 mm×200 mm、150 mm×250 mm、150 mm×300 mm 和 200 mm×300 mm 等几种，厚度规格有 1.6 mm 和 1.0 mm 两种，材料有纸板和玻璃纤维板两种。

用感光法制作 PCB 的最大优点是成品质量好，在各种自制 PCB 的方法中，用感光法制作出的 PCB 外观是最好的，而且制作时可以直接利用计算机设计好的 PCB 文件。相对于前面介绍的几种手工制作 PCB 的方法，用感光法制作 PCB 也更加轻松。用感光法制作 PCB 的主要缺点是成本略高，所需要的配套设备和材料较多，但感光法是工艺流程与工厂加工 PCB 最接近的一种自制 PCB 的方法，也是业余条件下自制 PCB 首选的方法，特别是对于贴片器件较多、线条细密的电路，用感光法制作 PCB 最为理想。用感光法制作 PCB 的主要工艺流程为：制版→开料→曝光→显影→腐蚀→钻孔→切边→清洗。

(1) 制　版

制版即制作一张绘有或印有 PCB 布局图的底版（底片）。制作底版应采用透明胶片、硫酸纸等透明或半透明材料。胶片主要用于制作幻灯片，它透明度很高，制作 PCB 曝光时间短、成品质量高，但价格比较贵，对打印机也有一定的要求，有条件可以采用；硫酸纸主要用于晒图，透明度不及胶片，但它价格便宜，PCB 成品质量也很高，是首选的材料；虽然用普通白纸也可以制作底版，但曝光时间长、成品质量一般，不推荐使用。为了便于普通打印机打印，制作底版的材料一般选用 A4 幅面。底版可以通过手工绘制也可以用计算机打印，如果采用后者则需要先用 PCB 设计软件设计好 PCB 布局图，为了提高制作质量推荐采用计算机打印。市场上出售的感光板一般为正性，底版应绘制或打印成正像，即焊盘、走线、边框等需要铜箔的部分为黑色，不需要铜箔的部分为空白，这一点和照相底版刚好相反。

打印前应先将 PCB 布局图中所有孔的直径都改为 10～15 mil，这样腐蚀后的孔只有锥尖大小，在钻孔定位时更容易找准圆心，能够明显减小孔位的偏差。有时为了腐蚀后不留下边框铜箔，在打印前可以先用“L”形线条标出边框各顶点再将边框线条删除，切边时按相邻顶点确定的直线裁切即可，后面将介绍的转印法所使用的底版就是这样做的。打印时要在PCB设计软件中对打印机和打印输出进行设置，不同的软件设置方法也不同，这里以常用的Protel99为例来介绍，其他软件可以以此为参考。打印机设置相对比较简单，一般只需选择已安装的打印机，其他各项设置保持默认状态即可。但要特别注意Print Scale参数一定要为1.000，否则打印出的底版的尺寸将会出现偏差，并由此会导致最终制作出的PCB报废，此外当PCB尺寸较大时，为了适应纸张有时还需要更改纸张方向。对于单面PCB打印输出一般应按图2.3.24来设置，其中Options应选择Show Holes，这样才可以将PCB布局图中的孔显露出来；Color Set应选择Black&White，以保证打印出的PCB布局图黑白分明、线条清晰；Layers应最先添加MultiLayer，这样可以避免其他层的走线将孔覆盖而导致孔无法显露或显露不完全，如果MultiLayer之前已有默认层则可以在添加MultiLayer后将默认层删除，之后若还需要此默认层再将之添加至MultiLayer之后，当然，也可以通过使用Move Up和More Down按钮调整各层的顺序来达到以上目的。由于曝光时是底版碳粉（墨水）面与感光板接触，所以底版上的PCB布局图与实际制作好的PCB的铜箔应是镜像关系。对于单面板走线一般布局在底层，本身就是按镜像关系来绘制的，因而直接打印即可，无须专门作镜像处理；但如果走线布局在顶层则Options还应选择Mirror Layers。设置完毕后察看打印预览，仔细检查焊盘、走线、边框和孔有无错误或遗漏，如果没有问题即可打印。

打印底版优先选用高分辨率的激光打印机，打印时碳粉要充足，这一点对于铺铜面积较大的PCB更加重要。纸张受潮将会影响激光打印机的打印效果，因此打印时如感觉硫酸纸潮湿应先晾干再打印，也可以空打印一次即不打印任何内容让硫酸纸在打印机里过一遍，利用打印机内部的发热部件将纸内的水分去除。条件有限时也可以采用喷墨打印机来打印，但与激光打印机相比制作效果差很多，不过也能够满足一般的要求。喷墨打印机不能在胶片上打印，只能在硫酸纸上打印。过多的墨水渗入硫酸纸容易导致线条变粗或毛刺增多，因而采用喷墨打印机打印时一定要选用不容易渗墨的硫酸纸，而且底版打印好后一定要等墨水干透后再使用，以免墨迹污染。墨水干透后硫酸纸表面往往会因起皱而凹凸不平，由此可能造成曝光时底版不能与感光板完全贴紧，从而影响曝光质量甚至导致曝光后的线条变形，因此最好将底版压平后再使用。

底版打印好后如果发现有毛刺可以用刀修补；如果有断线、残缺及局部颜色太淡等瑕疵，可以用较细的黑色记号笔或碳素笔来修补；但如果大面积颜色过淡而且能够透光，则需要更换耗材或打印机之后重新打印。为了节约硫酸纸可以将多幅PCB布局图拼在一起打印，也可以将同一幅PCB布局图多复制几个一次打印出来，从中选一个效果最理想的使用。最后将打印好的底版用刀裁下，裁切时每条边要留有5 mm左右的余量以保证PCB边框完整，制作好的底版如图2.3.25所示。

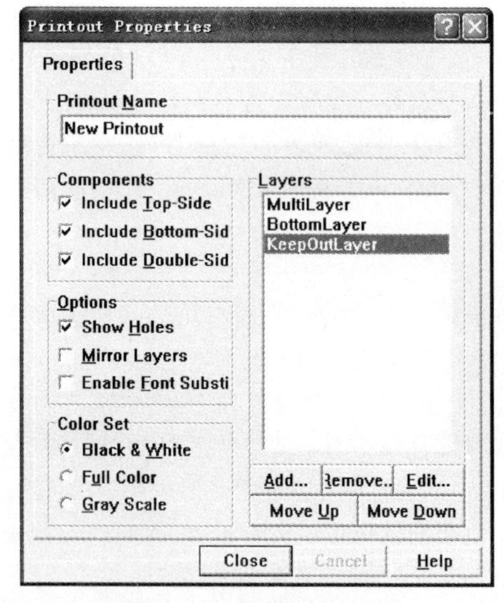

图2.3.24 打印输出设置

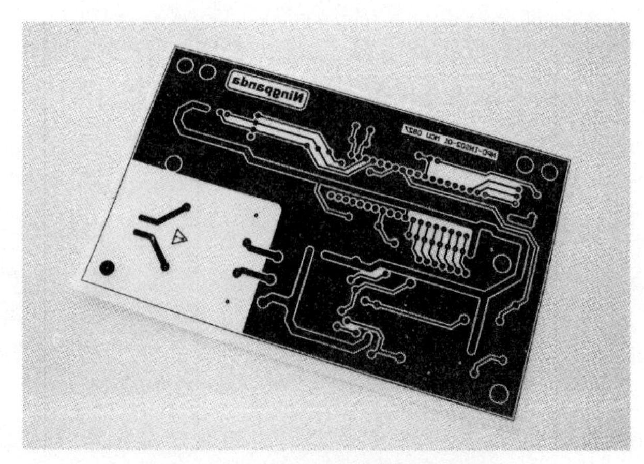

图2.3.25 用硫酸纸制作的底版

（2）开　料

开料方法和注意事项与手刻法大致相同，但裁板时每条边应留有更大的余量，这是因为在曝光时不一定能够将底版中PCB的边框与实际裁切板材的边框刚好对齐，而且裁板时也难免会损伤感光板边缘的感光材料。留有较大的余量则即使曝光时边框没有对齐或裁板时感光板边缘的感光材料有所损伤，也不会影响最终PCB成品的外观和品质，对于尺寸较小的PCB开料时留有较大的余量还有利于钻孔加工。开料时先留余量，腐蚀、钻孔后再按PCB设计的边框进行切边即精确裁板，这样做虽然增加了一道工序，但能够有效地减小焊盘和走线与PCB板边距离和角度的偏差，从而提高PCB成品质量，对电路板尺寸要求较严时更是推荐这样做。余量太大板材浪费也大，余量太小则切边加工困难，具体余量大小可以根据实际情况来确定，一般以5～10 mm为宜。由于最终还会有切边工序，所以开料对板材的尺寸及板边的垂直度要求不高，但裁板后一定要将板材两面边缘的毛刺打磨掉，并将加工时产生的板材和磨料碎屑清除干净，以免在曝光时因玻璃和底版不能与感光板贴紧而影响曝光质量。开料裁板时不得揭去保护膜，同时也应注意不要划伤保护膜。裁下不用的感光板，要每块分开用纸或塑料膜包好避光保存，而不要直接叠在一起随意堆放，以免感光材料受损或失效。

（3）曝　光

曝光可以在自然日光下进行也可以在灯光下进行，日光下曝光不需要灯光设备，操作简单，曝光时间也比较短；但日照强度受时间、季节和天气等因素影响很不稳定，曝光时间不好把握，容易因过曝光（具体现象为显影时显现出的线条颜色非常淡，与背景铜箔本色无太大分别，并且很快消失）而导致制作失败，一般情况下不推荐采用日光来曝光。与在日光下曝光相比，在灯光下曝光虽然时间长一些，但光照强度稳定，曝光时间也比较固定，操作更容易掌握，而且还可以在夜间进行，因而采用灯光曝光更为理想。曝光用的灯具可以选用安装有20 W左右荧光灯的普通灯架或台灯。

除了灯具外曝光前还应准备两块面积比感光板略大的薄玻璃以及若干夹票据用的大号山形夹或长尾夹，为了方便计时身边还应该有一块表。材料和用具备齐后先将玻璃擦拭干净，然后揭去感光板的保护膜，察看感光材料有无划伤、脱落等缺陷。如果缺陷严重则应重新开料，如果无缺陷或缺陷不严重则可以将底版覆盖在感光材料上，覆盖时应将底版碳粉（墨水）面朝下与感光材料接触，同时保证底版PCB板边与感光板板边大致平行，感光材料有缺陷时可以调整底版的位置使PCB焊盘和走线尽量避开有缺陷的地方。之后将两块玻璃分别置于底版上方和感光板下方并用山形夹或长尾夹夹紧放于桌面，夹紧时要保证底版平整，而且尽量使感光板处于玻璃正中以使玻璃受力均匀。在以上各步骤操作过程中手不能接触感光材料，以免感光材料被污染而影响成品质量，这一点要特别注意。最后调整灯具位置使灯管距玻璃表面约50 mm并能够照射玻璃中央，如图2.3.26所示，再打开灯具开关开始曝光，同时也开始计时。

对于采用硫酸纸制作的底版，感光板在灯光下的曝光时间一般为15分钟左右，而对于采用胶片制作的底版曝光时间一般为10分钟左右。当感光板存放时间较久时曝光时间应在上述基础上酌情增加，实践证明曝光时间有一两分钟的误差对PCB成品质量影响不大。当感光板尺寸比较大时，在曝光过程中应经常移动感光板以保证光照均匀，同时也应适当增加曝光时间。

曝光后的感光板颜色基本上没有变化，但线条部分略微泛黄，由此也可以判断感光板是否已经曝光。曝光后的感光板要立即显影，如果短时间内不能显影则应将之用不透光的材料覆盖以免过曝光。底版可以重复利用，曝光后底版不要丢弃，以备日后制作相同的PCB时使用。

图2.3.26　曝　光

（4）显　影

显影前需要预先配制好显影液，显影液由感光板配套的专用显影剂和水按1∶20（质量比）配制而成。显影剂一般的包装是每包20 g，对应需要400 g即400 ml水，业余条件下没有量杯可以用标有净含量的矿泉水或其他饮料瓶来配制，配制好的溶液存放于瓶中以备每次显影时使用。配制时显影液的浓度要掌握好，显影液越浓显影速度越快，但显影速度并非越快越好。如果显影在几秒之内就完成则很容易造成过显影(具体现象为显现出的线条偏细、模糊、有残缺或颜色偏淡)，所以显影液宁可稍微配稀一些，使显影在1～3分钟完成，这样虽然速度慢一些但更容易控制，也更能够保证PCB成品质量。配制好的显影液一般为无色透明溶液，有时会有少量白色絮状沉淀。

显影时将感光板放入大小合适的非金属容器，然后缓缓倒入显影液，显影液先不要倒入太多，只要没过感光板即可。之后轻轻晃动容器，使显影液在感光板表面流动。一段时间后感光板表面不需要铜箔部分的感光材料开始溶解，同时显影液中产生蓝绿色的烟雾状悬浮物质。继续晃动容器，感光板上的线条逐渐显现出来，显影液也逐渐由无色透明变为蓝绿色。显影液倒入容器3分钟后仍无上述现象或现象不明显时可以再酌情添加显影液。显影液的温度对显影的速度有较大的影响，当温度较低时显影速度极其缓慢，此时可以用与图2.3.21结构类似的加热装置来对显影液进行加热，但要注意显影液温度不得超过30 ℃，以免损坏感光材料。当感光板上所有的线条都清晰地显现出来，并且不需要铜箔的部分完全露出有光泽的铜箔本色时显影完成。在显影液足量且浓度、温度合适的情况下，感光板置于显影液中15分钟后，其表面的线条仍非常模糊或不需要铜箔的部分仍有残留的蓝绿色感光材料，这一般是由于曝光不足造成的，出现这种情况就意味着制作失败，需要重新制作，再次制作时要适当延长曝光时间。作废的感光板不能再次曝光和显影，只能作为普通覆铜板来使用。

显影完成的感光板从显影液取出后用大量清水冲洗，之后用电吹风吹干或自然晾干，但不要用纸或布擦拭以免划伤抗腐蚀层。感光板干后应仔细检查，如果焊盘和走线等抗腐蚀层有残缺可以用油性记号笔或透明胶带来修补，如果不需要铜箔的部分有残留的感光材料则可以用刀来刮除。显影完成的感光板经以上处理后如图2.3.27所示。

显影后的显影液可以用于其他感光板显影，但不得倒入装有未使用的显影液的瓶中。为了减少使用的容器，显影用的容器倒掉显影液冲洗干净后也可以作为腐蚀用的容器。在配制显影液及显影的过程中要尽量避免显影液与皮肤接触，因此操作时要配戴手套。显影和前面介绍的曝光是用感光法制作PCB最为关键的环节，它将直接影响PCB成品的质量，操作时一定要认真、仔细并遵守规程。

(5) 腐　蚀

同贴胶法，腐蚀好的感光板如图2.3.28所示。

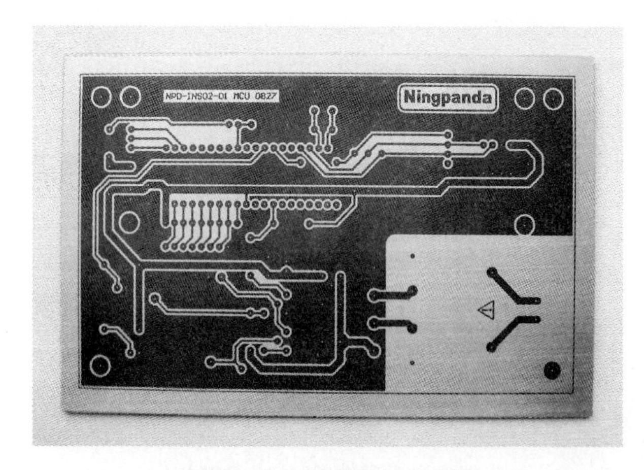

图2.3.27　显影后的感光板

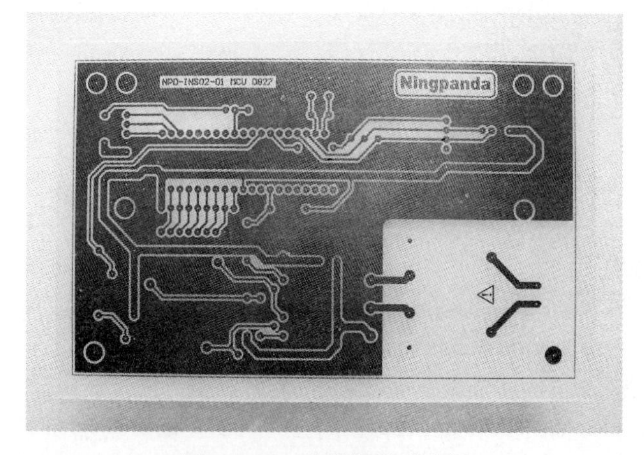

图2.3.28　腐蚀好的感光板

(6) 钻　孔

由于感光板上每个孔的中心都已经腐蚀出小坑，所以钻孔前定位凹坑加工更加容易，只需要用锥子将每个小坑加深即可，如图2.3.29所示。定位完成后即可开始钻孔，钻孔加工的方法和注意事项与手刻法相同，钻好孔的感光板如图2.3.30所示。

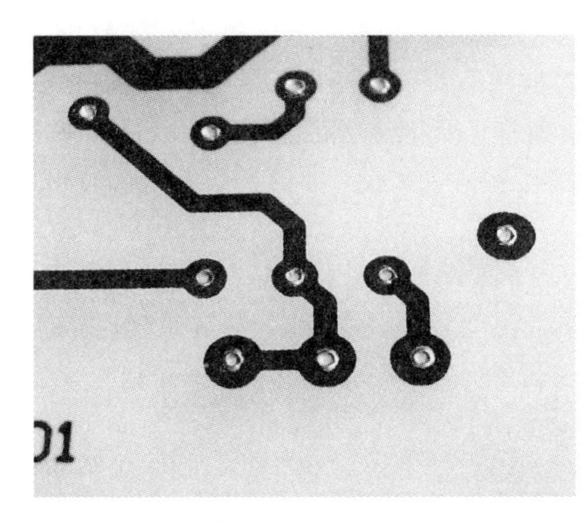

图 2.3.29 感光板钻孔前定位凹坑加工

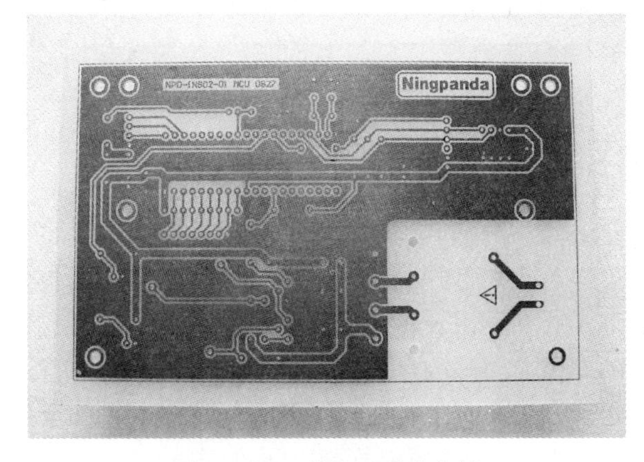

图 2.3.30 钻好孔的感光板

(7) 切 边

切边加工主要是沿 PCB 设计的边框裁去不需要的边料，它和开料一样也包括裁板和边缘打磨两个步骤，但它的加工要求比开料要高得多。裁板的具体方法可以参考本书 2.2 节介绍的相关内容，为了保证加工质量，特别是对于玻璃纤维板推荐采用双面切割的方法来裁板。切割时两面的切痕要平直、重合且要有一定的深度，如图 2.3.31 所示。切去边料的板材边缘有很多毛刺，如图 2.3.32(a)所示，通常需要对边缘进行精细打磨，具体可以按本书 2.2 节介绍的边缘打磨方法来操作。打磨后的板材边缘应平直光滑、棱角分明、尺寸准确，并且边缘侧面要与板材所在的平面垂直，如图 2.3.32(b) 所示。

图 2.3.31 裁板加工的切痕

(a) 打磨前

(b) 打磨后

图 2.3.32 边缘打磨前后的板材

(8) 清 洗

感光板表面很好，一般无须进行表面打磨。虽然铜箔上的感光材料无须去除可直接在其表面焊接，而且这层感光材料也能够防止铜箔氧化，但是为了提高焊接质量还是推荐用酒精将感光材料洗去，这样电路板焊接后的外观也更好。清洗时如果电路板的元件面贴有保护胶带则应先将之揭去。清洗后将电路板擦干或吹干，再在铜箔表面再涂一层松香酒精溶液 PCB 就制作好了，如图 2.3.33 所示。

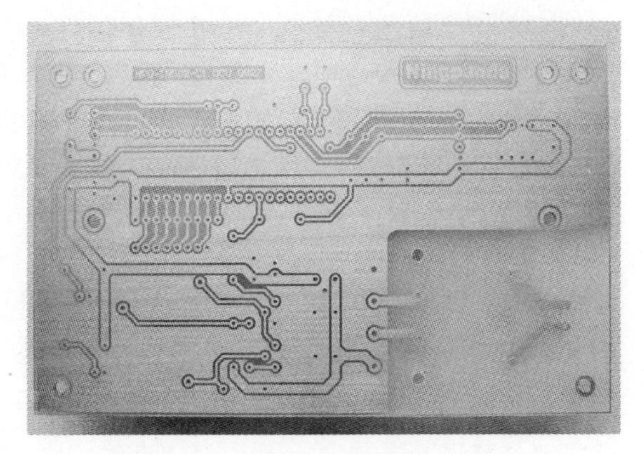

图 2.3.33 用感光法制作完成的 PCB

6. 转印法

转印法是以打印机碳粉为抗腐蚀层自制 PCB 的方法，用这种方法制作 PCB 需要使用热转印纸。热转印纸是一种表面光滑不易附着其他材料的纸张，打印有图案或文字的热转印纸，在高温下其表面的碳粉会与之脱离而附着于与其接触的其他材料表面，这个过程也即所谓的“热转印”。热转印纸一般用于器具印画或制作广告，它并非制作PCB专用，用它来制作PCB只是利用其热转印特性制作抗腐蚀层而已。制作时应注意不要选用用于衣物印画、适合彩色喷墨打印机打印的热转印纸，这种纸也叫热升华纸，它不能用于制作PCB。制作PCB应选用适合黑白激光打印机打印的A4幅面热转印纸，如果买不到也可以用不干胶标签或广告即时贴的衬纸，这种衬纸有一面是光滑的，与市售的热转印纸相似。

与感光法相比，用转印法制作PCB在成品质量、成品外观、批量制作效率等方面均略逊一筹，但制作成本较低，而且可以根据具体制作要求自己选择板材，覆铜板的尺寸、厚度也基本上不受限制，从总体上讲转印法也算是一种不错的自制PCB的方法。用转印法制作PCB的主要工艺流程为：制版→开料→转印→腐蚀→钻孔→切边→打磨→清洗。

(1) 制　版

制版方法和注意事项与感光法类似，但PCB布局图要打印在热转印纸上，而且只能用激光打印机，不能用喷墨打印机。如果条件有限只有喷墨打印机，则可以先将PCB布局图打印出来，再将之按1∶1用复印机复印到热转印纸上；除此之外，当PCB布局图采用手工绘制时，也可以用类似的复印底稿的方法来制作底版。打印或复印放纸时应注意区分正反面，要保证碳粉印在热转印纸光滑的一面。用转印法制作PCB对线条浓度要求比较高，碳粉层的厚度将直接影响制作质量，打印或复印时线条浓度应设置为最大，而且机内碳粉一定要充足。底版制作好后如果有少量断线、残缺等瑕疵可以在转印后修补，但如果出现大面积颜色过淡、碳粉层过薄则需要重新制作底版。制作好的底版如图2.3.34所示。

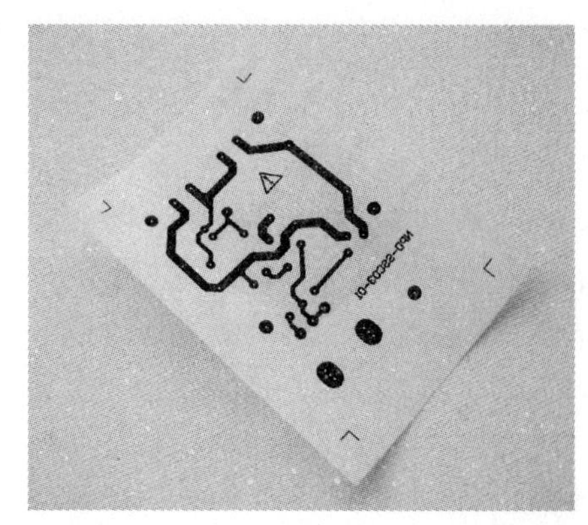

图2.3.34　用热转印纸制作的底版

(2) 开　料

同感光法，覆铜板裁板时也要留有较大的余量。

(3) 转　印

覆铜板表面不干净或不平整将会影响转印效果，因此在转印前先要用细砂纸对覆铜板表面进行打磨，再用清水或酒精进行清洗，以去除毛刺、锈迹和油污。覆铜板表面处理好后将底版覆盖在覆铜板上，覆盖时应将底版碳粉面朝下与铜箔接触，同时保证底版PCB板边与覆铜板板边大致平行，铜箔有缺陷时可以调整底版的位置使PCB焊盘和走线尽量避开有缺陷的地方。之后将预热好的电熨斗平放在底版上并对电熨斗适当施加压力开始转印，需要注意的是不能使用底部不平整的电熨斗或蒸汽式电熨斗，而且操作时压力也不可过大，使底版和铜箔能够紧密接触即可，否则可能会使熔融的碳粉层受到挤压发生形变，从而导致转印后的线条变形。转印时电熨斗的温度要高于碳粉的熔点，温度太低会导致转印不完全；但温度也不能太高，否则可能烫坏底版和覆铜板。一般电熨斗应调至棉麻熨烫档，使其表面温度在180 ℃左右，必要时可以在电熨斗和底版之间垫几层纸以调节温度，同时也能够保护底版。转印过程中电熨斗、底版和覆铜板都不要移动，以免底版错位导致制作失败。一般情况下底版加热2分钟即可完成转印，转印后不要触碰底版和覆铜板，让其自然冷却。冷却后不可一下将底版全部揭起，而应先揭起一角查看转印是否全部完成，如果有未转印好的线条则还需要用电熨斗继续加热，直至所有线条转印完成。当确认所有线条都已转印好后轻轻揭去底版，之后仔细检查，如果有线条残缺或碳粉残留等缺陷可以用油性记号笔、透明胶带或刀来修补，转印完成的覆铜板如图2.3.35所示。有条件的情况下转印也可以用过塑机（塑封机）来完成，过塑机温度控制准确、操作方便，制作效果更好。转印是转印法制作PCB最关键的环节，操作时一定要认真、仔细。

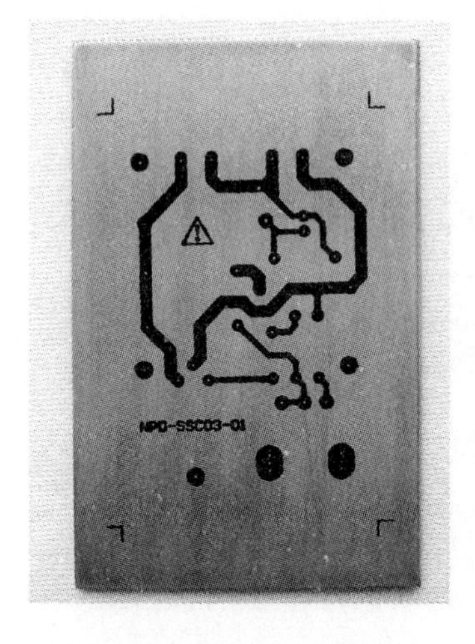

图2.3.35　转印完成的覆铜板

(4) 腐　蚀

同贴胶法。

(5) 钻 孔

同感光法。

(6) 切 边

同感光法。

(7) 打 磨

同手刻法,打磨的主要目的是去除覆铜板铜箔表面的碳粉和孔边的毛刺。

(8) 清 洗

同手刻法。

2.3.6 小 结

本节总结了电子制作中电路连接的一般形式并作出比较,读者可以以此为参考,在进行电子制作时,根据实际条件和制作要求选择最合适的连接形式。

相对而言,PCB的设计和制作是电子制作过程中最辛苦、最枯燥的环节,但它又是非常重要的环节,设计制作PCB也是电子制作必备的技能之一。本节从制作的角度介绍了PCB设计需要注意的问题,同时详细地介绍了若干种在业余条件下自己制作PCB的方法,并比较了委托工厂加工PCB和自制PCB的优劣。本节中所介绍的PCB制作方法、流程和注意事项都是由作者多年的实践提炼而成,读者在实际制作的过程中还可以自己摸索,相信能够发现更多的方法,总结出更好的经验。

2.4 焊接工艺与技巧

2.4.1 概 述

焊接是金属材料连接常用的方法之一,它大致可以分为熔焊、压焊和钎焊三类。电路焊接属于钎焊,它是一种用熔化的焊料(也叫钎料,一般为熔点低于被焊件的金属或金属合金)将器件引脚、PCB铜箔、导线等被焊件彼此连接在一起同时实现电路连通的工艺。本节所讲的焊接也是指电路焊接并特指手工电路焊接。焊接是电子爱好者必须要掌握的技能,可以毫不夸张的讲不会焊接就无法完成真正的电子制作。

本节将对焊接所需要的材料进行详细介绍,同时也将给出其中一些材料或其放置装置的自制方法,还将重点介绍几种电子制作常用的焊接工艺及各种PCB焊接的方法和流程,此外对焊接相关的注意事项也将进行详细介绍。

2.4.2 焊接材料

电路焊接时除了要使用本书2.2节介绍的电烙铁、烙铁架、烙铁清洁海绵、热风枪、吸锡器、刷子和棉棒等工具外还应准备焊锡、助焊剂、清洗剂、吸锡线等材料。

1. 焊 锡

焊锡是用于电路焊接的焊料,它实质上是一种含锡的金属合金并因此而得名。

根据成分的不同,焊锡可以分为有铅焊锡和无铅焊锡两大类。有铅焊锡即传统的锡铅焊料,它由锡和铅按一定比例熔合而成,有铅焊锡具有可焊性好、对焊接设备要求低、价格便宜等优点。按锡铅合金共晶成分配比即锡61.9%(质量百分比,下同)、铅38.1%熔合制成的有铅焊锡叫做共晶(有铅)焊锡,与按其他配比熔合制成的有铅焊锡即非共晶有铅焊锡相比,共晶有铅焊锡的熔点更低(183 ℃),而且熔点和凝固点相同,熔化和凝固时不经过半熔融状态阶段,流动性也更好,其特性对焊接来讲更为理想。市场上的共晶有铅焊锡成分配比与上文提到的理论上的共晶成分配比并不完全相同而是与之接近,一般为锡63%、铅37%,这种共晶有铅焊锡是最常见也是电子制作最常用的焊锡。无铅焊锡一般由锡和铜、银等金属按一定比例熔合而成,它的熔点通常高于有铅焊锡,扩散性和浸润性(润湿性)不及有铅焊锡,对焊接设备的要求比较高,而且它的价格也比有铅焊锡贵很多,但无铅焊锡不含对人体有害的金属铅。随着欧盟关于在电子电气设备中限制使用某些有害物质指令即RoHS(the Restriction of the Use of Certain Hazardous

Substances in Electrical and Electronic Equipment)指令的执行，现在电子产品生产已经逐步开始采用无铅工艺，无铅焊锡的应用也日益广泛和普及，从保护环境的角度考虑，电子制作焊接时最好而且最终也将使用无铅焊锡。

根据外观的不同，焊锡又可以分为焊锡丝、焊锡条和焊锡膏三类。焊锡丝又叫锡丝、焊锡线、锡线，常温下一般为银白色有金属光泽的线状柔软固体，大多数的焊锡丝为空心结构，内部装有助焊剂，它主要用于手工焊接，电子制作焊接时也是采用焊锡丝。焊锡丝一般为卷装(卷轴包装)，有多种规格，直径、成分、助焊剂的种类和含量各不相同，可以根据焊接需要和经济条件选用。焊锡丝的直径应根据焊点的大小来选择，一般以 0.6～1.0 mm 为宜，太细在焊接时送锡过于频繁，太粗则锡过多容易浪费。推荐选用稍细一点的焊锡丝，在焊接较小的焊点时直接使用，焊接较大的焊点时则可以将多条焊锡丝拧在一起使用，这样用一种直径的焊锡丝就能够满足不同大小的焊点焊接的需要，更加经济。市场上的焊锡丝大多为松香芯焊锡丝即内部助焊剂为松香的焊锡丝，电子制作焊接时使用这种焊锡丝即可，条件允许时也可以使用内部助焊剂为免洗助焊剂或水溶性助焊剂的焊锡丝。这两种焊锡丝前者焊接后的残留物极少，一般无须清洗；后者焊接后的残留物都溶于水，清洗更加容易。焊锡条又叫锡条、焊锡棒、锡棒，常温下一般为拇指粗的棒状固体，其色泽与焊锡丝相同，焊锡条是实心的，内部无助焊剂，主要用于锡炉浸焊和波峰焊。焊锡膏又叫锡膏，它由氧化物含量极低的焊锡粉末和带有一定黏性的助焊剂混合而成，常温下一般为灰色膏状固体，主要用于回流焊。焊锡条和焊锡膏是电子产品生产常用的焊料，电子制作一般用不到。

焊锡架也叫锡丝架、锡丝座，它主要用于放置卷装焊锡丝，具有方便取用、防止滚落等作用。虽然焊锡架不属于焊接材料，但它和焊锡丝配套使用，所以在此也一并介绍。市场上常见的焊锡架如图 2.4.1 所示，这种焊锡架的最大缺点是焊锡丝裸露在外，表面容易氧化和沾染灰尘等污物。这里介绍一种用无糖口香糖的瓶子制作的“密封”型焊锡架，它能够有效避免焊锡丝表面氧化和沾染污物。这种焊锡架制作过程很简单，先打开瓶盖拔去瓶子中央用于自动送出口香糖的支柱的塞子，去掉瓶内用来盛放口香糖的内胆，再在瓶身适当位置钻一个直径为 1～2 mm 的孔即制作完成。放入焊锡丝时先将焊锡丝的“线头”从瓶内穿过刚加工好的孔并从瓶外将之拉出，之后用手将焊锡丝拉紧同时把焊锡丝卷轴套在支柱上放入瓶内，如图 2.4.2(a)所示。需要注意的是焊锡丝不能卡入卷轴与瓶子的缝隙中，拉动焊锡丝时卷轴应能够转动。为了使卷轴能够在瓶内转动更加自如还可以在装入卷轴之前，先在支柱上套一个内径为 35 mm 的平面推力轴承(轴向接触轴承)置于瓶内底部，没有轴承时也可以用内径合适的塑料环(如透明胶带的卷轴等)或金属环来代替但效果会差些。装好焊锡丝后盖上瓶盖和支柱的塞子就可以使用了，如图 2.4.2(b)所示，为了避免抽取焊锡丝时瓶子滑动还可以在瓶外底部粘贴一层或几个橡胶防滑垫。焊锡丝用尽后拔去支柱的塞子打开瓶盖即可更换新焊锡丝，非常方便。

图 2.4.1　焊锡架

(a) 焊锡丝卷轴放入瓶内

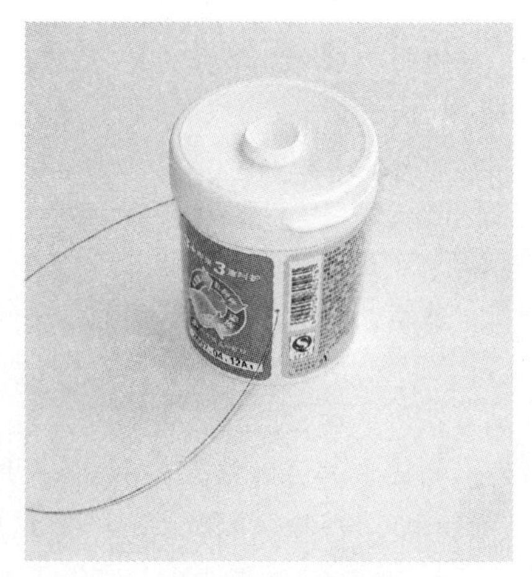

(b) 盖上瓶盖和支柱塞子

图 2.4.2　自制焊锡架

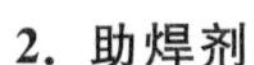

2. 助焊剂

助焊剂是用于电路焊接的辅助材料，它能够除去被焊件及焊锡表面的氧化层并形成防氧化隔离层，同时能够增强焊锡与被焊件表面的活性，减小焊锡的表面张力，增加焊锡的流动性，改善焊锡与被焊件表面的浸润性，从而提高焊接质量。电子制作常用的助焊剂主要有松香和助焊膏两种。

松香是松脂蒸馏后剩下的物质，它一般为淡黄色或棕色的半透明块状脆性固体，有特殊的香味。松香的活性中等、可焊性一般，但它无腐蚀性，而且价格便宜、容易购买、使用方便，松香是手工焊接首选的助焊剂。做助焊剂的松香应选用杂质少、看起来晶莹剔透的产品，松香可以切成碎块或研成粉末直接使用，也可以将之与无水酒精配成溶液来使用。配制松香酒精溶液时松香和酒精按 1∶3(体积比)取用即可，这个比例没有太严格的要求，一般原则是宜浓不宜稀，配制时可以根据具体情况灵活掌握。为了能够使松香快速溶解，配制时最好先将松香研成粉末。

助焊膏又叫焊膏、焊锡膏(注意和上文讲焊锡时提到的焊锡膏相区分，早期焊锡膏多指不含锡的膏状助焊剂，随着表面贴装工艺的不断发展和广泛应用，如今焊锡膏更多是指含锡的膏状焊料)，它的外观和性状因成分和制造工艺的不同而不同，一般为黄色、白色或棕色膏状固体。助焊膏活性强、可焊性好，但大多数的助焊膏都带有酸性，使用时会腐蚀 PCB 铜箔、器件引脚和烙铁头，影响电路的可靠性和外观。因此除了焊接表面较差、焊点很大的器件以及其他不容易焊接的部件外，一般不推荐采用助焊膏作为助焊剂，若某些情况下不得不使用助焊膏则应在焊接完毕后将残留的助焊膏及时清除。

3. 清洗剂

清洗剂是用来清除电路板和器件表面污物的液体，电子制作常用的清洗剂主要有洗板水、抹机水和酒精三种，这三种清洗剂均为无色透明易挥发液体。

洗板水主要用于在焊接完成后或维修时清洗电路板表面残留的助焊剂、焊锡渣、氧化物等污物，它是电子制造行业清洗电路板常用的有机溶剂。普通洗板水的主要成分为氯代烃，有刺激性香味，目前市场上也有很多不含破坏臭氧层成分的环保洗板水。不同制造商的产品其具体成分也不尽相同，与普通洗板水相比环保洗板水除了对环境污染小之外其毒性也更小，因而为了避免损害健康和污染环境最好选用环保洗板水。洗板水具有去污力强、清洗速度快等优点，但它具有腐蚀性，会对某些塑料、橡胶、油墨、涂料及粘合剂等材料造成损伤，清洗时应避免洗板水与用上述材料制成或带有上述材料的器件接触。

抹机水主要用于在焊接前后清洗 PCB 和器件表面的灰尘、油污、汗渍、残胶等污物，也可以用于组装时清洗外壳、面板等部件或增加各部件的光亮度，它也是电子制造行业清洗和增光常用的有机溶剂。普通抹机水的主要成分为正构烷烃，有类似于煤油的气味，与洗板水一样，市场上的抹机水也有环保型产品，推荐使用环保抹机水。抹机水具有无腐蚀性、无残留污迹、干燥快速等优点，非常适合用来清洗塑料、橡胶或表面涂漆、印字等容易被其他清洗剂腐蚀的器件或部件，但抹机水无法洗净松香等助焊剂，因此一般不能用它代替洗板水来清洗焊接后的电路板。

酒精是最常见也是人们最熟悉的有机溶剂，同时它也算是最容易购买的清洗剂，当条件有限时可以用无水酒精来代替洗板水和抹机水。但是用酒精清洗电路板效果和效率都远不如用洗板水，容易出现发白、结块等现象，当酒精纯度不高时更是如此，而且酒精的腐蚀性也比抹机水强，对某些塑料、橡胶、油墨、涂料等材料有一定的损伤，使用时应注意。

4. 吸锡线

吸锡线是一种常用的去锡材料，它一般用极细的高纯度铜丝编织而成，其表面涂有或整体浸有助焊剂。吸锡线通过毛细作用来吸锡，它具有使用方便灵活、不损伤 PCB、去锡效果好、对操作空间要求低等优点。市场上常见的成品吸锡线如图 2.4.3 所示，它有多种规格，长度、宽度、编织方式、所采用的助焊剂各不相同，具体可以根据需要选用。当一时买不到成品吸锡线时也可以用线芯股数较多、各股线芯比较细软的多股铜导线自制。制作时先将导线的绝缘外皮全部剥去，然后将各股线芯拧在一起，之后再浸入松香酒精溶液，片刻后取出即制作

图 2.4.3　吸锡线

完成。需要注意的是，所用导线的线芯表面不能有氧化层，而且线芯不要拧太紧，只要不松散即可，以免影响吸锡效果。

2.4.3 焊接工艺

谈到焊接就不能不谈焊点，焊点是由焊锡通过焊接工艺形成的被焊件之间的连接点，从某种意义上讲，焊接过程也就是形成焊点的过程，焊接质量也是由焊点的质量来体现的。一块焊接好的电路板上通常会有几个、几十个、几百个甚至更多个焊点，其中任何一个焊点有问题都可能会影响电路正常工作。掌握正确的焊接方法同时了解一定的操作技巧，对于保证电路的可靠性以及提高制作、调试和维修的效率来讲都是非常重要的。电子制作常用的焊接工艺主要有点焊、模拟波峰焊、模拟回流焊、镀锡和去锡等几种，下面来分别介绍。

1. 点　焊

点焊是最基本也是最常用的焊接工艺，一般用电烙铁来完成。点焊除了可以用于器件引脚与PCB铜箔的焊接外，还可以用于线与线、线与板、板与板的焊接。点焊工艺操作比较简单，先将被焊件固定好或放置平稳，然后用烙铁头对被焊件进行预热，之后将焊锡丝送向被焊件，同时用烙铁头对被焊件和焊锡进行加热正式开始焊接，如图2.4.4所示。待焊锡熔化并将被焊件之间的接缝完全包裹形成光亮、饱满的焊点后，移走焊锡丝和烙铁头即焊接完成。

点焊操作时通常是将被焊件用焊接台等工具固定或放于桌面，一手持电烙铁一手送焊锡丝来完成焊接。当没有焊接台或需要用手来固定被焊件时，也可以将焊锡丝用其包装卷轴或焊锡架固定，一手持电烙铁一手持被焊件向焊锡丝靠近来完成焊接；当被焊件较小时还可以用与后面介绍的线镀锡工艺中图2.4.10所示类似的方法来完成焊接。但要注意不论采用哪种操作方法，在焊接过程(包括焊锡凝固的过程)中各被焊件一定要固定牢靠，彼此之间不能有相对位移，否则将会导致焊接质量劣化。操作过程中对握电烙铁的姿势一般没有太严格的要求，以方便操作、手感舒适、不易疲劳、不挡视线为宜，推荐采用握笔的姿势来握电烙铁。当操作空间有限、操作角度不理想或对特殊的被焊件进行焊接时，也可以采用握螺丝刀的姿势以及与正手握拳或反手握拳类似的姿势来握电烙铁，具体操作时还可以根据自己的习惯略作调整。

图2.4.4　点　焊

焊接过程中预热的主要目的是使焊锡丝接触被焊件后能够迅速熔化扩散形成焊点，若被焊件较小也可以跨过预热这个步骤直接送锡焊接。预热时间一般控制在1～2 s即可，时间太长被焊件容易氧化，影响焊接，当烙铁头较尖、与被焊件接触面积较小时或者当被焊件较大时，也可以通过在烙铁头上挂少量焊锡来改善预热效果。焊接过程中焊接加热的时间一般为2 s左右，加热时不能图快而"蜻蜓点水"，加热时间不足1 s就移走焊锡丝和烙铁头，这样很容易导致虚焊，哪怕是对于非常小的被焊件。但是加热时间也不能太长，否则可能会对被焊件造成损伤。焊接带有金属化孔焊盘的双面PCB时，加热时间太长也容易使焊锡流淌到PCB的另一面，从而影响美观甚至造成焊盘间短路；焊接没有阻焊层的PCB时，加热时间太长还会因焊锡流动、扩散而导致实际形成的焊点和焊盘偏大。不过对于焊接面积较大或容易散热的被焊件可以酌情延长加热时间，然而若加热被焊件和焊锡5 s后仍不能熔化焊锡形成理想的焊点，则应调高电烙铁的温度或更换功率更大的电烙铁，而不能通过再延长加热时间来完成焊接，以免损坏被焊件或影响焊接质量。

为了能够更快形成理想的焊点，焊接加热的过程中应及时补充焊锡，并根据焊锡的流动情况随时调整烙铁头和焊锡丝的位置和角度，保证烙铁头与被焊件和焊锡有足够的接触面积。补充焊锡时最好将焊锡丝送向烙铁头和被焊件的接触点或被焊件表面距烙铁头较近处，而不要送向烙铁头或被焊件表面距烙铁头较远处。需要注意的是焊点的形成是一个很自然的过程，焊点是靠液态焊锡本身的表面张力以及焊盘和阻焊层的约束而不是靠烙铁头挤压或刮擦来成型；而且焊接也不是粘接，液态焊锡是靠其本身自然流动和扩散而不是靠烙铁头涂抹或拨动来覆盖

或包围被焊件。烙铁头在焊接过程中只起加热和引导的作用,烙铁头的形状会对焊接操作的便利性有所影响,但它对焊接质量不会有决定性或绝对的影响,因而烙铁头并非越尖越好,哪怕是焊接体积很小的贴片器件,烙铁头太尖容易因其与被焊件和焊锡接触面积过小而造成加热不充分,反而会影响焊接质量。此外,在预热和焊接的过程中用烙铁头对被焊件施加压力或刮擦被焊件并不能加快焊接速度或提高焊接质量,这样做很容易造成器件偏位、不贴板或引脚变形,甚至会将引脚捅出 PCB,对于带有塑料骨架或塑料外壳的器件,这样做还可能导致器件因引脚陷入软化的塑料而报废,其结果只会适得其反。

移走焊锡丝和烙铁头时只需将焊锡丝和烙铁头向斜上方很自然地快速提起即可,而无须故意做"拉"和"甩"等动作。在烙铁头温度适宜、加热时间足够、助焊剂充足的情况下,移走锡丝和烙铁头的方向和角度对焊接质量一般不会有太大影响,但要注意移走焊锡丝的动作不应滞后于移走烙铁头的动作,否则可能会产生焊接缺陷甚至会因焊锡凝固而导致焊锡丝无法与焊点分离。由于烙铁头移走时往往会带走少许焊锡,所以焊锡凝固后实际形成的焊点要比焊接时看到的熔化的焊点略小一些。

虚焊(如图 2.4.5(a)所示)、拉尖(如图 2.4.5(b)所示)以及焊点光泽差等是点焊工艺常见的缺陷,焊接时出现这些缺陷也是初学者最头疼的问题,但是点焊工艺很容易掌握,当能够正确使用焊接工具和材料并具有一定的经验后,在焊接时基本上不会再出现这些缺陷。从更高层次和更高要求的角度来看,手工点焊最容易出现的缺陷实际上是焊点用锡量偏多(如图 2.4.5(c)所示)和一致性不理想,当焊点较小、较多时更为明显,即便是具有经验的操作者在焊接时也同样可能会出现这些缺陷。虽然存在上述缺陷的焊点也是连接可靠的焊点,甚至在很多时候也可以认为是合格的焊点,但与波峰焊等机器设备焊接出的焊点相比,这样的焊点外观略差一些。当要求较高时在点焊完成后,应根据具体情况对这样的焊点进行修整,使焊点外观尽量理想(如图 2.4.5(d)所示)和一致。

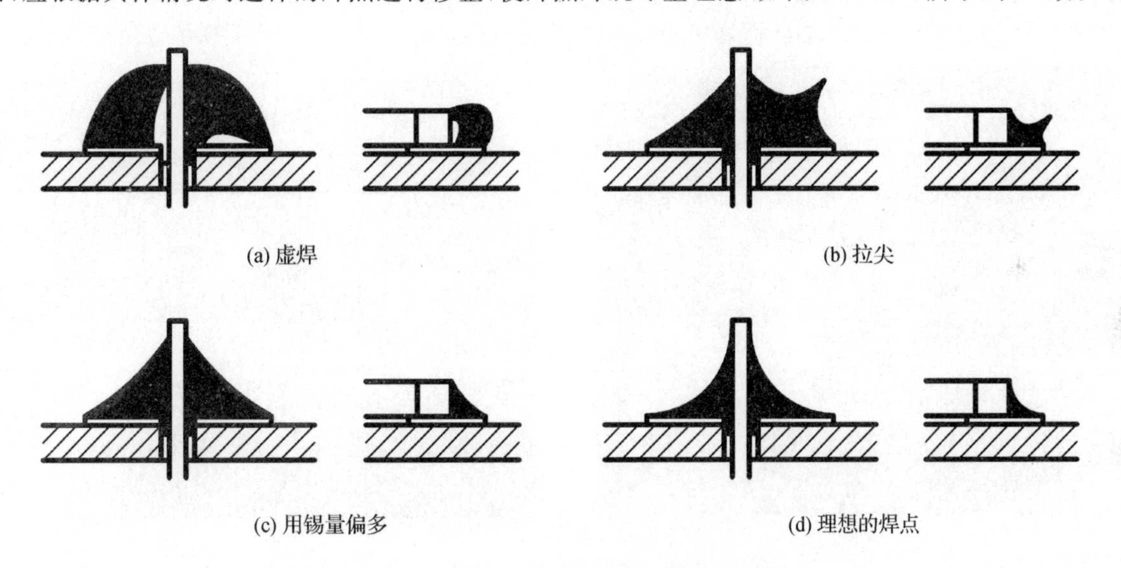

(a) 虚焊　(b) 拉尖　(c) 用锡量偏多　(d) 理想的焊点

图 2.4.5　点焊工艺常见的缺陷和理想的焊点

对于距离较近、排列较整齐的焊点可以用后面介绍的模拟波峰焊工艺来批量修整,对于距离较远、排列不规则或焊盘面积较大的焊点则可以逐个单独修整。修整单个焊点时先在焊点上撒少许松香粉末,然后用电烙铁对要修整的焊点进行加热,待焊点熔化后将烙铁头(修整焊点推荐使用锥形烙铁头)从其中间可焊接处开始至其尖端结束在焊点上轻轻拉过,这样部分焊锡就会被烙铁头带走,如此不断重复焊点处多余的焊锡就可以去除,从而达到修整的目的。需要注意的是采用这种方法修整时一定要保证烙铁头清洁、无残锡,而且焊点处的助焊剂要充足,否则去除多余焊锡的效果会大打折扣,而且焊点也容易失去光泽或拉尖,不仅不能修整焊点,而且还会破坏焊点原有的外观,降低焊接质量。此外,某些焊点经反复修整仍然不满意,则最好用后面介绍的去锡方法去除焊锡后重新焊接,去锡后的器件引脚和 PCB 焊盘表面会有一层焊锡,就像镀锡后一样,再次焊接要比初次焊接容易很多,焊接质量也更高。

2. 模拟波峰焊

波峰焊是电子产品生产中最常用的焊接工艺,这种工艺通过波峰焊设备中泵的作用,使焊料槽(俗称锡槽)中熔融的液态焊料涌出液面形成持续稳定且具有一定形状的“焊料波”，当传送导轨上装好器件的PCB经过“焊料波”的波峰时，器件引脚和PCB焊盘被浸入焊料中完成焊接。波峰焊主要用于焊接直插器件，它也可以用于焊接贴片器件，但需要预先用红胶等耐高温粘合剂将器件固定在PCB上。

模拟波峰焊是一种以电烙铁为主要操作工具的手工焊接工艺，将之取名为模拟波峰焊是因为这种焊接工艺和实际的波峰焊有一定的相似之处，这二者都是通过将器件引脚连同PCB焊盘一起浸入焊料来完成焊接，而且在焊接过程中PCB和焊料做相对运动；所不同的是，实际波峰焊焊接时PCB在上焊料在下、PCB动焊料不动，而模拟波峰焊则刚好相反，焊接时PCB在下焊料在上、PCB不动焊料动。模拟波峰焊特别适合用于焊接引脚较多、较密集的直插器件和具有同样特点且引脚都在器件外侧的贴片器件，也可以用于焊接在PCB上距离较近、焊盘排列比较整齐的各种器件，还可以用于点焊后批量修整焊点。

用模拟波峰焊工艺焊接时，先将器件按正确的方向插在（对于直插器件）或放在（对于贴片器件）PCB上，调整器件位置使各引脚处于相应焊盘或孔的中央，再用前面介绍的点焊工艺将对角或四角的几个引脚焊好。这几个引脚的焊点只是起临时固定器件的作用，焊接时对其质量没有太高的要求，外观差一些甚至和周围的引脚或焊盘连在一起都没关系，但焊接时要确保器件所在的平面与PCB平行，对于能够贴板安装的器件还应使其尽量贴紧PCB。需要注意的是这几个引脚焊接好后一定要仔细检查一下，若发现器件方向有误、摆放不够端正、器件所在的平面与PCB不平行或器件没有贴紧PCB等问题要及时修正，不然等所有引脚都焊接好后再想修正就非常困难了。

检查后确认器件已经固定妥当即可正式开始焊接，首先调整PCB的方向使要焊接的器件引脚呈纵向排列，并将PCB倾斜使之与水平面约呈60°角用焊接台或其他工具固定好，然后在整列引脚的顶端用点焊工艺焊接出一个焊锡球，之后用烙铁头拖动这个焊锡球向整列引脚的底端移动，如图2.4.6所示。待焊锡球到达整列引脚的底端后使之落下或挂在烙铁头上，移走烙铁头此列引脚即焊接完成，其他列或其他行的引脚也可以用同样的方法来焊接。

(a) 焊接直插器件

(b) 焊接贴片器件

图 2.4.6 模拟波峰焊

拖动焊锡球的过程中要根据需要补充焊锡，使焊锡球保持光亮圆润，为了增加焊锡的流动性以便于拖动，在焊接前也可以预先在PCB焊盘上涂抹适量松香酒精溶液或撒少许松香粉末。焊锡球的直径应控制在5～10 mm，太小不容易拖动，太大则需要烙铁头具有较高的温度，焊锡球本身携带的热量也比较大，容易损坏器件和PCB。焊锡球应在烙铁头的拖动下匀速移动，而不要徘徊，也不要在一处停留太久，以免器件和PCB因过热而损坏，必要时在焊接的过程中还可以在器件表面放一小块浸有酒精的海绵来给器件散热。烙铁头对焊锡球只起引导作用，拖动时不要用烙铁头拨动焊锡球，以防焊锡球淌落而无法继续焊接，同时也尽量不要让烙铁头擦碰到器件引脚，以免引脚变形损坏或器件偏位。焊锡球在移动的过程会不断将若干个引脚连在一起，这一点不必担心，待焊锡球在引脚和焊盘上“走过”后，各个引脚上的焊锡在表面张力的作用下会自行分开，同时在相应的焊盘上形成连接可靠、外形美观一致的焊点。焊锡球“走过”后焊锡不能自动分开出现通常所说的“桥接”现象，多半是由于助焊剂量少或烙铁头温度不够而造成的，可以在补充助焊剂或调高电烙铁温度后重新按上述方法焊接。但是在助焊剂充足、烙铁头温度也足够的情况下，整列引脚的底端即最后焊接的几个引脚也还是容易出现“桥接”现象，当焊盘间距较小时更为普遍，就算没有出现“桥接”现象这些焊点也会比该列其他已经焊接好的焊点大一些。这是正常现象，这些引脚可以在模拟波峰焊完成后单独处理，一般用后面介绍的去锡方法即可去除多余的焊锡，去锡后再用点焊工艺对这几个焊点进行修整，使之与该列其他焊点外观一致。

此外，当PCB焊盘上的焊锡和助焊剂都很充足时，焊接过程中也可以用手来固定PCB，这样还可以根据焊锡球的拖动情况来及时调整PCB的倾角和整列引脚的方向，使操作更加顺手。

需要注意的是，当PCB没有阻焊层或焊盘连接有面积较大的铜箔时，用模拟波峰焊工艺焊接出的焊点一致性会差一些。对于没有阻焊层的PCB，焊接时应在暂时不焊接的焊盘和不需要镀锡的铜箔走线上粘贴一层耐高温胶带或采取其他措施将这些焊盘和走线保护起来，以免焊锡球淌落“殃及”这些焊盘和走线。

虽然适合用模拟波峰焊工艺来焊接的器件也可以用逐引脚点焊等方法来焊接，但是不论焊接质量还是焊接速度模拟波峰焊都远在其他方法之上，用模拟波峰焊工艺焊接出的焊点一致性非常好，而且用锡量适中，可以和采用真正的波峰焊设备焊接出的焊点相媲美。事实上很多电子产品生产的过程中，后期焊接或维修也经常采用模拟波峰焊工艺，由于模拟波峰焊主要是通过拖动焊锡球来完成焊接，所以电子制造业一般将这种工艺叫做拖焊或拉焊。

3. 模拟回流焊

回流焊又叫再流焊，它也是电子产品生产中很常用的焊接工艺。这种工艺通过回流焊设备中的发热装置和风扇的作用，形成具有一定温度曲线和多个区域的加热环境，当传送带上贴装好器件的PCB经过这个加热环境时，器件引脚与PCB焊盘之间的焊锡膏熔化完成焊接。回流焊主要用于焊接贴片器件，随着近年来通孔回流焊（也叫穿孔回流焊）的研究和发展，这种工艺也逐渐用于焊接直插器件。

模拟回流焊是一种以热风枪为主要操作工具的手工焊接工艺，将之取名为模拟回流焊是因为这种焊接工艺和实际的回流焊有一定的相似之处，这二者都是通过将器件连同表面附着焊料的PCB一起置于高温空气中来完成焊接；所不同的是，实际回流焊焊接时PCB会匀速运动，分别经过各个加热区域，从而改变加热环境，而模拟回流焊焊接时PCB是固定的，加热环境的改变靠调节热风枪枪嘴与PCB的距离以及热风枪吹出热风的温度和风量来实现。此外模拟回流焊与实际回流焊焊接时采用焊料也不同，后者采用焊锡膏作为焊料，而前者采用普通的焊锡丝作为焊料。这是因为焊锡膏一般需要冷藏，保质期也比较短，而且涂敷焊锡膏要使用专门的设备，还需要预先制作钢网，业余条件下操作并不现实。模拟回流焊适合用于焊接引脚在器件底部不便用电烙铁焊接的贴片器件，通俗的讲这类器件就是“肚子”下面有引脚的贴片器件，QFN、BGA等封装的器件都属于这类器件。

用模拟回流焊工艺焊接QFN封装的器件时，先在器件底部涂抹适量松香酒精溶液，再用前面介绍的点焊操作方法在器件底部各引脚上镀一层锡（由于器件引脚非常小，这个步骤也可以看做是在各引脚上焊出一个小焊点），如图2.4.7所示。需要注意的是各引脚镀层的厚度要适中，太厚则焊接时相邻的引脚容易短路，太薄则又会导致虚焊；而且各引脚镀层的厚度也要一致，特别是器件中央面积较大的引脚的镀层不能比四周引脚的镀层厚，否则器件无法在PCB上放置平稳，焊接时也不容易做到器件所在的平面与PCB平行，由此还可能导致个别引脚虚焊；此外为了降低焊接所用热风的温度以及缩短焊接时间，镀锡时应采用熔点较低的焊锡丝。

图2.4.7　镀锡后的QFN封装器件

镀锡后在PCB的焊盘上涂抹适量松香酒精溶液，并且将器件各引脚与各焊盘对准按正确的方向放在PCB上，为了能够临时固定器件便于下一步操作，最好采用浓度高、黏度大的松香酒精溶液，必要时还可以在涂抹溶液后再撒少许松香粉末来增大黏度。由于无法直接看到器件引脚，放置器件时只能通过从侧面观察引脚同时配合PCB丝印来将器件放正，不过器件引脚与PCB焊盘略有偏差也不要紧，焊接时器件在液态焊锡表面张力的作用下会自行对中。

器件放置好后将热风枪打开对器件和 PCB 进行加热，热风枪调为温度 250～300 ℃、风量微弱～中等即可，温度太高会损坏器件和 PCB，风量太大则容易吹动器件导致偏位。加热时先将热风枪枪嘴置于器件上方约 10 cm 处来回摆动进行预热，这一步操作主要是为了避免 PCB 及周围的器件局部骤热而损伤，同时也可以将松香熔化以便焊接。预热约 10 s 后将热风枪枪嘴移至器件上方约 3 cm 处保持不动开始焊接，如图 2.4.8 所示，加热一段时间后会看到器件略微"下沉"并自行调整位置对中，此时器件引脚上的焊锡已经熔化，再持续加热 5 s 移走热风枪枪嘴即焊接完成。器件引脚上的焊锡熔化后如果发现对中不理想可以用镊子轻轻拨动，但切不可向下按压器件，否则将可能导致引脚短路，焊接失败。焊接时间一般为 20～30 s，加热时间太长会损坏器件和 PCB，因而能否及时判断出器件引脚上的焊锡已熔化对于把握焊接时间非常重要。除了通过观察器件是否"下沉"外也可以采用另一种比较直观的方法来判断，即加热时在器件旁放一小段焊锡丝作为参考，当看到焊锡丝熔化时则基本上可以判断出器件引脚上的焊锡也已熔化。

图 2.4.8　模拟回流焊

用模拟回流焊工艺焊接时，热风枪的温度、风量、枪嘴与器件的距离以及预热和焊接时间也可以根据具体情况调整，某些情况下操作方法还可以变通，采用器件不镀锡、PCB 焊盘镀锡的方法来完成模拟回流焊。以上介绍的模拟回流焊操作方法除了可以用于焊接 QFN 封装的器件外，也可以用于焊接 DFN、MLP、MLF 等封装的器件。

用模拟回流焊工艺焊接 BGA 封装的器件与焊接 QFN 封装的器件的操作方法基本相同，只是由于全新的 BGA 封装器件本身一般都带有用于连接器件引脚与 PCB 焊盘的锡球，所以焊接操作时可以省略器件引脚或 PCB 焊盘镀锡这一过程。但是拆卸下来的 BGA 封装的器件锡球已被破坏，焊接这样的器件前要先植锡球(简称植球)，通常使用钢网模板和锡膏、锡球等工具和材料来完成。植锡球工艺多用于手机、计算机主板等产品维修，电子制作一般用不到，其具体操作方法这里就不作介绍了，有兴趣的读者可以参考相关书籍。CSP 封装的器件外观与 BGA 封装的器件相似，底部也有锡球，只是 CSP 封装的器件体积更小，操作熟练后也可以采用模拟回流焊工艺焊接这种封装的器件。

模拟回流焊的焊接质量与 PCB 焊盘、阻焊的形状、尺寸以及 PCB 的加工工艺密切相关，PCB 焊盘和阻焊应严格按器件数据表或相关标准推荐的形状和尺寸来设计，PCB 加工时也要提高质量要求，并且 PCB 最好经喷锡处理以提高焊盘的可焊性，保证焊接质量。没有阻焊层的 PCB 一般不能采用模拟回流焊工艺来焊接，这一点要特别注意。

4. 镀　锡

镀锡也叫搪锡，它是一种特殊的焊接工艺，与上文介绍的几种焊接工艺不同，镀锡并非要将被焊件用焊锡连接起来，而仅是使被焊件表面附着一层焊锡，以起到提高可焊性、保护表面、减小电阻等作用。根据被焊件外形的不同，电子制作常用的镀锡工艺大致可以分为线镀锡和面镀锡两种。

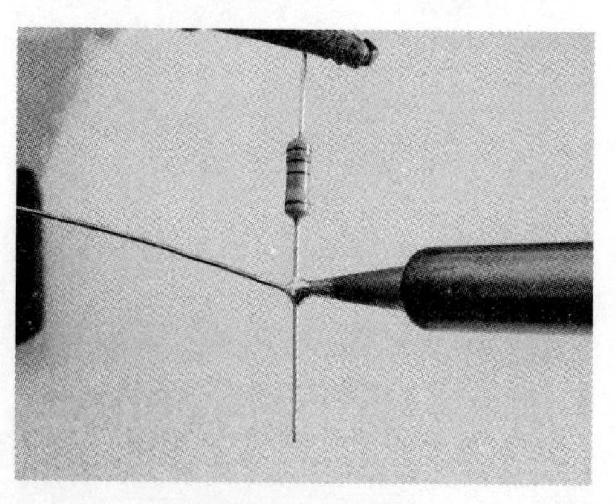

图 2.4.9　线镀锡

线镀锡主要指器件引脚、剥去绝缘外皮的导线等直径较小的圆柱状或接近圆柱状的被焊件表面镀锡。用这种工艺镀锡前先对被焊件进行清洁(如果有必要)并将之浸入松香酒精溶液片刻后取出，再将被焊件用焊接台等工具固定好，之后一手持电烙铁一手持焊锡丝用前面介绍的点焊工艺，在被焊件根部焊接出一个焊锡球，然后用烙铁头拖动这个焊锡球向被焊件末梢移动，如图 2.4.9 所示，待焊锡球到达被焊件末端后使之落下或挂在烙铁头上，移走烙铁头即镀锡完成。拖动焊锡球的过程中要根据需要补充焊锡，使焊锡球保持光亮圆润，以保证镀层质量。

上述操作方法有时也可以根据实际情况变通，当没有焊接台或操作空间有限时，可以将焊锡丝用其包装卷轴或焊锡架固定，一只手持电烙铁在焊锡丝末端熔化出一个焊锡球，另一只手移动被焊件使之从其根部向其末梢在焊锡球中经过来完成线镀锡；被焊件较小时也可以用一只手持电烙铁，用另一只手的食指和中指夹送或固定焊锡丝、大拇指和无名指固定或移动被焊件，按上述两种操作方法的具体步骤来完成线镀锡，如图 2.4.10 所示。这种操作方法对手指的协调性要求比较高，要多次操作才能掌握。

此外，在条件允许的情况下线镀锡也可以通过将被焊件浸入小型锡炉来完成，操作效率更高，更适合批量作业。值得一提的是线镀锡的几种操作方法不仅可以用于镀锡，还可以用于电路焊接和器件拆卸时去除器件引脚上多余的焊锡。

面镀锡主要指 PCB 铜箔、功率器件散热片等表面积较大的平面状或接近平面状的被焊件表面镀锡。用这种工艺镀锡前先在被焊件表面撒少许松香粉末，再将被焊件放置平稳，之后用点焊工艺在被焊件表面一角或一端焊接出一个焊锡球，然后用烙铁头拖动这个焊锡球在被焊件表面移动，如图 2.4.11 所示。待焊锡球“走遍”整个被焊件表面后使

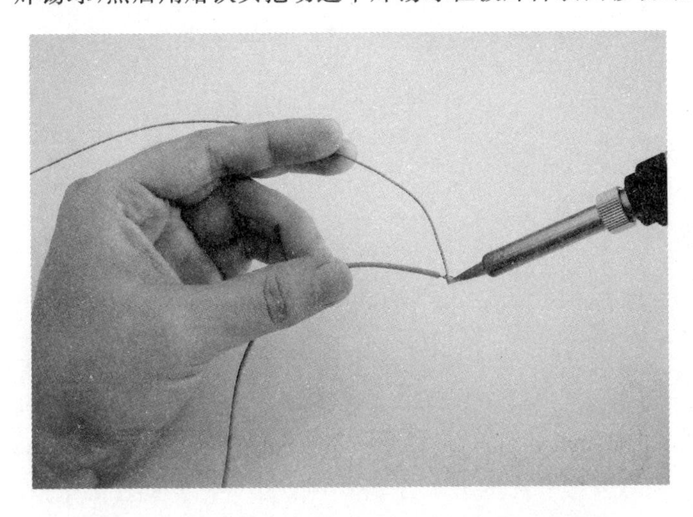

图 2.4.10　单手同时持焊锡丝和被焊件完成线镀锡

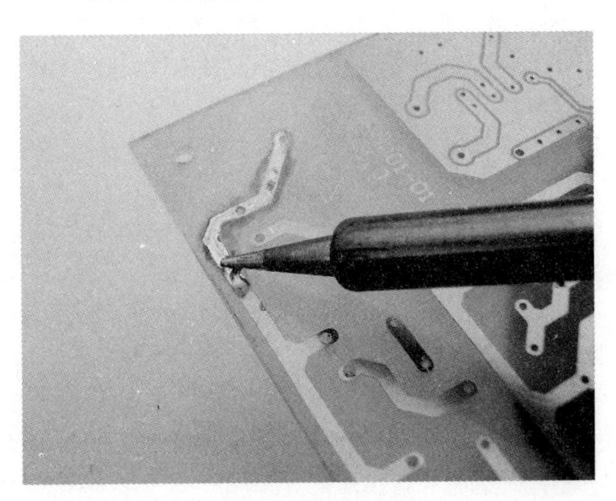

图 2.4.11　面镀锡

之落下或挂在烙铁头上，移走烙铁头即镀锡完成，镀锡完毕后如果镀层不满意或有遗漏之处可以重复以上过程。拖动焊锡球的过程中要不断补充焊锡和松香粉末，使焊锡球保持光亮圆润，以保证镀层质量，同时要随时调整电烙铁的操作角度或被焊件的放置角度，尽量增大烙铁头与被焊件的接触面积，以提高效率，此外烙铁头的温度要控制好，焊锡球不宜太大，也不能在同一个地方停留太久，以免损坏被焊件。为了使镀层平滑无接痕，面镀锡操作最好一气呵成，中间如不得已需要停顿，则应将焊锡球停留在 PCB 焊盘处等接痕容易被掩盖的地方。面镀锡对镀层的要求一般都高于线镀锡，其操作难度也远大于线镀锡，需要多实践掌握要领后才能获得满意的镀锡效果。

5. 去　锡

去锡是焊接的逆过程，这里也将之作为一种焊接工艺来介绍。去锡主要用于器件拆卸和焊点修整，一般用电烙铁配合吸锡器或吸锡线等工具或材料来完成。

用电烙铁配合吸锡器去锡时先将电路板固定好或放置稳当，再将吸锡器的活塞按下，之后用电烙铁对要去锡的焊点进行加热，待焊点熔化后将吸锡器的吸锡嘴靠近并对准焊点，如图 2.4.12 所示，持稳吸锡器按下按钮使活塞弹起即去锡完成，如果焊点处还有残锡可以重复以上过程。需要注意的是在去锡过程中，吸锡嘴特别是塑料材质的吸锡嘴不要直接接触

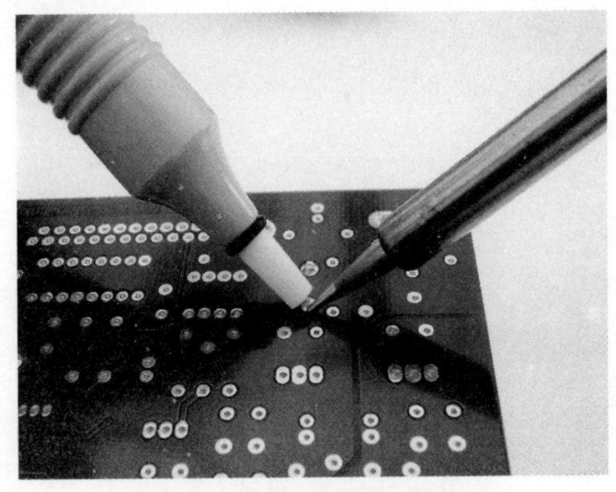

图 2.4.12　用电烙铁配合吸锡器去锡

焊点或烙铁头，以免受热变形或损坏。去锡操作需要对焊点进行较长时间的加热，而且在吸锡器的活塞弹起瞬间，吸锡嘴也可能撞击电路板焊盘和器件引脚，这对电路板和器件都有一定的损伤，多次进行去锡操作容易导致电路板焊盘和走线铜箔脱落或器件引脚变形甚至报废。因此去锡操作要尽量做到一次成功，为此去锡前要先将吸锡器储锡筒和吸锡嘴内的残锡清除干净，再通过反复按下和弹起活塞若干次来对吸锡器进行检查。如果活塞运动不够自如或气密性变差则应在活塞表面及其他活动部件间加注润滑油、涂抹润滑脂或采用其他方法来修理，必要时应更换新的吸锡器。采用吸锡器去锡具有操作简便快速、不影响周围焊点等优点，但它更适合用于焊锡较多的焊点，当焊点处的焊锡较少时采用吸锡器去锡，往往会因为焊点不能被充分加热及焊锡不能自由流动而影响去锡效果。因此对于较小的焊点、已去除了部分焊锡的焊点等焊锡相对较少的焊点，可以先用点焊的方法补充一些焊锡后再去锡，以获得更理想的去锡效果。

用电烙铁配合吸锡线去锡时，先将电路板固定好或放置稳当，再将吸锡线的线头放到要去锡的焊点上，之后用烙铁头压着吸锡线对焊点进行加热，如图 2.4.13 所示，焊点熔化后熔融的焊锡则逐渐被吸入吸锡线。当吸锡线的线头吸满焊锡后，可以将已吸入焊锡的部分剪去再重复以上过程，直到焊点处的焊锡被吸干净为止；也可以缓缓向前送吸锡线使焊锡能够不断被吸锡线吸走，但这样容易使吸锡线的线头触及其他焊点从而导致这些焊点被污染或短路，操作时应小心。每次去锡操作后，应将已吸入焊锡的吸锡线线头剪去以便于存放及再次使用。吸锡线的优点在前面介绍焊接材料时已经提到过，这里不再赘述。相对而言，吸锡线更适合用于焊锡较少的焊点去锡，焊锡较多的焊点也不是不能采用吸锡线来去锡，只是吸锡线是消耗品，这样做不太经济。

图 2.4.13　用电烙铁配合吸锡线去锡

除了以上两种方法外很多时候去锡也可以仅用电烙铁来完成，操作时一手持电路板一手持电烙铁，用电烙铁对要去锡的焊点进行加热，待焊点熔化后移走电烙铁，同时立即将电路板翻转或倾斜使焊点朝下，并将持电路板的手轻轻向桌面一磕焊锡便会落下，如果焊点处有较多残锡可以重复以上过程。采用这种方法去锡时动作要迅速，在焊锡凝固前要使之落下，并且要注意操作角度和方向，以免焊锡渣落到手上、身上或电路板其他焊点上，此外还应注意不要将电路板直接在硬物上磕打，以免损坏电路板和器件。这种去锡方法操作简便，不需要其他工具和材料，在某些情况下比采用电烙铁配合吸锡器或吸锡线去锡更加方便和灵活，但这种方法不能用于连接有大面积铜箔或焊锡较少等容易散热、凝固较快的焊点去锡，而且它也无法将焊点处的焊锡完全去除，因而这种方法更适合在焊点修整时或者在没有去锡工具和去锡材料的情况下采用。

拆卸器件是去锡的主要目的之一，这里也顺带介绍一下拆卸器件的常用方法。拆卸引脚较少的器件时，用电烙铁轮流加热各引脚的焊点，待各焊点都熔化后即可将器件取下。对于容易散热、凝固较快的焊点加热时应补充适量焊锡以保存更多的热量，这样可以更快、更容易地拆下器件，对器件和电路板的损伤也更小。拆卸引脚较多的器件时，如果引脚间距较小，则可以将引脚的焊点根据位置的不同分成若干组，并用焊锡将每组中的各个焊点连在一起形成一个大焊点，再用电烙铁轮流对这些大焊点进行加热，如图 2.4.14 所示，待所有大焊点都熔化后即可将器件取下。如果引脚间距较大，则用电烙铁配合吸锡器或吸锡线逐个将各引脚焊点处的焊锡去除，去锡完毕后用镊子配合电烙铁轻轻拨动各引脚使之与焊盘分离，待所有引脚与焊盘分离后即可将器件取下。在没有吸锡器和吸锡线且要拆卸的器件为直插器件的情况下，也可以先用电烙铁对焊点进行加热使之熔化，再将内径大于器件引脚、外径小于焊盘孔的钢质注射器针头套在引脚上，之后移走电烙铁并轻轻旋

图 2.4.14　拆卸引脚较多且间距较小的器件

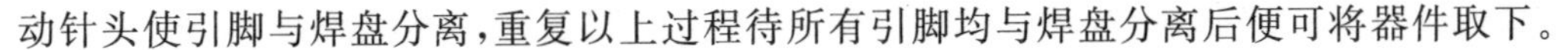

动针头使引脚与焊盘分离，重复以上过程待所有引脚均与焊盘分离后便可将器件取下。

拆卸器件时，当各焊点熔化或各引脚与焊盘分离后取下器件有多种方法，大多数器件可以直接用手或使用镊子将器件取下，当器件不便抓取或夹取时也可以预先在器件上系一根或多根细线来将器件拉下，对于贴片器件或安装不是很紧的直插器件还可以通过磕打电路板或持电路板的手来使器件落下。某些特殊情况下也可以用特殊的方法来拆卸器件，例如：拆卸已经损坏的器件时可以先将器件各引脚剪断，取下器件后再逐个加热各引脚的焊点将断开的引脚取下；拆卸已经报废的电路板上的器件时，可以先将与器件各引脚焊盘相连的面积较大的铜箔割断，这样更容易熔化焊点。

在条件允许的情况下还可以用热风枪来拆卸器件，特别是对于拆卸引脚较多且比较集中或引脚在器件底部的贴片器件以及批量拆卸器件，采用热风枪更为合适，效率也更高。但拆卸时要控制好热风枪的热风温度以免损坏器件和电路板，同时要采取套专用枪嘴、加防风罩等措施保护好被拆器件周围的器件，以免在热风的作用下导致这些器件虚焊、错位或脱落。此外，用多把电烙铁或借助外形与器件引脚相匹配的特种烙铁头同时对多个引脚的焊点进行加热也是拆卸器件比较可行的方法，但这两种方法前者操作困难，后者烙铁头不易购买，一般情况下不推荐采用。

器件拆卸完毕后，如果电路板还要焊接新器件则还需要将焊盘表面和孔内的残锡去除，具体可以采用上面介绍的去锡方法来完成。去除双面板或多层板焊盘孔内的残锡相对比较困难，必要时可以配合钢质注射器针头或缝衣针来完成。

2.4.4 焊接流程

PCB上通常布局有若干个器件，电路焊接的目的就是将这些器件与PCB连接在一起，使彼此独立的散件变成能够正常工作的电路板整体。为了避免器件受损以及提高制作的一次成功率，同时也为了方便操作、提高效率，电路焊接应按照一定的流程和步骤来进行。2.3节已经提到委托工厂加工或自己手工制作的专用PCB以及市售成品万能PCB是电子制作最常用的PCB，这几种PCB外观和加工工艺各不相同，其具体焊接流程也有所差别，这里将分别介绍。为了便于介绍，这里将委托工厂加工的PCB称为机制板，将自己手工制作的PCB称为手工板，将成品万能PCB称为万能板。

1. 机制板的焊接

机制板的电气性能和外观都优于手工板和万能板，只要具备一定的焊接技能，同时按正确的流程来操作，用机制板焊接出的电路板成品完全可以达到电子产品中电路板的水准。机制板的焊接流程一般为：PCB焊前处理→器件焊前处理→焊接→PCB焊后处理→器件焊后处理。

(1) PCB焊前处理

虽然覆铜板制造工艺和PCB加工工艺已经非常成熟，相关设备的数控化和自动化程度也很高，但是当PCB工厂品质控管不严时，特别是对于样板加工，用户收到的机制板也还是可能会存在一些原材料上和制造上的缺陷，如焊盘和走线残缺或短路、孔径、孔位和外形尺寸有偏差、过孔不通、板材弯曲变形、阻焊和丝印偏移等，有时甚至会收到完全不能使用的废品机制板，因此在焊接前对PCB进行检查是十分有必要的。检查PCB主要通过目测来完成，必要时也可以用尺子和万用表等工具来测量，此外还可以通过在PCB上试装器件、在外壳上试装PCB或者将PCB与器件和外壳进行比对来检查孔径、孔位和外形尺寸是否准确。经检查发现存在缺陷的PCB在要求不高的情况下，可以酌情直接使用或通过扩孔、打磨、切割、飞线等方法修补后再使用，但是在要求较高或缺陷较严重无法修补的情况下则不能使用，只能重新制作PCB。在焊接前由于没有器件和焊锡的遮挡，所以更容易发现PCB存在的缺陷，而之后当焊接过程中发现器件无法安装时或调试过程中发现电路无法工作时，再想检查PCB就非常困难了，就算能够发现缺陷，修补起来代价也很大，而且此时有缺陷的PCB若无法修补，则自己辛辛苦苦焊接好的电路板就很可能会成为废品，白白浪费了时间和精力，这也是将检查PCB作为电路焊接第一步的最主要的原因。

PCB在加工、包装和取拿的过程中会沾染灰尘、油污、汗渍、镀层残渣、板材和铜箔碎屑等污物，这些污物不仅影响外观，而且也会导致焊盘可焊性降低，影响焊接质量，有时甚至还可能影响器件顺利安装。因此在焊接前还要用软毛刷和蘸有抹机水或酒精的软布将PCB两面及孔内的污物彻底清除，需要注意的是采用OSP(Organic Solderability Preservative，有机保焊剂)工艺(包括常见的松香工艺)处理后的PCB焊接面，只能用软毛刷来刷而不能用蘸有抹机水或酒精的软布来擦拭。

(2) 器件焊前处理

随着电子器件制造工艺的不断改进,器件的不良率也越来越低,全新正品器件一般无须测试即可上机使用。但是当不能确定器件引脚功能或对器件参数指标要求较高时,以及使用拆机器件或对质量有怀疑的器件时,最好在焊接前先对这些器件进行测试,以免影响安装焊接或给电路调试增添不必要的麻烦。

大多数器件在制造时都会在其引脚上镀锡、银、金或其他金属来提高可焊性和增强抗氧化、抗腐蚀能力,器件在包装时往往也会采取密封或添加防潮剂、脱氧剂等防潮防氧化措施,但即便如此,器件存放时间长了特别是当存放条件较差时引脚还是会氧化,而且器件在存放和取拿的过程中引脚也可能会沾染灰尘、汗渍等污物。器件引脚表面的氧化层和污物会造成可焊性降低,影响顺利焊接,严重时还会导致焊接时因焊锡浸润不良而产生虚焊等缺陷甚至根本无法焊接,因此焊接前应对存放较久或多次取拿过的器件的引脚进行清洁处理。表面没有明显锈迹和污物的引脚一般用普通的绘图橡皮擦过后即可光亮如新,这样的引脚不推荐用刀刮或打磨的方法来清洁,因为这样做很容易破坏引脚原有的镀层,反而会降低可焊性。引脚锈蚀严重的器件一般不推荐使用,当不得已使用时,应先用刀刮去或用砂纸磨去引脚表面的锈迹和氧化层露出内部材料的光泽,再用前面介绍的线镀锡工艺在引脚上镀锡。

以上方法仅适合用于直插器件引脚清洁处理,而对于贴片器件,由于其引脚比较细小,很容易变形或受损,所以一般情况下不作清洁处理。但是当引脚上有明显的氧化层焊接比较困难时,可以将器件放在一张表面平整但略微粗糙的厚卡纸上,用手按住或用镊子夹住器件使之与卡纸紧密接触并在卡纸上来回移动,通过引脚与卡纸不断摩擦来磨去引脚表面的氧化层,若清洁效果不理想也可以将厚卡纸换成细砂纸用同样的方法来打磨,必要时还可以在打磨后用线镀锡工艺在引脚上镀锡。需要注意的是用上述方法清洁过的贴片器件虽然能够勉强焊接,但焊接质量与使用引脚未被氧化的器件相比还是差一些,这也只能作为一种补救措施,要求较高的电路最好不要使用这样的贴片器件。

为了满足安装、散热、电气性能等方面的要求,很多直插器件在焊接前还要进行引脚成型,关于引脚成型的加工方法和注意事项本书 2.2 节已经介绍过了,这里不再重复。

除了器件测试、引脚清洁和引脚成型外,焊接前有些器件还要进行预安装和预加工,如在功率器件上安装绝缘垫片和散热器、在较大较重的器件上安装固定支架和卡子、对有特殊安装要求的器件的安装孔进行扩孔或去掉某些不用的引脚及定位柱等,可以根据具体情况选择合适的工具和材料来完成。

(3) 焊　接

PCB 和器件备齐并经过上面介绍的两个步骤处理后即可正式开始焊接,焊接具体又可以细分为安装、焊接、剪脚三个步骤,当焊接短脚直插器件或贴片器件时可以省略"剪脚"这一步。完成上述三个步骤一般有横向和纵向两种方式。横向方式指先将所有器件安装在 PCB 上,之后一起焊接,最后再一起剪脚;纵向方式指先将某一个器件安装在 PCB 上,然后对其进行焊接,接着再剪脚,之后不断重复以上过程逐个将其他器件焊接好。很显然横向方式要比纵向方式效率高,所以电子产品生产通常采用横向方式来焊接;但是在业余条件下没有专门的安装和焊接设备,采用横向方式操作不便,而且器件不好固定,焊接时容易掉落、歪斜或偏位,因此业余条件下一般采用纵向方式来焊接。有时根据具体情况也可以采用半横向半纵向的方式来焊接,即用纵向方式安装和焊接、用横向方式剪脚,或者某些器件用横向方式焊接、某些器件用纵向方式焊接。

PCB 上布局有很多器件,当采用纵向方式焊接时各个器件不能同时完成焊接,为了保证焊接质量,同时也为了提高焊接效率,各个器件焊接的顺序要合理安排,一般应遵循如下原则:

① 先矮后高。

焊接时应先焊接比较低矮以及贴板和卧式安装的器件,后焊接比较高以及悬空和立式安装的器件,这样能够避免由于某些器件遮挡而无法焊接其他器件,同时也可以避免忘记焊接某些布局在其他器件下方的体积较小的器件。

② 先轻后重。

焊接时应先焊接比较轻巧的器件,后焊接比较笨重的器件,以免过早增加 PCB 的整体重量,给后续焊接操作过程中取拿和翻转 PCB 增加不必要的负担。

③ 先强后弱。

焊接时应先焊接耐热性好、结构坚固、用较结实的材料制成的器件及其他不易损坏的器件，后焊接耐热性差、结构单薄、用较脆弱的材料制成的器件及其他容易损坏的器件，以免某些易损器件在焊接其他器件时损坏。

④ 先难后易。

焊接时应先焊接操作难度较大的器件，后焊接操作难度较小的器件，这样能够避免焊接操作难度较大的器件时受其他器件的影响和阻碍，提高焊接成功率，而且万一焊接失败更换 PCB 重新焊接损失也不会太大。

⑤ 先贴后插。

焊接时特别是对于同一面既布局有贴片器件又布局有直插器件的 PCB，应先焊接贴片器件，后焊接直插器件，这样可以避免已焊接好的直插器件妨碍贴片器件的焊接操作，同时也可以避免采用模拟波峰焊或模拟回流焊工艺焊接贴片器件对已焊接好的直插器件或其焊点造成影响和损伤。

焊接过程中“安装”这一步骤主要是将直插器件的引脚插入 PCB 相应的孔中或将贴片器件摆放到 PCB 相应的焊盘上。有极性或引脚按特定顺序排列的器件一定要按正确的方向来安装，否则不仅电路无法正常工作，还可能导致器件损坏。虽然电阻、电感、无极性电容等器件没有极性，安装方向对电路工作没有任何影响，但这些器件最好还是按统一的方向如色环或字符从左向右、从上向下来安装，这并非吹毛求疵，安装时多看一眼可以为后续调试或日后维修时检查电路节省大量时间。除非器件发热量较大，否则应贴板安装，这样可以缩短器件与 PCB 铜箔之间的距离，从而减小器件引脚的电阻和分布电容、分布电感，有助于提高电气性能，而且器件受外力时也不容易歪斜、偏位或造成焊盘、走线铜箔脱落，机械性能更好。需要特别注意的是，安装时若发现直插器件的引脚与 PCB 的孔有直径或位置上的偏差时不要强行安装，而应扩孔或重新钻孔后再安装，否则可能导致器件引脚变形或折断以及 PCB 铜箔脱落甚至报废。

焊接过程中“焊接”是最需要技巧的一个步骤，也是最重要的一个步骤。这一步骤可以根据器件的具体情况灵活运用前面介绍的几种焊接工艺来完成。

焊接直插器件时安装好的器件在 PCB 下方，若器件固定不牢容易因重力作用而掉落或歪斜；焊接贴片器件时虽然安装好的器件在 PCB 上方，但若器件固定不牢在 PCB 倾斜或震动时也容易偏位，因此为了能够顺利完成焊接以及保证焊接质量，焊接前应先将器件暂时固定在 PCB 上。有些器件安装在 PCB 上后能够利用其引脚、定位柱、卡钩或预先安装好的支架和卡子自行固定，焊接这样的器件最为方便，安装后直接焊接即可，但大多数器件都不能自行固定，需要用手或焊接台等工具来固定。相比之下用手固定器件更加方便和灵活，可是焊接时一只手要持电烙铁，另一只手还要负责送焊锡丝，不可能有多余的手来固定器件。所以如若用手来固定器件一般推荐按以下方法来操作：首先用手扶稳器件或将器件按在 PCB 上，然后用挂有少许焊锡的烙铁头（如果焊盘上已预先镀有一定量的焊锡则烙铁头也可不挂焊锡）在器件某一个或某几个引脚的焊盘上随意“点”一下，将器件用焊锡固定在 PCB 上，之后就可以将固定器件的手解放出来持焊锡丝将器件各引脚逐个焊接好。“点”操作并非真正的焊接，它仅是起临时固定作用，而且最终还要重新焊接，因而“点”操作对焊点的质量和外观没有太高要求。此方法不仅适用于焊接直插器件，同样也适用于焊接某些贴片器件。此外，虽然也可以像某些自动插件机那样在安装好器件后通过弯折引脚来固定长脚直插器件，而且事实上这样做同时也能够在一定程度上提高焊接后器件与 PCB 连接的机械强度，但这种固定方法增加了拆卸器件的难度。由于电子制作不同于产品生产，电路存在不确定性，调试时经常需要更换器件，所以一般情况下不推荐采用这种方法来固定器件。

安装在 PCB 上的器件特别是成行成列安装的同种器件就如同参加阅兵式的士兵，有一个不合要求就会影响整体效果，因此在固定器件时要做到“正”、“齐”、“贴”。“正”即器件竖立摆放端正，主轴线垂直或平行于 PCB 所在的平面，引脚处于相应焊盘或孔的中央；“齐”即同类或同规格器件排列整齐、高度一致；“贴”即器件或引脚定位端贴紧 PCB（不能贴板安装的器件除外）。以上要求并不仅是针对关键器件，从追求精品电子制作的角度来看，PCB 上所有器件都以这个标准来要求也是有必要的，哪怕是看似并不重要的跳线，如图 2.4.15 所示，虽然按图中两种不同做法焊接的跳线都能够满足电气连接的要求，但给人的感觉完全不同。

前面已经提到焊接直插器件时安装好的器件在 PCB 下方，而不同的器件高度不同，所以当焊接好一部分器件

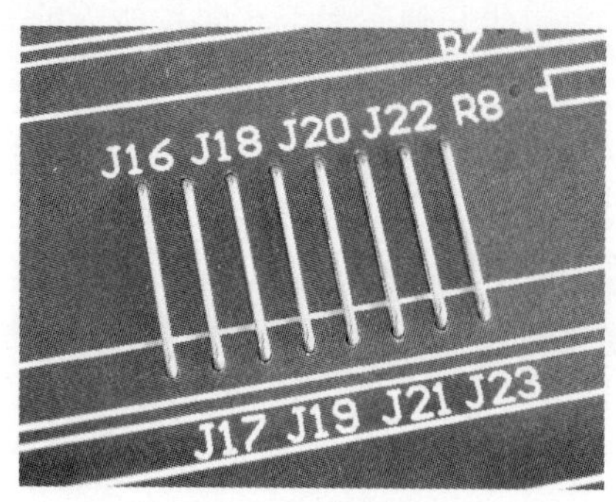

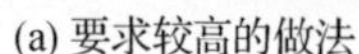
(a) 要求较高的做法

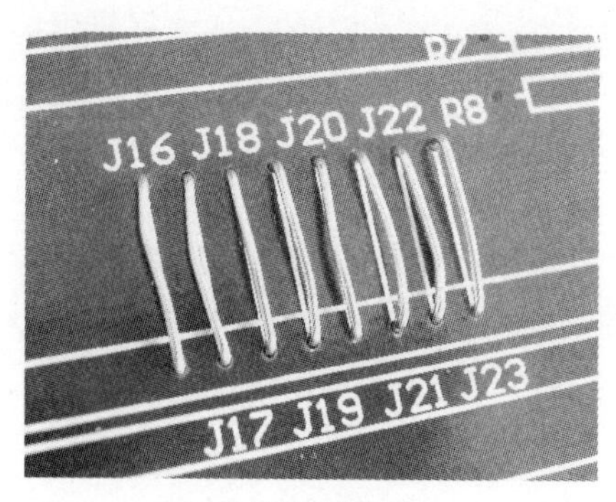

(b) 要求不高的做法

图 2.4.15　按不同做法焊接的跳线

后往往不容易将 PCB 放稳，影响后续焊接操作。此时可以通过将厚度合适的小块泡沫塑料、橡皮等物品垫在 PCB 和低矮器件的下方，或者将 PCB 用焊接台或其他工具固定来将 PCB 调整平稳。常见的焊接台都是用鳄鱼夹来固定工件，由于鳄鱼夹夹口的齿非常尖锐，所以用焊接台固定 PCB 时应在鳄鱼夹夹口和 PCB 之间垫一块厚纸片，以免在 PCB 表面留下夹痕，影响外观。

焊接每个器件时都应仔细对照电路原理图或器件清单，做到“随焊随查”，当所有器件都焊接好后还应再认真复查，如有错焊、漏焊之处或者有质量、外观不理想的焊点应视具体情况进行重焊、补焊或修整。

焊接过程中“剪脚”这一步骤最简单，一般用水口钳或斜口钳来完成，条件有限时也可以用指甲剪来应急。剪脚时应注意不要剪到焊点，同时应保证剪脚后各器件露出于 PCB 焊接面的引脚长度基本一致。

在大多数情况下直插器件都是安装在 PCB 的元件面（通常为 PCB 布局的顶层），即器件和焊点分别在 PCB 的正反两面。为了便于介绍，这里将这种安装（焊接）形式称为通孔焊，上面介绍的焊接步骤也是对通孔焊而言的。但是在某些情况下直插器件也可以安装在 PCB 的焊接面（通常为 PCB 布局的底层），即器件和焊点都在 PCB 的同一面，这种安装（焊接）形式一般称为壅根焊，如图 2.4.16 所示。从某种意义上讲，壅根焊是采用贴片器件的安装形式来安装直插器件。

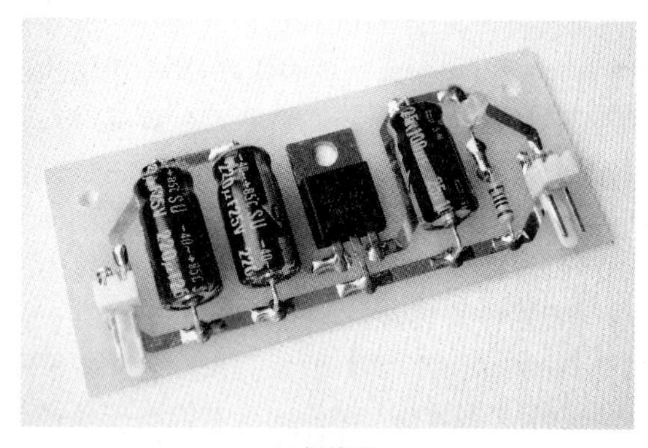

(a) 焊接面

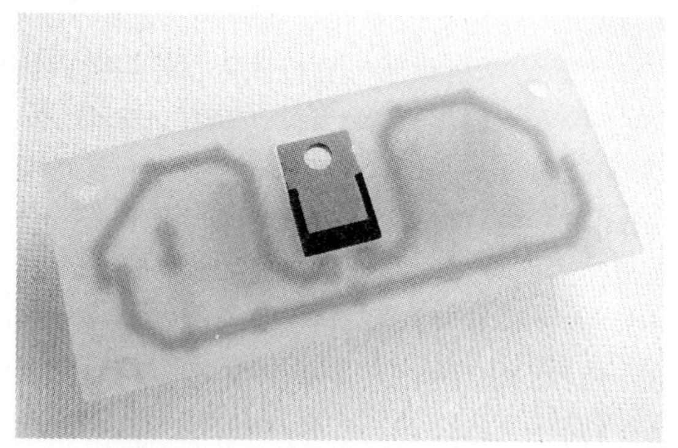

(b) 元件面

图 2.4.16　壅根焊

壅根焊最大的优点是元件面平整，这使得整机组装更加方便，无须使用支撑柱即可安装电路板，甚至电路板本身也可以作为外壳的一部分。除此之外壅根焊可以用于焊盘没有孔的 PCB 的焊接，这样 PCB 在制作时也就无须在焊盘上钻孔，对自制 PCB 来讲降低了制作难度；而且壅根焊还可以通过将器件引脚末端弯折来增大引脚与铜箔的接触面积，从而能够减小引脚与铜箔之间的电阻和提高器件安装的机械强度，胆机常采用壅根焊形式来安装器件也是这个原因。但是壅根焊在焊接便捷性、器件安装密度、整体外观等方面均不及通孔焊。

对于焊盘有孔的 PCB，采用壅根焊形式焊接的方法和步骤与采用通孔焊形式焊接完全相同，只是要注意剪脚时应齐根剪以保证 PCB 元件面平整，而且引脚在底部或内侧的器件不能采用立式贴板方式安装，否则将无法焊接。

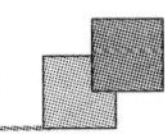

对于焊盘没有孔的PCB,采用缠根焊形式焊接虽然也要经过采用通孔焊形式焊接所需的三个步骤,但完成各个步骤的先后顺序有所不同,具体顺序为剪脚、安装、焊接,这一点要特别注意。剪脚时应控制好器件引脚保留的长度,以保证同种器件安装高度相同,必要时剪脚后还要将引脚末端弯折以便焊接。因为PCB没有孔,所以器件不能像采用通孔焊形式焊接那样通过将引脚插入孔内来安装在PCB上,"安装"也仅是通过手扶或工具夹持将器件临时竖立在PCB上而已。由于没有孔的约束,器件很容易偏位和歪斜,所以一定要将器件放正使引脚处于焊盘中央并与之紧密接触,之后才能焊接,以保证电气连接的可靠性和整体外观的一致性。

(4) PCB焊后处理

PCB焊接过后其表面特别是焊接面会留下焊锡渣、助焊剂及某些氧化物、碳化物等污物,这些污物不仅影响外观,而且也可能影响电路正常工作,甚至还可能导致电路损坏,因此PCB焊接完成后应对其进行清洗。清洗时先在一个较浅的广口容器中根据PCB的大小倒入适量洗板水,然后用手持或用工具夹持PCB,使其要清洗的表面朝上并略微向容器倾斜,之后用硬毛刷(普通牙刷也可)蘸少量洗板水从斜上方向斜下方对PCB表面进行刷洗。在刷洗过程中要经常调整PCB倾斜的方向和角度,尽量使PCB表面流下的洗板水滴入容器中以循环利用,这样同时也可以避免污染环境。当发现洗板水颜色变为棕黄色去污能力下降后,应及时更换洗板水以保证清洗效果和效率。需要注意的是刷洗时不要将洗板水溅到或流到带有塑料、橡胶、粘合剂、涂料等容易被洗板水腐蚀的材料的器件或表面有孔、有缝隙的器件上,以免导致器件受损或报废。PCB刷洗干净后无须特别晾晒或烘烤,放置片刻待残留的洗板水完全挥发后即可使用。有时洗板水挥发尽后PCB表面会留有少许线状或斑状污迹,一般用软布蘸少量酒精反复擦拭即可去除,但如果PCB表面有大面积较厚的污迹、触摸时有粘手的感觉或者焊点无应有的光泽、周围有白色块状残留物则表明清洗不够彻底,应更换洗板水按上述方法重新清洗。

(5) 器件焊后处理

在PCB焊接和清洗的过程中器件表面可能会沾染助焊剂、清洗剂、汗渍等污物,这些污物通常不会影响器件的电气性能,但在外观上让人感觉不是很舒服,因此在PCB焊接、清洗过后最好对器件也作一下清洁处理。清洁器件无须也不推荐像清洗PCB那样整体刷洗,一般只需用软布或棉棒蘸少量抹机水或酒精将器件表面明显的污物擦除即可。

器件清洁完毕后还应做一些收尾工作,如用热熔胶加固某些器件、用热缩管套封某些器件、安装好某些器件的附件、在插座上安装好相应的器件、去除某些防止器件在焊接和清洗过程中损坏的保护材料等,为后续电路调试作好准备。

2. 手工板的焊接

由2.3节可知,手工板在制作的最后一个步骤已经经过清洗并涂有松香酒精溶液,而且在制作过程中也已经经过再三检查,因而焊接时可以将机制板焊接流程中的"PCB焊前处理"省略。手工板的焊接流程一般为:器件焊前处理→焊接→PCB焊后处理→器件焊后处理。

(1) 器件焊前处理

同机制板的焊接。

(2) 焊　接

手工板焊接的具体方法和步骤与机制板焊接基本相同,但由于手工板通常都没有阻焊层,焊接所形成焊点的大小和形状不容易准确控制,因此焊接时更要注意加热时间以及烙铁头、焊锡丝的位置和角度的把握,尽量使各焊点美观、一致。

(3) PCB焊后处理

与机制板相比,手工板PCB焊后处理要麻烦一些。前面已经提到过,手工板没有阻焊层,焊接好的电路板在使用一段时间后其表面的铜箔会氧化发黑,失去光泽,这不仅影响外观,而且也会影响电气性能和使用寿命,因此在电路板焊接好后应对PCB铜箔作保护处理。在业余条件下常用的PCB保护处理方法主要有涂松香酒精溶液和镀锡两种。

涂松香酒精溶液具有操作简便、保护效果好、适用范围广等优点,但经这种方法处理所形成的PCB保护层为松香涂层，它外观一般，耐热性和耐有机溶剂性较差，而且硬度也不高，容易损伤，此外这种保护层触摸时手感不好，有粘手的感觉，触摸后还容易留下指纹。

一般情况下涂松香酒精溶液前无须清洗 PCB，用硬毛刷刷去 PCB 表面残留的焊锡渣即可，但如果 PCB 表面有较多深色的助焊剂碳化物，则最好先用前面介绍的 PCB 清洗方法对 PCB 进行清洗，以免影响保护层的外观。涂松香酒精溶液时将 PCB 焊接面朝上放置平稳，用软毛刷蘸少量松香酒精溶液在 PCB 表面均匀涂抹，涂抹应按照一定的顺序来进行，以免漏涂，而且动作要迅速，否则保护层容易出现接痕。待涂遍整个 PCB 表面后将 PCB 置于通风处干燥，保护层干透需要几个小时或十几个小时甚至更久，具体时间因干燥环境和松香酒精溶液配比的不同而不同。需要注意的是，干燥过程中特别是刚涂完松香酒精溶液后，不要试图通过用嘴或风扇吹 PCB 来加快干燥速度，这样很容易导致保护层表面不平整或因酒精挥发过快而发白。

保护层干透后 PCB 即可使用，如果 PCB 焊接面装有器件，必要时还应用棉棒蘸适量洗板水将器件表面的保护层小心擦去，以露出器件型号方便辨识。干透的保护层应整体透明、厚度均匀、表面平整而有光泽，保护层透明度不高、光泽度差、厚度不足多半是由于松香酒精溶液浓度偏低所致，而保护层表面发白或有半透明斑点则是由于配制松香酒精溶液所用酒精含水分太多所致。如果对最终形成的保护层不满意可以用洗板水将保护层洗去后，调整松香酒精溶液的配比或改进操作方法重新涂抹。此外，条件允许时也可以用专用的 PCB 防潮油代替松香酒精溶液来对 PCB 铜箔作保护处理，所形成的保护层的外观、手感和保护效果将更为理想。

经镀锡处理所形成的 PCB 保护层为焊锡镀层，它具有外观好、耐热性强、表面干净、不粘手等优点，而且在保护 PCB 铜箔的同时还能够减小铜箔的电阻，增加走线的电流容量；但是镀锡操作相对比较复杂，保护层的质量和外观对操作者技术水平的依赖程度较大，并且操作时需要加热铜箔，对 PCB 和器件也有一定的损伤，当铜箔面积较大时往往会因为不能充分均匀加热铜箔而影响镀锡效果，因而这种保护处理方法不适合用于有大面积铜箔的 PCB。此外，虽然经镀锡处理后的铜箔氧化没有裸露的铜箔那样明显，但随着时间的推移特别是在环境比较恶劣的情况下，铜箔表面的保护层也还是会氧化失去光泽，甚至会变为灰黑色，可见镀锡并不是一劳永逸的做法。

通常情况下焊接好的 PCB 不用作任何处理即可镀锡，镀锡的方法和注意事项可以参考前面介绍的面镀锡工艺。镀锡时镀层的厚度可以根据镀层的具体作用来灵活掌握，一般来讲，镀层若仅是用于保护铜箔可以薄一些，若同时为了增加走线的电流容量则可以适当加厚。镀锡完成后还应按前面介绍的 PCB 清洗方法对 PCB 进行清洗，之后 PCB 即可使用。最终形成的保护层虽不强求平滑如镜，但也应尽量做到厚度均匀、表面无明显凸起、凹陷和接痕，至少是不能有毛刺和大量焊锡堆积。图 2.4.17 是经镀锡处理后的 PCB，在实际操作时可以参考。某些情况下为了操作方便，镀锡也可以在焊接前进行，但要注意不要将焊盘的孔堵死，以免影响器件安装和焊接。

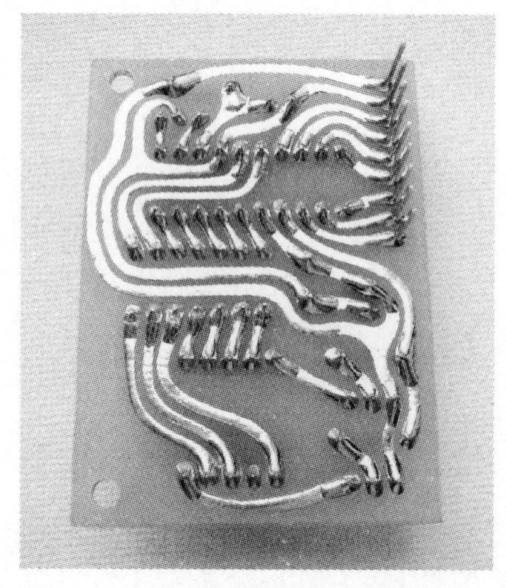

(a) 焊有直插器件的PCB

(b) 焊有贴片器件的PCB

图 2.4.17 镀锡处理后的 PCB

(4) 器件焊后处理

同机制板的焊接。

3. 万能板的焊接

由于万能板在安装器件后表面仍会留有一些没有用到的孔，而且它的走线也不是铜箔，所以不便对其进行清洗或保护处理，再则用万能板做电路板的电子制作往往要求不高，因而焊接时可以将机制板焊接流程中的“PCB 焊后处理”省略。万能板的焊接流程一般为：PCB 焊前处理→器件焊前处理→焊接→器件焊后处理。

(1) PCB 焊前处理

万能板与专用 PCB 不同，它并非“量身定做”，所购买的万能板的形状、尺寸、孔位和孔径未必能够满足器件安装和焊接的要求，所以在焊接前一般都需要对万能板进行裁板、打磨、钻孔、扩孔等加工。当器件较少、走线较简单时可以直接加工；当器件较多、走线较复杂时则最好参考预先设计的 PCB 布局图，在万能板上画好线或做好相应的标记后再加工，以保证正确性和准确性。加工后应对 PCB 进行检查和清洁，具体方法可以参考机制板焊接中介绍的 PCB 焊前处理。

(2) 器件焊前处理

同机制板的焊接。

(3) 焊　接

由于万能板没有现成的与电路连接相符的铜箔走线，所以万能板在焊接过程中需要在机制板焊接所需三个步骤的基础上再增加一个“走线焊接”的步骤。万能板焊接时应先按机制板焊接的方法和步骤将所有器件焊接好，之后再焊接各条走线。

万能板与机制板不同，它表面没有用于标明器件位置的丝印层，而各个焊盘和孔又都是一模一样，排列也非常整齐，安装器件时很容易错位或遗漏。因此在安装器件前一定要反复查看 PCB 布局图，对各器件在 PCB 上的具体位置要做到心中有数，焊接过程中也要经常将实际焊接的 PCB 和布局图作比对，如有错误应及时修正，以免以安装错位的器件为参考再安装其他器件而导致出现连环错误。虽然普通万能板是为安装直插器件而设计的，但有时也可以安装贴片电阻、贴片电容、贴片三极管等引脚较少、间距较大的贴片器件，如图 2.4.18 所示。用万能板连接电路时适当选用部分贴片器件，能够减少焊接走线的工作量，缩小整个电路板的体积。

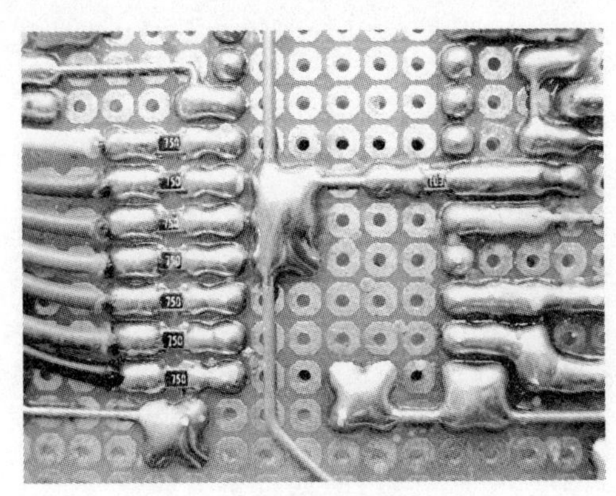

(a) 安装贴片电阻

(b) 安装贴片三极管

图 2.4.18　万能板安装贴片器件

焊接走线也可以看做是制作走线，比较可行的焊接走线的方法主要有焊锡法、裸线法和绝缘导线法三种，其中焊锡法根据具体操作方法的不同又可以细分为全熔焊锡法和半熔焊锡法两种。

全熔焊锡法主要利用焊锡来将相关器件的焊点连接起来构成走线。用这种方法焊接走线时，先在预先设计好的走线上各焊盘的表面逐个焊接出焊点，再轮流对这些焊点以及走线上所有器件的焊点进行加热，同时补充适量焊锡使之完全熔化连在一起形成一个外形符合走线走向的大焊点即可，这个大焊点实际上也就是走线。图 2.4.19 所示的万能板上较短的走线都是用以上方法焊接的。

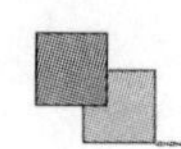

用全熔焊锡法焊接出的走线具有表面光亮圆滑、连接可靠性高、机械性能好、可以通过较大的电流等优点，而且用这种方法焊接走线操作非常简便，也无须使用专门的走线材料。但是用这种方法焊接走线布线密度较低，很多时候用若干排焊盘才能焊接出一条走线。由于焊盘间隙和阻焊层（对有阻焊层的万能板而言）的存在以及液态焊锡表面张力的作用，在焊锡完全熔化的状态下很难将多个相邻的焊盘连在一起，所以这种方法更适合用于焊接短粗的块状走线，而不适合用于焊接狭长的条状走线。总的来讲全熔焊锡法还算是一种比较理想的焊接走线的方法，它除了能够用于焊接单条走线外，还可以与其他焊接走线的方法配合用于焊接较复杂电路中的分支走线和中继走线。这种方法也是万能板焊接时首选的焊接较短走线的方法。

半熔焊锡法也是利用焊锡来将相关器件的焊点连接起来构成走线。用这种方法焊接走线时先从走线一端开始，顺着预先设计好走线的走向，用焊锡将这一端器件焊点旁的一个焊盘和这个焊点连在一起形成一个大焊点，当这个大焊点凝固后或即将凝固时再顺着走线的走向，用焊锡将大焊点旁的一个焊盘和大焊点连在一起形成一个更大的焊点，不断重复以上过程，直到将走线另一端器件的焊点与最后形成的大焊点（当连接多个焊盘后大焊点会变得非常狭长，确切的来讲此时的大焊点已经是条状焊锡走线而不是焊点了）连在一起为止。如果走线有分支则还需要用同样的方法，将分支走线末端器件的焊点与主干走线连在一起，用以上方法焊接出的走线如图 2.4.20 所示。

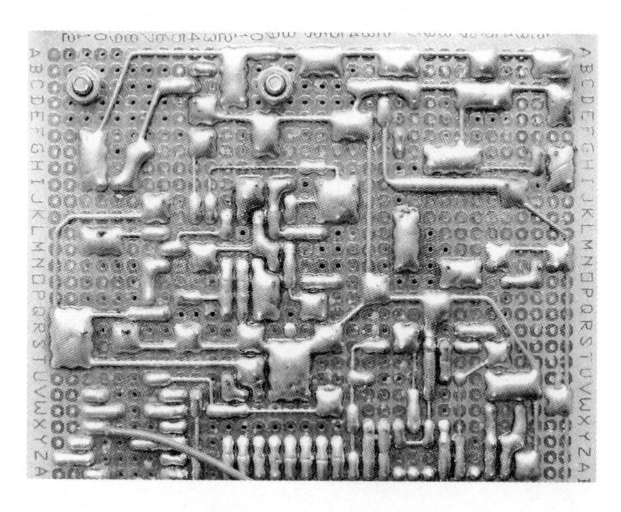

图 2.4.19　全熔焊锡法

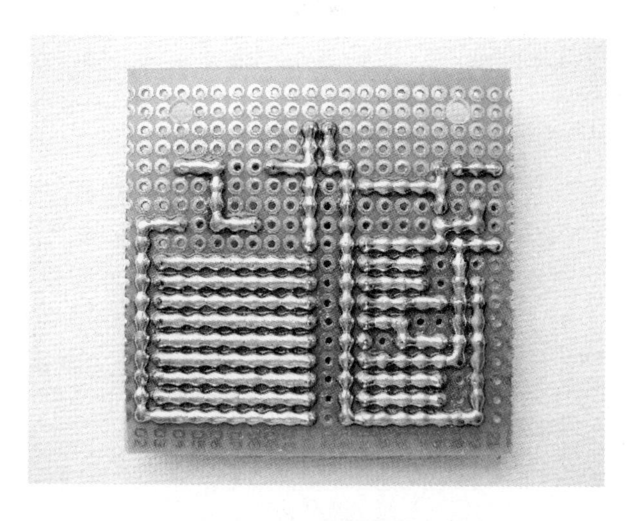

图 2.4.20　半熔焊锡法

用半熔焊锡法焊接出的走线具有宽度均匀、走向清晰、容易修改等优点，而且用这种方法焊接走线，走线的长度不受工艺和操作的限制，布线比较灵活，此外与全熔焊锡法一样，用这种方法焊接走线操作也很简便，同样也不需要使用专门的走线材料。但是用这种方法焊接走线布线密度一般，每一排焊盘上最多只能焊接一条走线，而且走线只能以直角转向，不能走斜线。用半熔焊锡法焊接走线时，基本上都是在大焊点局部熔化或半熔融的状态下而并非在其完全熔化的状态下将焊盘上的焊锡和大焊点熔合在一起的，容易出现虚焊、凹陷、针孔、气泡、光泽度差等缺陷，而且最终形成的条状焊锡走线表面也会留有明显的接痕，影响外观，因而这种方法多用于电路试验、临时连接等要求不高的场合以及无法或不便采用全熔焊锡法来焊接走线的场合。

裸线法主要利用有一定硬度的裸线来将相关器件的焊点连接起来构成走线。适合做走线的裸线主要有器件焊接后剪下的多余的引脚、剥去绝缘外皮的单股硬导线等，一般情况下首选器件引脚，这不单单是因为使用器件引脚可以废物利用，降低制作成本，更主要的是器件引脚表面一般都有镀层，可焊性和外观都非常好，而且器件引脚直径各异，能够满足焊接不同宽度即不同电流容量的走线的要求。用这种方法焊接走线前先根据预先设计好走线的宽度选好直径能够满足要求的裸线，然后根据走线的走向将裸线弯折成所需的形状，若走线为直线则此步骤可以省略。之后再根据走线的长度将裸线多余的部分剪去，若单条裸线不够长则可以选用多条裸线，在焊接时将其连接在一起来构成整条走线。裸线加工好后放在 PCB 上比对一下，如果其形状和长度满足要求则可以将之焊接在 PCB 上，否则要修整或返工。对于较短的走线焊接时只需将裸线的两端分别与走线两

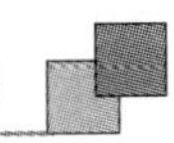

端器件的焊点焊接在一起即可，而对于较长或有分支的走线焊接时则还需将构成整条走线的各条裸线或将分支裸线与主干裸线焊接在一起。图 2.4.21 所示的万能板上绝大部分较长的走线都是用以上方法焊接的。

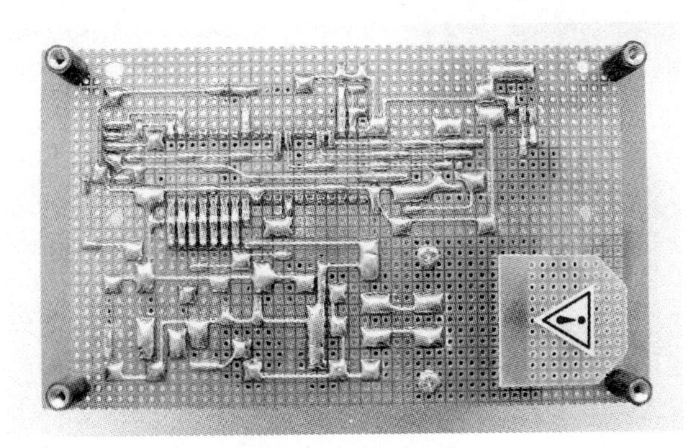

图 2.4.21 裸线法

走线焊接时应注意裸线与器件的焊点焊接在一起所形成的新焊点至少应占用 2 个焊盘(包括器件本身占用的焊盘)，以保证连接的可靠性，此外为了避免相邻的走线短路，同时也为了美观，走线焊接时要保证各条裸线处于相应焊盘的中央，并且要相互平行、间隔均匀。对于长脚直插器件，有时也可以在器件安装后先不焊接、剪脚而将引脚向走线方向齐根弯折作为构成走线的裸线，之后再按上面介绍的方法对裸线进行加工和焊接。这样在焊接走线的同时也焊接好了器件，简化了操作，但这样做会使拆卸焊接好的器件和走线变得十分困难，因而当电路不确定或走线比较复杂时不推荐这样焊接走线。需要注意的是当走线焊接好后，各条裸线会因热胀冷缩而略微缩短，由此还会通过走线两端的焊盘对 PCB 焊接面产生一定的牵拉作用，使 PCB 弯曲变形向元件面方向拱起，当 PCB 板材机械性能较差、走线较长以及同方向走线较多时尤为明显，这可视为正常现象，PCB 变形一般也不会很严重，基本上不影响使用，不要试图通过反向弯折、按压、敲打等方法强行矫正 PCB，以免裸线与焊点脱离或焊盘铜箔脱落。

用裸线法焊接出的走线具有连接可靠、外观良好、机械性能佳等优点，而且用这种方法焊接走线布线也很灵活，可以根据需要走斜线和曲线，但是用这种方法焊接走线操作略显烦琐，布线密度与焊锡法相当，也不是很高。用裸线法焊接较短的走线时，走线两端器件的焊点很容易连在一起形成一个大焊点并将裸线覆盖，此时实际上是用全熔焊锡法在焊接走线，裸线失去了存在的意义，不仅如此，而且有时熔融的焊锡还会将裸线“浮起”使其偏位，这会影响走线的外观甚至造成走线间短路，因而这种方法不适合用来焊接较短的走线。从总体上讲裸线法是一种非常理想也是首选的焊接较长走线的方法，万能板上能用这种方法焊接的走线特别是对连接可靠性要求较高的走线，应尽量用这种方法来焊接。

绝缘导线法主要利用带有绝缘外皮的导线来将相关器件的焊点连接起来构成走线。一般电路对做走线的绝缘导线没有太高的要求，普通单股或多股绝缘导线以及由多根绝缘导线构成的排线均可，绝缘导线线芯的直径可以根据预先设计好走线的宽度来选择。用这种方法焊接走线时先将导线一端的绝缘外皮剥去，然后将导线焊接在走线一端器件的焊点上，如果这个焊点旁边有多余的焊盘，则可以将连接导线与器件的焊点扩大为占用 2 个或更多个焊盘，这样焊接操作更方便，连接的可靠性也更高。之后将导线顺着走线的走向拉至走线另一端器件的焊点处并将之剪断，如果导线为硬线则还应将导线弯折成走线所需的形状。最后将导线末端的绝缘外皮剥去并与走线这端器件的焊点焊接在一起即可，当导线较短不便使用剥线钳等工具来剥去绝缘外皮时，也可以用烙铁头将绝缘外皮烫破后再用手指甲或镊子将之剥去，但之后要立即对烙铁头进行清洁，以免损坏烙铁头。对于有分支的走线在焊接后还应再焊接分支走线，由于走线有绝缘外皮，所以不便从主干走线中间而只能从其两端的焊点来焊接分支走线。图 2.4.22 所示的万能板上绝大部分较长的走线都是用以上方法焊接的。为了美观以及保护走线，可以在焊接前将各条绝缘导线理顺并根据功能分成若干组分别用热缩管套起来，当走线比较长时，还可以在 PCB 上没有用到的焊盘表面焊接硬裸线制成“线卡”，将各组绝缘导线固定在 PCB 上，如图 2.4.23 所示。

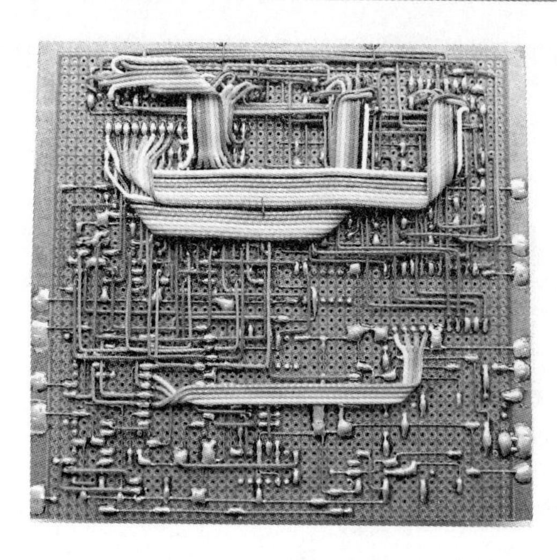

图 2.4.22　绝缘导线法

图 2.4.23　用“线卡”固定绝缘导线

用绝缘导线法焊接走线的最大优点是布线密度高、灵活性强，可以多层和交叉布线，基本上可以做到随心所欲，而且还可以通过绝缘外皮的颜色或表面的标识来区分不同的走线，焊接和检查走线更加方便。但是用这种方法焊接出的走线看起来比较凌乱，外观一般，若 PCB 没有经过预先布局设计而在焊接时即兴布线则情况会更糟，而且焊接走线后的 PCB 焊接面表面很不平整，使用时凸出于表面的走线容易因钩挂其他物品而变形或损坏。用绝缘导线法焊接较短的走线时剥线和焊接操作都很困难，而且在焊接过程中绝缘外皮还容易被烫坏，所以这种方法与裸线法一样也不适合用来焊接较短的走线。总之，对于器件较多、电路复杂、走线很长的万能板来讲，绝缘导线法是最合适的焊接走线的方法，而对于器件较少、电路简单的万能板来讲，适当地采用绝缘导线法焊接走线也可以降低布线难度，减少焊接工作量。

以上几种方法的适用场合以及焊接出走线的特点各不相同，焊接时可以根据具体情况灵活选用，对于比较复杂的电路也可以在焊接同一块 PCB 时采用多种方法来焊接走线，以便取长补短，在保证电气性能和机械性能的前提下尽可能地提高焊接效率。如图 2.4.24 所示，以上几种方法在焊接这块万能板走线的过程中均被用到，而且这块万能板的焊接面还安装有贴片器件，在实际焊接时可以参考。

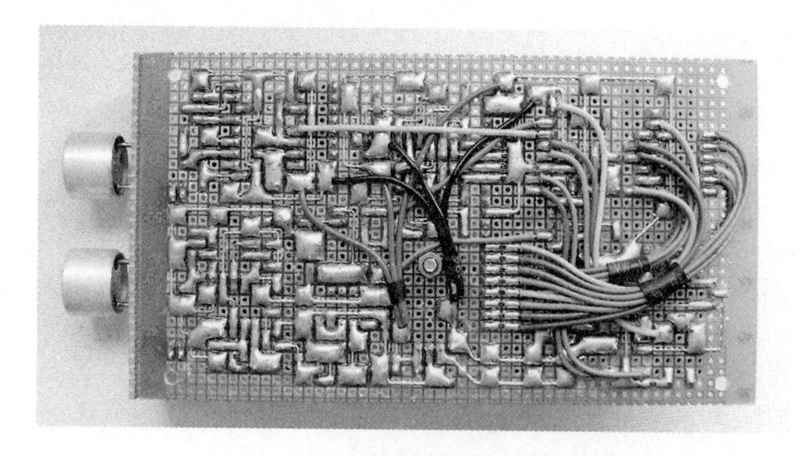

图 2.4.24　用多种方法焊接走线的万能板

(4) 器件焊后处理

同机制板的焊接。

2.4.5　焊接的注意事项

焊接是个相对复杂的过程，它不仅需要使用相应的工具，而且还需要使用配套的材料，正确使用这些工具和材

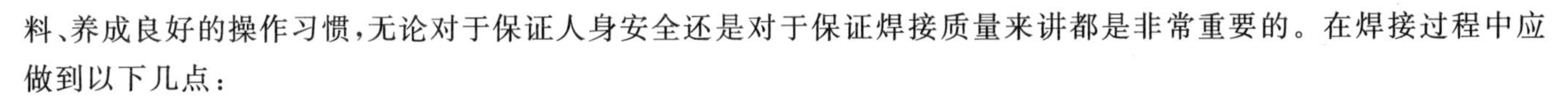

料、养成良好的操作习惯，无论对于保证人身安全还是对于保证焊接质量来讲都是非常重要的。在焊接过程中应做到以下几点：

① 安全要牢记。

完成焊接离不开使用电烙铁、热风枪等焊接工具，这类工具属于电热工具，关于电热工具使用的安全注意事项本书 2.2 节已经介绍过了，这里不再重复。除此之外，在 PCB 焊接的整个过程中还有一些特殊的安全事项需要注意。

焊接操作时不可避免地会飘散出助焊剂、焊料、PCB 及器件受热后所产生的烟尘和气体，因而焊接操作应在通风良好的环境下进行，必要时也可以购买或自制一个排气扇放在被焊件旁强制通风，而且操作时面部不要距离被焊件太近，避免直接吸入烟尘和气体。

焊接时经常会有高温焊锡渣落下，采用模拟波峰焊、镀锡或去锡工艺焊接时还可能会有体积较大的高温焊锡球落下，所以在操作过程中要注意躲闪，不要让焊锡渣或焊锡球落到手上或身上，而且也不要触碰刚落下的焊锡渣或焊锡球，以免烫伤。

整卷焊锡丝比较重，焊接时焊锡丝的卷轴要用焊锡架或其他工具固定好，拉扯焊锡丝时也不要用力过猛，以免整卷焊锡丝跌落砸伤脚或砸坏地板。PCB 焊接面剪脚后的器件引脚非常锋利，取拿和翻转时要特别小心，以免划伤或扎伤手指。

一般的清洗剂对皮肤都有一定的刺激性，特别是某些洗板水还含有三氯乙烯等对人体有害的物质，因此在使用时一定要小心，避免清洗剂与皮肤直接接触，最好配戴手套和口罩，而且由于大多数清洗剂都属于易燃品，所以清洗操作一定要在无火险隐患、通风良好的环境下进行。清洗后的残液应妥善处理，不要接近火种，以免发生火灾，此外由于清洗剂很容易挥发，用毕后应盖紧瓶盖，避光保存。

② 工具要用好。

焊接时烙铁头温度过高助焊剂会快速挥发，有时还会四处飞溅，焊接所产生的氧化物、碳化物、残渣、烟尘和气体都会增多，影响焊接质量和焊接环境，容易出现焊点发黄、夹杂氧化物等缺陷，严重时还会导致器件和 PCB 受损。烙铁头温度过低则焊锡不能完全熔化，往往呈豆腐渣状，容易产生虚焊、光泽度差等缺陷，而且也会影响焊接效率。因而在焊接前应根据焊点大小和被焊件的材料，选好功率合适的电烙铁或将电烙铁调节到适宜的温度。

烙铁头表面的氧化物、碳化物等污物会影响热传导及沾锡，烙铁头表面残锡过多则焊接时容易出现用锡量偏多、拉尖、光泽度差等缺陷，所以在焊接过程中要经常清洁烙铁头以保证焊接效率和焊接质量。烙铁头上的污物及多余的焊锡应当用烙铁清洁海绵来擦除，而不要通过用力甩、磕电烙铁或用其他工具、材料刮蹭烙铁头等方法来去除，否则不仅容易损坏电烙铁，而且还可能污染工作环境。

电烙铁暂时不用时应放在置于固定位置的烙铁架上而不要随手放在桌面上，以免电烙铁跌落损坏或烫伤皮肤、烫坏桌面及其他物品。电烙铁用毕后或焊接中途暂时离开应及时断电，以防因烙铁头长时间干烧而使其使用寿命缩短或发生意外，而且断电前最好将烙铁头擦干净并挂少量焊锡，这样可以防止烙铁头氧化，保证烙铁头在下次使用时具有良好的着锡性能。

③ 细节要重视。

在安装器件的过程中，当器件没有固定牢时不要翻转或倾斜 PCB，以免器件掉落摔坏。在焊接过程中要及时清理落下的焊锡渣、助焊剂残渣以及剪下的器件引脚等焊接垃圾，以免其落入或卡入 PCB 上已经焊接好的器件的缝隙中，埋下安全隐患，同时也可以避免手或胳膊被焊锡渣或器件引脚扎伤。为了便于清理焊接垃圾，同时也为了避免焊接垃圾和 PCB 表面的器件引脚烫坏或划伤桌面，焊接时最好在 PCB 下面垫几张厚纸或垫一本废书。

焊接后检查要细心，对于较小或较隐蔽的焊点必要时还可以借助放大镜或照明工具来检查，事实证明电路焊接阶段及早发现缺陷和隐患，能够有效地避免电路调试阶段走弯路。此外，对焊接的要求不能仅满足于能将器件与 PCB 连在一起或焊点没有严重缺陷，而还应在细节上多下工夫，特别是贴片器件的焊接，在焊点质量、外观、一致性等方面要精益求精，尽量向机器焊接水平看齐。

2.4.6 小 结

电路试验需要焊接，电路制作也需要焊接，电路调试还需要焊接，整机组装仍然需要焊接，可见焊接贯穿于电子制作始终，电子制作离不开焊接。本节从焊接材料、焊接工艺、焊接流程及焊接注意事项等方面对焊接这一重要环节进行了详细的介绍。学习焊接操作的过程就是熟悉焊接工具和焊接材料并掌握其使用方法的过程，因而本节实质上也就是介绍如何使用焊接工具和焊接材料。

虽然焊接操作有一定的规范，但毕竟焊接不是广播体操，它没有固定的节拍和标准的动作，对于焊接操作的具体方法、步骤和相关技巧也是仁者见仁，智者见智。本节所讲的内容只是作者多年焊接实践经验和心得体会的总结，读者在实际操作时也可以在确保安全的前提下，根据具体情况对本节所讲的方法或步骤进行变通或改良。

方法也好技巧也好，眼过千遍不如手过一遍，学习焊接操作不同于学习其他理论知识，不动手实践则方法和技巧就无从谈起，而且焊接也是熟能生巧，操作多了熟练了自然就会有好的方法，而所谓的技巧也就随之体现出来了。

2.5 电路调试与检测

2.5.1 概 述

调试即试验并调整，电路调试是电子制作的重要环节。它将检验硬件、软件、PCB 等设计以及电路制作是否成功，同时也决定着电路能否实现设计的功能以及能否达到制定的指标，熟悉常用的调试工具并掌握一定的电路调试方法和技巧对电子制作来讲是非常有必要的。

本节将从硬件和软件两方面详细介绍电子制作常用的调试工具和一般的调试方法，同时也将穿插介绍一些调试工具的自制方法和思路，此外还将介绍调试安全以及与调试相关的电路设计制作的注意事项。

2.5.2 调试工具

电路调试时除了要使用本书 2.2 节介绍的镊子、水口钳、电烙铁、吸锡器等电路制作工具外，还需要一些专用的调试工具，电子制作常用的调试工具主要有硬件调试工具和软件调试工具两大类。

1. 硬件调试工具

硬件调试工具主要指各类电子仪器仪表以及调节器件和拔取器件的工具，这类工具特别是仪器仪表的种类非常多，这里只介绍其中比较常见和通用的几种。鳄鱼夹和测试钩等电路连接固定工具在调试中也经常用到，这里也将之作为硬件调试工具一并介绍。

(1) 万用表

万用表是万用电表的简称，它是一种多功能、多量程仪表，由于其主要用来测量电压、电流和电阻，所以有时万用表也称作三用表。万用表是电子爱好者最熟悉的仪表，它也是电子制作首先要配备的调试工具。

万用表按体积大小可以分为便携式万用表和台式万用表两类，后者的准确性、稳定性都优于前者但价格比较贵，对于一般的电子制作前者就能够满足要求。便携式万用表采用电池供电，一般需要配合专用的表笔来完成测量。

万用表按测量结果读取方式及电路结构可以分为指针万用表(模拟万用表)和数字万用表两类。指针万用表响应速度快，能够反映被测物理量的变化趋势，但测量结果不够直观，容易产生读数误差，并且内阻较小，对被测电路有一定的影响，由此也会产生测量误差；此外指针万用表怕震动，功能相对较少，测量电阻时还需要调零，使用略显不便。数字万用表具有读数直观、功能多、使用方便等优点，但它响应不够迅速，被测物理量变化较快时会出现读数混乱，并且由于内阻较大，测量时也容易受干扰而影响测量结果。总的来讲指针万用表和数字万用表“各有千

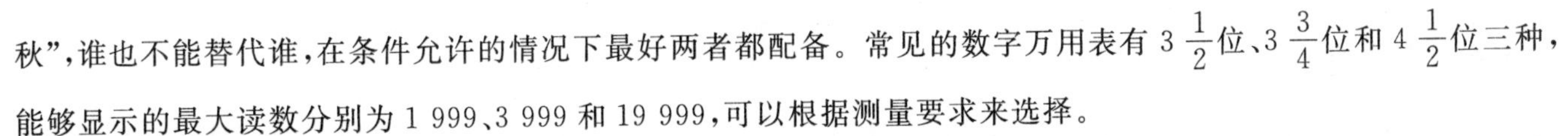

秋”,谁也不能替代谁,在条件允许的情况下最好两者都配备。常见的数字万用表有 $3\frac{1}{2}$位、$3\frac{3}{4}$位和 $4\frac{1}{2}$位三种,能够显示的最大读数分别为 1 999、3 999 和 19 999,可以根据测量要求来选择。

随着电子技术的发展,万用表的功能和种类也越来越多。很多万用表除了具备常用的三种测量功能外还能够用于二极管(通断)、三极管 h_{FE}、电容、电感、频率、温度、电池等测量,有的还能够自动转换量程或者与计算机通信配合相关软件实现测量数据保存和处理,大大方便了使用。除了一般的万用表以外市场上还有钳形万用表和笔式万用表两种外形比较特殊的万用表。钳形万用表前端设计有能够开合的钳口,闭合的钳口实质上是一个互感器,这种万用表无须串入电路即可测量交流电流;笔式万用表体积非常小,它的显示装置、转换开关和测量电路均安装在表笔内,因此它更容易携带,也更适合现场测量。选购万用表时应以实用为原则,不要贪图功能齐全,对于仪表来讲准确性及耐用性更为重要,这一点要特别注意。

(2) 电　源

这里所讲的电源指直流稳压电源,它主要用于调试没有电源部分或电源部分不够完整、不便使用的电路,在调试时电源可以认为是一种调试工具,也可以认为是被调试电路的一部分。除了调试电路外,电源也可以用来测试电动机、蜂鸣器、灯泡等能够直接通电工作的器件的好坏。市场上常见的用于电子产品开发和生产的直流稳压电源和用于教学实验的学生电源都可以用于电子制作中的电路调试,对于一般的电路配备一台 30 V/3 A 的可调稳压电源就能够满足调试要求。

电源也可以自制,最简单的方法莫过于用 78XX 系列三端稳压器来制作,要求输出电压可调时也可以用 LM317 来制作,如果对电源的效率有要求,则还可以用 LM2575、LM2576、LM2596 等开关稳压器来制作,此外有些废旧电器配套的交流适配器或类似稳压电源也可以作为调试用的电源。

(3) 试电笔

试电笔又叫电笔或测电笔,是用来区分火线和零线以及测试物体是否带有市电的工具,它是最常见的电工工具,也是强电类电子制作必不可少的调试工具。试电笔一般由金属笔头、绝缘外壳、电阻、氖泡和金属触摸端等几部分构成,测试时手要和试电笔尾部的金属触摸端接触,使被测物体能够通过试电笔和人体与大地形成回路,当被测物体带有市电时氖泡会点亮。测试过程中手要将试电笔握紧并远离笔头,同时不要用力捅被测物体,以免将手滑落到笔头部分而触电。有些试电笔前端带有保护卡板,如图 2.5.1 所示,它能够有效避免上述触电事故的发生。大多数的试电笔也可以作为一字螺丝刀来使用,但它只能用来装卸小螺钉或撬动细小零部件,笔头受力不能太大,否则可能损坏试电笔。市场上还有一种带有小型液晶显示屏的试电笔,它能够显示电压,也能够进行非接触测试,但价格比较贵,可靠性也不及普通试电笔,对于电子制作不推荐使用。

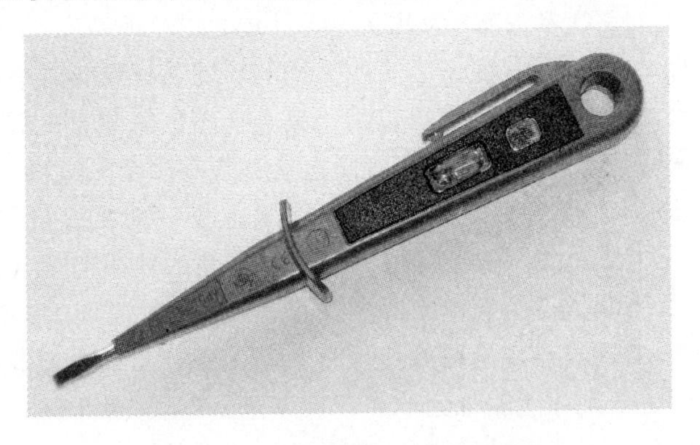

图 2.5.1　带有保护卡板的试电笔

(4) 逻辑笔

逻辑笔又叫逻辑探头,是用来检测数字电路中各点逻辑状态的工具,它一般采用不同颜色的灯或不同音调的声音来指示不同的逻辑状态。虽然万用表和示波器也可以用于逻辑状态检测,但相比之下采用逻辑笔检测更为直观,有些多功能逻辑笔还具有脉冲频率测量和信号发生器等功能,使用更加方便和灵活。

逻辑笔的价格相对较高,普通功能的逻辑笔也在百元以上,经济条件有限时也可以自己动手制作,这里介绍一款适合自制的简易逻辑笔。如图 2.5.2 所示,本逻辑笔以四比较器 IC_1 为核心,被测信号通过探头经 R_1 送入 IC_1 中 3 个比较器,R_1 和 D_{1-A}、D_{1-B} 起保护作用,当探头悬空时送入这 3 个比较器信号的电压由 R_2 和 R_3 决定。IC_{1-A} 和 IC_{1-B} 分别用于高电平和低电平比较,当测试点为高电平时 LED_1 点亮,为低电平时 LED_2 点亮。IC_{1-A} 和 IC_{1-B} 的门限电压由 $R_4 \sim R_6$ 决定,图中的参数是按 CMOS 电平设计的,高电平和低电平的门限电压分别约为 $0.7V_{CC}$ 和 $0.3V_{CC}$,如果用于 TTL 电平测试则应修改 $R_4 \sim R_6$ 的参数。IC_{1-A} 和 IC_{1-B} 同时也构成了窗口比较器,这两个比较

器的输出被 D_{2-A} 和 D_{2-B}"相与"后送入 IC_{1-D}。IC_{1-D} 的门限电压为 $0.5V_{CC}$，因而当探头悬空或测试点为高阻状态时即被测信号电压处于门限"窗口"内时 LED_1 和 LED_2 熄灭，LED_3 和 LED_4 点亮。

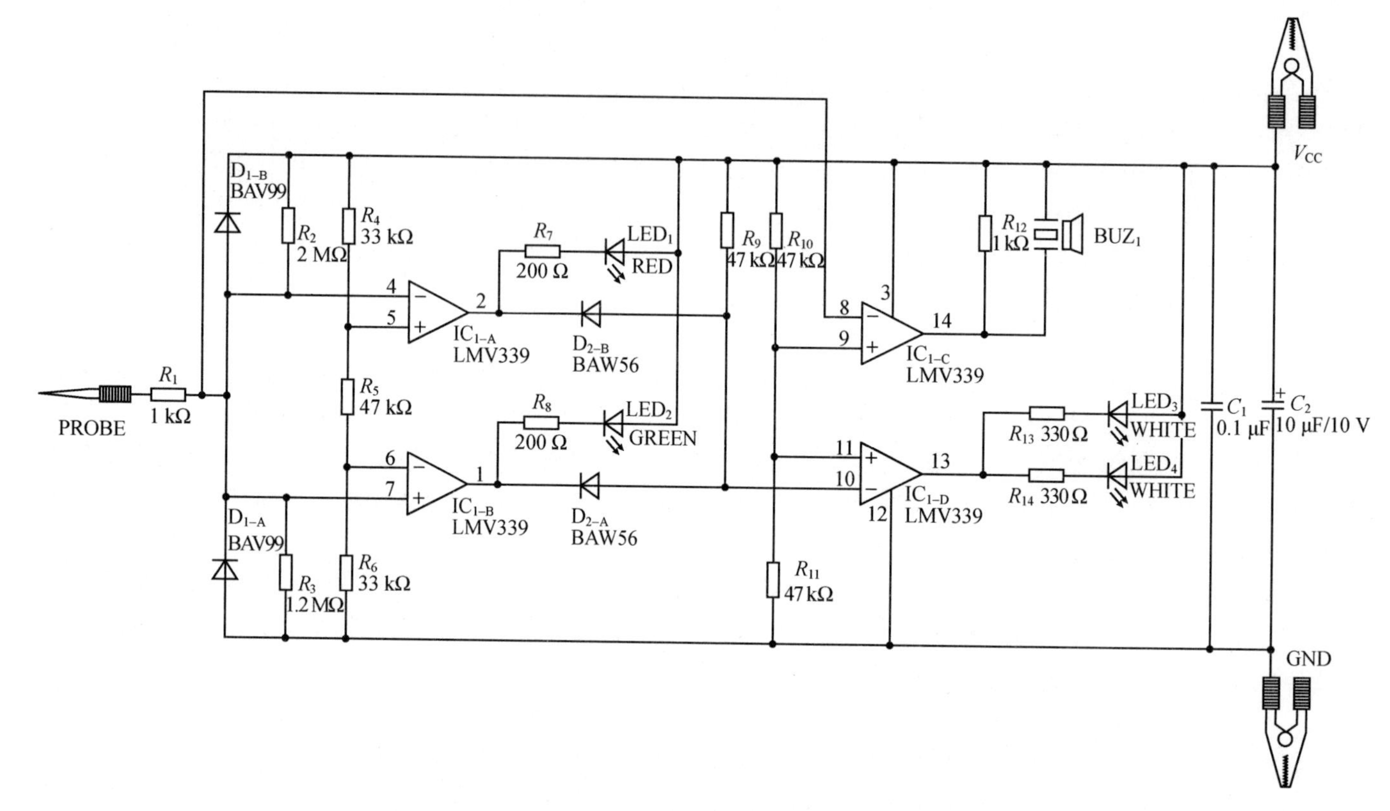

图 2.5.2　逻辑笔电路原理图

LED_3 和 LED_4 为并联关系且均为白色超高亮 LED，这样设计使逻辑笔除了用于逻辑测试外还能够作为小型照明工具来使用，便于在光线欠佳的环境下找到电路中的测试点，当然如果不需要此功能或经常在较低电压下使用时，LED_3 和 LED_4 也可以用一只其他颜色的普通 LED 来代替。当测试点输出脉冲信号时各 LED 会交替闪亮，在脉冲频率较高的情况下视觉上会认为有多个 LED 同时点亮，而 LED 点亮的状态与脉冲的频率、幅度、占空比、上升沿和下降沿的时间等有关，因此通过 LED 的亮度、同时点亮的个数也能够大概了解脉冲的特性。

IC_{1-C} 的门限电压与 IC_{1-D} 相同，它的输出与无源压电式蜂鸣器 BUZ_1 相连。BUZ_1 可以作为逻辑状态辅助指示，当测试点为高电平时探头与测试点接触瞬间 BUZ_1 会发出较短的"喀喀"声，当测试点为低电平时 BUZ_1 始终无声，当测试点输出脉冲信号时 BUZ_1 会鸣叫，根据音调和声音的连续性也能够大致估测出脉冲的频率、持续时间等特性。人耳能够听到的声音频率范围有限，而且压电蜂鸣器在不同频率下的声压水平差别也比较大，因此本逻辑笔在实际使用时只能估测 15 kHz 以下的脉冲。本逻辑笔的电源取自被测电路，工作电压为 2.7～5 V，能够用于 5 V 和 3 V 逻辑电平测试。电路中 4 个比较器选择 LMV339 而没有用常用的 LM339，是因为前者的输入共模电压范围更宽，电路能够在更低的电压下正常工作，如果仅用于 5 V 逻辑电平测试则 IC_1 也可以用 LM339。

为了减小体积，本电路中绝大部分的器件都选用贴片器件，其中 IC_1 为 SOP－14 封装，贴片钽电容 C_2 尺寸为 A 型，其他电容、电阻及 LED 尺寸均为 0805 型。D_1 和 D_2 为 SOT－23 封装，这两种器件均为双二极管即单个器件内封装有两个参数相同的二极管，能够进一步减小体积。蜂鸣器的尺寸尽量选大些以保证具有足够的音量，常见的压电陶瓷片也可以使用但最好加助音腔，探头可以选用专用的测试针，也可以用万用表表笔的内芯或硬铜线来加工。本逻辑笔的 PCB 布局图如图 2.5.3 所示，除了 BUZ_1 以外其余的器件均安装在铜箔面。本电路比较简单，制作难度不大，只要器件良好、焊接无误一般无须调试即可正常工作。

电路制作好后还需要制作一个手柄以方便手持，手柄可以用废塑料笔杆和笔帽来加工，笔杆长度应在 100 mm 以上，并且最好为六棱柱以方便钻孔。加工时先将笔杆两端切割整齐，再在笔杆前端钻两个安装孔，在笔帽顶部钻

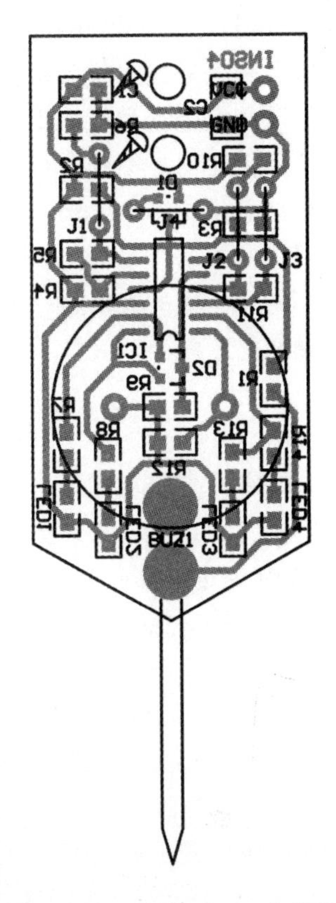

图 2.5.3　逻辑笔 PCB 布局图

一个穿线孔，穿线孔的直径要略小于电源线以便能够将电源线卡紧，之后将笔帽套在笔杆末端手柄就加工好了，为了防滑还可以在笔杆上套一层热缩管或橡胶套。手柄加工好后即可将制作好的电路板用螺钉固定在手柄上，再将电源线从笔帽的穿线孔和笔杆内部穿过焊接在电路板上，最后在电源线的另一端焊上鳄鱼夹逻辑笔就制作完成了，如图 2.5.4 所示。为了便于区分电源和地，电源线应选用双色线，两个鳄鱼夹也应选用不同的颜色。需要注意的是逻辑笔使用完毕后，应在探头上套一段塑料管或将探头插在一块泡沫塑料上以免刺伤人或损坏探头。本逻辑笔成本低廉、制作简单，是很值得推荐的一款业余调试工具。

(5) 模拟负载

模拟负载是相对于真实负载而言的，它是调试电源、功率放大器、充电器等电路常用的工具，采用模拟负载代替真实负载来调试，能够更加快速准确地设置或改变负载的参数和工作状态，同时也可以避免由于电路异常而导致真实负载受损。

市场上常见的电子模拟负载(一般称为电子负载)能够模拟阻性、容性和感性负载，电流、功率和功率因数等参数均可以调节，有的还能够用于短路、过流等测试，使用非常方便，但它的价格比较贵，不适合业余条件下使用。

要求不高时也可以自己动手制作一个简易模拟负载，自制模拟负载主要由若干个大功率(10 W 以上)线绕电阻构成，电阻的阻值可以根据要调试的电路来选择，例如调试音频功率放大器则用 4 Ω、8 Ω、16 Ω 等阻值，调试 5 V 电源则用 2.5 Ω、5 Ω 等阻值，电阻数量和种类越多使用越灵活，适应的电路也越多。制作模拟负载比较容易，首先根据所选电阻的体积裁切两块大小合适的万能板，然后将各个电阻安装在万能板上，之后再将所有电阻串联在一起并将各连接点用插片引出模拟负载制作就完成了，如图 2.5.5 所示。这种模拟负载为阻性负载，通过短路或连接不同的插片能够使不同的电阻串联或并联从而改变负载的总阻值，它能够满足一般电路的调试要求。除此之外有时也可以将白炽灯、电炉、电暖气等电器作为模拟负载来使用。

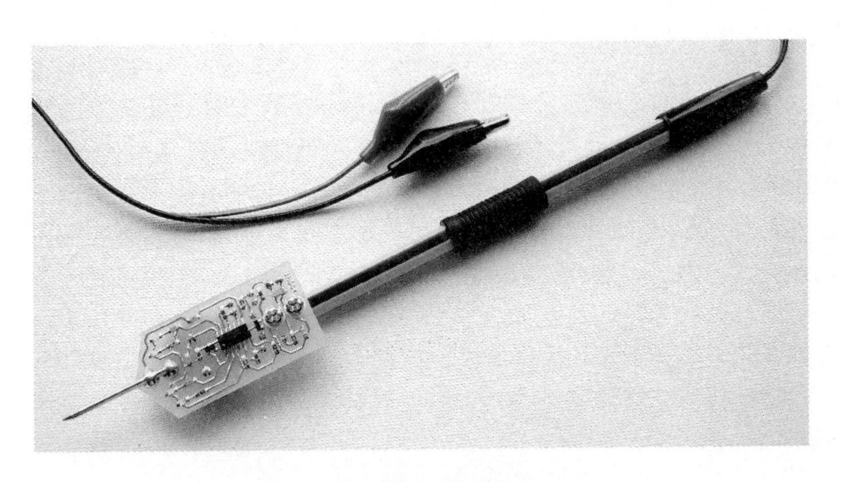

图 2.5.4　制作完成的逻辑笔

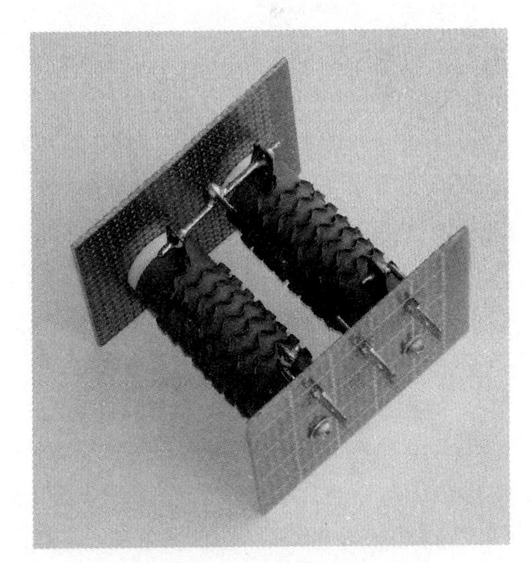

图 2.5.5　制作完成的模拟负载

(6) 信号发生器

信号发生器也叫信号源，是用来产生测量和检验所需激励信号的仪器，它是一种激励仪器，一般要配合电压表、示波器等采集仪器或扬声器、显示屏等输出设备来完成测量。信号发生器大致可以分为模拟信号发生器和数字信号发生器两类。模拟信号发生器用于产生模拟波形信号，常见的低频信号发生器、函数发生器、任意波形发生

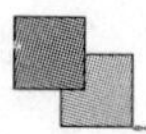

器、视频信号发生器等都属于此类;数字信号发生器也叫逻辑信号发生器,它主要用于产生数字脉冲和数据码,数字信号发生器相对于模拟信号发生器用得少一些。

信号发生器种类繁多、用途各异,可以根据需要和条件来配备。业余条件下信号发生器也可以自己制作,自制信号发生器的方案很多,可以用 MAX038、ICL8038 等波形发生器专用 IC 或 AD9833、AD5932 等直接数字频率合成器(DDS,Direct Digital Synthesizers)IC 来制作,也可以用 XR－2207、XR－2209 等压控振荡器 IC 或 AD654 等压频转换器 IC 来制作,要求不高时还可以将用 CD4069、CD4011、CD4060 等 CMOS 逻辑电路或 NE555、NE556 等时基电路构成的振荡器作为简易信号发生器来使用。此外在计算机上安装某些音频信号发生器软件或用播放器播放某些音频测试文件,则可以通过声卡输出所需要的音频信号,这也算是一种无须额外花费得到信号发生器的方法。

(7) 频率计

频率计是用来测量信号频率或周期的仪器,市场上常见的频率计一般为数字频率计,这种频率计的测量结果以十进制数字的形式来显示。虽然示波器和有些万用表也能够测量频率,但用专用的频率计来测量显示更为直观,准确度也更高。除了能够测量频率外,大多数的频率计也能够作为计数器来使用,在没有示波器的情况下,用频率计也能够在一定程度上了解被测信号的特性。市场上的频率计种类和档次都非常多,价格也不等,可以根据测量需要和经济条件选择。业余条件下频率计可以选用 ICM7216、ICM7224、ICM7225 等专用 IC 或者用计数器结合译码器和锁存器等逻辑电路来制作,也可以用单片机和 CPLD 等器件来制作。介绍频率计制作的书籍和文章也比较多,有兴趣的读者可以查阅。

(8) 示波器

示波器是一种常用的电子测量仪器,它能够将肉眼无法看到的电信号转换为电压对时间的曲线或图形显示出来,示波器除了用于观察信号波形外,还能够用于信号幅度、频率、相位及脉冲宽度等测量。示波器一般采用市电供电,需要配合专用的探头来完成测量。

示波器按测量通道的数量可以分为单踪示波器、双踪示波器和多踪示波器等几种,其中双踪示波器最为常见。根据电路结构的不同示波器又可以分为模拟示波器和数字示波器两类,两者最大的区别为前者显示的是信号实时波形,而后者显示的则是对信号采样数据进行处理后重构的波形。传统的示波器都是模拟示波器,它主要由输入衰减电路、前置放大电路、水平放大电路、垂直放大电路、扫描电路、触发电路、显示电路和电源电路等几部分构成。模拟示波器具有操作简单、反应迅速、波形无级连续、价格低廉等优点,但模拟示波器不能用来观察非重复性或变化缓慢的信号。数字示波器主要由输入处理电路、采样电路、数据存储电路、数据处理电路、控制电路、显示电路和电源电路等几部分构成。它具有预置触发功能,能够观察触发前信号的波形,同时也适合用于捕捉和观察非重复性、随机或变化缓慢的信号,而且它可以长期保存波形,带有串行接口的数字示波器还能够连接计算机或打印机保存或打印波形图。与模拟示波器相比数字示波器波形显示效果好、功能多,使用更灵活,而且也更为轻巧,大多数的场合都可以用数字示波器代替模拟示波器。市场上常见的数字示波器主要有数字存储示波器(DSO)、数字荧光示波器(DPO)、混合信号示波器(MSO)和采样示波器等多种,可以根据测量需要选择。此外还有一种外观与万用表相似的手持式示波器,它也称为示波表,这种示波器体积小巧,更加便于携带和现场作业。

示波器相对比较昂贵,高性能、多功能示波器的价格非业余电子爱好者所能承受,用于电子制作调试电路的示波器性能指标无须很高,带宽不低于 20 MHz 就能够满足一般的测试要求。对于经济条件有限的电子爱好者来讲,性价比较高的二手示波器也是不错的选择。

(9) 无感螺丝刀

无感螺丝刀又叫无感起子、无感调批,它是一种专门用于旋动调节可调电感、中周、可调电容、电位器等器件以及拨动调节空心电感线圈的工具,也是电路调试特别是高频电路调试必备的工具。顾名思义,无感螺丝刀即无电磁感应影响的螺丝刀,用这种螺丝刀调节器件,工具本身及人体不会或基本上不会影响器件的实际参数及电路的工作状态,这一点是装卸螺钉常用的普通钢质螺丝刀难以做到的。

市场上常见的无感螺丝刀如图 2.5.6 所示,它的外观与普通小型螺丝刀相似,在结构上也可以分为刀头、刀杆和刀柄三部分。

根据刀头材料的不同无感螺丝刀可以分为陶瓷刀头无感螺丝刀、塑料刀头无感螺丝刀和金属刀头无感螺丝刀三种。

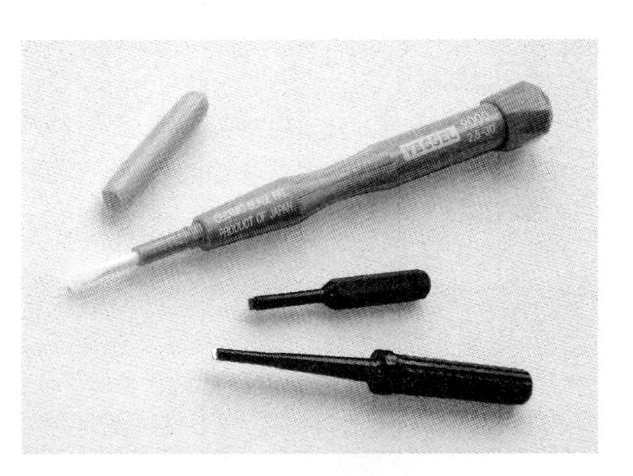

图 2.5.6 无感螺丝刀

陶瓷刀头无感螺丝刀的刀杆和刀柄均为塑料材质，而且这两部分一般是一个整体，刀头为陶瓷材质，嵌于刀杆内。陶瓷刀头具有刚度好、硬度高、耐磨损、耐高温、耐腐蚀、无磁性、绝缘性能佳等优点，但韧性一般，容易因跌落、被硬物磕碰或受其他外力冲击而损坏，而且陶瓷刀头无感螺丝刀价格也比较贵。不过目前很多此类产品的刀头都采用氧化锆陶瓷来制造，其韧性已经有了很大的改善，条件允许的情况下首选这种无感螺丝刀。

塑料刀头无感螺丝刀的刀头、刀杆和刀柄均为塑料材质，这三部分一般是一个整体，一次注塑而成。塑料刀头同样也具有陶瓷刀头所具有的耐腐蚀、无磁性、绝缘性能佳等优点，而且它韧性比较好，但它的整体性能特别是刚度和耐用性远不及陶瓷刀头，然而塑料刀头无感螺丝刀价格很便宜，经济条件有限时是不错的选择。

金属刀头无感螺丝刀的刀杆和刀柄均为塑料或有机玻璃材质，一般也是一个整体，刀头为很小的一块薄不锈钢片或薄铝片，嵌于刀杆内。金属刀头的刚度和耐用性都很好，但它毕竟是导体，在某些情况下对电路和器件参数仍会有一定的影响，不过金属刀头无感螺丝刀价格相对比较便宜，要求不高时也可以选用。值得一提的是很多示波器探头配套的补偿电容调节工具以及老式彩电配套的手动调台工具，就是一把较短的金属刀头无感螺丝刀或塑料刀头无感螺丝刀，它也可以用于一般电路的调试。

根据刀头形状的不同无感螺丝刀可以分为一字无感螺丝刀和十字无感螺丝刀两种，根据尺寸的不同每种又可以细分为若干个规格，具体可以根据器件和调节需要来选择。

当无法购买到成品无感螺丝刀时也可以自制，制作方法很简单，先剪一小块尺寸约为 2 mm×4 mm(在满足调节要求的前提下尺寸应尽量小一些)的薄不锈钢片或薄铝片，再将之敲入或用电烙铁加热后嵌入较粗的废圆珠笔芯或废牙刷柄等直径和长度合适的塑料管或塑料棒中即制作完成，必要时还可以用粘合剂来加固。除此之外也可以直接用塑料棒、有机玻璃棒、木棒、筷子、去除铜箔的覆铜板等材料来削制或磨制无感螺丝刀，但工作量相对较大，而且制作出的无感螺丝刀耐用性一般。

需要特别注意的是，无感螺丝刀结构比较单薄，刀头也比较脆弱，不能将之作为普通螺丝刀来装卸螺钉或进行其他受力较大的操作，而且在调试完毕后最好在刀头上套好护套，以免损坏。

(10) IC 起拔器

图 2.5.7 PLCC 封装 IC 起拔器

IC 起拔器是用来拔取插在插座上的 IC 的工具，主要有 DIP 封装 IC 起拔器和 PLCC 封装 IC 起拔器两大类，每一类又有多种结构和规格。对于 DIP 封装的 IC，一般情况下可以通过用镊子或一字螺丝刀在 IC 两侧撬动的方法来从插座上取下，但是当 IC 周围有较高的器件、操作空间有限时，最好使用专用的 IC 起拔器来拔取，以免损坏 IC。PLCC 封装的 IC 四边均有引脚，用镊子或螺丝刀撬动很容易因受力不均而导致 IC 引脚变形或 IC 插座损坏，而且当空间有限的时操作也很困难，因此拔取 PLCC 封装的 IC 应使用专用的 IC 起拔器。常见的 PLCC 封装 IC 起拔器如图 2.5.7 所示。

(11) 鳄鱼夹

鳄鱼夹因其头部像鳄鱼嘴而得名，它是一种用于暂时连接电路的弹簧夹子，是电路调试和实验常用的连接固定工具。鳄鱼夹一般

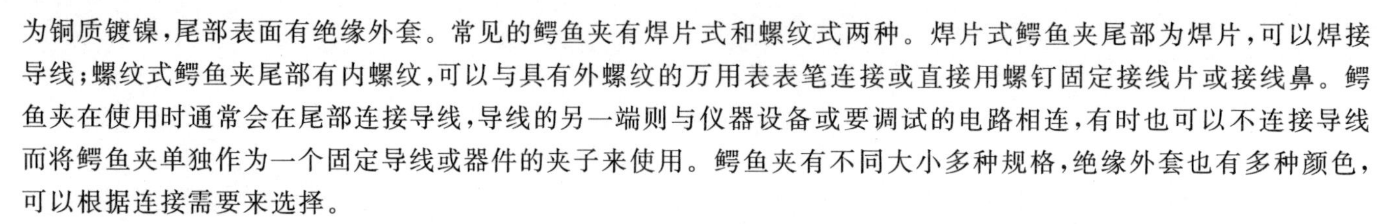

为铜质镀镍，尾部表面有绝缘外套。常见的鳄鱼夹有焊片式和螺纹式两种。焊片式鳄鱼夹尾部为焊片，可以焊接导线；螺纹式鳄鱼夹尾部有内螺纹，可以与具有外螺纹的万用表表笔连接或直接用螺钉固定接线片或接线鼻。鳄鱼夹在使用时通常会在尾部连接导线，导线的另一端则与仪器设备或要调试的电路相连，有时也可以不连接导线而将鳄鱼夹单独作为一个固定导线或器件的夹子来使用。鳄鱼夹有不同大小多种规格，绝缘外套也有多种颜色，可以根据连接需要来选择。

(12) 测试钩

测试钩与鳄鱼夹功能类似，它也用于暂时连接电路，但测试钩的头部更加细小，当电路中的测试点较多、较密集或器件体积较小时，用测试钩来连接电路会更加方便。常见的测试钩如图 2.5.8 所示，它外壳为塑料材质，有多种颜色可选，能够区分不同的测试点。测试钩尾部有按钮，按钮按下后测试钩内部的金属钩会从头部伸出，按钮释放后金属钩会在弹簧的作用下缩回并将其所钩的导线或器件引脚卡紧。这种结构与示波器的探头类似，它的最大优点是不容易和周边电路或其他测试钩短路。测试钩在使用时需要在尾部焊接导线，由于它内部的金属钩比较细小，一般不能单独作为夹子来使用。

图 2.5.8 测试钩

2. 软件调试工具

软件调试工具又叫软件开发工具，它主要指用于单片机、可编程逻辑器件、DSP、ARM 等嵌入式系统器件软件开发过程中程序除错和程序固化的工具，这类工具往往需要配合专用的计算机高级软件来使用。

(1) 仿真器

仿真器是用来模拟目标器件即最终安装在电路板上使用的器件的设备，它一般由主机、仿真插头、电源和连接电缆等几部分组成，有些结构较为复杂的仿真器还包含一些中间转换匹配板或模块以适应更多的器件。这种结构的仿真器也叫实时仿真器，它一般利用其内部目标器件制造商专门开发的、与目标器件内核相同但结构不同的仿真器件来完成仿真。实时仿真器使用时，要将仿真插头插入电路中目标器件的插座或用导线将仿真插头与电路相连，从而使电路、仿真器和计算机连为一体，用仿真器代替目标器件来进行软件调试。实时仿真器具有性能稳定、功能强大、响应速度快、不占用用户任何资源、调试效率高等优点，但它的价格比较高。

仿真器并非通用设备，每种仿真器只能仿真某个系列的某一种或某几种器件，不同种类、不同制造商、不同系列器件的仿真器一般不能相互兼容，因此仿真器要根据所使用的器件来配备。值得一提的是很多仿真器配套的软件脱离仿真器也能够使用，在没有条件购买仿真器的情况下也可以利用这类软件对数值运算、数据处理等实时性要求不高的程序进行调试。

(2) 编程器

编程器又叫烧写器或烧录器，它是用来固化程序即将编译好的程序代码写入目标器件的设备，固化程序的过程也称为编程。编程器一般都安装有测试插座，使用时将目标器件插入测试插座指定的位置并锁紧手柄，之后按要求对软件进行操作即可完成编程。编程器的测试插座一般只适合插入双列直插封装的器件，其他封装的器件需要用相应的封装转换板转换为双列直插封装后才能插入。

编程器分为专用编程器和通用编程器两大类，专用编程器只能用于某一种或某一系列的器件编程，通用编程器则能够用于多种类型、多个制造商、多个系列的器件编程。对于电子制作推荐配备中档通用编程器。以上两类编程器又各自可以分为开发型和生产型两类。前者是最常见的编程器，主要用于产品开发，电子制作适合选用这种编程器。后者主要指脱机编程器和量产编程器，脱机编程器能够在其内部安装写入程序的“母片”或将程序代码下载至编程器中，它无须连接计算机即可完成编程；量产编程器上设计有多个测试插座，能够一次对多片器件进行编程。这两种编程器主要用于产品生产，电子制作一般不需要。

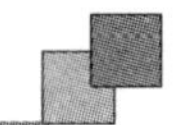

(3) 下载电缆

随着嵌入式系统器件的不断发展，越来越多的器件具有ISP(In－System Programming)、ICP(In－Circuit Programming)、ICD(In－Circuit Debugging)等在线编程和调试功能，可以利用器件内部预先固化的监控程序或JTAG边界扫描测试电路，脱离传统的编程器和仿真器进行编程和调试。下载电缆就是用来连接目标器件和计算机实现在线编程和调试的电缆，虽然称之为电缆，但与之连接的插头或小盒子内部往往还具有接口电路或其他逻辑电路。

大多数的下载电缆仅具有在线编程功能，同时具有在线仿真调试功能的下载电缆又叫在线仿真器，它直接利用目标器件来调试，这也是它和实时仿真器的最大区别。与实时仿真器相比在线仿真器价格低廉、体积小巧，调试时器件的电气特性与最终使用时完全相同，但很多器件调试时会占用部分用户硬件或软件资源，实时性也不够强。对于经济条件有限的电子爱好者来讲，下载电缆是首选的软件调试工具，很多器件的下载电缆硬件电路和配套软件是公开的，电路也比较简单，自己制作还可以进一步节省费用。

2.5.3　调试方法

调试要按一定的顺序来进行，同时还要掌握一定的方法和技巧，顺序不合理或方法不得当，除了不能发现问题、解决问题外还有可能使问题复杂化。

1. 调试顺序

电路调试时不能“眉毛胡子一把抓”，大多数的电路应按照先部分后整体、先硬件后软件、先主要后次要的顺序来调试。

(1) 先部分后整体

如果电路包括若干块电路板或若干个功能独立的部分，则应当先单独调试各部分电路，待各部分电路都能够正常工作后再连接在一起调试，这样可以避免由于其中某个部分或某几个部分的电路存在故障而影响甚至损坏其他部分的电路，也可以避免由此出现错误的测试结果进而导致错误的判断。

(2) 先硬件后软件

硬件电路是软件程序运行的载体，硬件电路工作不正常软件就无从测试。因此对于既有硬件又有软件的电路，应先将硬件电路调试好后再进行软件调试，以免当故障出在硬件而非软件时，白白浪费时间和精力去修改程序，同时这样也可以避免由于硬件电路工作异常而造成仿真器、计算机等设备损坏。

(3) 先主要后次要

调试某块电路板或某一部分的电路时，要先调试主要电路再调试次要电路，主要电路指电源电路等功能比较重要的电路及以关键器件、贵重器件为核心的电路，次要电路则指功能不重要的电路及由廉价器件构成的电路。“先主要后次要”能够使电路尽快进入工作状态并实现主要的功能，同时也可以在一定程度上降低因电路工作异常造成的损失。

从某种意义上讲电路工作的过程就是电源能量和形式转化的过程，电源是电路的根本，是电路中最重要的部分，电源电路检测也是电路调试的第一步，只有电源电压和工作电流正常才能继续调试其他电路。如果电路中某些器件或模块有相应的插座，则这些器件或模块不要在首次上电前安装，而应当在确认电源电压正常并且电路中无短路后再安装，以免损坏。

2. 硬件调试方法

硬件调试主要是对电路的性能进行测试，发现并排除电路中的故障和隐患，通过调整和修改电路使其性能指标达到设计要求。硬件调试与中医诊断和治疗疾病有很多相似之处，这里从望、闻、问、切、治几个方面来分别介绍硬件调试的一般方法。

(1) 望

“望”即仔细察看，它是根据电路工作时出现的某些现象及其表现出的某些特征来判断电路是否有问题或确定问题所在的调试方法。当电路工作异常特别是存在较为严重的故障时，有些器件可能会受热变形、变色、冒烟或裂开，连接线、PCB的铜箔走线也可能会烧断或出现“打火”现象。通过“望”可以发现电路中的故

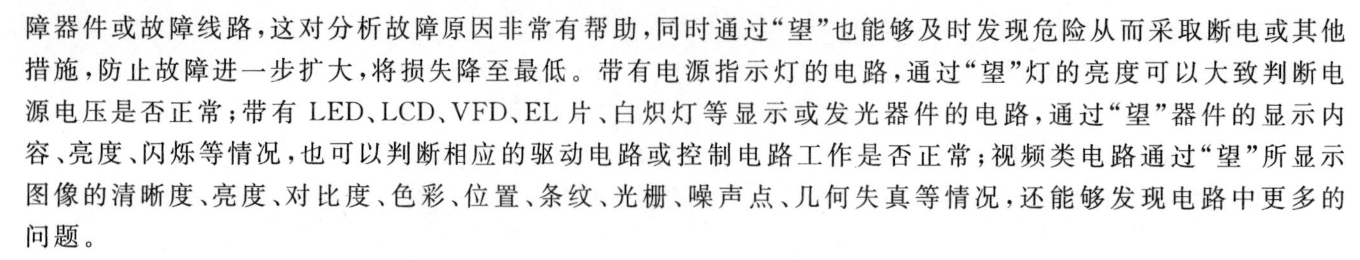

障器件或故障线路，这对分析故障原因非常有帮助，同时通过“望”也能够及时发现危险从而采取断电或其他措施，防止故障进一步扩大，将损失降至最低。带有电源指示灯的电路，通过“望”灯的亮度可以大致判断电源电压是否正常；带有 LED、LCD、VFD、EL 片、白炽灯等显示或发光器件的电路，通过“望”器件的显示内容、亮度、闪烁等情况，也可以判断相应的驱动电路或控制电路工作是否正常；视频类电路通过“望”所显示图像的清晰度、亮度、对比度、色彩、位置、条纹、光栅、噪声点、几何失真等情况，还能够发现电路中更多的问题。

（2）闻

“闻”即听和嗅，它是利用声音和气味来发现问题或查找问题原因的调试方法，这种调试方法虽然简单，但能够快速有效地发现电路中某些肉眼无法看到的故障和隐患。扬声器、蜂鸣器等电声器件都是以发声的形式来工作的，“闻”是判断这些器件及其驱动电路和控制电路是否正常工作最直接的手段。变压器、电动机等器件在工作时也会发出声音，通过“闻”有时也能间接判断出电路工作的频率、电动机的转速或其他电路工作情况。电路中存在严重故障或电子器件在损坏时，往往会发出爆裂声、打火声、气流声等异常声音或散发焦煳味、鱼腥味、有机溶剂味等异常味道，与“望”一样，通过“闻”也能够及时发现危险和减少损失。

（3）问

电路并非有生命的物体，它也不会讲话，询问它有什么故障或故障在哪里它是不会回答的，这里所讲的“问”是指自问。当电路没有达到设计的指标或不能按设计的状态工作时，不要急着更换器件或修改电路，而应该在动手之前先冷静下来问自己一些问题，如在电路设计时是否有什么地方没有经过仔细推敲，电路制作的过程中是否有什么环节“偷工减料”，采购选料时是否有什么器件“来路不明”等。在“问”的过程中往往会回忆起一些疏漏之处，而很多时候这些疏漏之处就是问题所在。“问”虽然是个思想过程，但它却能够避免盲目地对电路“大动干戈”以及由此造成的时间、精力和金钱的浪费。“问”是一种特殊的调试方法，它贯穿于调试始终，只要遇到问题就应当先“问”。

（4）切

“切”即动手检查，它是比较复杂的调试方法，但也是最普遍最有效的调试方法。“切”一般有直接和间接两种方式。直接方式指直接用手触摸器件表面以感受温度、震动或给器件加温从而了解电路的工作情况，这种方式操作容易，但有一定的局限性；间接方式指配合各种仪器仪表来测试电路性能或查找故障原因，这种方式相对用得更多。“切”的过程实质上是获得某项数据、察看某个结果或验证某种假设的过程，这与很多电学实验类似，二者所用的方法也可以互相借鉴，所以在学习中逐步培养一定的设计实验的能力，对于调试电路是非常必要的。

“切”的过程中为了测得某些数据、屏蔽某种功能或隔离某部分电路，经常需要更换器件或修改电路，在进行这些操作时要尽量做到动作轻、多小心、少改动、易还原，以免功能虽然调试好了但电路却已是“疮痍满目”，影响使用和组装，外观也不好。在修改电路时要特别注意，不到万不得已不要随便切割 PCB 走线铜箔，因为这是不可恢复的，对于高要求的电子制作破坏 PCB 也是不允许的，而且就算是破坏 PCB 也未必能够发现问题或解决问题。

修改某些带有器件插座的电路可以按图 2.5.9 所示的方法来操作。这里假设要将图 2.5.9(a)所示的电路改为图 2.5.9(b)所示的电路，修改时准备一个与器件配套的插座，将器件中要与原电路断开的引脚所对应的插座引脚向外弯折，之后再将这些引脚按修改后的电路连接，某些不需要连接其他电路的引脚则还可以剪掉或将之与插座内芯一起去掉。制作好的“特制”插座如图 2.5.9(c)所示，最后将“特制”插座插在电路中原来的插座上，再将器件插在“特制”插座上电路就修改好了。这种方法无须切割 PCB 走线铜箔即可实现器件引脚悬空、短路、交换等修改，非常适合要求较高的电路调试时采用。

“切”有时也可以配合软件来进行，特别是对于重复性、功能性的测试，配合软件往往能够事半功倍。

（5）治

“治”即排除电路中的故障、改善电路的性能以及维修在调试中破坏或损坏的电路，它将解决“望”、“闻”、“问”、“切”所发现的问题。常见“治”的方法主要有重装加固、更换器件、修改电路、软件弥补、降低舍弃等几种。

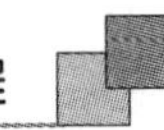

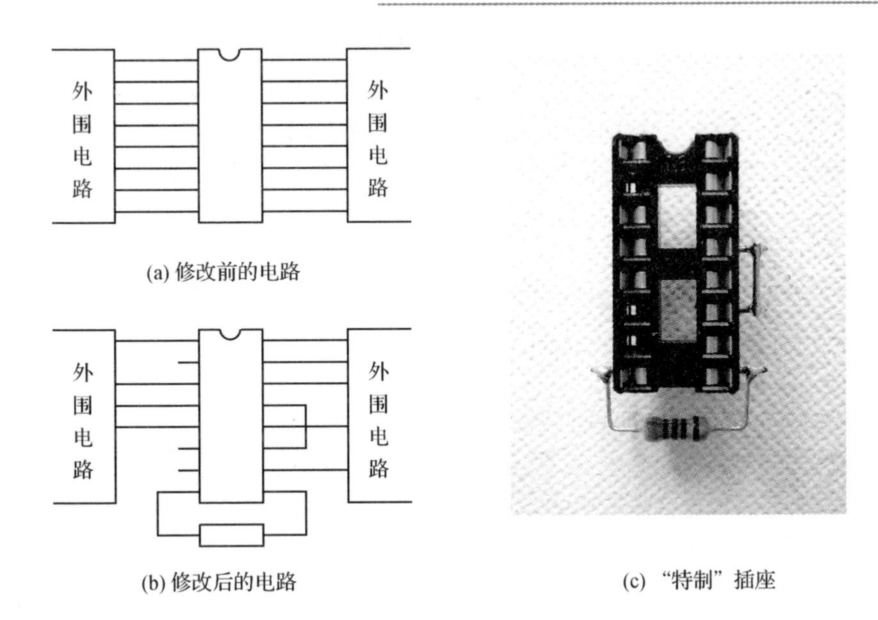

图 2.5.9　不破坏 PCB 修改电路的方法

重装加固指重新焊接虚焊、漏焊的焊点，重新安装不够牢固的器件以及重新连接接触不良的接插件或连接线，这是最简单、最快速的“治”的方法。

更换器件指用新器件(重新选择或购买的器件)替换旧器件(电路中原来安装的器件)，为了便于安装，新器件的体积和引脚间距要与旧器件相同或相近。虽然通过重新钻孔等方法可以安装与旧器件外形差别较大的器件，但这样会影响电路的外观和性能，而且在加工过程中也可能会损坏已经安装好的器件。

修改电路指增删器件和更改 PCB 走线，这是一种相对比较复杂的“治”的方法。修改电路时，新增加的器件最好选用小型贴片封装并且安装在 PCB 的背面，PCB 走线也最好在背面更改，断开 PCB 走线时应尽量在铜箔较细处切割，连接 PCB 走线时要多利用已有的焊盘，做到以上几点可以将修改电路对整体外观造成的影响减至最小。当电路改动比较大时，还可以将增加的电路或替换原来某个部分的电路单独制作一块电路板，用导线与原来的电路板连接或直接将之作为模块安装在原来的电路板上。在原电路板的基础上“动手术”修改电路只能算是一种补救措施，修改后的电路在外观上和结构上都会有缺陷，也不可能成为精品，因而对于高要求、高水准的电子制作，一般要通过返工即重新设计制作 PCB、重新制作电路的方法来修改电路。

软件弥补是利用具有特殊功能或采用特殊算法的程序来弥补电路缺陷以及改善电路性能的“治”的方法。例如电路中信号处理电路性能不理想，可以通过软件滤波来弥补；电路中缺少驱动电路，可以通过修改软件改变 I/O 口的输出结构或驱动方式来弥补等。这种“治”的方法不会破坏原电路的外观，也不会增加额外的成本，但它仅适合包含需要编程的器件的电路，并且弥补和改善的程度也有限，使用具有较大的局限性。

降低舍弃指降低某些由于电路设计和制作存在缺陷而无法达到的非关键指标，或舍弃部分由于电路存在故障而无法实现的次要功能，虽然这是一种消极的“治”的方法，但是当解决问题需要对电路作较大改动而又不想破坏已经制作好的电路时，它也是一种退而求其次的选择，算是丢卒保车。

电路经过“治”以后仍然要重复“望”、“闻”、“问”、“切”，必要时还要再“治”，直到电路工作正常，性能指标满足要求为止。

3. 软件调试方法

软件调试主要是利用软件调试工具，结合硬件电路对程序运行结果及电路功能进行测试，查找并修改程序中的错误，使程序能够正常运行。本书中绝大部分的制作为单片机制作，这里所讲的软件调试也是针对单片机软件调试而言的。

程序中常见的错误主要有语法错误、逻辑错误和功能错误等三类。

语法错误是指程序中语句格式或标号、寄存器、变量名称不符合规定以及数值或地址超出允许的范围等错误，修改语法错误是软件调试的第一步。查找语法错误一般不需要使用专门的工具，语法错误在编译结束后，编译器软件会以“Error”和“Warning”的形式列出。其中“Error”为严重错误，必须要修改，否则将不能生成有效的代码继续调试；“Warning”为资源占用、寄存器设置或其他可能导致程序不能正常运行的警告和提示，一般不影响编译，可以根据具体情况决定修改与否。随着编写程序熟练程度的提高以及经验的积累，程序中的语法错误也会越来越少。

逻辑错误是指逻辑、算法、结构等错误，此类错误将导致程序运行后不能得到正确的结果，甚至程序进入“死循环”无法继续运行。

功能错误是指与电路功能相关的错误，程序中存在此类错误虽然程序能够运行，但电路却不能正确及时地响应某种操作或执行某种动作，无法实现预期设计的功能。反复测试程序查找逻辑错误和功能错误是软件调试的主要任务，它需要配合软件调试工具来完成。

在条件允许的情况下一般采用仿真器来进行软件调试，常见的调试方法有设断点、单步运行、全速运行等多种，具体操作可以参考仿真器配套软件的使用手册，这里不多介绍。在条件有限并且所使用单片机的程序存储器为 Flash ROM 时，也可以配合编程器或下载电缆用多次擦写的方式进行软件调试。用这种方式调试只能全速运行，不能设置断点或暂停，也不能像仿真器那样通过仿真软件查看各个寄存器的值，但很多时候可以对程序进行简单的修改，利用电路中的 LED、数码管、LCD 屏等显示器件来显示某个寄存器的值（或其中某一位的状态），或者将某些寄存器的值通过串行接口发送给计算机，利用串口调试软件来查看。

软件调试时最好在电路板原来安装的单片机插座上再多加一个插座，这样反复修改程序多次插拔器件也不会缩短原来插座的寿命，调试结束后则可以将这个多余的插座去掉，直接将器件插在原来的插座上使用，除了单片机外，E^2PROM 等需要固化代码的器件在调试时也可以这样做。有些电路中单片机周围有较高的器件，而仿真器的仿真插头尺寸又比较大，无法直接插在单片机插座上，遇到这种情况时可以将若干个插座叠在一起插在原来的单片机插座上使插座高于周围的器件，如图 2.5.10 所示，插座“增高”后就能够插入仿真插头了。

图 2.5.10 “增高”后的单片机插座

与硬件调试相比，软件调试的过程中测试所占的比重更大，过程更长，花费的时间也更多。大多数的逻辑错误和功能错误都是通过测试发现的，一般来讲测试次数越多、测试时间越长，所能够发现的问题也越多，就算是已经调试通过的软件，经过长时间的使用或再次测试有时也还是能够发现 Bug，因此软件调试需要更大的耐心。

当发现程序运行结果不正确或电路功能与设计不符时，不要胡乱随处修改程序，而应当先按一定的方法查找错误，在找出问题的原因并确定问题所在后再修改程序中的错误。一般来讲修改错误要比查找错误容易很多，而且有时在查找错误的同时也修改了错误。需要特别注意的是在调试的过程中，每次修改程序前都要将原来的程序备份，以备参考对比或恢复时使用。

查找错误的方法（在某种意义上也是软件调试的方法）有很多，比较常用和有代表性的主要有观察法、对比法、添加法、删除法和分析法等几种，这些方法不仅适合用仿真器调试时采用，用多次擦写器件的方式调试时采用也同样有效。

（1）观察法

观察法是通过逐行查看可疑程序来查找错误的方法，这种方法对于查找因粗心大意或习惯不良而造成的字符输入错误非常有效。常见的此类错误主要有由于忘记输入“#”、“@”、“$”、“()”、“!”、“+”、“-”等关键字符而导致的寻址方式错误，由于忘记输入“B”、“H”、“0x”等字符而导致的数值错误以及由于将“0”和“O”混淆（计算机键盘上这两个字符对应的按键距离很近，这两个字符输入错误最为常见）或“1”和“I”混淆而造成的标号、寄存器或变量名称错误等。编写或修改程序时应选择便于区分易混淆字符的字体，EditPlus、UltraEdit 等编辑器软件或某些仿真器配套的编辑器软件，能够根据文件类型自动用不同的颜色来区分指令、变量、数值、注释或其他特殊字符，用

这样的编辑器软件来编写或调试程序更容易发现上述错误，同时也便于利用软件的“查找”功能来“批量”修改错误。

(2) 对比法

对比法是通过将要调试的程序和与之功能相同或相近的参考程序作比较来查找错误的方法。参考程序可以是书籍、期刊或其他应用资料中的程序，也可以是自己以前编写并已调试通过的程序，它可以是一个完整的子程序也可以只是其中的一段，除了直接观察对比外，也可以用一段参考程序替换要调试程序的某个部分(或反之)来调试以便找出二者的差异。对比法是一种简单、快速而又有效的方法，但有时不一定能够找到合适的参考程序，适用场合有限。

(3) 添加法

添加法是通过逐个添加子程序或逐段逐条添加指令语句来查找错误的方法，它适合在程序中包含曾经调试通过的子程序或程序段时使用。用这种方法调试时，先将除了主程序和调试通过的子程序或程序段以外的其他程序删除，然后再将删除的程序逐渐添加恢复，同时对程序进行测试，当程序运行结果错误或功能故障重现时，则可以判断出刚添加的程序为可疑程序或是对现有程序结构有较大影响的程序。

(4) 删除法

删除法与添加法刚好相反，它是通过逐个删除子程序或逐段逐条删除指令语句来查找错误的方法，这种方法适合在程序无法运行、故障现象毫无规律、查找错误毫无头绪时使用。用这种方法调试时，将程序认为可疑的部分逐渐删除，同时对程序进行测试，当程序能够运行、功能故障排除或情况有所好转时，则可以判断出刚删除的程序为可疑程序或是对现有程序结构有较大影响的程序。

(5) 分析法

分析法是通过对程序的运行结果、硬件电路的工作状态以及其他调试时出现的现象进行分析来查找错误的方法，它是最主要和最常用的软件调试方法。用这种方法调试时先根据程序的运行结果、硬件电路的工作状态，配合程序流程图和功能说明书对程序错误的原因进行推理并做出假设，利用发散性思维列出所有可能的原因，然后再仔细检查、修改程序将这些假设逐一排除，在排除的过程中往往也就发现了程序中的错误。当排除了所有的假设后仍不能找到问题所在时，则还可以配合添加法和删除法重复以上过程，直到找到错误为止。

2.5.4　调试的注意事项

调试首先要保证人身安全，其次还要保证调试工具和被调试电路的安全，为此调试时应做到以下几点：

① 多了解。

在调试前要多看几遍功能说明书，对电路要达到的指标和要实现的功能应做到心中有数，不要为了赶时间在没有了解清楚调试任务的情况下盲目调试，否则很容易遗漏某些指标的检测或某些功能的调试，而在调试结束后再回头单独检测遗漏的指标或调试遗漏的功能将会花费更多的时间和精力。在调试前也要仔细阅读调试所用仪器仪表的使用说明书，以了解仪器仪表的使用方法、使用条件和其他注意事项，从而保证调试时调试工具的安全以及测量结果的准确性和有效性。

② 多检查。

平时应逐渐养成调试前“多检查”的好习惯，它能够将隐患扼杀在摇篮中。电路在首次上电前一定要对照原理图和 PCB 布局图认真检查，为了避免遗漏，可以根据 IC、关键器件或功能将电路划分为若干个部分分别检查。电解电容、整流桥、贵重器件和功率器件是检查的重点，这些器件装反或装错将可能导致严重的后果。电路在每次上电前还要对电源、负载和测试所用的仪器仪表进行检查，电源的极性和电压应正确，负载的参数应在电路允许的范围之内，仪器仪表的档位选择和连接不能有误，要确保被调试电路输出的信号不超过万用表、示波器等信号输入型仪器的量程，同时被调试电路也不能使信号发生器等信号输出型仪器过载或短路。

③ 多防备。

被调试的电路往往是个半成品，缺乏外壳、外罩等保护构件，而且电路也并不一定工作在最佳状态，甚至还可能存在故障，因此调试时采取一定的防备措施是非常有必要的。电子制作离不开和电打交道，调试使用的带电工

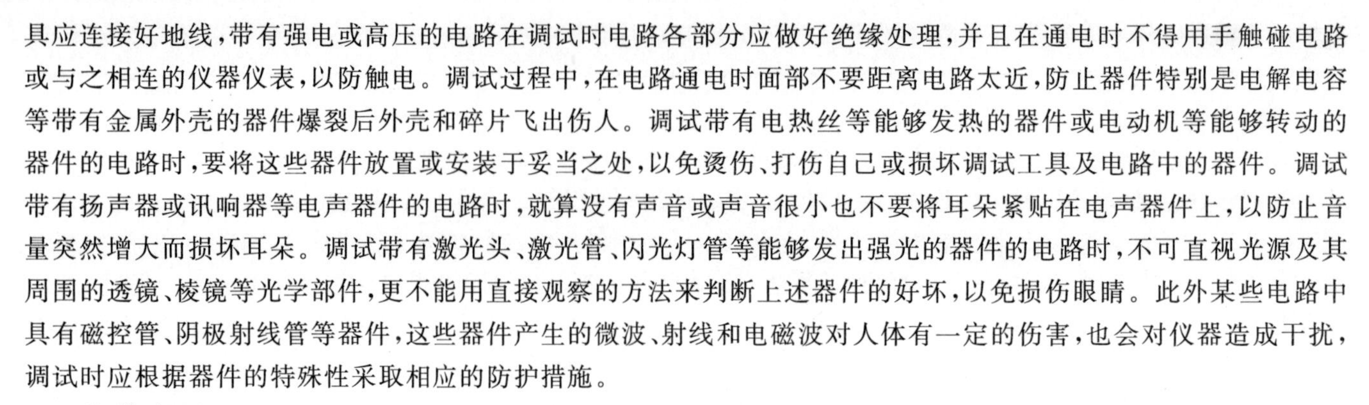

具应连接好地线，带有强电或高压的电路在调试时电路各部分应做好绝缘处理，并且在通电时不得用手触碰电路或与之相连的仪器仪表，以防触电。调试过程中，在电路通电时面部不要距离电路太近，防止器件特别是电解电容等带有金属外壳的器件爆裂后外壳和碎片飞出伤人。调试带有电热丝等能够发热的器件或电动机等能够转动的器件的电路时，要将这些器件放置或安装于妥当之处，以免烫伤、打伤自己或损坏调试工具及电路中的器件。调试带有扬声器或讯响器等电声器件的电路时，就算没有声音或声音很小也不要将耳朵紧贴在电声器件上，以防止音量突然增大而损坏耳朵。调试带有激光头、激光管、闪光灯管等能够发出强光的器件的电路时，不可直视光源及其周围的透镜、棱镜等光学部件，更不能用直接观察的方法来判断上述器件的好坏，以免损伤眼睛。此外某些电路中具有磁控管、阴极射线管等器件，这些器件产生的微波、射线和电磁波对人体有一定的伤害，也会对仪器造成干扰，调试时应根据器件的特殊性采取相应的防护措施。

④ 勤清理。

如果调试时电路板下方有器件引脚、焊锡渣、导线等物品，则通电后这些物品很可能会将电路短路从而导致器件损坏甚至发生危险，辛苦半天制作的电路也很可能会因为这些物品而报废。除了上述物品外，金属部分裸露在外的器件、螺钉、垫片、金属工具、钉在桌面上的钉子、桌面上的金属装饰物、湿抹布以及水渍等都可能成为“罪魁祸首”。因此要及时清理制作电路和调试电路留在桌面上的“垃圾”，调试时最好将电路板放到橡胶垫或塑料板等绝缘材料上，并且每次通电前要仔细察看，确保电路板下方无异物。

⑤ 轻拿放。

调试的过程中拿起或放下电路板动作要轻，手应当持电路板的边缘，而不要为了顺手或方便持电路板上的器件或结构较为脆弱的部分移动或翻转电路板，否则可能使器件引脚松脱、断裂或 PCB 焊盘、走线铜箔脱落从而给电路埋下隐患，当电路板比较重时还可能导致器件或 PCB 报废。仪器仪表都是精密设备，价格也比较贵，搬动时也要轻拿轻放，以免损坏或缩短使用寿命。

⑥ 多记录。

调试时要将测量数据和电路中修改的地方及时记录下来，不要太相信自己的记忆，以免由于一时遗忘而使调试前功尽弃。调试完毕后还要将调试过程中所遇到故障的现象、确定故障原因所参考的资料和依据、排除故障的方法和流程以及其他调试心得体会和教训都记录下来，这些记录的内容可供日后修改电路或调试其他电路参考，每隔一段时间再对这些内容进行总结，久而久之，积累多了自己的经验就丰富了，调试水平也就提高了。

此外，在电路、PCB 设计和制作时也要考虑到调试及日后维修的方便性和可操作性，应尽量做到以下几点：

① 独立。

各部分电路在设计时要做到功能独立，PCB 应根据功能分成若干块或将一块分成若干区域来设计。电路设计要保证当某个器件或某个功能的电路已经损坏或没有安装时，其外围电路或其他功能的电路不应受到影响，至少电路中的器件不能损坏、故障不能扩大。对于单片机电路则还要保证在复位和刚上电期间出现错误的逻辑状态时电路不会短路，各器件也不会损坏。

② 便利。

电路制作时除了少数需要通过引脚散热或对引脚与焊盘间的电阻、分布电容有较高要求的 IC 外，各 IC 安装时能使用插座则尽量使用插座，线与线、线与板、板与板也尽量多使用接插件而少使用焊接的方式来连接，这将会给调试、维修以及整机组装带来很大的方便。为了方便信号测试以及在线编程，在 PCB 设计时应预留相应的测试焊盘或编程焊盘，空间允许的情况下也可以安装测试端子或编程插座。

③ 规范。

电路设计制作时应遵照一定的规范，这个规范可以是电子行业已经制定好的协议标准，也可以是自己制定的简单规则。规范包含很多方面的内容，如电路原理图、PCB 中的器件编号、功能标识和电路中不同信号连接线的颜色、排序以及不同功能接插件的颜色、型号等，2.4.4 小节中提到的电阻安装时色环要朝同一方向也是规范的其中一个方面。规范设计和制作能够更快速、更准确地区分和寻找器件、连接线或测试点，从而提高调试和维修的效率。

2.5.5 小 结

电路制作离不开制作工具，电路调试当然也离不开调试工具，本节介绍了多种常用的硬件调试工具和软件调试工具，其中部分工具还介绍了自制方法，读者可以根据经济条件和使用需要来配置或制作。

本节也介绍了多种硬件调试方法和软件调试方法，这些方法均为一般性方法，具体电路的调试方法及流程在后面章节的每个制作中会详细介绍，在调试的过程中读者也可以根据电路的实际情况交叉或变通使用这些调试方法。电路在使用及调试的过程中可能会损坏，维修损坏的电路也可以参考本节介绍的硬件调试方法。

调试和制作相比更需要经验，每次调试时要多留意，调试后要多总结，以积累更多的调试经验，提高调试水平，同时也要养成良好的调试习惯，这对保证调试安全和积累调试经验来讲都是十分重要的。

2.6 外壳加工与组装

2.6.1 概 述

组装就是将各个零部件组合起来构成完整的装置或设备，它是电子制作最后一个环节也是最具成就感的一个环节，经过这个环节之后一件自己亲手打造的电子制作成品将会诞生，脑海中的想象和纸上的设计最终变为现实。谈到组装就不能不提外壳，因为很多时候组装的过程也就是将各个零部件装入外壳的过程，很多零部件也要靠外壳来连接或支撑，外壳的选择和加工是组装环节中的重要组成部分。

本节将对外壳的选择与加工进行详细介绍，同时也将给出一些外壳及其常用附件的自制方法，还将细致全面地介绍电子制作组装时常用的电气连接方式和机械连接方式以及组装的注意事项。

2.6.2 外壳的选择

俗话说："人靠衣装马靠鞍"，衣服不仅是用来遮体御寒，它同时也具有装扮作用。外壳也可以看做是电子装置或设备的"衣服"，与衣服一样外壳不仅是用来保护电路，它往往也决定了装置或设备的外观，有时它还影响着整机的安全性、可靠性和耐用性，因此外壳的选择对于电子制作来讲是非常重要的。

1. 外壳的种类

外壳的种类非常多，在选择外壳时应该对各种外壳的特点有所了解，这样才能有目的地去寻找和发现合适的外壳，这里主要从外形和材料两个方面对不同种类的外壳分别进行介绍。

根据外形尺寸和结构的不同，常见的外壳可以分为柜式外壳、台式外壳、便携式外壳和迷你式外壳等几种。柜式外壳也叫机柜，这种外壳内部空间很大，它适合交换机、服务器等体积较大、结构复杂以及对外壳外形或高度有特殊要求的设备使用，一般的电子制作体积都不会很大，较少使用这种外壳。台式外壳通常称作机箱，它一般由前面板、后面板、盖板、底板和侧板等几部分构成，较重的机箱面板上还安装有拉手，这种外壳内部空间相对较大，适合功率放大器、示波器等摆放在工作台上的设备使用，音响类及仪器类等电路复杂、部件较多的电子制作可以采用这种外壳。便携式外壳在更多时候被称作机壳，它一般由两部分扣合而成，为了方便携带有些外壳还设计有提手，这种外壳内部空间相对较小，适合收音机、笔记本计算机、万用表等随身携带的电器或手持式设备使用，大多数的电子制作都可以使用这种外壳。迷你式外壳的结构与便携式外壳相似，但它更为小巧，为了防止跌落或遗失有些外壳上还安装有挂带，它适合 MP3、优盘、USB 集线器等对体积有要求的电器或某些设备的附件使用，功能和结构比较简单的电子制作以及电路模块可以采用这种外壳。

根据材料的不同，常见的外壳又可以分为金属外壳、塑料外壳和木质外壳等多种。金属外壳一般用冷轧钢板、铝合金板等板材冲压而成或用铝合金型材组合连接而成，也有的是用铝、铁等金属铸造而成，还有的是用整块铝、铜等金属铣制而成。金属外壳是电子制作经常使用的一种外壳，它具有机械性能优良、屏蔽效果好、容易散热、耐高温、不会燃烧、使用寿命长等优点，但这种外壳抗氧化和抗腐蚀能力较差，而且加工也相对比较困难，此外由于外壳能够导电，所以使用时还需要对各部件做绝缘处理。塑料外壳一般用 ABS、PC、PS、PP 等塑料注塑而成，它具有

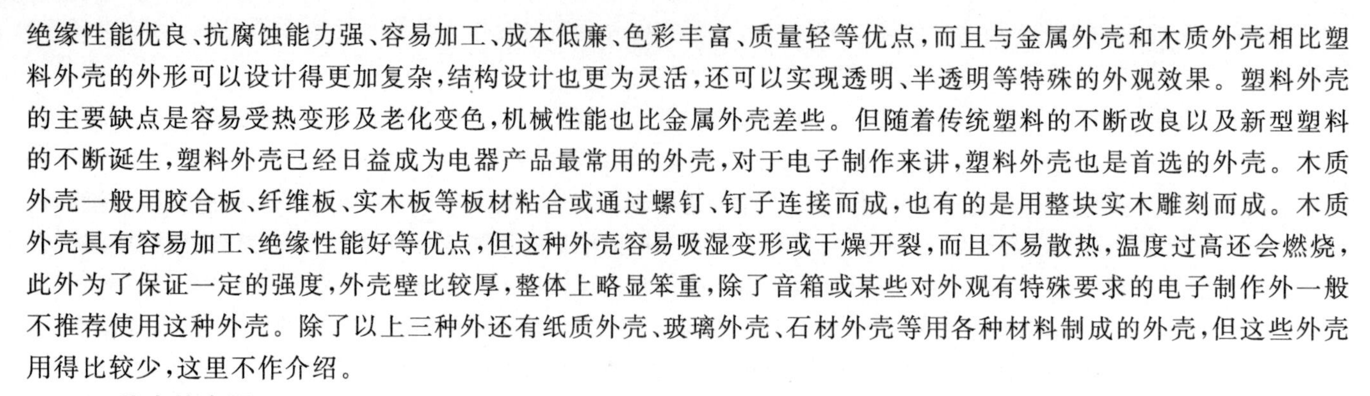

绝缘性能优良、抗腐蚀能力强、容易加工、成本低廉、色彩丰富、质量轻等优点，而且与金属外壳和木质外壳相比塑料外壳的外形可以设计得更加复杂，结构设计也更为灵活，还可以实现透明、半透明等特殊的外观效果。塑料外壳的主要缺点是容易受热变形及老化变色，机械性能也比金属外壳差些。但随着传统塑料的不断改良以及新型塑料的不断诞生，塑料外壳已经日益成为电器产品最常用的外壳，对于电子制作来讲，塑料外壳也是首选的外壳。木质外壳一般用胶合板、纤维板、实木板等板材粘合或通过螺钉、钉子连接而成，也有的是用整块实木雕刻而成。木质外壳具有容易加工、绝缘性能好等优点，但这种外壳容易吸湿变形或干燥开裂，而且不易散热，温度过高还会燃烧，此外为了保证一定的强度，外壳壁比较厚，整体上略显笨重，除了音箱或某些对外观有特殊要求的电子制作外一般不推荐使用这种外壳。除了以上三种外还有纸质外壳、玻璃外壳、石材外壳等用各种材料制成的外壳，但这些外壳用得比较少，这里不作介绍。

2. 外壳的来源

大多数电子产品的外壳都是采用注塑、冲压或铸造等工艺制成的，在制造前往往需要先根据产品的外形设计制作模具，这个过程通常也称作开模。开模的费用非常高，只有在大批量生产时才能降低外壳的单件成本，而一般的电子制作都是只做一件或很少几件，所以在业余条件下开模生产专用的外壳很不现实，而且也没有必要。对于电子制作可以拓宽思路从多种渠道去寻找合适的外壳，获得外壳比较可行的途径主要有购买成品、重新利用、加工替代、自己制作等几种。

(1) 购买成品

购买全新通用成品外壳是最方便的获得外壳的途径，电子制作采用成品外壳具有布局设计灵活、加工工作量小等优点，同时制作出的成品外观良好、尺寸标准，也更像个产品，本书中介绍的“家用电器耗电测试计”采用的就是成品外壳。市场上适合电子制作使用的成品外壳有很多种，这些外壳大致可以分为仪器外壳、音响外壳和计算机外壳三类。

仪器外壳指各类标准尺寸和非标准尺寸的仪器机箱、仪表机壳及其他采用公共模具(俗称公模)制造的通用电子产品外壳。这类外壳规格种类繁多、选择余地大、应用范围广，而且价格适中，绝大多数的电子制作都可以使用这类外壳。音响外壳指功率放大器、前级放大器、音频解码器等音响设备的机箱，这类外壳的最大特点是做工精细、档次齐全，用料不计成本的顶级音响外壳在市场上也能买到，但音响外壳价格相对比较贵，它适合用于音响类制作以及对外观和质量有较高要求的电子制作。计算机外壳指计算机主机机箱、硬盘盒、光驱盒等计算机相关设备的外壳，这类外壳外观比较前卫时尚，种类也非常多，但由于是按标准尺寸设计，所以尺寸规格与上述两种外壳相比要少一些，这类外壳对于用到计算机某些部件或具有某些计算机接口的电子制作以及便携式数码类电子制作是很不错的选择。

(2) 重新利用

损坏报废或淘汰废弃的家用电器、仪器等电器设备的外壳一般都是完好的，很多电子制作也可以利用这些外壳，本书中介绍的“别致的电视信号接收器”采用的就是淘汰设备的外壳。由于是废物利用，所以得到这些外壳几乎不需要额外的花费，这也是最省钱地获得外壳的途径，采用这些外壳制作出的电子制作成品与采用通用成品外壳一样，也很像产品。但是由于这些外壳是专门为某种产品设计的而非通用外壳，所以外壳的外观、尺寸和结构不一定能够满足使用要求，功能、电路和 PCB 设计往往要迁就外壳，而且对于使用多年或外观较差的电器外壳，有时还需要通过清洗和表面装饰来翻新。为了减小外壳改造和加工的工作量，最好选择与制作本身是同一类型或类型接近的报废、淘汰电器设备的外壳，例如制作收音机则可以选择报废的收音机或收录机的外壳，制作频率计则可以选择淘汰的频率计、信号源的外壳等。

(3) 加工替代

如今是一个物质丰富的年代，市场上不乏造型新颖、包装精美的产品，很多产品或其包装材料虽然和电子没有太大关系，但经过加工便可以成为电子制作外壳理想的替代品，这也是一种比较经济的获得外壳的途径，本书中介绍的“电子军棋”，其外壳就是用水彩笔的包装盒加工而成的。利用产品本身或其包装材料加工外壳具有来源广泛、取材容易、外形别致等优点，有时还可以废物利用、降低制作成本，但这些产品或包装材料毕竟不是为电子设备专门设计的外壳，其电气性能、机械性能及阻燃性能等有时也不能完全满足电子制作的要求，高压、强电或其他对可靠性要求较高的电路不能使用这种外壳。通过这种途径获得外壳需要制作者具有一定的创新思维，同时要多观察、多留意，这样才能发现更多适合加工外壳的产品和包装材料。

(4) 自己制作

当无法购买到或寻找到合适的外壳时也可以自己动手制作外壳，这是最直接的获得外壳的途径。自己制作外壳基本上是"量身定做"，所以制作出的外壳在外形和尺寸上最能够满足要求，同时也更具有个性，但是由于在业余条件下材料和工具有限，所以有时自制外壳的外观和结构不够理想，而且制作外壳也需要花费较长的时间和较大的精力。自己制作外壳在结构设计上比较灵活，常采用的结构主要有箱式结构、板式结构和膜式结构三种。

箱式结构即绝大多数成品外壳所采用的结构，这种结构的外壳是一个闭合的空腔，通常为六面体，对外观和结构有特殊要求的外壳也可能是其他规则或不规则形状。制作时先将钢板、铝板、有机玻璃板或木板等板材按设计的形状和尺寸裁切好，再对裁切好的板材进行加工和处理，最后用螺钉、铆钉或粘合剂将各块板材连接成箱体，其中后两个步骤也可以根据板材和制作工艺的不同相互对调。箱式结构外壳在使用上与成品外壳没有太大差别，它能够对电路起到很好的保护作用，但这种结构的外壳制作难度相对比较大。

板式结构是一种敞开式结构，这种结构的外壳并非完整的外壳，也非真正意义上的外壳，它仅由很少几块板材和必要的支撑部件构成，本书中介绍的"用POS机顾客显示屏制作的电子钟"采用的就是用有机玻璃板自制的板式结构外壳。采用板式结构外壳的电路应将指示灯、按键、开关、电位器及接插件等需要察看和操作的器件按面板的形式布局在电路板上，这样可以进一步简化外壳结构、节省材料，制作更加方便。制作时先按要求裁切好板材，之后再对板材进行加工，最后用支撑部件将各块板材或将板材与电路板连接起来即可。制作板式结构外壳所用的板材最好为有机玻璃板，这样视觉效果较好，对机械性能有要求时也可以使用金属板。板式结构外壳与箱式结构外壳相比制作难度大大降低，外观更加新颖，而且散热、透光、传声效果也更好，但这种结构的外壳不能防尘、防水，使用中也要注意不能用手或其他工具触碰电路中未经绝缘处理的部分，以免触电或损坏电路。

膜式结构是一种比较特殊的结构，这种结构的外壳是一层薄膜，其外形由电路板或其他部件的轮廓来决定，制作膜式结构外壳所用的材料主要为热缩管和热缩膜。热缩管一般用于套封电线电缆或某些电子器件，由于尺寸规格的限制它只适合用来制作体积较小、外形狭长的电路板或其他部件的外壳，用热缩管做外壳的电路模块如图2.6.1所示。制作时先根据电路板的尺寸，选好直径满足要求的热缩管并截下一段，如果电路板上有需要露出的LED或接插件等器件，则还需要预先在热缩管上适当位置用剪刀或空心冲子加工好孔。然后将热缩管套在电路板上，之后用热风枪或电吹风加热使之收缩到位即可，加热时要注意应尽量避开怕热的器件。热缩管有多种颜色，制作时选用不同颜色的热缩管不仅能够改善外观，而且也可以利用颜色来区分不同的电路板或其他部件。热缩膜主要用于产品包装，它适合用来制作体积较大的电路板或其他部件的外壳，用热缩膜做外壳的电路板如图2.6.2所示。制作时最好选用透明度较高的袋状热缩膜，首先根据电路板的尺寸对热缩膜进行裁剪，

(a) 套热缩管前的电路模块

(b) 套热缩管后的电路模块

图 2.6.1 用热缩管做外壳的电路模块

然后将电路板放入袋中即放于两层热缩膜之间，之后用专用的封口器将各条边封闭，最后加热使之收缩至表面平滑即可，如果电路板有接插件还应在热缩膜收缩后，用刀或剪刀裁剪出窗口将之露出。由于热缩膜能够透光，所以无须专门加工显示窗或遥控窗，而且这类材料也比较柔软，按键不用露出就能够操作。膜式结构外壳是最廉价、最容易制作的外壳，它具有较好的防尘和绝缘性能，能够适应各种形状的电路板或其他部件，使用非常灵活，更换或拆除也很方便，但这种结构的外壳机械性能较差，外观也一般，高要求和高可靠性的电路不适合采用。

图 2.6.2 用热缩膜做外壳的电路板

3. 外壳选择的原则

选择外壳不能单凭喜好，还要考虑到电路的具体情况和制作的特殊要求，一般选择外壳应遵循如下原则：

① 安全可靠。

外壳应确保设备能够安全使用、电路能够可靠工作，这也是对外壳最起码的要求。外壳的材料应根据电路的特性和工作环境来选择，带有强电的手持式设备以及在潮湿环境下工作的电器应尽量避免使用金属外壳，发热量较大的电路最好不要使用塑料外壳，如果一定要用塑料外壳，则应选用耐高温阻燃塑料外壳。此外，外壳的机械性能也要能够满足各部件支撑连接的要求，设备中有较重或易碎的部件时，应选择厚壁金属外壳或强度较高的塑料外壳，以保证在使用和搬动过程中外壳不会变形、各部件不会损坏。

② 经济适用。

外壳的外形尺寸应根据部件的多少来选择，外壳太小不方便各部件布局设计，也不利于散热，但外壳太大在使用中会占用更多空间，不好摆放和搬动，而且成本也会提高。外壳的结构要方便安装和维修，在满足要求的前提下应尽可能地选择结构比较简单的外壳以降低成本。

③ 美观协调。

外壳的外观在很大程度上决定着电子制作最终成品的档次，所以应选择美观大方、做工较好的外壳，而且外壳的色彩和造型风格要与制作主题和类别相协调，例如仪器仪表类制作最好选择色彩稳重、轮廓简单的外壳，一般家用电器类制作可以选择色彩鲜艳、外观时尚的外壳，娱乐品或工艺品等制作则可以选择多种颜色搭配、造型奇特的外壳。

④ 易于加工。

虽然对于电子制作来讲，对外壳进行改造和加工是不可避免的，但也应尽量选择外观接近设计要求、结构适合改造、材料容易加工的外壳，这样不仅可以节约时间、节省体力，而且也容易保证加工质量，同时也能够降低由于加工失误而导致外壳报废的风险。

2.6.3 外壳的加工

不论是哪种来源的外壳，其本身都不一定能够完全满足安装和使用的要求，在组装前一般都要进行加工，外壳加工主要包括布局设计、壳体加工和表面装饰。

1. 布局设计

壳体加工前要首先对面板和外壳内部进行布局设计，即制订并优化面板上和外壳内各部件摆放的方案及其与外壳连接的方案，同时确定安装各个部件所需要窗口和安装孔的位置。这个步骤非常重要，它对整机的安全性、可靠性、耐用性、美观性、操作方便性、可装配性及可维护性等都有较大的影响，同时它也在一定程度上决定着壳体加工的难度。

大多数的外壳都安装有一块或两块面板，面向操作者的面板称为前面板，背向操作者的面板称为后面板，有些功能和结构复杂的设备在外壳的顶部或侧面还设计有辅助面板。前面板主要安装各种指示灯、表头及经常操作的开关、调节旋钮、接插件等器件，后面板主要安装保险管座、接地端子、散热风扇、散热器及不经常操作的开关、调节旋钮、接插件等器件。外壳的面板特别是前面板是外壳的“脸”，面板布局的优劣不仅决定着操作是否方便和安全，而且还直接影响整体外观，面板布局设计时应做到以下几点：

① 合理。

面板上开关、按键、调节旋钮等器件布局应便于操作、符合习惯，经常操作的器件最好布局在面板右侧，需要同时操作或配合操作的器件之间的距离不能太远，以免某些操作者无法完成操作，但这些器件之间的距离也不能太近，否则可能导致开关帽、旋钮等附件无法安装，而且使用时也容易出现误操作。指示灯、表头、显示屏等器件应布局在操作者水平视线以内(一般为面板上方)，同时这些器件应和开关、调节旋钮等相关器件按一定对应关系来布局以方便读取相关信息。插座和接线端子等接插件一般应布局在面板下方以方便接线，这些器件布局不能过于密集，否则会影响插拔插头或连接导线，而且最好根据信号类别划分成若干个区域或分成若干组来布局，这样能够有效地避免接线错误。面板上各器件在布局时还应参考与之连接的电路板以方便安装，同时这样也可以缩短连接线的长度，如果面板上各器件安装于同一电路板，则这些器件在面板上的位置由电路板的布局决定，面板布局时各器件的位置不能随意更改，而且尺寸要准确，以免无法顺利安装。此外面板布局时在显示窗、发声孔、散热孔等窗口外围应留有一定空间以便安装与窗口配套的面罩。

② 安全。

面板是操作者用手直接接触的部分，布局时安全问题一定要考虑。在经常操作的开关、按键、调节旋钮等器件周围不要布局高压或大电流的输入/输出接插件以免触电或发生其他危险；具有特殊功能或重要功能的开关、按键或调节旋钮等器件应远离其他器件，以防平时误操作或在紧急情况不能快速准确操作。

③ 美观。

面板上各个器件和窗口布局应均匀、整齐、协调，复杂的面板还应具有层次感，做到主次分明，功能区域分割及面板上各个器件的排列要善于采用黄金比例、均方根比例、整数比例等工业设计中常用的具有美感的比例。

外壳内部主要安装各部分电路的电路板以及变压器等部件，虽然外壳盖上盖板后在平时使用时这些部件看不到，但也不能随心所欲地胡乱摆放，否则可能会影响电路的性能，甚至埋下安全隐患。外壳内部布局时应考虑以下几方面：

① 电。

布局时要注意强电和高压部分的电路板应远离弱电和低压部分的电路板以及外壳，模拟部分的电路板应远离数字部分的电路板，低频部分的电路板应远离高频部分的电路板，前级放大电路、信号处理电路等容易受干扰的电路板应远离驱动电路、显示电路等容易产生干扰的电路板。各部分电路板也可以通过调整安装方向来减小彼此干扰，必要时还可以根据实际情况用屏蔽框、屏蔽罩或绝缘板等部件来隔离。变压器特别是 EI 形变压器应远离各电路板，并且要将其对外干扰最小的一面朝容易受干扰的电路板或器件。此外布局时还要注意需要相互连接的电路板应彼此靠近，需要与面板上器件连接的电路板应尽量靠近面板，这样能够缩短连接线的长度，从而避免干扰与被干扰。

② 磁。

外磁式扬声器、直流电动机等装有永磁体的器件周围空间存在较强的磁场，布局时这类器件应远离磁头、磁鼓、霍尔元件、显像管等对磁场比较敏感的器件及电感、高频变压器、磁棒天线等用磁性材料制成的器件，以免影响器件正常工作或导致器件性能劣化、失效，而且这类器件也不能靠近磁电系表头、电磁系表头等工作原理与磁场相关的模拟表头，以免影响测量准确度。为了进一步减小扬声器对器件的影响，安装在外壳内的扬声器最好使用内磁式扬声器。

③ 热。

布局时要注意散热器、大功率电阻等工作中发热量较大的器件，应远离怕热和容易受温度影响的器件或电路板，同时也应尽量靠近外壳的散热孔，并且发热器件的上方不要安装其他器件或电路板，以免阻碍散热及影响其他电路正常工作。一般外壳的盖板和底板上都有散热孔，布局时应注意电路板或其他部件不要将底板上的散热孔全部覆盖以免影响空气对流，当发热器件距离散热孔较远时可以设计对流通道或另外加工散热孔来散热，必要时还可以安装风扇及设计风道来强制散热，以获得更好的散热效果。

④ 力。

布局时各部件特别是变压器及安装有大电容、散热器等比较重的器件的电路板最好根据重量对称分布，以保证外壳受力均匀、重心居中，应尽量避免“一头沉”或“头重脚轻”的布局，外壳受力不均将会影响整机的稳定性，摆放和搬动都不是很方便，而且在搬动过程中也容易导致外壳变形或损坏。

⑤ 装。

布局时要多考虑组装的便捷性和可行性，在外壳内部空间允许的情况下，应尽量避免要求顺序组装(各部件只能按特定的顺序即固定的步骤来安装，而不能随意跨越或交叉其中某些步骤)的布局，例如多块电路板层叠布局、电路板下方又有其他部件的布局等，同时要保证各个部件的布局不会因空间上的冲突而影响组装或使用，此外各电路板周围和下方应留有一定的空隙以容纳接插件及方便接线和穿线。

⑥ 修。

布局时应将各部件根据功能划分成若干部分，并且最好将各部分按信号流向来排列以方便调试和维修，容易损坏或需要经常更换的器件或电路板应布局在最顶端、最外围或靠近面板处，并且最好采用可拆分结构以方便拆卸。电路板上的电位器、可调电容等需要调节的器件及用于测试和校准的焊盘或端子，不应被其他电路板或器件遮挡，同时也应留有伸入调试工具的空间以方便操作。

此外，在布局设计的过程中会经常将电路板或其他部件放在外壳上进行比对，取拿部件时应做到轻拿轻放，并且最好在部件下方垫一张厚纸或气泡膜以免损坏部件或划花外壳。要求比较高时也可以按各部件的实际尺寸用硬纸板制作纸样，布局设计时用纸样代替实际的部件来比对，则无须担心损坏部件或外壳。此外还可以用AutoCAD、Protel等软件根据各部件及外壳内部、面板的实际尺寸在计算机中进行布局设计，这种方法不但可以保护部件和外壳，而且布局设计效率更高、各部件定位更准确，它也是首选的布局设计方法。

2. 壳体加工

壳体加工包括整形和开孔。整形主要是去掉壳体上妨碍各部件安装的支撑柱、加强筋(加强肋)或其他凸出于表面的构件以及修改外壳的某些结构以方便组装和使用，当外壳本身的外形和结构能够满足安装和使用要求时则无须进行整形加工。开孔主要是加工各部件的安装孔、穿线孔、发声孔、散热孔、显示窗、遥控窗、观察窗等不同大小的圆孔或非圆孔，一般来讲开孔加工是必须的，它也是壳体加工的主要任务。

开孔前应先定位，定位方法与本书2.3节介绍的印刷电路板制作中钻孔定位方法基本相同。首先在外壳面板和内部布局图中按图5.3.20所示的方式用十字叉标出各个孔的中心，然后将布局图按1∶1用打印机打印出来作为图样，之后再将图样沿边框剪下并粘贴在外壳上，粘贴时应将图样边框与实际外壳的边框对正，最后用锥子在每个十字叉的中心加工出定位凹坑。此外也可以用尺子测量确定好各孔的位置后，直接用锥子在外壳上加工出定位凹坑，还可以将各部件或其纸样放置在外壳上通过比对来定位，但这些方法定位偏差较大，而且容易划花外壳表面及损坏部件，仅适合在要求不高或条件有限的情况下采用。定位完成后即可按本书2.2节介绍的相关内容，根据孔的大小和形状选择适当的方法加工各个孔。在业余条件下加工非圆孔要比加工圆孔困难得多，而且加工质量也不高，因此在壳体加工时应尽可能地用圆孔来代替非圆孔，同时考虑到工具选择及钻孔加工的难度也最好避免加工直径在12～14 mm范围内的圆孔。

为了避免在加工过程中损伤外壳表面，壳体加工应在表面装饰之前进行，如果所选的外壳无须进行表面装饰，则在加工过程中应注意保护外壳，最好在外壳表面粘贴一层静电膜(业余条件下也可以用食品保鲜膜)或采取其他保护措施以免划花表面而影响外观。

3. 表面装饰

对外壳表面进行装饰主要是为了保护材料表面、防止氧化生锈以及掩盖缺陷和瑕疵，有时也是为了覆盖原来的表面进而改变或改善外观。电子制作常用的表面装饰方法主要有涂漆和贴面两种，这些方法不仅适合用于外壳表面装饰，也可以用于某些零部件表面装饰。

(1) 涂 漆

涂漆是通过采用某种涂装工艺使工件表面附着油漆等涂料装饰表面的方法。这种方法可谓历史悠久,它具有适用面广、外观好、不易脱落等优点,但油漆干燥需要较长的时间,操作时对环境的要求也比较高,而且使用时间长了漆面还可能会变色。涂漆一般最少需要经过三个步骤,分别是表面处理、涂装和干燥。

表面处理主要包括“去”和“补”。“去”即去除工件表面的毛刺以及灰尘、水渍、油污、锈迹、旧漆膜等附着物,它能够使油漆更好地附着在工件表面,提高涂漆质量。“去”可以根据工件材料用砂纸或刷子来完成,必要时还可以用布蘸取少量有机溶剂来完成。“补”即用腻子修补工件表面的凹坑、小孔、砂眼、裂纹、接缝以及缺棱缺角等缺陷,这一过程也叫做刮腻子。腻子一般为泥状,用于修补木质表面或要求不高的表面的腻子可以用石膏粉(或滑石粉)、熟桐油(或清漆)来配制,必要时还可在其中加入少量松节油或水,用于修补金属表面或要求比较高的表面的腻子推荐用原子灰及其配套的专用固化剂来配制。刮腻子时先将腻子涂抹在缺陷处,腻子要将缺陷全部盖住并略高出表面,再用油灰刀或铲刀将腻子压实、刮平并将多余的腻子去掉,待腻子完全干透后用砂纸对工件表面进行打磨,打磨后的表面应光滑平整,用手摸不到任何凹陷和毛刺,同时边缘要棱角分明,如果工件表面为曲面则还要保证轮廓线条自然流畅。最后用刷子除去表面的腻子和砂纸碎屑“补”就完成了。当在工件内侧等不重要的表面涂漆或工件表面的缺陷较小、较浅时也可以省略“补”这一过程。

表面处理好后即可进行涂装,常见的涂装工艺主要有刷涂、喷涂、浸涂、流涂和辊涂等几种,其中刷涂和喷涂相对更适合在业余条件下操作。

刷涂不需要专门设备,使用专用油漆刷或一般的软毛刷即可完成。它具有节省涂料、成本低廉及漆膜厚实等优点,与喷涂相比它对空气环境的污染也小很多,但刷涂的涂漆质量对操作者的依赖程度比较大,要获得高质量的表面需要操作者具有较高的技能水平和丰富的经验,而且与喷涂相比刷涂漆膜的均匀性和一致性也差一些。

喷涂一般要配合喷枪、气泵等设备来完成,它具有漆膜均匀一致、操作效率高、工件的隐蔽或深陷部位也能够进行涂装等突出优点。由于喷涂需要专门的设备和环境,而且成本也相对比较高,所以在业余条件下操作比较困难,但市场上有一种自动喷漆克服了以上不足,使业余条件下采用喷涂工艺涂漆成为可能。自动喷漆也叫手喷漆,一般为金属罐装,其外形与常见的罐装气雾杀虫剂或打火机气类似,如图2.6.3所示。这种喷漆为快干热塑性丙烯酸气雾漆,具有操作简单、方便灵活、干燥迅速、漆膜质量好等优点,可以用于金属、木材、玻璃、塑料等多种表面喷涂,也是电子制作首选的装饰用漆。自动喷漆有多种颜色,其中也包括无色透明(即清漆,也叫光油),可以根据需要选用。

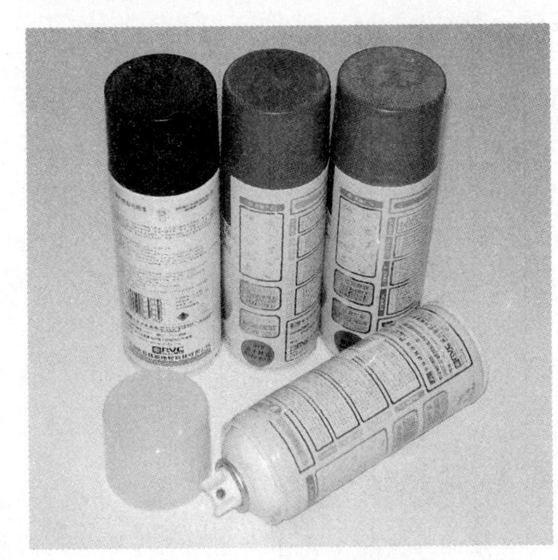

图2.6.3 常见的自动喷漆

喷涂时先上下左右摇动漆罐约2分钟,使漆液在罐内钢珠的击打搅拌下充分混合均匀。之后打开罐盖,用食指按下喷头,漆雾即从喷嘴喷出。在喷涂过程中喷头要匀速移动使漆雾能够均匀的落于工件表面,同时应保证喷头距工件20~30 cm,距离过近则容易导致漆液堆积、漆膜厚度不均匀或漆膜出现凹坑、气泡等缺陷,距离过远则又会导致漆膜干涩、光洁度差、厚度不足或出现漏涂,这些都将影响涂漆质量。此外在喷涂过程中还要尽可能的保持漆罐直立,漆罐与水平面的夹角不能小于45°,否则漆雾将不能正常喷出。喷涂时最好不要一次就将漆膜喷到所要求的厚度而应该每隔2分钟左右薄薄地喷一层,分多次逐渐使漆膜的厚度达到要求,这样做可以使漆膜更加均匀,同时干燥也更快。

喷涂时还应注意要将工件固定好或摆放妥当,以免工件跌落或倒下而导致漆膜受损,摆放时工件要涂漆的表面尽量水平向上,如果实在无法做到则应注意漆膜不能喷太厚,以免在喷涂时出现“流泪”现象即漆液在重力的作用下在工件表面流淌。塑料或未知材料的工件喷涂前应先在工件内侧或隐蔽处试喷一下,以免漆液和工件发生化学反应而损坏工件。木材为多孔结构,很容易吸收油漆,因此木质工件在喷涂前最好先用刷涂工艺上一层底漆以减少喷漆用量,从而降低成本。

喷涂完毕后应对工件表面的漆膜进行仔细检查，如果有漏涂的地方则应补涂，如果有缺陷则可以根据缺陷的严重程度和对表面要求的高低决定是否返工。喷涂返工要先去除有缺陷的漆膜，木质或塑料工件的漆膜可以在其干透后用砂纸去除，金属工件的漆膜则可以在其未干前用松香水、洗板水等有机溶剂洗去。当一罐喷漆不能一次用完时，应在喷涂完毕后将漆罐倒置并按下喷头几秒钟，利用罐内气体对喷嘴残留漆液进行清理，以防喷嘴堵塞，之后盖好罐盖放于阴凉干燥处保存。

涂装作业时空气中会有大量漆雾和有害气体，因此涂装应在通风的环境下进行，同时要戴好口罩、手套等防护用具，此外油漆和相关溶剂均为易燃品，在涂装作业现场应严禁烟火，以免发生火灾。

涂装完成后，漆膜要经过干燥才能达到一定的硬度和强度，一般自然干燥需要 3～7 天，如果天气阴冷则干燥时间将更长。虽然热烘可以加快干燥速度，但掌握不好可能会导致漆膜开裂、起泡或起皱，除非工件急用否则一般不推荐热烘。在干燥的过程中应避免在工件周围走动，以免灰尘、毛絮等细小杂物飘落在漆面上而影响涂漆质量，同时也不要心急地用手去触摸未干透的漆膜，以免损伤或污染漆面。在漆膜干透后工件即可使用，当要求比较高时，也可以对漆膜进行磨光、抛光等修整，还可以再重复若干次打磨、涂装、干燥等过程来进一步提高涂漆质量。

(2) 贴　面

贴面也可以称作贴皮或贴膜，它是通过用粘合剂在工件表面粘贴某种表皮材料装饰表面的方法。这种方法具有装饰效果丰富、不易变色、操作快速简便、不需要专门的设备和环境、作业时污染小等优点，但它不适合用于外形复杂、凹凸不平、棱角较多的工件，而且使用时间长了特别是当粘合剂质量欠佳或粘贴方法欠妥时，表皮材料可能会从边角处翘起甚至脱落。表皮材料的种类很多，常见的有木纹纸、铝箔纸、广告即时贴、PVC 贴面、人造革、薄木皮等，为了方便粘贴最好选用背面带有不干胶的表皮材料。

贴面一般只需要表面处理和粘贴两个步骤，其中表面处理与涂漆操作中表面处理的方法基本相同，这里不再赘述。表面处理好后即可进行粘贴，粘贴前应先根据工件各表面的大小和表皮材料的幅宽，对表皮材料的下料方案即分割方案进行优化以节省材料，需要注意的是分割后的各块表皮材料应略大于要粘贴的表面，之后再按优化后的方案将表皮材料裁剪分割成所需大小的若干块。粘贴时先将表皮材料与工件表面对正，然后揭起表皮材料不干胶保护衬纸的一角将表皮材料粘贴在工件表面上，之后逐渐揭去衬纸，边粘贴边用手或软布将表皮材料抹平，直到整个表面都粘贴好为止。粘贴的过程中应将未粘贴的表皮材料尽量拉紧，并且抹平时手或软布应从已粘贴部分向未粘贴部分的方向抹而不能反向抹或胡乱按压，否则可能出现气泡或褶皱等缺陷，一旦出现这些缺陷修补将比较困难，要求比较高时往往需要返工。此外在粘贴过程中手也不要触碰不干胶特别是边角部位，以免影响粘贴效果。粘贴完毕后用直刀裁去多余的表皮材料，最后再用电吹风对表皮材料进行加热，边吹边用软布在表皮材料上特别是边角和接缝处用力擦拭，使表皮材料粘贴更牢固。按同样的方法将工件其他表面粘贴好表皮材料后贴面即完成。

2.6.4 外壳附件的制作

完整的外壳除了壳体或支撑结构外还包括很多附件，这些附件除了其本身的作用外，一般还具有一定的装饰作用。这里介绍一些常见外壳附件的制作方法，在外壳没有配套附件需要自己制作时可以参考。

1. 旋　钮

旋钮是套在电位器、编码器、波段开关等器件的轴柄上并能够与之紧密配合的部件，一般用塑料、金属等材料制成，它最主要的作用是通过增大力臂使轴柄旋转更省力、更细微，同时它还具有指示轴柄旋转角度和位置、调节轴柄长度、改善手感等作用。根据截面形状的不同，轴柄可以分为圆轴、半圆轴和梅花轴三类，与之相配的旋钮同样也有三类，其中圆轴旋钮安装时一般需要通过旋钮侧面的螺钉来固定，而另外两类旋钮则不需要。

市场上成品旋钮的种类很多，其外观、结构和档次各不相同，可以根据需要来选择，当条件有限或有特殊要求时旋钮也可以自己制作。生活中常见的牙膏盖、鞋油盖及各种外观良好、大小适中的瓶盖都是自制旋钮的好材料。制作时先将瓶盖清洗干净，再截取一段长约 10 mm(具体可以根据轴柄的长度以及器件与面板之间的距离来确定)、直径略大于轴柄的塑料管，之后将塑料管放于瓶盖内侧中央并且用热熔胶固定妥当旋钮就制作好了，固定时热熔胶应将瓶盖内部填满并与边缘平齐，这样不仅牢固而且美观，用牙膏盖制作的旋钮如图 2.6.4 所示。当外观要求比较高时也可以用质量较好的金属抽屉拉手来自制旋钮,这种旋钮非常有质感,与音响产品常用的高档金属实心旋钮相差无几。用抽屉拉手制作旋钮非常简单,只需将拉手原来的安装孔用钻头扩至轴柄能够安装即可。为了指示轴柄旋转角度和位置,也可以在拉手边缘用钻头加工一个凹坑或用什锦锉加工一个凹槽,凹坑或凹槽内涂少许颜色与拉手本色差别较大的油漆效果将更好,用抽屉拉手制作的旋钮如图 2.6.5 所示。自制旋钮受材料和加工条件的限制,安装轴柄的孔只能是直径与轴柄接近的圆孔,安装时如果配合不够紧密可以在轴柄上先套若干层热缩管或缠几层透明胶带来填充配合间隙,必要时还可以在旋钮侧面用螺钉来固定。

图 2.6.4 用牙膏盖制作的旋钮

图 2.6.5 用抽屉拉手制作的旋钮

2. 按键帽

按键帽是盖在按键顶部并能够与之紧密配合的部件,一般用塑料制成,它具有方便按键按动、区分按键功能、调节按键高度、改善按键外观等作用。按键帽根据其外形和结构的不同,大致可以分为无透明上盖和有透明上盖两类,前者一般通过按键帽本身的颜色来区分按键的功能;而后者能够在按键帽和上盖之间夹一层印有或绘有按键标识的纸或其他材料,与前者相比它可以更直观、更具体地来区分按键的功能,并且能够区分功能的种类也更多。这里所介绍的按键帽的制作是针对有透明上盖的按键帽而言的,带有透明上盖的按钮帽(开关帽)也可以参考这种方法来制作。

常见的有透明上盖的按键帽及其配套的按键如图 2.6.6 所示,制作前先根据按键帽的尺寸和各个按键的功能用计算机设计出按键标识的符号或图案并标出裁剪边框,然后用打印机打印出来,如图 2.6.7(a)所示。打印时最好一次多打印几种或同一种多打印几个,以便从中选取最满意的一个来使用,要求不高时按键标识也可以直接手绘,打印或绘制时可以根据按键功能需要选用不同颜色的纸。之后在打印或绘制好按键标识的纸的背后粘贴一层双面胶,再用刀沿边框将每个按键的标识裁剪下来。最后将裁剪好的按键标识粘贴在按键帽上再盖上透明上盖按键帽就制作完成了,如图 2.6.7(b)所示。需要注意的是,粘贴时按键标识要与按键帽对正,盖透明上盖前要先用毛刷或吹尘球除去按键标识表面脱落的碳粉及上盖内的灰尘和塑料碎屑以免影响外观。

图 2.6.6 常见的有透明上盖的按键帽及其配套的按键

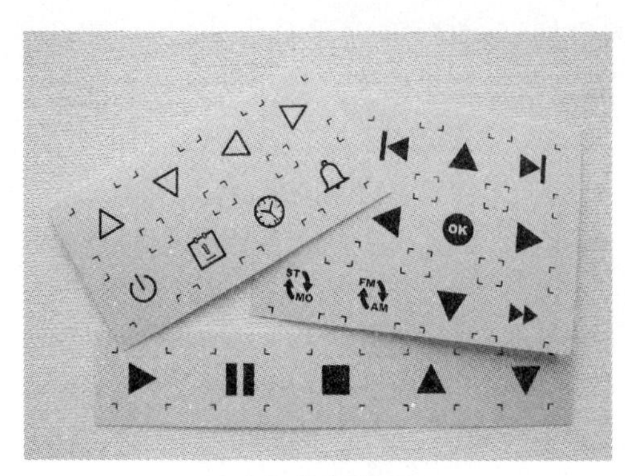

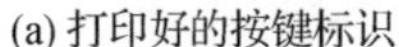
(a) 打印好的按键标识

(b) 制作好的按键帽

图 2.6.7 按键帽的制作

3. 底 脚

底脚是安装在外壳底部用来支撑外壳的部件，一般用橡胶、塑料、金属或木材等材料制成，它除了具有支撑作用外还能够起到减震、防滑、保护支撑面、调节高度等作用。大多数情况下一个外壳需要安装 3～4 个底脚，购买成品外壳一般都配有底脚，而自制外壳则要自己选配底脚，当一时无法购得合适的成品底脚时，也可以从生活用品及家具配件中寻找替代品。

近几年在家居用品店或超市经常可以看到一种叫做家具脚垫(也叫家具保护垫)的产品，如图 2.6.8 所示，它背面带有不干胶，能够粘贴在家具腿上，具有防滑、防止损伤地板等作用。这种脚垫一般用橡胶、毛毡、塑料等材料制成，有多种厚度、大小、形状可选，对外壳高度没有要求时用它做底脚非常适合。由于这种脚垫带有不干胶，所以在安装时无须预先加工安装孔，使用非常方便，当日后不需要底脚时也可以随时拆除。某些脚垫的不干胶会和塑料或有机玻璃等材料发生化学反应，从而可能导致外壳表面受到污染或损伤，这一点在使用时要注意。

图 2.6.8 常见的家具脚垫

顶端为平面的抽屉拉手做底脚也很理想，这种拉手一般都加工有带内螺纹(通常为 M4)的安装孔，安装时直接用螺钉固定即可，如图 2.6.9 所示，为了防滑还可以在拉手顶端粘贴一个家具脚垫。用拉手做底脚的好处是可以随时通过拧动拉手从而使螺钉在拉手中旋进旋出来调整外壳的高度，而且拉手款式、档次都很多，外观效果也非常好。

牙膏盖、鞋油盖或其他瓶盖也可以用来制作底脚，这是最经济的做法，也算是废物利用。安装时先将牙膏盖清洗干净，再在牙膏盖正中钻一个孔，之后再用螺钉将牙膏盖固定在外壳上即可，如图 2.6.10 所示。

此外，当外壳体积比较大并且整机比较重时，为了方便移动还可以用家具配套的塑料脚轮做底脚，安装效果可以参考图 5.3.27。

图 2.6.9　用抽屉拉手制作的底脚

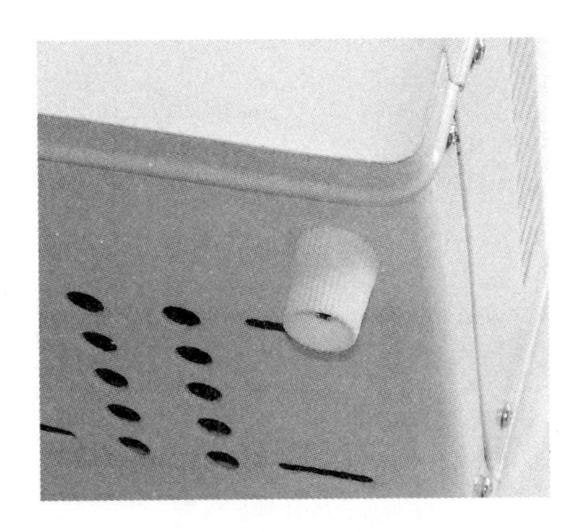

图 2.6.10　用牙膏盖制作的底脚

4. 面膜和铭牌

电子产品的面板上通常都有用于标明旋钮、按键、开关、指示灯、显示屏等各个器件的功能、档位、刻度、单位等各项内容的文字或符号，有的面板上还有商标、背景、花纹及其他图案，这些文字、符号和图案主要起方便操作和装饰面板的作用，为了便于介绍这里将之统称为标识。

当所使用外壳的面板无标识或标识不符合要求时，则需要自己设计制作标识。电子产品面板上的标识一般是在外壳制造好后通过贴膜、印刷或蚀刻等方法加工而成，也有的是利用预先设计有标识的模具采用注塑、冲压或铸造等工艺与外壳一并制成，在业余条件下采用贴膜的方法制作标识相对比较容易和可行。贴膜即在面板上粘贴印有标识的塑料薄膜，电子制造行业一般将这种印有标识的塑料薄膜叫做薄膜面板，简称面膜。采用面膜做标识具有成本低廉、外观效果好、防尘防水、耐腐蚀、容易更换等优点，广泛应用于家用电器、仪器仪表等电器设备。

自制面膜时先根据面板尺寸和面板上各器件的位置用计算机设计好标识，标识设计底稿可以是黑白的也可以是彩色的，具体由制作要求和条件来决定。标识设计应做到文字和符号要准确、简明、规范、清晰、整齐、位置得当，面板在整体上应具有一定的美感，如果标识是彩色的则还应考虑文字、符号与背景以及面板与外壳色彩的搭配，要整体协调一致、局部显著突出，具体设计时也可以参考现有的家用电器或仪器仪表的面板。标识设计好后用打印机打印出来，对于黑白底稿如果有条件可以用彩色纸或皮纹纸、布纹纸等特殊颜色或特殊表面的纸打印，这样更加美观；对于彩色底稿则最好用相纸打印以获得更好的色彩效果。之后在打印好标识的纸的正面粘贴一层透明胶带，当透明胶带太窄不能覆盖整个标识时也可以粘贴手机或计算机显示屏保护膜，还可以拿到相片冲印店去压膜过塑，这一步骤主要是为了给面膜增加一层保护膜，使面膜能够防水、防污染，更加美观和耐用。粘贴好保护膜后再在打印好标识的纸的背面粘贴一层双面胶，当双面胶的宽度小于标识时可以用多条拼接，但不要重叠或有间隙，以免影响表面的平整度。最后用空心冲子、铲刀和剪刀等工具加工出各安装孔和窗口，再将标识沿边框裁下面膜就制作完成了，如图 2.6.11 所示。使用时先将外壳面板表面处理干净，再将面膜与面板的边框及各个孔对正后粘贴在面板上即可。自制的面膜是一种简易面膜，它虽然不如专业厂家生产的面膜美观和耐用，但已经能够满足大多数电子制作的要求。

铭牌指安装在外壳上标有装置名称、型号、主要性能指标、使用注意事项等内容的标牌。为了使电子制作更具专业水准，对于要求比较高的电子制作可以自己制作一个铭牌安装在外壳表面，业余条件下制作铭牌的材料和方法与制作面膜基本相同，制作时可以参考上文的介绍，用这种方法制作好的铭牌如图 2.6.12 所示。

在要求不高的情况下也可以用油性记号笔直接在外壳面板或其他表面绘制出标识和铭牌，不过要想用这种方法制作出外观效果较好的标识和铭牌需要操作者具有一定的美术基础。此外，也可以参考本书 6.5.2 小节介绍的方法用感光板来制作标识和铭牌，与用纸制作的面膜和铭牌相比它更加结实耐用，也更有个性。

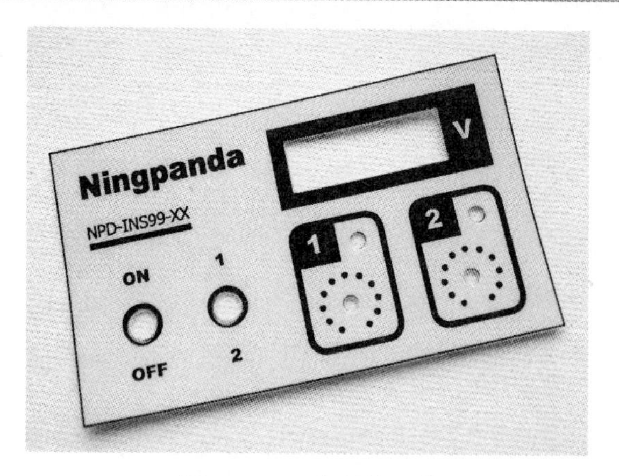

图 2.6.11　自制的面膜

图 2.6.12　自制的铭牌

5. 面　罩

面罩是安装于外壳窗口内侧或外侧用来保护窗口内部电路或器件的部件，它有内装式和外装式两种安装方式，不论采用哪种安装方式，一般都要求面罩尺寸要大于窗口并且能够将窗口完全盖住。

采用内装式安装时面罩在窗口内侧，从外部看不到面罩的边缘部分，这就降低了面罩的加工要求，但由于这种安装方式窗口边缘部分裸露在外，所以对窗口加工的要求比较高，应保证窗口形状规则、尺寸准确并且边缘光洁。制作内装式面罩所用的材料可以根据窗口的功能来选择，显示窗、遥控窗和观察窗等窗口配套的面罩一般用透明玻璃或有机玻璃等材料来制作，发声孔、散热孔等窗口配套的面罩一般用金属网、筛网或塑料纱布等材料来制作。面罩安装时可以根据材料用双面胶、万能胶或热熔胶来固定，也可以用螺钉来固定，内装式面罩的安装效果可以参考图 3.2.14、图 5.2.24 及图 6.1.8。

外装式和内装式刚好相反，采用外装式安装时面罩在窗口外侧，它降低了窗口的加工要求，但提高了面罩的加工要求。一般来讲外装式面罩应具有凸出于表面且经过精加工的边框以保证外观效果。在业余条件下加工出高质量的外装式面罩比较困难，用某些五金、灯具配件或其他设备的配件来制作相对更加可行。市场常见的射灯灯罩是非常理想的制作外装式面罩的材料，它具有外观好、档次高、规格齐全、安装方便以及便于加工等优点。用灯罩制作面罩一般不需要对灯罩进行加工，直接安装即可，但是如果要在面罩上固定显示电路、表头电路或其他电路则需要在灯罩尾部加工电路板安装孔，如果所选的灯罩没有镜片则还需要用有机玻璃或透明塑料片自制一块镜片，用灯罩配套的金属卡子安装在灯罩上或直接卡在灯罩口的凹槽内。安装时灯罩可以用自带的弹簧夹或螺钉固定在面板上，安装好的外装式面罩如图 2.6.13 所示。

此外市场上有一种与仪表风扇配套的金属网罩，如图 2.6.14 所示，它主要用于防止风扇工作时手指被风叶打伤或其他物品绞入风叶。这种网罩一般为圆形，有很多种直径规格，它带有安装孔，可以内装也可以外装，安装很方便。这种网罩除了可以与仪表风扇配套使用外还可以直接作为或加工为散热孔、发声孔、观察窗等窗口配套的面罩来使用。

图 2.6.13　用射灯灯罩制作的外装式面罩

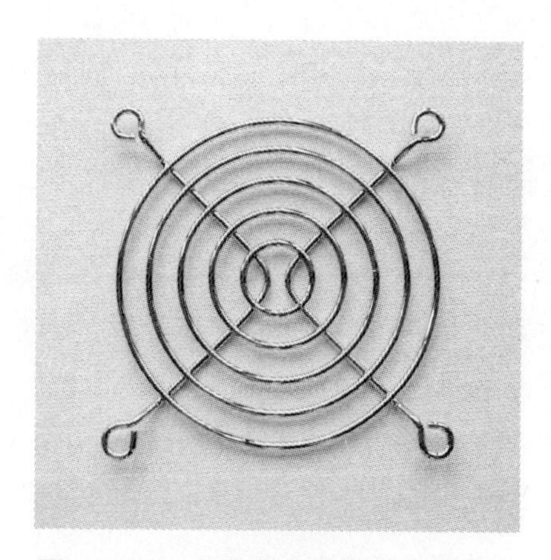

图 2.6.14　仪表风扇配套的金属网罩

2.6.5　常用连接方式

从某种意义讲，组装的过程就是连接各个部件的过程，选择适当的连接方式对组装来讲是非常重要的，它将决定着组装好的整机的可靠性和耐用性，同时对局部外观也有一定的影响。常用的连接方式可以分为电气连接和机械连接两类，一般来讲电气连接的同时也实现了机械连接，而机械连接则不一定能够同时实现电气连接。这些连接方式不仅在整机组装时会用到，在电路制作的过程中很多时候也会用到。

1. 电气连接

电气连接主要指能够使两部分或多个部分电路连通的连接，它可以细分为线与线连接、线与板(电路板)连接、板与板连接三种。电子制作组装时常用的电气连接方式主要有焊接、压接、插接、绕接和粘接等几种。

(1) 焊　接

焊接是最常用的电气连接方式，它主要利用焊锡等焊料来连通电路，这种连接方式可以用于线与线、线与板、板与板的连接，其中线与板、板与板的连接需要 PCB 上设计有相应的焊盘或安装有焊片等能够焊接的接线端子。焊接的操作方法、步骤流程和注意事项在本书 2.4 节中已经介绍过了，这里不再赘述。焊接方式具有可靠性高、寿命长、成本低等优点，而且焊接对所要连接部件的相对位置没有太大限制，可以从各个方向进行连接，非常灵活。但是由于焊料和焊接工艺的限制，非金属部件以及部分金属部件不能采用这种方式来连接，而且焊接时部件要承受较高的温度，怕热的部件也不能采用这种方式来连接。此外，焊接需要使用电烙铁、热风枪等工具以及焊锡、助焊剂、清洗剂等材料来完成，拆装略显不便。

(2) 压　接

压接是比较传统的电气连接方式，它主要通过利用旋紧螺钉、工具夹持产生的压力或部件材料本身的弹力使部件紧密接触来连通电路，线与线、线与板、板与板的连接均可以采用这种连接方式。线与线的压接常采用压线帽来完成，压线帽也叫闭端子，常见的压线帽主要有奶嘴式和螺旋式两种。奶嘴式压线帽如图 2.6.15(a)所示，它的外壳为尼龙材质，内部装有铝管或铜管，连接时将各导线头部的绝缘外皮剥去后一起插入压线帽内部的金属管，之后用压线钳从外部将之压紧即可，这种压线帽只能使用一次。螺旋式压线帽如图 2.6.15(b)所示，它的材料和结构与奶嘴式压线帽类似，但其内部不是金属管而是像弹簧一样的螺旋状金属丝，连接时导线插入后无须使用压线钳，用手将压线帽旋紧即可，使用更加方便，而且这种压线帽拆下后还可以再次使用。线与线的压接也可以采用中接端子来完成，中接端子如图 2.6.15(c)所示，它的内部结构和使用与奶嘴式压线帽类似，但导线可以从不同方向插入。中接端子的外壳一般用热缩材料制成，压接后将外壳加热使之收缩还能够防水。线与板、板与板的压接一般采用螺钉配合接线片、接线鼻、接线柱、接线端子等接插件、特殊的 PCB 焊盘或特殊的外壳结构来完成，这种连接方式部件之间的接触面积比较大，能够允许通过更大的电流，图 5.2.19 中分流器与接线柱的连接、市电和负载

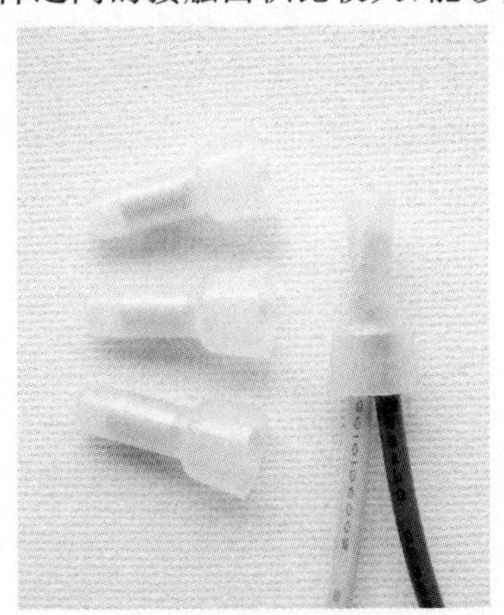

(a) 奶嘴式压线帽

(b) 螺旋式压线帽

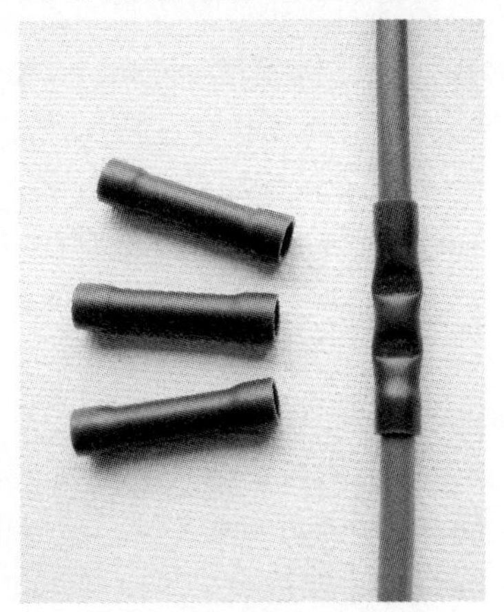

(c) 中接端子

图 2.6.15　常见的压线帽和中接端子

连接线与接线端子的连接采用的就是压接方式。此外,压接对所要连接部件的材料基本上没有限制,当部件的材料比较特殊无法采用焊接方式来连接时,压接方式也是比较好的选择,如导电橡胶与液晶屏或 PCB 的连接、屏蔽铝箔或屏蔽铝网与 PCB 的连接等。总体来讲,压接方式具有可靠性高、寿命长、机械性能好等优点,但是采用这种方式连接往往需要使用一些辅助部件或构件,所以成本相对比较高,而且连接时需要使用工具,连接操作也要花费较长的时间,拆装不够便捷。

(3) 插　接

插接是最方便的电气连接方式,它主要利用能够相互配合的接插件来连通电路。由于接插件种类繁多,所以插接方式也非常多,线与线、线与板、板与板的连接都可以采用这种连接方式。插接也是电子制作首选的连接方式,本书中几乎每个制作都用到了这种连接方式。采用插接方式连接时无须使用其他工具,可以随时连接或断开,极大地方便了调试、组装和维修,而且这种连接方式还具有接线整齐、连接点外观好、容易通过制订某种协议或标准来实现产品兼容互换等优点。此外由于接插件各路连接是一一对应的,大多数接插件在结构上也都具有防反接设计,所以采用插接方式连接时不容易接错线,特别是当连接线较多时更能体现出插接的优势。但是采用插接方式连接成本比较高,一些结构特殊或连接线较多的进口接插件的价格甚至会超过电路中 IC 等核心器件的价格,而且插接方式的可靠性和使用寿命也不及焊接和压接,因此对成本较为敏感或对可靠性要求较高以及在震动、高温、高湿环境下工作的电路不适合采用这种连接方式。

(4) 绕　接

通信、计算机、航天等工业中所讲的绕接是指利用专用的绕线工具将剥去绝缘外皮的单股导线在拉力的作用下,按规定的圈数和绕法紧密地绕在有锐利棱边的接线柱上,使导线和接线柱表面产生刻痕,并在刻痕处形成气密区构成可靠的电气连接。电子制作一般不采用这种绕接方式,而采用另一种不需要任何工具即可完成连接的绕接方式,这种绕接方式主要通过将要连接的部件缠绕绞合在一起来连通电路,它是最廉价的电气连接方式,可以用于线与线、线与板的连接。采用绕接方式连接时应按一定的方法来操作,而不能胡乱缠绕,否则会影响可靠性和机械性能。

线与线的绕接主要有直线绕接和交叉绕接两种,直线绕接用于导线一般连接和延长,交叉绕接则用于支线和干线的连接。直线绕接时先将要连接导线头部的绝缘外皮剥去,露出的线芯即线头的长度一般为线芯直径的 40 倍左右,然后将两条导线的线头在距外皮约线头总长三分之一处交叉并绞合 2～3 圈,当导线较细较软时也可以用打结来代替绞合,这样机械性能更好,之后将两个余下的线头分别紧密地绕在绞合处两端的线芯上,一般绕 5～8 圈即可,多余的线头可以剪去,绕接好的导线如图 2.6.16(a)所示。"T"形绕接是最简单的交叉绕接,绕接时先剥去干线中部和支线头部的绝缘外皮,然后将支线的线头和干线裸露的线芯在靠近外皮处交叉并将支线线头折回后再压在线头根部,之后将支线余下的线头紧密地绕在干线裸露的线芯上,与直线绕接一样,绕 5～8 圈后将多余的线头剪去,绕接好的导线如图 2.6.16(b)所示,用类似的方法也可以完成十字、星形等交叉绕接。

线与板的绕接一般需要配合带孔、带螺纹或带凹槽的接线片或接线柱来完成,绕接时先将要连接导线头部的绝缘外皮剥去,然后将线头穿过接插件的孔或卡在接插件的螺纹、凹槽内再将线头折回后与线头根部绞合拧紧即可,如图 2.6.16(c)所示,如果导线较细较软也可以在线头折回后先打结再绞合。

绕接方式具有成本低廉、可靠性高、操作简便等优点,但这种连接方式机械性能一般,外观不是很理想,而且使用场合也有限,对于电子制作来讲这种连接方式更适合在试验、调试和现场安装时采用,成品组装最好不要采用这种连接方式。

(5) 粘　接

粘接主要利用能够导电的粘合剂来连通电路,电子制作中采用这种连接方式最多的就是斑马纸与液晶屏、PCB 等部件的连接。斑马纸又叫热压导电纸,是热压互连薄膜电路(Heat Seal Connector,HSC)的俗称,它一般以聚酯薄膜为基材,表面用碳浆或银碳浆印刷线路,粘接处或整个表面最外层附着有含导电颗粒的各向异性导电胶(Anisotropic Conductive Adhesive,ACA),以 150 ℃左右的温度热压几秒钟即可将斑马纸粘贴在所要连接的部件上并实现电气连通。用斑马纸连接电路具有节省空间、弯曲自如、方便灵活、成本低廉等优点,但这种连接方式的应用场合相对有限,使用寿命和可靠性也一般。斑马纸有多种规格,线间距、线宽、线数、线长等各不相同,可以根

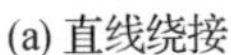

(a) 直线绕接

(b) 交叉绕接

(c) 线与板的绕接

图 2.6.16 绕 接

据连接需要来选择。

产品生产时热压粘接斑马纸一般是采用专用的热压设备来完成，在业余条件下热压粘接斑马纸可以用一种称为“热压头”的手工热压工具来完成。热压头一般用铜制成，外形为“T”形，它由头和柄两部分构成，其中头为扁平状，前端表面加工有凹槽，能够卡入与之配套的耐高温橡胶条，柄为圆柱体，其直径与 30 W 外热式烙铁头的直径相当。热压头需要配合 30 W 左右的外热式电烙铁来使用，安装时先松开固定烙铁头的螺钉取下烙铁头，然后将热压头的柄插入烙铁芯约 20 mm 再旋紧螺钉即可，安装在电烙铁上的热压头如图 2.6.17 所示。

为了保证热压质量，热压前要先清除液晶屏或 PCB 表面的灰尘、氧化物、助焊剂等污物，并且对安装在热压头上的耐高温橡胶条进行检查，如果因多次使用而造成橡胶条老化丧失弹性或表面不够平整则应更换新的橡胶条。热压时先要对斑马纸进行裁切，使其长度和走线数目满足连接要求，然后再揭去斑马纸导电胶的保护衬纸，将斑马纸有导电胶的一面(有黏性无光泽的一面)对着要连接的液晶屏或 PCB，调整斑马纸的位置使斑马纸各条走线与对应的液晶屏连接点或 PCB 焊盘对正，之后将斑马纸粘贴在液晶屏或 PCB 上用经过预热的热压头进行热压。热压的过程中要保证耐高温橡胶条与斑马纸完全接触，而且受力要均匀，热压时间一般为 5 s 左右，时间太长容易损坏液晶屏或 PCB。当斑马纸宽度大于热压头时，热压可以分多次进行。热压完成后要对每条线路进行检查，如果有粘接缺陷可以通过将热压头竖过来进行局部热压来弥补。为了防止在使用中扯断或撕开斑马纸，热压完成后还应在斑马纸背面粘贴一层胶带将斑马纸与液晶屏或 PCB 固定在一起，斑马纸与液晶屏热压粘接好后如图 2.6.18 所示。

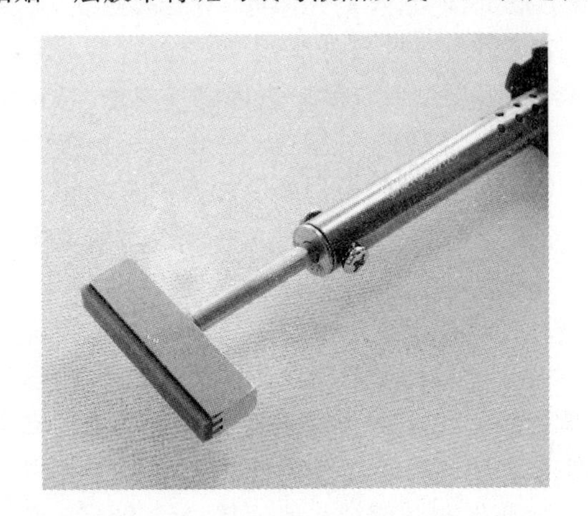

图 2.6.17 安装在电烙铁上的热压头

图 2.6.18 斑马纸和液晶屏的热压粘接

2. 机械连接

机械连接主要指能够使两个或多个部件在结构上成为整体的连接，其主要作用是固定和支撑各个部件。机械连接的方式很多，电子制作组装时常用的主要有螺纹连接、铆接、焊接、粘接、捆接、套接、弹性连接和过盈连接等几种。

(1) 螺纹连接

螺纹连接是最常用的机械连接方式，它利用带有螺纹的紧固件及其他连接件或部件本身带有螺纹的结构来将不同的部件连接在一起。这种连接方式具有强度高、拆装方便、外观良好、密封性好等优点，但螺纹连接的抗震动和抗冲击性能一般，拧紧的螺钉和螺母容易在外力的作用下松动，从而导致连接强度和可靠性下降甚至连接失效。这种连接方式因连接而使部件增加的质量也比较大，而且采用这种方式连接要求部件本身有孔或有螺纹，如果没有则还需要钻孔或加工螺纹，所以不能或不便钻孔的部件不适合采用这种方式来连接。

螺钉又叫螺丝，是最常见的带螺纹的紧固件，它是一种标准件，种类和规格非常多，具体可以根据连接要求和外观要求来选择。

在2.2节介绍螺丝刀时已经提到过螺钉的槽型多达数十种，因而根据槽型的不同螺钉也可以分为数十种，其中一字螺钉、十字螺钉、内六角螺钉和梅花螺钉是最常用的几种，槽型特殊的螺钉所配套的装卸工具比较难找，一般不推荐使用。不同槽型的螺钉不仅是外观不同，装卸时能够承受的最大力矩也有所不同。相对而言，内六角螺钉能够承受较大的力矩，对连接强度要求较高时可以采用；一字螺钉能够承受的力矩较小，而且对中性能也不好，在装卸过程中装卸工具容易滑脱，因此除非有特殊要求，否则推荐用十字螺钉或梅花螺钉代替一字螺钉来使用。

根据头部形状的不同，常用螺钉可以分为圆柱头螺钉、六角头螺钉、盘头螺钉、扁圆头螺钉、圆头螺钉、沉头螺钉、半沉头螺钉等多种，不同头型的螺钉除了外观有差别外适用场合也各不相同。对连接强度要求较高时应选用圆柱头螺钉或六角头螺钉，当要求部件表面光滑不伤人时应选用半沉头螺钉、扁圆头螺钉或圆头螺钉，当要求部件表面平整无凸起时则应选用沉头螺钉。

根据配合要求的不同，常用螺钉大致可以分为机丝螺钉和自攻螺钉两种。机丝螺钉需要与螺母或部件预先加工好的螺纹配合才能旋紧完成连接，但这种螺钉的连接强度和可靠性比较高，它在电子制作组装中使用得更多一些。自攻螺钉无须使用螺母也无须在部件上加工螺纹，它能够直接旋入部件上预先加工好的底孔中完成连接，使用更加方便，但自攻螺钉只适合连接有一定厚度的木材、塑料部件或较软、较薄的金属部件，它的连接强度和可靠性也不及机丝螺钉，多次装卸还容易因底孔被破坏而导致连接强度降低或连接失效。

根据材料的不同，常用螺钉可以分为碳钢螺钉、不锈钢螺钉、铜螺钉、尼龙螺钉等多种。碳钢螺钉一般表面都经过镀锌、镀镍、磷化或氧化发黑等工艺处理，这种螺钉的主要缺点是容易生锈，但它连接强度很高、价格便宜，是最常用的一种螺钉。不锈钢螺钉连接强度高、抗氧化和抗腐蚀能力强，但它的光泽不及镀镍螺钉，价格比较贵，这种螺钉也是比较常用一种螺钉。铜螺钉连接强度一般，价格也很贵，但它导电性能好，不会被磁化，多用于电气连接或怕磁性的部件间连接。尼龙螺钉连接强度较差，多次装卸或用力过猛容易滑丝，但它外观好、质量轻、不会氧化生锈，安装时也不会损伤部件表面，而且这种螺钉绝缘性能很好，它更适合用于表面容易损伤、结构脆弱或不能相互短路的部件间连接。

根据螺纹标准的不同，螺钉可以分为公制(米制)螺钉和英制螺钉两种，根据螺纹旋向的不同螺钉又可以分为右旋螺钉和左旋螺钉两种，不过选择螺钉时基本上可以不用考虑以上两点，因为市场上绝大多数的螺钉都是公制右旋螺钉。

每种螺钉都有多种规格，对于普通螺纹的螺钉其规格一般用“$\mathrm{M}d\times l$”的形式来表示，其中M代表普通螺纹，d为公称直径，l为公称长度，d和l的单位均为mm。选择螺钉时公称长度根据部件的厚度或螺纹深度来确定，公称直径根据部件的尺寸、重量以及连接强度和可靠性的要求来确定。电子制作常用螺钉的公称直径规格为M2～M8，其中M3最为常用，大多数电子器件、电路板和小型部件等都用M3螺钉来连接，M2螺钉主要用于细小部件的连接或用于安装空间有限的场合，M4和M5螺钉多用于中型部件和一般结构的连接，M6和M8螺钉则多用于较重的大型部件和重要结构的连接。

螺母也是常见的带螺纹的紧固件，它也是一种标准件，与螺钉相比螺母的种类要少一些，选择也更加容易，一般选用公称直径规格与螺钉或部件外螺纹相同的六角形螺母即可满足连接要求。需要注意的是所选用螺母的材

料和表面处理工艺应尽量和所配合的螺钉或部件一致，这样不仅能够保证连接强度和可靠性，外观上也更加协调。对于一些特殊场合也可以选择特殊的螺母，例如安装空间有限时可以选用超薄螺母，部件工作在震动较大的环境时可以选用尼龙锁紧螺母，为了美观及防止划伤皮肤而需要封闭螺钉尾部时可以选用盖形螺母，需要经常徒手拧紧或松开螺母时可以选用滚花螺母或蝶形螺母(元宝螺母)等。

除了螺钉、螺母以外，支撑柱也是电子制作组装常用的带螺纹的紧固件，支撑柱也叫间隔柱，如图 2.6.19 所示。它不是标准件，主要用于电子产品中支撑和连接电路板或其他部件。支撑柱外形一般为光面六棱柱，也有的是滚花面圆柱。支撑柱有两头内螺纹、两头外螺纹和一头内螺纹一头外螺纹三种结构，这三种支撑柱连接强度无太大差别，可以根据具体连接需要灵活选用。支撑柱一般用铜、钢或尼龙等材料制成。市场上铜支撑柱最常见，因而支撑柱有时也叫做铜柱，铜支撑柱和钢支撑柱连接强度高，使用时不容易滑丝，但这种支撑柱特别是表面没有电镀层时很容易氧化生锈，所以对外观要求比较高时最好在支撑柱表面喷一层漆或套一层热缩管。尼龙支撑柱与尼龙螺钉的优缺点及适用场合基本相同，这里不再赘述。支撑柱的螺纹规格主要有 M2、M3、M4 和 M5 几种，其中 M3 用得最多也最容易购买，常见支撑柱从 3 mm 到 60 mm 有十余种长度规格，可以根据需要选用，当一时没有所需长度的支撑柱时也可以将多个较短的支撑柱连接起来使用。支撑柱使电路板等部件之间立体交叉连接成为可能，合理采用支撑柱连接能够更加充分地利用外壳内部的空间。本书后面章节介绍的制作也大都用到了支撑柱，图 5.2.21 所示的电路板是采用支撑柱进行立体交叉连接的最典型的例子。

垫圈也叫垫片，它是螺纹连接常用的附件。垫圈的种类比较多，最常见的是平垫圈和弹簧垫圈，平垫圈的主要作用是分散载荷、保护表面以及调节部件间隙，弹簧垫圈的主要作用是防止松脱，一般情况下弹簧垫圈和平垫圈配套使用。尼龙垫圈和橡胶垫圈是两种材料比较特殊的垫圈，如图 2.6.20 所示，电子制作组装时也经常会用到。尼龙垫圈绝缘性能良好，适合紧固件与部件之间需要绝缘的场合使用；橡胶垫圈具有很好的弹性，适合震动较大或需要密封的场合使用。此外由于尼龙垫圈和橡胶垫圈相对比较柔软，连接时不会损伤部件表面，所以这两种垫圈也适合用于对表面要求比较高的部件间连接。以上各种垫圈均有多种公称直径规格，可以根据配套的螺钉或螺母的公称直径来选择。

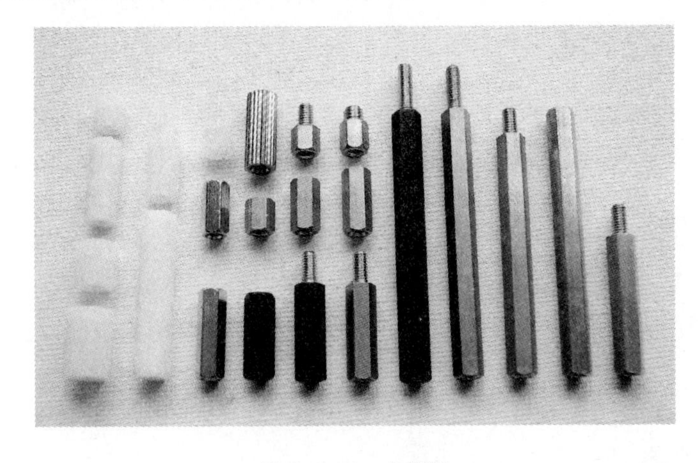

图 2.6.19　支撑柱

图 2.6.20　尼龙垫圈和橡胶垫圈

(2) 铆　接

铆接是比较常见的机械连接方式，它利用铆钉或部件本身与铆钉类似的结构来将不同的部件连接在一起。这种连接方式具有强度和可靠性高、抗震动和抗冲击性能好等优点，但铆接为不可拆连接，与螺纹连接一样这种连接方式因连接而使部件增加的质量比较大，连接时也需要在部件上钻孔，而且铆接操作的工作强度相对较大，操作时也容易损伤部件。此外由于一般铆钉的长度有限，所以较厚的部件也不能用这种方式来连接。

铆钉种类很多，常见的主要有实心铆钉、空心铆钉和拉铆钉三种，实心铆钉连接强度高但铆接操作相对比较困难，电子制作组装时更多是使用空心铆钉和拉铆钉。空心铆钉如图 2.6.21(a)所示，虽然这种铆钉连接强度不及实心铆钉，但铆接操作比较容易，而且铆接后铆钉的头部和尾部基本上不会凸出于部件表面，更适合用于要求部件表面平整的场合，本书中介绍的“电子军棋”的电池夹与 PCB 就是用空心铆钉来铆接的，如图 6.2.12 所示。此外由于空心铆钉本身的孔内壁光滑、边缘无棱角，外观非常好，所以这种铆钉有时也用来装饰有毛刺的孔或代替橡胶护线环。拉铆钉简称拉钉，也叫抽芯铆钉，如图 2.6.21(b)所示，这种铆钉最大的优点是在部件的同一侧操作即可完成铆接，使用更加灵活，而且连接强度也很高，计算机机箱、仪器机柜和设备机架等产品中经常可以看到它的身影。除了以上三种铆钉外，电子产品中常见的尼龙铆钉也是电子制作组装非常理想的连接件，如图 2.6.21(c)所示。这种铆钉连接强度一般，但它无须使用工具即可完成铆接操作，使用很方便，而且这种铆钉是用绝缘材料制成的，在 PCB 铜箔附近连接其他部件等要求部件表面不能被连接件短路的场合使用非常合适。以上各种铆钉都有多种规格，直径、长度以及铆钉头的大小和形状各不相同，具体可以根据部件的厚度、材料及铆接强度、可靠性和其他要求来选择。

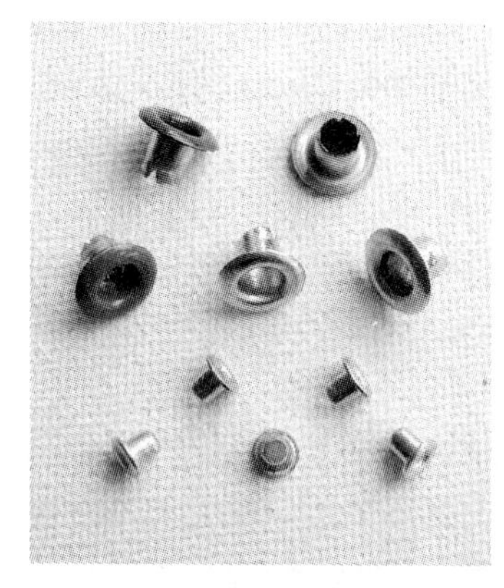

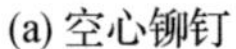

(a) 空心铆钉

(b) 拉铆钉

(c) 尼龙铆钉

图 2.6.21　电子制作组装时常用的铆钉

铆接操作主要是通过加压或加热使铆钉尾部发生形变从而令其截面积变大将被连接部件卡紧，实心铆钉和空心铆钉的铆接操作一般用锤子、冲子、铆钉钳等工具来完成，拉铆钉的铆接操作则用专用的拉铆钉枪来完成。很多部件本身带有与铆钉尾部外形和结构类似的定位柱，利用定位柱可以实现无铆钉铆接，金属部件的无铆钉铆接可以用锤子、冲子来完成，塑料部件的无铆钉铆接则可以用自制的热压工具来完成。热压工具的制作很简单，只需将普通外热式电烙铁的烙铁头取出后首尾对调再装回即可，如图 2.6.22 所示，必要时还可以对烙铁头的尾部进行整形和打磨，以使其表面形状和粗糙度更符合铆接要求从而提高铆接质量。热压铆接时将预热好的热压工具压在塑料部件的定位柱上使其尾部熔化变大铆接即完成。需要注意的是操作时用力要均匀，以保证“铆钉”(定位柱)尾部的形状尽量接近圆形，同时也要控制好“铆钉”尾部的尺寸，尺寸越大可靠性越高，但尺寸太大会导致“铆钉”尾部变薄，反而影响连接强度。此外在操作的过程中一定要将部件压紧，以免铆接后部件松动，为了避免烙铁头温度过高烫坏“铆钉”应将电烙铁温度调低或将电烙铁烧热后断电利用余热来铆接。图 2.6.23 中左侧和右侧分别为铆接前和铆接后的 RCA 插座，实际操作时可以参考。

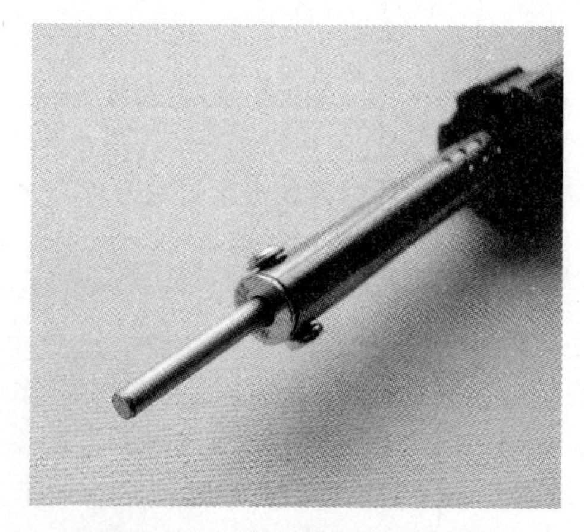

图 2.6.22　自制的热压铆接工具

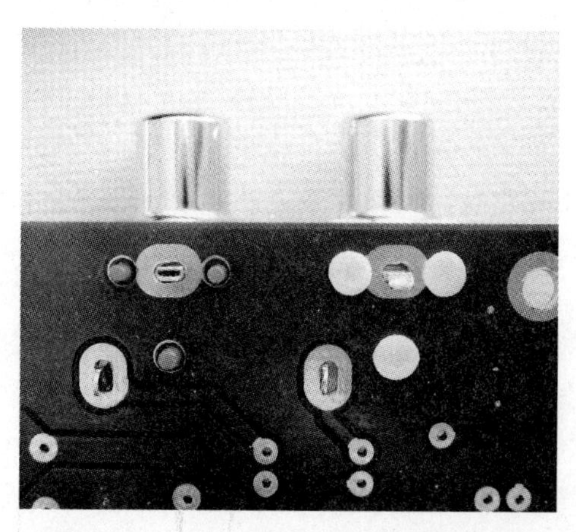

图 2.6.23　RCA 插座和 PCB 的热压铆接

(3) 焊　接

焊接也是比较常见的机械连接方式,它通过对部件局部加热、加压或利用熔化的焊料来将不同的部件连接在一起。这种连接方式具有强度高、工艺简单、成本低廉、因连接而使部件增加的质量较小等优点,但是焊接与铆接一样也是不可拆连接,而且连接处的焊点或焊缝外观一致性不好,连接的可靠性和美观性受操作者水平的影响也比较大。由于业余条件下没有电焊机等专用焊接设备,焊接只能用电烙铁配合焊锡来完成,而电烙铁的功率较小,用焊锡能够焊接的材料也有限,这样就无法体现出焊接这种机械连接方式的优点,所以在电子制作组装时除非是连接用铜、铁等材料制成的细小部件,否则不推荐使用这种方式来进行机械连接。

(4) 粘　接

粘接也叫胶接,它是一种历史很悠久的机械连接方式,这种连接方式利用粘合剂来将不同的部件连接在一起。粘接具有操作简便、密封性好、部件连接处应力分布均匀、抗剪切和抗拉伸能力较强、因连接而使部件增加的质量极小等优点,而且这种连接方式可以用于异型或具有特殊结构的部件间连接。它所能连接部件材料的种类也比较多,使用非常灵活,此外采用粘接方式连接时无须在部件上钻孔,连接后部件表面也不会出现螺钉帽、螺母、铆钉头、焊点等凸出物,所以这种连接方式也非常适合连接无法钻孔、不能破坏表面或要求表面平整的部件。粘接属于不可拆连接,这种连接方式也有一些缺点,如抗剥离和抗弯曲性能差、可靠性和稳定性受环境影响大、不容易发现连接缺陷等。但是随着粘接技术的发展新型粘合剂不断问世,粘接性能有了很大的提高,粘接也成为各类产品制造中广泛采用的连接方式,电子制作组装时适当地采用粘接方式有时可以取得事半功倍的效果。

合理选用粘合剂是保证粘接质量的前提。市场上的粘合剂种类繁多,令人眼花缭乱,粘接时应根据部件材料、连接强度要求和成本要求、部件工作环境和粘接操作环境等方面来选择粘合剂。粘合剂大致可以分为液态粘合剂和固态粘合剂两类,其中电子制作常用的液态粘合剂主要有502胶、万能胶、白乳胶、硅橡胶和三氯甲烷等,固态粘合剂主要有热熔胶、不干胶等。

502胶为透明黏稠液体,有微弱刺鼻气味,它适合粘接金属、木材、硬塑料、陶瓷、皮革、纸张、橡胶等材料,不能粘接聚乙烯、PS泡沫塑料、软性塑料等材料。采用502胶粘接具有固化速度快、粘接强度高、胶层薄而透明、容易涂抹、用胶量少等优点,但502胶固化后脆性大,粘接好的部件抗冲击和抗震动性能较差,而且由于这种胶渗透性和流动性较好,所以粘接时可能会对某些材料的表面造成一定的损伤,当部件间隙较大时也不能用这种胶来粘接。

万能胶也叫黄胶,一般为淡黄色黏稠液体,有特殊的香味,与502胶相比万能胶能够粘接的材料更加广泛,除了502胶能够粘接的各种材料外,它还能够粘接软性塑料等材料。采用万能胶粘接具有粘接强度高、对材料表面损伤小等优点,而且固化后的胶层具有弹性,不会因部件或胶层本身膨胀收缩而开裂,粘接好的部件也能够抵御一定的震动和冲击。但万能胶在涂胶后要等待一段时间才能进行粘接,而且这种胶固化速度较慢,需要较长时间才能达到理想的粘接强度,要求快速粘接的场合不适合使用这种胶。

白乳胶也叫白胶,为乳白色黏稠液体,略带酸味,它能够粘接的材料相对较少,主要用于粘接木材、纸张、皮革、泡沫塑料及纤维制品等材料,有时也可以用来填充某些部件间的缝隙。采用白乳胶粘接具有不损伤材料表面、空气环境污染小、胶层透明、固化无须加压加热、成本低廉、容易涂抹等优点,但这种胶固化后的胶层耐水性较差,浸水或受潮后容易脱胶,而且这种胶抗冻性也较差,在低温下无法正常使用。

硅橡胶有时也叫硅胶,属于有机硅产品,它型号非常多,最为常用的是700系列的704硅橡胶,这种硅橡胶是一种单组分室温硫化硅橡胶,一般为乳白色黏稠液体,具有特殊气味。704硅橡胶可以用于绝大多数材料的粘接,采用这种粘合剂粘接具有不损伤材料表面、无污染、胶层弹性好、胶层的耐极端温度和耐化学品及耐老化性能优良等优点,而且胶层的绝缘性能和防潮防水性能都很好,还能够起到"灭弧"的作用,因而这种粘合剂也非常适合作为电路的绝缘涂层或用来灌封电路模块及某些部件。但是704硅橡胶粘接强度不高,胶层比较厚也比较软,容易被硬物划破,因此它不能作为结构粘合剂来使用;而且由于这种粘合剂固化需要吸收空气中的水分,所以它也不适合用于接触面积较大的部件间粘接。此外这种粘合剂固化时间比较长,当胶层比较厚、环境比较干燥时,固化可能需要几天时间才能完成。

三氯甲烷俗称氯仿,有时也按其英文chloroform叫作哥罗芳,为无色透明液体,有特殊的香味。三氯甲烷是一种有机溶剂，并非专用的粘合剂，但它可以通过溶化有机玻璃等材料来粘接这类材料。与普通粘合剂相比，采用三氯甲烷粘接有机玻璃具有连接牢固、接缝外观好、成本低廉等优点，但三氯甲烷挥发较快，粘接时如果掌握不好接缝处可能会出现发白或气泡等缺陷，而且三氯甲烷具有一定的毒性，操作时会对空气造成污染。条件允许时可以用专用的有机玻璃无影胶替代传统的三氯甲烷来粘接，这种胶粘接强度高、污染小，而且粘接面透明，它更适合接触面积大或外观要求比较高的有机玻璃或类似材料的部件间粘接。

热熔胶为白色、黄色、黑色或半透明棒状固体，它需要用热熔胶枪或其他设备加热熔化为液态才能够进行粘接，熔化后的热熔胶具有微弱刺鼻气味。热熔胶能够粘接多种材料，它具有固化速度快、弹性韧性好、绝缘防水性能优良、成本低廉等优点，特别适合用来固定焊接在电路板上的导线或较重的器件，采用这种胶粘接对部件表面和部件之间相对位置的要求比较低，粘接非常灵活，当部件之间缝隙较大或距离较远时可以通过大量堆积胶体来连接或支撑，而且也可以通过加热胶层随时拆卸、挪动部件或改变粘接点、粘接面的外观，已使用过的热熔胶或接缝挤出的多余的热熔胶还可以重复利用。但是热熔胶粘接强度一般，耐高温性能较差，而且在粘接过程中部件要承受高温，怕热的部件也不适合用这种胶来粘接。此外液态热熔胶流动性较差，不容易均匀涂抹，粘接点或粘接面的外观不是很理想，对外观要求比较高的部件间粘接不推荐使用这种胶。

用热熔胶枪“打”出表面光滑且不“拉丝”的粘接点或粘接面需要一定的技巧，初学者一时无法掌握时也可以在“打”胶后用电烙铁或热风枪对粘接点或粘接面进行修整。在没有热熔胶枪的情况下也可以先将热熔胶碎块放在粘接处，再用电烙铁将之熔化并修整出外观较为理想的粘接点或粘接面，这也算是一种比较可行的应急粘接方法。

不干胶也叫自粘胶，确切的来讲不干胶不能算做是粘合剂，因为通常所说的不干胶实际上是指涂有不干胶粘合剂并具有保护衬纸的平面或带状复合材料，但为了方便介绍，这里将不干胶材料也作为一种固态粘合剂。不干胶种类很多，常见的主要有不干胶标签、透明胶带、双面胶带、海绵双面胶等，可以根据部件材料和粘接要求来选择。采用不干胶粘接具有胶层薄而均匀、外观良好、强度较高、对环境无污染等优点，而且粘接时无须涂抹，粘接后无须固化，可以即粘即用，使用极其方便。但是不干胶在高温下容易脱落，而且采用不干胶粘接对部件表面要求比较高，表面不平整或太光滑的部件不能采用不干胶来粘接，此外只有当粘接面积较大时不干胶才能达到理想的粘接强度，所以不干胶也不适合用于接触面积较小的部件间粘接。

正确操作是保证粘接质量的另一个重要方面，选择好粘合剂后要仔细阅读产品使用说明书，粘接操作应严格按照规程来进行。要粘接的部件表面污浊、太粗糙或太光滑都可能会影响粘接质量，因此在粘接前要根据部件材料和所用粘合剂的不同对部件表面进行适当处理。需要特别注意的是，粘接时粘合剂要小心取用，避免泼洒或溅出，而且也不要用手直接接触粘合剂以防皮肤损伤或手指粘连，此外粘接应在通风良好、无火险隐患的环境下操作并做好防护工作，以免损害健康或发生危险。

(5) 捆　接

捆接也可以叫做扎接，它利用带状的捆扎材料来将不同的部件连接在一起。捆接主要用于细长、带孔或带钩的部件间连接，虽然这种连接方式强度、刚度和外观都一般，但是它成本非常低，而且具有使用灵活、操作快速简便、容易拆除等优点，在很多场合这种连接方式也是一种很不错的选择。

扎带是最常用的捆扎材料，如图 2.6.24 所示，它一般为尼龙材质。扎带的头部为卡扣，中部为表面带有连续倒齿的带身，尾部为带舌，倒齿和卡扣能够单向锁死，一旦带舌穿过卡扣使倒齿和卡扣咬合扎带就只能继续扎紧而不能放松，并且也不能再次捆接。扎带主要用于捆接电线电缆或其他棒状、管状部件，由于扎带绝缘性能好且无感应，所以它也很适合用于变压器、电感、电容等较重器件与 PCB 或外壳的捆接。捆接时先将每条扎带分别穿过 PCB 或外壳上对应的安装孔，再将之穿过或绕过要捆接的部件，之后扎紧即可，为了使器件受力均匀，各条扎带应对称分布，图 2.6.25 中的空心电感和 PCB 就是用扎带来捆接的，实际操作时可以参考。除了扎带外，常用的捆扎材料还有包装带、电缆结束带、电缆固定扣以及橡皮筋等，可以根据部件外形和捆接需要来选用。

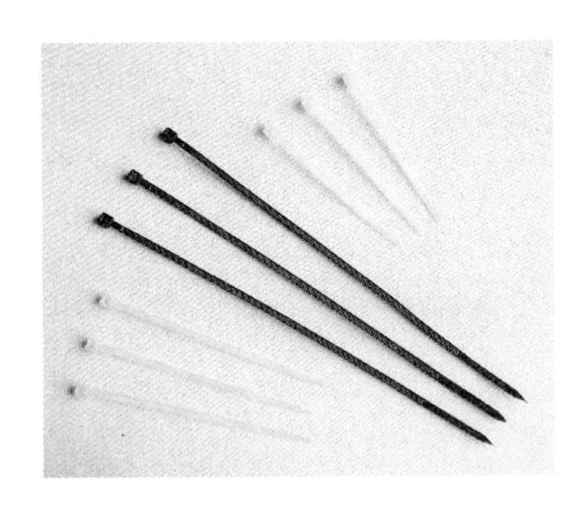

图 2.6.24　扎带

图 2.6.25　空心电感和 PCB 的捆接

(6) 套　接

套接主要利用管状或膜状的套封材料来将不同的部件连接在一起，这种连接方式具有操作简单、成本低廉、外观良好等优点，而且这种连接方式还能够对部件起到一定的绝缘和密封作用。此外采用这种方式连接无须对部件进行特殊加工，外形不规则、材料特殊、不能或不便加工的部件间连接非常适合采用这种方式。但套接基本上属于不可拆连接，它的连接强度也一般，而且受套封材料尺寸规格的限制，这种连接方式一般也不能用于体积较大的部件间连接。

套封材料主要有热缩管、PVC 热收缩膜和 PVC 热收缩帽(胶帽)等，其中热缩管最为常用，图 2.6.26 中的磁环与电缆就是用热缩管来套接的。当热缩管的直径收缩至最小仍然不能套紧部件时，可以在热缩管加热软化后将管口用钳子或镊子夹成某种形状使管口直径减小，这样在热缩管冷却变硬后就可以将部件套紧了，为了美观热缩管夹紧时应保证管口形状对称，如图 2.6.26 左侧所示，这个方法同样也可以用于制作前面提到的膜式外壳。需要特别注意的是怕热的部件间不能用热缩材料来套接。

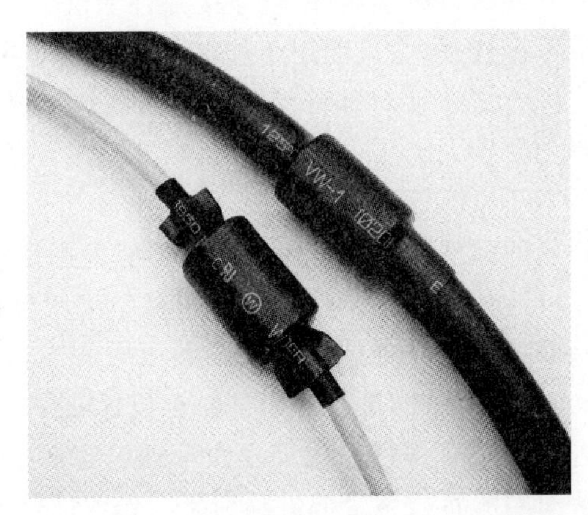

图 2.6.26　磁环和电缆的套接

(7) 弹性连接

弹性连接主要利用带有弹性的连接件或部件本身带有弹性的结构来将不同的部件连接在一起，这种连接方式具有安装快速、无须使用工具、可以拆卸等优点。它是一种非常高效的连接方式，为电子产品所广泛采用，绝大多数塑料外壳的扣合连接、按键帽和按键的连接、橡胶护线环与外壳的连接、早期计算机中 CPU 风扇与主板的连接等都属于弹性连接，本书中介绍的“用 POS 机顾客显示屏制作的电子钟”的顾客显示屏支撑柱也是采用这种连接方式来固定的，如图 5.3.26 所示。但是弹性连接对部件的结构、外形和材料有一定要求，有时需要对部件进行加工才能连接，而且这种连接方式强度和刚度一般，当连接件或弹性结构的弹性因疲劳、老化而减弱或丧失时连接可能会失效，所以对可靠性要求比较高的部件间连接不适合采用这种方式。

由于业余条件下在部件上加工卡钩、簧片等弹性结构比较困难，所以电子制作组装时更多是使用弹性连接件来进行弹性连接。弹性间隔柱是最常用的通用弹性连接件，如图 2.6.27 所示，它和前面介绍的普通支撑柱作用相同，只是安装时无须使用螺钉或螺母，直接利用其头部的弹性卡钩卡紧即可，更加方便和快速。除弹性间隔柱之外钢丝卡子、钢片夹等都是常用的弹性连接件，这些连接件可以购买成品也可以自制，图 2.6.28 中的散热器与 PCB 之间就是用钢丝卡子来进行弹性连接的。

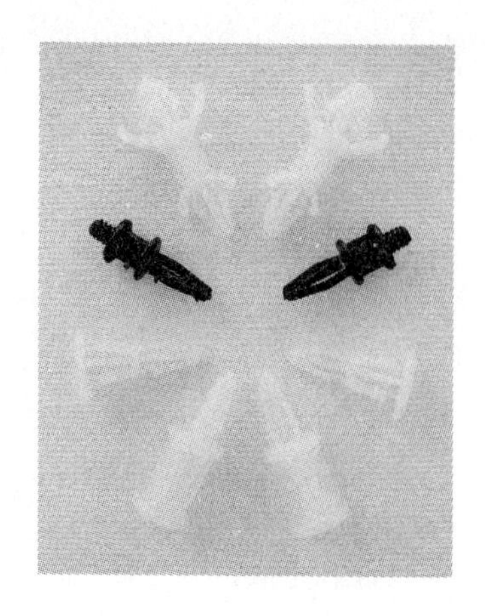

图 2.6.27　弹性间隔柱

图 2.6.28　散热器和 PCB 的弹性连接

(8) 过盈连接

过盈连接主要利用部件间的过盈配合来将不同的部件连接在一起，采用这种方式连接的部件之间一般为包容与被包容的关系（如孔和轴的关系）。通俗的讲，过盈连接也就是将外尺寸大于或等于包容部件内尺寸的被包容部件，通过一定方法装入包容部件所构成的连接，被包容部件装入包容部件后二者会发生形变，彼此在径向承受很大的压力，部件间的摩擦力也随之增大，由此便形成部件间紧密的连接。

过盈连接具有强度高、定心（定位）准确、抗震动和抗冲击性能好等优点，而且采用这种方式连接也不需要使用额外的材料或连接件，被连接部件上也不需要设计特殊的结构，所以这种连接方式成本也很低。但是过盈连接为不可拆连接，它只能用于包容与被包容关系的部件间或具有类似结构的部件间连接，应用场合相对有限，而且采用这种方式连接对部件尺寸和表面的加工要求也比较高，连接时部件需要承受较大的压力或冲击力，可能会对部件表面造成较大的损伤，操作不当还可能导致部件报废，因此难以加工、松散柔软、脆性较大的材料制成的部件或结构单薄的部件不能采用这种方式来连接。

过盈连接主要有压入法和温差法两种操作方法，压入法通过敲击部件或利用其他能够产生较大压力的工具、设备来将被包容部件强行装入包容部件，温差法通过加热包容部件、冷却被包容部件或二者同时进行使包容部件的内尺寸大于被包容部件的外尺寸以形成装配间隙，从而能够将被包容部件顺利装入包容部件。业余条件下一般采用敲击压入的方法来完成过盈连接操作，图 2.6.29 中的铜支撑柱与铝散热器的过盈连接就是用这种方法完成的。

图 2.6.29　支撑柱和散热器的过盈连接

2.6.6　组装的注意事项

一件电子制作成品少则由几个或十几个、多则由几十个甚至上百个部件组成，在组装时为了求快或贪图方便拿起什么装什么只会适得其反，而且也容易导致返工，因此组装前要先根据各部件的特点和作用确定组装顺序并对其进行优化，使之更加可行、合理，确定组装顺序时一般应遵循如下原则：

① 先主后次、先干后支。

由于辅助结构多建立于主体结构之上，次要部件往往需要与主要部件配合，分支连接线最终也要和主干连接线相连，所以组装时应先搭建主体结构、安装主要部件、连接主干连接线。按此顺序组装同时也能够更早地发现布局和结构设计上的问题以及外壳加工上的缺陷，在组装初期解决问题和弥补缺陷相对更容易，所付出的代价也比较小。

② 先内后外、先下后上。

组装时应先安装外壳内部下方的部件，再安装外壳内部上方的部件，最后装外壳外部的部件，这样能够有效地

避免由于空间冲突无法继续安装其他部件而返工，同时也能够避免在安装外壳内部部件时由于翻转或搬动外壳而碰撞或摩擦安装在外壳外部的部件。

③ 先小后大、先轻后重。

组装时应先安装体积小、重量轻的部件，后安装比较笨重的部件，这样做主要是为了方便组装前期翻转和搬动外壳，提高组装效率，同时也能够避免已安装的体积较大的部件妨碍其他部件的安装。

④ 先难后易、先强后弱。

组装时应先安装连接操作比较困难和复杂的部件，这样可以有相对开阔的空间来完成这些部件的安装，更能够保证连接质量和提高操作效率，此外组装时应先安装结构坚固不易损坏的部件，最后安装结构脆弱容易损坏的部件，这样能够避免安装其他部件时损坏脆弱部件，同时也能够减少为了躲闪脆弱部件而带来的操作上的不便。

组装是电子制作最后一个环节，进行到这个环节时已经是“胜利在望”了，但越到最后越不能有丝毫马虎，否则不仅不能实现预期的设计，还有可能损坏前面若干个环节中辛辛苦苦制作好的部件，甚至导致前功尽弃、功亏一篑。组装时在细节上多注意、多下工夫不仅能够提高整机的安全性、可靠性和耐用性，而且也更便于组装后测试和维修，同时整体外观也更好，更具有专业水准。组装的过程中应做到以下三点：

① 小心。

组装时要小心取拿各个部件和工具，避免跌落或与已安装好的部件发生碰撞或摩擦，还应特别小心在部件没有固定妥当的情况下切不可突然翻转或倾斜外壳，以免部件跌落损坏或发生危险。安装对表面要求比较高的部件时要小心保护部件表面，部件表面的保护膜应在组装完成后再揭去，当部件表面无保护膜时最好戴手套操作。某些部件由于孔位或孔径有偏差无法顺利安装时，应重新钻孔或扩孔后再安装而不能强行安装，以免导致部件变形或损坏。此外在用各种紧固件或其他连接件连接各个部件时，不要用不配套或已损坏的工具来装卸，同时应小心操作以免受伤或损坏部件和工具。

② 细心。

组装时要对各个部件之间的电气连接关系和机械连接关系心中有数，对于结构复杂的制作最好设计一张如图 5.2.23 所示的装配图，组装的过程中要认真仔细，做到“装一件记一件”，以免因为漏装某个部件而返工，同时对组装中出现的问题和所作的修改要及时记录，以便日后维修和改造时参考。此外组装完成后要仔细检查外壳内有无螺钉、螺母、焊锡渣、断线头及残留的粘合剂等杂物和污物，发现后要及时清理，以免埋下安全隐患。对洁净度要求较高的部件还应根据材料的不同，用软布蘸少许抹机水或酒精擦去组装时留下的汗渍或其他污渍。

③ 用心。

组装时各连接线的颜色要按照统一、规范的原则根据其功能来选择，必要时还可以在连接线上套配线标志或粘贴功能标识，使其更容易被区分，并且在连接后应分类用扎带、包装带或结束带捆扎，较粗较僵硬的连接线最好用扎带或电线固定扣和外壳或其他支撑部件固定在一起，较细容易齐根折断的连接线要用热熔胶或硅橡胶加固，这样不仅看起来整齐，而且在外壳受到震动时也不容易造成连接线断开或接插件松脱。连接线的长度应留有余量，连接时也不要拉太紧，这样便于根据具体情况来调整连接线的走向，同时也可以避免由于弹性或热胀冷缩的原因导致连接线接触不良。连接线穿过外壳或其他支撑部件时应安装橡胶或尼龙护线环，以免绝缘外皮被刮破。安装金属部件或在金属外壳上安装电子部件时应采取一定的绝缘措施以防电路短路，用热缩管套封、缠绝缘胶带、加绝缘垫片、衬塑料底板等都是常用的绝缘方法，可以根据实际情况来选择。

组装时采取必要的屏蔽措施能够提高整机的抗干扰能力，同时也能减少设备对其他设备的干扰。信号输入线应采用屏蔽线并且屏蔽层要接地，包含容易受干扰电路的制作最好采用金属外壳来组装并且外壳要接地。当采用塑料外壳时可以用与地相连的金属罩或金属框将容易受干扰的电路屏蔽起来，也可以在塑料外壳内壁粘贴铝箔胶带并将之接地，没有铝箔胶带时可以用香烟、巧克力的包装铝箔或奶粉罐的封口铝箔配合双面胶来代替铝箔胶带。

为了提高整机的抗震动和抗冲击性能，组装时还应采取一定的减震和防松措施。安装变压器、扬声器、风扇等容易产生震动的部件和电子管、液晶屏、话筒等怕震动的部件时，应垫几层橡胶或海绵垫片以减少震动或被震动，要求不高时上述某些部件也可以用热熔胶或硅橡胶等富有弹性的粘合剂来固定，这类粘合剂也能够起到一定的减震作用。关键结构采用螺纹连接时应安装弹簧垫圈、对顶螺母或尼龙锁紧螺母以防连接松动，必要时还可以通过在连接处滴胶来进一步强化防松效果。

在外壳加工的过程中或多或少的改变了外壳原有的结构，外壳的强度也可能被削弱，因此组装时特别是当较重部件多或布局不均匀时，应根据具体情况通过增加底脚数量、叠加多层底板、安装加强筋等方法来使整机结构更加坚固和稳定。此外，为了日后维修安全和方便，还可以在带有强电的部件或重要的连接点附近粘贴警示标识或参数标识，如图 2.6.30 所示。

图 2.6.30　强电接线端子旁粘贴的警示标识

2.6.7　小　结

本节详细介绍了各种外壳的特点、主要来源及选择外壳的一般原则，并且从布局设计、壳体加工和表面装饰三个方面介绍了外壳加工的方法和要点。一款理想的外壳往往能给电子制作成品增色不少，就算电路在外观上有所不足外壳也能将之掩盖，虽然作者赞成和追求表里如一，但用外壳掩盖仍不失为一种弥补外观缺陷的方法，外观良好的外壳至少能够让人看起来比较舒服，在外壳选择和加工上多花些精力还是很值得的。

本节也介绍了多种外壳附件的制作和替代方法，在介绍外壳来源的同时还穿插介绍了多种外壳的自制方法，这些方法不仅适合在条件有限的情况下采用，当追求个性和另类希望制作出的成品更加新颖别致和更有创意时，采用这些方法也同样不会令人失望。

本节还对电子制作组装时常用的电气连接方式和机械连接方式进行了归纳和总结，并对各种连接方式的优缺点、适用场合及操作要点进行了详细介绍，读者在实际组装时可以根据部件的材料、外形和连接要求灵活选择。本节的最后从组装顺序和组装细节两方面介绍了组装的注意事项，文中列举的各点是作者经验的总结，读者在实际运用时可以根据具体情况取舍和变通。

第3章

看——视频与图像

3.1 TV-VGA 视频转换器

3.1.1 概 述

LCD(液晶)显示器具有无辐射、无闪烁、外形纤薄、功耗低、显示无几何失真等诸多优点，上市几年来一直备受青睐，随着性能的不断提高以及价格的进一步降低，LCD 显示器已经成为配置计算机首选的显示设备，将逐步取代传统的 CRT(阴极射线管)显示器。计算机升级换代的同时也淘汰下来大量的 CRT 显示器，这些显示器大都功能完好，丢弃实在可惜，将这些显示器合理利用既可以避免浪费，又可以减少废弃电器对环境的污染。

这里介绍的 TV-VGA 视频转换器，它可以将 PAL 或 NTSC 制式的标准电视视频信号转换为一般计算机显示器常用的 VGA 视频信号，这样就可以利用计算机显示器来收看电视或欣赏 VCD、DVD 影片，使用非常方便，而且画面质量好，成本也不高。TV-VGA 视频转换器信号输入支持复合视频(CVBS)和分离视频(S-VIDEO，Y/C)，具有 OSD(On Screen Display)功能，可以在画面上叠加不同颜色和效果的字符实现字幕或菜单显示，它还能够直接输出多种颜色的 VGA 视频信号，可以用于显示器测试或维修。

3.1.2 功能设计

为了能够满足不同用户的要求，TV-VGA 视频转换器设计了比较多的功能。如图 3.1.1 所示，电路板上设计有 3 个按键和 6 个 LED，分别用于常用功能操作及工作状态指示，此外还可以通过 RS-232 串口通信实现更多功能的操作和状态的指示。

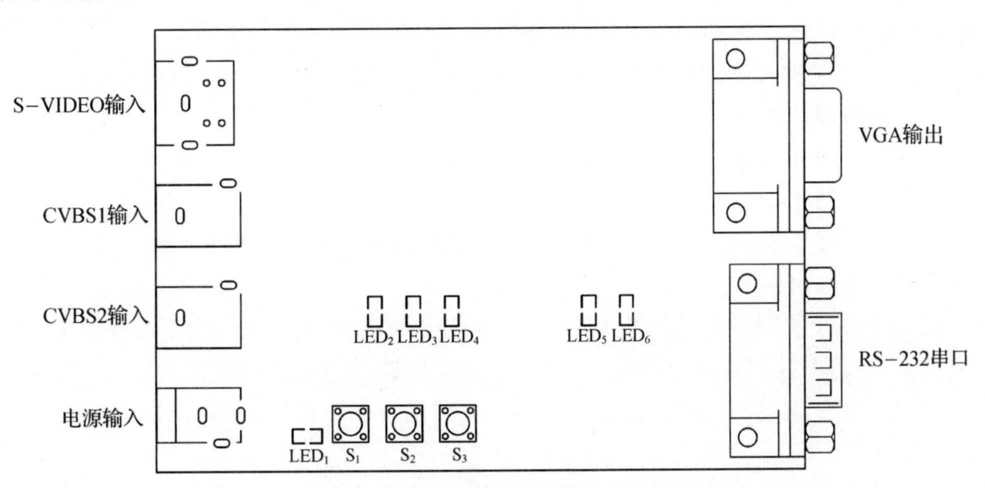

图 3.1.1 按键、LED 及各接口布局

按键 S_1～S_3 的具体功能可以由用户根据需要及使用习惯通过串口通信命令来指定，用户未指定具体功能前，S_1～S_3 的默认功能分别为输入通道切换、输入制式选择和输出叠加开关（功能详细介绍分别参见串口通信命令 A、命令 B 和命令 D）。LED_1 为电源指示，电路正常工作时常亮；LED_2～LED_4 分别为 CVBS1、CVBS2 和 S－VIDEO 输入通道指示，电路工作时所选择的视频信号输入通道对应的 LED 点亮；LED_5 为制式指示，点亮为 PAL 制，熄灭为 NTSC 制；LED_6 为通信指示，当接收到有效数据或发送完数据后 LED 闪烁一次。

RS－232 串口通信包括数据发送和数据接收，其中数据发送是将 TV－VGA 视频转换器的设置信息和电路工作状态提供给控制设备，主要用于状态指示扩展及设备间控制同步；数据接收是控制设备将控制命令和相关参数提供给 TV－VGA 视频转换器，可以完成所有功能的操作。

串口通信数据发送的格式如图 3.1.2 所示，每帧数据包括 10 个字节，前 2 个字节“AAH”和“F0H”为引导码，主要起识别作用，之后 7 个字节为状态数据，最后 1 个字节为校验码，是数据 0～数据 6 共 7 个字节数据的异或值。各状态数据的含义如下：

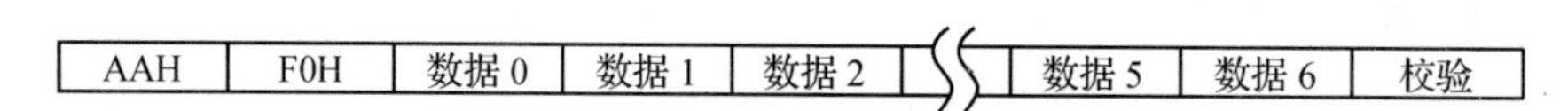

图 3.1.2　串口通信数据发送格式

- 数据 0　数值为 00H～02H，分别表示当前选择的视频信号输入通道为 CVBS1、CVBS2、S－VIDEO；
- 数据 1　数值为 00H 或 01H，分别表示当前选择的输入视频信号制式为 PAL 制或 NTSC 制；
- 数据 2　数值为 00H～07H，分别表示当前选择的输出叠加颜色为白、红、黄、绿、青、蓝、紫、黑；
- 数据 3　数值为 00H～07H，分别表示当前选择的 OSD 字符颜色为白、红、黄、绿、青、蓝、紫、黑；
- 数据 4　数值为 00H～04H，分别表示当前选择的 OSD 字符位置为右上、右下、左下、左上、居中；
- 数据 5　仅低 2 位有效，由高至低分别指示 OSD 和输出叠加开关状态，0 表示关闭，1 表示打开；
- 数据 6　保留，固定为 00H。

串口通信数据接收的格式如图 3.1.3 所示，每帧数据包括 20 个字节，与数据发送类似，前 2 个字节“AAH”和“E0H”为引导码，之后 1 个字节为命令，具体数值为命令名字符对应的 ASCII 码，紧随其后的是 16 个字节的参数数据，最后 1 个字节为校验码，是命令及参数数据共 17 个字节数据的异或值。并非每个命令都有参数数据，控制设备在发送没有参数数据的命令时可以将任意值作为参数数据，但是要保证格式和校验值正确。

图 3.1.3　串口通信数据接收格式

无参数数据的命令共 9 条，具体功能如下：

- 命令 A　此命令用于选择不同的视频信号源，当接收到此命令后按“CVBS1→CVBS2→S－VIDEO”循环的顺序切换一次视频信号输入通道；
- 命令 B　此命令主要用于适应不同制式的视频信号源，当接收到此命令后按“PAL→NTSC”循环的顺序改变一次电路支持的制式；
- 命令 C　此命令用于设置输出叠加的颜色，当接收到此命令后按“白→红→黄→绿→青→蓝→紫→黑”循环的顺序改变一次输出叠加颜色；
- 命令 D　此命令用于控制输出叠加开关，当接收到此命令后按“打开→关闭”循环的顺序改变一次输出叠加的开关状态，当输出叠加打开时，画面完全被命令 C 所选择的颜色覆盖；
- 命令 E　此命令用于设置 OSD 字符的颜色，当接收到此命令后按“白→红→黄→绿→青→蓝→紫→黑”循环的顺序改变一次 OSD 字符颜色；
- 命令 F　此命令用于设置 OSD 字符在屏幕中的位置，当接收到此命令后按“右上→右下→左下→左上→居中”循环的顺序改变一次 OSD 字符位置；

- 命令 G　当接收到此命令后打开 OSD，屏幕上出现叠加的字符，在实际使用中，OSD 一般是通过串口控制的，所以 OSD 开关没有采用循环切换的方式来控制，而是通过 2 条命令独立控制打开和关闭，这样控制时就不需要控制设备预先了解当前 OSD 的开关状态，使控制更加方便和灵活；
- 命令 H　当接收到此命令后关闭 OSD，屏幕上叠加的字符消失；
- 命令 I　此命令用于保存设置值，当接收到此命令后视频信号输入通道、输入视频信号制式、输出叠加颜色、OSD 字符颜色、OSD 字符位置等设置值将被保存，再次上电后则无须重新设置；
- 命令 J　此命令的功能与一般电器常见的"回出厂设置"功能类似，当接收到此命令后各按键功能、视频信号输入通道、输入视频信号制式、输出叠加颜色、OSD 字符颜色、OSD 字符位置等设置值将回到电路首次上电时的状态，用户保存的设置值将被覆盖；
- 命令 K　此命令用于控制设备获取状态数据，当接收到此命令后串口发送一次状态数据。

有参数数据的命令共 2 条，具体含义如下：

- 命令 Y　此命令用于更新 OSD 字符内容，当接收到此命令后，要显示字符的数据将被送入电路中用于 OSD 功能的 RAM。字符排列如图 3.1.4 所示，每次最多可以显示 16 个字符，能够显示的字符共 95 种，参数数据为要显示字符对应的 ASCII 码，数据 0～数据 F 分别对应字符 0～字符 F；

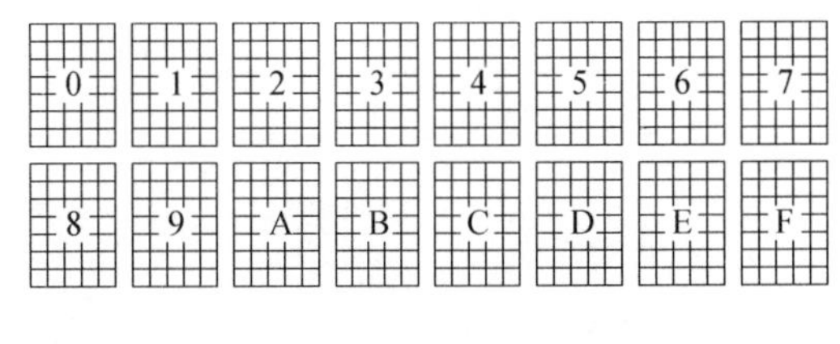

图 3.1.4　OSD 字符排列

- 命令 Z　此命令用于设置各按键的功能，参数数据中数据 0 用于指定被设置的按键，00H～02H 分别表示 S_1～S_3，数据 1 为被设置按键功能命令名字符对应的 ASCII 码，按键被设置的功能只能是无参数数据命令，其他设置值无效。

3.1.3　原理分析

电视视频信号为隔行扫描，而 VGA 视频信号为逐行扫描，TV－VGA 视频转换器主要是完成隔行到逐行的转换，原理框图如图 3.1.5 所示。从各视频信号源输出的隔行扫描模拟视频信号，通过视频切换电路选出 1 路送入模数转换器(ADC)，再经过视频解码器后得到所需要格式的数字视频数据。视频处理器将本场视频数据保存于存储器，同时从存储器读取上一场视频的数据，之后对这两场视频的数据进行插补、修整等处理，得到新的数字视频数据，不断重复这个过程，便可以将每两场隔行扫描的视频合为一帧新的逐行扫描的视频，从而实现了隔行到逐行的转换。最后通过数模转换器(DAC)将视频色彩数据转换为 R、G、B 各分量的模拟信号，这 3 路信号与处理器输出的同步信号一起组成标准的 VGA 视频信号。

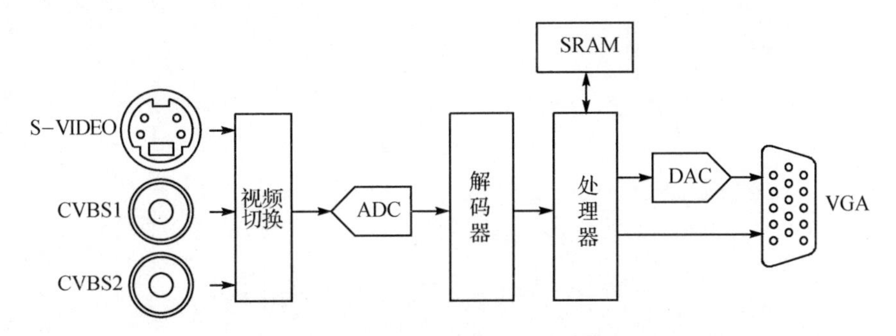

图 3.1.5　TV－VGA 视频转换器原理框图

3.1.4　硬件设计

TV－VGA 视频转换器的电路原理图如图 3.1.6 所示，电路以单片机为核心对视频解码电路、视频转换电路及 E^2PROM 进行控制，同时完成按键检测、LED 控制和串口通信。

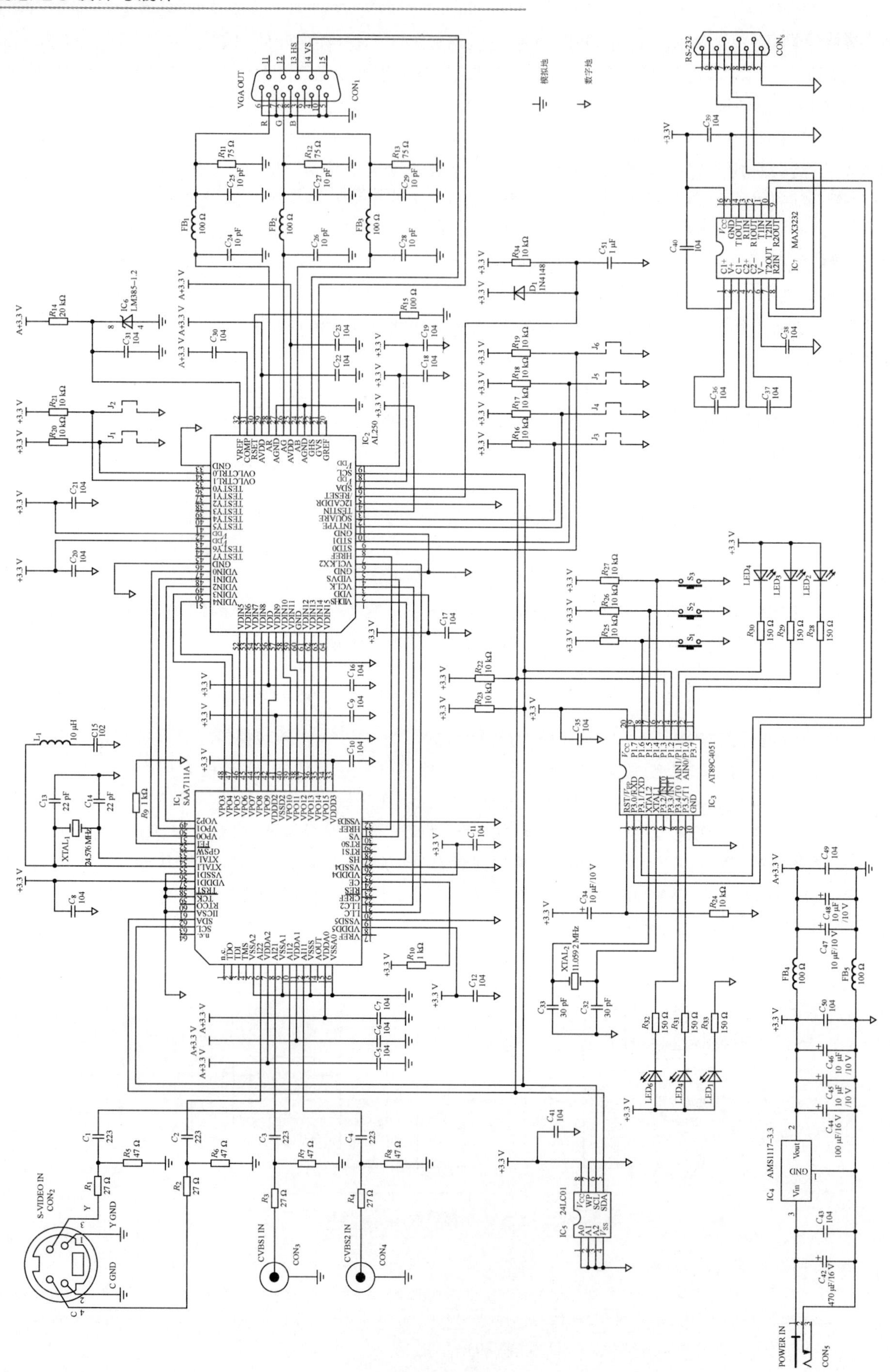
VGA OUT
CON1
RS-232
CON6
模拟地
数字地
MAX3232
IC7
IC2
AL250
IC1
SAA7111A
IC3
AT89C4051
IC5
24LC01
IC4
AMS1117-3.3
IC6
LM385-1.2
S-VIDEO IN
CON2
CVBS1 IN
CON3
CVBS2 IN
CON4
POWER IN
CON5

图3.1.6 电路原理图

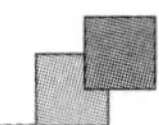

1. 视频解码电路

视频解码电路的主要作用是将输入的模拟视频信号转换为视频转换电路需要的标准格式的数字视频信号，这里选用了NXP(即原PHILIPS)的增强型视频输入处理器SAA7111A，它集成度高，功能十分强大，广泛应用于桌面视频系统、多媒体、数字电视和图像处理等产品。SAA7111A由2通道包括视频信号源选择、抗混叠滤波器和ADC的模拟预处理电路、自动钳位和增益控制电路、时钟产生电路、能够支持多种制式标准的数字解码器、色空间转换矩阵及亮度、对比度、饱和度控制电路等组成。SAA7111A能够接受来自多种视频信号源的复合或分离模拟视频信号，它内部解码器基于行锁时钟(line-locked clock)解码原则可以将PAL、NTSC或SECAM制电视信号中的色彩成分解码为符合CCIR-601建议的颜色分量值，各部分电路的控制和配置通过I^2C总线完成。

SAA7111A有4个模拟信号输入端，可以根据需要灵活配置为多种工作模式。在本电路中，AI11和AI21分别作为1路单独的复合视频输入，AI12和AI22则组成1路分离视频输入，3路视频输入可以随时切换，能够满足一般的使用要求。$C_1 \sim C_4$为耦合电容，$R_1 \sim R_8$为终端电阻，选择终端电阻时要保证每路输入阻抗接近75 Ω。

SAA7111A可以通过VPO15～VPO0输出YUV4：2：2、YUV4：1：1、RGB5：6：5、RGB8：8：8等多种不同宽度和格式的数字视频数据流，VPO15～VPO0输出与行基准HREF、行同步HS、场同步VS等信号一起送入AL250相应的视频输入接口。

SAA7111A外接24.576 MHz晶体，内部时钟产生电路通过锁相环产生LLC、LLC2和LLC4等系统工作所需要的各种时钟，其中LLC是行锁系统时钟，频率为27 MHz；LLC2是像素时钟，频率为13.5 MHz(CCIR-601建议规定的亮度采样频率)；LLC4的频率为6.75 MHz(CCIR-601建议规定的色度采样频率)。LLC、LLC2这2路时钟信号通过相应的引脚引出分别送入AL250的视频时钟输入端VCLKX2和VCLK。

片选端CE通过上拉电阻接电源，在电路工作过程中一直使能。FEI为数字视频输出快速使能控制端，此引脚通过电阻接地，设置为由软件控制VPO15～VPO0输出数据或高阻。IICSA为I^2C总线从地址选择，本电路中接地。

SAA7111A引脚比较多，AOUT用于检测和监视输入的视频信号，VREF为场基准输出，CREF为时钟基准输出，RES为内部电路复位输出，RTS0、RTS1、RTCO通过软件设置可以实时输出一些内部电路的工作状态或其他信息，GPSW可以作为1个通用输出口，以上引脚在本电路都没有使用到，作“悬空”处理。TDO、TDI、TMS、TRST、TCK为边界扫描测试电路接口，按数据表推荐的接法连接即可。

2. 视频转换电路

视频转换电路选用AVERLOGIC(凌泰科技)的AL250，其数据表的称法为视频扫描倍增器(Video Scan Doubler)，它能够将隔行扫描转换为逐行扫描，因此AL250也可以认为是帧频倍频器。AL250具有功能齐全、支持多种数字视频格式、不需要外部存储器、价格低等优点，它内部包括视频格式处理、时序控制、扫描倍增器、视频存储器、OSD处理、RGB视频查表(lookup table，LUT)处理、RGB输出DAC等电路，各部分电路的控制和配置通过I^2C总线完成。

AL250的主要功能是将NTSC或PAL制数字视频信号转换为计算机显示器常用的VGA模拟视频信号，它支持CCIR-601和方形像素(square pixel)两种不同分辨率、不同像素时钟的数字视频，格式为YUV4：2：2或RGB5：6：5。AL250能够处理图像的最大分辨率可达1 024×768，但实际输出的分辨率由输入视频信号源及其采用的视频解码器等决定。本电路中送入AL250的数字视频数据符合CCIR-601建议，对于我国使用的PAL制式理论分辨率为864×625，除去消隐部分，实际能够看到的有效图像分辨率理论上为720×576。

图3.1.6所示的电路中，AL250的数字视频输入接口VDIN15～VDIN0、VCLK、VCLKX2、VIDHS、VIDVS和HREF与SAA7111A对应引脚连接。VGA模拟视频信号通过AR、AG、AB、GHS、GVS输出，为了避免高频数字信号对模拟电压信号的影响，R、G、B各路输出都增加了由磁珠和电容组成的低通滤波器，对信号中的高频成分进行衰减。IC_6为能隙基准电压源，选用ON的LM385-1.2，输出电压为1.235 V，作为AL250内部R、G、B各路输出DAC的参考电压，由VREF端送入AL250。RSET为满度电流调整，通过R_{15}接地，调整R_{15}可以用来补偿当使用较低工作电压时VGA输出亮度和对比度的不足，工作电压越低，R_{15}应选得越小，对于3.3 V的工作电压R_{15}选100 Ω。COMP为内部电路补偿端，按数据表推荐通过1个0.1 μF的电容接电源。

AL250 除了能通过软件控制外，也可以通过硬件改变 STD、INTYPE、SQUARE、OVLCTRL 等引脚的电平进而对输入视频制式、格式和种类以及输出叠加进行配置或控制。电路中为相关引脚预留了跳线，以备需要时使用。

I2CADDR 为 I^2C 总线从地址选择，本电路中接地。TESTIN 为测试输入，一般应用中接电源即可。RESET 用于电路复位，低电平有效，R_{34}、C_{51} 和 D_1 构成了简单的上电复位电路。

TESTY0～TESTY7 用于 IC 制造过程中测试，GHREF 为 VGA 行基准输出，这些引脚本电路未用到，作"悬空"处理。

与 AL250 功能类似的还有 AL251，它在 AL250 的基础上增加了数字 RGB/YUV 输出功能，在实际应用中如果需要此功能则可以选择这款 IC。

3. 单片机及其外围电路

单片机选用 ATMEL 的 AT89C4051-12PU，它是常用的 20 脚单片机，兼容 MCS-51 指令系统，工作电压为 2.7～6 V。P3.0、P3.1 和 P1.2、P1.3 分别用于 RS-232 串口通信和模拟 I^2C 总线通信，P1.4～P1.6 检测 3 个按键，5 个 LED 各用 1 个 I/O 口来控制。

IC_5 为 E^2PROM，用于保存相关功能的设置值，这里选用了 24LC01，通过 I^2C 总线控制。IC_7 为 RS-232 收发器，为了与其他器件采用相同电压的电源供电，这里选用了最低工作电压为 3 V 的 MAX3232，与常用的 MAX232 一样，MAX3232 也是基于电荷泵原理，它将 3.3 V 逻辑电平转换为符合 RS-232 规范的电平。

4. 电源电路

图 3.1.6 所示的电路中各器件的工作电压均为 3.3 V，电源分为模拟电源和数字电源，其中电视视频信号输入及 VGA 视频信号输出部分电路使用模拟电源，其他电路均使用数字电源。

稳压电路选用了常用的 1117 系列 3.3 V 输出的低压差稳压 IC，输出电流可达 800 mA，本电路工作电流约 250 mA，能够满足要求。虽然稳压电路允许输入电压的范围很宽，但输入电压太低会影响输出电压的稳定性，太高又会导致功耗过高，所以本电路在实际使用时推荐的工作电压范围为 5～9 V。

3.1.5 软件设计

SAA7111A 内部有 32 个寄存器，AL250 内部有 42 个寄存器，对这些寄存器进行读操作可以获得芯片信息和当前的工作状态，进行写操作可以设置相关的参数和工作方式。TV-VGA 视频转换器程序本身并不复杂，程序的核心就是对这些寄存器的操作，掌握这些寄存器的功能对于程序的编写至关重要，对各个寄存器的用法熟悉与否决定着能否实现预期设计的功能甚至制作的成败。虽然 2 个 IC 内部的寄存器都很多，但并非对每个寄存器都需要进行读/写操作。SAA7111A 的部分寄存器用于 VBI(Vertical Blanking Interval，场消隐期数据广播)数据流控制和获取第 21 行解码器数据、状态从而实现图文电视和隐藏式字幕等功能；AL250 的一些寄存器用于设置 LUT 参数从而利用查表的方法对显示的光电特性进行补偿即 γ 校正，对于大多数的应用这些寄存器都可以不对其进行操作。实现一般功能仅需要对一部分常用的关键寄存器进行相应的设置即可，SAA7111A 和 AL250 的关键寄存器及其功能分别如表 3.1.1 和表 3.1.2 所列。

表 3.1.1 SAA7111A 关键寄存器及其功能

寄存器	地址	读写	功能
Analog input contr 1	02H	读/写	模拟视频信号输入通道切换及工作模式选择；抗混叠滤波器控制；自动增益控制中 9 位增益值更新条件阈值调整
Analog input contr 2	03H	读/写	自动增益控制设置；峰值白电平控制；场消隐选择
Analog input contr 3	04H	读/写	模拟输入通道 1(AI1)静态增益控制(共 9 位，最高位在 03H 寄存器)
Analog input contr 4	05H	读/写	模拟输入通道 2(AI2)静态增益控制(共 9 位，最高位在 03H 寄存器)
Horizontal sync start	06H	读/写	行同步信号输出上升沿位置设置(每个单位为 8/LLC)
Horizontal sync stop	07H	读/写	行同步信号输出下降沿位置设置(每个单位为 8/LLC)
Sync control	08H	读/写	场噪声抑制模式选择；行频锁相环控制；TV/VTR 模式选择；环路滤波器 2 设置；场频选择；自动场频检测控制

续表 3.1.1

寄存器	地　址	读　写	功　能
Luminance control	09H	读/写	孔径因子选择;自动增益控制中增益值更新间隔时间选择;场消隐期亮度处理设置;亮度处理电路中可变带宽滤波器中心频率选择;亮度处理电路中预滤波器设置;色度陷波器设置(对于复合视频色度陷波器使能,对于分离视频色度陷波器则旁路不用)
Luminance brightness	0AH	读/写	亮度控制
Luminance contrast	0BH	读/写	对比度控制
Chroma saturation	0CH	读/写	饱和度控制
Chroma Hue control	0DH	读/写	色调控制
Chroma control	0EH	读/写	色度处理电路中低通滤波器带宽选择;色度处理时间常数选择;色度梳状滤波器开关;色彩制式自动切换控制
Format/delay control	10H	读/写	亮度延迟补偿设置;VREF 输出脉冲位置和长度选择;行同步信号输出时序微调;数字视频输出格式选择
Output control 1	11H	读/写	自动消色设置;解码器旁路控制;HS、VS、HREF、VREF 及 VPO 输出使能控制;VREF 输出场基准/消隐选择;FEI 取样设置;通用输出口控制
Output control 2	12H	读/写	AOUT 输出设置;噪声整形控制;RGB 输出格式选择;色度插补滤波器选择;VPO7～VPO0 三态控制;实时输出 RTS0、RTS1 模式选择
Output control 3	13H	读/写	VPO 旁路控制;时钟基准输出控制;场基准输出控制

表 3.1.2　AL250 关键寄存器及其功能

寄存器	地　址	读　写	功　能
BOARDCONFIG	02H	读/写	输入数字视频制式、格式和种类配置; U、V 互换控制
GENERAL	03H	读/写	02H 寄存器配置方式(硬件或软件)选择
CONTROL	08H	读/写	行同步和场同步输入、输出极性设置;行、场时序调整使能控制
BORDERRED	0CH	读/写	边界填充颜色红色分量值设置
BORDERGREEN	0DH	读/写	边界填充颜色绿色分量值设置
BORDERBLUE	0EH	读/写	边界填充颜色蓝色分量值设置
LUTOSDCONTROL	10H	读/写	LUT/OSD 数据写入选择;R、G、B 各分量 LUT 使能控制;OSD 位图 1 和 OSD 位图 2 使能控制
LUTOSDINDEX	11H	只写	LUT/OSD 数据指针
LUTOSDDATA	13H	只写	LUT/OSD 数据
OVERLAYCTRL	14H	读/写	输出叠加效果控制,可以选择完全覆盖、半透明或负像等效果
OVL1RED	15H	读/写	输出叠加颜色 1 红色分量值设置
OVL1GREEN	16H	读/写	输出叠加颜色 1 绿色分量值设置
OVL1BLUE	17H	读/写	输出叠加颜色 1 蓝色分量值设置
OVL2RED	18H	读/写	输出叠加颜色 2 红色分量值设置
OVL2GREEN	19H	读/写	输出叠加颜色 2 绿色分量值设置
OVL2BLUE	1AH	读/写	输出叠加颜色 2 蓝色分量值设置
OVL3RED	1BH	读/写	输出叠加颜色 3 红色分量值设置
OVL3GREEN	1CH	读/写	输出叠加颜色 3 绿色分量值设置
OVL3BLUE	1DH	读/写	输出叠加颜色 3 蓝色分量值设置
OSD1HSTART	1EH	读/写	OSD 位图 1 水平方向起始位置设置(每个单位为 64 个像素)
OSD2HSTART	1FH	读/写	OSD 位图 2 水平方向起始位置设置(每个单位为 64 个像素)
HDESTART	20H	读/写	可视画面区域水平方向起始位置设置(每个单位为 8 个像素)
HDEEND	21H	读/写	可视画面区域水平方向结束位置设置(每个单位为 8 个像素)
HSYNCSTART	22H	读/写	行同步信号输出下降沿位置设置(每个单位为 8 个像素)

续表 3.1.2

寄存器	地　址	读　写	功　能
HSYNCEND	23H	读/写	行同步信号输出上升沿位置设置(每个单位为 8 个像素)
HTOTAL(1)	24H	读/写	每行需处理的总像素设置 bit10～bit3(共 11 位,其中最低位为 0,bit2、bit1 在 29H 寄存器),每帧需处理的总行数 AL250 会自动检测,无须专门设置
VDESTART	25H	读/写	可视画面区域垂直方向起始位置设置(每个单位为 4 行)
VDEEND	26H	读/写	可视画面区域垂直方向结束位置设置(每个单位为 4 行)
VSYNCSTART	27H	读/写	场同步信号输出下降沿位置设置(每个单位为 4 行)
VSYNCEND	28H	读/写	场同步信号输出上升沿位置设置(每个单位为 4 行)
HTOTAL(2)	29H	读/写	水平方向理论像素设置 bit2～bit1
TEST	2AH	读/写	输出叠加效果控制方式(硬件或软件)选择;输入输出测试
HBORDERSTART	2BH	读/写	行消隐期起始位置设置(每个单位为 8 个像素)
HBORDEREND	2CH	读/写	行消隐期结束位置设置(每个单位为 8 个像素)
VBORDERSTART	2DH	读/写	场消隐期起始位置设置(每个单位为 4 行)
VBORDEREND	2EH	读/写	场消隐期结束位置设置(每个单位为 4 行)
OSDVSTART	2FH	读/写	OSD 位图 1 和 OSD 位图 2 垂直方向起始位置设置(每个单位为 64 个像素);网格颜色选择;网格背景使能控制

E^2PROM 中保存了各种设置信息,地址分配和具体数据内容如表 3.1.3 所列。其中 00H 和 01H 这 2 个字节用于识别电路是否是首次上电,即 E^2PROM 是否已经写入有效的设置数据,以确保首次上电后 E^2PROM 为空片时电路也能够被正确设置。上电后程序会首先读取这 2 个字节的数据,如果数据分别为 AAH 和 55H 则视为 E^2PROM 已经写入设置数据,否则程序将各初始设置数据写入 E^2PROM,并在 00H 和 01H 这 2 个字节分别写入 AAH 和 55H。

表 3.1.3　E^2PROM 地址分配及数据内容

地　址	首次上电后设置值	数据内容
00H	AAH	首次上电识别数据
01H	55H	首次上电识别数据
10H	41H(A)	按键 S_1 功能设置值,设置值为命令名字符对应的 ASCII 码,含义参见无参数数据命令
11H	42H(B)	按键 S_2 功能设置值,设置值为命令名字符对应的 ASCII 码,含义参见无参数数据命令
12H	44H(D)	按键 S_3 功能设置值,设置值为命令名字符对应的 ASCII 码,含义参见无参数数据命令
20H	00H	视频信号输入通道设置值。00H:CVBS1;01H:CVBS2;02H:S-VIDEO
21H	00H	输入视频信号制式设置值。00H:PAL;01H:NTSC
22H	05H	输出叠加颜色设置值。00H:白;01H:红;02H:黄;03H:绿;04H:青;05H:蓝;06H:紫;07H:黑
23H	03H	OSD 字符颜色设置值,设置值与颜色的对应关系同 22H
24H	00H	OSD 字符位置设置值。00H:右上;01H:右下;02H:左下;03H:左上;04H:居中

TV-VGA 视频转换器的程序分为主程序、按键检测子程序、串口接收处理子程序、命令处理子程序、定时器 0 溢出中断服务程序和串口中断服务程序几个部分。

1. 主程序

主程序的流程图见图 3.1.7,初始化程序包括单片机初始化和各器件初始化,主循环主要是通过调用按键检测子程序、串口接收处理子程序和 LED 显示子程序完成相应功能的操作及状态指示。

器件初始化前的延时程序主要是为了保证在各器件内部电路稳定后才对其进行操作,提高读写的可靠性和有效性。器件初始化程序首先从 E^2PROM 中读出已经保存的设置数据,根据这些数据再对 SAA7111A 和 AL250 进行初始化。这部分程序还包括了信息显示功能,可以通过 OSD 了解软件版本、项目编号等信息,考虑到一般的显示器从打开开关到看到图像需要一定的时间,程序中设计的信息显示时间比较长(约 5 s),在此期间不接受任何由按键或串口发出的命令。

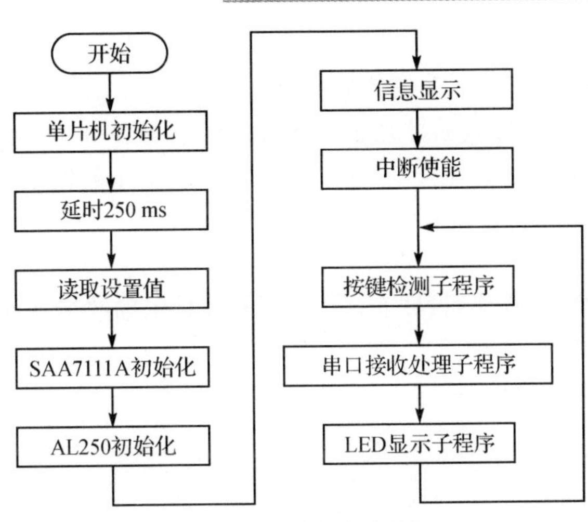

图 3.1.7　主程序流程图

2. 按键检测子程序

本电路中按键很少，按键检测程序比较简单，流程图如图 3.1.8 所示。当按键按下后，首先从 E^2PROM 中读出按键功能的设置值，再将设置值作为命令值通过调用命令处理子程序完成相应功能的操作，每次按键操作结束后串口还会发送一次状态数据。

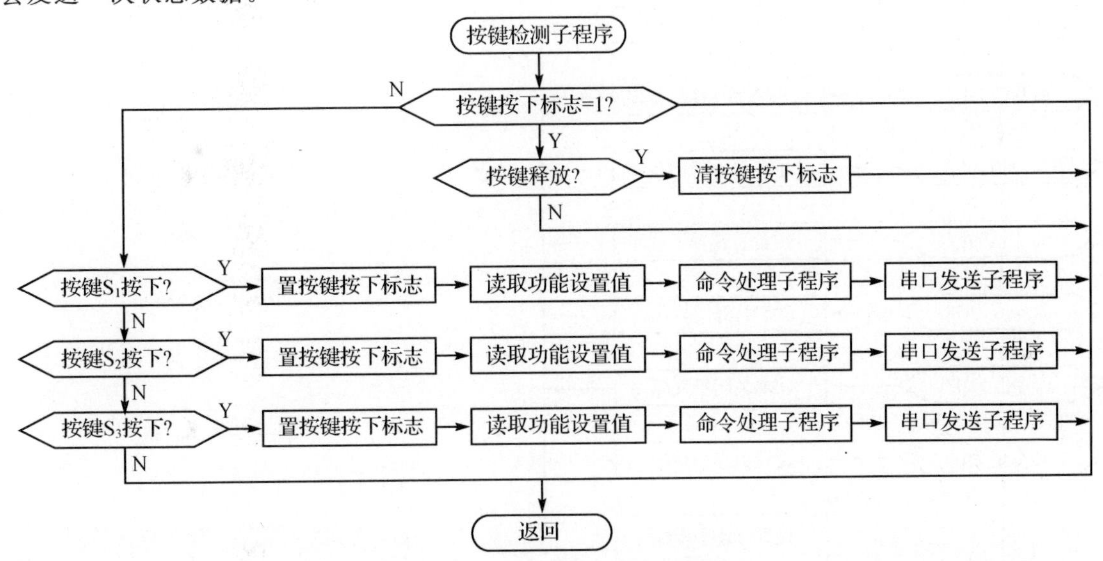

图 3.1.8　按键检测子程序流程图

3. 串口接收处理子程序

当串口接收到完整的 1 帧数据后执行一次串口接收处理子程序，流程图如图 3.1.9 所示。程序先对接收到的数据进行校验，校验通过后再调用命令处理子程序完成相应功能的操作。

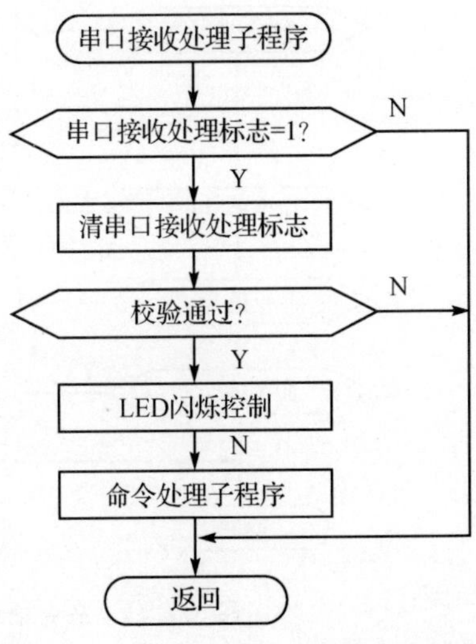

图 3.1.9　串口接收处理子程序流程图

4. 命令处理子程序

命令处理子程序的主要任务是根据按键或串口接收的命令值完成相应功能的操作，流程图如图 3.1.10 所示。

大部分的命令处理都是通过对 SAA7111A 和 AL250 操作完成的，按表 3.1.1 和表 3.1.2 对相关寄存器进行设置即可。SAA7111A 和 AL250 都已经设置为自动检测输入视频制式，程序中对于不同制式的处理仅是针对于输出同步信号、可视画面区域、分辨率等进行设置。对于输出叠加控制，选择输出用叠加色覆盖则输出叠加打开，选择视频与白色“与”或视频与黑色“或”则输出未经叠加的视频信号，输出叠加关闭。在各条命令中，OSD 内容更新命令处理最为复杂。程序中包含了常用的95个字符的字库，但字库中各字符数据的排列顺序和AL250内部用于OSD功能的RAM地址顺序不同，并且字符数据的每1位（点阵中的每1点）和RAM的每1位也不是一一对应，因此要经过RAM地址计算和字库数据处理2个步骤才能将数据送入AL250。RAM地址计算程序根据字符指针和点阵列指针计算出要显示字符点阵对应的RAM地址，字库数据处理程序则根据字符内容和点阵列指针查表得到要显示字符点阵对应的数据，并对数据进行变换，将字符数据的每1位变换为送入RAM数据中的2位。

存储类命令主要是对E^2PROM的操作，根据表3.1.3对相应地址的数据进行修改即可完成。

5. 定时器0溢出中断服务程序

定时器0溢出中断服务程序非常简单，每隔1 ms执行一次，其主要任务是实现相关指示LED闪烁，流程图见图3.1.11。

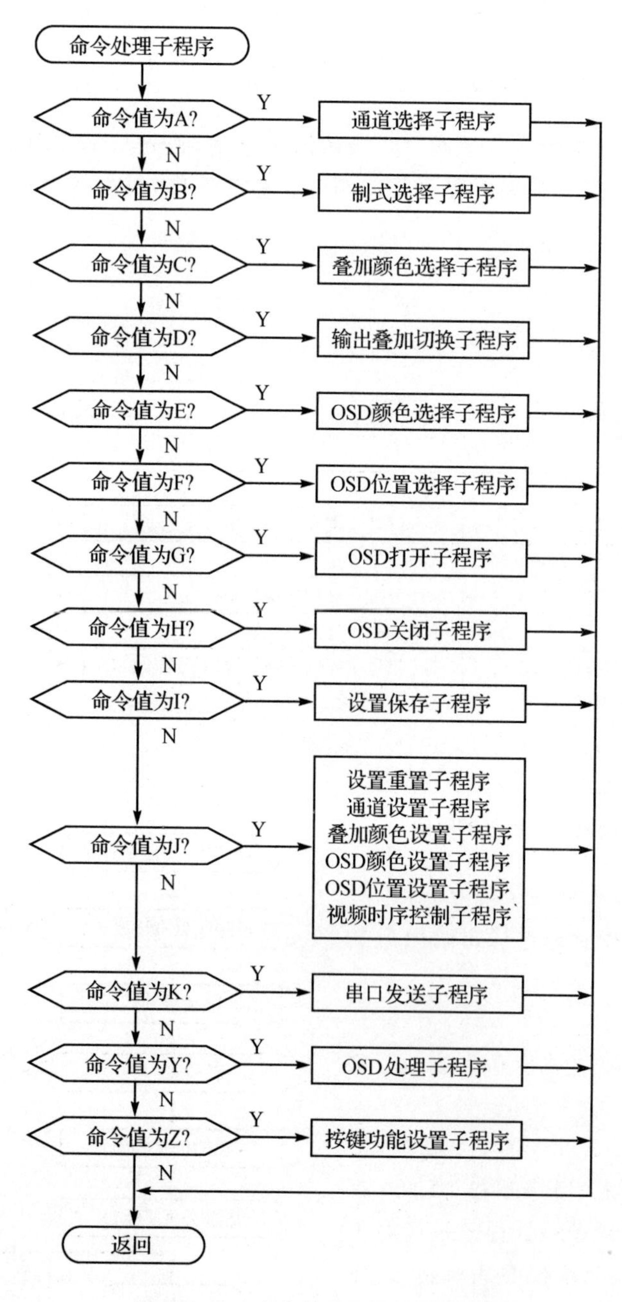

图3.1.10　命令处理子程序流程图

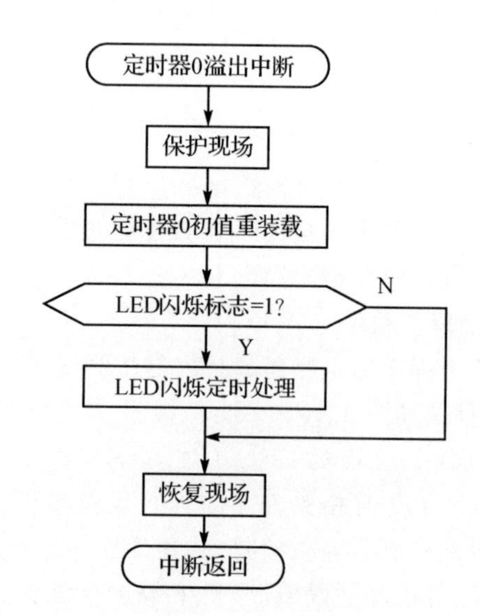

图3.1.11　定时器0溢出中断服务程序流程图

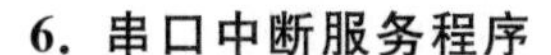

6. 串口中断服务程序

当接收到数据或发送完数据时产生一次串口中断，程序中仅对接收到数据产生的中断作处理，对由发送数据产生的中断忽略。定时器/计数器1作波特率发生器，波特率为9 600。这部分程序的流程图如图3.1.12所示，当程序识别到正确的引导码后则开始接收18个字节的数据。

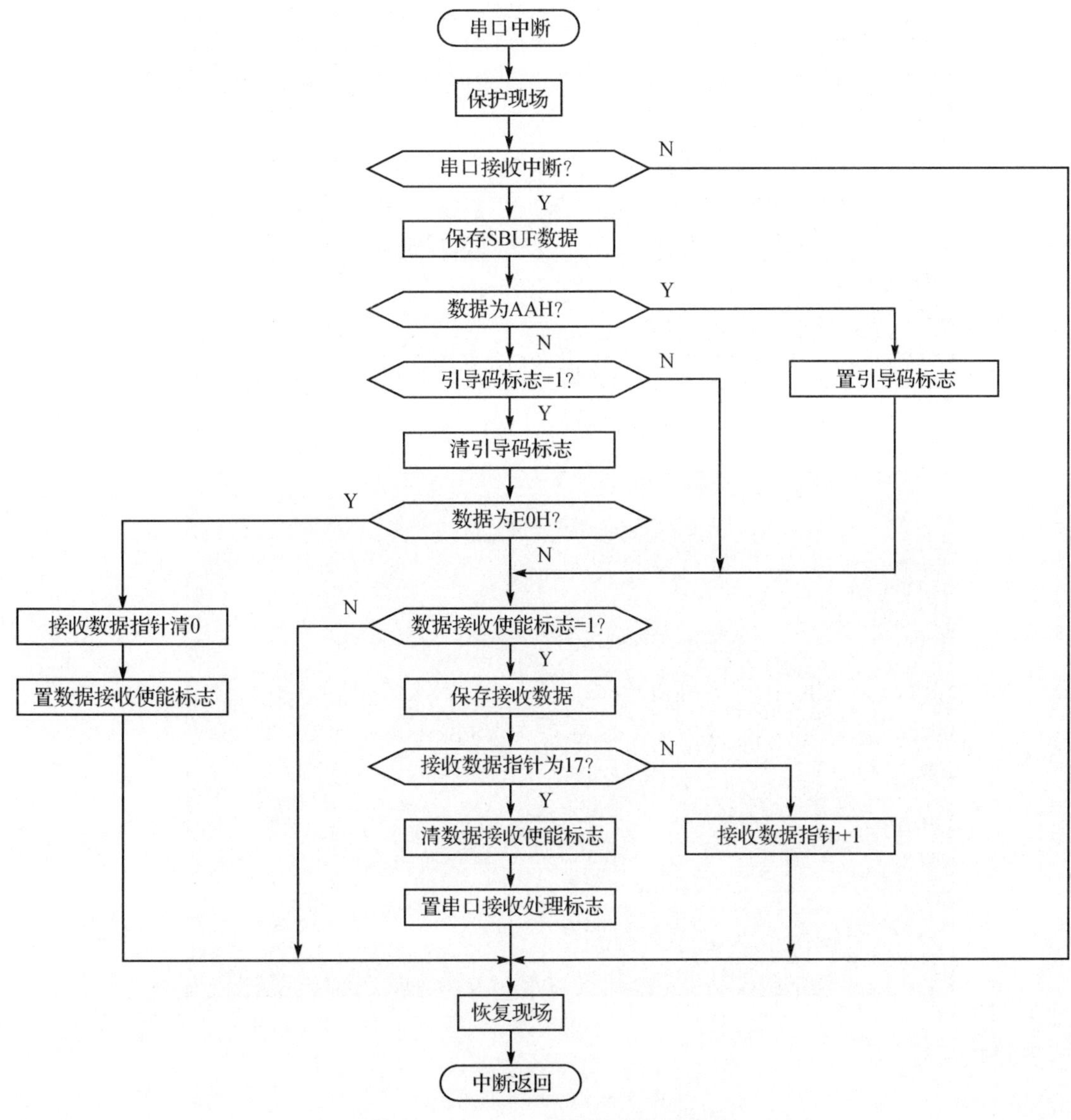

图3.1.12 串口中断服务程序流程图

3.1.6 制 作

1. PCB设计与制作

本电路比较复杂，PCB采用双面板布局，制作时可以委托PCB工厂加工。电路板尺寸为108 mm×72 mm，如图3.1.13所示。

本电路中包含精密的模拟电路和高速的数字电路，数字电路产生的噪声一旦耦合到模拟信号将会导致画质变差，因此在PCB设计时模拟信号要远离数字信号，并且彼此之间用大面积地隔离。原则上应保证IC_1尽量靠近电视视频输入接口，IC_2尽量靠近VGA视频输出接口，以缩短模拟信号的走线，避免受到干扰。高速数字信号特别是时钟信号、振荡电路等相关走线要尽量短并且周围要大面积铺地，但同时也要考虑到接地层对晶体负载电容的影响，在调试时可能需要调整负载电容。IC_1和IC_2的内部电路均分为模拟和数字两部分，这两部分电路的电源和地在PCB设计时要分开处理，不能简单的随处连接，应将模拟地和数字地分别汇

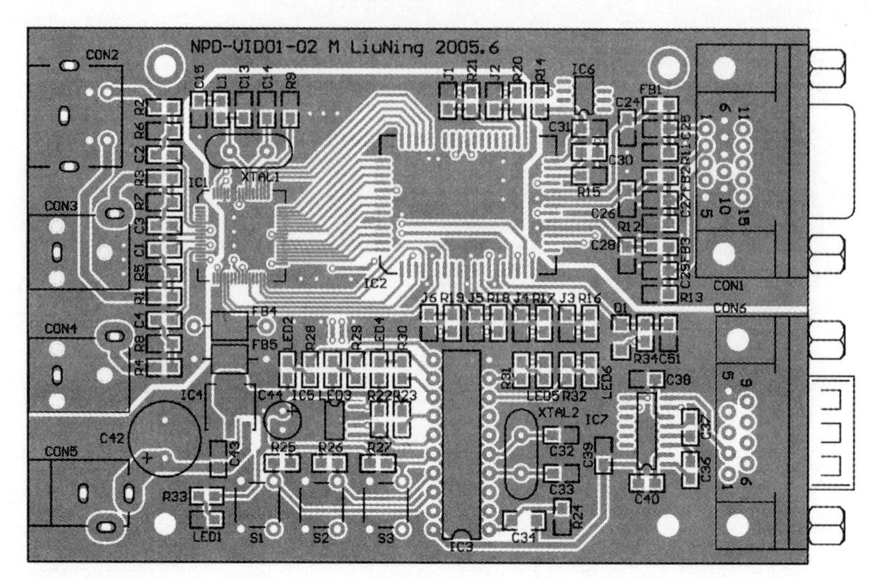

(a) 顶　层

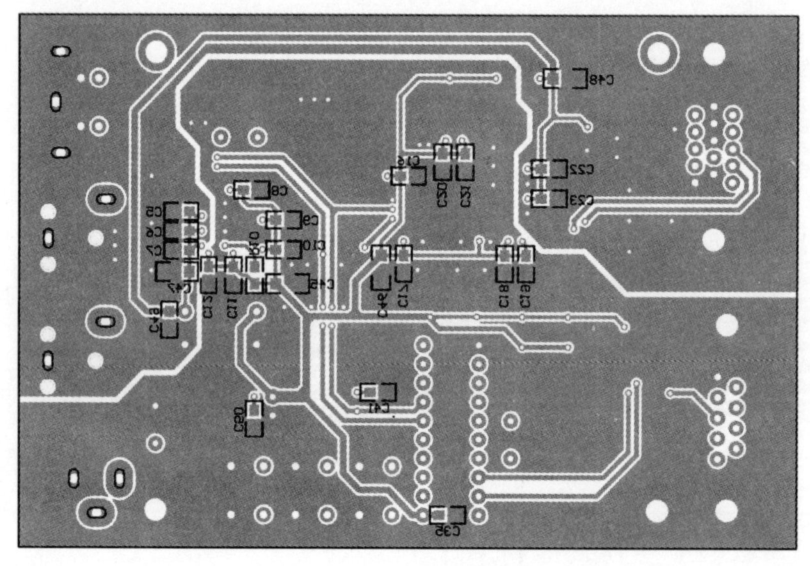

(b) 底　层

图 3.1.13　PCB 布局图

集起来在一点用磁珠相连，同样模拟电源和数字电源也在一点用磁珠相连。IC_1 和 IC_2 具有多个电源和地引脚，每个电源端都设计有去耦电容，这些电容要尽量靠近相应的电源引脚，为了布局方便各去耦电容安装在 PCB 的背面。

IC_4 在工作中会发热，特别是压差较大的时候，所以与 IC_4 各引脚相连的走线要尽量宽一些，最好能够布局一块稍大的铜箔与 IC_4 的散热片相连，以利于散热。

2. 器件选择

器件清单如表 3.1.4 所列，为了减小体积，大部分器件选用贴片元件。IC_4 可以选择不同制造商 1117 系列 3.3 V 的产品，性能差别不大，IC_7 也可以选用 ADM3202 或 SP3232 等功能和引脚排列相同的 IC。在实际制作时可以将程序中不用的功能和字库去掉，使程序占用的 ROM 不超过 2 KB，这样单片机 IC_3 就可以使用更加常用和廉价的 AT89C2051－12。

表 3.1.4 器件清单

序号	名称	型号	数量	编号	备注
1	贴片电容	0.022 μF	4	$C_1 \sim C_4$	0805
2	贴片电容	0.1 μF	28	$C_5 \sim C_{12}, C_{16} \sim C_{23}, C_{30}, C_{31}, C_{35} \sim C_{41}, C_{43}, C_{49}, C_{50}$	0805
3	贴片电容	22pF	2	C_{13}, C_{14}	0805
4	贴片电容	10pF	6	$C_{24} \sim C_{29}$	0805
5	贴片电容	0.001 μF	1	C_{15}	0805
6	贴片电容	30pF	2	C_{32}, C_{33}	0805
7	贴片钽电容	10 μF/10 V	5	$C_{34}, C_{45} \sim C_{48}$	A 尺寸
8	电解电容	470 μF/16 V	1	C_{42}	
9	电解电容	100 μF/16 V	1	C_{44}	
10	D 形插座	DB15-F	1	CON_1	3 排
11	DIN 插座		1	CON_2	4P 母
12	RCA 插座		2	CON_3, CON_4	
13	DC 电源插座		1	CON_5	φ3.5
14	D 形插座	DB9-M	1	CON_6	
15	二极管	1N4148	1	D_1	LL-34 封装
16	贴片磁珠	100 Ω	3	$FB_1 \sim FB_3$	0805
17	磁珠	100 Ω	2	FB_4, FB_5	
18	IC	SAA7111A	1	IC_1	LQFP-64 封装
19	IC	AL250	1	IC_2	QFP-64 封装
20	IC	AT89C4051-12PU	1	IC_3	配 IC 插座
21	IC	AMS1117-3.3	1	IC_4	SOT-223 封装
22	IC	24LC01	1	IC_5	SOP-8 封装
23	IC	LM385-1.2	1	IC_6	SOP-8 封装
24	IC	MAX3232	1	IC_7	SOP-16 封装
25	跳线		6	$J_1 \sim J_6$	根据需要用 0 Ω 0805 贴片电阻连接
26	贴片电感	10 μH	1	L_1	0805
27	贴片 LED		1	LED_1	0805 绿色
28	贴片 LED		3	$LED_2 \sim LED_4$	0805 黄色
29	贴片 LED		2	LED_5, LED_6	0805 红色
30	贴片电阻	27 Ω	4	$R_1 \sim R_4$	0805
31	贴片电阻	47 Ω	4	$R_5 \sim R_8$	0805
32	贴片电阻	1 kΩ	2	R_9, R_{10}	0805
33	贴片电阻	75 Ω	3	$R_{11} \sim R_{13}$	0805
34	贴片电阻	20 kΩ	1	R_{14}	0805
35	贴片电阻	100 Ω	1	R_{15}	0805
36	贴片电阻	10 kΩ	13	$R_{16} \sim R_{27}, R_{34}$	0805
37	贴片电阻	150 Ω	6	$R_{28} \sim R_{33}$	0805
38	按键	B3F	3	$S_1 \sim S_3$	6 mm×6 mm
39	晶体	49S/11.059 2 MHz	1	$XTAL_1$	
40	晶体	49S/24.576 MHz	1	$XTAL_2$	

3. 制作与调试

本电路器件比较多，而且大部分是贴片元件，焊接时要特别仔细，关于贴片元件的焊接可以参考本书 2.4 节的相关介绍。本制作的程序中已经设置为通过软件方式控制 AL250，因此各功能跳线 $JP_1 \sim JP_6$ 无须设置。电路板焊好后要对照原理图仔细检查几遍，确认无误后再进行下一步的调试。制作完成的 TV-VGA 视频转换器电路板如图 3.1.14 所示。

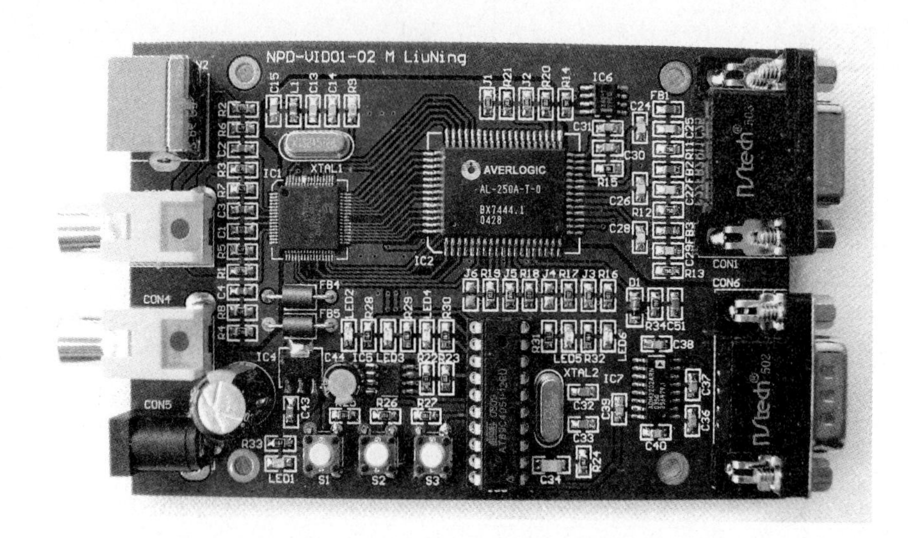

图 3.1.14　制作完成的 TV－VGA 视频转换器电路板

调试时先不接视频信号源和显示器，上电后查看电源指示 LED 是否正常点亮，用万用表测量电路的工作电流和稳压后的工作电压是否正常。在电路正常工作时，IC_1、IC_2 和 IC_4 均会发热，但不会热到烫手，如果温度过高则要进一步检查电路，重点察看有无短路、错焊或漏焊以及输入的电源电压是否满足要求。

如果电路工作正常则可以将 VCD、DVD 播放机或数字电视机顶盒等视频信号源输出的视频信号送入电路，同时连接好显示器，将串口与计算机或其他控制设备用带屏蔽的 9 芯交叉连接线连接。TV－VGA 视频转换器的调试主要是功能调试即软件调试，掌握一定的电视和视频知识对于程序编写和调试都是非常必要的，调试时要仔细研究每个寄存器的功能，耐心调整参数，逐步使显示效果达到最佳、功能满足设计要求。在调试过程中常遇到的故障及排除方法如下：

① 无彩色。

这种故障一般是由于 SAA7111A 输入的 24.576 MHz 时钟频率不准确造成的，可以通过调整晶体的负载电容 C_{13} 和 C_{14} 来解决，如果晶体本身频率误差较大或质量不佳则要更换晶体。

② 偏色和反色。

如果出现画面颜色太深、太浅或色彩不协调、不自然等偏色故障，一般可以通过修改 SAA7111A 的 0AH～0DH 寄存器的值对亮度、对比度、饱和度、色调等进行重新设置来改善。通过显示器的菜单调节亮度和色度参数使显示器适应本电路也是一种简单有效的方法。如果画面有明显的反色尤其是红、蓝反色现象，则要检查 AL250 的 02H 寄存器中 uvflip 位是否设置正确。

③ 偏位。

画面没有居中、不对称或显示不完全一般可以通过显示器的菜单调整画面水平方向位置、画面垂直方向位置、画面大小以及窗口形状等选项来改善，同时也可以进一步调整 AL250 的 20H～29H 及 2BH～2EH 等视频时序控制寄存器使显示的画面符合观看要求。为了适应不同的视频信号源，AL250 提供了画面边界控制功能，如图 3.1.15 所示，20H、21H 用于设置每行实际看到的像素；25H、26H 用于设置每帧实际看到的行数；2BH、2CH 和 2DH、2EH 则分别用于设置行消隐期和场消隐期。通过修改这 8 个寄存器的值可以对输入视频的画面进行“裁剪”，实现可视画面区域设定及“修边”处理。22H、23H 和 27H、28H 分别为用于调整输出行同步和场同步信号的时序，修改这些寄存器的值可以实现画面（包括画面裁剪后产生的边界）在水平方向和垂直方向上位置的调整。以上各寄存器的设置值除了 24H 和 29H 以外，都是以从 VIDHS 和 VIDVS 输入的行同步和场同步信号的上升沿（当 AL250 的 08H 寄存器输入行同步和场同步设置为负极性）或下降沿（当 AL250 的 08H 寄存器输入行同步和场同步设置为正极性）为参考，不同的电视制式对应的这些寄存器的设置值也有所不同。虽然通过修改 SAA7111A 的 06H（当 AL250 的 08H 寄存器输入行同步设置为负极性）或 07H（当 AL250 的 08H 寄存器输入行同步设置为正极性)寄存器的值可以调整边界内画面水平方向的位置,但这是基于 AL250 输入行同步信号的调整,控制灵活性不及直接调整 AL250 输出视频时序控制寄存器,因此一般不采用这种方法来调整画面位置。上述各寄存器特别是行同步和场同步时序调整寄存器的设置值只能在较小范围内调整,并且起始值和结束值要符合时序逻辑,过大幅度的调整或错误的设置会使输出的 VGA 信号时序混乱,从而导致画面抖动、翻滚甚至无显示或显示器不识别,在设置值调整及计算时需注意。

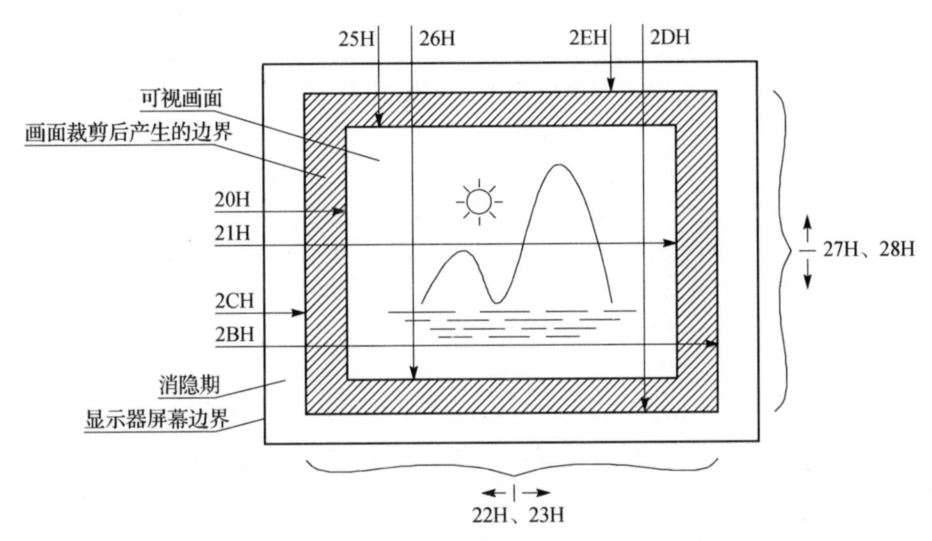

图 3.1.15 AL250 视频时序控制寄存器与画面的关系示意图

④ 条纹。

画面出现规则或不规则的条纹多半是干扰造成的,为了避免走弯路,遇到这种故障首先要查明干扰是来自于外界还是电路本身,同时也要确保显示器和视频信号源是正常的。外界干扰主要是从信号和电源输入端引入或来自于空间辐射,可以通过更换屏蔽性能好的信号线、质量好的电源以及远离辐射源来改善。如果干扰是电路本身引起的则处理起来相对困难一些,因为这往往是 PCB 布局不合理导致的,电路中的晶体甚至是 LED 都可能成为干扰源,元器件摆放不合理、模拟和数字信号走线距离太近或平行、信号走线过长、电源和地考虑不周都将可能使最终输出的视频信号质量受到影响。这种情况下可以通过增加一些去耦电容或对 PCB 走线进行切割和“飞线”来补救,如果还没有改善则要重新设计制作 PCB。

电路调试完毕后可以找一个合适的外壳经过加工后将电路板安装妥当,外壳最好是透明的,以便于看到各指示 LED 的状态。如果没有合适的外壳,也可以给电路板套一层透明的热收缩膜来代替外壳,这样成本更低,具体操作方法参见本书 2.6 节的介绍。

3.1.7 小 结

TV - VGA 视频转换器实现了电视视频信号到 VGA 视频信号的转换,它有效地扩展了电视视频信号源和 VGA 显示器的功能,是一款非常实用的电子制作。

考虑到大多数的显示器都可以对亮度、对比度、色彩饱和度、画面大小和位置等进行调节,TV - VGA 视频转换器没有设计相关的调节功能,如果有必要,读者可以通过修改程序增加这些功能。SAA7111A 和 AL250 功能都很强大,有兴趣的读者还可以增加 PAL/NTSC 制式自动切换、输出半透明、负像(底片)特殊效果等功能,输出叠加和 OSD 字符的颜色也可以设置更多种。

AL250 输出 VGA 信号的刷新频率相对于计算机低一些,在近处观看会有闪烁的感觉,但毕竟是逐行扫描,比一般的 CRT 电视机还是要好很多。本电路对于 LCD 显示器效果一般,如果用于 LCD 显示器,可以考虑使用功能更强大的 AL260。

3.2 别致的电视信号接收器

3.2.1 概　述

早在19世纪，各国科学家就开始了利用扫描方式顺序传输静止图像的研究，机械扫描和电子扫描的方案被先后提出。1925年，机械扫描式电视摄像机和接收机诞生；1936年，世界上第一家电视台——英国广播公司电视台在伦敦正式开始播放电视节目。此后的几十年里电视技术不断完善，电视在世界各国得到了蓬勃发展，电视也被视为20世纪人类最伟大的发明之一。今天，等离子电视机、液晶电视机、电视卡、电视盒等新产品纷纷走进千家万户，基于新一代电视广播技术的数字电视、高清晰度电视在我国各地已经开播。可以说电视已经改变了人们的生活，它成为人们信息和娱乐的重要来源，电视机也成为一般家庭必备的家用电器。

经过大量的生产实践以及长期的完善，电视机可谓是最成熟的家用电器了。随着电子器件集成度的不断提高以及微控制器技术的发展，电视机的整体性能也随之提高，同时电视机在制造上变得更加简单，成本也进一步降低，这也使电子爱好者在业余条件下制作“电视机”成为可能。本节介绍一款采用淘汰通信配套设备外壳制作的电视信号接收器，它能够接收图像载波频率在49.75～863.25 MHz范围内所有频道(包括57个标准频道和38个有线电视增补频道)的电视节目信号，输出标准的复合视频信号(CVBS)和音频信号，与相应的显示设备连接即成为完整的电视机。此外，本电视信号接收器自带扬声器，具有音频输入接口，当不连接显示设备单独使用时，也可以作为电视伴音接收机或有源音箱。

3.2.2 功能设计

本电视信号接收器的功能设计以简单实用为原则，保留了一般电视机常用的功能，同时功能设计也与外壳相结合，充分利用原外壳上器件及接口的安装孔，尽量减少外壳加工的工作量。功能操作包括面板操作和遥控器操作，面板操作主要是进入设置状态、可用频道搜索、电视频道保存等非常用功能的操作，而本电视信号接收器所有常用功能如频道选择、音量调节等操作则均通过遥控器来完成。

本电视信号接收器前面板和后面板的布局如图3.2.1所示，前面板上装有4个状态指示LED和1个编码器，后面板上装有5个插座和1个按键。电源指示LED在电路正常工作时常亮；设置指示LED在设置模式下闪烁，在一般模式下熄灭；操作指示LED在每次按键、编码器或遥控器操作后闪烁一次；通信指示在每次串口发送完数据后闪烁一次。编码器带有按键，能够完成多种操作。顺时针旋转编码器能够以31.25 kHz的步长升高本振频率，当本振频率为最大值时则不再升高；逆时针旋转编码器则能够以同样的步长降低本振频率，当本振频率为最小值时则不再降低。短暂按下编码器按键可以进入或退出可用频道搜索状态，在搜索状态下本振频率以31.25 kHz的步长缓缓升高，当本振频率升至最大值时则退出搜索状态，按下编码器按键超过2 s后可以将当前的电视频道存储在所选择频道编号对应的位置。设置键的操作比较特殊，只有按住设置键上电才操作有效，可以进入设置模式，而在其他情况下按设置键则无效，这样可以避免误操作。

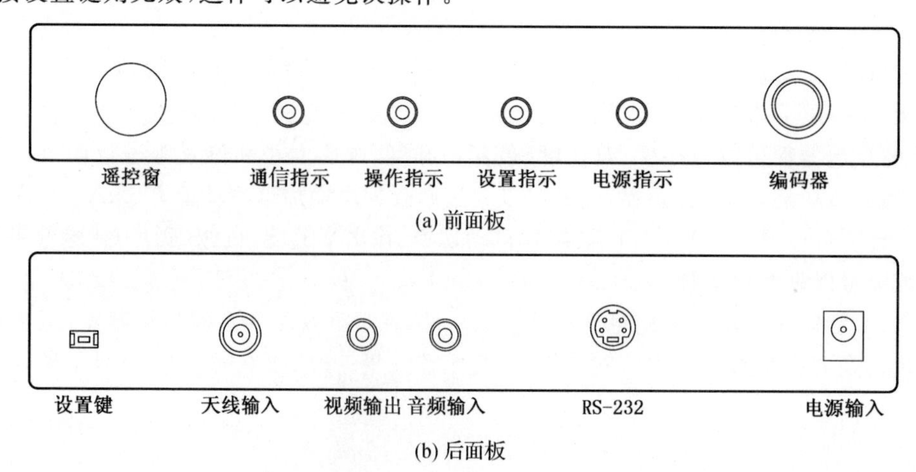

图3.2.1　面板布局

遥控器各按键布局如图 3.2.2 所示，24 个按键中本电视信号接收器只使用其中的 21 个，各按键的具体功能如下：

① 数字键。

数字键从 0 到 9 共有 10 个，用来选择要收看的电视频道。1～9 各键按下后可以调出相应频道编号对应的电视频道，选择频道编号超过 9 的频道要先按下两位数输入键，再输入频道编号；0 键仅用于输入两位数的频道编号，不能直接选择任何电视频道。

② 两位数输入键。

此键用于输入两位数的频道编号，按下此键后即进入两位数输入状态，可以通过数字键输入频道编号，首位输入 0 无效，10 s 内没有完成有效的输入将退出两位数输入状态，在输入过程中如果有误可以再次按下此键重新输入。

③ 返回键。

按下此键后可以返回上一个观赏的电视频道。

④ 频道增大键。

按下此键后频道编号加 1 并调出与频道编号对应的电视频道，当频道编号为最大值时按此键无效。

⑤ 频道减小键。

按下此键后频道编号减 1 并调出与频道编号对应的电视频道，当频道编号为最小值时按此键无效。

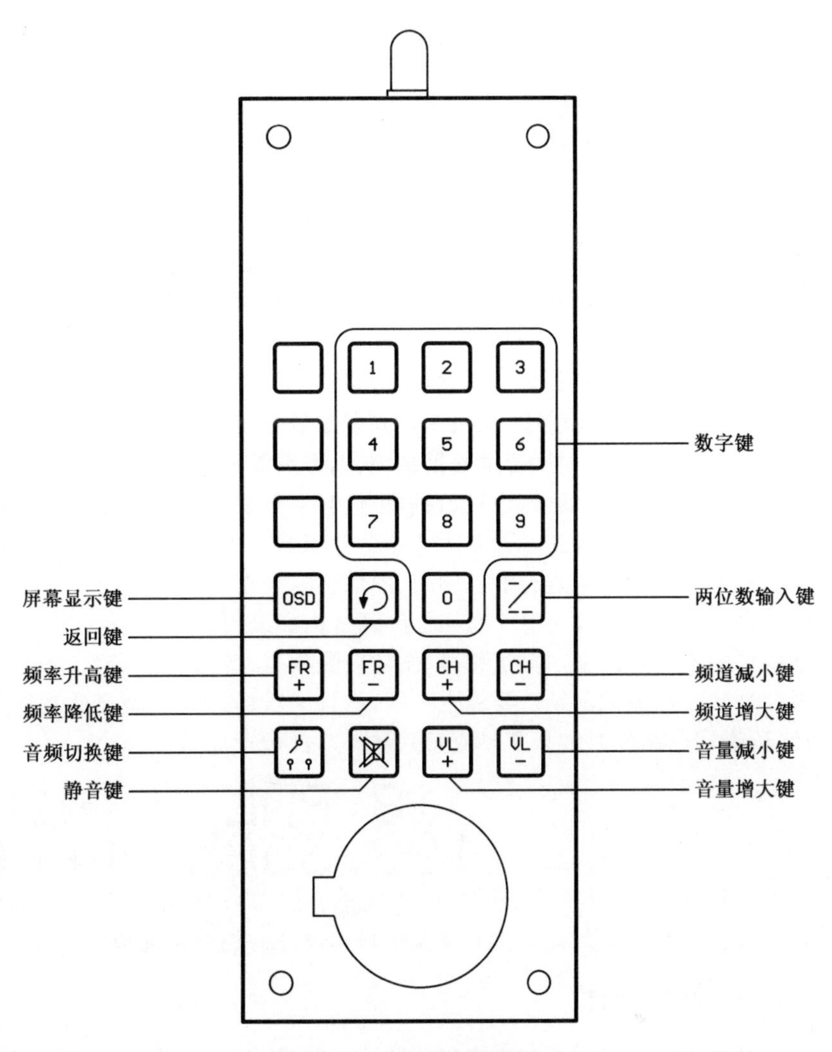

图 3.2.2　遥控器按键布局

⑥ 频率升高键。

按下此键后本振频率升高 31.25 kHz，当本振频率为最大值时按此键无效。

⑦ 频率降低键。

按下此键后本振频率降低 31.25 kHz，当本振频率为最小值时按此键无效。

⑧ 音量增大键。

按下此键后音量增大 1 级(衰减值改变 1 dB)，当音量为最大值时按此键无效。

⑨ 音量减小键。

按下此键后音量减小 1 级(衰减值改变 1 dB)，当音量为最小值时按此键无效。

⑩ 静音键。

按下此键后可以按“打开静音→关闭静音”循环的顺序改变静音状态。

⑪ 音频切换键。

按下此键后可以按“电视伴音→外部音频输入”循环的顺序切换音频放大电路的音源。

⑫ 屏幕显示键。

按下此键后可以打开 OSD，显示当前频道编号及图像载波频率。

与一般的电视机一样，本电视信号接收器在使用前也需要先进行可用频道搜索和存储，即通常所说的“调台”。为了完成调台操作，本电视信号接收器特别设计了设置模式。在设置模式下，面板操作、遥控器操作和普通模式下基本相同，这两种模式实质上的区别只有以下两点：

① 上电后在普通模式下调出1号频道的电视节目，而在设置模式下则本振为最低频率，等待用户开始搜索可用频道。

② 普通模式下频道转换（换台）操作后频道编号改变，并且通过改变本振频率调出与频道编号对应的电视频道；而设置模式下频道转换仅改变频道编号，本振频率并不改变，这样用户就可以根据个人喜好对频道编号进行排序、对调等编辑操作。

为了简化电路和程序，本电视信号接收器采用手动方式进行可用频道搜索。在设置模式下短暂按下编码器按键进入可用频道搜索状态，本振频率开始升高，当电视图像出现后再次短暂按下编码器按键，退出可用频道搜索状态。之后通过旋转编码器或按动遥控器的频率升高键、频率降低键进行微调，使画面和伴音效果达到最佳。最后通过遥控器选择好频道编号，再按住编码器按键不放，当2 s后看到操作指示LED闪烁一次则当前电视频道已被成功存储。此后不断重复上述过程，直到整个频段搜索完毕为止。

由于外壳面板比较小，无法布置太多的显示器件，并且本电视信号接收器也非最终的显示设备，不便以OSD的方式来显示频道编号、音量等信息，所以特别设计了RS-232串口，可以将相关信息发送给相应的显示设备来显示，同时在某些特殊场合也可以通过串口对本电视信号接收器进行控制。

串口通信数据发送是针对于3.1节介绍的"TV-VGA视频转换器"设计的，数据的格式和命令可以参考3.1节的相关内容。每当进行涉及频道、图像载波频率、音量、静音状态改变的操作及屏幕显示操作时，串口将OSD内容发送给显示设备并打开OSD，之后10 s内如果没有其他操作则关闭OSD。OSD格式示例如图3.2.3所示，根据操作的不同可以显示频道编号、图像载波频率、音量及静音状态等内容。考虑到应用场合不同其他设备对本电视信号接收器控制的功能要求也不同，而且一般场合也不需要此功能，所以这里对串口数据接收没有作具体的设计，读者实际制作时如果需要或感兴趣可以自行设计。

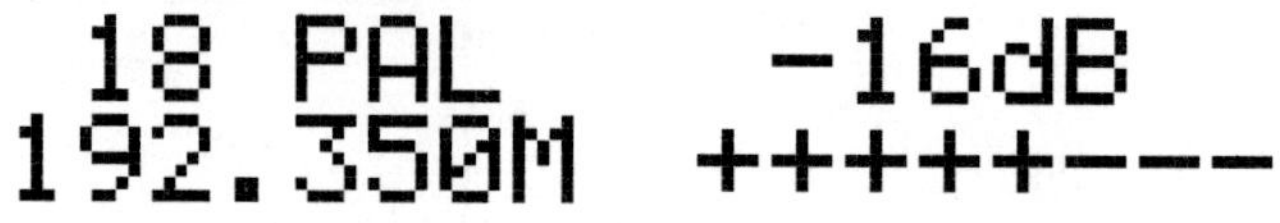

18 PAL
192.350M

(a) 频道显示

-16dB
+++++---

(b) 音量显示

图3.2.3 OSD格式示例

3.2.3 硬件设计

本电视信号接收器的电路包括调谐器电路、音频电路、单片机及其外围电路、电源电路几个部分，电路原理图如图3.2.4所示。除此之外，还单独设计了遥控器电路。

1. 调谐器电路

为了保证性能稳定以及制造、调试方便，电视机等电视信号接收设备内部的调谐器电路一般都做成一个整体，通常称为高频头。高频头是关键部件，它决定着电视机性能特别是接收性能的优劣。本电路中也采用了成品高频头，为了制作方便和减小体积，这里高频头选用一体化高频头。所谓"一体化高频头"即包含了调谐电路和中放电路的高频头，可以直接输出电视视频信号和电视伴音信号，绝大多数电视卡、电视盒等产品都采用这种一体化高频头。近年来也有少数产品使用"硅高频头"(Silicon Tuner)，它体积小巧，外观结构和传统的带有金属外壳的高频头有较大差别，关于这种高频头这里不作过多介绍，有兴趣的读者可以查阅相关资料。

PHILIPS先后推出多款FI12XX、FQ12XX和FM12XX等系列的一体化高频头，主要用于高档车载DVD播放机、电视盒或其他桌面视频产品。这3个系列的高频头均可以接收电视信号，FM12XX系列还具有FM广播接收功能。同系列中不同型号的高频头性能大致相同，但支持的电视制式有所不同。符合我国电视制式标准的PAL-D/K制最常用的型号就是FI1256 MK2，国内也有很多厂家生产与之性能相同的产品，本电视信号接收器也采用这种高频头。

图3.2.4中，$TUNER_1$为一体化高频头FI1256 MK2，它内部电路原理框图如图3.2.5所示。FI1256内部一般有3块主IC，分别为混频器/振荡器TDA5736、图像/伴音中频信号处理电路TDA9800和PLL频率合成器TSA5523，此外它内部还具有射频输入处理电路、调谐电压DC-DC变换器等电路。FI1256 MK2为频率合成高频头，比早期电视机常用的电压合成高频头性能有了很大提高，它功耗很低，仅需要单一的5 V电源供电，所有操作均通过I^2C总线完成，使用非常方便。

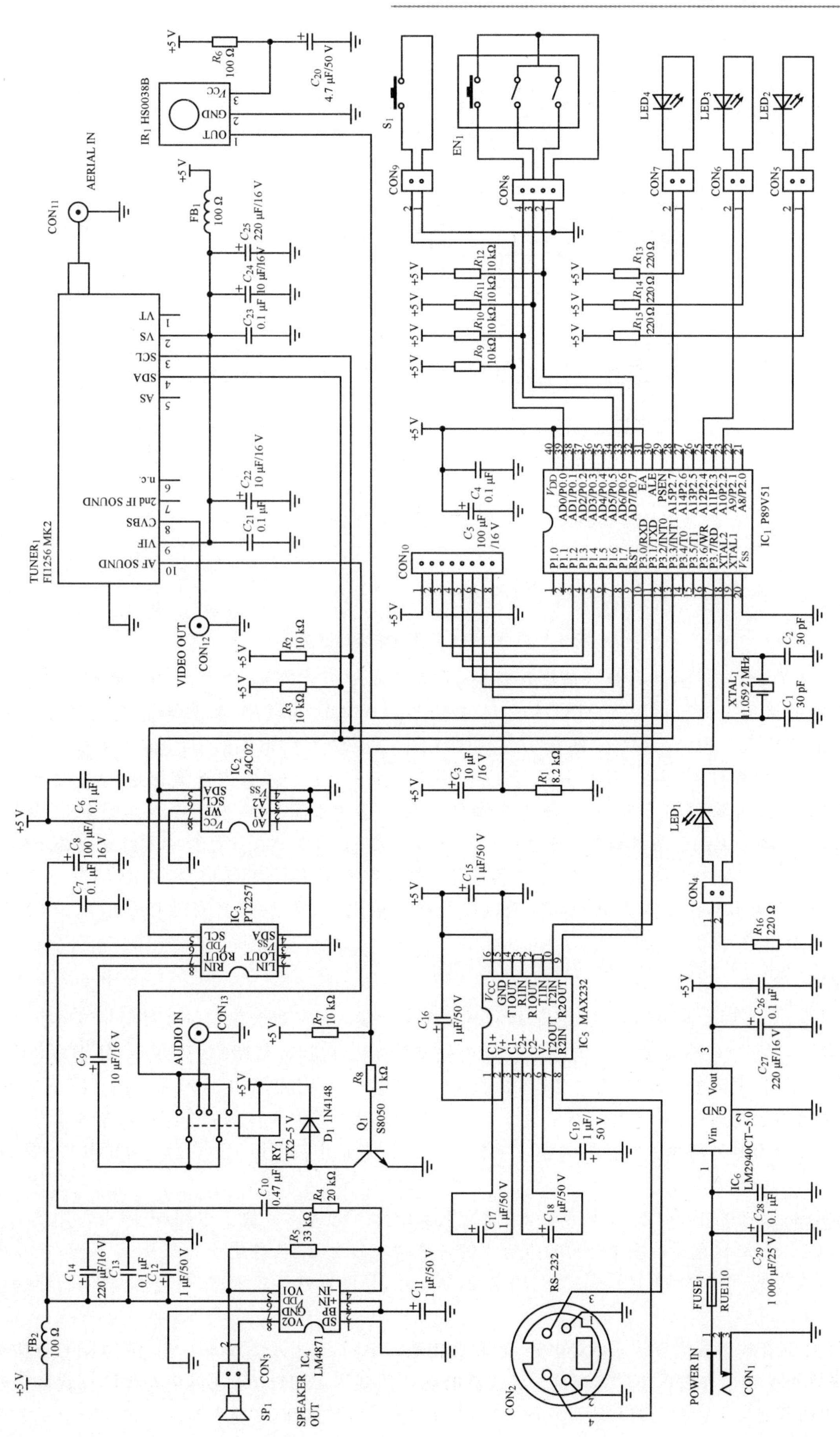

图 3.2.4 电视信号接收器电路原理图

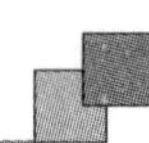

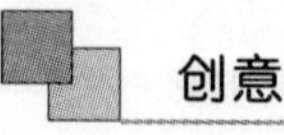

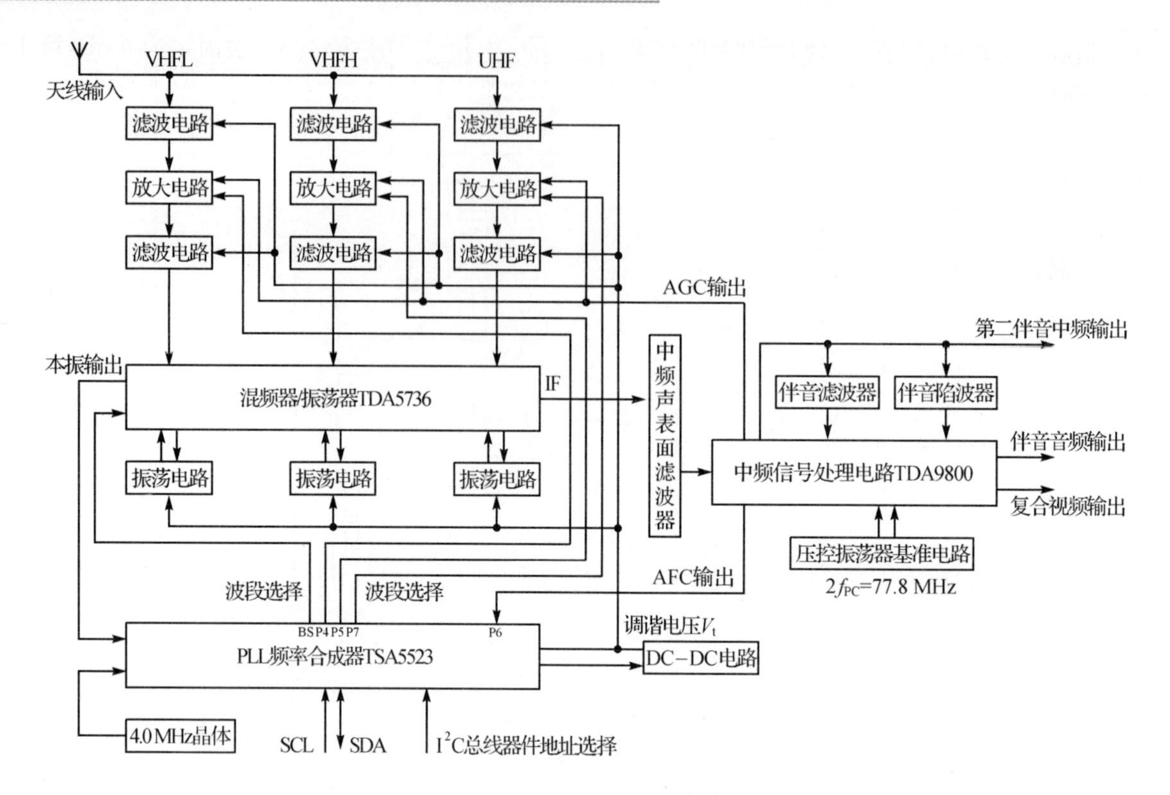

图 3.2.5　FI1256 内部电路原理框图

FI1256 MK2 为金属外壳，具有良好的屏蔽性能，它采用水平方式安装，外壳上用于固定器件的 4 个引脚同时也是电路中的接地引脚。FI1256 MK2 的外壳上安装有天线输入插座，来自于有线电视或天线的电视射频信号由此插座输入。FI1256 MK2 还有 10 个引脚用于电源输入及相关信号的输入和输出，其中 6 脚为空脚，没有和内部电路作任何连接，因此实际有用的引脚只有 9 个。1 脚为内部调谐电压监视端，可以用于监视调谐电压的变化，本电路将之悬空；2 脚和 9 脚分别为调谐电路和中频放大电路电源输入端，均与 5 V 电源相连；3 脚和 4 脚为 I^2C 总线控制端，与单片机 I/O 口连接；5 脚为 I^2C 总线器件地址选择端，本电路中此引脚悬空，地址设置为 C2H；7 脚为第二伴音中频输出，本电路不需要使用此信号，引脚悬空即可；8 脚为复合视频信号输出，此输出直接作为本电视信号接收器的视频输出；10 脚为伴音音频信号输出，本电路中此信号被送至音频切换电路。

2. 音频电路

如图 3.2.4 所示，高频头输出的电视伴音信号和通过 CON_{13} 输入的外部音频信号经过信号继电器 RY_1 切换后选出 1 路送入 IC_3。IC_3 为台湾普诚科技的音量控制电路 PT2257，它具有低噪声、体积小、外围器件少等优点。PT2257 为立体声设计，具有静音功能，能够以 1 dB 的步长在 0～－79 dB 的范围内对输入的音频信号进行衰减，衰减值设置及静音控制均通过 I^2C 总线完成。关于 PT2257 的内部电路及更详细的介绍可以参考本书 4.1 节介绍的相关内容。电视伴音和外部输入的音频信号均为单声道，因此电路中只使用了 PT2257 的其中 1 个声道，另 1 个声道各引脚悬空。

本电路输出的音频信号将直接送入扬声器，因此这里也设计了音频功率放大电路，电路中选用的是 National Semiconductor 的 LM4871，它是一款单声道桥接输出的音频功率放大 IC，工作电压为 2.0～5.5 V，在 8 Ω 负载下典型输出功率为 1.5 W。LM4871 具有失真小、功率大、体积小、外围器件少等优点，适合于便携式计算机、桌面视听设备等产品。

经 IC_3 衰减后的音频信号通过输入耦合电容 C_{10} 和反相输入电阻 R_4 送入 LM4871，C_{10} 和 R_4 同时也构成了高通滤波器，根据图 3.2.4 中的参数可以计算出这个滤波器的截止频率约 17 Hz，C_{10} 选得稍大些可以获得更好的低频特性。LM4871 内部有 2 个放大器且均为反相放大器，第 1 个放大器的输出接扬声器的一端同时也送入第 2 个放

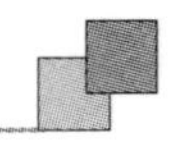

大器，经过反相后再接扬声器的另一端，由此构成桥接输出。其中，第2个放大器的增益固定为0 dB，第1个放大器的闭环增益则可以通过R_4和R_5设置，本电路在桥接方式下的电压放大倍数为$2(R_5/R_4)$。LM4871的1脚SD接电源可以将放大器关闭，功耗降到最低，对功耗有较高要求的产品可以利用此引脚对功放电路进行控制，本电路中此引脚接地，功率放大器一直处于工作状态。LM4871采用单电源供电，内部通过2个100 kΩ的电阻对电源电压V_{DD}进行分压，得到的$V_{DD}/2$电压作为偏置电压，即放大电路的静态工作点。C_{11}为偏置电压的旁路电容，由于SD端是通过控制偏置电压来实现打开和关闭放大器的，而C_{11}又决定着偏置电压上升的时间，所以C_{11}的值对开机噪声的大小有较大影响，但本电路没有使用放大器开关控制功能，C_{11}的选取则不用过多考虑，按数据表推荐选1 μF即可。

3. 单片机及其外围电路

如图3.2.4所示，IC_1为NXP半导体的80C51系列40脚低功耗单片机P89V51，IC_1的P0.0用于检测后面板的设置键，P2.2、P2.4和P2.7分别控制1个LED，P1.2～P1.7通过插座CON_{10}引出，但未接任何器件或电路，为将来功能扩展预留。

EN_1为带按键的旋转式编码器，它是人机接口设计中设置值增减控制常用的一种器件，具有控制方便快捷、便于与其他控制方式协调、成本低廉等优点，广泛应用于微波炉等电器产品。这种编码器外观与电位器相似，但旋转时与电位器不同，它通过手柄可以旋转任意角度和圈数，在旋转时对应的引脚配合外围电路可以输出2路相位差为90°的方波脉冲，通过对脉冲相位的检测可以判断出旋转的方向。手柄(轴)不仅可以旋转，而且还能够按下相当于1个按键。编码器按键和2路脉冲分别由IC_1的P0.5～P0.7来检测。

IC_1的P3.0和P3.1用于RS-232通信，IC_5为常用的RS-232收发器MAX232，它通过内部电荷泵电路将5 V逻辑电平转换为符合RS-232规范的电平。

IC_2为24C02，用于存储各个电视频道的相关设置值，它和IC_3、$TUNER_1$均通过IC_1的P3.2和P3.3模拟I^2C总线进行控制。

IR_1为红外遥控接收模块HS0038B，它内部包括红外接收二极管、放大器、带通滤波器、解调器和相关控制电路，具有外围电路简单、接口方便、抗干扰性能好及功耗低等特点，适合于载波频率为38 kHz的红外遥控系统中使用。解调后的遥控码脉冲送入IC_1的P3.6，R_6和C_{20}用于抑制通过电源引入的干扰。

4. 电源电路

本电路的电源部分比较简单，如图3.2.4所示，稳压电路IC_6选用National Semiconductor的低压差稳压器LM2940CT-5.0，输出电压为5 V，输出电流可达1 A，能够满足本电路的要求。权衡考虑功耗及稳压性能，本电路推荐的输入电压范围为6～9 V。为了降低成本，IC_6也可以采用常用的三端稳压器7805，但输入电压应在7 V以上。$FUSE_1$为自复保险丝，当电路出现故障时能够起到一定的保护作用。

5. 遥控器电路

本电视信号接收器配套的遥控器为红外遥控器，电路如图3.2.6所示。IC_1为μPD6121或其兼容产品，μPD6121是NEC在多年前推出的红外遥控发射专用电路，也是固定码红外遥控器产品中最常用的IC。由于种种原因，目前NEC将逐步停止生产此产品。但这款IC用量极大，很多半导体制造商都开发出了与μPD6121功能和引脚相同的产品，如PT2221、HT6221、SC6121等，并且都沿用了μPD6121遥控码的格式，这种格式的遥控码一般也称为“NEC码”。μPD6121内部由按键输入/输出扫描电路、振荡电路、时序发生器、控制器、输出电路等组成，它具有低工作电压、低功耗、输出遥控码丰富以及使用灵活方便等特点。μPD6121输出的遥控码采用PPM(Pulse Position Modulation，脉冲位置调制)方式，当使用455 kHz的陶瓷振荡器工作时载波频率约为38 kHz。

μPD6121的1帧遥控码包括引导码、用户码、数据码和停止位4部分，它最多可以接32个按键，每个按键对应1种数据码，这些按键中有4个按键又可以组合成3种“复合按键”(2个按键同时按下)，各对应1种数据码。此外数据码的其中1位由7脚SEL的电平决定，改变SEL的电平能够实现类似于计算机键盘中Shift键的

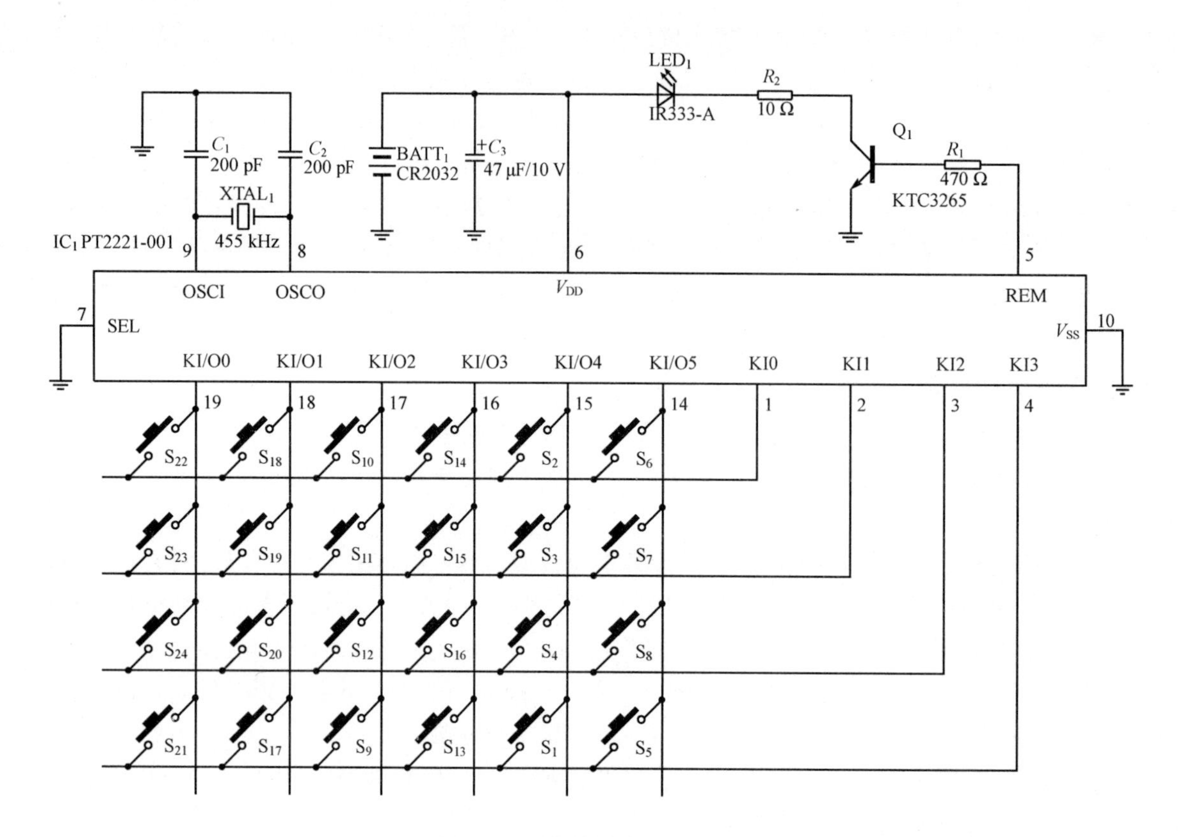

图 3.2.6 遥控器电路原理图

功能，使按键功能得到扩展，在不增加按键的情况下数据码的种类增加了一倍，因此 μPD6121 总共有 70 种数据码，也意味着它能够发送 70 条不同的遥控命令。μPD6121 能够通过各 KI/O 引脚接上拉电阻以及与 20 脚 CCS 间连接二极管来设置用户码，由此可避免不同产品间遥控的冲突。本电路只设计了 24 个按键，并采用最简单的接法，用户码不作特别设置即各 KI/O 引脚不接上拉电阻或二极管，SEL 直接接地，已经能够满足一般应用的要求。

电路中，R_2 为限流电阻，R_2 越小红外发射二极管 LED_1 的工作电流和发射功率就越大，遥控距离越远，也更容易通过物体表面反射实现全方位控制，但耗电也随之增大。当 R_2 很小时，在遥控码发射瞬间可能会使电源电压跌至 μPD6121 最低工作电压之下从而导致电路无法正常工作甚至出现“死机”现象，此时电池将被迅速耗尽。因此 R_2 的选择要权衡考虑遥控距离要求、红外发射二极管允许的最大电流、电池容量和寿命，一般可以在数欧姆到数十欧姆的范围内选择。R_2 选得较小时 R_1 也应该适当减小，从而能够为 Q_1 提供足够的基极电流。

μPD6121 的最低工作电压为 2 V，待机电流不到 1 μA，功耗极低，这就降低了对电池容量的要求，为了减小遥控器的体积，本电路采用 1 粒 CR2032 型 3 V 纽扣锂电池供电。μPD6121 的 11 脚 LMP 可以接 LED 指示遥控器的发射状态，为了降低功耗本电路未使用此功能。

μPD6121 数据表给出的应用电路中与陶瓷振荡器 $XTAL_1$ 连接的 2 个电容与电源 V_{DD} 相连，而其他兼容产品则推荐将这 2 个电容接地，一般情况下这两种接法电路都可以工作，但在实际设计电路时最好还是依照所选器件数据表推荐的电路来连接。

3.2.4 软件设计

本电视信号接收器的程序主要包括主程序、遥控接收处理子程序、调谐子程序、显示子程序和定时器 0 溢出中断服务程序几个部分。

1. 主程序

主程序的流程图如图 3.2.7 所示，单片机初始化后延时一段时间，待电路稳定后先对 PT2257 进行初始化，将衰减值设置为－20 dB。之后对设置键进行检测，当设置键按下则进入设置模式，否则进入普通模式。由于上电与设置键检测间隔时间非常短，所以只有按住设置键上电此时才可以检测到设置键被按下，而上电后再按设置键则不会检测到按键被按下。

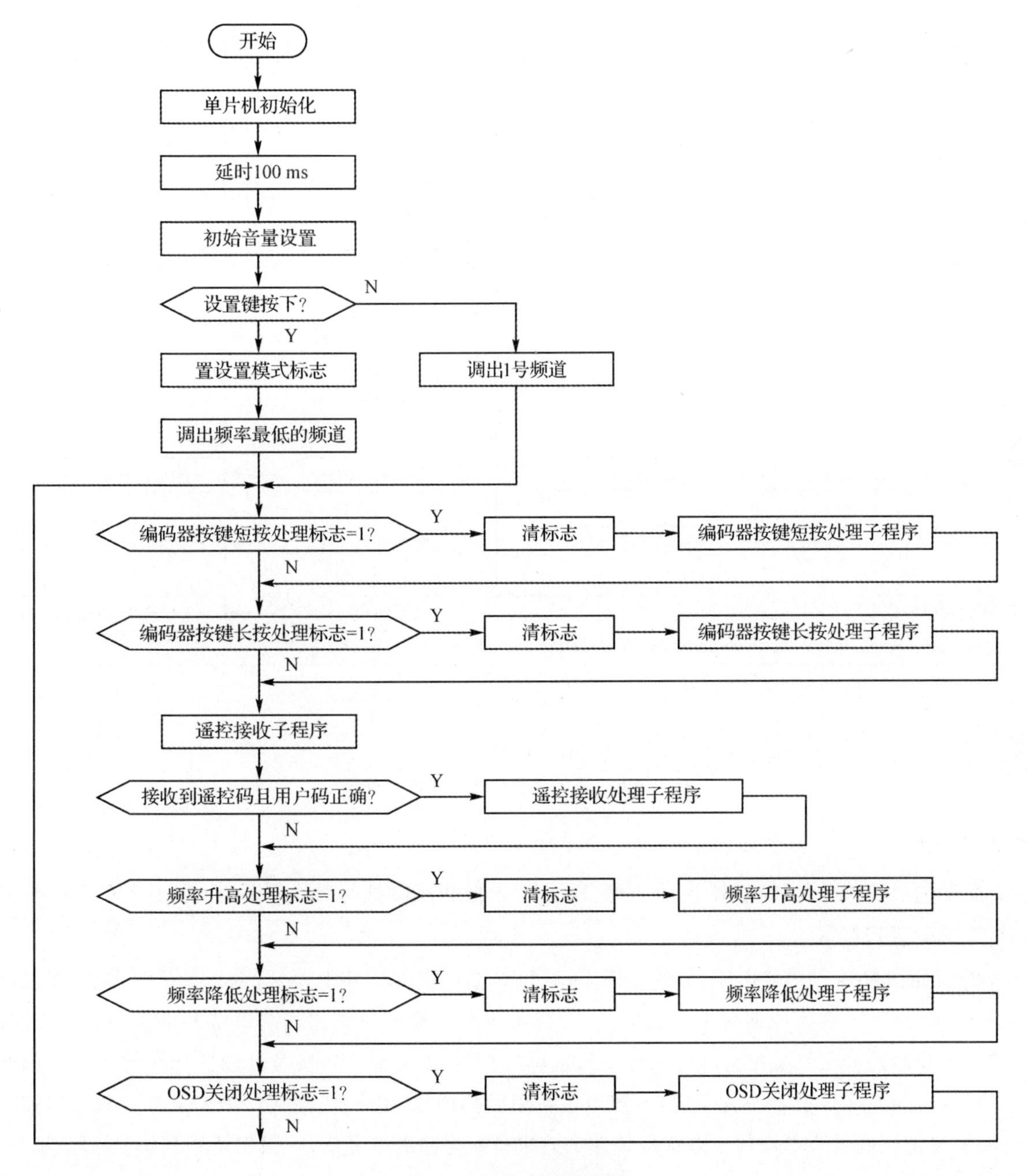

图 3.2.7 主程序流程图

主循环程序的主要任务是遥控接收及根据定时器 0 溢出中断服务程序中置位的标志调用相关子程序完成相应的操作。遥控接收采用查询方式，用定时器 2 作时间基准。

2. 遥控接收处理子程序

遥控接收处理子程序的流程图如图 3.2.8 所示，主要任务是根据接收到的遥控数据码调用相关子程序完成各功能的操作。

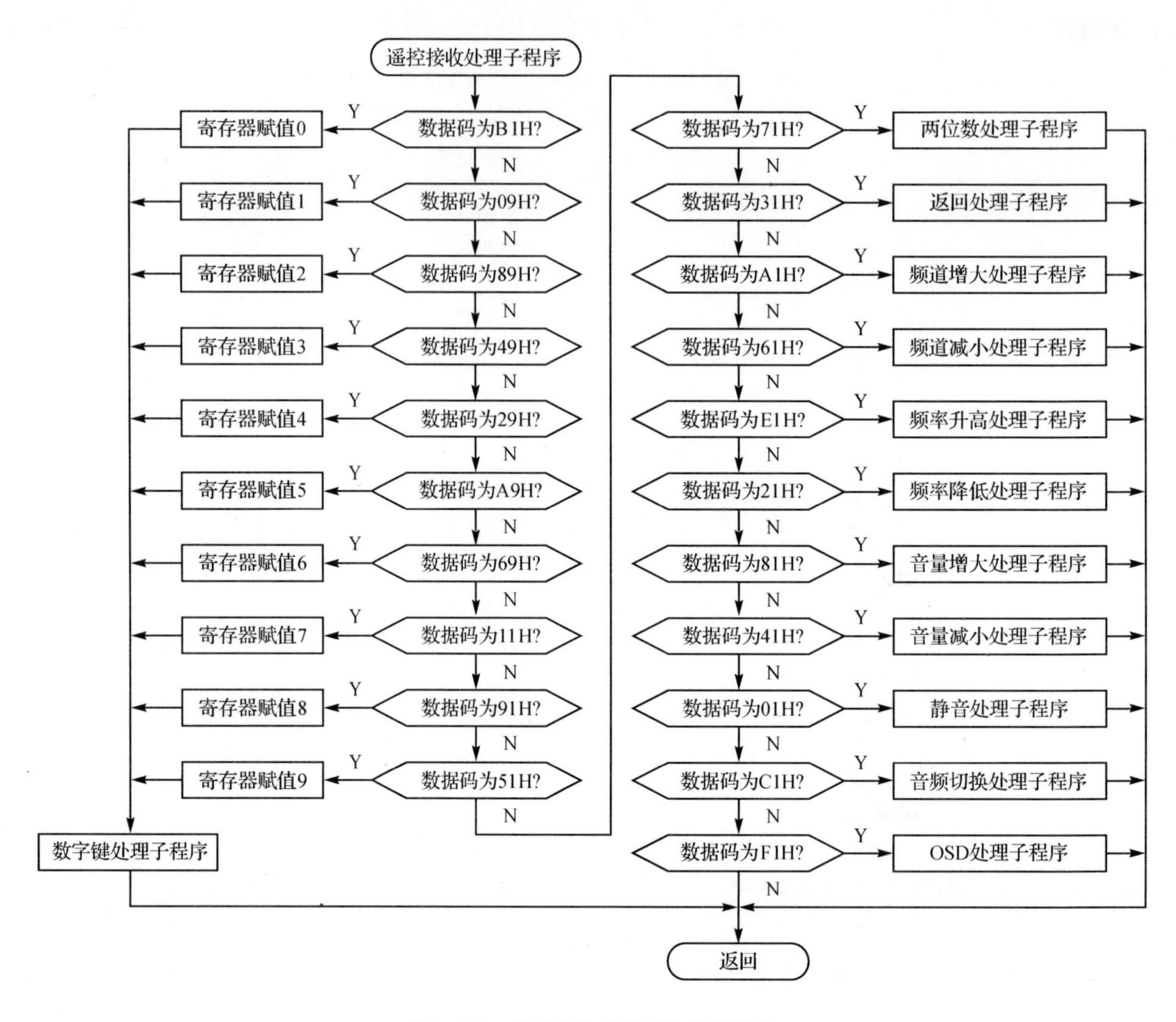

图 3.2.8　遥控接收处理子程序流程图

3. 调谐子程序

调谐子程序包括频道增大、频道减小、本振频率升高、本振频率降低等几个子程序，主要是根据操作需要通过 I^2C 总线对 FI1256 进行读写。

FI1256 的写操作包括 5 个字节，分别为 Adb、Db1、Db2、Cb 和 Pb。其中，Adb 为地址字节，电路中已经将其设置为 C2H；Db1 和 Db2 分别为内部频率合成器中 15 位可编程分频器分频比的高字节和低字节；Cb 为控制字节，用于电荷泵电流和调谐电压开关控制以及调谐步长选择（内部频率合成器中参考分频器分频比选择），调谐步长有 50 kHz、31.25 kHz 和 62.5 kHz 三种可选，一般电视常用后两种，这里选择 31.25 kHz，虽然在频道扫描时花得时间长些，但能够更细微的调节本振频率以获得最佳的效果；Pb 为输出口字节，一般仅使用其中 P4、P5 和 P7 三位作波段选择。

电视机调台实际上是改变本振频率，当本振频率与电视节目信号的图像载波频率之差和图像中频频率相等时电路发生谐振，中放电路则可以将中频信号中的图像和伴音信号解调出来，反映到电视机上则是收到了对应频道的电视节目。本振频率随着内部频率合成器中可编程分频器分频比的改变而改变，因此选择不同的分频比即可收到不同频道的电视节目。分频比可以通过下式来计算：

$$N = f_{OSC}/\Delta f = (f_{RF(PC)} + f_{IF(PC)})/\Delta f \tag{3.2.1}$$

式中，N 为分频比；f_{OSC} 为本振频率(MHz)；Δf 为调谐步长(MHz)，这里选 0.031 25 MHz；$f_{RF(PC)}$ 为图像载波频率(MHz)；$f_{IF(PC)}$ 为图像中频(MHz)，对于 FI1256 为 38.9 MHz，而国产高频头一般按我国相关国家标准生产，图像中频为 38.0 MHz，计算时以所选高频头的资料为准。本电视信号接收器接收信号的图像载波频率为 49.75～863.25 MHz，对应的本振频率为 88.65～902.15 MHz，分频比设置的范围则是 2 836～28 869。

当用户需要存储某个电视频道时只需要将 Db1 和 Db2 的值写入 E^2PROM 即可，每个频道占用 2 个字节，数据的地址与频道编号相对应。当频道转换需要对 FI1256 进行写操作时，根据目标频道编号将相应的 Db1 和 Db2 从 E^2PROM 读出，再由波段选择子程序根据分频比判断出目标频道所在的波段，得到对应的 Pb 值，而 Adb 和 Cb 则在每次写操作都是固定的。当 E^2PROM 为空片或读出的数据不在分频比允许的范围内则用分频比的最小值 2 836 代替读出的数据来进行写操作。

在对 FI1256 进行写操作时，如果涉及波段切换则要考虑分频比和波段选择各字节发送的顺序。当 Db1、Db2 和 Pb 以某种顺序发送时，由于在相同的调谐电压下不同波段的本振频率相差甚远，频率合成器为了使本振频率达到通过分频比设置的频率而控制电荷泵电路动作不断改变调谐电压，这样可能会使调谐电压降到接近 0 V 后再升高，振荡器也随之变化，从而造成调谐过程不平滑。为了避免这种极端情况的发生应根据目标频道和当前频道频率的大小按如下顺序发送各个字节：

- $f_W > f_C$：Start→Adb→Ack→Db1→Ack→Db2→Ack→Cb→Ack→Pb→Ack→Stop；
- $f_W < f_C$：Start→Adb→Ack→Cb→Ack→Pb→Ack→Db1→Ack→Db2→Ack→Stop。

其中，f_W 为目标频道频率，f_C 为当前频道频率，Start、Stop 和 Ack 分别为 I^2C 总线的起始信号、停止信号和应答信号。

频道转换时伴音中频解调需要一定的时间，在此期间扬声器可能会发出瞬时噪声，为避免听到噪声，程序中在频道转换前应先静音，待频道转换完成后延时 50 ms 再恢复静音前的音量。

FI1256 的读操作包括 2 个字节，分别为 Adb 和 STB。其中，Adb 为地址字节，读模式下为 C3H；STB 为状态字节，用于指示内部电路复位、相位锁定、3 个 I/O 口电平等状态及获得 AFC(自动频率控制)电压。中频信号处理电路输出的 AFC 电压经过内部 5 级 ADC 转换后得到对应的数值，它反映了中频实际值与理论值的偏差，在自动搜索功能中非常有用，如果不涉及自动搜索一般也可以不进行读操作。

4. 显示子程序

这部分程序包括频道显示子程序、音量显示子程序和串口发送子程序。音量显示比较简单，只需将衰减值和对应的音量指示符号通过串口发送即可。频道显示除了要显示频道编号外还要显示图像载波频率，由式 3.2.1 可得：

$$f_{RF(PC)} = N\Delta f - f_{IF(PC)} = 31.25N - 38\,900 = 31N + N/4 - 38\,900 \tag{3.2.2}$$

式中，$f_{RF(PC)}$ 为图像载波频率(kHz)；N 为分频比；Δf 为调谐步长(kHz)；$f_{IF(PC)}$ 为图像中频(kHz)。为了简化运算，先根据当前频道的分频比计算出 $31N$ 和 $N/4$，再计算出以“kHz”为单位的图像载波频率。串口发送数据时，在频率数值中插入小数点，使最终显示的图像载波频率以“MHz”为单位，更符合人们的习惯。

5. 定时器 0 溢出中断服务程序

定时器 0 溢出中断服务程序每隔 1 ms 执行一次，主要完成编码器按键检测、编码器脉冲检测及其他需要定时处理的任务，流程图见图 3.2.9。

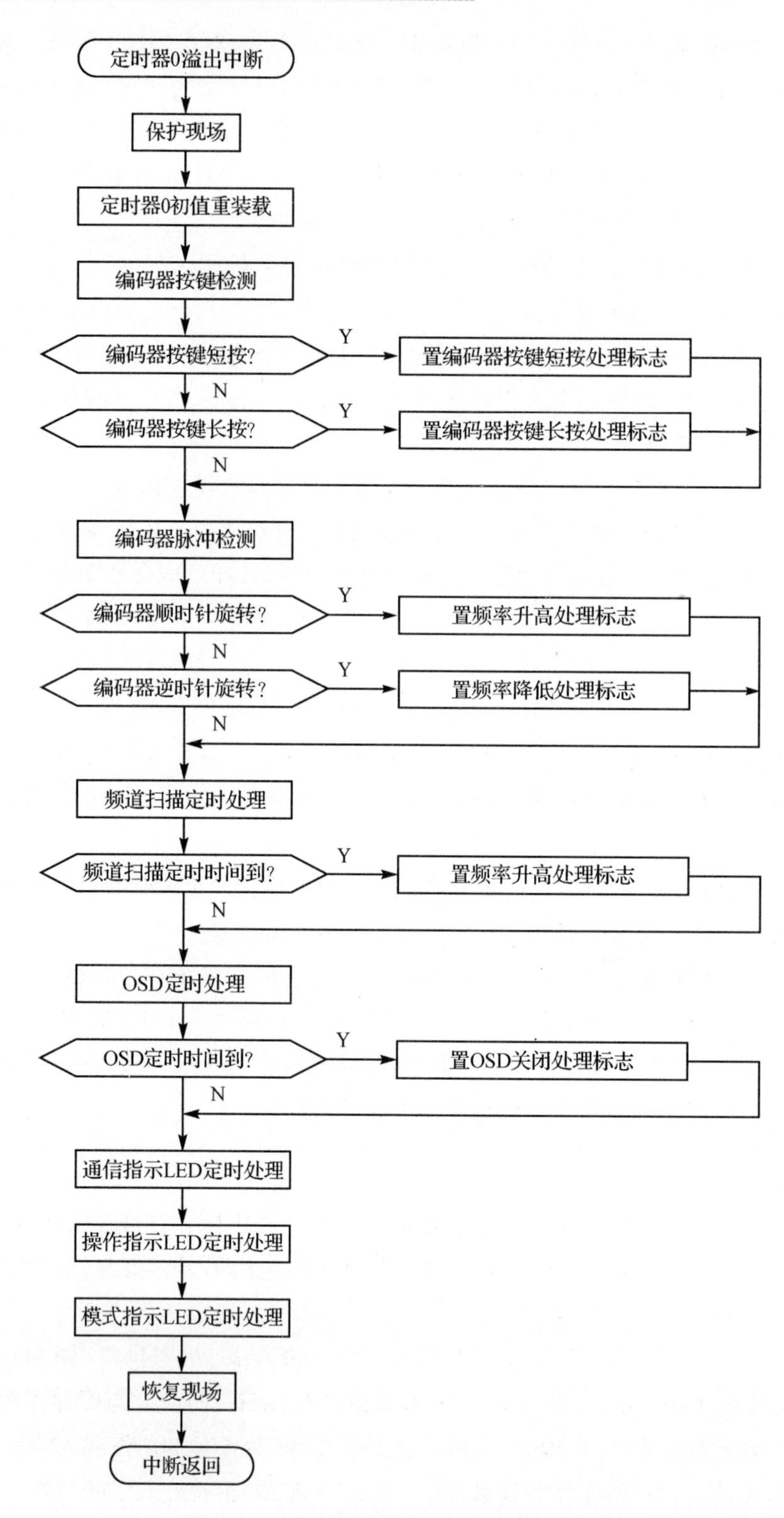

图 3.2.9 定时器 0 溢出中断服务程序流程图

3.2.5 制 作

1. PCB 设计与制作

本电视信号接收器的 PCB 分为电视信号接收器和遥控器两部分，各 PCB 均采用 1.6 mm 厚的 FR－4 板材自制，条件允许也可以委托 PCB 工厂加工。

(1) 电视信号接收器 PCB

本电路 PCB 面积比较大,尺寸为 192 mm×138 mm,为了降低成本采用单面板布局,如图 3.2.10 所示。

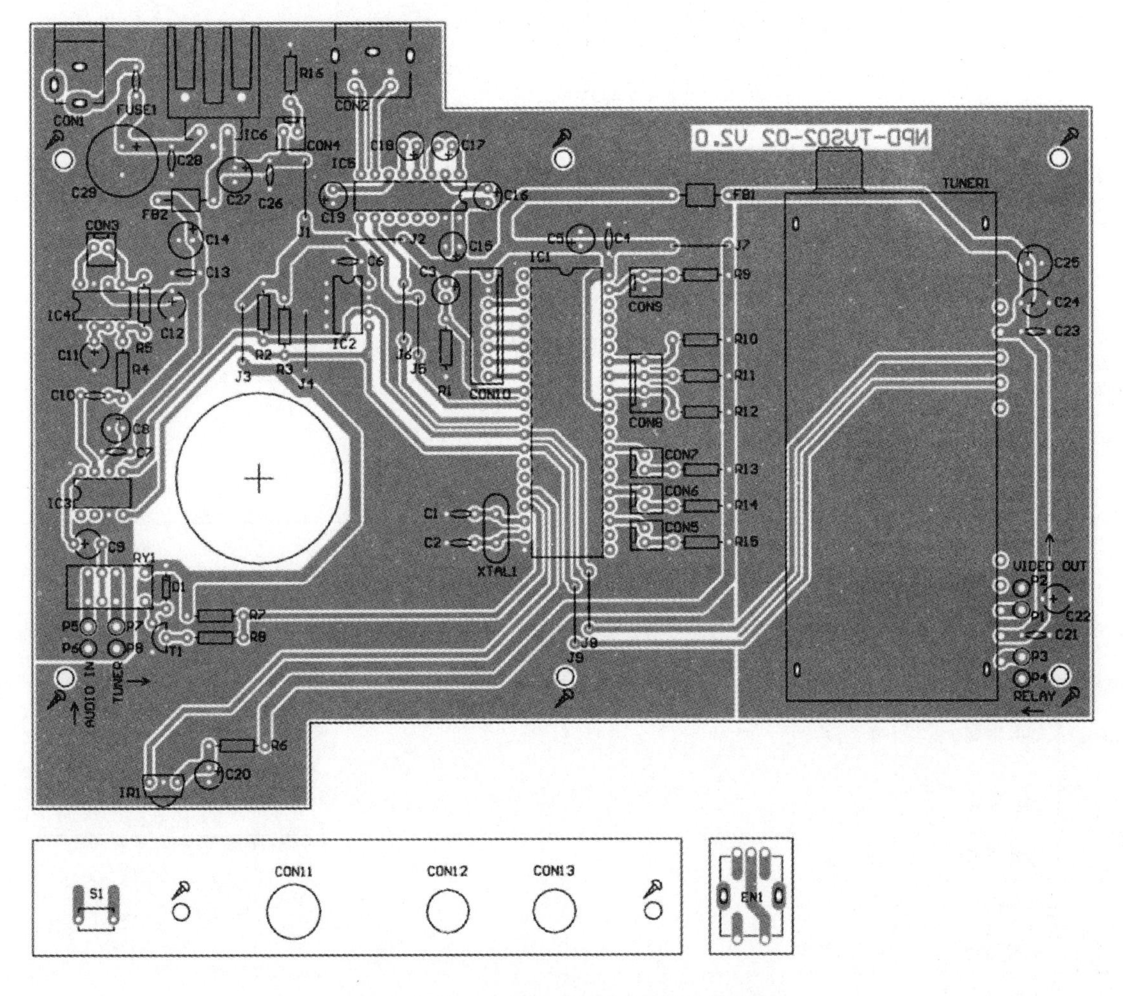

图 3.2.10 电视信号接收器 PCB 布局图

本电路中既有信号频率高达数百兆赫兹的超高频电路,也有信号频率为数兆赫兹的数字电路,还有信号频率相对较低的模拟电路,图像和声音的质量在很大程度上是由 PCB 的设计决定的,这一点要特别注意。电路中的器件根据功能及信号频率分成上文提到的 3 部分进行布局,各部分电路之间尽量保持一定的距离。电源和地的走线也分割为 3 部分,各部分电源通过磁珠连接。电路中的去耦电容要尽量靠近相关电路的电源引脚,C_{20} 和 R_6 要与 IR_1 靠近。

IC_4 和 IC_6 在工作中会发热,特别是 IC_4 本身没有散热器,与这些器件连接的走线要尽量宽一些,以利于器件通过 PCB 铜箔散热。

为了布局方便,同时也为了避免干扰,从高频头输出的电视伴音音频信号没有通过 PCB 走线送入信号继电器,而是预留焊盘,在制作时通过屏蔽线连接,同样,高频头视频信号输出和外部音频信号输入也预留了焊盘,通过屏蔽线与相应的插座连接。

电路中很多器件体积较大,而外壳内部空间狭小,PCB 要结合装配来设计。PCB 左侧的圆孔是为了容纳扬声器的磁体,顶部和底部凹进去的部分是为了容纳插座、编码器、LED 等器件,这些都是为了避免在最后组装时器件、连接线和外壳相互冲突而设计的。此外,PCB 上各插座及红外遥控接收模块要与面板上相应的孔对正。

图 3.2.10 中下方的狭长形 PCB 用于在后面板上固定按键和插座,较小的 PCB 则用于编码器接线。

(2) 遥控器 PCB

遥控器电路比较简单,整个电路布局在一块尺寸为 122 mm×46 mm 的单面板上,电路中除了按键和电池夹以外其他器件都布局在 PCB 的焊接面,如图 3.2.11 所示。按键布局时要注意位置不能太靠下,并且不要过分密集,以免不便操作，同时为了美观按键排列要整齐。

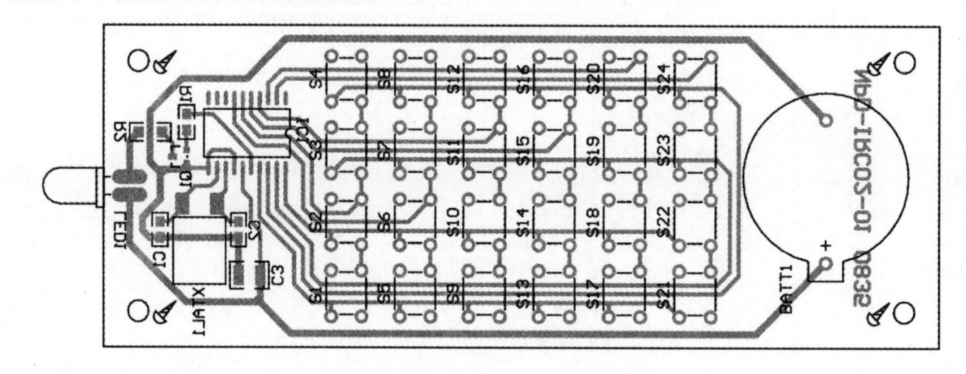

图 3.2.11　遥控器 PCB 布局图

2. 器件选择

电视信号接收器的器件清单如表 3.2.1 所列，大部分器件没有特殊要求。

表 3.2.1　电视信号接收器器件清单

序　号	名　称	型　号	数　量	编　号	备　注
1	独石电容	30 pF	2	C_1，C_2	
2	电解电容	10 μF/16 V	4	C_3，C_9，C_{22}，C_{24}	
3	独石电容	0.1 μF	8	C_4，C_6，C_7，C_{13}，C_{21}，C_{23}，C_{26}，C_{28}	
4	电解电容	100 μF/16V	2	C_5，C_8	
5	薄膜电容	0.47 μF	1	C_{10}	
6	电解电容	1 μF/50 V	7	C_{11}，C_{12}，C_{15}～C_{19}	
7	电解电容	220 μF/16 V	3	C_{14}，C_{25}，C_{27}	
8	电解电容	4.7 μF/50 V	1	C_{20}	
9	电解电容	1 000 μF/25 V	1	C_{29}	
10	DC 电源插座		1	CON_1	φ3.5
11	DIN 插座		1	CON_2	4P 母
12	插座	2510－2PH	6	CON_3～CON_7，CON_9	
13	插座	2510－4PH	1	CON_8	
14	插座	2510－8PH	1	CON_{10}	
15	F 插座		1	CON_{11}	
16	RCA 插座		2	CON_{12}，CON_{13}	面板安装式
17	二极管	1N4148	1	D_1	
18	旋转编码器		1	EN_1	带按键
19	磁珠	100 Ω	2	FB_1，FB_2	
20	自复保险丝	RUE110	1	$FUSE_1$	
21	IC	P89V51RD2	1	IC_1	配 IC 插座
22	IC	24C02	1	IC_2	配 IC 插座

续表 3.2.1

序号	名称	型号	数量	编号	备注
23	IC	PT2257	1	IC_3	配IC插座，PTC
24	IC	LM4871	1	IC_4	National Semiconductor
25	IC	MAX232	1	IC_5	配IC插座，MAXIM
26	IC	LM2940CT－5.0	1	IC_6	配散热器
27	红外接收模块	HS0038B	1	IR_1	VISHAY
28	跳线	400 mil	9	J_1～J_9	自制
29	LED	$\varphi3$	1	LED_1	蓝色
30	LED	$\varphi3$	2	LED_2，LED_3	红色
31	LED	$\varphi3$	1	LED_4	绿色
32	三极管	S8050	1	Q_1	
33	电阻	8.2 kΩ/0.25 W	1	R_1	
34	电阻	10 kΩ/0.25 W	7	R_2，R_3，R_7，R_9，R_{10}～R_{12}	
35	电阻	20 kΩ/0.25 W	1	R_4	
36	电阻	33 kΩ/0.25 W	1	R_5	
37	电阻	100 Ω/0.25 W	1	R_6	
38	电阻	1 kΩ/0.25 W	1	R_8	
39	电阻	220 Ω/0.25 W	4	R_{13}～R_{16}	
40	继电器	TX2－5V	1	RY_1	Panasonic
41	扬声器	8 Ω/1 W	1	SP_1	内磁
42	高频头	FI1256 MK2	1	$TUNER_1$	
43	晶体	49S/11.059 2 MHz	1	$XTAL_1$	

在选择高频头时了解一些电视制式的相关知识是非常必要的，我国大部分地区电视广播采用的制式为PAL－D/K制。其中PAL为彩色电视制式，它和NTSC、SECAM是目前世界上最主要的3种模拟彩色电视制式，这些制式规定了2个色差信号对副载波的调制方式即在黑白电视信号上叠加色彩信号的方法。D、K为黑白电视制式，它早在彩色电视出现前就已经制定，它规定了每帧图像扫描的行数、场频、消隐电平、视频带宽、伴音载频、射频频道带宽等，除了上述2种以外还有I、B、G、H、M、N等13种黑白电视制式，后来出现的彩色电视和黑白电视兼容与逆兼容。制作时选择的高频头应符合所在地区电视广播的彩色制式及黑白制式，否则可能会造成无图像、无彩色、无伴音或图像伴音质量低劣。高频头除FI1256 MK2外还可以选用PHILIPS的FQ1216ME/P H、LG的TAPC系列以及国产的TCL2002、TDQ－6B系列等性能相近的一体化高频头。PHILIPS近几年新推出的FQ1216ME MK3和FQ1216ME MK5兼容多种电视制式，性能进一步提高，在制作时也可以考虑采用这2种高频头，但需要对电路和程序作一定的修改。

电路中的很多IC都有备用型号，其中IC_1还可以使用AT89S52、W78E52等性能相近、引脚排列相同且兼容MCS－51指令系统的单片机，IC_2可以选用任意一款256字节以上I^2C总线控制的串行E^2PROM，IC_5可以用ICL232、SP232等代换，IR_1也可以选用SHARP的GP1U系列及台湾亿光的IRM系列等同类产品。$FUSE_1$为自复保险丝，如果要求不高也可以用导线直接短路。编码器的种类很多，主要是体积、安装方式、手感和每圈输出的脉冲数有差别，根据自己的外壳和调节喜好选择即可。

遥控器的器件清单如表3.2.2所列，其中IC_1除了表中列出的PT2221外还可以使用HT6221、SC6121等

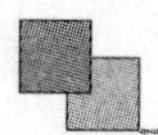

IC,很多这类IC产品都有2个版本,后缀分别为001和002,这两个版本的IC在使用上略有不同,选择器件时要注意。

表3.2.2 遥控器器件清单

序号	名称	型号	数量	编号	备注
1	纽扣电池	CR2032	1	$BATT_1$	配电池夹
2	贴片电容	200 pF	2	C_1,C_2	0805
3	贴片钽电容	47 μF/16 V	1	C_3	B尺寸
4	IC	PT2221-001	1	IC_1	SOP-20封装,PTC
5	红外发射二极管	IR333-A	1	LED_1	φ5,亿光
6	贴片三极管	KTC3265	1	Q_1	SOT-23封装,KEC
7	贴片电阻	470 Ω	1	R_1	0805
8	贴片电阻	10 Ω	1	R_2	1206
9	按键	B3F	24	S_1~S_{24}	6 mm×6 mm
10	陶瓷振荡器	455 kHz	1	$XTAL_1$	

3. 制作与调试

(1) 电路制作

本电路器件比较多,焊接时要仔细对照原理图,尽量避免出错。IC_4不要使用IC插座,直接焊在PCB上,利于热量通过器件引脚传递到PCB铜箔。IC_6安装前要进行引脚成型加工,并且在散热器和器件间加少许导热硅脂以减小热阻。PCB各器件焊接完毕后用1根单芯屏蔽线将P3、P4和P7、P8连接起来,P1、P2和P5、P6也分别焊1根屏蔽线,屏蔽线不宜过长,能够满足连接要求即可。之后把各插座、按键和编码器安装到相应的小PCB上,并且将P1、P2和P5、P6引出的2根屏蔽线与对应的插座焊好,在按键、编码器、前面板LED和扬声器上焊上相应的带插头连接线。为了调试方便,天线输入插座暂时不连接。

遥控器既有贴片器件又有直插器件,但电路比较简单,焊接难度不大。$XTAL_1$为塑料外壳,为了避免烫坏可以留在最后来焊。LED_1焊接时位置要居中,并且要使引脚紧贴PCB,以保证具有一定的机械强度和理想的发射角度。

(2) 调　试

因为电视信号接收器的调试需要用到遥控器,所以先要调试遥控器。遥控器电路比较成熟,一般制作好后通电即可工作。在放入电池前先用万用表测量一下电池夹两端的电阻,避免电路中存在短路而损坏电池。电池装好后,当按键按下时用示波器测量IC_1的5脚应该能够看到正常的遥控码波形,如果电路不工作则要重点检查电源是否正常以及$XTAL_1$是否连接妥当,输出载波频率偏差过大一般可以通过改变C_1和C_2的容量来解决。在业余条件下也可以采用以下方法来调试,用1个任意颜色的可见光LED代替红外发射二极管,按下各按键后通过观察LED是否闪烁来判断电路工作与否,如果电路正常工作则用红外发射二极管换下可见光LED完成调试。

电视信号接收器调试时最好采用有线电视信号,通过75 Ω同轴电缆与高频头连接。高频头的天线输入端一般为标准RCA插座或IEC插座,如果和电视信号同轴电缆的插头不匹配则要通过必要的转换接插件或用短导线连接,切不可强行插拔,以免损坏高频头。

连接好电视信号后再将电视信号接收器的视频输出与TV-VGA视频转换器或监视器等显示设备连接妥当,如果有相应的信息显示设备还可以通过DIN4转DB9连接线将之与电视信号接收器的串口输出连接,按键、编码器、LED和扬声器的插头也插到电路板上相应的位置,对照原理图复查一遍电路即可通电。

上电后电源指示LED应点亮,如果E^2PROM为空片则各个频道的本振频率均为最低频率,当前频道没有电视信号时显示设备显示"雪花点"或蓝屏(由显示设备的功能决定),同时扬声器应该有"沙沙"的声音,并且声音的大小可以通过音量调节键来控制。短暂按下编码器的按键,使电路进入可用频道搜索状态,本振频率增加时,在同

一波段内 $TUNER_1$ 1 脚的电压即调谐电压也随之升高，通过用万用表监测调谐电压可以判断高频头是否正常工作。确认各部分电路工作正常后就可以配合遥控器对电视信号接收器的各个功能进行测试，如果功能无误则重新上电，使电视信号接收器进入设置模式，在此模式下搜索出所有可用的电视频道并将之保存。

总体来讲本电路调试并不困难，调试过程中常遇到的图像翻滚、无伴音、画质音质差或根本收不到任何电视节目等故障一般都和高频头有关，要仔细检查高频头制式选择是否正确，质量是否可靠，与伴音有关的故障还应同时检查音频切换电路、音量调节电路和功放电路。如果本振频率升降控制与编码器旋转方向相反，可以通过对调编码器 2 个脉冲输出端来解决。调试时还应特别注意输入的电视信号质量一定要良好，显示设备要确保工作正常，以免由于非电路本身的原因而走弯路。

(3) 组　装

为了保护遥控器 PCB 焊接面的器件以及便于手持，最好用 PCB 板材或有机玻璃、塑料板等材料再制作 1 块与遥控器 PCB 尺寸相同的底板，通过 4 个支撑柱将遥控器 PCB 安装在底板上。最后还可以给遥控器套一层热收缩膜，能够防止灰尘和汗液对电路和器件的腐蚀，用油性记号笔在热收缩膜上各按键位置标出按键的功能则使用起来更加方便。最后制作完成的遥控器如图 3.2.12 所示。

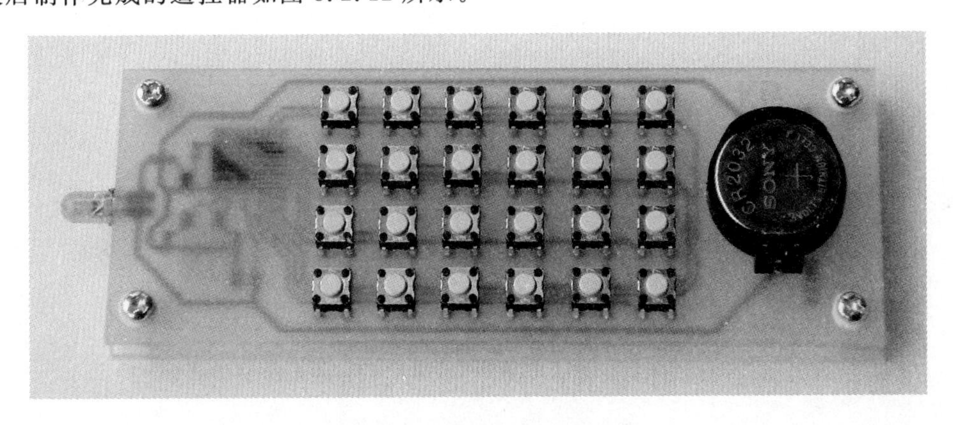

图 3.2.12　制作完成的遥控器

电视信号接收器组装时先将前面板和后面板通过安装孔用螺钉固定在 PCB 上，然后将 LED、编码器和插座 PCB 分别安装到前面板和后面板上，装好编码器旋钮。找一块大小合适并能透过红外光的有机玻璃片，用万能胶从背后固定在前面板左侧的圆孔处作为遥控接收窗。之后再用 RCA 插头内芯和短导线将后面板上的天线输入插座与高频头连接好，最后在 PCB 中间 2 个安装孔各装 1 个支撑铜柱将外壳底板固定好，组装就基本完成了，如图 3.2.13 所示。此时可以通电再次进行全功能测试，如果没有问题就可以盖上外壳上盖，再把外壳上所有的螺钉都装好，一款非常别致的电视信号接收器正式完工，如图 3.2.14 所示。

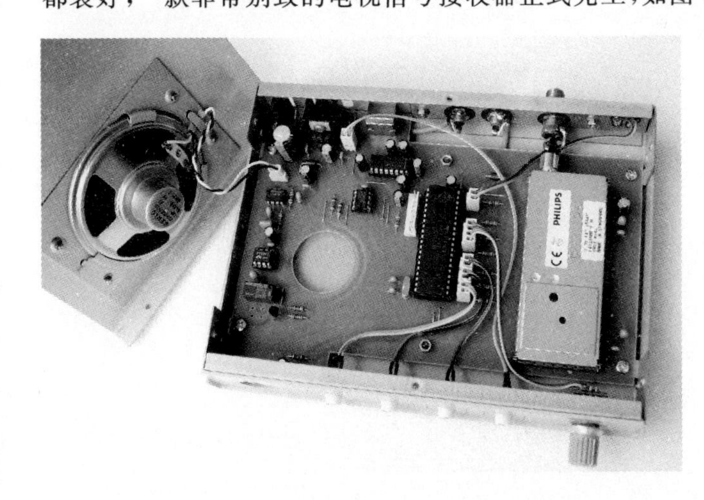

图 3.2.13　组装好的电视信号接收器内部

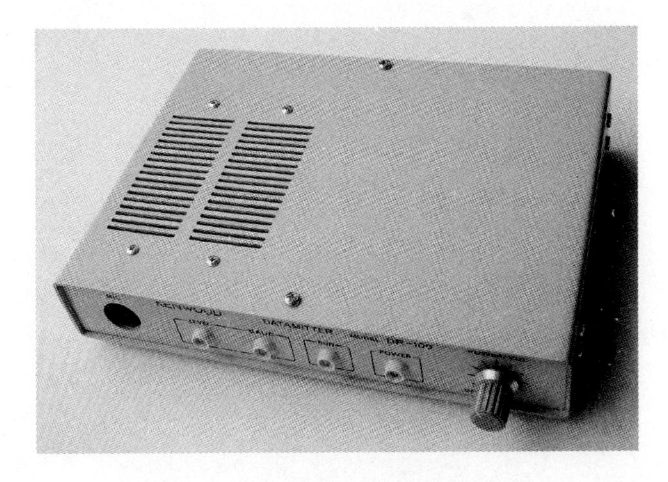

图 3.2.14　最后完成的电视信号接收器

3.2.6 小　结

本电视信号接收器实际上是一台多功能电视选台器，它使用非常灵活，将它和3.1节介绍的“TV－VGA视频转换器”连接就成为一款电视盒，可以通过计算机显示器来收看电视，而将它与液晶监视器连接则又能够组成一台液晶电视机。制作这样一款非常别致的电视信号接收器，无论是收看电视节目还是仅收听电视伴音都会有不同的感觉，昔日商场货架上的商品如今在自己手中诞生，其中的乐趣自然是妙不可言。

在实际制作时，读者也可以不制作遥控器，用现有家用电器配套的遥控器来代替，但要测出各按键对应的遥控码。读者可以参考本制作，根据实际找到的外壳及功能需求来设计电路及结构，同时也可以摒弃串口而在面板上安装数码管或LCD模块来直接显示频道编号、音量等信息，还可以通过修改电路和程序增加自动搜索、频道编号重新排列、无信号自动静音、蓝屏等功能，制作出更具特色的电视信号接收器。

第4章 听——音响与语音

4.1 微型桌面音响

4.1.1 概　述

音响产品进入人们的家庭已经有多年的历史，随着电子技术、模具技术的不断发展以及人们审美观的改变，音响产品日趋纤薄和小巧，“小型化”已经成为目前发展方向之一。近年来，家电制造商和专业音响制造商纷纷推出了不同档次、不同功能的“桌上型”迷你组合音响，而外形前卫时尚、体积更小的多媒体音箱更是层出不穷。

以“小型化”为设计理念，电子爱好者也可以打造出具有自己特色的迷你音响。这里介绍一种采用笔记本计算机音箱制作的微型桌面音响。它体积非常小巧，具有极其独特的外观，适合于摆在桌面使用，同时也是一件别致的工艺品。它可以与计算机配套作为多媒体音箱，还可以作为CD播放机、收音机、磁带随身听、MP3、MP4甚至手机的配套放音设备。

4.1.2 功能设计

“微型”是这套音响的主要特点。要实现立体声需要2个声道的扬声器，但为了保证“微型”，2个声道的扬声器之间的距离会有所限制，而当2个声道的扬声器距离很近时已经基本上没有立体声效果了，设计2个声道没有太大意义。因此为了减小体积，微型桌面音响采用单声道设计，已能够满足大多数场合的要求。

微型桌面音响摒弃了传统的旋转电位器调节音量的方式，采用按键来调节音量，更加富有时尚气息。本着简洁实用的原则，它仅设计了2个按键，这样在保证必要功能的前提下减小了PCB的面积，进一步做到“微型”。通过2个按键的操作可以实现音量的增减及静音模式的切换。左边按键为“音量减小”键，按下按键可以使音量减小1级，当音量已经减小至最小时按此键无效；右边按键为“音量增加”键，按下按键可以使音量增加1级，当音量已经增加至最大时按此键无效。当2个按键同时按下则进入静音模式，之后再按任意1个按键即可退出静音模式，恢复静音之前的音量。音量设计为16级，每级音量对应不同的衰减值，上电默认音量为8级。

微型桌面音响设计有2个指示LED，分别为电源指示和音频电平指示，工作时电源指示LED点亮，电平指示LED随着输入音频信号电平的变化而闪烁。音频电平指示电路是音响系统中常见的电路，一般采用多个LED分多级指示。对于专业音响它的主要作用是实时监测音频电平，而对于家用音响则更大程度上是为了美观。虽然微型桌面音响电平指示只有1级，但是在显示上增加了动感，具有较好的视觉效果。

4.1.3 硬件设计

微型桌面音响的电路原理图如图4.1.1所示，电路主要分为功放电路、音量调节及电平指示电路、单片机及其按键、显示电路和电源电路4个部分。

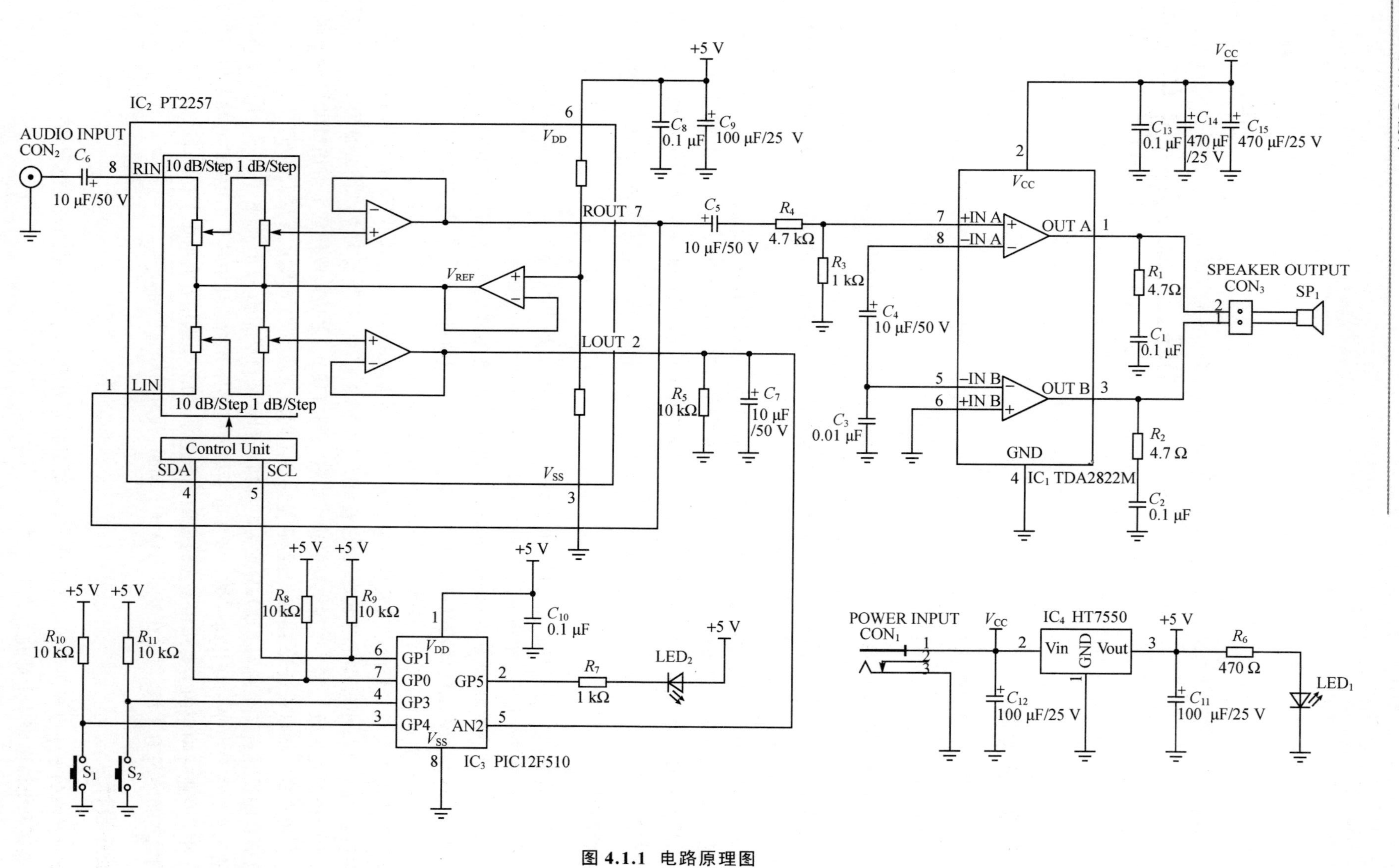
IC2 PT2257
AUDIO INPUT
CON2
C6
10 μF/50 V
RIN
LIN
10 dB/Step 1 dB/Step
Control Unit
SDA
SCL
VDD
VSS
VREF
ROUT 7
LOUT 2
+5 V
C8 0.1 μF
C9 100 μF/25 V
C5 10 μF/50 V
R4 4.7 kΩ
R3 1 kΩ
R5 10 kΩ
C7 10 μF /50 V
C4 10 μF/50 V
C3 0.01 μF
+IN A
−IN A
−IN B
+IN B
OUT A
OUT B
GND
IC1 TDA2822M
VCC
C13 0.1 μF
C14 470 μF /25 V
C15 470 μF/25 V
R1 4.7Ω
C1 0.1 μF
R2 4.7 Ω
C2 0.1 μF
SPEAKER OUTPUT
CON3
SP1
R10 10 kΩ
R11 10 kΩ
R8 10 kΩ
R9 10 kΩ
C10 0.1 μF
GP1
GP0
GP3
GP4
GP5
AN2
IC3 PIC12F510
R7 1 kΩ
LED2
S1
S2
POWER INPUT
CON1
IC4 HT7550
Vin
GND
Vout
C12 100 μF/25 V
C11 100 μF/25 V
R6 470 Ω
LED1

图 4.1.1 电路原理图

1. 功放电路

IC_1为ST的TDA2822M,这款IC被广泛应用已经有20多年的历史,是非常经典的小功率功放IC。TDA2822对于很多电子爱好者来说并不陌生,甚至很多电子爱好者都是通过采用TDA2822或LM386制作小功放来入门的。

TDA2822M具有宽工作电压、低交越失真、低静态电流、外围器件少、工作方式灵活等优点,同时成本低廉,是一款性价比很不错的功放IC。TDA2822M可以配置为双声道立体声或单声道BTL两种方式工作,微型桌面音响为单声道设计,所以这里电路接成BTL方式。对于4 Ω的负载,在4.5 V的工作电压下输出功率可达1 W,笔记本计算机音箱一般功率不大,本电路能够满足要求。功放电路比较简单,但设计时要注意器件参数的选取,TDA2822M闭环电压增益比较高,典型值为39 dB,器件参数选取不当容易产生自激。电路中R_1、C_1和R_2、C_2为音响电路中输出端常见的茹贝尔(Zobel)网络,其主要作用是提高电路稳定性,防止高频振荡。R_3为输入偏置电阻,阻值不能太大,否则会使噪声偏大,这里选1 kΩ。同时R_3配合R_4能够对输入信号进行一定程度的衰减,这样可以更好地与前端音量调节电路匹配。调整R_3、R_4的参数可以改变衰减量,衰减量过大会导致音量偏小,但衰减量太小可能会导致振荡,电路无法工作。

2. 音量调节及电平指示电路

音量调节电路采用台湾普诚科技的PT2257,它具有低功耗、低噪声、体积小、外围器件少等优点。PT2257为双声道设计,I^2C总线控制,具有静音功能,衰减范围为0～−79 dB,音量改变的最小量为1 dB。微型桌面音响仅有1个声道,所以电路中只用了PT2257的右声道来调节音量。

图4.1.1也给出了PT2257内部电路的原理图。2个电阻将V_{DD}分压后送入电压跟随器,输出电压V_{REF}大约为$V_{DD}/2$,V_{REF}作为内部电路的参考电压即静态工作点。输入的音频信号经C_6耦合至PT2257内部右声道电位器的输入端,经过2级不同步长的电位器衰减后再送入电压跟随器,输出信号通过C_5与功放电路连接,电位器抽头的位置可以通过I^2C总线操作来改变。由于电压跟随器的作用使PT2257具有很低的输出阻抗,容易和后级功放匹配。

音频电平指示电路专用IC有很多,一般其内部都是由电压放大器、多级比较器、基准电压源和LED恒流源驱动器等组成。音频信号通过电容耦合至IC的信号输入端,IC仅对输入音频信号的正半周进行处理,将信号放大后送入比较器,各级比较器的参考电压逐级升高,其输出端通过恒流源驱动器点亮相应的LED。在实际应用时会在IC内部放大器的输出端对地接一个并联的RC网络,通过改变RC网络的时间常数可以调整电路对输入信号的响应时间,改善显示效果。

由于体积的限制同时考虑到这里仅需要1级电平指示,所以电路没有采用专用IC,而是以硬件和软件相结合的方法来设计。利用单片机内部ADC对音频信号进行采样并转换为相应的数据,将所得数据与预先确定的阈值做比较后控制LED显示出比较结果,从而实现电平指示。音频信号为交流信号,不能直接送入单片机,并且电路中如果直接接入上文提到的RC网络会对输入信号造成影响,因此要对输入的音频信号进行一定的处理。PT2257内部每个声道都是通过电压跟随器输出的,这里可以利用没有使用的左声道的电压跟随器作为输入音频信号的缓冲器。将左声道的衰减值设为0 dB,这样就相当于直通,右声道经过衰减后的音频信号不经C_5而直接送入左声道的输入端。这样左声道输出的音频信号则是以V_{REF}为参考,当无音频信号输入时输出电压为V_{REF}。由于信号通过了电压跟随器,所以此时输出端再接入RC网络则不会对输入的音频信号有任何影响。因为音频信号仅仅是通过了IC_2内部的电压跟随器,并没有被放大,所以这个电平指示电路的灵敏度比较低,但已能够满足要求。

3. 单片机及其按键、显示电路

单片机选用Microchip的PIC12F510,这款单片机只有8个引脚,当选择内部复位和内部RC振荡器作为系统时钟时最多可以有6个I/O口,并且还具有3路8位ADC。由于PIC12F510具有体积小巧、使用方便、内置ADC等优点,所以非常适合于微型桌面音响这样的对体积有限制、功能比较简单的应用场合。

这部分电路非常简单,其中GP0和GP1与IC_2相连,这2个I/O口用于I^2C总线通信。GP3和GP4分别与1个按键相连,用于按键检测。AN2为内部ADC的输入端,处理过的音频信号送入AN2。GP5控制电平指示LED,PIC12F510的I/O口输出电流比较大,所以I/O口可以直接驱动LED。

4. 电源电路

虽然TDA2822M的最低工作电压为1.8 V,但考虑到工作电压太低容易自激,同时为了保证具有比较理想的输出功率,还是将其最低工作电压设计为6 V。IC_4为HOLTEK的低压差稳压器HT7550,输出电压为5 V,最大

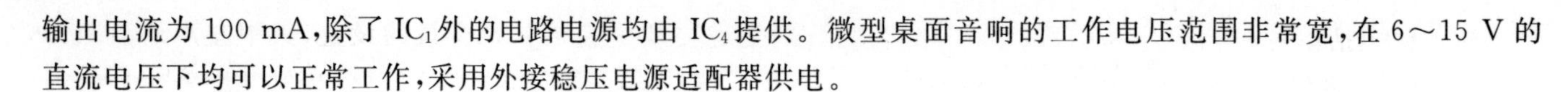

输出电流为 100 mA,除了 IC_1 外的电路电源均由 IC_4 提供。微型桌面音响的工作电压范围非常宽,在 6～15 V 的直流电压下均可以正常工作,采用外接稳压电源适配器供电。

4.1.4 软件设计

微型桌面音响的软件结构简单,程序编写比较容易。PIC12F510 为基础型单片机,可用资源有限,编程时要注意程序结构的合理性。

1. 主程序

主程序的流程图如图 4.1.2 所示。

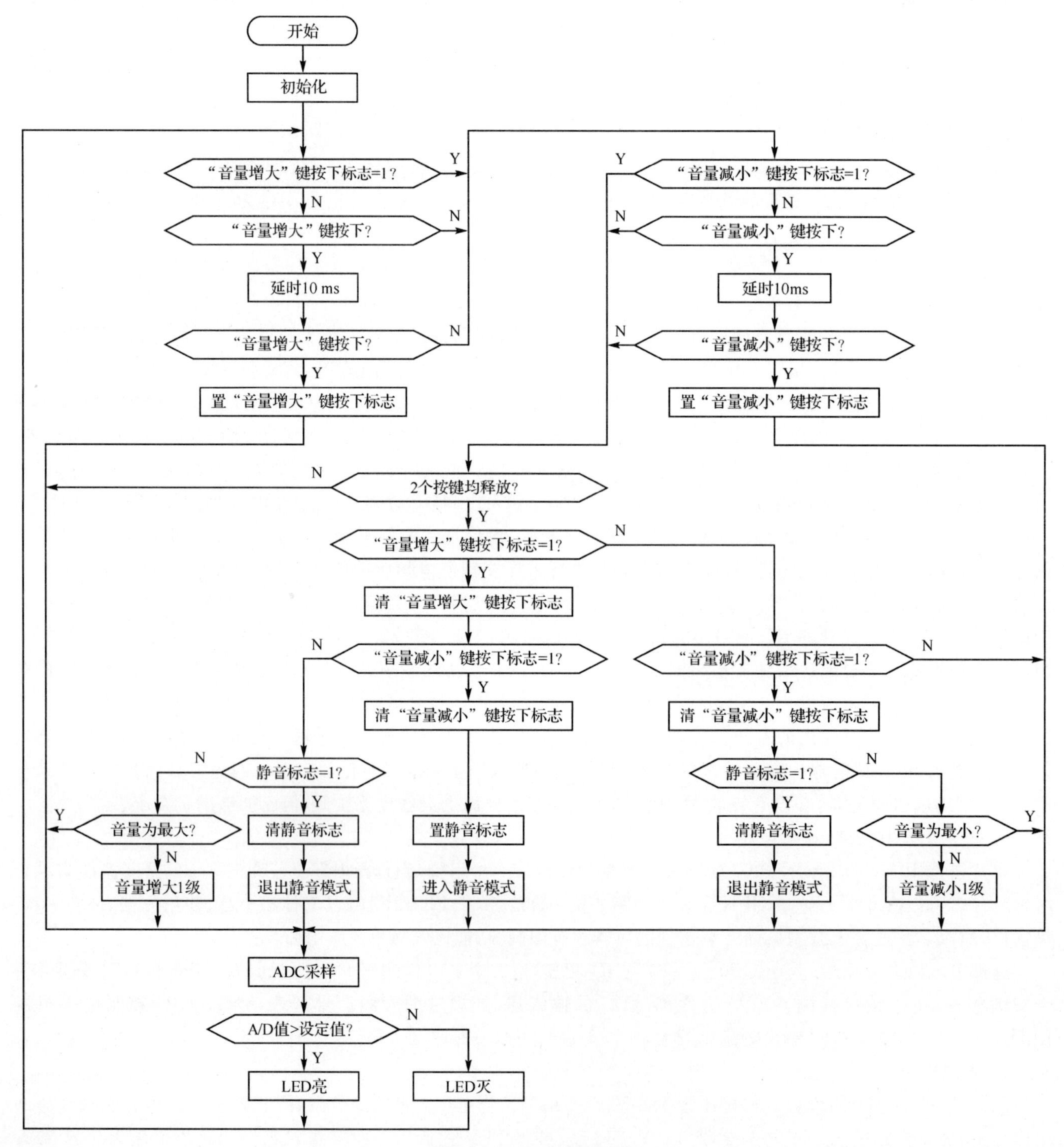

图 4.1.2 主程序流程图

初始化包括单片机初始化和 PT2257 初始化两部分，后者主要是完成初始音量的设置，其中左声道衰减为 0 dB，右声道为 8 级音量对应的衰减值，静音关闭。PT2257 上电后应等待至少 200 ms 确保内部电路稳定后再进行 I^2C 总线操作，以免通信失败，因此在初始化程序前要插入适当的延时。

初始化完成后进入主循环程序，其主要任务是完成按键检测、处理和音频电平指示。静音功能涉及“双键”操作，为了具有良好的手感，程序中所有按键检测均设计为按键释放后才执行相应功能的操作。音量调节及静音模式切换均通过 I^2C 总线与 PT2257 通信实现，程序中每一级音量对应的衰减值通过查表得到，这样更加便于灵活设置或修改各级音量的衰减值。I^2C 总线时序由 2 个 I/O 口模拟，总线时钟设计为不高于 100 kHz。

2. 配置位设置

调试和编程时必须要对配置字(Configuration Words)的各位即配置位进行设置，对于本程序应设置为选择 4 MHz 的内部振荡器、GP3/MCLR 引脚用作 GP3、禁止 WDT。

4.1.5 制 作

1. PCB 及底板设计与制作

(1) 主电路及音箱 PCB

本电路相对比较简单，PCB 采用单面板布局，包括主电路 PCB 和音箱 PCB，如图 4.1.3 所示。2 块 PCB 最好采用 FR-4 板材，可以委托 PCB 工厂加工或自制。

主电路 PCB 尺寸为 43 mm×104 mm。PCB 设计时应注意功放部分电路的电源和地要与其他电路分开布局，输入音频信号的走线要尽量短，以避免干扰。IC_1 为 DIP-8 塑料封装，没有设计专门的散热片，因此与 IC_1 连接的走线要尽量宽一些，并适当增大接地面积，这样利于 IC 通过铜箔散热。

音箱 PCB 的主要作用是固定音箱 SP_1 并将其用带插头的连线连引出。根据音箱的外形这块 PCB 设计为 10 mm×95 mm 的狭长形。

(2) 底 板

底板主要用于安装主电路 PCB 和连接音箱 PCB 的支撑杆，外形如图 4.1.4 所示，尺寸根据主电路 PCB 来确定。底板可以选择较厚的 PCB 板材或有机玻璃板来制作。

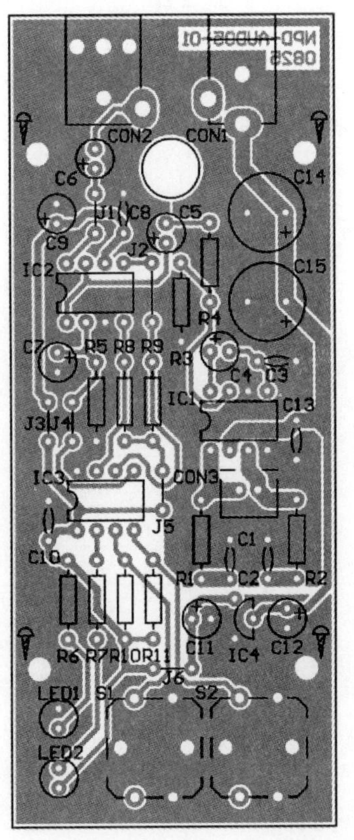

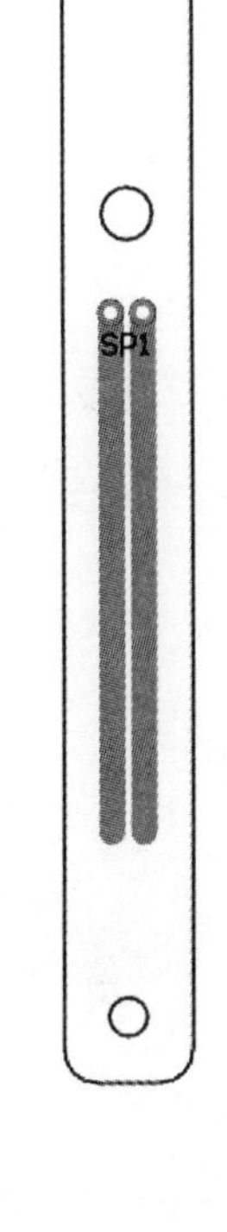

图 4.1.3 PCB 布局图

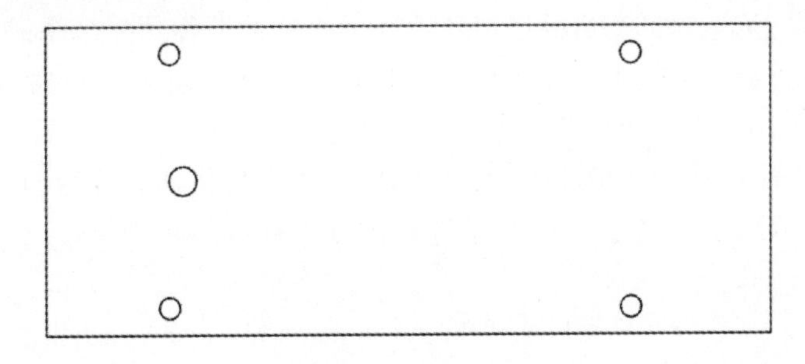

图 4.1.4 底 板

2. 器件选择

器件清单如表 4.1.1 所列，大部分器件没有特殊要求，其中有些器件可以根据实际情况更改或代换。

表 4.1.1 器件清单

序号	名称	规格型号	数量	编号	备注
1	薄膜电容	0.1 μF/100 V	5	C_1,C_2,C_8,C_{10},C_{13}	
2	薄膜电容	0.01 μF/100 V	1	C_3	
3	电解电容	10 μF/50 V	4	C_4～C_7	
4	电解电容	100 μF/25 V	3	C_9,C_{11},C_{12}	
5	电解电容	470 μF/25 V	2	C_{14},C_{15}	
6	DC 电源插座		1	CON_1	φ3.5
7	RCA 插座		1	CON_2	
8	插座	B2B-XH-A	1	CON_3	间距 2.54 mm
9	IC	TDA2822M	1	IC_1	
10	IC	PT2257	1	IC_2	配 IC 插座
11	IC	PIC12F510	1	IC_3	配 IC 插座
12	IC	HT7550	1	IC_4	TO-92 封装
13	跳线	200 mil	5	J_1,J_3～J_6	自制
14	跳线	300 mil	1	J_2	自制
15	LED	φ3	1	LED_1	绿色高亮
16	LED	φ3	1	LED_2	黄色高亮
17	电阻	4.7 Ω/0.25 W	2	R_1,R_2	
18	电阻	1 kΩ/0.25 W	2	R_3,R_7	
19	电阻	4.7 kΩ/0.25 W	1	R_4	
20	电阻	10 kΩ/0.25 W	5	R_5,R_8～R_{11}	
21	电阻	470 Ω/0.25 W	1	R_6	
22	按键	B3F	2	S_1,S_2	12 mm×12 mm,配按键帽
23	扬声器		1	SP_1	笔记本计算机音箱部件

为了保证电路性能,制作能够一次成功,IC_1要选用 ST 原装正品 TDA2822M,这款 IC 多年来一直被大量应用于音频类产品,市面上的仿冒品颇多,因此在选择器件时一定要注意。日本 JRC 的 NJM2073 与 TDA2822M 功能相同,可以直接代换,并且市面上假货较少,制作时也可以考虑采用这款 IC。此外,SAMSUNG 的 KA2209 以及 UTC 等品牌的 TDA2822 也可以使用,但最高工作电压较低。IC_2也可以选用 PT2259,引脚与 PT2257 兼容,但需要修改程序。

对于一般的音响系统,如果将功放比做“心脏”,那音箱就是“嗓子”,音质的好坏在很大程度上由音箱决定,因此音箱的选择非常重要。随着笔记本计算机的普及,电子市场上笔记本计算机的维修配件也越来越多,相应的用于笔记本计算机放音的音箱部件也有很多。笔记本计算机内部空间有限、结构复杂,不便直接安装扬声器,因此为了方便生产同时保证音响效果,笔记本计算机的扬声器往往和合适的腔体预先组装成 1 个小音箱作为单独的部件来安装,这种音箱部件多为狭长形。笔记本计算机音箱的扬声器一般为全频扬声器,由于空间的限制扬声器尺寸非常小,也就决定了功率不会很大,为了能够具有比较理想的音量,很多音箱都设计有多个扬声器,而且扬声器的灵敏度都比较高。在实际制作时应尽量选择腔体大、结构好、有多个扬声器的音箱,并且要适合于单独安装。作者在制作时选用的是 ALTEC LANSING 生产的笔记本计算机专用音箱部件,阻抗为 4 Ω,有 2 个扬声器。

3. 制作与调试

(1) 支撑杆制作

支撑杆主要用来支撑音箱,笔记本计算机音箱非常轻,因此对支撑杆没有太高的要求。为了方便加工,支撑杆可以选择较粗的圆珠笔芯或其他直径合适的塑料管来制作。加工时首先要确定好支撑杆的最终形状,可以是简单的弧形或“S”形,也可以是其他比较复杂的形状;然后用热风枪或电吹风对塑料管均匀加热,一边加热一边将塑料管轻轻弯折,直到形状满足要求为止;之后可以在塑料管外面再套一层黑色热缩管,使颜色更协调;最后用 M4 的自攻螺钉在支撑杆的两头都旋进旋出几次,方便后续安装。

(2) 电路制作

主电路PCB元器件不多，焊接比较容易。需要注意的是IC_1不要使用IC插座，直接焊接在PCB上，这样更利于芯片的热量通过引脚传递到PCB铜箔。为了方便操作可以在电路焊接好后为2个按键分别制作1个带有功能标识的按键帽，关于按键帽的制作本书2.6节中有详细的介绍。如果有条件还可以利用CON_2的塑料定位柱进行热压铆接，这样插座安装更加牢固，热压铆接的方法和注意事项可以参考本书2.6节介绍的相关介绍。

音箱PCB焊接时要注意与主电路PCB连接的带插头连接线要从PCB正面安装，而笔记本计算机音箱的连接线则直接焊到背面适当的位置，焊好后各连接线用热熔胶进行加固。

(3) 调试组装

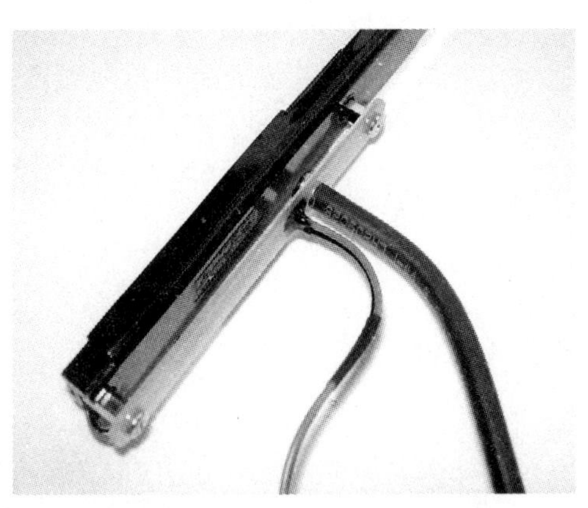

图4.1.5　音箱PCB的安装

用万用表测量音箱PCB，检查音箱是否焊接妥当；之后用自攻螺钉将支撑杆固定在音箱PCB上，注意要调整好支撑杆的角度后再将螺钉旋紧；最后将音箱用支撑铜柱安装在音箱PCB上，安装好的电路板如图4.1.5所示。

对照原理图仔细检查主电路PCB，确认无误后即可通电。通电后观察电源指示灯的亮度是否正常，可以用万用表测量各处电压是否与设计相符，如果有问题则要进一步排查。接下来就可以进行“试音”，将音箱PCB通过带插头连接线与主电路PCB连接妥当，再将合适的音源如MP3、CD播放机等通过相应的连接线接好。

本电路比较简单，按图4.1.1参数一般不会有问题，一次成功率很高。在正常工作时IC_1会发热，但不会热到烫手，IC_1过热大多是由于电路输出存在短路、电源电压过高或电路自激引起。“汽船声”和“啸叫声”是电路自激常见的表现，出现这种情况则要调整电路参数或修改PCB布局。适当增大R_4可以防止功放电路振荡，尤其是当电源电压较低的时候。噪声偏大是功放电路常出现的问题，良好的电源质量、合理的PCB布局是低噪声的前提，而这些应在设计之初就要考虑到，一旦制作完毕对电路噪声的改善就非常有限了，这一点要特别注意。此外，选择性能可靠的稳压电源、较高品质的音源和屏蔽性能良好的连接线也是顺利调试的保证，这样可以少走弯路，避免在出现问题时判断失误。

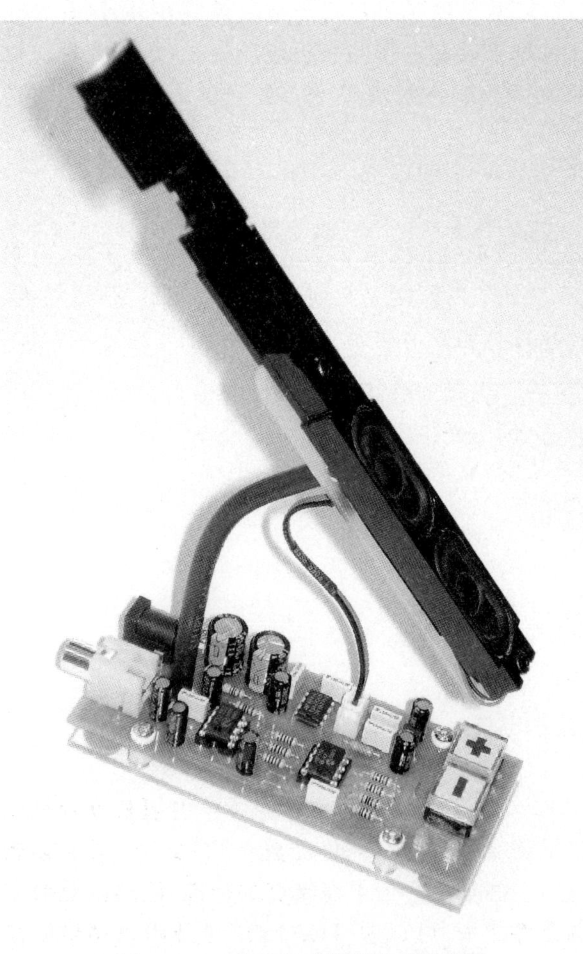

图4.1.6　最后完成的微型桌面音响

电平指示LED在正常工作时应会随着输入音频信号的电平变化而闪烁，如果电平指示有滞后的感觉可以适当减小C_7，如果在音量较大时才会有指示可以在程序中降低电压比较的阈值，但这个阈值不能低于IC_2内部的参考电压V_{REF}，V_{REF}可以实测得到。上电默认音量和每级音量对应的衰减值都可以根据实际应用情况或个人喜好在程序中灵活修改。

调试完毕后就可以进行最后组装，由于部件很少，组装比较容易。主电路PCB通过4个支撑柱固定于底板，然后将连接好音箱PCB的支撑杆穿过主电路PCB上方的孔用自攻螺钉固定在底板上，调整好角度后将螺钉旋紧。最后在底板适当位置粘贴4个橡胶底脚，可以避免螺钉划伤桌面同时也能够起到防滑的作用。最后完成的微型桌面音响如图4.1.6所示。

4.1.6 小 结

微型桌面音响虽然体积很小，但其音质和音量还是很令人满意的。无论是闲暇之余还是工作之中，美妙的声音总能够给人以舒适的感觉。自己动手制作一套微型桌面音响放在案头，静静体会其中的感觉还是别有一番滋味的。

微型桌面音响的外形结构决定了它本身也是一件工艺品，读者可以参考本制作，选择不同样式的类似音箱或扬声器，采用适当的结构设计出更具个性的桌面音响设备。

这套音响为单声道设计，如果一定要实现立体声，可以将微型桌面音响制作 2 套，保持一定的距离分别摆放在适当位置即可。由于扬声器的尺寸和音箱结构的限制，微型桌面音响的功率比较小，而且也不“Hi - Fi”，但它还是非常适合于电子爱好者业余消遣，也可以作为初学者音响类电路的入门之作。

4.2 “裸体”功放

4.2.1 概 述

电子爱好者经常会遇到这样的问题，花了很大精力完成一件电子制作后又要为了找一个合适的外壳而大伤脑筋，有时找外壳或加工外壳所花的时间甚至会超过电路制作，其实对于很多电子制作大可不必这样。有些电路工作时带有强电或电路中有非常“娇气”的器件，将电路装在合适的外壳里固然更可靠，电路得到保护的同时使用起来也更安全，但也有很多电路并非一定需要外壳，干脆不要外壳会怎样？简单就是美，换个思路一定会有意想不到的效果。

“裸体”功放就是以这样的思路设计制作的，顾名思义，所谓“裸体”功放就是将各部分电路裸露在外、没有外壳的音频功率放大器。这个功放将电路板、变压器、电位器以及接插件都安装在透明的有机玻璃板上，再用几根支撑柱简单地将它们组合为一个整体，外观晶莹剔透、新颖时尚，非常讨人喜欢，在解决了寻找外壳这个难题的同时还降低了成本，并且这样的“裸露”结构非常利于功率器件散热。

4.2.2 功能设计

“裸体”功放在功能设计上力求简洁，与其外观风格保持一致。面板布局如图 4.2.1 所示，面板上除了左、右声道输入与输出的接口外仅有 1 个旋钮用于音量调节，电源开关设在侧面。“裸体”功放摒弃了音调调节、频率均衡、等响度控制、音效处理等不常用功能，同时除了电源指示外也没有设计其他指示功能。

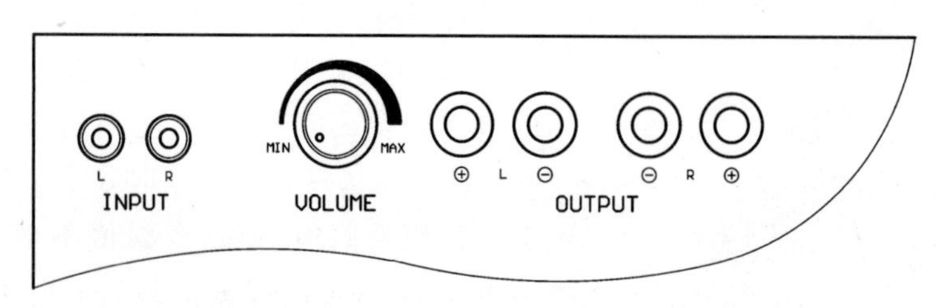

图 4.2.1 面板布局

4.2.3 硬件设计

“裸体”功放的电路原理图如图 4.2.2 所示，电路包括功放电路和电源电路两部分。

1. 功放电路

功放电路选用 NXP 半导体(原 PHILIPS 半导体)的 TDA1521，这是一款专为高品质立体声电视和收音机设计的双声道高保真音频功率放大集成电路，多年来一直深受音响“发烧友”的喜爱，堪称经典。TDA1521 具有输出失调电压低、两声道增益平衡性能优异、频响范围宽、失真小等特点，它的指标达到了高保真的标准，能够满足数字音频放大的要求。此外 TDA1521 还有一个显著的优点就是外围器件极少，可以说 TDA1521 是外围电路最简洁的功放集成电路之一，制作成功率非常高。

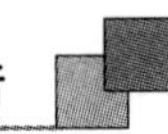

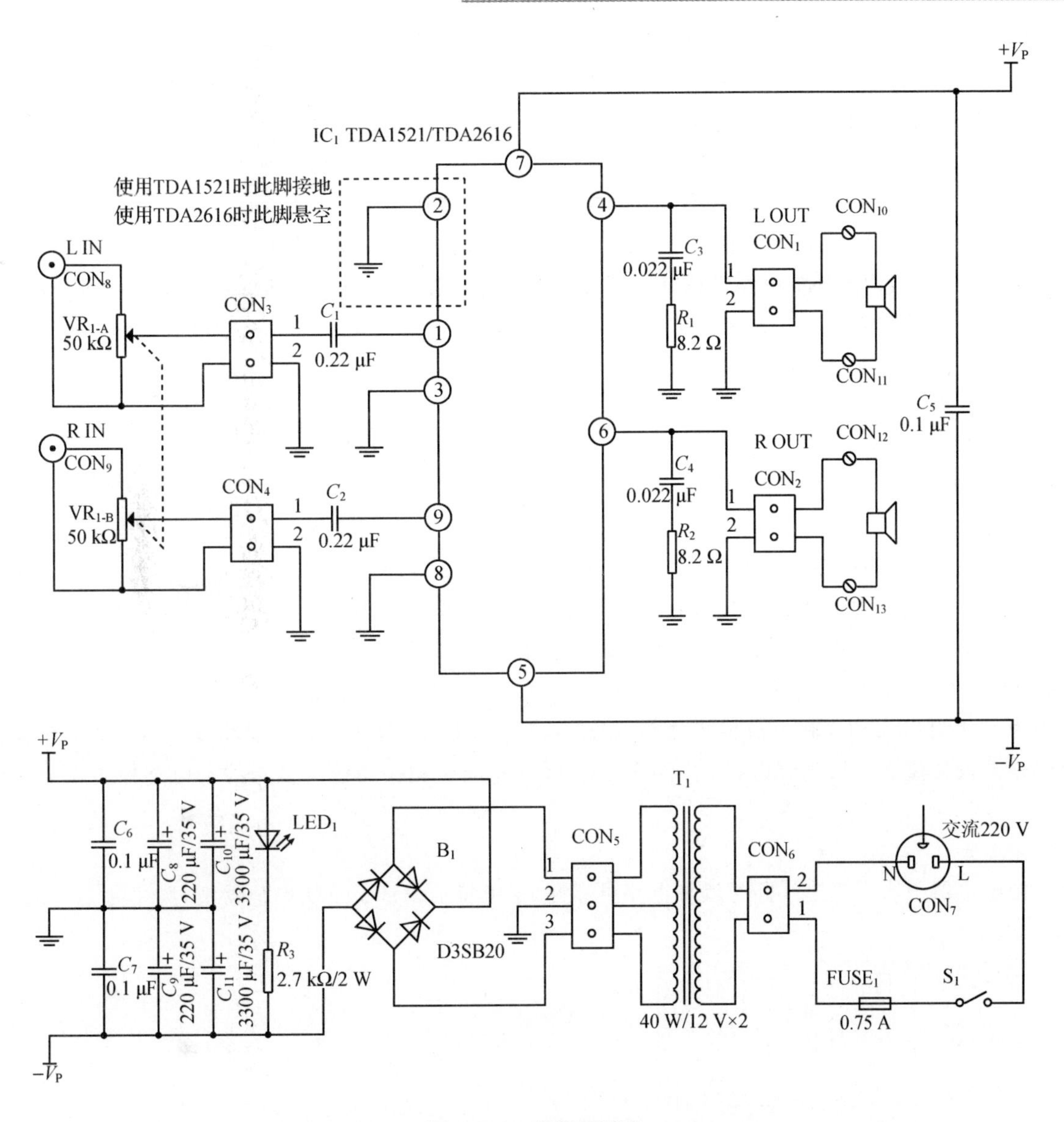

图 4.2.2 电路原理图

TDA1521 在±16 V 的工作电压下驱动 8 Ω 负载典型输出功率为 12 W×2，它可以选择单电源或双电源工作，对称双电源工作方式下不再需要输出电容，在进一步减少外围器件的同时改善了低频响应，本电路也采用这种方式。如图 4.2.2 所示，来自音源左、右声道的音频信号经过电位器 VR_1 衰减后分别通过 C_1、C_2 耦合至 TDA1521 的输入端，经过放大后的音频信号直接送入扬声器。R_1、C_3 和 R_2、C_4 分别构成茹贝尔(Zobel)网络与扬声器并联可以改善负载的阻抗特性，减小了扬声器音圈电感在高频时阻抗升高对电路的影响，提高了电路的稳定性并且防止产生振荡。

TDA1521 具有较高的电压增益，典型值为 30 dB，能够满足大部分音源信号放大的要求。电路中没有并且也不推荐增加前级放大电路，因为如果增加前级电路将会大大增加器件的数量，制作和调试也变得复杂，如果制作不好还会出现噪声变大、声音“染色”等问题。毕竟制作一款性能出众的前级放大器难度会远远大于用 TDA1521 制作功放，“裸体”功放的特点就是简洁，这里也没必要画蛇添足了。

TDA1521 在电源打开和关闭时会将输入“静音”，这样就避免了扬声器在此时发出“喀喀”声，减小了由于电源没有稳定而使功放输出较大电流对扬声器的冲击，同时 TDA1521 输出功率不大，并且内部具有输出短路和过热保护功能，所以一般情况下不需要额外增加扬声器保护电路。

前不久作者从 NXP 半导体了解到 TDA1521 将不再生产，因此在实际制作时推荐选用 TDA2616，它的引脚排列和主要参数与 TDA1521 相同，只是增加了静音控制功能。当 TDA2616 第 2 脚流出的电流超过 300 μA 时进入静音状态，在实际应用时可以将第 2 脚串联 1 个电阻后再通过 1 个开关或三极管接"地"来实现静音控制。在本电路中没有使用静音功能，将第 2 脚悬空即可。

2. 电源电路

电源电路同样非常简单，变压器次级输出电压经过整流滤波后得到 TDA1521 工作的正电压 $+V_P$ 和负电压 $-V_P$，次级抽头接地，即电路中的中点电位。虽然 TDA1521 的工作电压最高为 ±21 V，但在实际应用中还是不推荐超过 ±16 V，以免导致内部保护电路动作甚至器件损坏。变压器在空载和轻载时输出电压会高于标称值，经过电容滤波后实际得到的直流电压会更高，选择变压器电压值时要考虑到这一点。滤波电容的耐压要不低于 35 V，在成本和体积允许的情况下容量可以选大一些，使电源能量更加充沛。

4.2.4 制 作

1. PCB 设计与制作

(1) 功放板

由于电路比较简单，采用单面板即可，功放电路及电源电路布局在一块 127 mm×50 mm 的电路板上，如图 4.2.3(a) 所示。布线时要注意信号输入走线要尽量短且远离信号输出走线，C_5 要尽可能的靠近 IC_1。地线要遵循"一点接地"的原则，电源、地和信号输出的走线要尽量宽一些。

(2) 强电板

强电板为尺寸约 88 mm×38 mm 的单面板，如图 4.2.3(b)所示，其主要作用是将变压器初级与市电连接。因为这部分电路涉及交流 220 V 的强电，为了确保安全，PCB 布局时相关走线间及走线与电路板边缘要保证足够的距离。

(3) 电位器板

为了方便电位器引脚焊接连线同时增加电路可靠性，这里特别设计了一块电位器板，尺寸为 27 mm×20 mm，如图 4.2.3(c)所示。

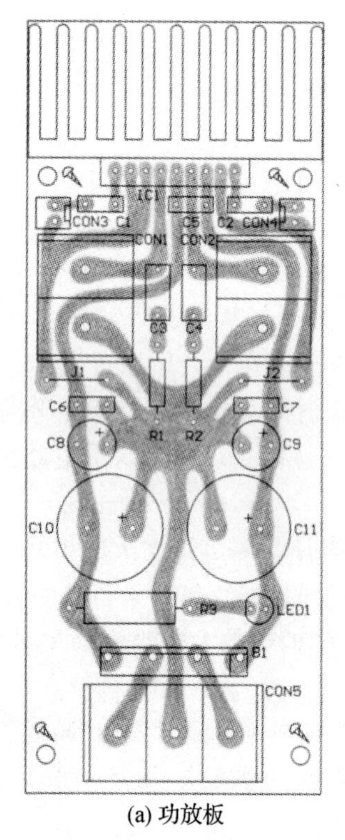

(a) 功放板

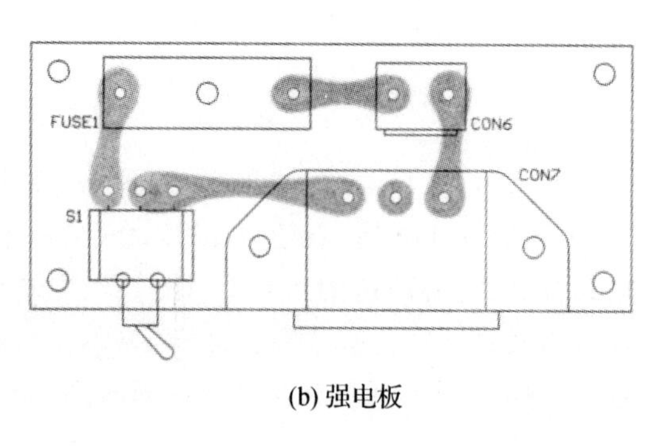

(b) 强电板

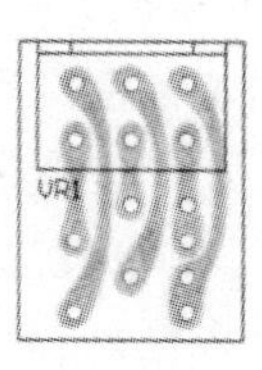

(c) 电位器板

图 4.2.3 PCB 布局图

2. 器件选择

器件清单如表4.2.1所列，元器件数量不多，但都要保证品质。

表4.2.1 器件清单

序 号	名 称	规格型号	数 量	编 号	备 注
1	整流桥	D3SB20，4 A/200 V	1	B_1	Shindengen
2	薄膜电容	0.22 μF	2	C_1，C_2	
3	薄膜电容	0.022 μF	2	C_3，C_4	
4	薄膜电容	0.1 μF	3	C_5～C_7	
5	电解电容	220 μF/35 V	2	C_8，C_9	
6	电解电容	3 300 μF/35 V	2	C_{10}，C_{11}	
7	接线端子	2P	2	CON_1，CON_2	栅栏式
8	插座	2510-2PH	2	CON_3，CON_4	
9	接线端子	3P	1	CON_5	栅栏式
10	插座	B3P-VH	1	CON_6	去掉中间脚
11	电源插座		1	CON_7	PCB安装式，标准3孔
12	RCA插座		2	CON_8，CON_9	面板安装式
13	接线柱		4	CON_{10}～CON_{13}	香蕉插头配套多用型
14	保险管	0.75 A/250 V	1	$FUSE_1$	配保险管座
15	IC	TDA1521	1	IC_1	也可以用TDA2616，电路需略作修改，配散热器
16	跳线	400 mil	2	J_1，J_2	自制
17	LED	φ3	1	LED_1	白发蓝超高亮
18	电阻	8.2 Ω/0.5 W	2	R_1，R_2	
19	电阻	2.7 kΩ/2 W	1	R_3	
20	开关	2 A/250 V	1	S_1	PCB安装式，拨动或船形
21	变压器	9 V×2～12 V×2/40 W	1	T_1	
22	电位器	50 kΩ×2	1	VR_1	音量调节专用，配旋钮

TDA1521已经被广泛应用多年，市场上有大量假货，有的性能低劣，有的根本无法使用，作者分析过很多用TDA1521制作功放不成功的例子，其中因为使用假货而导致失败占了很大的比例。一般来说，假货制造粗糙、字迹模糊，但也有些假货几乎可以乱真，不容易鉴别，所以器件一定要通过正规可靠的渠道购买，TDA2616假货相对少很多，制作时可以考虑。为了方便调试和安装，功放板和电源板上输入和输出接口都有相应的接插件，如果要求不高，可以不安装CON_1～CON_6，直接将相应的连接线焊接在电路板上。对于一般负载，IC_1的发热量不算太大，采用尺寸约50 mm×25 mm×40 mm的叉指形成品散热器即可。计算机淘汰的CPU散热器或主板上南桥、北桥芯片散热器都是不错的选择，既有良好的外观和散热效果，又可以废物利用节省资金。如果实在找不到合适的散热器，也可以用一块大小适中的加工铝合金门窗余下的边角料来代替，只是散热效果和外观略差。在电路工作时，LED_1发出的光会通过面板有机玻璃反射和折射，选择超高亮度的LED可以获得更理想的视觉效果。VR_1要选用品质优良的音量调节专用双联电位器，这种电位器2个通道一致性很好，调节时电阻变化规律更符合人耳听觉特性，如果条件允许也可以选用性能更好的步进电位器。电位器的质量对声音的影响很大，特别是当已经使用了一段时间后更加明显，调节音量时发出噪声或声音忽大忽小一般都是由于电位器质量不佳所导致。

本电路为OCL方式工作，对电源的对称性有较高要求，变压器一定要选择双线并绕带抽头的变压器，次级电压为9 V×2～12 V×2。变压器功率选择40 W即可，功率稍大些余量也会大些，但成本随之提高。对于本电路，一般情况下变压器功率略大一些或略小一些影响不是很大。变压器可以选用传统的"E"形变压器，也可以选用音响产品中常用的环形变压器或"R"形变压器，制作时根据实际条件决定。因为"裸体"功放是"裸露"结构，在使用中人体有可能会接触到线路板上的器件。为了确保安全，强电板上的器件选择时要格外注意，最好选用全封闭结构的插座和开关，保险管座也应配有保护帽。

3. 制作与调试

(1) 电路制作

焊接前先要对散热器进行加工，按 TDA1521 数据表中提供的器件外形图在散热器适当位置钻 2 个直径 2.5 mm的安装孔，再用丝锥加工出 M3 的螺纹。散热器表面打磨清洁后涂适量导热硅脂以减小热阻，之后将器件用螺钉固定在散热器上。TDA1521 的外形比较特殊，安装孔并非完整的圆孔，因此安装时最好加 2 个垫片，使之更牢固。TDA1521 器件背后的散热片与第 5 脚即负电源输入端是相通的，因此在制作和调试过程中要注意散热器不要与其他电源线或信号线相碰，更不能将散热器习惯性地接地，否则可能会导致器件损坏。

开关、保险管座等强电板上的器件，如果引脚有露在电路板外的部分，应在焊接前先用热缩管套封，以确保使用安全。

"裸体"功放电路很简单，电路板焊接没有太大难度，元器件焊接完毕后在 PCB 背后的各条走线特别是大电流走线铜箔上最好镀一层较厚的锡，可以有效减小各走线的电阻，增加电流容量。制作好的功放板如图 4.2.4 所示。

功放中的连接线要根据用途来选择，信号输入线要用质量好的单芯屏蔽线，输出则用较粗的音箱线。连接线仅是将面板上的电位器和各接插件与电路板连接，因而不需要太长，特别是信号输入线，太长会引入噪声。音箱线与相应的接线片焊接好后最好用热缩管套封，以增加可靠性。电位器板焊接各信号线时要仔细，最好用万用表测量一下，要保证当电位器旋至音量最小处时相当于将功放电路的输入短路，当旋至音量最大处时则相当于信号直通。焊好后还要再复查一遍，如果电位器各端焊错，在调试时可能会将最大音量误以为是最小音量来调试，通电后在没有思想准备的情况下，扬声器突然发出很大的声音使人受到惊吓，此时电路若有故障则会导致更严重的后果，这一点要特别注意。

(2) 面板及底板制作

"裸体"功放没有专门的外壳，面板和底板起到了外壳的作用。面板和底板采用 5 mm 厚的有机玻璃板来加工，如图 4.2.5 所示。面板和底板的尺寸完全相同，均为 266 mm×93 mm，2 块板上的 4 个支撑柱安装孔一一对应，加工时尺寸要准确，以免影响面板和底板的连接。

图 4.2.4 制作完成的功放板

(a) 面 板

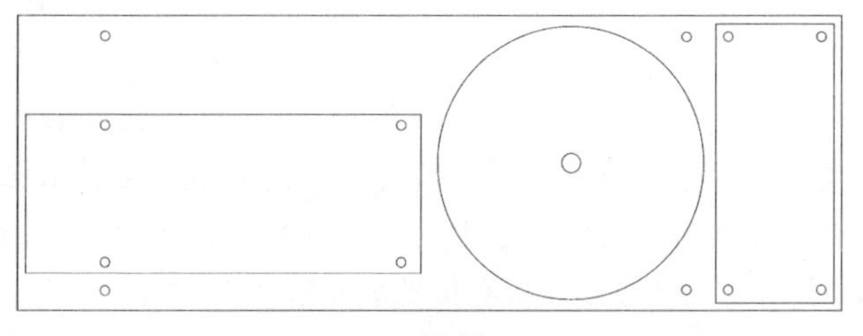

(b) 底 板

图 4.2.5 面板、底板加工示意图

关于有机玻璃板的加工可以参考本书第 2 章的介绍，需要特别注意的是有机玻璃板在购买时表面一般都贴有保护膜，保护膜在最后组装时再揭去，以免在加工过程中划伤而影响透明度和美观。

(3) 调 试

在调试前首先要给变压器单独通电，测一下次级输出电压是否正常与对称，避免由于变压器有问题而导致功放电路损坏，确认无误后将变压器次级的 3 根线与功放板上对应的接线端子连接好。

调试时暂时先不接负载，将音量电位器旋至最小处或将输入直接短路。接通电源后 LED_1 应正常发光，用万用

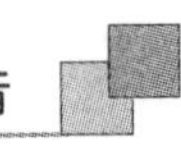

表测量电路，正负电源电压差以及左声道和右声道输出直流电压都不应超过100 mV，否则要仔细检查电路焊接是否有误、各器件参数或质量是否有问题。在此状态下电路工作一段时间后散热器应该没有太大温升，各器件也不应出现冒烟、发烫等非正常现象。

接下来就可以连接音源和音箱正式试音了，“裸体”功放对音源和音箱并不“挑剔”，绝大多数的音源和音箱都能够满足要求。

虽然本电路的制作成功率很高，一般可以做到“通电即响”，但是在实际制作过程中还是可能会出现一些问题。TDA1521功放电路在调试过程常遇到的故障及一般原因如下：

① 无声。

遇到这种故障不必慌张，其实无声故障是最好排除的，大多数无声故障都是由于信号输入、输出及电源连接错误或不妥造成的，可以通过观察电源指示同时配合万用表测量各处电压来找到问题所在。电位器质量不佳或连接错误也会出现这种故障。

② 声音异常。

虽然输出有声音但并不正常，如发出断断续续的声音或啸叫声等都属于声音异常，这种故障一般是由于电路出现自激或内部保护电路动作造成的，此时要检查电源电压是否过高、是否对称以及PCB上信号输入与输出走线是否距离过近等。

③ 声音小。

出现这种故障时，首先要确认音源的音量是否已调到最大以及信号输出幅度是否满足要求，其次要检查负载是否合适，如果调试时输出接单独的扬声器则由于“声短路”自然不会有太大的声音，而用音箱才会有较大的声音。电位器质量不佳或连接不当以及电源电压过低也都可能会出现声音小的故障。

④ 噪声大。

这种故障在音响类制作中比较常见，解决起来相对比较困难，需要花不少精力甚至返工。首先应明白在没有接音源的情况下，当音量开得较大时耳朵紧贴扬声器可以听到细微的噪声是正常现象，其次要查明噪声是来自音源还是功放电路本身，以免不能“对症下药”而浪费时间。如果噪声来自功放电路则应重点检查从RCA插座经电位器到功放板的连线是否太长或靠近变压器、连接线的屏蔽性能是否良好、PCB布局及电路与电位器和各接插件连接是否按照“一点接地”的原则、PCB上信号输入走线是否过长、电源质量是否满足要求等，必要时需要更换相关器件、连接线，重新布局和制作PCB。

⑤ 散热器过热。

功放电路在工作时散热器会发热，但如果热到发烫以至于手指都不能长时间放在散热器上时则视为过热。一般散热器过小、散热器与地线或其他部分短路、电源电压过高、电路自激、输出短路等均可能导致散热器过热。如果器件发烫的同时还伴有冒烟、开裂等现象，则此时电路中存在着比较严重的问题，应立即断电检查。

此外，上文提到的TDA1521假货因素也不能忽视，如果使用的器件为假货除了可能出现以上几种故障外，还会有一些其他莫名其妙的问题，由此会浪费大量的时间甚至使初学者丧失信心，因此当确认电路无误而又调试了很久还不能正常工作时可以换新器件试试。

在功放电路工作时，用手或工具触碰信号输入端，扬声器会发出较大的“嗡嗡”声，这样做很容易损坏电路或扬声器，特别是对于增益和功率比较大的电路。因此不要将这种做法作为判断功放电路是否工作的一种调试手段，要养成良好的调试习惯。

(4) 组　装

调试完毕后确认电路工作正常即可开始最后的组装。

首先将电位器、RCA插座、扬声器接线柱安装在面板预先设计的位置，再将旋钮套在电位器的柄上。之后将功放板和电源板通过支撑柱安装在底板相应的位置，强电板安装时要注意支撑柱不能选得太长，以不超过5 mm为宜，否则会使强电板与底板间的空隙增大，容易使手或其他导体与电路板铜箔接触发生危险。环形变压器可以通过1根M6的螺钉固定在底板上，变压器的安装方向要以方便接线为原则。最后将各部分连接妥当，用4根50 mm长的铜支撑柱将面板和底板连接起来，连接好后检查一下结构是否坚固，如果没有问题组装就完成了。

组装完成后在底板背面粘贴 4 个 8 mm 高的橡胶底脚，可以避免螺钉划伤桌面同时也起到防滑的作用。最后完成的“裸体”功放如图 4.2.6 所示。

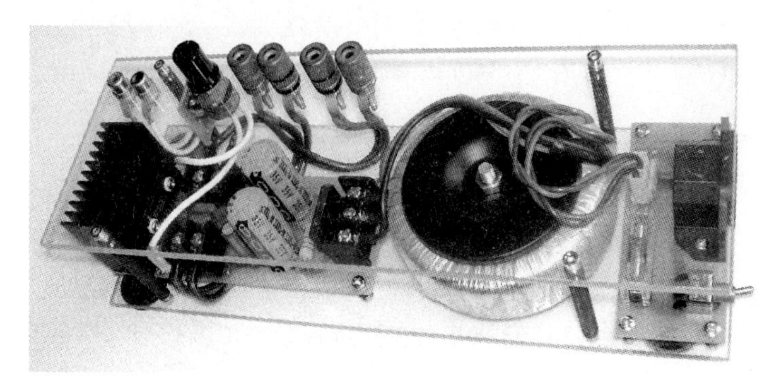

图 4.2.6　最后完成的“裸体”功放

4.2.5　小　结

制作这样一台与众不同的功放摆放在自己的书房或寝室，透明的面板和底板在蓝光的照射下交相辉映，煞是好看，尤其在夜间再伴随着丝丝柔绵的音乐，感觉更是妙不可言。

“裸体”功放的设计出发点就是简洁，采用独特的“裸露”式结构大大方便了取材与外观设计，降低了成本和制作难度。“裸体”功放输出功率为 12 W×2，对于一般的听音环境已经绰绰有余。这款功放具有很高的性价比，对于囊中羞涩的学生或初级音响“发烧友”都是不错的选择。作者在上学期间为自己和同学制作了几十台与“裸体”功放电路和结构类似的功放，都获得了满意的效果。

读者可以以“裸体”功放为基础，改变结构或材料，使外观更具个性，同时也可以将这种“裸露”结构的外壳设计方法应用于其他制作中。当然，这种“裸露”结构也并非没有缺点，在使用中要特别注意防尘、防止液体泼洒、防止导电物体接触电路，安装高压电路和对可靠性要求较高的电路不适合采用这种结构。

4.3　功能齐全的语音录放装置

4.3.1　概　述

固体录音技术即利用半导体存储器记录声音的技术在很多年前就已经出现，但早期的固体录音电路结构复杂、成本高昂，使其应用领域受到限制。随着半导体技术的不断发展，半导体制造商纷纷推出功能各异的语音录放 IC，这类 IC 在单一芯片上集成了存储器、音频处理电路和控制电路，使成本大大降低，并且还具有体积小、功耗低、可靠性高、不怕掉电和控制灵活等优点，可以用于各种需要语音提示、播报的场合，一些超长时间的语音录放电路还可以取代传统的磁带录音机。

ISD 系列语音录放 IC 是最常用的语音录放电路之一，它最早由美国 ISD（Information Storage Devices）公司开发，命名为“ChipCorder”。后来 ISD 公司并入台湾华邦（Winbond）电子，目前华邦电子又将这部分产品分割给其全资拥有的子公司新唐（Nuvoton）科技开发和制造。ISD 系列中很多产品如 ISD1400 系列和 ISD2500 系列等已经被大量应用有很多年，目前已经停产，新推出的 ISD1700 系列完全可以替代上述产品，而且具有更高的性价比。本节介绍一款采用 ISD1700 系列 IC 制作的语音录放装置，它功能齐全、制作容易，是语音电路爱好者值得一试的制作。

4.3.2　功能设计

本装置分为语音录放电路和显示电路两部分，这样设计减小了语音录放电路的体积，在不需要显示的应用场合下可以不接显示电路，便于将语音录放电路嵌入其他应用系统中，增强了使用的灵活性。

为了方便操作和管理，每段语音都指定了 1 个编号即段编号，显示电路的数码管主要用来显示段编号，段编号数据由语音录放电路通过串行接口发送。显示电路上的跳线用于选择段编号的显示方式，当跳线短路时为十进制显示，否则为十六进制显示。显示电路上的按键用于显示保持，按键按下时显示数值不再更新，按键释放则正常显示。

语音录放电路是本装置的核心部分，电路板上按键、LED及各接口布局如图4.3.1所示。电源指示LED在电路正常工作时常亮，状态指示LED用于指示语音录放IC工作的状态，在录音时点亮，在放音、快进、擦除以及进行一些特殊操作时闪烁，操作不同闪烁方式也有所不同。本装置的操作主要是通过电路板上8个按键来完成，各按键的具体功能如下：

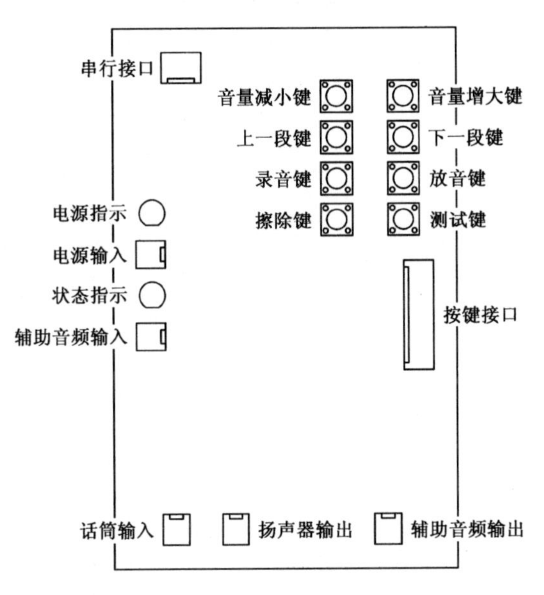

图4.3.1　按键、LED及各接口布局

① 下一段键。

按下此键后段编号加1，如果按住此键不放保持1 s后段编号会自动连续加1，直到按键释放为止，当段编号已经为最大值时再按此键无效。

② 上一段键。

按下此键后段编号减1，如果按住此键不放保持1 s后段编号会自动连续减1，直到按键释放为止，当段编号已经为最小值时再按此键无效。

③ 录音键。

按下此键后开始录制当前段编号对应段的语音。

④ 放音键。

按下此键后播放当前段编号对应段的语音，如果在语音播放过程中按此键可以停止播放。

⑤ 擦除键。

按下此键后擦除当前段编号对应段的语音，如果按住此键不放保持2 s后则擦除存储器内除提示音以外的所有语音。

⑥ 测试键。

按下此键后可以将程序中预先指定的若干段语音连起来播放一遍，在测试播放过程中按任何键均无效。

⑦ 音量增大键。

按下此键后音量增大1级，如果按住此键不放保持1 s后音量会自动连续增大，直到按键释放为止，当音量已经为最大值时再按此键无效。按住此键上电可以选择通过辅助音频输入来录音，否则默认通过话筒来录音。

⑧ 音量减小键。

按下此键后音量减小1级，如果按住此键不放保持1 s后音量会自动连续减小，直到按键释放为止，当音量已经为最小值时再按此键无效。

语音录放电路的串行接口通信包括数据发送和数据接收，其中数据发送是语音录放电路将当前段编号发送给显示电路或其他设备，数据接收是控制设备将控制命令发送给语音录放电路，数据发送和数据接收均为单字节，无须校验。控制命令共有9条，命令数据分别为字符N、V、R、P、E、T、U、D、G对应的ASCII码，前8条命令功能与下一段键、上一段键、录音键、放音键、擦除键、测试键、音量增大键、音量减小键一一对应，接收到一次命令相当于短按一次对应的按键，最后1条命令为全部擦除，功能与按住擦除键保持2 s相同。

4.3.3　硬件设计

1. 语音录放电路

如图4.3.2所示，IC_1为ISD1700系列IC，它是一款高性能的语音录放电路，具有音质好、工作电压范围宽、功能强大、可分多段录放以及可以通过硬件或软件控制等优点。ISD1700系列有ISD1730、ISD1740、ISD1760等10个型号，不同型号的IC仅是录放时间长短不同，而电路性能及使用方法均相同。其中ISD17240录放时间最长，在12 kHz的采样频率下录放时间为160 s，在4 kHz的采样频率下录放时间可达480 s，在电路设计时根据录放时间的要求来选择相应型号的IC。

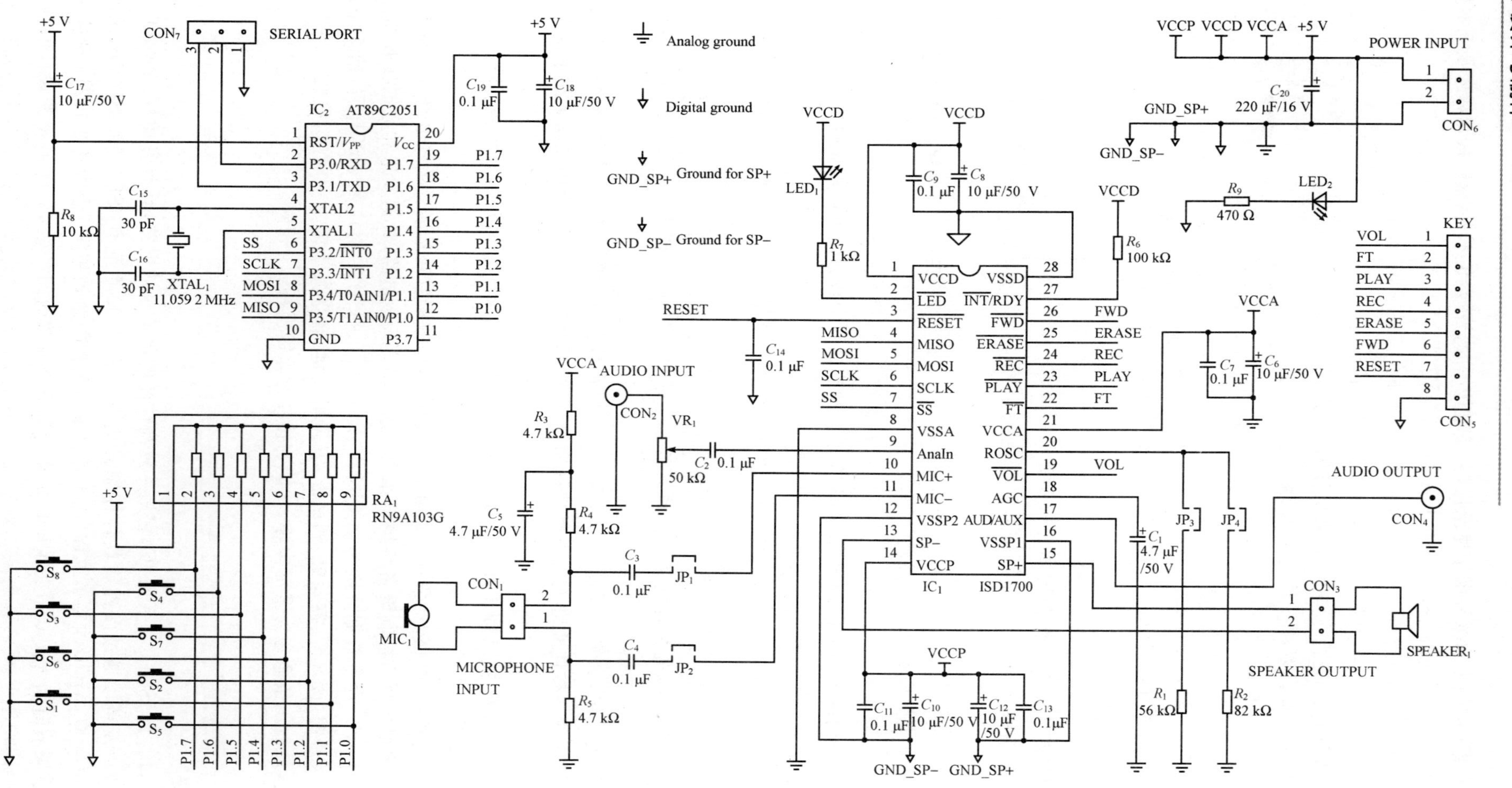

图 4.3.2 语音录放电路原理图

ISD1700 内部具有振荡器、带有自动增益控制(AGC)的话筒前置放大器、辅助模拟输入放大器、抗混叠滤波器、多级存储阵列、平滑滤波器、音量控制、脉宽调制(PWM)D 类扬声器驱动放大器及音频电流/电压输出等电路,由于 ISD1700 集成度非常高,所以外围器件比较少。LED 为状态指示输出端,通过限流电阻 R_2 接 LED_1,R_2 一般选 470 Ω~1 kΩ。RESET 为器件复位端,当此引脚接低电平器件复位,此引脚内部有 600 kΩ 左右的上拉电阻,如果接按键来控制复位此引脚应对地接 1 个 0.1 μF 的电容。AnaIn 为辅助音频输入端,输入的模拟音频信号不能超过 1.0 V(峰-峰值),外部音频信号经过电位器 VR_1 衰减后再通过耦合电容 C_2 送入芯片内部,调节 VR_1 可以改变输入信号的幅度,同时 C_2 与 AnaIn 引脚内部电阻构成滤波器,调节 C_2 的大小可以改变滤波器的低频截止频率。MIC+ 和 MIC- 为话筒输入端,采用差分结构,能够抵消噪声及抑制共模干扰,C_3 和 C_4 为耦合电容,这 2 个电容与话筒输入引脚内部电阻构成滤波器,调节 C_3 和 C_4 的大小可以改变滤波器的低频截止频率,JP_1 和 JP_2 为话筒选择跳线,当不使用话筒输入时将跳线帽去掉使话筒输入电路完全断开,可以避免彼此干扰。SP+ 和 SP- 为扬声器输出端,采用差分结构,可以直接驱动 8 Ω 扬声器或无源电磁式蜂鸣器,内部扬声器驱动放大电路为 D 类放大器,效率比较高。AUD/AUX 为辅助音频输出端,能够输出单端音频电流信号或音频电压信号,可以用于外接音频功率放大器,当选择音频电流输出时在放音开始和结束会有一个缓冲过程,可以避免放音开关时产生的“喀喀”声。AGC 为自动增益控制端,在使用话筒录音时,内部 AGC 电路实时调整话筒前置放大器的增益,对很宽范围的话筒输入电平进行动态的补偿,一般应用中 AGC 引脚通过 4.7 μF 电容接地,直接将此引脚与地连接可以使话筒前置放大器增益达到最大值,将此引脚与电源连接则可以使话筒前置放大器增益为最小值。ROSC 为振荡电阻连接端,振荡电阻决定着内部振荡器的频率,同时也决定了语音录放的采样频率,为了方便选择采样频率电路中设计了 2 个跳线,短路 JP_3 或 JP_4 可以选择采样频率为 12 kHz 或 8 kHz。采样频率越高音质越好,但占用的存储器空间也越大即可以录放的时间也越短,实际应用时可以权衡音质和录音时间来选择。

ISD1700 有 2 种工作模式,分别为独立按键模式和 SPI 模式。独立按键模式是一种比较简单的工作模式,在此模式下,无须软件控制就可以完成电路大部分功能的操作。PLAY、REC、ERASE、FWD、VOL、FT 各引脚内部有上拉电阻和去抖动电路,在实际应用中这些引脚直接对地接 1 个按键可以分别完成放音、录音、擦除、下一段、音量调节、输入直通控制等操作,其中部分按键又分为短按和长按,两种按法对应的功能有所不同,利用有限的按键实现了更多的功能的操作。在独立按键模式下,ISD1700 内部按循环存储协议来管理各段语音,当录放等操作需要访问内部存储器时,首先检查存储器的结构是否符合循环存储协议,如果不符合则不再接受除复位和擦除以外的任何命令,这点要特别注意。本电路中 ISD1700 主要工作在 SPI 模式,因此各独立按键模式使用的引脚没有连接按键,而是与 RESET 引脚一起通过 CON_3 引出作为预留。SPI 模式仅使用 SCLK、MOSI、MISO 和 SS 四个引脚就能够完成全部功能的操作,本电路中这些引脚与单片机 IC_2 连接,单片机按 SPI 时序与 ISD1700 进行串行通信。在 SPI 模式下,用户可以对存储器的任意地址进行操作,不再受循环存储协议的约束,因而使用更加灵活方便。但是在 SPI 模式下不按循环存储协议录制和擦除各段语音则相应地址的存储器只能在当前模式下进行操作,而不能在独立按键模式下操作。INT/RDY 为中断或准备输出端,通过此引脚的状态可以判断 IC 内部是否处于“忙碌”状态,在独立按键模式下录音、放音、擦除和快进操作的过程中此引脚输出低电平,掉电空闲状态下输出高电平,在 SPI 模式下可以将此引脚与微控制器中断口连接,每当完成命令操作后此引脚输出低电平,产生 1 次中断请求,中断响应后再通过软件控制使此引脚返回高电平。INT/RDY 引脚为开路输出,在使用时要接上拉电阻,本电路中没有使用此引脚。

电路中 IC_2 为 ATMEL 的 AT89C2051,它是常用的 20 脚单片机,兼容 MCS-51 指令系统。单片机外围电路很简单,P1.0~P1.7 各接 1 个按键,P3.2~P3.5 模拟 SPI 总线时序与 ISD1700 通信。串行接口 RXD 和 TXD 用来连接显示电路或其他控制电路,由于都是近距离通信,而且也不需要连接计算机,所以没有设计 RS-232 电平变换电路,直接通过 CON_4 引出。

ISD1700 的电源分为模拟电源 VCCA、数字电源 VCCD 和扬声器驱动器电源 VCCP 几个部分,电压均为 5 V,

整个电路包括单片机采用 5 V 的稳压电源供电。

2. 显示电路

显示电路非常简单,如图 4.3.3 所示。与语音录放电路一样,显示电路采用 5 V 的稳压电源供电,单片机也选用 AT89C2051,3 位数码管采用扫描方式驱动,占用 11 个 I/O 口,串行接口只用到了 RXD,与电源一并通过 CON_1 引出。为了使显示电路更加通用便于用到其他制作中,电路中还预留了 1 个跳线和 1 个按键,可以通过程序来指定其功能。

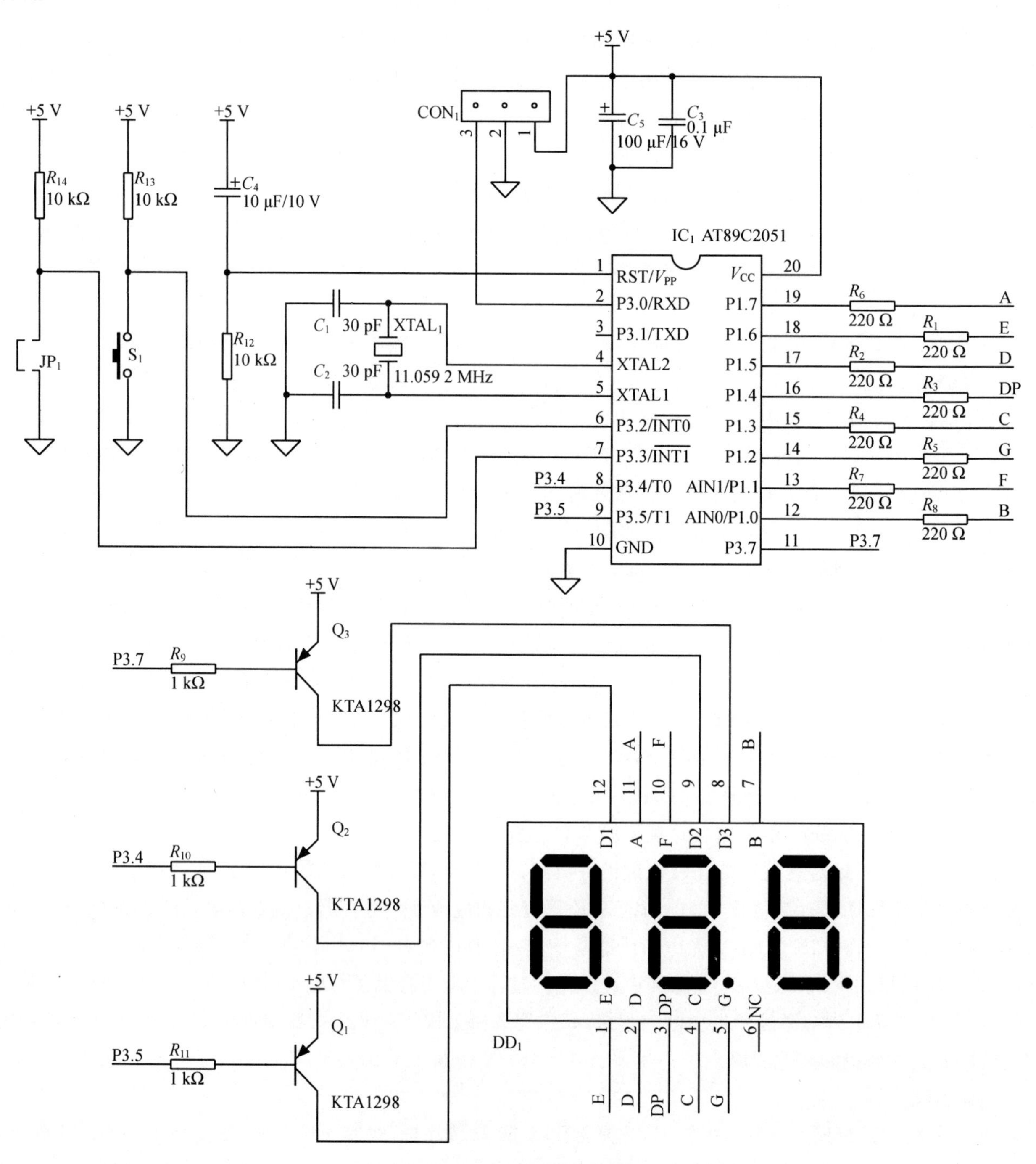

图 4.3.3　显示电路原理图

4.3.4　软件设计

1. 语音录放电路

语音录放装置在实际使用中用途不同，语音录放的内容、分段结构及所选择IC的具体型号也随之不同，同一程序无法适用于所有应用的要求，并且也不好做到通用，这里提供的程序是本装置使用的一个典型范例，它用ISD1760录制27段语音，录制好的IC将用于本书5.3节介绍的"用POS机顾客显示屏制作的电子钟"。程序主要包括主程序、按键检测子程序、串口接收子程序、命令处理子程序和中断服务程序几个部分。

(1) 主程序

主程序的流程图如图4.3.4所示，初始化包括单片机初始化和ISD1700初始化，其中ISD1700初始化主要是对音量、音频输入、输出等进行初始设置。单片机初始化完成后程序立即对音量增大键进行检测，根据按键按下与否来选择通过话筒或辅助音频输入录音。由于上电与音量增大键检测间隔时间很短，所以只有按住按键上电才能够检测到按键被按下。主循环程序通过调用按键检测子程序和串口接收子程序完成各功能的操作。

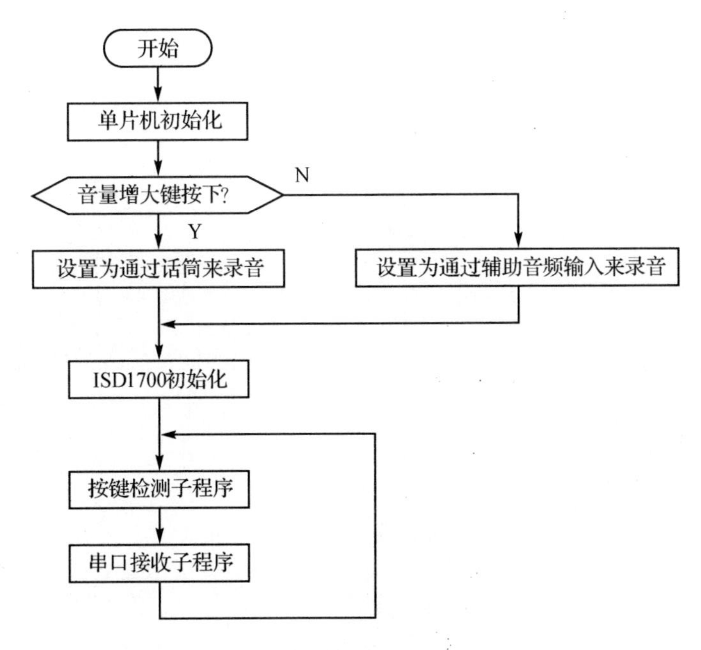

图4.3.4　主程序流程图

(2) 按键检测子程序

按键检测子程序的流程图如图4.3.5所示。8个按键中录音键、放音键和测试键按下后只响应一次，而其余5个按键按下后会启动按键定时程序。下一段键、上一段键和音量增大键、音量减小键按下1 s后置使能标志位，允许相应按键被检测一次，以后每隔200 ms使能标志置位一次，实现自动连续操作。擦除键按下2 s后置使能标志位，允许按键再被检测一次，如果按键仍未释放则执行另1个命令，命令执行标志置1可以避免命令执行完毕后重复执行。

(3) 串口接收子程序

当串口接收到数据后执行一次串口接收子程序，流程图如图4.3.6所示。

(4) 命令处理子程序

命令处理子程序主要是完成各按键及串口命令相应功能的操作，其中上一段和下一段处理子程序非常简单，仅是将段编号寄存器加1或减1，其他各命令处理子程序则都是通过SPI总线与ISD1700通信，这也是程序的重要部分。

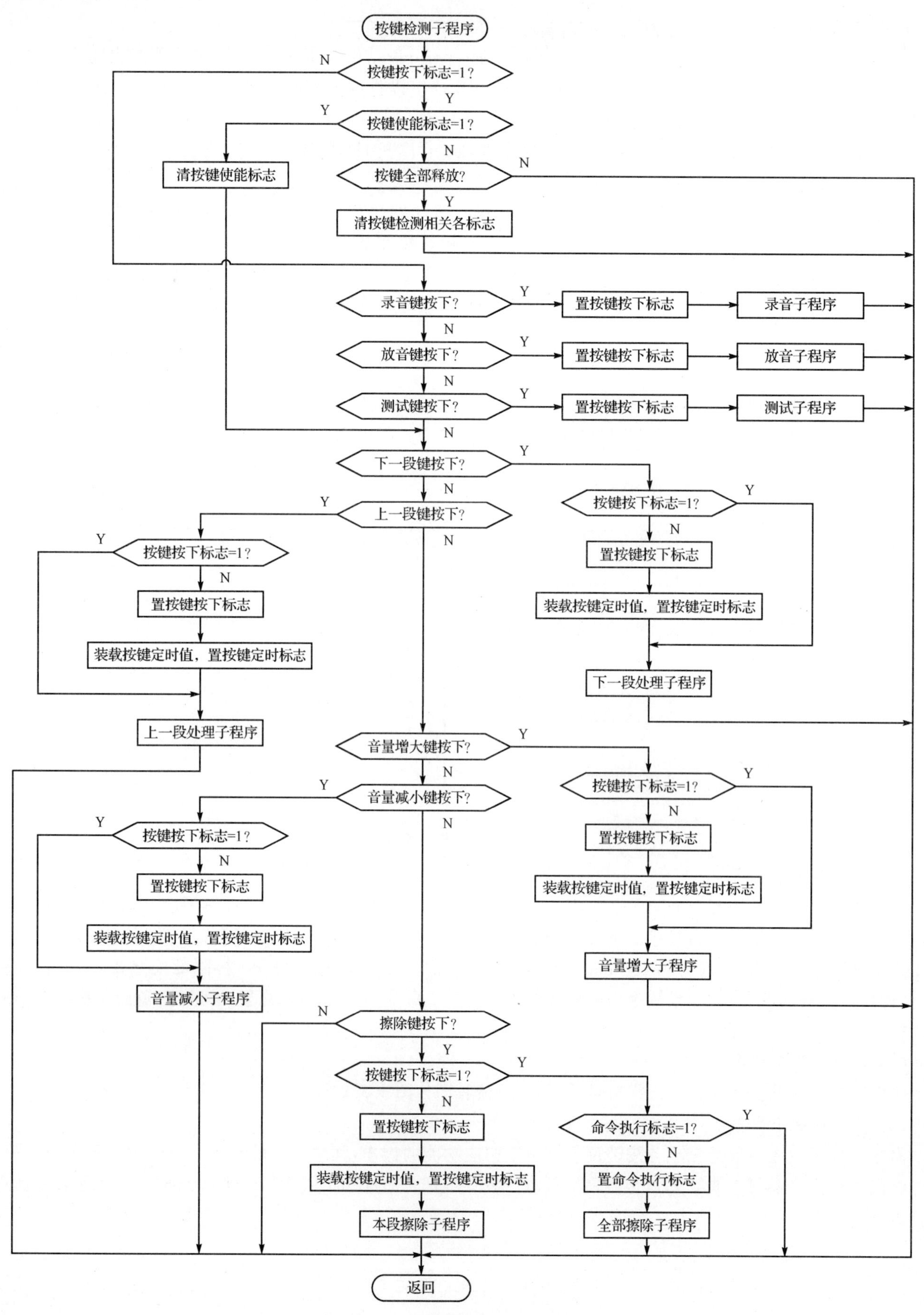

图 4.3.5　按键检测子程序流程图

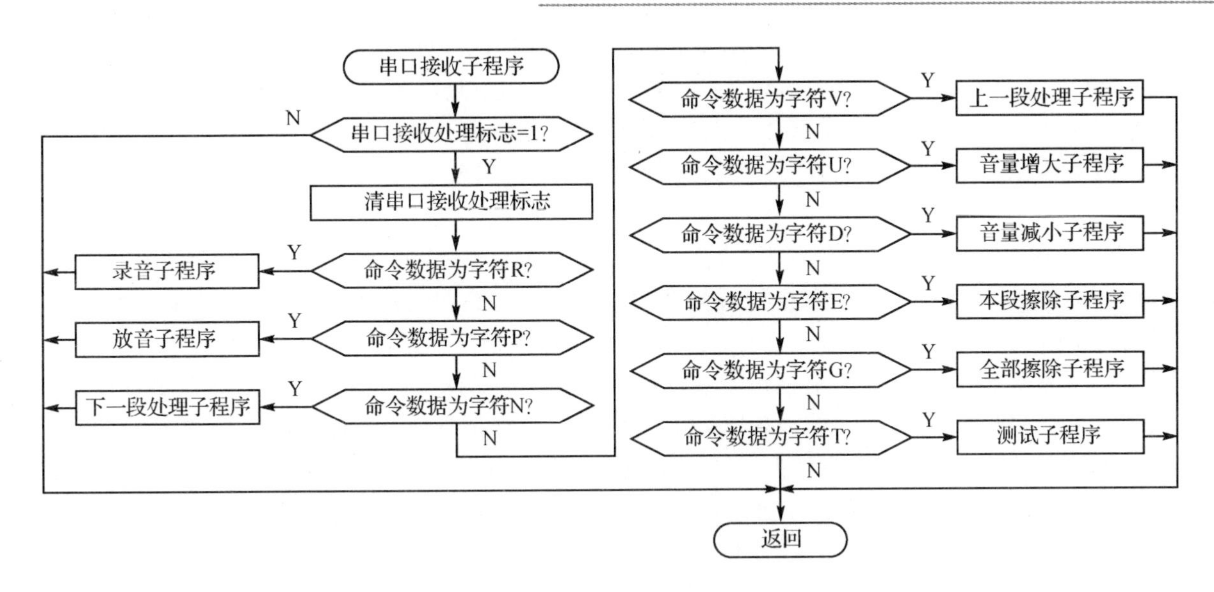

图 4.3.6　串口接收子程序流程图

SPI 是由 Motorola 提出的一种串行通信接口，它的时序比较简单，应用很广泛。通信双方一方为主设备，另一方为从设备，时钟 SCK 由主设备提供。通信时在 SCK 的控制下，主设备和从设备内部的移位寄存器进行数据交换，发送数据的同时也在接收数据即读写同时完成。在本电路中单片机为主设备，ISD1700 为从设备，发送数据和接收数据的格式如图 4.3.7 所示。ISD1700 在 SPI 模式下共有 24 条命令，发送命令时命令字节和数据字节 1 是每条命令必有的，而其他字节对于不同的命令可能全有，也可能只有部分，还可能没有。每条命令最多有 7 个字节，根据命令包含字节数量的不同命令可以分为 2 字节命令、3 字节命令、4 字节命令和 7 字节命令 4 种，发送命令的同时接收到数据的内容和含义也因命令不同而不同。由于 ISD1700 功能强大，所以命令也比较多，但并非每条命令都用得到，在大多数的应用中只要掌握表 4.3.1 中的关键命令就可以操作 ISD1700 了。

MOSI→	命令字节	数据字节1	数据字节2 或起始地址低8位	数据字节3 或起始地址高8位	结束地址低8位	结束地址中8位	结束地址高8位
MISO←	SR0低8位	SR0高8位	数据字节1 或SR0低8位 或SR1	数据字节2 或SR0高8位	SR0低8位	SR0高8位	SR0低8位

图 4.3.7　SPI 模式下发送数据和接收数据的格式

表 4.3.1　ISD1700 关键命令及其功能

命　令	类　别	功　能
PU	2 字节命令	从掉电状态“唤醒”进入待机状态
STOP	2 字节命令	终止当前操作，仅对录放操作有效，擦除操作不能通过命令终止
CLR_INT	2 字节命令	清 INT 和 EOM 位
RD_STATUS	3 字节命令	读取状态寄存器 SR0 和 SR1 的内容，用于查询 RDY、CMD_ERR、INT、EOM、PLAY 等状态位的值
PD	2 字节命令	退出 SPI 模式，进入掉电状态并使能独立按键模式
G_ERASE	2 字节命令	擦除存储器内除提示音以外的所有语音信息，此命令应谨慎使用！
WR_APC2	3 字节命令	APC 寄存器设置，用于音量调节、音频输入、输出等设置
SET_PLAY	7 字节命令	播放存储器内指定段(从起始地址到结束地址)的语音信息
SET_REC	7 字节命令	将语音录制到存储器内的指定段(从起始地址到结束地址)
SET_ERASE	7 字节命令	擦除存储器内指定段(从起始地址到结束地址)的语音信息

这里没有将PLAY、REC、ERASE等命令列为关键命令，是因为采用单片机控制ISD1700一般都会分段录放或擦除，即会用到按地址操作的SET_PLAY、SET_REC和SET_ERASE命令。虽然PLAY、REC、ERASE命令操作简单，但SET_PLAY、SET_REC和SET_ERASE命令可以精确寻址，使用更灵活。从整体来看，操作时用SET_PLAY、SET_REC和SET_ERASE命令代替PLAY、REC、ERASE命令更便于程序统一处理，反而可以简化程序。

对ISD1700操作时最常用的标志位有3个，分别为RDY、CMD_ERR和INT。RDY为接收准备标志，此位为1表示器件已经准备好接收命令，在发送录放、擦除和WR_APC2等命令前应首先查询RDY是否置1，如果RDY为0则要等待，直到RDY置1才能发送命令。CMD_ERR为命令错误标志，此位为1表示刚才发送的命令无效，导致命令无效一般有2种可能：一种可能是程序编写时命令使用及安排有误，这可以通过多了解各命令的用法及优化程序来避免；另一种可能是硬件电路或程序运行异常，为了确保每条命令都被可靠执行，程序中应在每条命令发送后查询CMD_ERR，如果CMD_ERR为1可以尝试重新发送命令。INT为中断位，当录放、擦除等操作完成后此位置1，程序发送命令后可以执行其他任务而不必一直等待，空闲时再查询INT判断操作是否已经完成，INT不会自动清0，查询到INT置1后应立即通过CLR_INT命令清0，以保证后续INT状态的正确性。ISD1700内部有FIFO(先进先出)缓冲器，根据RDY和INT的状态适时地发送SET_PLAY命令可以实现多段语音“无缝”连续播放，这一点对于语音播报类应用非常有用。

程序设计时，要首先确定语音的段数和内容并估算出各段语音的时间，再根据语音时间计算出各段语音的起始地址和结束地址，按命令格式将起始地址和结束地址列表，起始地址和结束地址各占2个字节，本程序各段语音的内容和分段如表4.3.2所列。录放和擦除操作时，先根据段编号查表得到起始地址和结束地址，再发送相应的命令即可完成操作。

表4.3.2 语音分段及内容

段编号	起始地址	结束地址	时间/s(采样频率为12 kHz)	语音内容
0	0010H	0017H	0.666	零
1	0018H	001FH	0.666	一
2	0020H	0027H	0.666	二
3	0028H	002FH	0.666	三
4	0030H	0037H	0.666	四
5	0038H	003FH	0.666	五
6	0040H	0047H	0.666	六
7	0048H	004FH	0.666	七
8	0050H	0057H	0.666	八
9	0058H	005FH	0.666	九
10	0060H	0067H	0.666	十
11	0068H	006FH	0.666	两
12	0070H	0077H	0.666	点
13	0078H	007FH	0.666	分
14	0080H	0087H	0.666	整
15	0088H	008FH	0.666	年
16	0090H	0097H	0.666	月

续表 4.3.2

段编号	起始地址	结束地址	时间/s(采样频率为 12 kHz)	语音内容
17	0098H	009FH	0.666	日
18	00A0H	00AFH	1.333	星期
19	0100H	0113H	1.666	叮咚(提示音)
20	0114H	0127H	1.666	现在时间
21	0128H	013BH	1.666	现在温度
22	013CH	014FH	1.666	现在湿度
23	0150H	0163H	1.666	今天是
24	0164H	0177H	1.666	摄氏度
25	0178H	018BH	1.666	百分之
26	018CH	019FH	1.666	嘀嘀(闹铃音)

(5) 中断服务程序

中断服务程序包括定时器 0 溢出中断服务程序和串口中断服务程序，这两部分程序任务单一，结构非常简单。定时器 0 溢出中断服务程序每隔 1 ms 执行一次，主要任务是按键定时处理。串口中断服务程序中仅对接收到数据产生的中断作处理，对发送数据产生的中断忽略，串口接收到数据产生中断时，程序保存命令数据并将串口接收处理标志置 1。定时器/计数器 1 作波特率发生器，波特率为 9 600。

2. 显示电路

显示电路的程序非常简单，主要包括主程序、定时器 0 溢出中断服务程序和串口中断服务程序，分别完成显示内容更新、数码管扫描和显示数据接收等任务。

4.3.5 制　作

1. PCB 设计与制作

(1) 语音录放电路

语音录放电路的 PCB 如图 4.3.8 所示，PCB 采用单面板布局，尺寸约 66 mm×100 mm，可以用感光板自制也可以委托 PCB 工厂加工。

ISD1700 内部既有模拟电路又有数字电路，同时还具有容易干扰其他电路的 PWM 扬声器驱动电路，PCB 布局不合理很容易导致噪声偏大或音质劣化。在 PCB 布局时这几部分电路的电源和地要分别处理，不能简单地随处连接，应将各部分电路的电源汇集起来在一点与电源输入端相连，同样各部分的地也汇集起来在一点与电源输入端的地相连。各部分电路都设计有去耦电容，这些电容要尽量靠近相应电路的电源引脚。话筒输入、辅助音频输入和辅助音频输出走线要尽量短，并且在走线周围要大面积铺地，以减小干扰。有条件可以将 PCB 布局为双面板，模拟电路、数字电路的电源和地的走线布局在 PCB 的一面，扬声器驱动电路的电源和地的走线布局在 PCB 的另一面，可以有效地减小彼此的干扰。

为了减小体积，电路中各音频输入/输出插座都使用了小型针形插座，如果对体积没要求，PCB 布局时这些插座也可以选用 PCB 安装式 RCA 插座，这样使用更方便。

(2) 显示电路

显示电路非常简单，整个电路布局在一块 32 mm×52 mm 的单面电路板上，如图 4.3.9 所示。为了减小体积，三极管、电阻和小容量电容都采用贴片器件，安装在焊接面。如果要求不高，显示电路 PCB 也可以用万能板来制作。

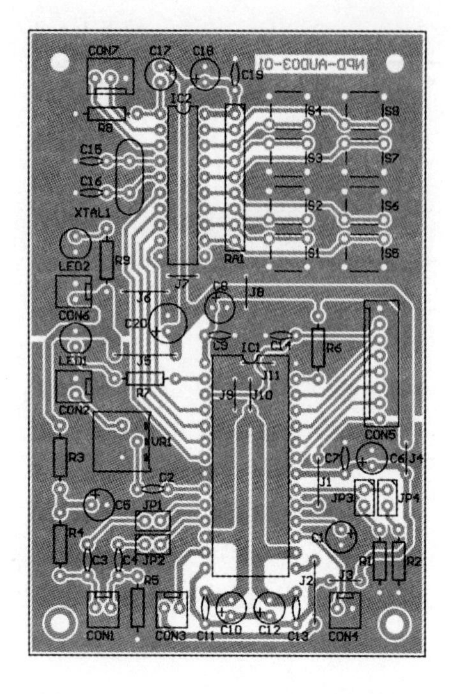

图 4.3.8　语音录放电路 PCB 布局图

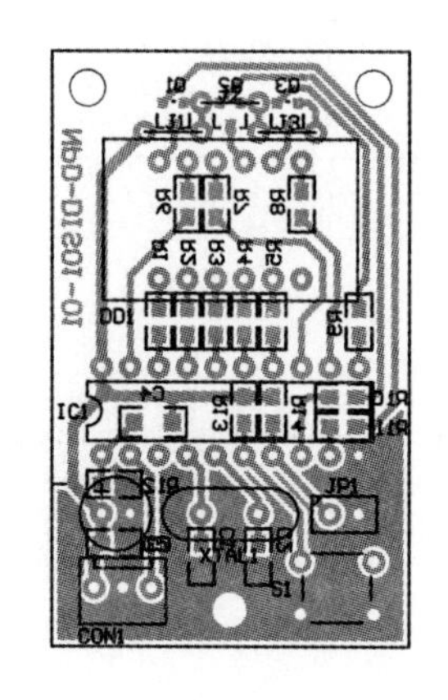

图 4.3.9　显示电路 PCB 布局图

2. 器件选择

语音录放电路和显示电路的器件清单分别如表 4.3.3 和表 4.3.4 所列。

表 4.3.3　语音录放电路器件清单

序　号	名　称	型　号	数　量	编　号	备　注
1	电解电容	4.7 μF/50 V	2	C_1,C_5	
2	独石电容	0.1 μF	9	C_2 ～ C_4，C_7，C_9，C_{11}，C_{13}，C_{14},C_{19}	
3	电解电容	10 μF/50 V	6	C_6,C_8,C_{10},C_{12},C_{17},C_{18}	
4	独石电容	30 pF	2	C_{15},C_{16}	
5	电解电容	220 μF/16 V	1	C_{20}	
6	插座	2510－2PH	5	CON_1～CON_4,CON_6	
7	插座	2510－8PH	1	CON_5	
8	插座	2510－3PH	1	CON_7	
9	IC	ISD1700	1	IC_1	配 IC 插座,具体型号根据录放时间选择
10	IC	AT89C2051	1	IC_2	配 IC 插座
11	跳线	300 mil	2	J_1,J_6	自制
12	跳线	400 mil	2	J_2,J_5	自制
13	跳线	200 mil	7	J_3,J_4,J_7～J_{11}	自制
14	排针		4	JP_1～JP_4	2P 直
15	LED	φ3	1	LED_1	红色
16	LED	φ3	1	LED_2	绿色
17	电阻	56 kΩ/0.25 W	1	R_1	
18	电阻	82 kΩ/0.25 W	1	R_2	

续表 4.3.3

序 号	名 称	型 号	数 量	编 号	备 注
19	电阻	4.7 kΩ/0.25 W	3	R_3～R_5	
20	电阻	100 kΩ/0.25 W	1	R_6	
21	电阻	1 kΩ/0.25 W	1	R_7	
22	电阻	10 kΩ/0.25 W	1	R_8	
23	电阻	470 Ω/0.25 W	1	R_9	
24	排阻	RN9A103G	1	RA_1	10 kΩ×8
25	按键	B3F	8	S_1～S_8	6 mm×6 mm,omRon
26	电位器	3386P-1-503	1	VR_1	BOURNS
27	晶体	49S/11.059 2 MHz	1	$XTAL_1$	

表 4.3.4 显示电路器件清单

序 号	名 称	型 号	数 量	编 号	备 注
1	贴片电容	30 pF	2	C_1,C_2	0805
2	贴片电容	0.1 μF	1	C_3	0805
3	贴片钽电容	10 μF/10 V	1	C_4	A尺寸
4	电解电容	100 μF/16 V	1	C_5	
5	插座	2510-3PH	1	CON_1	
6	数码管	0.36寸3位共阳	1	DD_1	红色,配插座
7	IC	AT89C2051	1	IC_2	配IC插座
8	跳线	200 mil	3	J_1～J_3	自制
9	排针		1	JP_1	2P直
10	贴片电阻	220 Ω	8	R_1～R_8	0805
11	贴片电阻	1 kΩ	3	R_9～R_{11}	0805
12	贴片电阻	10 kΩ	3	R_{12}～R_{14}	0805
13	贴片三极管	KTA1298	3	Q_1～Q_3	SOT-23
14	按键	B3F	1	S_1	6 mm×6 mm,omRon
15	晶体	49S/11.059 2 MHz	1	$XTAL_1$	

表4.3.3和表4.3.4中大部分器件没有特殊要求,其中有些器件可以根据实际情况更改或代换。单片机除了AT89C2051外还可以选用GMS97C2051等兼容产品。MIC_1应选用驻极体话筒,而不能采用低阻抗动圈话筒,话筒的灵敏度要适中,灵敏度过高容易在录音时录制到更多的背景噪声,并且在输入直通时也容易使电路发生自激引起啸叫。VR_1不需要经常调节,选用PCB安装的微调电位器即可,当然为了方便调节,VR_1也可以选用带手柄的电位器,安装时通过屏蔽线与PCB连接。辅助模拟输入和话筒输入耦合电容同时决定着内部带通滤波器的低频截止频率,如果要求比较高,这几个电容可以选用金属化聚丙烯电容。

3. 制作与调试

(1) 电路制作

语音录放电路的元器件不多,焊接难度不大,电路中部分跳线在IC下方,焊接时要注意先焊跳线。显示电路有部分贴片元件,焊接时要仔细。

制作好的语音录放电路和显示电路分别如图4.3.10和图4.3.11所示。

图 4.3.10 制作完成的语音录放电路板

(a) 正面

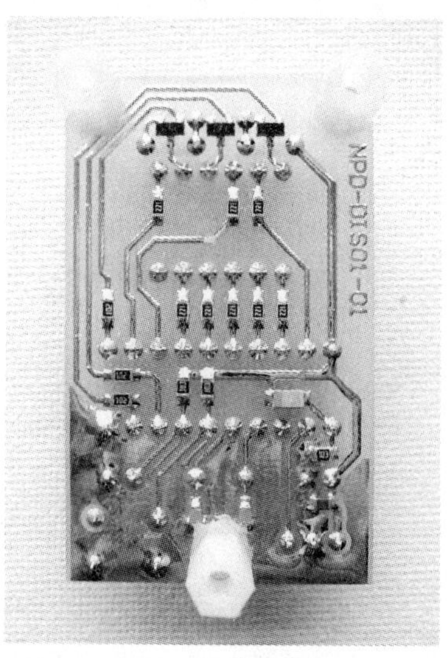

(b) 背面

图 4.3.11 制作完成的显示电路板

(2) 调 试

将焊好的电路板对照原理图检查一遍，确认无误后即可开始调试。显示电路比较简单，可以先调试显示电路，通电后数码管各段会全部点亮，1 s 后显示初始值 0。只要器件无质量问题，显示电路一般都会正常工作。

显示电路调试完后将之与语音录放电路板连接，再通过语音录放电路中的 JP_1～JP_4 选择好采样频率及录音输入方式，最后将话筒、扬声器和电路连接妥当，如果有必要还可以将音源与辅助音频输入连接。连接时要注意显示电路板上的 CON_1 与语音录放电路板上的 CON_7 并非是对应的，调试时应根据需要按原理图将电源和对应的接口连接。

上电后电源指示 LED 应点亮，此时器件内部没有录制语音，按下放音键应听到轻微的“沙沙”声，由此可判断出电路基本工作正常，之后再测试其他功能。如果仅是硬件电路调试，也可以通过 CON_5 连接按键在独立按键模式下调试。调试和使用时要注意在录音和擦除过程中不要断电，以免损坏器件。

ISD1700 还具有提示音功能，用户可以自己录制 4 种声音用于指示录音、擦除等状态。在操作过程中，特别是独立按键模式下提示音及状态指示 LED 对于正确有效的操作是非常有用的。

本装置调试并不复杂，在调试过程中常遇到的故障及一般原因和排除方法如下：

① 声音小。

ISD1700 在 5.5 V 的工作电压下接 8 Ω 扬声器输出功率的典型值达 670 mW，能够满足一般的使用要求，ISD1700 内部音量控制共有 8 级，每级衰减量改变 4 dB，当声音太小时可以通过软件或硬件来增大音量。此外录音时调节 VR_1 提高录音电平也能够在一定程度上增大放音音量，但器件输入的音频信号不要超过 1.0 V(峰-峰值)。扬声器“声短路”也会导致声音过小，因此最好使用音箱或将扬声器安装在合适的腔体上。如果通过以上措施仍不能满足应用对音量的要求，则可以通过辅助音频输出外接音频功率放大器来解决。

② 噪声大。

这种故障是最常见的故障，但也是最难以根除的故障。首先要明白录音环境和电路本身决定了声音背景不可能极其纯净，有轻微背景噪声是正常现象，大多数语音录放 IC 也都是如此。一般来讲如果语音的声音远大于噪声则可以接受，而噪声和语音相当或语音含糊不清以及有爆破声等噪声则需要查明原因。通过话筒录音时应尽量在安静的环境下进行，通过辅助音频输入录音时要选择低噪声的音源设备，话筒连接线及音频输入的连接线应尽量短，并且最好使用屏蔽线。此外电路中的各去耦电容不能省略，噪声和PCB布局甚至尺寸也有很大关系，必要时要重新布局PCB。

③ 无法操作。

在SPI模式下，只要器件完好并且电路和程序无误一般不会出现这种故障；而在独立按键模式下，有时会出现部分按键失效、无法完成录放等操作的故障，并且按键按下后状态指示LED还会闪烁7次，这种故障一般是由于语音存储不符合循环存储协议造成的。SPI模式和独立按键模式交叉使用时比较容易出现这种故障，可以通过尝试复位、重新上电或全部擦除来排除。

(3) 录　音

语音录放IC的主要应用是现场录音和语音播报，现场录音将语音录放IC作为固体录音机即时录放，录音没有特殊要求，而语音播报用于报时、报价等数值播报场合，对录音有比较高的要求，掌握一些录音方法与技巧对于合理应用语音录放电路以及充分发挥其性能是非常必要的。

在产品中使用语音录放IC，一般是委托广播电台或电视台的专业播音人员使用专业设备，在录音棚将需要的若干段语音录制到母碟里，之后再通过专用的语音编辑拷贝机批量录制器件。专业录制流程复杂，成本非常高，业余条件下采用专业做法不现实也不必要，这里介绍两种适合业余制作或普通产品录制语音IC的方法，基本能够满足一般的使用要求。

最直接的方法是自己或找朋友充当业余播音员，用Windows附件中的"录音机"或其他录音软件录制好需要的语音，再利用Cool Edit Pro等音频编辑软件进行放大、降噪和混合等处理，最后通过辅助音频输入来录音。这种做法的优点是录音内容、语速和语气容易控制；缺点是背景噪声偏大，音色完全取决于"播音员"，有时不一定很理想。

最简单的方法是利用语音合成软件，如安徽科大讯飞的InterPhonic等，来直接输出需要的语音，通过辅助音频输入来录音。语音合成即TTS(Text To Speech)，软件可以将输入的文字转换为声音输出，语速和音色可以调整，使用十分方便。这种方法的优点是操作简单、快捷；缺点是语音生硬，语速和语气控制有限，不能做到随心所欲，特别是将多段语音连起来播放时有时不够自然。

对于语音播报的应用一般不推荐直接使用话筒录音，因为人们生活在一个充满噪声的世界里，很难找到完全没有噪声，符合声学标准的录音环境。以上两种方法都是通过辅助音频输入来录音，可以避免直接用话筒录音录入背景噪声，由于将计算机声卡作为音源，为了保证音源的品质，录音时最好用性能比较好的声卡。选择辅助音频输入来录音时输入是直通的，在电路待机状态下可以试听音源的声音。

每段语音时间的选择也很重要，时间太短录音时不容易掌握，时间太长又可能在播放时不够连贯，在确定每段语音时间时要权衡考虑，并且在录音时要灵活调节语速，以尽量符合每段语音的时间，使语音播放更加自然流畅。

本装置可以单独作为固体录音机，又可以作为语音IC的录制和编辑机，如果用于录制IC，最好使用测试插座，如图4.3.12所示，这样可以避免损坏IC引脚和IC插座，延长电路的使用寿命。

图4.3.12　测试插座的安装

4.3.6 小　结

虽然如今固体录音产品在市场上有很多，语音录放电路也不是什么新鲜东西，但是自己动手制作这样一款语音录放装置还是很有意思的。本装置制作成功率很高，可以作为语音录放电路和单片机学习入门的制作。

本装置可以单独使用，也可以嵌入其他电路使用，单独使用时将电路和扬声器装在合适的外壳里会更便于携带和使用。本电路也可以用于采用ISD1400和ISD2500系列电路的产品升级,能够增加功能、改善音质。

本制作提供的程序仅是一个范例,可以直接用于录制内容结构相近的语音IC,但大多数情况下读者应根据实际应用的要求修改语音段数、每段时间及测试播放内容。

4.4 打造自己的个性收音机

4.4.1 概 述

随着声音广播技术的发展,收音机作为无线电广播最主要的接收设备从最初的矿石收音机、电子管收音机到后来的晶体管收音机,再到现在的集成电路收音机,在几十年的时间里不断更新换代。收音机性能飞跃的同时功能也随之完善,数字调谐收音机、全波段收音机等功能齐全的收音机已上市多年,能够接收卫星广播和数字音频广播(DAB)的收音机及网络收音机等最新一代收音机也已经问世,市场上的收音机产品可谓琳琅满目,收音机也成为人们最熟悉的家用电器。

收音机发展的同时,很多产品如高档DVD、电视机及汽车视听设备等都附带了收音功能,这些产品使用的成品收音机高频头在市场上也越来越多。采用成品高频头制作收音机无须对高频电路进行调试,这使得制作高品质收音机的难度大大降低。本节介绍一款用收音机高频头制作的数字调谐收音机,它能够接收调频(FM 87.0~108.0 MHz)和调幅(AM 522~1 620 kHz)两个波段的无线电广播,具有电台自动/手动搜索、电台存储、频率微调、音量控制及红外遥控等功能。

4.4.2 功能设计

本收音机的功能设计以方便、实用为原则,具备了一般数字调谐收音机及台式FM/AM调谐器的常用功能。

1. 显 示

控制板上设计有LCD显示屏,显示内容如图4.4.1所示。显示分为7个部分,其中"编号显示"用于显示当前波段电台的编号,在存储状态下显示当前电台将要保存的编号,在电台编号输入状态下则显示所选择的电台编号并闪烁,未输入的数字用字符"_"代替显示;"存储指示"用于指示电台存储操作的状态,在电台存储状态下"存储指示"显示,当提示存储确认时还会闪烁,在一般状态下"存储指示"则不显示;"波段指示"用于指示当前所选的电台波段,显示"FM"或"AM";"频率显示"用于显示当前波段电台的频率,在电台频率输入状态下显示输入电台的频率并闪烁,未输入的数字用字符"_"代替显示,FM波段和AM波段电台频率显示的单位分别为"MHz"和"kHz";"调谐指示"用于指示当前收音机接收的状态,当收到某个电台时"调谐指示"显示,没有收到电台或电台信号太弱则不显示;"立体声指示"用于指示FM立体声广播接收状态,当接收到某个FM立体声广播电台时"立体声指示"显示,当接收到的电台不是立体声广播或信号太弱则不显示,如果切换为单声道"立体声指示"用字符"MONO"代替显示;"音量显示"用于显示当前音量,音量以衰减值的形式表示,单位为dB,在静音状态下衰减值用字符"MUTE"代替显示。每当有按键按下或接收到正确的遥控码时LCD显示屏背光点亮,30 s内如果没有任何操作则背光熄灭。

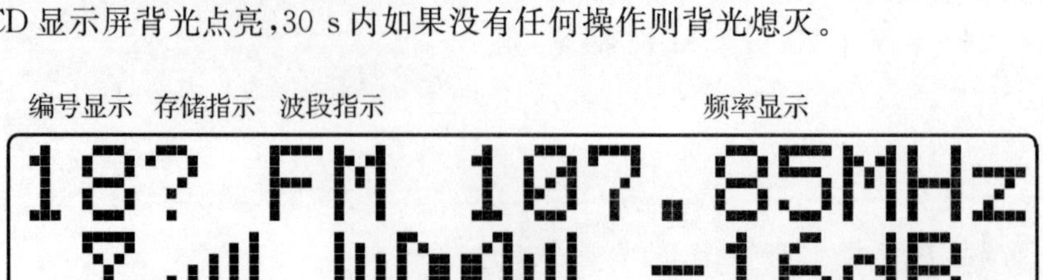

图4.4.1 LCD显示屏显示内容

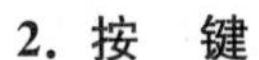

2. 按　键

用户可以直接通过控制板上的按键或使用遥控器完成本收音机各功能的操作，当控制板按键或遥控器按键被按下后如果操作有效蜂鸣器会短鸣1声，否则蜂鸣器无声。

控制板上的按键布局如图4.4.2所示，各按键的功能如下：

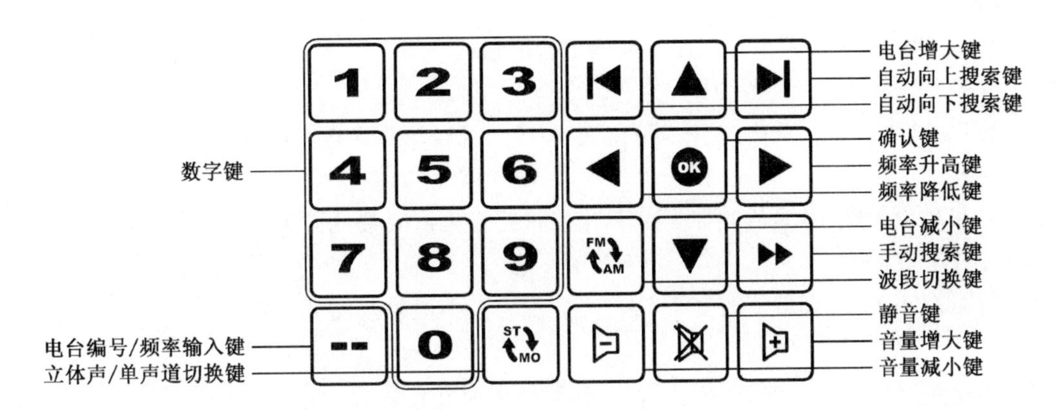

图4.4.2　控制板按键布局

① 数字键。

数字键从0到9共有10个，1～9各键按下后则调出当前波段下电台编号对应的电台，0键仅用于数字输入，不能直接选择任何电台，在输入状态下，通过各数字键可以输入相应的数值。

② 电台编号/频率输入键。

按下此键后可以按“进入输入状态→退出输入状态”循环的顺序切换输入状态。

③ 确认键。

按下此键后可以进入电台存储状态，在此状态下再按下此键确认电台编号已选好或确认将要存储电台，在输入状态下按下此键确认输入完成，当未将各位数字全部输入时按此键无效。

④ 电台增大键。

按下此键后当前波段的电台编号加1并调出与电台编号对应的电台，在电台存储状态下则仅改变电台编号，当频道编号为最大值时按此键无效。

⑤ 电台减小键。

按下此键后当前波段的电台编号减1并调出与电台编号对应的电台，在电台存储状态下则仅改变电台编号，当频道编号为最小值时按此键无效。

⑥ 频率升高键。

按下此键后当前波段的本振频率以调谐步长(FM波段为50 kHz,AM波段为9 kHz)为单位升高1步，当本振频率已升高至最大值时按此键无效，在输入状态下按此键可以按“电台编号输入→电台频率输入”循环的顺序切换要输入的内容。

⑦ 频率降低键。

按下此键后当前波段的本振频率以调谐步长为单位降低1步，当本振频率已降低至最小值时按此键无效，在输入状态下按此键可以清除上1位输入的数字，当待输入数字为首位时按此键无效。

⑧ 自动向上搜索键。

按下此键后打开静音，当前波段的本振频率以调谐步长为单位不断升高，搜索到电台或本振频率已升高至最大值时则本振频率停止改变并关闭静音。

⑨ 自动向下搜索键。

按下此键后打开静音，当前波段的本振频率以调谐步长为单位不断降低，搜索到电台或本振频率已降低至最小值时则本振频率停止改变并关闭静音。

⑩ 手动搜索键。

按下此键后前波段的本振频率以调谐步长为单位不断升高，当本振频率已升高至最大值时则本振频率停止改变。

⑪ 波段切换键。

按下此键后可以按“FM→AM”循环的顺序切换电台波段。

⑫ 立体声/单声道切换键。

按下此键后可以按“立体声→单声道”循环的顺序选择是否启动收音机内部的 FM 立体声解码电路。

⑬ 音量增大键。

按下此键后音量增大 1 级(衰减值改变 1 dB)，当音量为最大值时按此键无效。

⑭ 音量减小键。

按下此键后音量减小 1 级(衰减值改变 1 dB)，当音量为最小值时按此键无效。

⑮ 静音键。

按下此键后可以按“打开静音→关闭静音”循环的顺序切换静音状态。

遥控器使用本书 3.2 节中介绍的红外遥控器，按键布局如图 4.4.3 所示，各按键的具体功能与控制板上对应按键的功能完全相同。遥控器有 24 个按键，虽然可以做到与控制板各按键完全对应，但考虑到电台编号和频率设置及电台存储操作需要配合显示来完成，而遥控器一般在远距离使用，距离较远的情况下显示内容不一定能够看得到，容易造成误操作，因此遥控器上没有设计电台编号/频率输入键、确认键和 0 键。

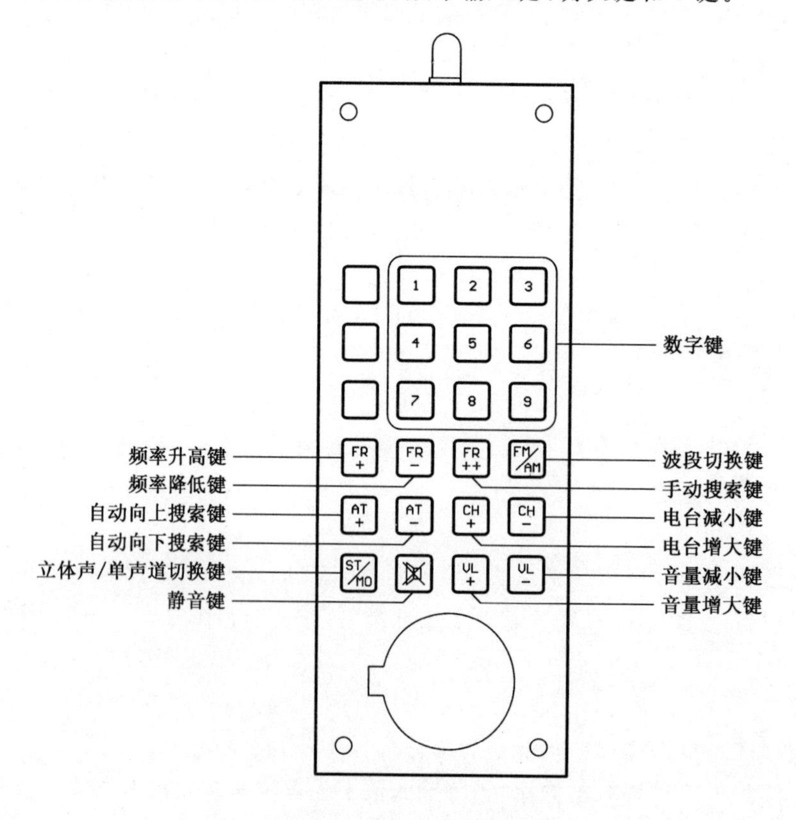

图 4.4.3 遥控器按键布局

3. 操 作

(1) 搜索电台

本收音机设计了多种电台搜索方式，用户可以灵活选择。通过数字键调出当前波段下电台编号对应的电台是

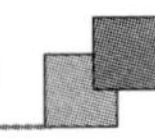

最简单的电台搜索方式，但需要用户先将各电台存储。编号为1～9的电台可以直接通过数字键调出，选择编号超过9的电台则要配合电台编号/频率输入键来完成，上电默认电台为FM波段1号电台。自动向上搜索或自动向下搜索适合搜索信号比较强的电台，搜索到电台后会自动停止，一般无须用户干涉。手动搜索可以搜索频段内所有的电台，但需要用户自己来停止搜索，在搜索过程中用户可以通过有无广播声音并配合"频率显示"及"调谐指示"来判断是否已经搜索到目标电台。在电台自动或手动搜索过程中用户可以随时按任意键停止搜索。频率升高键和频率降低键用于本振频率微调，在收听过程中电台频率漂移或自动、手动搜索后频率有偏差都可以通过这2个键调整，连续按频率升高键或频率降低键也可以选择电台，但比较耗时，一般不用这种方式。如果用户已知某电台的频率还可以直接输入频率值来选择电台。

电台编号和电台频率输入的方法和规则类似，在收听时用户可以按下电台编号/频率输入键进入电台编号输入状态或电台频率输入状态，二者可以通过频率增大键来切换。在输入状态下，通过各数字键输入相应的数值，如果输入有误可以通过频率减小键来清除已输入的数字。电台编号或频率每位数字都要输入，当要输入的数值位数不足时首位输入0来补足，数值首位为0显示时消隐。输入完毕后按下确认键，如果输入的数值有效则调出输入电台编号或频率对应的电台，如果数值不在允许的范围内则将已输入的数值清除要求重新输入。在输入状态下如果10 s内无任何操作则自动退出输入状态，输入的过程中也可以随时按下电台编号/频率输入键退出输入状态，退出后输入的内容将被清除。

在收听过程中用户可以随时切换波段，2个波段搜索电台的方法相同。在正常收音状态下按数字0键无任何作用，因此当需要察看显示内容时，可以用这个键来打开背光而不改变收音机的状态。

(2) 存储电台

用户可以随时将自己喜爱的电台存储，这样就不必每次开机都要搜索电台，本收音能够存储FM电台和AM电台各50个。当用户搜索到要存储的电台后按下确认键即可进入电台存储状态，"存储指示"显示，此时通过电台增大键和电台减小键可以选择电台将存储的编号，选择好电台编号后按下确认键进入存储确认状态，"存储指示"闪烁，提示用户检查电台编号选择是否正确以及确认是否要存储此电台，此时再按下确认键即可将当前电台存储在所选择电台编号对应的位置并退出电台存储状态。在存储确认状态下选择电台编号或5 s内无任何操作将返回到电台存储状态，在电台存储状态下5 s内无任何操作则退出电台存储状态。2个波段电台存储的方法相同，重复以上步骤便可将各个电台存储下来，在使用中也可以通过以上步骤来修改或覆盖已存储的电台。

(3) 音频控制

音频控制操作主要包括音量调节和立体声/单声道切换。本收音机上电后默认音量衰减值为－20 dB，在收听过程中用户可以随时通过音量增大键和音量减小键调节2个声道的音量，并且也可以通过静音键进入静音状态。本收音机内部具有FM立体声解码电路，通过立体声/单声道切换键可以启动或关闭此电路。在FM波段一般情况下应启动立体声解码电路，这样可以使音频输出为立体声效果，具有更好的临场感，上电后立体声解码电路将被自动启动。当所选择的电台不是立体声广播以及进行FM远距离接收时或收听电台的信号很弱、受到多径传播干扰时，应关闭立体声解码电路，以获得更高的信噪比。在AM波段虽然也可以切换立体声/单声道，但无实际效果。

4.4.3　硬件设计

本收音机的电路包括调谐器电路、音量控制电路、单片机及其外围电路和电源电路几个部分，电路原理图如图4.4.4所示。

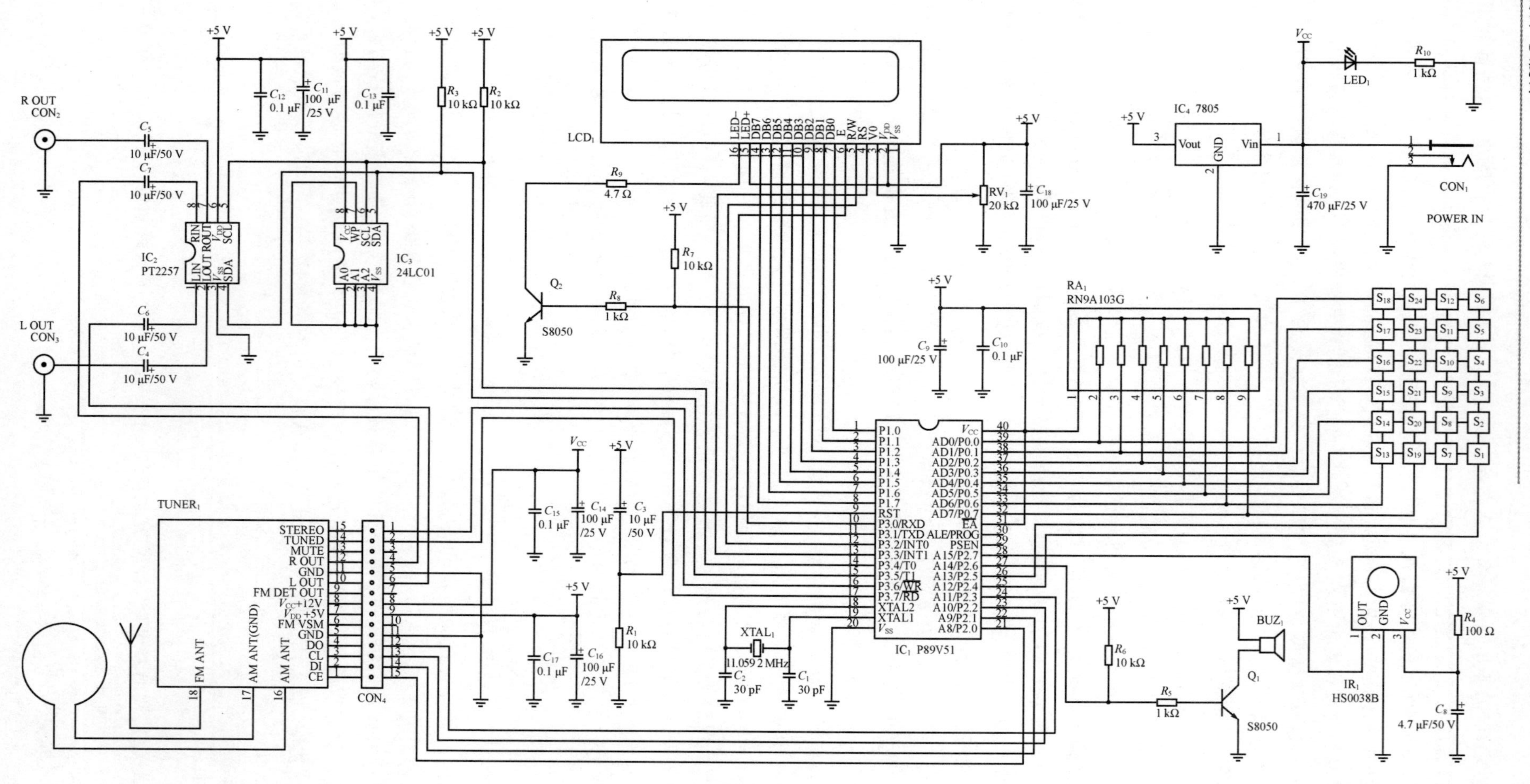

图 4.4.4 收音机控制板电路原理图

1. 调谐器电路

目前市场上的收音机高频头种类非常多，与电视机高频头类似，收音机高频头将调谐器电路做成一个整体部件，方便了带收音功能的产品的设计和制造，同时也容易保证产品的一致性。按接收波段来分，收音机高频头可以分为单波段高频头和多波段高频头，其中FM单波段高频头和FM/AM双波段高频头最为常用。按调谐方式来分，收音高频头又可以分为电压合成式高频头和频率合成式高频头，前者是通过外部直接改变调谐电压来完成调谐，而后者则是通过内部PLL频率合成器改变调谐电压来完成调谐，频率合成器一般都需要微控制器来控制，所以这种调谐方式也称为“数字调谐”。早期的收音机高频头大多是电压合成式，目前已经逐步淘汰，频率合成高频头具有性能稳定、控制灵活等优点，是收音机高频头的主流产品。有些收音机高频头内部还具有RDS(Radio Data System)/RBDS(Radio Broadcast Data System)解码器，能够接收无线电数据广播，在收听广播的同时还可以获取电台发送的信息，延伸了广播的功能。

日本三美电机(MITSUMI)曾推出FAE385-A02/J02和FAE485-E02等几款FM/AM双波段频率合成收音机高频头，这几款高频头外观和控制接口均相同，但接收广播的频率范围和天线接口不同，分别适用于不同的国家和地区，其中FAE485-E02适合我国使用。这个系列的高频头具有性能稳定、结构紧凑和便于使用等优点，是目前最常用的收音机高频头之一。与FAE485-E02外观和接口相同的产品有很多，如日本阿尔卑斯电气(ALPS)的TFCE系列和松下电器(Panasonic)的TM06系列等，国内也有很多厂家生产与之兼容的产品，本收音机也采用这种高频头来制作。

图4.4.4中，$TUNER_1$为高频头，它内部电路的原理框图如图4.4.5所示。这种高频头内部一般有2块主IC，分别为SANYO的LA1837和LC72131。其中LA1837为单片FM/AM调谐器电路，集成了AM高放、混频、本振、中放及FM中放、鉴频、立体声解码等电路；LC72131为PLL频率合成器，是高性能FM/AM收音机的调谐电路中常用的IC。高频头采用12 V和5 V两组电源，分别为LA1837和LC72131及其外围电路供电，所有操作均通过SANYO的CCB(Computer Control Bus)串行总线来完成。

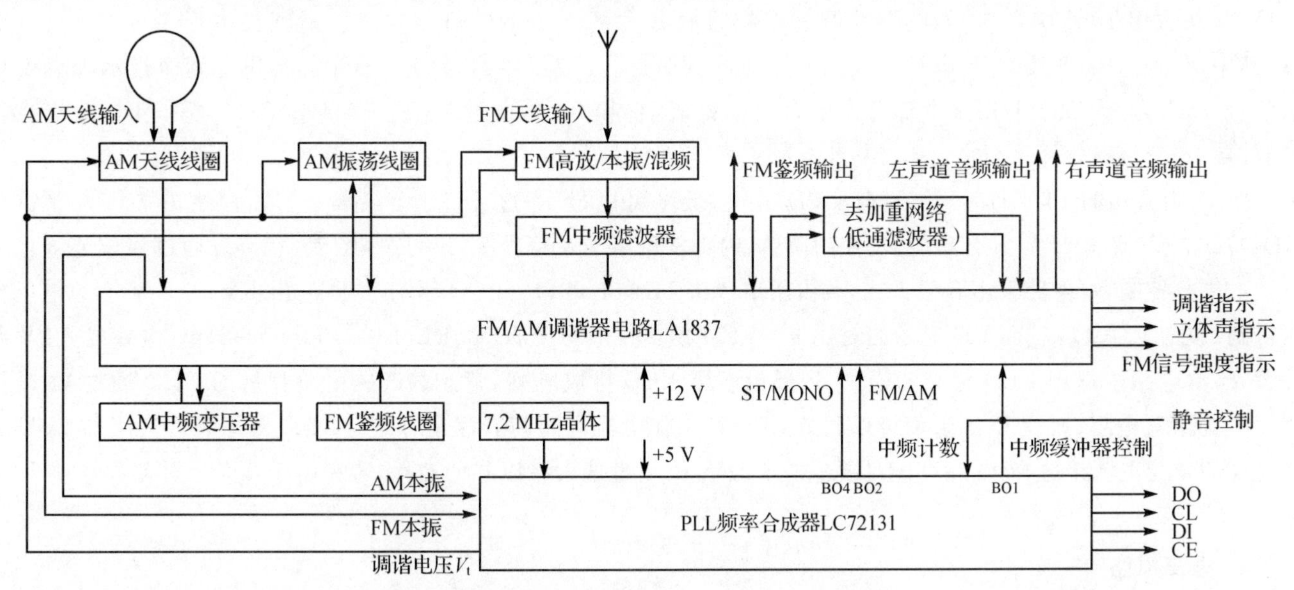

图4.4.5 高频头内部电路原理框图

$TUNER_1$的外形基本上为正方形，外壳采用屏蔽性能良好的金属材料制成。外壳侧面安装有FM天线输入插座和AM天线输入插座，分别接对应的天线，外壳上还有1个15位FPC/FFC插座，用于电源输入及相关信号的输入和输出。1～4脚为CCB串行总线的各信号端，微控制器可以通过这几个引脚对高频头进行读写操作；5脚和11脚为接地端，在高频头内部这2个引脚与外壳是连通的；6脚为FM信号强度电压输出，通过检测此引脚的电压可以实现 FM 信号强度表的功能，当中频输入电平为 0 dBμV 和 100 dBμV 时此引脚对应输出电压的典型值分别为 0.1 V 和 4.3 V，本收音机没有设计信号强度表功能，电路中此引脚悬空；7 脚和 8 脚为电源输入端，分别与 5 V 和 V_{CC}电源相连；9 脚为 FM 鉴频输出，此信号可以用于外接立体声解码器或 RDS 解码器等电路，在高频头内部此信号送入内部的立体声解码电路，本电路中没有使用此信号，引脚悬空；10 脚和 12 脚分别为经过立体声解码后的左声道和右声道音频信号输出，本电路中这 2 路信号送入音量调节电路；13 脚为静音控制端，当此引脚电压上升使高频头内部 LA1837 的 13 脚电压超过 3.5 V 时静音开启，由于本电路中有音量控制电路，可以通过软件进行静音控制，所以本电路没有使用此引脚；14 和 15 脚分别为调谐指示和立体声指示输出端，在接收到电台信号和解码出立体声信号时对应的引脚输出低电平，在应用中可以连接 LED 指示相应的状态，也可以作为指示信号送入其他电路，这 2 个引脚均为集电极开路输出结构，当作为被检测的信号时需要接上拉电阻，本电路中这 2 路信号由 IC_1 的 P3.6 和 P3.7 来检测，由于这 2 个 I/O 内部有弱上拉，所以电路中没有再外接上拉电阻。

2. 音量控制电路

如图 4.4.4 所示，$TUNER_1$输出的 2 个声道的音频信号送入音量控制电路 IC_2，经过衰减后的音频信号通过 CON_2和 CON_3输出。音量控制电路选用的是台湾普诚科技的 PT2257，它具有低噪声、体积小、外围器件少等优点。PT2257 为立体声设计，具有静音功能，电路中仅需 1 片 PT2257 就能够以 1 dB 的步长在 0～－79 dB 的范围内对 2 路音频信号进行衰减，从而实现音量控制，衰减值设置及静音控制均通过 I^2C 总线完成。关于 PT2257 的内部电路结构及更详细的介绍参见本书 4.1 节。

3. 单片机及其外围电路

如图 4.4.4 所示，单片机 IC_1是本电路的核心，这里选用 NXP 半导体的 80C51 系列 40 脚低功耗单片机 P89V51。本电路需要控制的器件比较多，单片机的 32 个 I/O 口全部被使用。24 个按键采用 4×6 扫描方式进行检测，共占用 10 个 I/O 口，蜂鸣器控制和遥控接收各占用 1 个 I/O 口。收音机高频头占用单片机 6 个 I/O 口，其中 P2.0～P2.3 按 CCB 串行总线的时序对高频头进行读写，P3.6 和 P3.7 分别检测立体声指示和调谐指示信号。IC_3为 E^2PROM，用于存储各个电台的设置值，它和 IC_2均通过 IC_1的 P3.4 和 P3.5 模拟 I^2C 总线进行控制。

LCD_1为常用的 16 字符×2 行点阵 LCD 模块，最多可以显示 32 个 5×7 点阵字符。模块内部的控制器为 HD44780 或其兼容产品，具有功能多、控制简单、内带常用英文及符号字符字库等特点，它可以通过 4 位或 8 位并行接口进行控制，本电路采用 8 位方式，共占用单片机 11 个 I/O 口。LCD 驱动电压 V_0由 RV_1对 5 V 电源电压分压得到，改变 V_0可以调节 LCD 显示的对比度。LCD 模块一般有 LED 和 EL(Electroluminescent，电致发光)片两种背光，本电路中选用 LED 背光的模块，内部由多个 LED 排成阵列，背光的开关由单片机的 P3.0 通过 Q_1来控制。R_9为限流电阻，改变 R_9的阻值可以调节 LED 的工作电流进而调节背光的亮度，R_9应根据实际选用的 LCD 模块允许的背光电流来选择，在亮度满足要求的情况下 R_9尽量选大些以降低功耗，避免由于背光板过热而影响 LCD 显示。

4. 电源电路

本电路的电源部分很简单，如图 4.4.4 所示，电路中有 V_{CC}和 5 V 两组电源。其中 V_{CC}为收音机高频头内部 LA1837 的电源，高频头数据表推荐为 12 V，但 LA1837 数据表中推荐的工作电压为 9 V，极限电压为 12 V，考虑到 V_{CC}即输入电源的电压，为了防止输入电压不稳定而造成器件损坏，同时也为了降低功耗，V_{CC}可以适当选低些。实践证明 V_{CC}低至 9 V 高频头仍能够正常工作，因此本收音机工作电压的范围为 9～12 V，并且所使用的直流电源须为稳压电源。高频头及电路中其他器件的 5 V 电源均由 IC_4来提供，这里选用常用的三端稳压器 7805。

4.4.4 软件设计

本收音机的软件相对比较复杂，程序主要由主程序、按键检测子程序、遥控接收及处理子程序、命令处理子程序、调谐子程序、显示子程序和定时器0溢出中断服务程序几个部分组成。

1. 主程序

主程序的流程图如图4.4.6所示，单片机初始化后即对各器件进行初始化。LCD模块初始化包括内部控制器初始化和用户字符定义，“调谐指示”和“立体声指示”用到的7个字符在字库中没有，需要用户在程序中自己定义；高频头初始化程序对波段、立体声/单声道及高频头工作状态进行设置；初始音量设置程序将音量衰减值设为−20 dB，静音关闭。

程序中还设计了开机显示，便于用户检测显示及了解项目名称和软件版本，LCD模块初始化结束即打开开机显示，初始化程序后延时程序的作用是使开机显示能够持续一段时间。

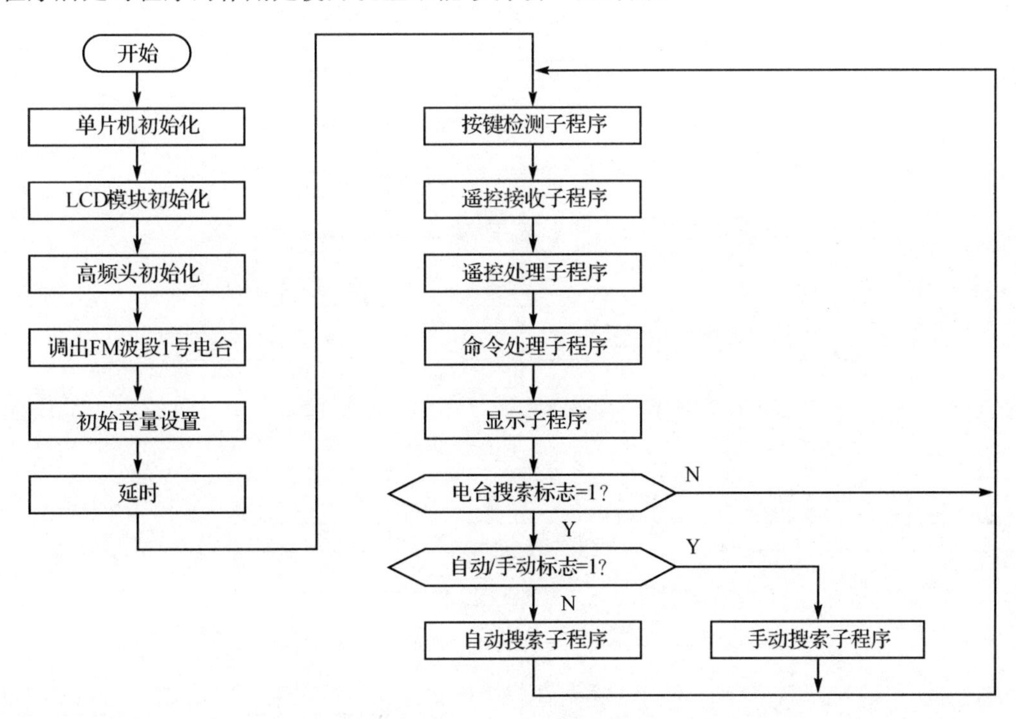

图4.4.6 主程序流程图

初始化完毕后即进入主循环程序，完成按键、遥控码的检测和处理以及电台搜索等任务。遥控接收采用查询方式，用定时器2作时间基准。

2. 按键检测子程序

按键检测子程序比较简单，本电路的按键是典型的行列式按键，通过查询方式来检测，当检测到有按键按下时，程序根据按键位置确定相应的命令值并将命令处理标志置1。

3. 遥控接收及处理子程序

遥控接收子程序主要完成遥控码的检测和识别，当接收到格式及用户码正确的遥控码时，遥控处理子程序通过查表将遥控码转换为相应的命令值并将命令处理标志置1。

4. 命令处理子程序

命令处理子程序的流程图如图4.4.7所示，主要任务是根据命令值及状态标志调用相关的子程序完成各功能的操作。

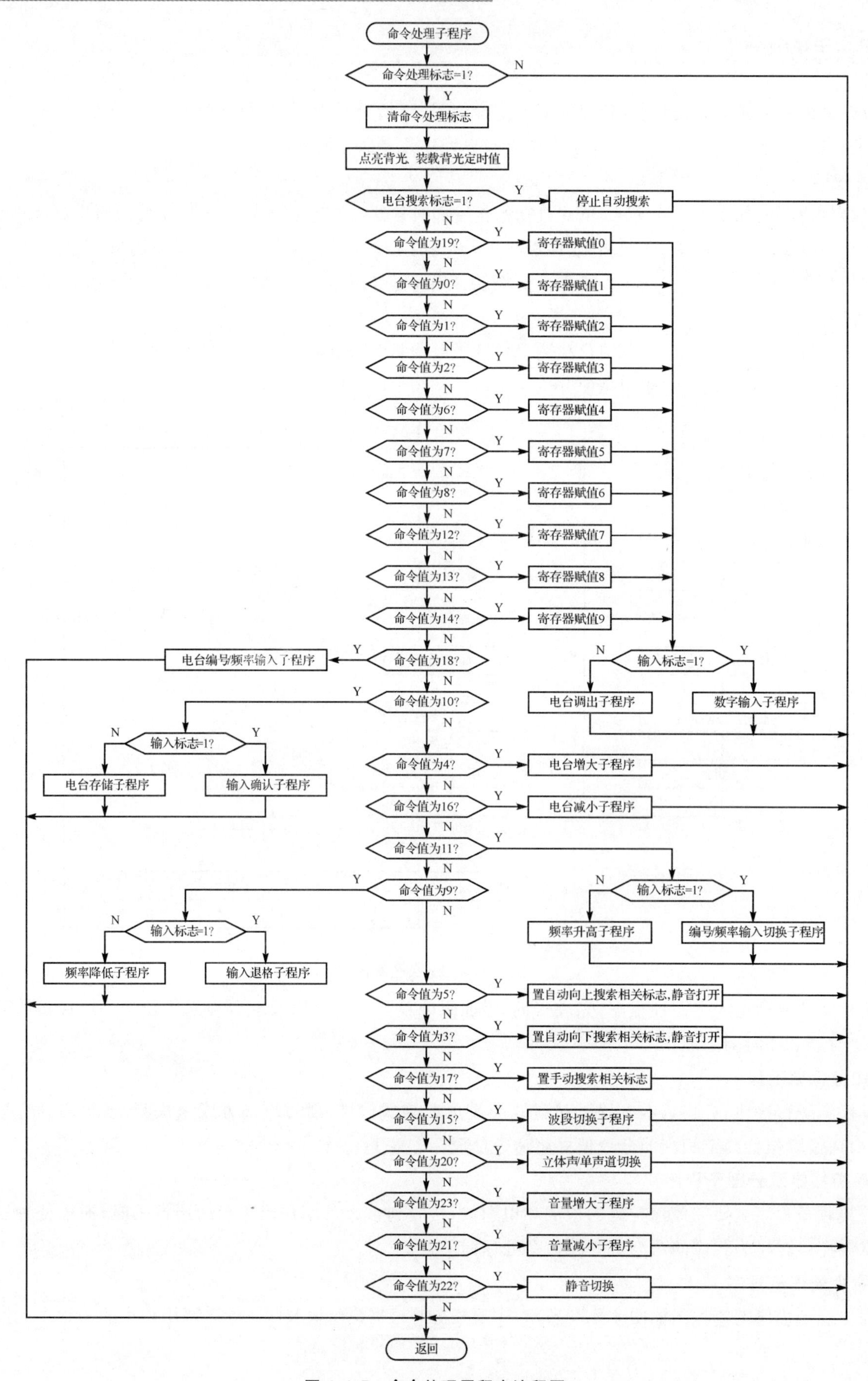

图 4.4.7　命令处理子程序流程图

5. 调谐子程序

调谐子程序包括电台增大、电台减小、频率升高、频率降低、电台自动搜索、电台手动搜索和波段切换、单声道/立体声切换等多个子程序，是整个程序中较为关键的一部分，这些程序主要是根据操作需要对高频头进行读/写，实质上也是对高频头内部的 LC72131 进行读/写。

LC72131 的读/写采用 SANYO 的 CCB 音频大规模集成电路串行总线格式，每帧数据共有 32 位。写操作有两种，分别为 IN1 模式和 IN2 模式；读操作只有一种，为 OUT 模式，采用何种模式进行通信由前 8 位数据即地址字节决定。串行总线由 CE、CL、DI 和 DO 四路信号组成，其中 CE 为数据输入/输出使能控制，当发送完 8 位地址之后应将 CE 拉高，这样才能够继续写入或读出有效的数据；CL 为总线时钟，在 CL 的上升沿各位数据被写入，根据 CL 初始电平的的不同串行通信又分为 CL 常高和 CL 常低 2 种时序，二者在功能上并无区别，只是在读/写操作中相对于 CE 信号数据输入/输出的时刻有所不同；DI 为数据输入，读/写操作中的地址字节及写操作中的控制数据通过 DI 写入；DO 为数据输出，读操作中的状态数据通过 DO 读出。

IN1 模式的格式如图 4.4.8 所示，电台选择等操作通过此模式完成，也是最常用的写操作。P0～P15 为频率合成器中可编程分频器分频比设置数据，P15 为最高位，最低位由 DVS 和 SNS 决定。DVS 和 SNS 用于选择频率合成器本振信号的输入端及其频率范围，如图 4.4.9 所示，当 DVS 为 1 时选择 FM 本振输入，不论 SNS 为 0 还是 1 频率范围均为 10～160 MHz，适用于 FM 波段，分频比数据的最低位为 P0；当 DVS 为 0 时选择 AM 本振输入，SNS 为 1 则频率范围为 2～40 MHz，适用于 SW 波段，分频比数据的最低位为 P0，SNS 为 0 则频率范围为 0.5～10MHz，适用于 MW 波段，分频比数据的最低位为 P4，P0～P3 可以是任意值，本收音机仅用到 FM 和 MW(AM) 波段。CTE 为中频计数器控制位，此位写入 1 后中频计数器开始计数，此位写入 0 则中频计数器清 0。XS 为晶体振荡器选择位，此位为 0 选择 4.5 MHz 的晶体，此位为 1 则选择 7.2 MHz 的晶体，本电路中的高频头使用 7.2 MHz的晶体。R0～R3 为频率合成器中参考分频器分频比选择即调谐步长(参考频率)选择，由于 FM 本振信号送入频率合成器后先要经过 2 分频，因此实际 FM 波段的调谐步长为通过 R0～R3 选择的调谐步长的 2 倍。

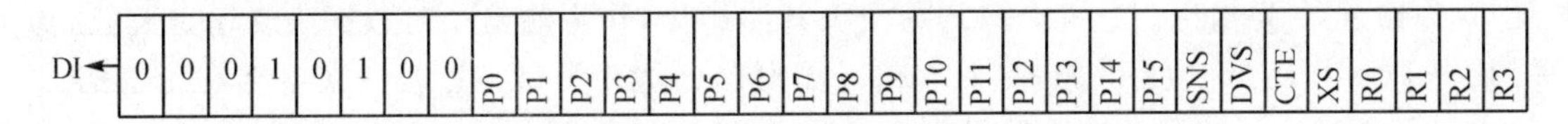

图 4.4.8　IN1 模式数据格式

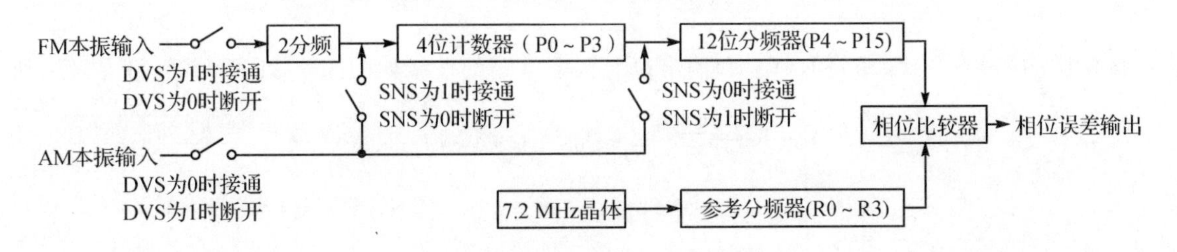

图 4.4.9　频率合成器的结构

调谐步长应根据波段和调谐要求来选择，对于 AM 波段，我国及欧洲、非洲等国家调谐步长为 9 kHz，美国、加拿大等北美国家则为 10 kHz，FM 波段的调谐步长则各国无差别。本收音机设计的 FM 波段调谐步长为 50 kHz (通过 R0～R3 选择 25 kHz)，AM 波段调谐步长为 9 kHz。在自动搜索过程中也可以灵活改变调谐步长，没有电台时选择较大的步长以节省搜索时间，在电台附近时选择较小的步长来更细微地调节本振频率。

收音机调台实际上是改变本振频率，当本振频率与电台频率之差和中频频率相等时电路发生谐振，即收到某一电台，此时中频信号送入中频放大电路，经过 AM 检波电路或 FM 鉴频电路后得到音频信号，FM 鉴频信号经过立体声解码电路还可以进一步得到立体声音频信号。如图 4.4.9 所示，相位比较器输出的相位误差信号将通过低通滤波器转换为电压信号即调谐电压对调谐电路中的 FM 和 AM 本振压控振荡器进行控制，本振频率随着可编程分频器分频比的改变而改变，因此选择不同的分频比即可收到不同电台的广播节目。FM 波段的分频比可以通过下式计算：

$$N_{FM} = f_{OSCFM}/(2\Delta f_{FM}) = (f_{RFFM} + f_{IFFM})/(2\Delta f_{FM}) \tag{4.4.1}$$

式中，N_{FM}为 FM 波段分频比；f_{OSCFM}为 FM 本振频率（MHz）；Δf_{FM}为通过 R0～R3 选择的 FM 波段调谐步长（MHz），这里选 0.025 MHz；f_{RFFM}为要接收的 FM 电台频率（MHz）；f_{IFFM}为 FM 中频频率（MHz），这里为 10.7 MHz。与 FM 波段类似，AM 波段的分频比可以通过下式计算：

$$N_{AM} = f_{OSCAM}/\Delta f_{AM} = (f_{RFAM} + f_{IFAM})/\Delta f_{AM} \tag{4.4.2}$$

式中，N_{AM}为 AM 波段分频比；f_{OSCAM}为 AM 本振频率（kHz）；Δf_{AM}为通过 R0～R3 选择的 AM 波段调谐步长（kHz），这里选 9 kHz；f_{RFAM}为要接收的 AM 电台频率（kHz）；f_{IFAM}为 AM 中频频率（kHz），这里为 450 kHz。部分高频头的 AM 中频频率为 455 kHz 或 465 kHz，计算时以所选高频头的资料为准。本收音机接收 FM 电台的频率范围为 87.0～108.0 MHz，对应的本振频率为 97.7～118.7 MHz，分频比设置范围是 1 954～2 374；接收 AM 电台的频率范围为 522～1 620 kHz，对应的本振频率为 972～2 070 kHz，分频比设置范围是 108～230。

当用户需要存储某个电台时只需要将对应波段的分频比数据写入 E^2PROM 即可，每个电台占用 2 个字节，数据的地址和电台编号相对应，程序中 FM 波段的电台从地址 00H 开始存储，AM 波段的电台从地址 80H 开始存储。当用户需要调出存储的电台时程序根据波段标志和电台编号从 E^2PROM 读出目标电台的分频比，再通过 IN1 模式写操作改变本振频率。当 E^2PROM 为空片或读出的数据不在分频比允许的范围内，则用对应波段分频比的最小值代替读出的数据来进行写操作。

IN2 模式的格式如图 4.4.10 所示，此模式主要用于波段切换、立体声/单声道切换及中频计数器等设置。

DI←																														
	1	0	0	1	0	1	0	0	IOC1	IOC2	IO1	IO2	BO1	BO2	BO3	BO4	DNC	DOC0	DOC1	DOC2	UL0	UL1	DZ0	DZ1	GT0	GT1	TBC	DLC	IFS	TEST0	TEST1	TEST2

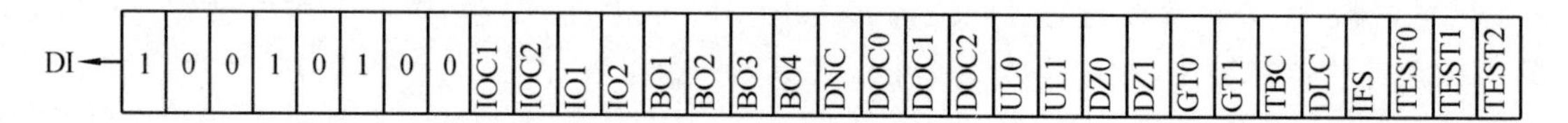

图 4.4.10　IN2 模式数据格式

LC72131 有 2 个 I/O 口和 4 个输出口，分别通过 IO1、IO2 和 BO1～BO4 来控制，其中 I/O 口的方向由 IOC1 和 IOC2 控制，0 为输入，1 为输出。这 6 个口均为漏极开路结构，作为输出口时数据为 0 输出开路，数据为 1 则输出低电平，其中 BO1 口还可以被用作内部时基信号输出口。这 6 个口是连接调谐电路和 LC72131 内部控制器的“桥梁”，方便了通过软件控制调谐电路及获取调谐电路的相关状态。不同型号的高频头 I/O 口和输出口与调谐电路的连接差别较大，各控制位的功能也不同，因此在编写程序时须按照所选高频头的资料来设置这 6 个口。

本收音机使用的高频头内部相关 I/O 口和输出口与调谐电路的连接如图 4.4.11 所示，电路中只用到了 BO1、

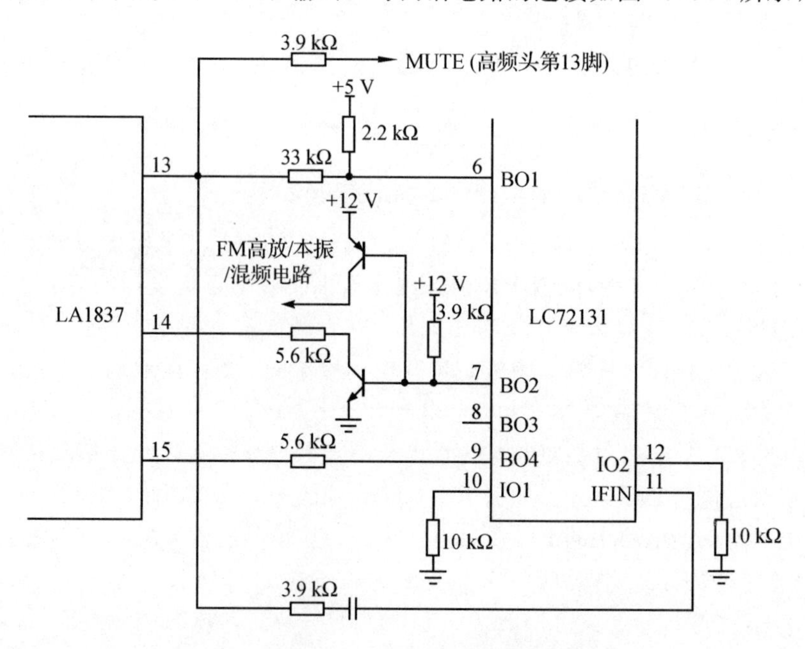

图 4.4.11　I/O 口、输出口与调谐电路的连接

BO2 和 BO4 三个输出口。BO1 口控制着高频头内部 LA1837 中频缓冲器的输出，当 BO1 口状态改变使 LA1837 第 13 脚的电压为 1.4～2.2 V 时中频缓冲器输出打开，需要注意的是 LA1837 第 13 脚的电压同时还受高频头静音控制端(13 脚)的控制，通过静音控制端开启静音的同时中频缓冲器输出也将被打开。BO2 口通过 2 个三极管分别控制 LA1837 第 14 脚的状态和 FM 高放/本振/混频电路的电源，BO4 口则直接控制 LA1837 第 15 脚的状态。以上 3 个输出口的状态及功能如表 4.4.1 所列。

表 4.4.1 输出口的状态及功能

输出口	数 据	LC72131 对应口的状态	LA1837 对应引脚的状态	功 能
BO1	0	开路	电压约为 2.2 V	中频缓冲器输出打开
	1	低电平	电压约为 0 V	接收状态，中频输出关闭
BO2	0	开路	低电平	AM
	1	低电平	开路	FM
BO4	0	开路	开路	立体声
	1	低电平	低电平	单声道

DOC0～DOC2 用来设置读写空闲时 DO 输出的状态，通过设置可以将 DO 作为中频计数器测量(计数)完成指示或使 DO 输出锁相环锁定状态以及 IO1 和 IO2 作为输入口时相应口的状态，与 OUT 模式相比，直接读取 DO 输出的状态能够简化程序并节省操作时间，不需要直接读取上述各状态时应将 DO 输出设置为开路，在读写操作的过程中 DO 的状态和DOC0～DOC2 的设置无关。UL0 和 UL1 用来选择相位误差检测宽度，相位误差在这个宽度(范围)内被视为锁相环处于锁定状态。DZ0 和 DZ1 用来选择相位比较器死区宽度，死区越宽锁相环的稳定性越好，但不易获得较高的载噪比(C/N)；反之，死区越窄越容易获得较高的载噪比，但锁相环的稳定性变差。因此死区宽度应根据接收要求权衡选择，信噪比(S/N)要求较高的 FM 波段应选择窄死区，而信噪比要求不高的 AM 波段可以选择宽死区，在一般应用中死区宽度对电台接收影响不大。GT0 和 GT1 用来选择中频计数器的测量时间，测量时间越长测量结果越准确，但也越耗时。TBC 为 1 可以通过 BO1 输出频率为 8 Hz、占空比为 40%的时基信号，DLC 为 1 能够强制使电荷泵输出为低，一般应用中用不到以上 2 位，设为 0 即可。IFS 为中频输入灵敏度控制位，在一般应用中应设为 1 选择高灵敏度。DNC 和 TEST0～TEST3 这几位为功能保留和测试位，写操作时应写入 0。

OUT 模式的格式如图 4.4.12 所示，此模式主要用于读取中频计数器的计数值及相关状态，在自动搜索功能中非常有用，如果不涉及自动搜索一般也可以不进行 OUT 模式读操作。

I1 和 I2 分别为当 IO1 和 IO2 作为输入口时相应口的状态，按图 4.4.11 的连接 I1 和 I2 读到的数据均为 0。

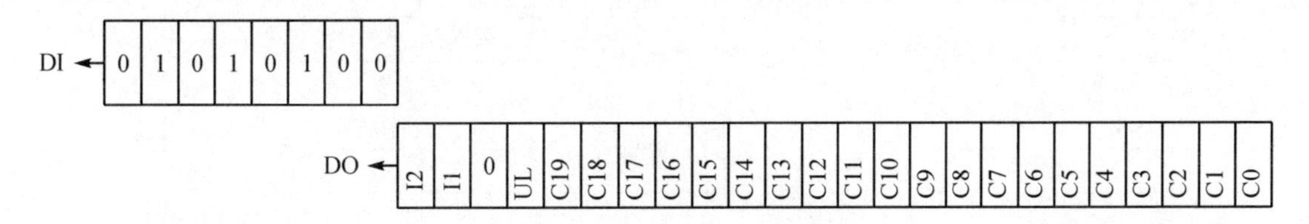

图 4.4.12 OUT 模式数据格式

UL 为锁相环锁定状态位，当锁相环已锁定或在相位误差检测停止模式下此位读到的数据为 1，否则为 0。手动操作分频比改变间隔时间比较长，一般无须检测锁相环锁定状态，而自动搜索等操作分频比改变间隔时间比较短，锁相环锁定状态的检测是有必要的，这样可以避免接收某些电台频率还没有稳定下来就被“跨过”。由于锁相环锁定检测电路以参考频率为基准工作，而分频比更新需要一定的时间，因此编写程序时应在分频比改变后等待至少 2 个参考频率周期再读取 UL。此外，在未锁定状态下，当压控振荡器的频率变得稳定(锁相环锁定)进入锁定状态时，串行数据中的 UL 位并不会自动被置 1，直到经过一次读操作或写操作后 UL 位才会被置

1,所以通过 OUT 模式读取 UL 时应将首次读到的数据作为无效数据舍弃,之后再读到的数据才是有效数据,而通过DOC0～DOC2 设置利用 DO 直接获得锁相环锁定状态则不存在上述无效数据的问题,DO 输出即是实时有效的锁相环锁定状态。

C0～C19 为 20 位中频计数器的计数值,C0 为最低位,C19 为最高位。中频计数器计数时通过 CTE 位先将计数器清 0 再开始计数,延时一段时间(大于计数等待时间和测量时间的总和)后或通过 DOC0～DOC2 设置直接利用 DO 判断出计数已完成时即可通过 OUT 模式读取计数值。要特别注意的是在中频计数器计数的过程中,中频缓冲器输出应是始终打开的,否则将读取不到有效的计数值。中频频率可以通过下式计算:

$$f_{IFM} = C/t_M \tag{4.4.3}$$

式中,f_{IFM}为测得的中频频率(Hz);C 为中频计数器的计数值;t_M为测量时间(s)。

电调谐和数字调谐收音机一般都有电台自动搜索功能,本收音机也设计了此功能。自动搜索子程序的流程图如图 4.4.13 所示,自动搜索功能主要通过判断是否有调谐指示信号及中频频率是否在允许的范围来实现的。理想的自动搜索应该是没有错台(已经搜索到的电台在其频率附近被再次搜到及搜到没有广播信号或信号极差的电台)和漏台(本来有电台但没有被搜索到)现象的,但实际上错台和漏台具有一定的矛盾关系。程序中搜到电台的判断条件越严格越不容易出现错台,但容易漏台;反之,判断条件宽松则不会出现漏台,但错台的几率会增加,处理好错台和漏台的矛盾是自动搜索程序的重点。FM 波段判断条件包括调谐指示信号和中频频率范围,而 AM 波段

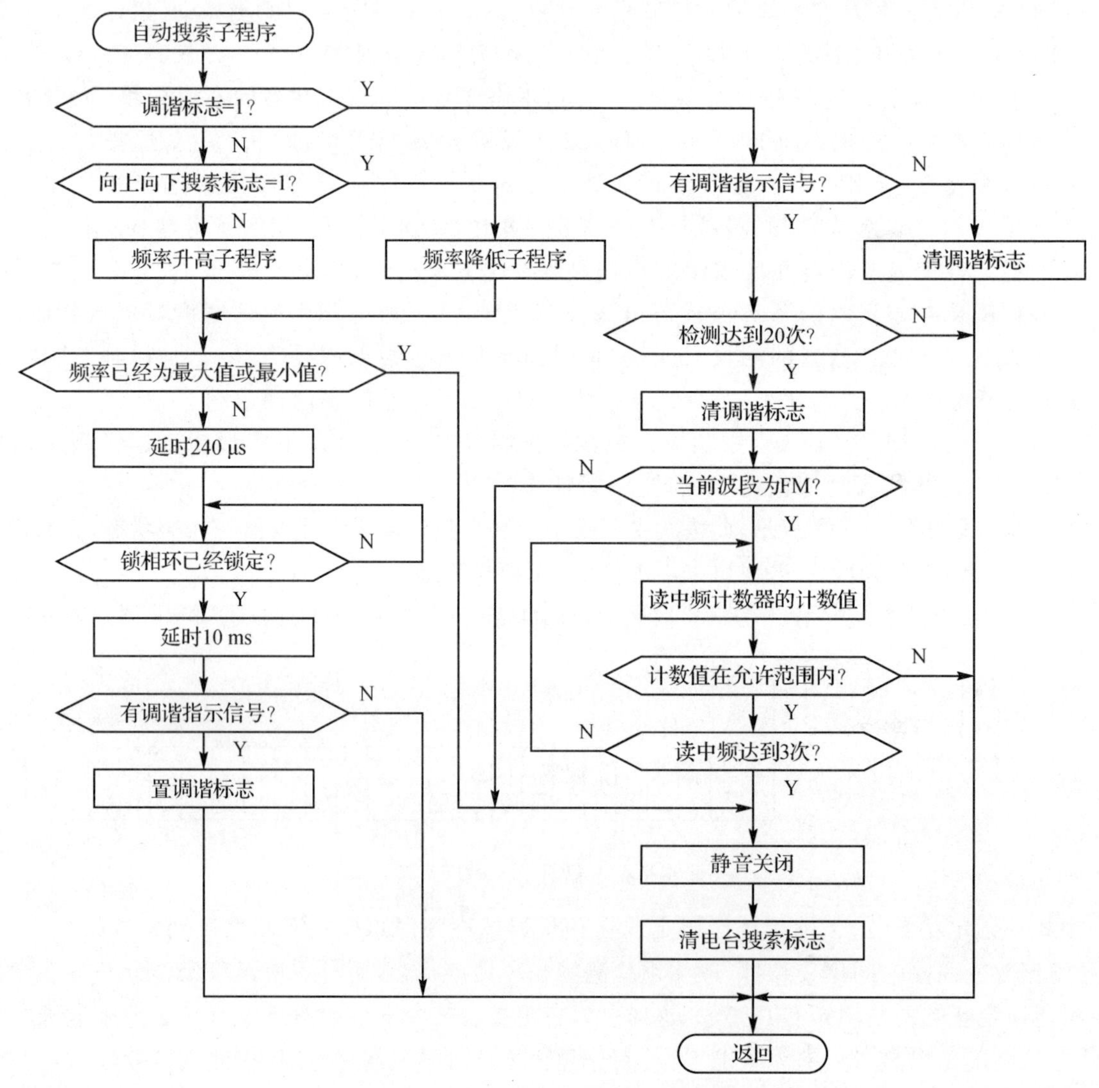

图 4.4.13 自动搜索子程序流程图

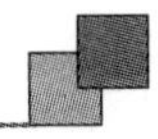

由于容易受干扰并且接收具有方向性，测得的中频频率变化范围比较大，将中频频率范围作为判断条件非常容易出现漏台现象，很多高频头的应用资料也不推荐这样做，因此在 AM 波段仅通过多次判断是否有调谐指示信号来确定是否收到电台。除了软件算法以外，高频头的硬件电路、天线及使用环境等对自动搜索性能均有较大影响，在程序设计及调试时应考虑到这一点。

6. 显示子程序

显示子程序的主要任务是控制 LCD 模块完成电台编号、频率、音量显示及相关状态指示，流程图如图 4.4.14 所示。

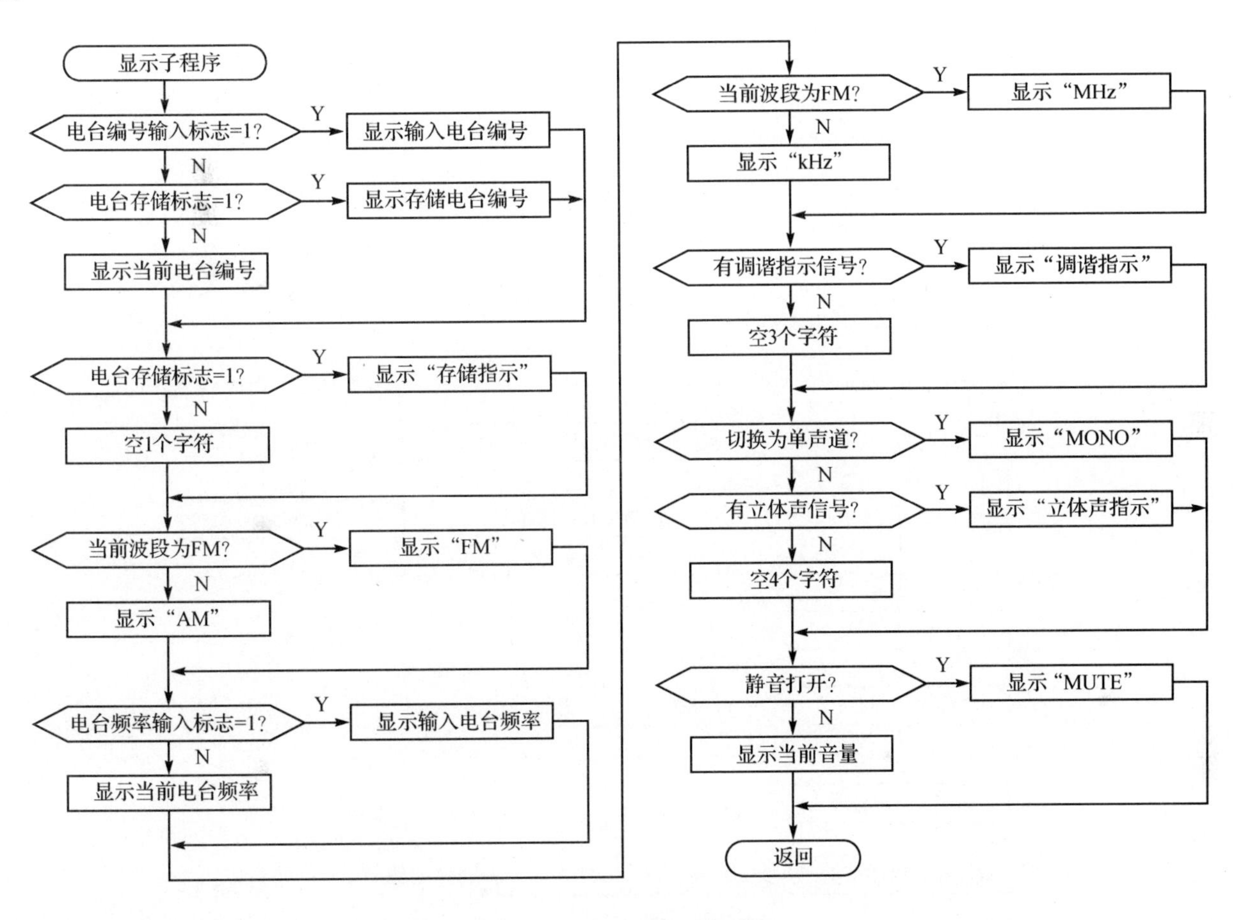

图 4.4.14　显示子程序流程图

7. 定时器 0 溢出中断服务程序

定时器 0 溢出中断服务程序主要完成手动搜索定时、存储和输入定时、蜂鸣器和背光控制定时及显示闪烁定时等任务，每隔 1 ms 执行一次，流程图如图 4.4.15 所示。

4.4.5　制　作

1. PCB 设计与制作

如图 4.4.16 所示，除高频头以外的电路即控制电路布局在一块尺寸约 172 mm×108 mm 的单面电路板上。本电路中既有数字信号也有模拟信号，左右声道的音频信号走线要尽量短且周围要大面积铺地，高频头部分的地与控制电路的地应分开处理，各去耦电容要尽量靠近相应的器件。

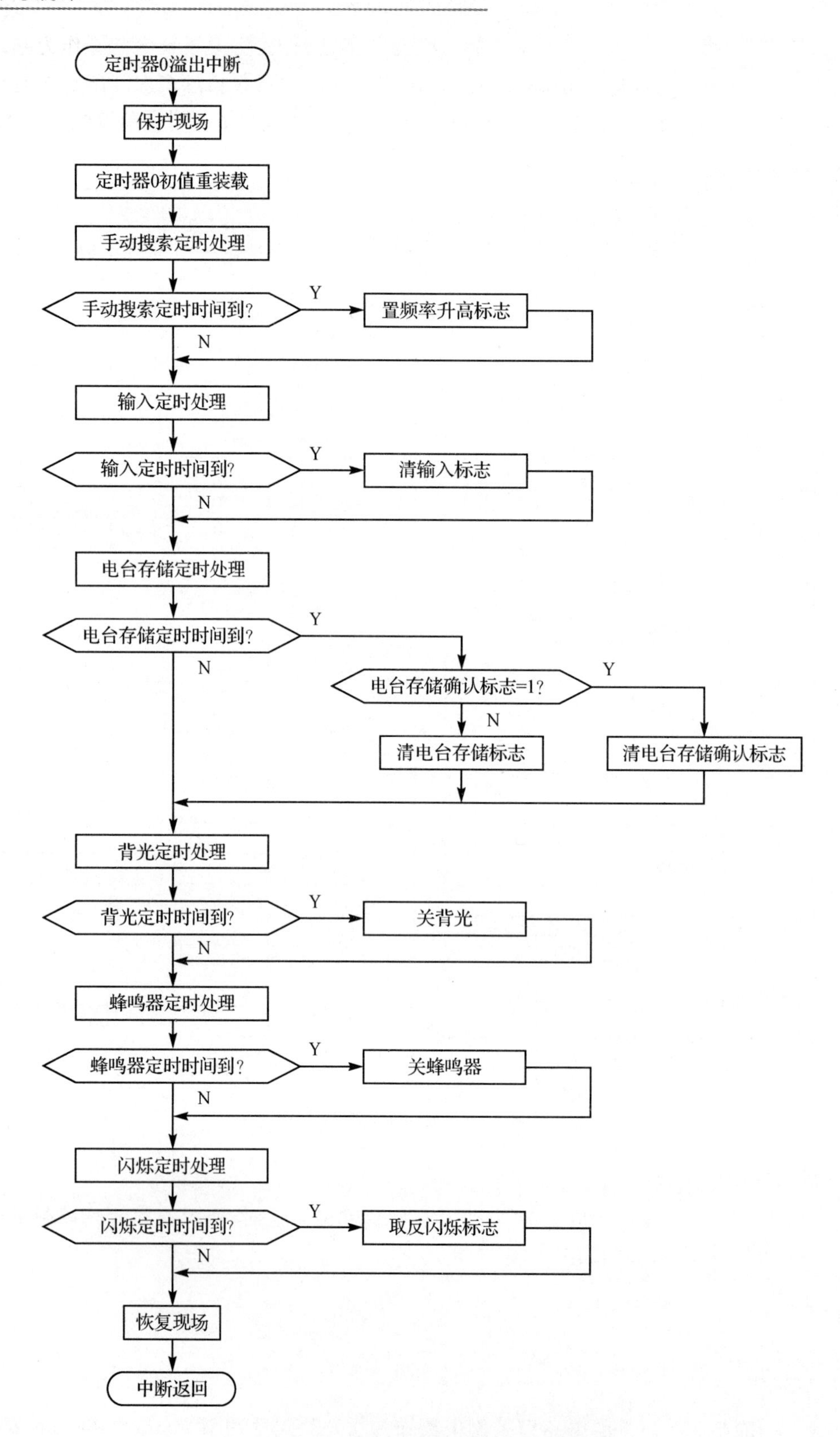

图 4.4.15 定时器 0 溢出中断服务程序流程图

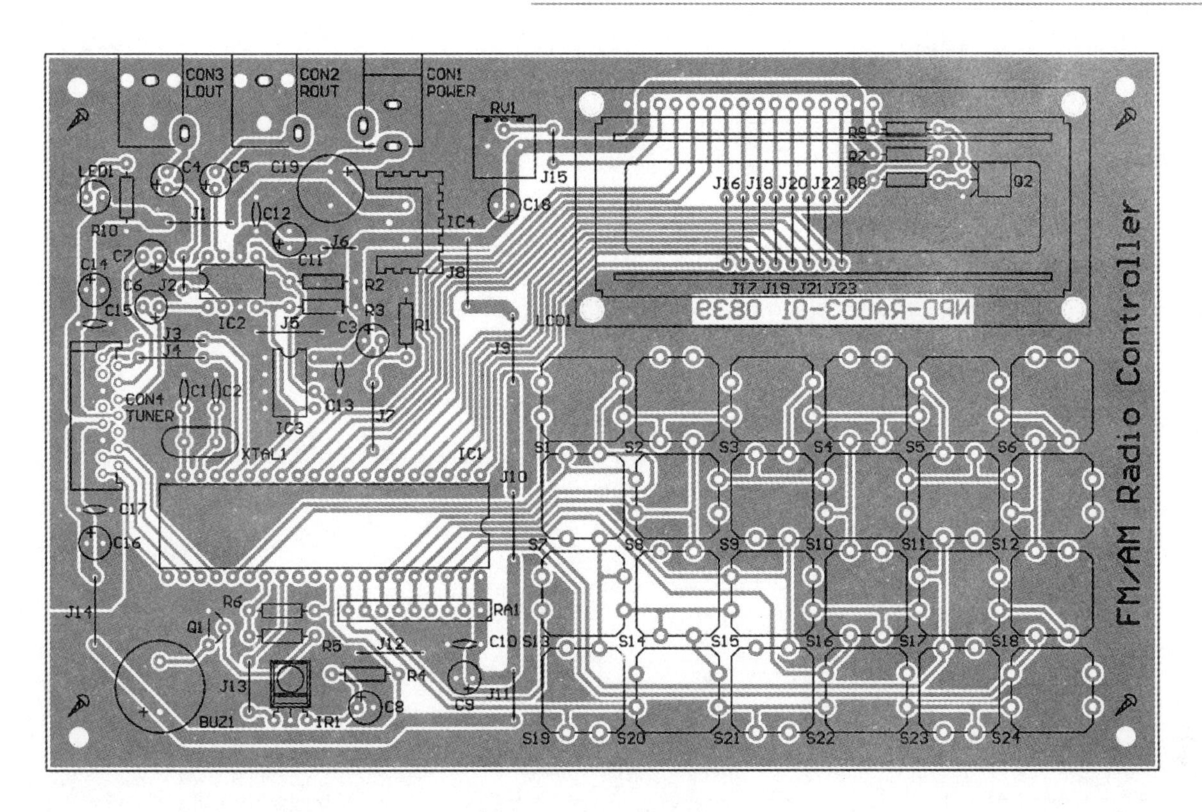

图 4.4.16 PCB 布局图

LCD 模块通过支撑柱固定在电路板上，其下方有一定空间，一些较矮小的器件可以布局在这里。按键为行列式连接，合理利用按键连通的引脚可以简化 PCB 的走线，降低布线难度。

本电路板尺寸较大，制作时最好采用 1.6 mm 厚的 FR－4 板材，以保证机械强度。为了降低成本以及方便自制本电路设计为单面板，电路中 LCD 模块和按键的走线比较密集，跳线也比较多。条件允许的情况下可以设计成双面板，性能提高的同时 PCB 尺寸也能够减小。

2. 器件选择

本电路绝大部分器件没有特殊要求，器件清单如表 4.4.2 所列。

表 4.4.2 器件清单

序号	名称	型号	数量	编号	备注
1	蜂鸣器	SFM－14－I	1	BUZ_1	有源压电式
2	独石电容	30 pF	2	C_1，C_2	
3	电解电容	10 μF/50 V	5	C_3～C_7	
4	电解电容	4.7 μF/50 V	1	C_8	
5	电解电容	100 μF/25 V	5	C_9，C_{11}，C_{14}，C_{16}，C_{18}	
6	独石电容	0.1 μF	5	C_{10}，C_{12}，C_{13}，C_{15}，C_{17}	
7	电解电容	470 μF/25 V	1	C_{19}	
8	DC 电源插座		1	CON_1	φ3.5
9	RCA 插座		1	CON_2	红色
10	RCA 插座		1	CON_3	白色
11	FPC/FFC 插座		1	CON_4	间距 1.25 mm，15 位
12	IC	P89V51RD2	1	IC_1	配 IC 插座，NXP
13	IC	PT2257	1	IC_2	配 IC 插座，PTC

续表 4.4.2

序 号	名 称	型 号	数 量	编 号	备 注
14	IC	24C02	1	IC_3	配 IC 插座
15	IC	7805	1	IC_4	配散热器
16	红外接收模块	HS0038B	1	IR_1	VISHAY
17	跳线	400 mil	18	J_1,J_3～J_5,J_7～J_{10},J_{12},J_{14},J_{16}～J_{23}	自制
18	跳线	200 mil	3	J_2,J_6,J_{15}	自制
19	跳线	300 mil	2	J_{11},J_{13}	自制
20	LCD 模块		1	LCD_1	16 字符×2 行,LED 背光,配 16 位排针及插座
21	LED	$\varphi 5$	1	LED_1	蓝色
22	三极管	S8050	2	Q_1,Q_2	
23	电阻	10 kΩ/0.25 W	5	R_1～R_3,R_6,R_7	
24	电阻	100 Ω/0.25 W	1	R_4	
25	电阻	1 kΩ/0.25 W	3	R_5,R_8,R_{10}	
26	电阻	4.7 Ω/0.25 W	1	R_9	
27	排阻	RN9A103G	1	RA_1	10 kΩ×8
28	电位器	3386P-1-203	1	RV_1	BOURNS
29	按键	B3F	24	S_1～S_{24}	12 mm×12 mm,配按键帽
30	收音机高频头		1	$TUNER_1$	
31	晶体	49S/11.059 2 MHz	1	$XTAL_1$	

收音机高频头与电视机高频头相比标准程度差些,并且也没有统一的产品型号。一般来讲,外观和接口相同的高频头均可以使用,但不同制造商的产品有一定的差异,因此在选购高频头时应向销售商索取产品资料,这一点要特别注意,此外高频头的参数也应符合我国无线电广播的相关标准。

CON_4为 FPC/FFC 插座,这种插座用于连接 FPC(Flexible Printed Circuits,柔性印刷电路)或 FFC(Flat Flexible Cable,扁平柔性电缆),有双面接触和单面接触两种,前者插入部分的金属面朝向不受限制,使用比较灵活,但价格略高;后者插入部分的金属面只能朝插座有金属接触片的方向,价格相对便宜。本电路中,高频头和控制板通过扁平柔性电缆来连接,选择双面接触还是单面接触的插座由高频头和控制板最终摆放的位置来决定,原则上应尽量避免电缆反复交错和多次翻转。扁平柔性电缆可以购买也可以从废旧光驱等设备中拆取,如果一时无法得到 15 芯的柔性电缆,也可以用 15 芯以上的柔性电缆裁去多余的部分来代替。

IC_1、IC_3、IC_4和 IR_1等都是比较常用的器件,在制作时可以根据实际情况更改或代换。

3. 制作与调试

(1) 电路制作

本电路器件比较多,但均为直插器件,焊接难度不大。IC_4在安装前要先进行引脚成型加工,并且在器件和散热器之间涂抹适量导热硅脂以减小热阻。Q_2安装在 LCD 模块下方,为了避免 Q_2接触到 LCD 模块,应将 Q_2水平安装并使之尽量贴紧电路板。IR_1可以水平贴板安装,也可以垂直安装,由电路在最终使用时放置的位置决定。有的按键产品下方有定位脚,本电路板为了布局方便没有设计定位脚安装孔,在按键安装时可以将定位脚剪去。

LCD 模块有 4 个安装孔,大部分 LCD 模块安装孔的直径都不足 3 mm,为了能够使用常用的 M3 螺钉和支撑柱,在安装前应将 LCD 模块的安装孔扩至直径 3 mm。之后在 LCD 模块上焊上 16 位镀金排针,在焊接的过程中要将 LCD 屏幕用纸或较厚的塑料膜遮盖起来,以免助焊剂和焊锡飞溅到屏幕上烫坏屏幕,清洗时也要对 LCD 屏幕做好保护,防止有机溶剂流入模块内部造成导电橡胶与 PCB 接触不良或屏幕外框漆面、背光板等损伤。排针焊

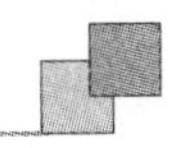

好后在LCD模块安装孔的位置装4个12 mm长的M3支撑柱，将LCD模块上的排针插入电路板上相应的插座，用4个螺钉把电路板和LCD模块支撑柱固定牢，LCD模块即安装完成，如图4.4.17所示。

最后再按图4.4.2所示的功能标识制作24个按键帽盖在相应的按键上，关于按键帽的制作方法本书2.6节中有详细的介绍，制作时可以参考。

(2) 天线制作

天线对收音机的接收效果影响非常大，推荐使用收音机高频头配套的专用FM天线和AM天线，如图4.4.18所示。

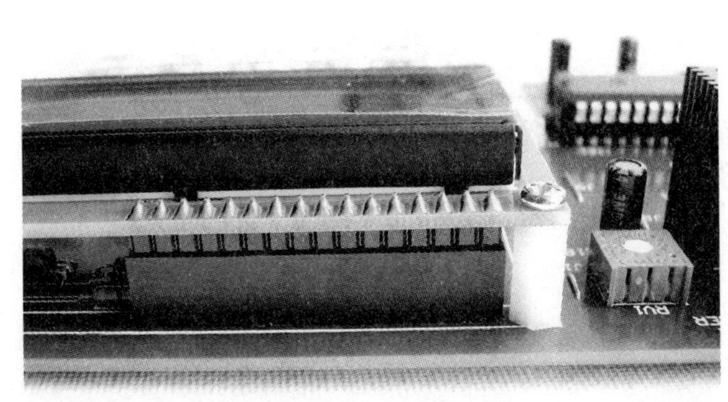

图4.4.17　LCD模块的安装

图4.4.18　高频头配套的FM天线和AM天线

如果一时无法购买到合适的配套成品天线也可以自己制作接收天线。FM天线的制作很简单，参考图4.4.18中的FM天线，找1根长度约1.5 m的导线连接好IEC插头即可。FM天线还可以采用收音机和电视机常用的拉杆天线，这种天线能够灵活地改变天线长度和方向，更容易获得最佳的接收效果。拉杆天线的拉伸总长度应在1 m以上，用导线通过IEC插头或直接与高频头连接。高频头配套的AM天线为环形天线，自制AM天线时也可以采用这种结构。找1个直径为120～150 mm的奶粉罐或笔筒作为骨架，用带有绝缘外皮的导线在骨架上密绕7～10匝后将骨架退出，再用胶带或棉线将线圈固定成型，这样一个简易的环形天线就制成了。制作线圈用的导线最好有一定硬度，这样更方便成型并且在使用中也不易变形。

(3) 调　试

将制作好的控制电路板对照原理图反复检查几遍，确认无误后即可通电调试。调试时先不连接收音机高频头，电路电源输入端接与9～12 V稳压电源。上电后电源指示LED和LCD模块背光应点亮，蜂鸣器短鸣2声，同时LCD模块也应有字符显示。用万用表测量V_{CC}和5 V两组电源电压是否正常。控制电路的调试比较简单，基本不用调试就可以正常工作，LCD模块无显示或字符过淡、背景过浓一般是对比度没有调节好，通过调节VR_1使显示的字符清晰且无明显背景。显示字符缺划或有“鬼影”现象是LCD模块质量不佳所致，需要更换LCD模块来解决。

控制板调试好后便可以对收音功能进行调试，将高频头和控制板通过扁平柔性电缆连接，再把FM天线和AM天线接好，最后将控制板的音频输出与音频功放或有源音箱连接妥当。连接高频头和控制板的电缆不宜过长，以免引入干扰。FM天线插座为IEC插座，连接时应使用与之配套的插头或直接将天线焊接在高频头上，切不可以用不匹配的接插件强行插拔，以免接触不良或损坏高频头。AM天线插座为2位WP外接线插座，和很多音频功放输出插座相同，这种插座不需要插头，插座旁有压线按钮。接线时先按下按钮再将连接线插入，之后松开按钮内部弹簧会自行将线压紧。

成品高频头在出厂前已经调到最佳状态，调谐器电路一般无须也不推荐再调试，因此本收音机整体调试比较简单。刚制作好的电路中E^2PROM为空片，上电后收音机会调出FM波段87.0 MHz的电台，当前频率如果有电台信号则有广播声输出，没有电台信号也会有噪声输出，并且声音大小可以通过音量调节键来控制，由此能够判断出高频头及控制板基本工作正常，之后可以搜索电台进行下一步的测试。调试时常遇到的故障是无声和收音效果差，无任何声音一般是高频头没有工作，重点检查柔性电缆是否断裂或连接错位，收音效果差往往和天线有关。调试时注意 FM 天线不要卷曲，要拉伸开悬挂到高处，如果采用的是拉杆天线则应将拉杆天线固定在稳定的底座上。AM 波段非常容易受干扰，大功率电器、节能灯甚至调温烙铁等都可能成为干扰源，调试时应将 AM 天线远离干扰源，同时 AM 天线具有方向性，当接收效果较差时可以改变 AM 天线的方向来改善。

本电路中地已经分开处理，一般情况下高频头和控制板不会彼此干扰，如果高频头质量一般，必要时可以在高频头 5 V 电源输入端串 1 个 3.3～4.7 mH(100 mA)的电感来抑制干扰，在电路中将跳线 J_{14} 换成电感即可。

收音功能调试正常后配合遥控器对收音机的各项功能进行测试，如功能不作修改则调试完成。

(4) 组　装

为了方便使用，在调试完毕后应将收音机高频头和控制电路板固定。找一块大小合适的有机玻璃板作为底板，在底板上钻好各部件的安装孔，安装 4 个底脚。高频头的 3 个安装孔设计在侧面，其目的是为了方便在产品外壳后面板上安装，安装孔的方向与安装面垂直，而本收音机没有设计外壳，在底板上安装高频头时安装孔的方向与安装面平行，因此不能按常规方法安装。这里采用支撑铜柱来改变安装方向，在 3 根支撑柱的表面分别钻 1 个与支撑柱垂直的孔，孔的位置要根据高频头的安装孔的位置来确定，保证 3 根支撑柱安装在高频头上应在同一高度。高频头各安装孔为翻边孔，为了便于安装，将各孔攻 M3 螺纹，攻丝时注意不要将金属屑落入高频头内，以免电路短路，如果不攻丝则安装时需要用自攻螺钉来固定。支撑柱和高频头加工好后，将 3 根支撑柱用 M3 螺钉穿过刚钻好的孔固定在高频头上。之后将高频头上支撑柱的另一端用螺钉固定在底板上，高频头即安装完成，如图 4.4.19 所示。最后将控制电路板通过 4 个支撑柱安装在底板右侧，再将柔性电缆连接好，一款非常有个性的收音机就正式完工了，如图 4.4.20 所示。

图 4.4.19　高频头的安装

图 4.4.20　最后完成的收音机

4.4.6　小　结

收音机是非常普通的电器，但用自己双手打造出来的收音机就不再普通，因为它在外观、结构和功能上都被赋予了个性。将这样一台收音机摆在桌前，无论用它欣赏音乐还是学习外语或是参与娱乐活动都会有和普通收音机不同的感受。

本收音机与本章前两节介绍的“微型桌面音响”或“‘裸体’功放”配套便组成一套完整的收音系统，而且外观设计风格相同，都使用了有机玻璃板，放在一起视觉效果非常好。本收音机也可以装入一个合适的外壳，这样更加便于携带和使用。如果选用标准机箱做外壳，将音频输出、电源和天线的插座从后面板引出，将遥控接收电路移至前面板，则本收音机又可成为台式 FM/AM 调谐器。

读者还可以修改电路和程序，增加时钟、定时开关机等多种功能。本收音机的自动搜索流程是一种比较简单通用的流程，在实际应用中可以根据高频头性能及功能指标要求的不同，设计更合理的自动搜索流程。

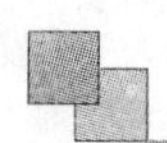

第5章

测——测量与计时

5.1 简易电子湿度计

5.1.1 概 述

湿度是表示空气中含水分多少的物理量，有相对湿度、绝对湿度和露点等多种表示方式，其中相对湿度最为常用。相对湿度是空气中所含水蒸气密度和同温度下饱和水蒸气密度的比值，通常以百分数表示，气象预报中的湿度也是用这种方式来表示的。与温度一样，湿度也可以被人们感知，同样也是影响人们舒适程度的重要参数。夏季开空调使人感觉舒适不仅是因为温度改变，湿度发生变化也是重要原因。

虽然湿度对于生活环境很重要，但相对而言人们对湿度的认识远不如温度，市场上湿度计也比温度计少。常见的湿度计主要有干湿球湿度计、指针式湿度计和电子湿度计三种。干湿球湿度计采用经典的干湿球法测量湿度，这种湿度计准确度高、稳定性好，但需要经常维护以保证湿球湿润，并且由于干湿球法是一种间接测量方法，因而读取测量结果的过程比较烦琐，而且对测量环境的温度、风速、洁净程度等要求比较高，使用不是很方便，此外还存在体积大、容易损坏等缺点，干湿球湿度计常用于气象观测或作为标准湿度计。指针式湿度计基于机械形变原理，一般是在带状弹性金属材料上涂覆随湿度变化而伸缩的高分子材料后卷成游丝，再通过机械部件将之与指针连接，这种湿度计结构简单、外观时尚，但测量准确度不高，多用于家庭或作为小礼品。电子湿度计又叫数字湿度计，它的核心器件是湿度传感器，电路对传感器输出的电信号进行处理，之后通过显示器件显示出测量结果，这种湿度计具有测量准确、显示直观、响应速度快、易于携带等多种优点，是湿度计发展的趋势。

本节介绍一款实用的电子湿度计，它简单易制、外观独特，可以用于一般家庭、仓库、机房或实验室等场所了解湿度变化情况。本湿度计通过2位数码管显示当前环境的相对湿度，测量范围为0～99%RH。

5.1.2 原理分析

常用的湿度传感器主要有电阻式(湿敏电阻)和电容式(湿敏电容)两种。这两种传感器产品的一般形式都是在基片上涂覆相应的感湿材料，通过金属引线引出，为了防止感湿材料损伤和污染一些产品还具有带孔的塑料外壳。

电阻式湿度传感器的感湿材料吸附空气中的水蒸气后，其电导率即器件的阻抗随湿度的变化而变化。为了防止出现极化现象，大多数的电阻式湿度传感器都要求使用交流电供电，而且对交流电的频率和电压也有一定的要求。在实际应用时一般把传感器作为电阻，将之与1个固定电阻构成供电电源分压电路，将分压后输出的信号送入放大、整流和滤波等处理电路，之后得到稳定的直流电压信号，完成湿度到电压的转换。单片机通过模数转换器(ADC)对上述电压信号采样，再将采样数据进行处理即可得到最终的湿度值，此外也可以采用合适量程的模拟电

压表通过对表盘进行标定用指针来指示湿度。本书5.3节介绍的“用POS机顾客显示屏制作的电子钟”所采用的温湿度传感器模块内部就是电阻式湿度传感器。

电容式湿度传感器的感湿材料吸附空气中的水蒸气后，其介电常数即器件的电容随湿度的变化而变化。在应用时可以把传感器作为电容，将之与电阻和CMOS时基电路或施密特触发器等电路构成振荡器，用单片机测量振荡器输出信号的频率或周期，对所得数据进行处理即可得到对应的湿度值。在要求不高的情况下，也可以用单片机控制电路对传感器进行充电和放电，通过测量充电时间来求得湿度值，这种方法电路将更简单。与电阻式湿度传感器相比，电容式湿度传感器不需要专门的交流电源供电，应用电路简单很多，并且也不需要ADC，降低了成本。本节介绍的电子湿度计采用的就是电容式湿度传感器。

5.1.3 硬件设计

本湿度计的电路原理图如图5.1.1所示，电路主要包括湿度-频率转换电路和单片机及其显示电路几部分。

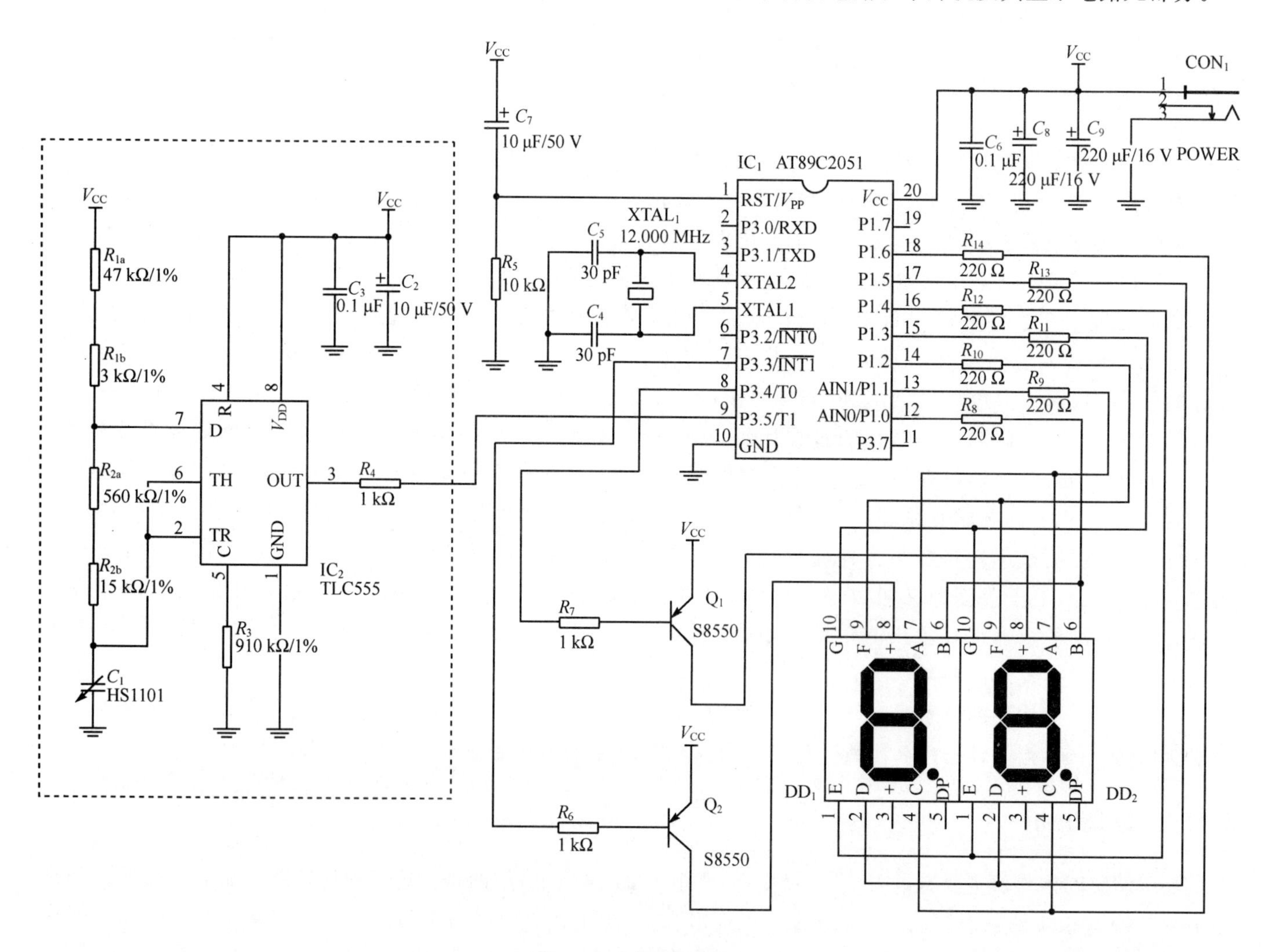

图 5.1.1 电路原理图

1. 湿度-频率转换电路

图5.1.1中虚线框内的电路即湿度-频率转换电路。C_1为HUMIREL的相对湿度传感器HS1101，这是一种采用专利技术固态聚合物结构的电容式湿度传感器，在温度为25 ℃、湿度为55%RH时电容的典型值为180 pF，可以在很宽范围的温度和湿度下工作。它具有互换性好、能够在长时间处于饱和状态后迅速脱湿、高可靠性和长

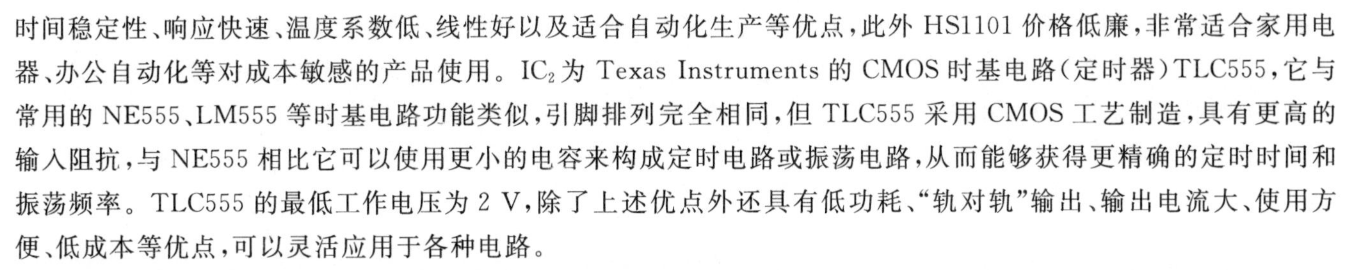

时间稳定性、响应快速、温度系数低、线性好以及适合自动化生产等优点，此外 HS1101 价格低廉，非常适合家用电器、办公自动化等对成本敏感的产品使用。IC_2 为 Texas Instruments 的 CMOS 时基电路（定时器）TLC555，它与常用的 NE555、LM555 等时基电路功能类似，引脚排列完全相同，但 TLC555 采用 CMOS 工艺制造，具有更高的输入阻抗，与 NE555 相比它可以使用更小的电容来构成定时电路或振荡电路，从而能够获得更精确的定时时间和振荡频率。TLC555 的最低工作电压为 2 V，除了上述优点外还具有低功耗、“轨对轨”输出、输出电流大、使用方便、低成本等优点，可以灵活应用于各种电路。

电路中 TLC555 的第 2 脚（触发输入端）和第 6 脚（阈值输入端）相连，与外围器件构成无稳态多谐振荡器。电路工作时 C_1 通过 R_1（由 R_{1a} 和 R_{1b} 串联而成）和 R_2（由 R_{2a} 和 R_{2b} 串联而成）充电，当 C_1 电压升高到阈值电压（约 $2\,V_{DD}/3$）时内部与阈值输入端连接的比较器翻转，在内部逻辑电路的控制下 C_1 通过 R_2 放电，当 C_1 电压降低到触发电压（约 $V_{DD}/3$）时内部与触发输入端连接的比较器翻转，之后 C_1 再通过 R_1 和 R_2 充电，不断重复以上过程。TLC555 的第 3 脚（输出端）在 C_1 充电过程中输出高电平，在 C_1 放电过程中输出低电平，C_1 不断充电和放电，在第 3 脚就得到了方波。高电平和低电平持续的时间以及方波的频率可以通过下式计算：

$$t_H \approx C_1(R_1+R_2)\ln 2 \tag{5.1.1}$$

$$t_L \approx C_1 R_2 \ln 2 \tag{5.1.2}$$

$$f = 1/(t_H+t_L) \approx 1/[C_1(R_1+2R_2)\ln 2] \tag{5.1.3}$$

式中，t_H 为高电平持续时间；t_L 为低电平持续时间；f 为输出方波的频率。由于实际的 TLC555 电路内部存在传播延迟和导通电阻，所以以上各计算结果均为近似值。不难看出，在 R_1 和 R_2 确定的情况下，TLC555 输出方波的频率仅由 C_1 决定，而 C_1 又与环境的相对湿度有关，电路由此实现了湿度到频率的转换。为了使 TLC555 输出方波的占空比接近 50％以便于测量或与其他电路连接，电阻选取时应注意 R_1 的阻值要远小于 R_2。HS1101 的数据表中推荐的电阻参数均是按 E96 系列取值的，而 E96 系列电阻价格高并且不易购买，为了使用常用的 E24 或 E12 系列电阻以及方便调试，电路中 R_1 和 R_2 分别由 2 个电阻串联而成。在一般的应用中，TLC555 的第 5 脚（控制电压端）通过 1 个电容接地以保证阈值电压稳定，而 HS1101 的数据表中推荐此引脚通过 1 个较大阻值的电阻接地，这样就改变了 TLC555 内部电路本身设计的温度补偿的平衡状态，使振荡器的温度系数与 HS1101 的温度系数相匹配，对测量结果有一定的温度补偿作用。按图 5.1.1 的参数，在 25 ℃的环境下 0～100％RH 的湿度对应输出方波脉冲频率的典型值为 7 351～6 033 Hz。

湿度-频率转换电路也可以用 HUMIREL 的湿度传感器模块 HF3223 代替。HF3223 的电路结构与上述电路类似，它采用 HS1101 与 CMOS 反相施密特触发器 HEF40106（CD40106）构成振荡电路，将湿度的变化转换为输出脉冲频率的变化。HF3223 输出脉冲频率和湿度的对应关系与上述电路有所不同，使用时程序要作适当修改。

2. 单片机及其显示电路

单片机选用 ATMEL 的 AT89C2051－12PI，是常用的 20 脚单片机，兼容 MCS－51 指令系统，工作电压为 2.7～6 V。湿度-频率转换电路输出的脉冲送入单片机定时器 1 的外部输入口 P3.5/T1，单片机利用内部计数器来对脉冲进行计数。2 位数码管采用扫描方式驱动，占用 9 个 I/O 口。本电路采用 3～5 V 的稳压电源供电，当使用较低电压的电源时，为了保证数码管的亮度，限流电阻 R_8～R_{14} 可以适当选小些。

5.1.4 软件设计

本湿度计的程序非常简单，主要包括主程序和定时器 0 溢出中断服务程序两部分。

1. 主程序

主程序的流程图见图 5.1.2，初始化后进入主循环程序，其主要任务是更新要显示的湿度值。

本程序采用测量频率的方法来测量湿度，每秒更新一次湿度值。虽然采用测量周期的方法可以提高湿度值更新的频率，但在系统时钟频率不是很高的情况下测量分辨率较低，一般不用这种方法，而且通常情况下湿度变化都比较缓慢，每秒一次的更新频率已经能够满足使用要求。湿度-频率转换电路输出的脉冲由单片机内部计数器1来计数，定时器0溢出中断服务程序每秒读取一次计数值。主程序在更新湿度值时首先对计数值进行判断，如果计数值在允许的范围内则继续通过逐次查表和比较得到要显示的湿度值，否则用字符“--”代替湿度值来显示，表示测量结果超出范围或电路存在故障。

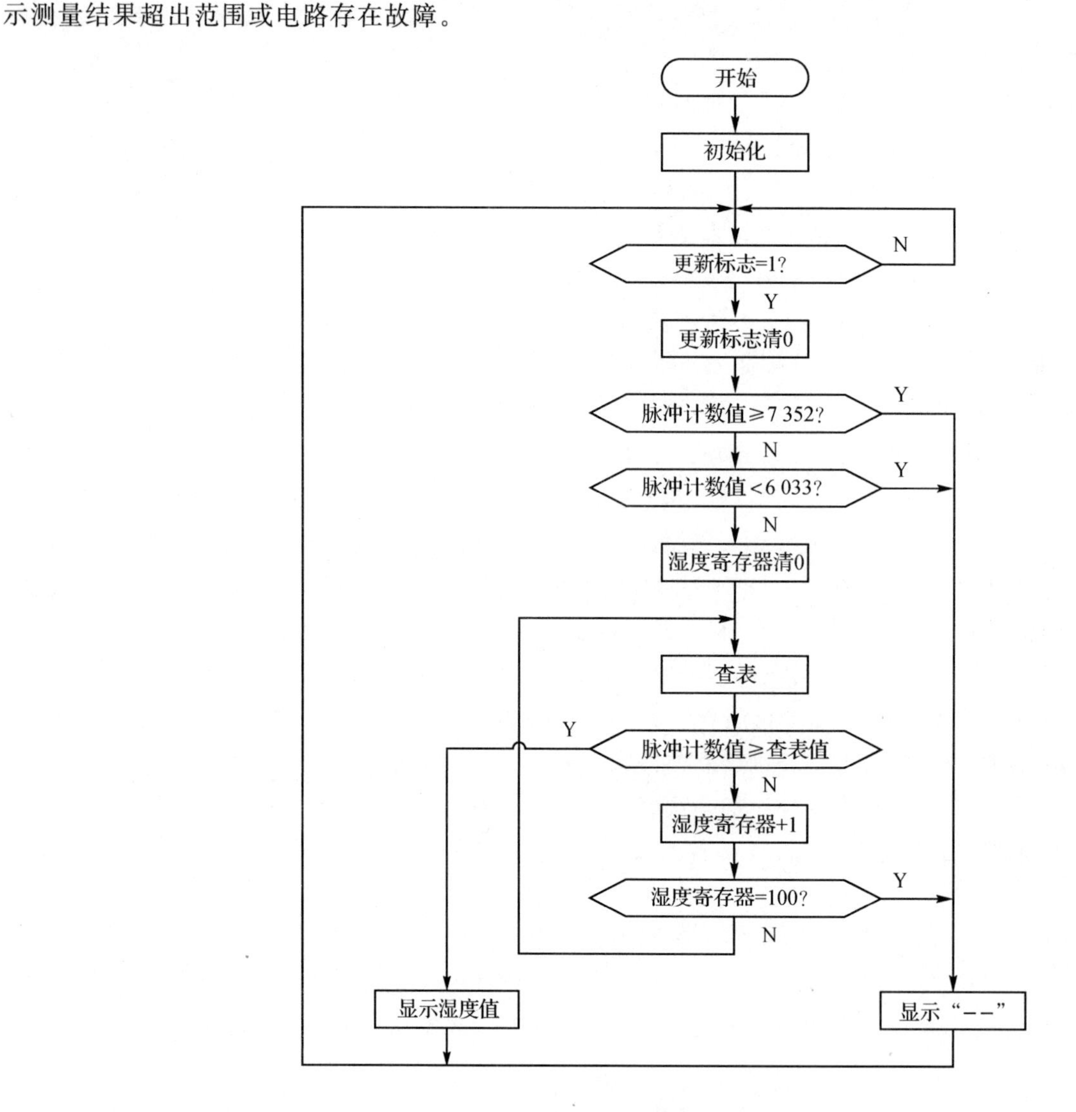

图5.1.2 主程序流程图

2. 定时器0溢出中断服务程序

定时器0溢出中断服务程序每隔1 ms执行一次，主要任务是定时读取脉冲计数值以及数码管扫描，流程图如图5.1.3所示。为了保证测量的准确性，在程序设计时，中断响应时间以及相关语句执行的时间也要考虑进去，使定时时间尽量准确。

5.1.5 制　作

1. PCB设计与制作

本电路器件比较少，PCB采用单面板布局。为了方便安装，电路分成主电路和数码管电路两部分，各设计一块PCB，尺寸均为76 mm×42 mm，如图5.1.4所示。PCB走线比较简单，可以用感光板自制。由于HS1101的电容很小，在PCB布局时就不能不考虑PCB寄生电容对测量结果的影响，寄生电容与HS1101是并联关系，会导致电

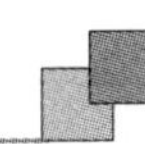

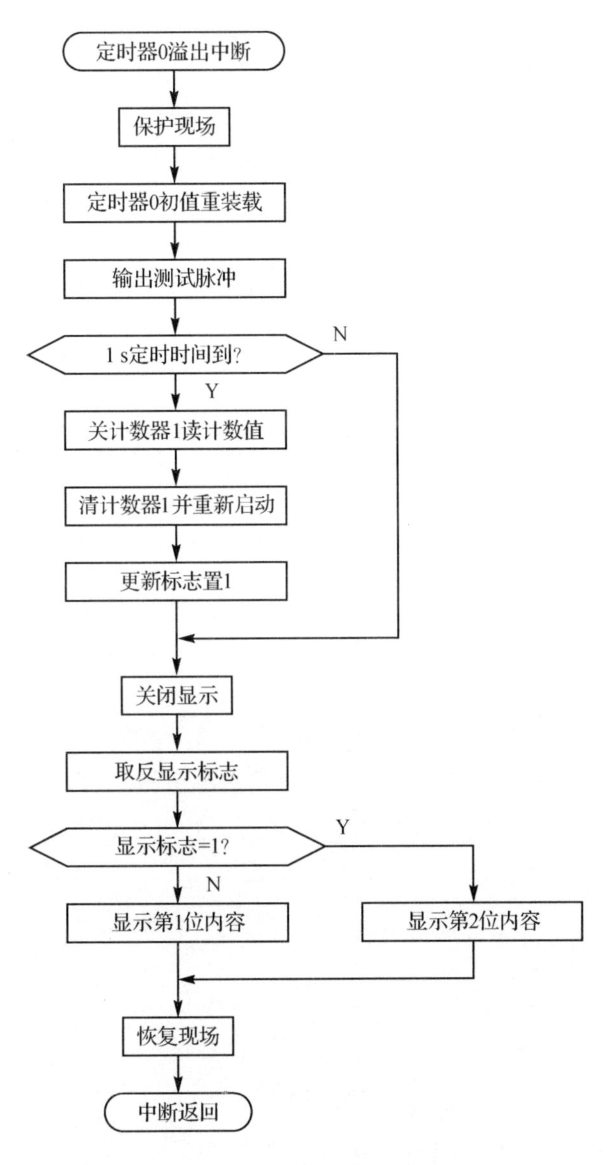

图 5.1.3　定时器 0 溢出中断服务程序流程图

路中 C_1 的实际值偏大,从而产生测量误差。因此与地相连的大面积铺铜不要距离 HS1101 引脚及与之相连的走线太近,以减小寄生电容。

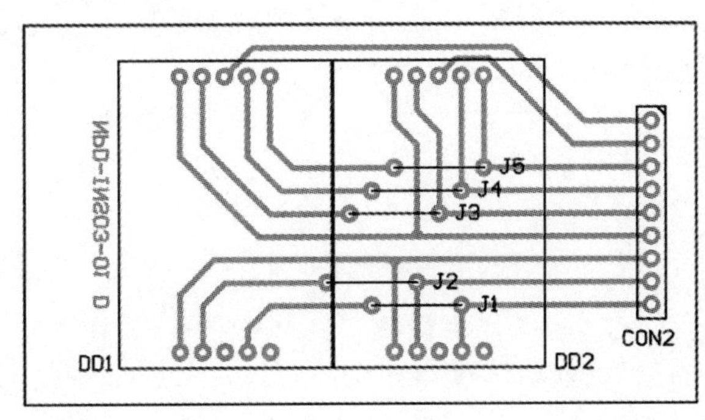

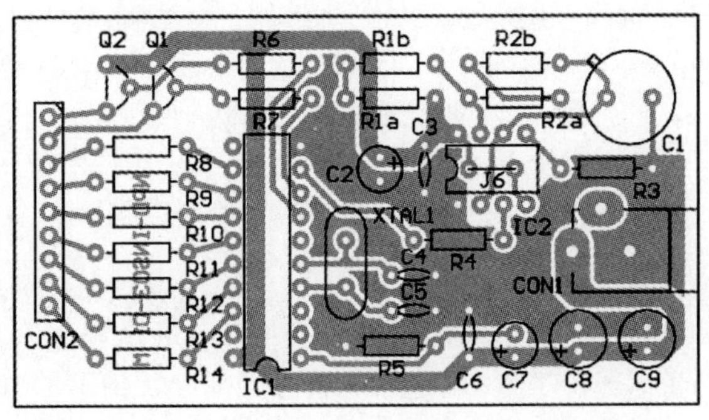

图 5.1.4　PCB 布局图

2. 器件选择

器件清单如表 5.1.1 所列,绝大部分器件没有特殊要求,部分器件可以根据实际情况更改或代换。

表 5.1.1 器件清单

序 号	名 称	型 号	数 量	编 号	备 注
1	湿度传感器	HS1101	1	C_1	HUMIREL
2	电解电容	10 μF/50 V	2	C_2,C_7	
3	独石电容	0.1 μF	2	C_3,C_6	
4	独石电容	30 pF	2	C_4,C_5	
5	电解电容	220 μF/16 V	2	C_8,C_9	
6	DC 电源插座		1	CON_1	φ3.5
7	排针		1	CON_2	9P 弯脚
8	数码管	1 寸共阳	2	DD_1,DD_2	红色,配插座
9	IC	AT89C2051-12PI	1	IC_1	配 IC 插座,其他兼容 MCS-51 指令系统的 DIP-20 封装单片机也可
10	IC	TLC555	1	IC_2	配 IC 插座
11	跳线	400 mil	5	J_1~J_5	自制
12	跳线	200 mil	1	J_6	自制
13	三极管	S8550	2	Q_1,Q_2	
14	电阻	47 kΩ±1%/0.25 W	1	R_{1a}	
15	电阻	3 kΩ±1%/0.25 W	1	R_{1b}	
16	电阻	560 kΩ±1%/0.25 W	1	R_{2a}	
17	电阻	15 kΩ±1%/0.25 W	1	R_{2b}	
18	电阻	910 kΩ±1%/0.25 W	1	R_3	
19	电阻	1 kΩ/0.25 W	3	R_4,R_6,R_7	
20	电阻	10 kΩ/0.25 W	1	R_5	
21	电阻	220 Ω/0.25 W	7	R_8~R_{14}	
22	晶体	49S/12.000 MHz	1	$XTAL_1$	

C_1也可以选用 HS1100,它与 HS1101 的性能及引脚间距均相同,只是 HS1101 的透气口在侧面,而 HS1100 的透气口在顶部,HS1101 相对更容易购买。R_{1a}、R_{1b}、R_{2a}、R_{2b}和 R_3 直接影响测量的准确性,要选择高精度、低温漂的金属膜电阻。晶体对测量的准确性也会有影响,要选用高精度、高稳定性的产品。本湿度计程序简单,单片机也可以选用 ROM 为 1 KB 的 AT89C1051、STC12C1052 等型号,成本能够进一步降低。IC_2要选用 CMOS 工艺的 555 时基电路,除 TLC555 外也可以选用 National Semiconductor 的 LMC555、Intersil 的 ICM7555 和 ST 的 TS555 等型号,由于不同制造商的产品内部温度补偿设计有一定差异,所以外围器件的参数也相应不同,具体参数可以参考 HS1101 的数据表,这里不再赘述。要特别注意制作时不能选用 NE555、LM555 等型号,否则测量结果会有很大的误差甚至电路不能工作。

3. 制作与调试

(1) 电路制作

本电路器件数量少,而且都是直插器件,电路焊接难度不大。为了使测量具有良好的再现性,湿敏电容 C_1 在安装时要注意区分极性,C_1 金属底板凸起部分所指示的方向(也即塑料外壳顶部凹坑所指示的方向)的引脚与 IC_2 和电阻相连,另 1 个引脚与金属底板是连接在一起的,在电路中应接地。电路中的跳线均在器件下方,焊接时要先焊跳线。

电路板都焊好后用排针将 2 块电路板连接在一起,焊接时可以先将排针的 1 个脚焊好来定位,然后调节 2 块电路板使之垂直,之后再将其余各脚焊好,如图 5.1.5 所示。排针除了电路连接外还兼有电路板固定的作用,设计成这种结构的好处是不需要外壳和支架就可以将电路板立在桌面或其他工作面上，方便摆放。

电路板连接好后将数码管、IC等器件插入相应的插座电路就制作完成了。数码管安装时可以将引脚剪去2～5 mm，使2个数码管尽量贴紧插座并在同一平面，为了安装简便也可以不用插座，直接将数码管焊接在PCB上。制作好后的电子湿度计如图5.1.6所示。

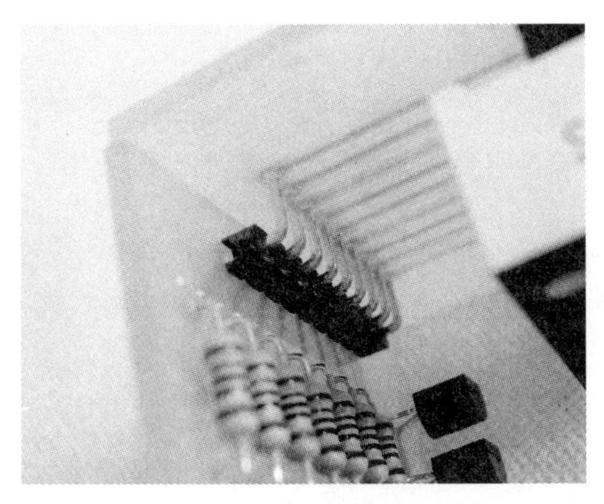

图5.1.5 电路板的连接

图5.1.6 制作完成的电子湿度计

(2) 调 试

调试前先对照原理图检查一遍电路，确认无误后即可通电调试。上电后在第一个测量周期数码管没有任何显示，约1 s后数码管开始显示湿度值。将电路放到不同湿度的环境，读数应有所变化。业余条件下改变湿度最简单的方法是对着湿度传感器呼气，呼气后数码管显示的湿度值应迅速增大，由此可以判断电路工作基本正常。此外，将电路置于家用的空气加湿器喷嘴处或装有热水的茶杯杯口上方，都可以增大湿度传感器附近空气的湿度，但要注意不可将电路置于温度过高的蒸汽(如开水壶壶嘴处的蒸汽)中，更不能采用直接浇水或喷洒水珠的方法来试图改变湿度，以免损坏电路。在正常温度和湿度的环境下如果数码管始终显示"--"则一般是湿度-频率转换电路连接有误或器件参数有问题。用示波器测量IC_2的第3脚波形，如果无脉冲输出或脉冲频率不在7 351～6 033 Hz的范围内，则要仔细检查电路并调整器件参数，必要时可以更换器件；如果脉冲正常则要进一步检查程序中计数值与湿度值的对照表是否有误以及定时时间是否准确。

软件调试时可以将电路中R_{2a}暂时先用1 MΩ多圈电位器来代替，这样就可以模拟湿度改变，验证在不同湿度下显示值是否正确。为了测试程序中定时时间的准确性，电路中特别设计了测试脉冲输出口，在电路正常工作时，单片机第11脚(P3.7)会输出频率为500 Hz的方波。调试时用示波器或频率计测量测试脉冲的频率，如果有偏差可以通过修改程序或调节晶体负载电容来微调。

(3) 测量误差和校准

设计制作高准确度、高精度的电子湿度计远比设计制作同样要求的电子温度计要困难得多，本湿度计在实际测量过程中也不可避免地存在着一定的测量误差，主要包括以下几部分：

① 一致性。

不同的HS1101产品本身的电容也略有不同，在55%RH的湿度下电容实际值与典型值相差一般不会超过3 pF，本湿度计程序中计数值与湿度值的对照表是按HS1101电容的典型值设计的，因此在实际测量时会产生误差。

② 温度影响。

HS1101的温度系数为0.04 pF/℃，本湿度计程序中计数值与湿度值的对照表是按25 ℃时的数据设计的，在其他温度测量会有误差，温度与25 ℃相差越大测量误差也越大。

③ 器件老化。

湿度传感器在使用时暴露在空气中，灰尘和有害气体等污染会导致器件老化，由此也会产生测量误差，特别是使用多年后测量误差更加明显。

④ 器件参数。

利用本湿度计程序中计数值与湿度值的对照表得到正确的湿度值的前提是湿度-频率转换电路中各器件的参数要符合图 5.1.1 中的值，器件本身参数的误差以及在使用中参数随温度、时间的漂移将直接导致测量误差。

⑤ 频率测量。

湿度测量是通过测量频率（脉冲计数）来实现的，而这部分工作是由软件来完成的，系统时钟误差以及程序设计不合理均有可能导致测量误差。

测量仪器在使用前一般都需要校准，湿度计也应进行校准，通过校准可以显著减小上述误差。但是在专业条件下校准湿度计也不是很容易的事，业余条件下校准则更加困难。而大多数的应用场合对湿度测量的要求没有像温度测量那样苛刻，从控制的角度来看对湿度的控制也往往是一个范围，因此本湿度计在制作过程中省略了校准步骤。由于不进行校准，湿度计的准确性则在很大程度上依赖于数据表推荐的器件参数以及给出的湿度-频率对照表，所以更要严格地按照这些参数和数据来设计电路和程序。当然，如果有条件可以通过修改程序中计数值与湿度值的对照表来对湿度计进行更准确的标定。

5.1.6 小　结

制作这样一款电子湿度计放在桌前能够随时了解环境湿度的改变以及气候变化的趋势，指导人们调节室内湿度，从而使生活更舒适、更科学。

本湿度计外观结构很独特，它同时也是一件非常别致的摆设。有兴趣的读者可以改变 PCB 布局，将湿度计设计成悬挂式、水平安装式等结构；也可以采用 LCD 显示，用电池供电，制作成便携式湿度计。此外还可以去掉数码管电路板，单独将主电路板作为 1 个湿度测量模块嵌入其他需要湿度显示、湿度控制的电路中使用。

采用 HS1101 设计的湿度测量电路是一款低成本方案，存在着一定的测量误差，但用于一般家庭或其他要求不高的场合其准确度已经足够了。如果有更高要求，可以选择性能更好的湿度传感器来设计，同时也可以通过温度补偿和校准、标定来进一步提高准确度。

5.2 家用电器耗电测试计

5.2.1 概　述

随着社会不断发展，人们的生活已经离不开用电，并且用电量逐年增加，日趋紧张。在能源紧张的今天，提倡科学用电显得尤为必要。所谓科学用电就是更加合理有效地用电，目前全国提倡错峰用电、使用节能电器等都是为了科学用电而采取的措施。

对于一般居民来讲，主要的用电器就是各类大大小小的“黑色”和“白色”家用电器，家电的用电情况一般通过入户电表的读数来了解。但是电表只能反映出整个家庭用电的总和，用户并不能准确地掌握每件家电的耗电情况。家里的电器中到底“谁”是“耗电大户”，“谁”在偷偷地浪费自己的电费，用户都不得而知。尤其目前家用电器繁多，普通家庭也最少有七八件，有些电器并不是均匀耗电，如冰箱、空调等，而有些电器关机后在待机状态仍然在耗电，用户更是难以掌握这些电器的耗电情况。清楚地了解每件家电的耗电情况可以使用户更加合理有效地用电，例如在电费计费峰值时段（对于复费率计费的用户）尽量避免长时间使用耗电多的电器，对于待机状态耗电多的电器在不用时彻底关闭等。逐步养成良好的用电习惯，对于用户自己可以明显节约电费支出，对于社会可以有效地缓解用电紧张的局面。

家用电器耗电测试计就是为了方便用户了解每件家用电器的耗电情况而设计的。它功能齐全、使用方便，用户可以根据需要选择不同的方式进行测试，随时查看被测电器的耗电量、电费金额、用电时间等信息。家用电器耗电测试计精度较高，它可以测试小到台灯、电风扇等数十瓦，大到空调、热水器等数千瓦的电器的用电情况。

5.2.2　功能设计

为了满足不同用户的测试要求，家用电器耗电测试计设计的功能比较多，它的面板布局如图 5.2.1 所示。显示部分包括 6 位数码管和 8 个状态指示 LED，其中 LED 从左到右分别为电量指示、电费指示、计时指示、时钟指示、定时指示、设置指示、脉冲指示和测试指示。按键共有 7 个，从左到右分别为模式键、设置键、启动键、暂停键、停止键、增大键和减小键。

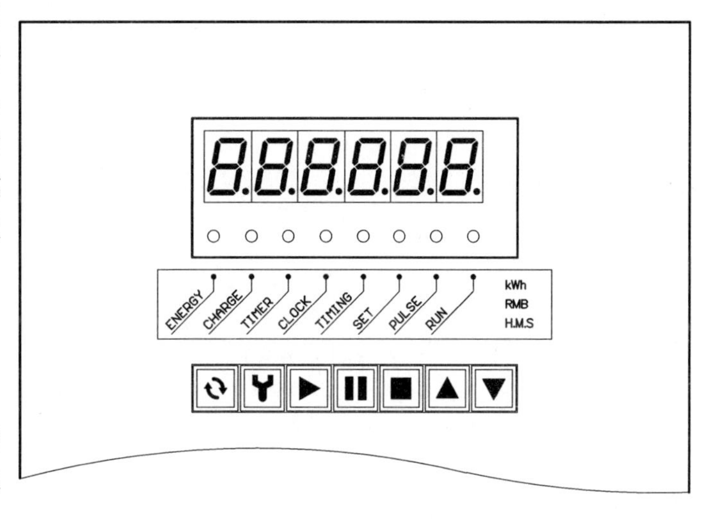

图 5.2.1　操作面板布局

1. 显　示

数码管及各 LED 的功能和显示含义如下：

① 数码管。

在不同的显示模式和状态下分别显示电量、电费金额、电费单价、计时时间、定时时间、时钟时间或其他信息，在设置状态下数码管相应的设置项会闪烁。

② 电量指示。

当前为电量显示模式时此 LED 点亮，这时数码管显示的数值为电量。

③ 电费指示。

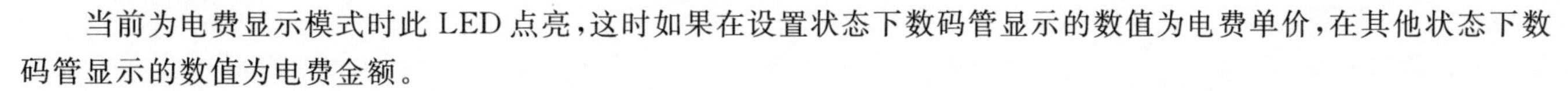

当前为电费显示模式时此 LED 点亮，这时如果在设置状态下数码管显示的数值为电费单价，在其他状态下数码管显示的数值为电费金额。

④ 计时指示。

当前为计时显示模式时此 LED 点亮，这时如果在设置状态下数码管显示的数值为定时时间，在其他状态下数码管显示的数值为计时时间。

⑤ 时钟指示。

当前为时钟显示模式时此 LED 点亮，这时如果在设置状态下数码管显示的数值为设置时间，在其他状态下数码管显示的数值为时钟时间。

⑥ 定时指示。

当已设置好定时时间，即将或正在进行定时测试时此 LED 点亮。

⑦ 设置指示。

在设置状态时此 LED 点亮。

⑧ 脉冲指示。

当接收到 1 个计量脉冲时此 LED 闪烁一次，在正常工作时脉冲指示与电能计量电路的指示是同步的。

⑨ 测试指示。

在测试状态时此 LED 闪烁，在暂停状态时此 LED 常亮。

2. 按　键

在电路正常工作的情况下，当按下按键后如果是有效操作蜂鸣器会短鸣一声，如果是无效操作则蜂鸣器无声。各按键的功能如下：

① 模式键。

按下此键后，按“电量→电费→计时→时钟”循环的顺序切换一次显示模式，在设置状态下按此键无效。

② 设置键。

在电费、计时和时钟显示模式下按此键后可以进入相应的设置状态，在设置状态下按此键则退出设置状态并保存已经设置的内容，当已经设置为定时测试方式时按此键可以取消定时测试方式，在测试过程中按此键无效。

③ 启动键。

在待机或暂停(电量溢出暂停除外)状态下按下此键后即启动测试计开始测试，在定时和时钟设置状态下按此键可以按从左到右循环的顺序切换一次设置项，其他状态下按此键无效。

④ 暂停键。

在测试状态按下此键后可以暂停测试，其他状态下按此键无效。

⑤ 停止键。

在暂停状态下按此键后可以结束本次测试，在设置状态下按此键则退出设置状态但不保存设置内容，其他状态下按此键无效。

⑥ 增大键。

在设置状态下按下此键后相应的设置值加 1，如果按住按键不放保持 1 s 后相应的设置值会自动连续加 1，直到按键释放为止，当设置值增大到最大值时则变为 0，在非设置状态下按此键无效。

⑦ 减小键。

在设置状态下按下此键后相应的设置值减 1，如果按住按键不放保持 1 s 后相应的设置值会自动连续减 1，直到按键释放为止，当设置值减小到 0 时则变为最大值，在非设置状态下按此键无效。

3. 操　作

(1) 电费单价设置

家用电器耗电测试计在首次使用时要先设置电费单价，否则无法正确地计算出电费金额。在电费显示模式按下设置键即可进入电费单价设置状态，这时数码管显示初始单价或上次设置的单价，通过增大键和减小键可以调整单价，调整好后可以按设置键退出设置状态，也可以按停止键退出设置状态而不保存此次的设置值。设置值一旦保存，以后使用时如果电费单价不变则无须再次设置。

(2) 时钟设置

时钟显示是家用电器耗电测试计的附加功能，在首次使用时也要进行设置，特别是对于复费率计费测试，时钟准确与否决定着能否正确地计算出电费金额。在时钟显示模式按下设置键即可进入时钟设置状态，这时数码管显示初始时钟，通过启动键选择要设置的位，即“时”、“分”、“秒”，再通过增大键和减小键调整时钟。调整好后可以按设置键退出设置状态，也可以按停止键退出设置状态而不保存此次的设置值。时钟电路能够在测试计断电的情况下工作很长时间，以后使用时一般无须再次设置。

(3) 随机测试

大多数情况下用户可以选择随机测试方式对电器进行测试。在待机状态按下启动键即可启动测试计开始测试，在测试过程中用户可以通过模式键切换显示模式，查看电量、电费金额、被测电器工作时间、当前时钟时间等信息，也可以随时按下暂停键暂时停止测试，在暂停状态下电能不再计量，计时也暂停，此时再次按下启动键则重新启动测试计，电量继续累计，计时也将继续。当累计电量超过最大值溢出时会自动暂停测试，同时蜂鸣器发出提示音，此时将无法通过启动键重新启动测试计。在暂停状态下按下停止键则结束本次测试，返回待机状态，电量、电费、计时将清 0。

(4) 定时测试

用户也可以选择定时测试方式对电器进行测试，这样无须一直守在测试计旁就可以测试出电器在一段时间内的耗电情况。用户根据测试需要可以灵活设定测试时间，在计时显示模式下按下设置键即可进入定时设置状态，定时时间设置与时钟设置方法相同，但定时时间不能设置为“0 时 0 分 0 秒”。设置好后可以按设置键退出设置状态准备开始定时测试，也可以按停止键退出设置状态而不进行定时测试，设置为定时测试方式后也可以通过再次按下设置键取消。当设置好定时时间并选择定时测试方式后，按下启动键即可开始定时测试，测试时间累计达到设置值时会自动暂停测试并且取消定时测试方式，同时蜂鸣器发出提示音，定时测试过程中其他操作与随机测试相同。

4. 设计指标

家用电器耗电测试计的设计指标如下：

- 工作电压：180～240 V；

- 被测电器最大工作电流:25 A;
- 仪表常数:3 200 imp/kWh(脉冲数/千瓦时);
- 最小测试电量:0.001 25 kWh;
- 最大累计电量:99.997 5 kWh;
- 最大计时时间:99 时 59 分 59 秒;
- 最大定时时间:99 时 59 分 59 秒;
- 最高电费单价:2.55 元/kWh。

5.2.3 原理分析

从原理上讲,家用电器耗电测试计其实就是一台功能特殊的单相电能表(电度表)。电能表按结构及工作原理可以分为感应式电能表和电子式电能表。感应式电能表即传统的机械结构电能表,已经有百年历史,虽然它在技术上已经非常成熟,但仍存在一些明显的缺点,如使用中会有机械磨损、抄表方式单一落后、容易窃电、无法满足复费率计费要求等,目前已经趋于淘汰。电子式电能表采用专用集成电路对电压和电流进行采样并将采样结果处理后输出频率与有功功率成正比的脉冲,再由微控制器(MCU)根据脉冲进行计算,实现电量显示、抄表等功能,它具有感应式电能表不可比拟的优点,将逐步取代感应式电能表。

家用电器耗电测试计也是采用电子式电能表专用集成电路设计的,常见的电能表专用集成电路工作原理如图 5.2.2所示。电流和电压的采样信号分别经过放大后各送入 1 个 ΣΔ 模数转换器,之后将转换得到的数字量相

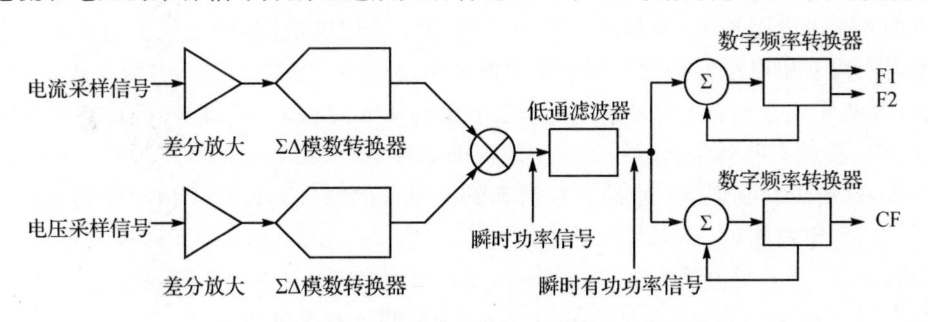

图 5.2.2 电能表专用集成电路工作原理

乘得到瞬时功率信号,再经过低通滤波器后就得到瞬时有功功率信号,将其分为 2 路分别进行累加后通过数字频率转换器转换为脉冲输出。其中 F1、F2 这路累加时间较长,输出脉冲频率正比于平均有功功率,可以用于驱动机电式计数器或两相步进电机;CF 这路累加时间较短,输出脉冲频率正比于瞬时有功功率,可以用于在负载稳定的条件下对系统进行校准。对于使用 MCU 的电子式电能表设计一般都选择 CF 输出的脉冲作为计量脉冲,但 CF 反映的是瞬时有功功率,计量时应将计量脉冲频率进一步平均,以消除纹波。MCU 可以设定一个积分时间,在此时间内对脉冲计数,显然平均频率为:

$$\text{平均频率} = \frac{\text{脉冲个数}}{\text{积分时间}} \tag{5.2.1}$$

而平均功率又正比于平均频率,因此在一个积分周期内消耗的电能与计量脉冲个数的关系如下式所示:

$$\text{电能} = \text{平均功率} \times \text{积分时间} \propto \frac{\text{脉冲个数}}{\text{积分时间}} \times \text{积分时间} = \text{脉冲个数} \tag{5.2.2}$$

即电能与脉冲个数成正比。不难看出,积分时间越长计量脉冲频率越平均,得到的电能计数值波动也越小,但显示的更新也越慢,因而在设计中要根据实际情况权衡考虑。在家用电器耗电测试计的设计中,积分时间并不是固定的,而是以 MCU 接收到 4 个或 8 个脉冲为一个积分周期,计量脉冲频率越高积分时间越短,反之则积分时间越长。这样可以保证在测量功率较大的负载时显示具有较快的更新速率,在测量功率较小的负载时能够累计足够数量的脉冲对频率进行平均。当仪表常数为 3 200 imp/kWh 时,每个积分周期电能增加 0.001 25 kWh 或 0.002 5 kWh。由于计量脉冲与单片机控制的计时器并不同步,所以可能会丢失 1 个脉冲,导致测量误差,特别是在轻载的情况

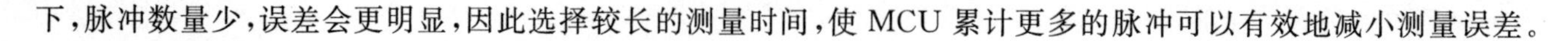

下，脉冲数量少，误差会更明显，因此选择较长的测量时间，使 MCU 累计更多的脉冲可以有效地减小测量误差。

5.2.4 硬件设计

家用电器耗电测试计主要由电能计量电路和控制电路两部分构成。

1. 电能计量电路

电能计量电路的原理图如图 5.2.3 所示，电路以电子式电能表专用集成电路 ADI 的 ADE7755 为核心，它具有高精度、高性能、输出方式灵活、低功耗、低成本等优点，是单相电能表常用的方案。ADE7755 的工作原理也和图 5.2.2 所示的原理相同，它内部功能非常强大，大大简化了外围电路和设计流程。电能计量电路的设计主要是电流和电压 2 个通道的前端测量元件的选取和相关参数的计算。

电流测量可以选择电流互感器或分流器，前者是电流测量常用的器件，在电能表中使用电流互感器可以使电能表承受更大的电流而且功耗很低，但使用分流器可以使成本更低而且不会出现磁饱和或影响相位，此外 ADE7755 内部电流通道具有可编程增益放大器，允许使用小阻值的分流器，所以这里采用分流器测量电流。分流器实际上就是一个阻值很小的电阻，一般采用低温度系数的锰铜合金材料制成。选择分流器时要权衡考虑电流通道的动态范围和分流器自身的功耗，本电路中选用阻值为 350 μΩ 的分流器，在 25 A 的最大工作电流下功耗约为 0.22 W。将 G0 和 G1 均设为 1，此时内部可编程增益放大器增益为 16 倍，当负载工作电流为 25 A 时电流通道差分输入电压有效值为 8.75 mV，其最大值不会超过数据表中规定的满幅电压(±30 mV)并具有一定余量。

为了降低成本同时便于校准，电压测量也没有使用电压互感器，而是直接用电阻将电网电压分压，分压电阻网络由阻值从大到小的若干个电阻构成，在校准时通过跳线短路不同的电阻，使电压通道差分输入电压满足要求。这里使用了多个电阻而没有用电位器是为了使电路工作更稳定可靠。按图 5.2.3 中的参数，当负载在 220 V 的电压下工作，所有跳线都断开时电压通道差分输入电压有效值为 174.4 mV，所有跳线都短路时电压通道差分输入电压有效值为 332.8 mV，其最大值不会超过数据表中规定的满幅电压(±660 mV)并具有一定余量。

为了防止采样失真(出现混叠现象)，电路在电流和电压通道的输入端设计了抗混叠滤波器。滤波器由 1 个 1 kΩ 电阻和 1 个 0.033 μF 电容组成，是典型的低通滤波器，它在 900 kHz 的频率下衰减大于 40 dB，可以有效地衰减输入信号中的高频分量，减小了内部 ADC 采样频率(900 kHz)附近(镜像频率落入有用频带)的高频分量对有用频带(0～2 kHz)内信号采样结果的影响。对于电压通道，即使将所有跳线都短路，由于 R_{111} 和 R_{112} 的存在，分压网络的总阻值仍远大于 R_6，不会对低通滤波器的特性有影响。

ADE7755 输出计量脉冲的频率与电流和电压通道输入电压的关系如下式所示：

$$F = \frac{8.06 \times V_1 \times V_2 \times G \times F_{1\text{-}4}}{V_{\mathrm{REF}}^2} \tag{5.2.3}$$

式中：F——F1、F2 输出的脉冲频率(Hz)；

V_1——电流通道差分输入电压有效值(V)；

V_2——电压通道差分输入电压有效值(V)；

G——电流通道可编程增益放大器增益；

$F_{1\text{-}4}$——主时钟分频后的频率(Hz)，分频系数可以通过 S0、S1 选择；

V_{REF}——参考电压(V)，这里为 2.5 V±8%。

根据家用电器耗电测试计的设计指标以及 ADE7755 数据表推荐的一般电能表设计流程选择 $F_{1\text{-}4}$ 为 3.4 Hz，S0 和 S1 则对应设置为 1 和 0，将 SCF 设置为 0 使 CF 输出脉冲的频率是 $F1$、$F2$ 的 32 倍。按设计指标中仪表常数的要求，F_1、F_2 每千瓦时应输出 100 个脉冲，即在 1 kW 的负载下 F 的理论值为 0.027 78 Hz。

电路校准时，当校准电流和电压确定后式 5.2.3 中各个变量除了 V_2 外均不能调整，因此校准的过程就是通过调整分压电阻使 V_2 逼近理论值的过程。假设校准电流为 5 A，校准电压为 220 V，通过计算可以得出此时 F 的理论值为 0.030 56 Hz，V_1 为 1.75 mV，由式 5.2.3 可以进一步计算出 V_2 的理论值为 248.9 mV。在此情况下，校准后 V_2 的实际值等于或非常接近 248.9 mV。

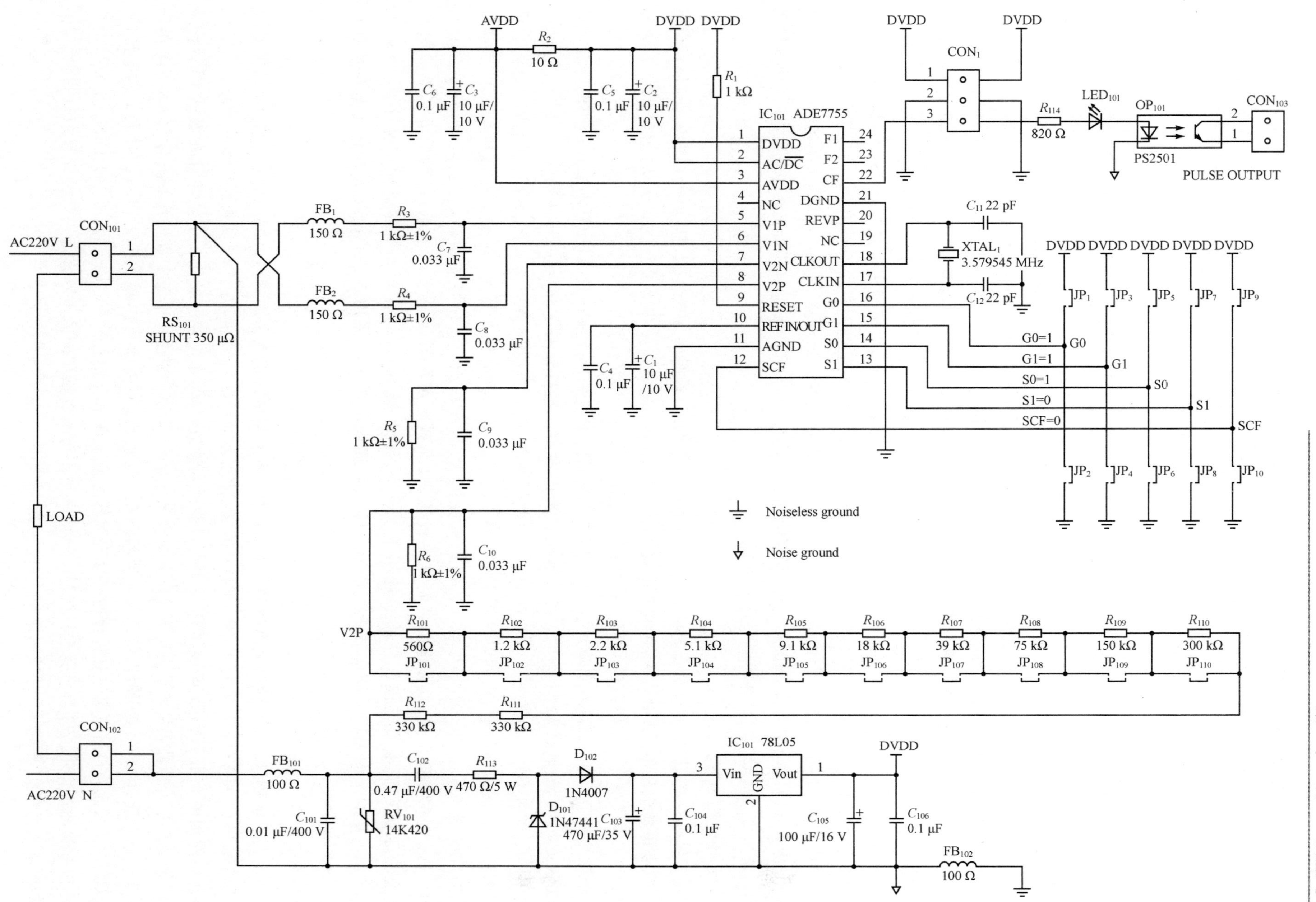

图 5.2.3　电能计量电路原理图

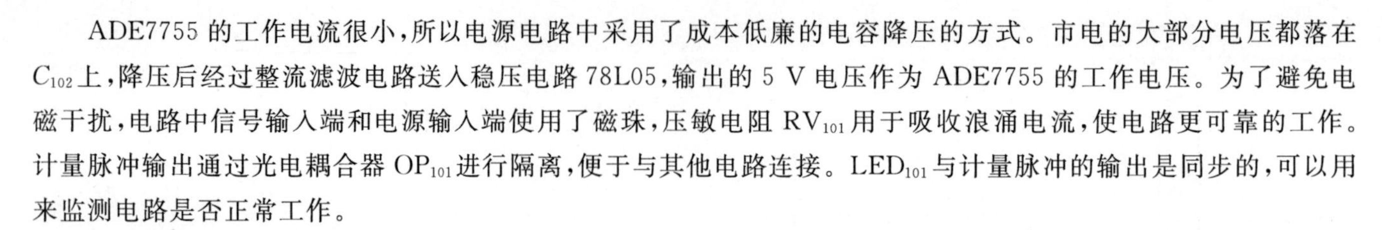

ADE7755 的工作电流很小，所以电源电路中采用了成本低廉的电容降压的方式。市电的大部分电压都落在 C_{102} 上，降压后经过整流滤波电路送入稳压电路 78L05，输出的 5 V 电压作为 ADE7755 的工作电压。为了避免电磁干扰，电路中信号输入端和电源输入端使用了磁珠，压敏电阻 RV_{101} 用于吸收浪涌电流，使电路更可靠的工作。计量脉冲输出通过光电耦合器 OP_{101} 进行隔离，便于与其他电路连接。LED_{101} 与计量脉冲的输出是同步的，可以用来监测电路是否正常工作。

2. 控制电路

(1) 电源电路

电源电路比较简单，如图 5.2.4 所示，市电由 CON_{401} 接入，通过变压器 T_{401} 降为交流 7.5 V。之后经过 B_{401} 整流和 C_{408}、C_{409} 滤波后得到 $+V_1$ 作为蜂鸣器的工作电压，再经过稳压电路 IC_{403} 后得到稳定的 5 V 电压。

(2) 单片机及其外围电路

单片机选用 NXP 半导体的 80C51 系列 40 脚低功耗单片机 P89V51，其引脚排列与常见的 AT89C51、W78E51 等器件相同。

如图 5.2.4 所示，IC_{401} 的 2 个中断口 INT0 和 INT1 分别与电能计量电路和实时时钟电路连接，检测电能计量脉冲和计时脉冲。IC_{402} 为串行 E^2PROM，用于保存电费单价等数据，它和实时时钟都采用 I^2C 总线通信，占用 2 个 I/O 口。P0.0～P0.6 用于检测 7 个按键，P1.0～P1.3 控制显示电路。蜂鸣器 BUZ_{401} 选用压电自激式蜂鸣器，具有音量大、功耗低、对外干扰小等优点。此种蜂鸣器有 3 个引脚，R_{402}～R_{404}、Q_{401} 与其构成振荡电路，振荡频率约为 3.8 kHz，单片机通过 Q_{402} 控制蜂鸣器电路的通断。

(3) 实时时钟电路

实时时钟电路选用 RICOH 的 RS5C372A，它具有低工作电压、低时间保持电压、低功耗、功能完备、使用灵活等特点，只要电源电压不低于 1.3 V，时间数据就不会丢失。

RS5C372A 仅有 8 个引脚，通过 I^2C 总线控制，它具有 2 个中断输出，其中 INTRA 在测试过程中设置为每秒输出一个脉冲用于计时，INTRB 可以设置为输出 32.768 kHz 的脉冲用于时钟校准，中断输出在不用的情况下应关闭，以降低功耗。晶体的选择对于时钟的准确性很重要，最好选择负载电容为 6～8 pF 的晶体。

如图 5.2.4 所示，电路断电后由超级电容（双电层电容）C_{501} 提供后备电源。R_{501} 为限流电阻，避免上电时瞬间电流过大损坏超级电容，同时削弱了 C_{501} 对 V_{DD} 端电压上升时间的影响，避免由此造成单片机在器件初始化时无法对 IC_{501} 操作。后备电源工作时电流极其微弱，所以 R_{501} 上压降非常小，耗电极少，几乎没有任何影响。D_{501} 要选择低压降、低漏电的肖特基二极管，以保证超级电容上有较高的电压，同时在后备电源工作时不会由于漏电而浪费电能。电路中选用了 Panasonic 的 MA2J728，在 1 mA 的正向电流下压降 V_F 为 0.4 V，在 30 V 的反向电压下漏电流 I_R 仅为 0.3 μA，能够满足要求。采用 1 F 的超级电容充满电后数据可以保存 2 个月以上。

(4) 显示电路

家用电器耗电测试计有 6 位数码管和 8 个 LED，为了不占用单片机太多的资源，这里采用了专用的 LED 驱动器——MAXIM 的 MAX7219，它需要的外围器件极少、使用方便灵活，适合应用于 LED 数量较多的产品。

显示电路如图 5.2.5 所示，MAX7219 最多可以驱动 8 位数码管，本电路只使用了 7 位，8 个单独的 LED 作为 1 位数码管与其余 6 位数码管的公共端与 MAX7219 的 DIG6～DIG0 相连。电路中数码管各段与 MAX7219 的段输出并非一一对应，因而在使用时只能选择非译码模式。改变 R_{201} 的阻值可以调节各段 LED 的最大工作电流，从而改变显示亮度，此外也可以通过软件修改亮度寄存器的值来调节亮度。MAX7219 的 LOAD、DIN、CLK 与单片机相连，单片机通过 3 个 I/O 口对其进行控制。CON_{202} 用于与本电路相同的电路连接进行级联显示，增强电路的通用性，使这个电路也可以用于其他制作中。

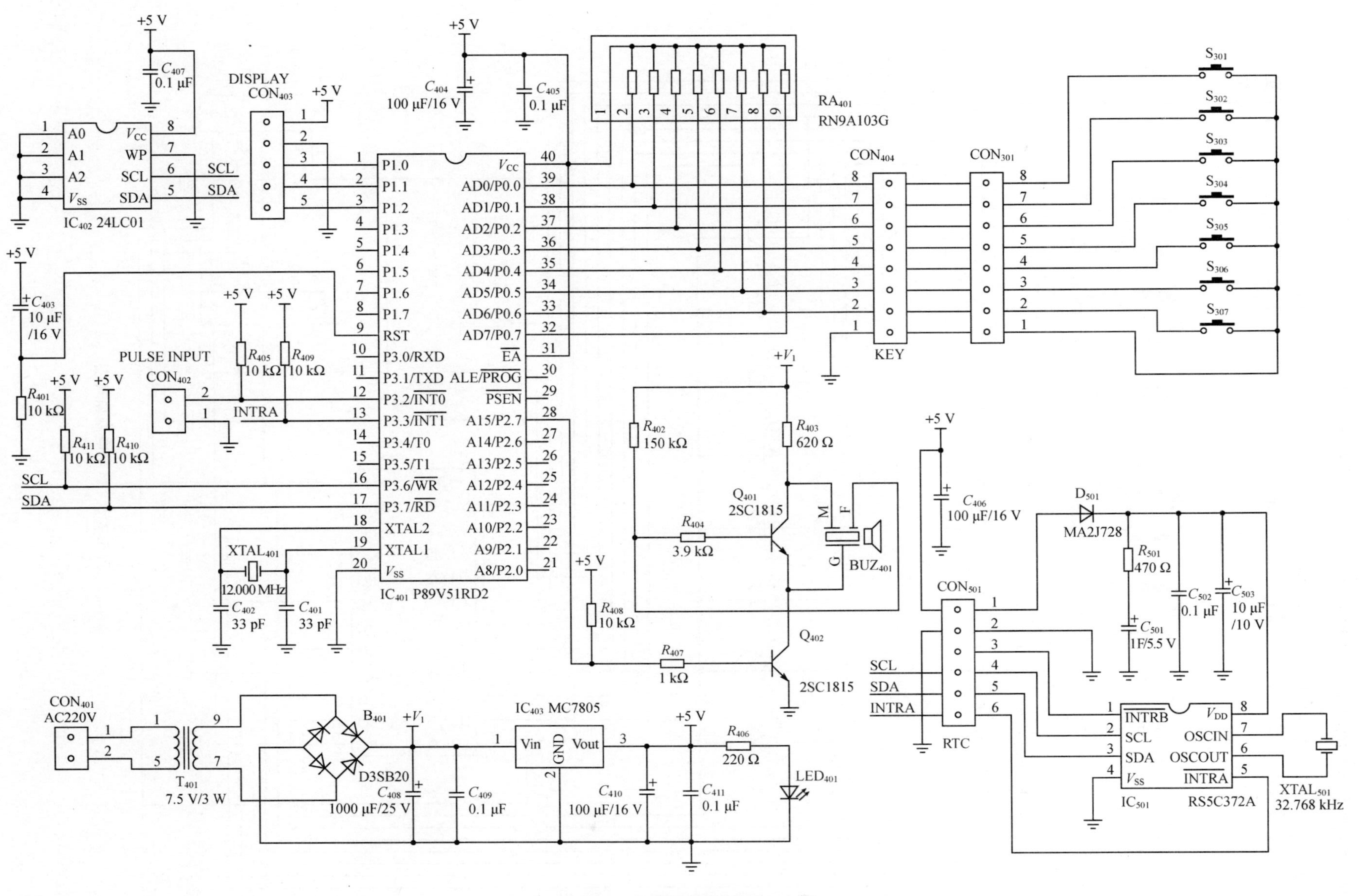

图 5.2.4　控制电路原理图

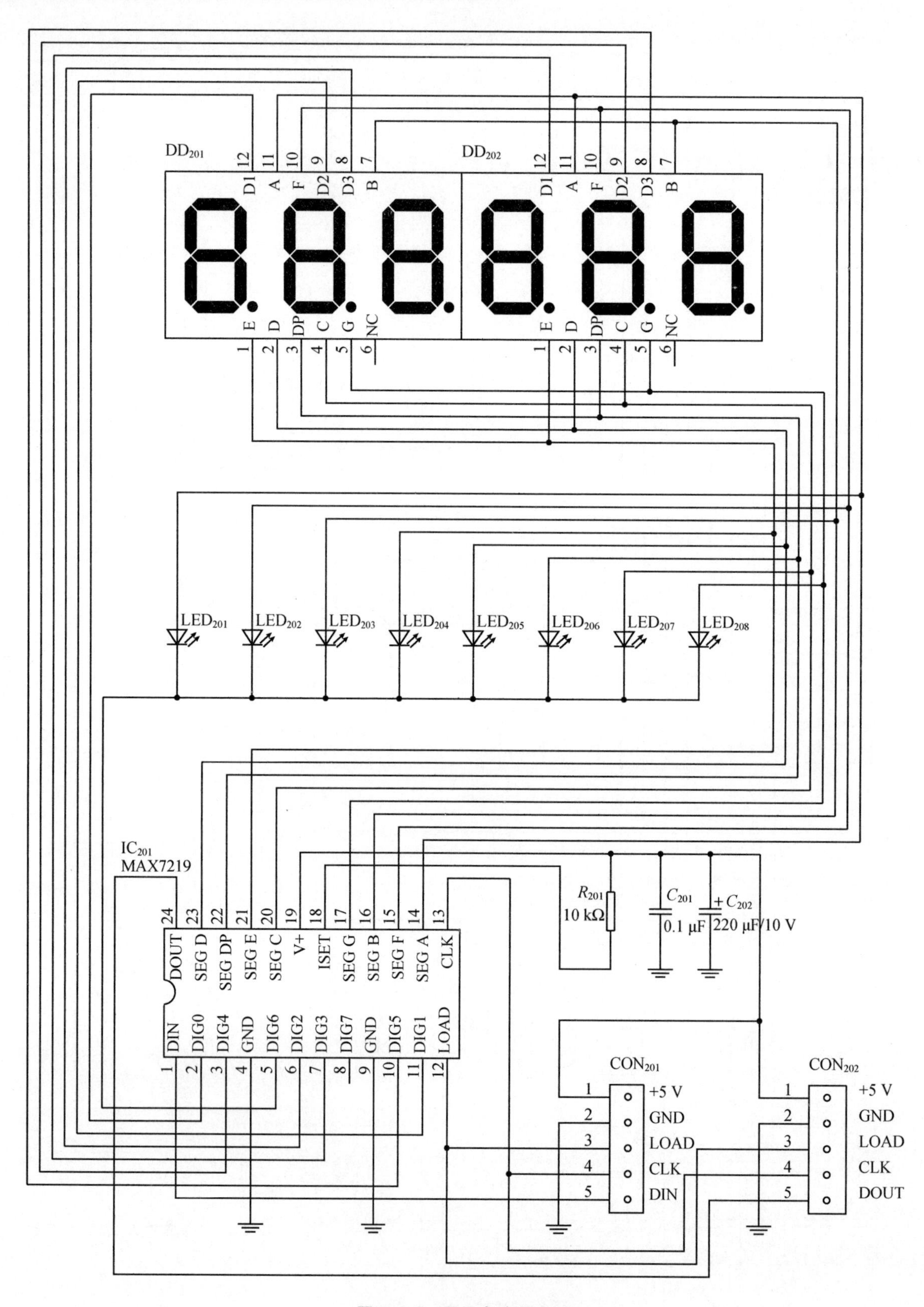

图 5.2.5　显示电路原理图

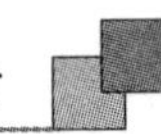

5.2.5 软件设计

家用电器耗电测试计的程序包括主程序、按键检测子程序、显示子程序、外部中断 0 服务程序、外部中断 1 服务程序和定时器 1 溢出中断服务程序几个部分。

1. 主程序

主程序的流程图见图 5.2.6，主要由初始化程序和主循环程序两部分组成。

单片机初始化完成后执行器件初始化程序，对 MAX7219 和 RS5C372A 的工作状态进行设置。MAX7219 设置为非译码模式、7 位扫描，内部 PWM 亮度调节占空比为 23/32。RS5C372A 的初始化可以参考其数据表推荐的流程，首先等待器件内部初始化完成，然后通过 XSTP 位判断内部振荡是否停止即时间数据是否有效，当由于后备电源电压过低而导致器件内部振荡停止时需要对器件重新设置，时、分、秒寄存器初始值均设为 0，显示设为 24 小时制，各中断均关闭。器件初始化程序中还包括一个简单的用户自检程序，自检时蜂鸣器长鸣，数码管各段及所有 LED 全部点亮，之后显示项目编号和软件版本号，用户可以了解软件信息以及显示和蜂鸣器电路是否工作正常。最后读出 E^2PROM 中存储的电费单价，并设置相关的寄存器的初始值。

主循环程序通过调用按键检测子程序和显示子程序完成 7 个按键的检测、处理以及显示的刷新。

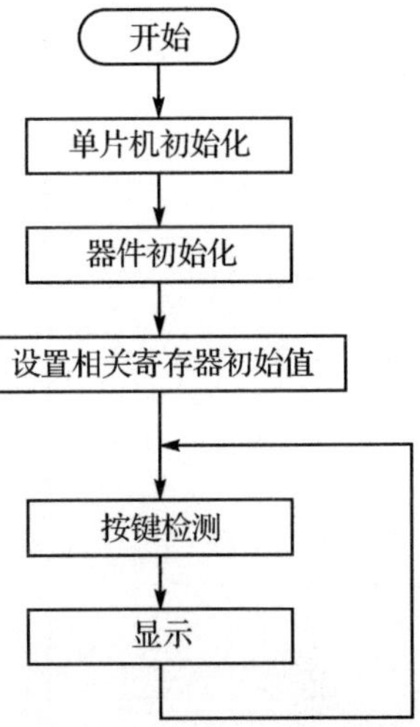

开始
单片机初始化
器件初始化
设置相关寄存器初始值
按键检测
显示

图 5.2.6 主程序流程图

2. 按键检测子程序

按键检测子程序的流程图如图 5.2.7 所示。7 个按键中，增大键和减小键比较特殊，这 2 个按键被按下后均会启动按键定时程序，1 s 后按键使能标志置位，允许相应的按键再被检测 1 次，以后每隔 200 ms 按键使能标志置位 1 次，这样每秒相应的按键被检测 5 次，实现按键按下 1 s 后自动连续执行操作的功能。其余 5 个按键为一般操作方式，按键按下后只响应 1 次。

各按键处理程序主要是根据不同的模式和状态，对相关标志位进行设置并修改或保存相关寄存器的值，实现相应的功能。启动键、暂停键和停止键操作的关系如图 5.2.8 所示。启动键处理程序对实时时钟进行设置使其输出计时脉冲，之后将计时使能标志置位，但此时并未允许电能计量，直到第一个计时脉冲到来时由外部中断 1 服务程序将电能计量使能标志置位，电能计量才开始，同时计时也从这一时刻开始。这样做可以保证测试实际开始时刻与计时脉冲同步，计时更加准确。

3. 显示子程序

显示子程序的流程图如图 5.2.9 所示，这部分程序主要任务是：根据当前的显示模式计算出相应的显示数值并更新状态指示，再控制 MAX7219 完成显示内容刷新。

为了能够充分合理地利用 6 位数码管进行显示，程序中根据不同的显示模式和数值设计了对应的显示格式。在电量和电费显示模式下，最初数码管的显示格式为“×.×××××”（“×”代表 1 位数字，下同），当显示数值超过 9.999 99 时数码管显示格式变为“××.××××”。电费金额显示数值有可能超过 99.999 9，如果超过则数码管显示格式为“×××.×××”。在电费单价设置状态数码管只有后 3 位显示，格式为“×.××”。当电量显示数值超过 99.997 5 溢出时，数码管前 5 位显示“Error”。在计时和时钟显示模式下数码管的显示格式为“××.××.××”，即“时.分.秒”，为了符合人们的习惯，“时”的首位如果为 0 则不显示。

虽然显示和计算都涉及小数，但为了简化运算，程序中没有使用浮点运算。相关数据在保存时先不考虑小数点，相当于将数值扩大若干个数量级，计算时在保证精度的情况下进行多字节运算，最后在显示时再根据数量级标志在适当位置加上小数点。

电量、计时和定时的运算比较简单，而电费金额的计算相对复杂些，如果直接计算电量和单价的乘积将需要更多的寄存器来保存数据，同时计算也变得烦琐，所以这里采用下式来计算：

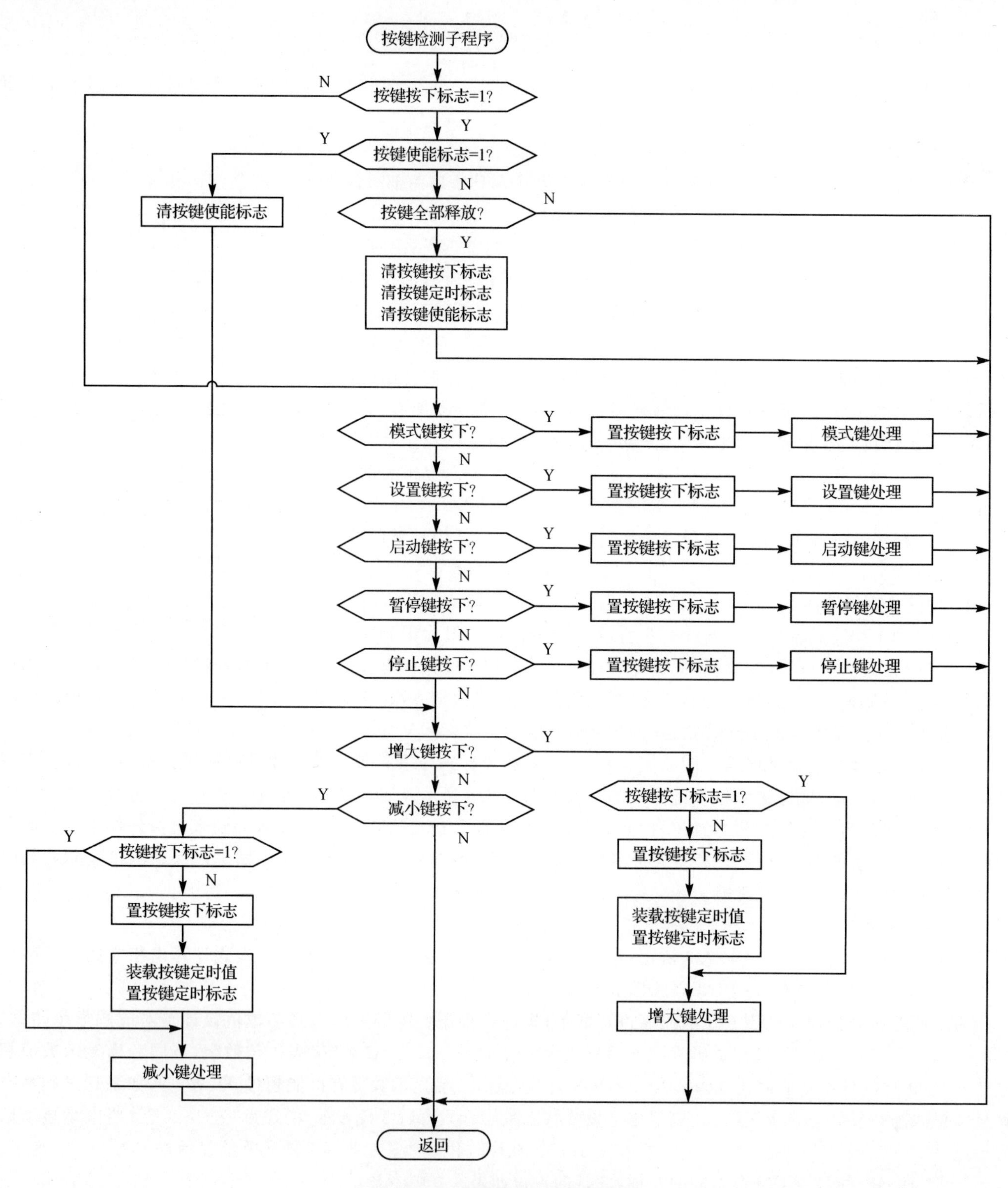

图 5.2.7　按键检测子程序流程图

$$C = EP/100 \tag{5.2.4}$$

即

$$C = [(E/25)P]/4 \tag{5.2.5}$$

式中，C 为电费金额，占用 3 个字节；E 为电量，占用 3 个字节；P 为电费单价，占用 1 个字节。在测试过程中，电量

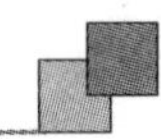

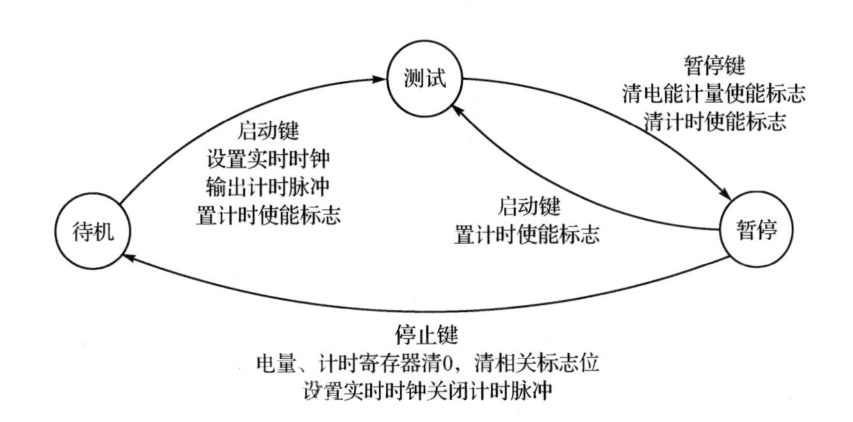

图 5.2.8　启动键、暂停键和停止键操作的关系

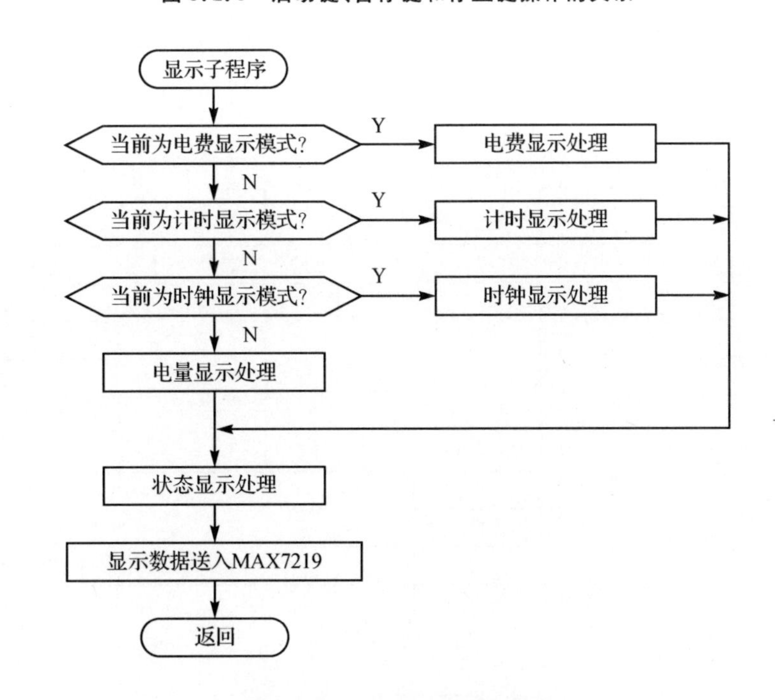

图 5.2.9　显示子程序流程图

每次更新时 E 在数值增加 125 或 25，因此 E 可以被 25 整除，在计算时首先通过“3 字节数/1 字节数”除法运算求得 $E/25$，显然计算结果不会超过 2 字节，再通过“2 字节数×1 字节数”乘法运算将 $E/25$ 与 P 相乘，最后通过向右移位的方法完成除以 4 的运算。如果计算结果超过 999 999 则还需要将计算结果再除以 10，计算完成后再将计算结果转换为 BCD 码用于十进制显示。

使用这种方法计算在各个步骤中计算结果均不会超过 3 个字节，简化运算的同时也降低了对单片机资源的要求。在计算过程中，程序会根据数值的大小及运算流程修改相关的数量级标志，这些标志将决定着最终显示时小数点的位置。

4. 外部中断 0 服务程序

外部中断 0 服务程序的主要任务是完成电量的累计，每当电能计量电路输出 1 个脉冲产生外部中断后这部分程序执行一次，流程图如图 5.2.10 所示。

当电量低于 10.000 0 kWh 时每接收到 4 个脉冲电量寄存器增加一次，对应电量增加 0.001 25 kWh，否则每接收到 8 个脉冲电量寄存器增加一次，对应电量增加 0.002 5 kWh。

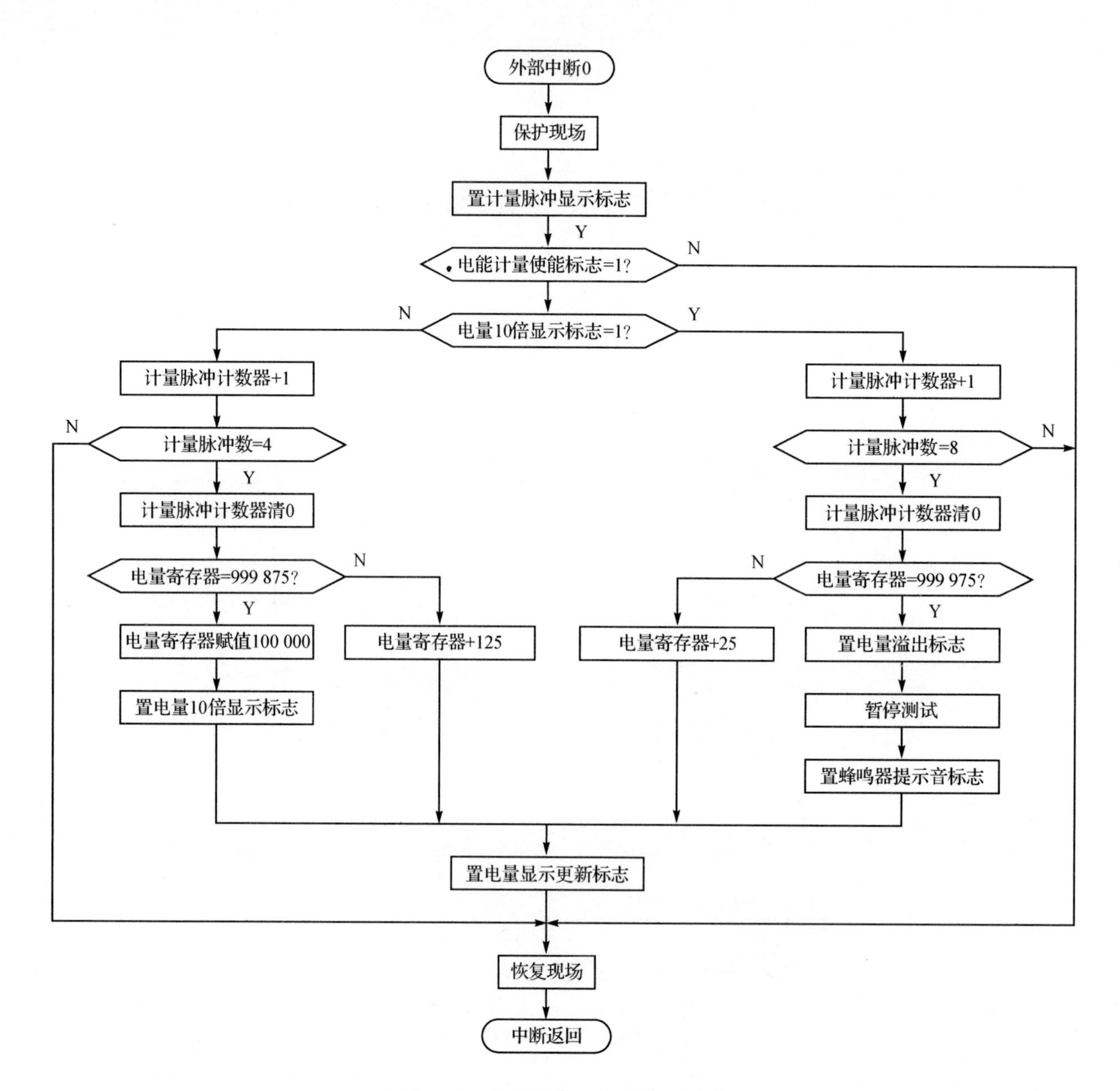

图 5.2.10　外部中断 0 服务程序流程图

5. 外部中断 1 服务程序

测试开始后，实时时钟每秒输出 1 个计时脉冲，由此产生外部中断，执行一次外部中断 1 服务程序。这部分程序主要是实现测试状态下计时和定时的功能，流程图见图 5.2.11。

6. 定时器 1 溢出中断服务程序

定时器 1 溢出中断服务程序的主要任务是为按键检测、闪烁显示及蜂鸣器鸣叫等需要定时处理的程序提供时间基准，每隔 1 ms 执行一次，流程图见图 5.2.12。

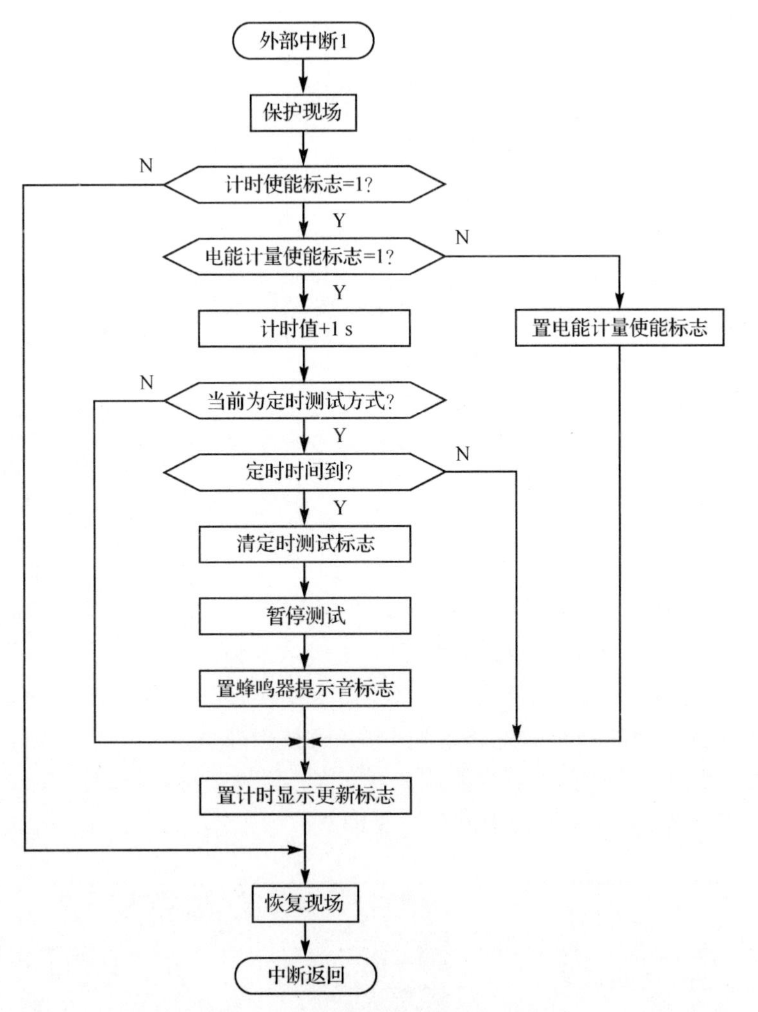

图 5.2.11　外部中断 1 服务程序流程图

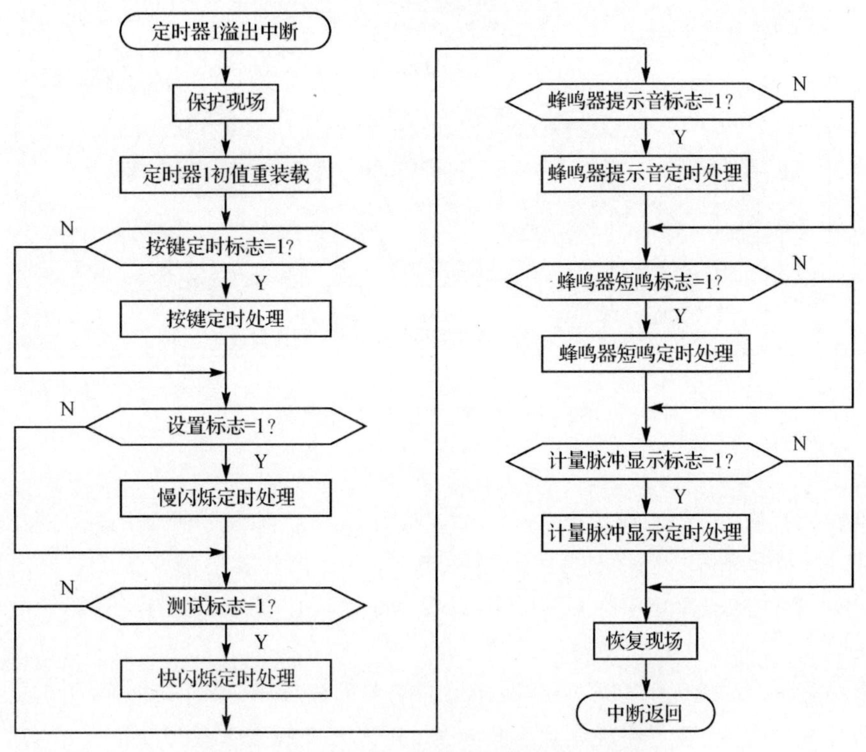

图 5.2.12　定时器 1 溢出中断服务程序流程图

5.2.6 制 作

1. PCB 设计与制作

为了方便制作和调试，家用电器耗电测试计电路分为多块 PCB，其中电能计量电路由电能计量 IC 板和强电板组成，控制电路由单片机板、实时时钟板、按键板和显示板组成。

(1) 电能计量 IC 板

ADE7755 及其外围器件绝大多数都是贴片元件，PCB 采用单面板布局，尺寸为 41 mm×28 mm，如图 5.2.13 所示。除晶体和排针外，其他器件均安装在焊接面。ADE7755 的电流通道和电压通道均为差分输入，在 PCB 布局时要注意保证每对差分输入的 2 条走线要尽量等长、等间距并且相互靠近，以保证阻抗一致，减少反射和共模噪声干扰。

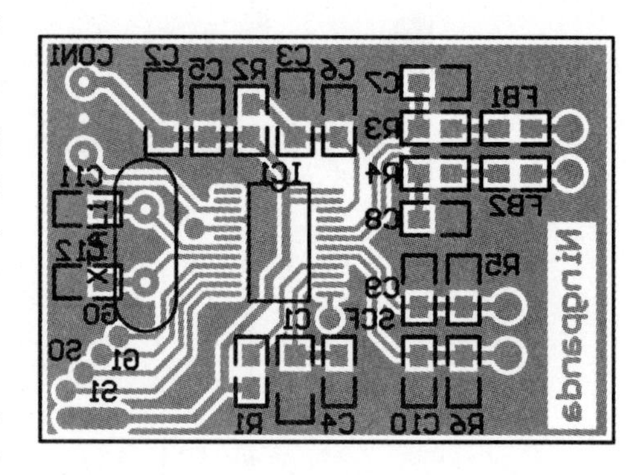

图 5.2.13 电能计量 IC 板 PCB 布局图

(2) 强电板

强电板主要是分流和分压电路，同时也为电能计量 IC 板提供电源，PCB 为尺寸约 118 mm×71 mm 的单面板，如图 5.2.14 所示。为了方便校准，JP_{101}～JP_{110} 均布局在焊接面。电能计量 IC 板将安装在强电板上，为了避免干扰，电路中将这两部分电路的地分离，通过磁珠 FB_{102} 汇集于一点。CON_{101} 和 CON_{102} 之间电压为交流 220 V，分流器有可能会通过 25 A 或更高的电流，因此相关走线要尽量粗并且保证足够的距离，满足安规中的相关要求。

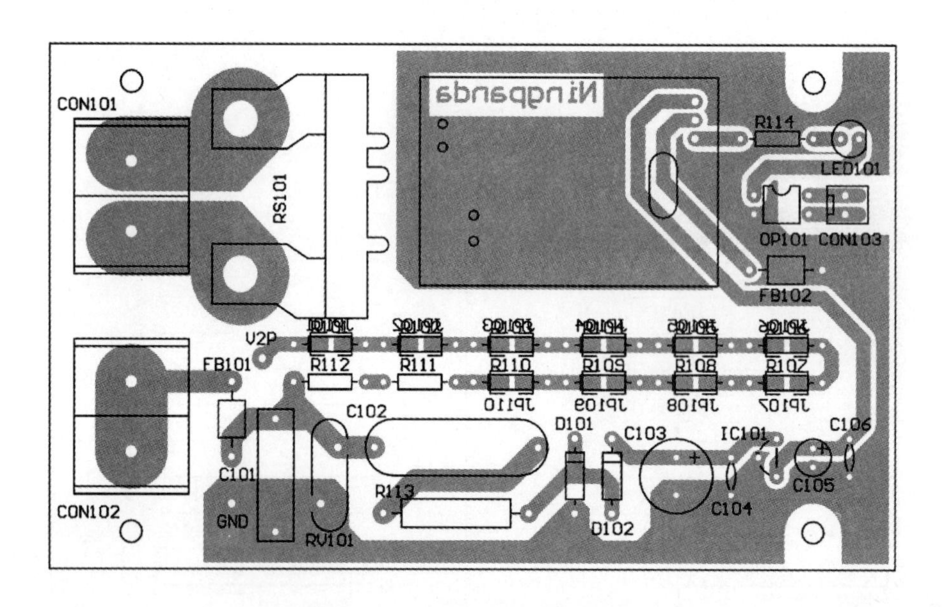

图 5.2.14 强电板 PCB 布局图

(3) 单片机板

单片机板采用单面板布局，尺寸约 142 mm×87 mm，如图 5.2.15 所示。控制电路的大部分器件都布局在这块 PCB 上，并且实时时钟板和显示板也将安装在这块 PCB 上，在布局时要协调好各个器件的位置，要保证不影响接插件插拔、不遮挡显示器件显示和蜂鸣器发声，同时又要利于变压器、稳压 IC 等发热器件散热。

(4) 实时时钟板

实时时钟板非常小，尺寸仅 33 mm×28 mm，同样也采用单面板布局，如图 5.2.16 所示。与电能计量 IC 板一样，这块 PCB 也以贴片元件为主，除了超级电容和排针外，其他元件都安装在焊接面。电路中晶体输入端阻抗非

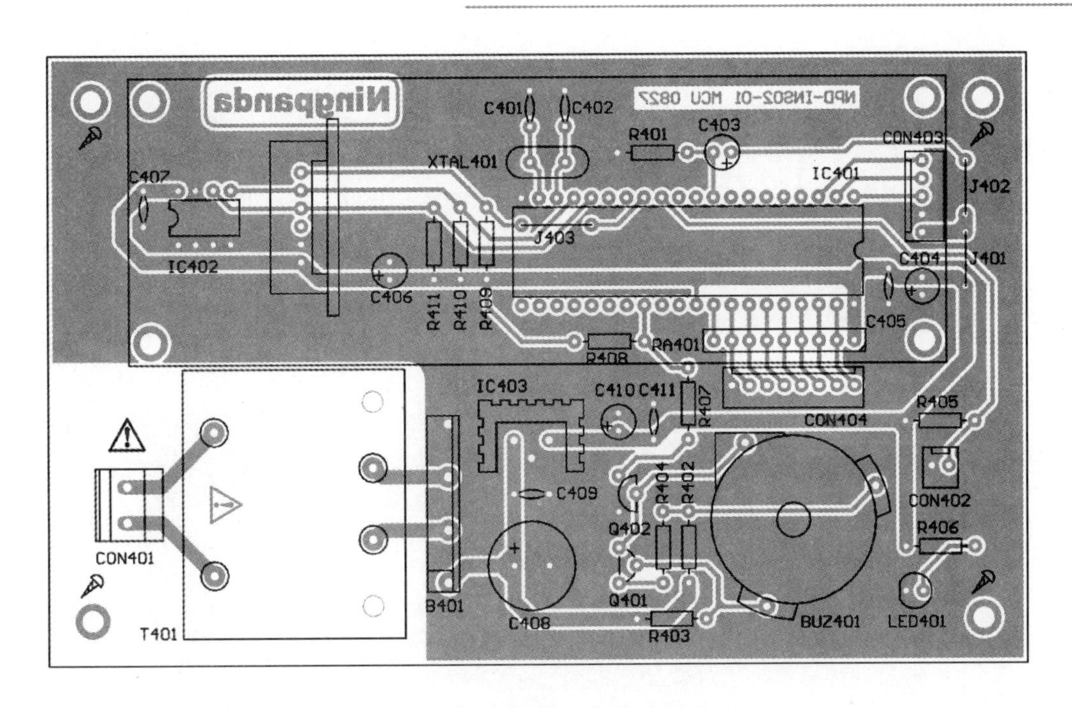

图 5.2.15 单片机板 PCB 布局图

常高，很容易受到干扰而导致时钟精度变差，因此 PCB 设计时要在晶体输入端周围适当地铺地，同时也要使晶体走线尽量短。

(5) 按键板

按键板为尺寸约 97 mm×40 mm 的单面板，非常简单，如图 5.2.17 所示。为了安装方便，插座布局在焊接面。

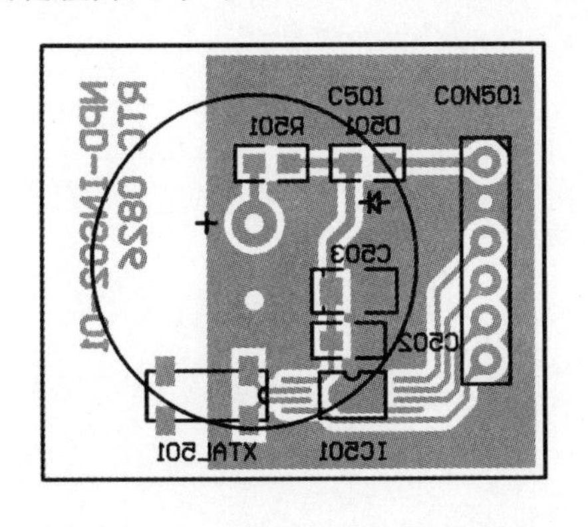

图 5.2.16 实时时钟板 PCB 布局图

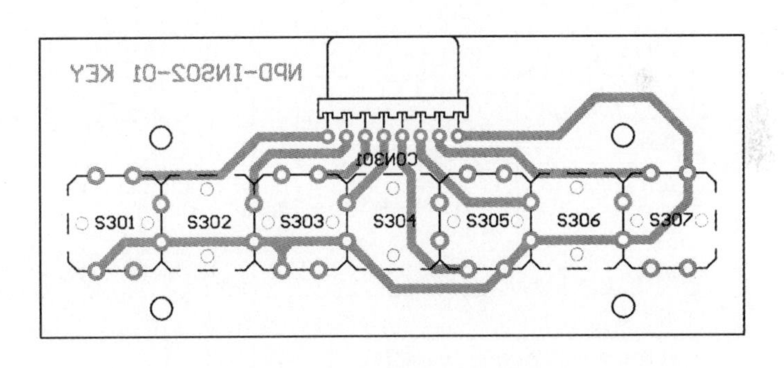

图 5.2.17 按键板 PCB 布局图

(6) 显示板

显示板虽然器件不多，但数码管和 LED 走线较多，因此采用双面板布局，所有元件安装在顶层，尺寸为 119 mm×41 mm，如图 5.2.18 所示。

2. 器件选择

制作家用电器耗电测试计所需要器件的种类和数量都比较多，备料时要仔细清点，以免遗漏。各块电路板的器件清单如表 5.2.1～表 5.2.6 所列，部分通用器件可以根据实际情况更改或代换。分流器的选择很重要，制造材料的温度系数要非常低，可以向电能表配套器件制造商订购。

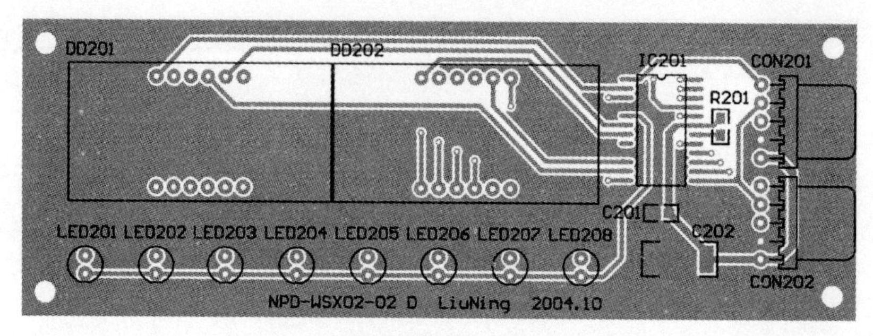

(a) 顶 层

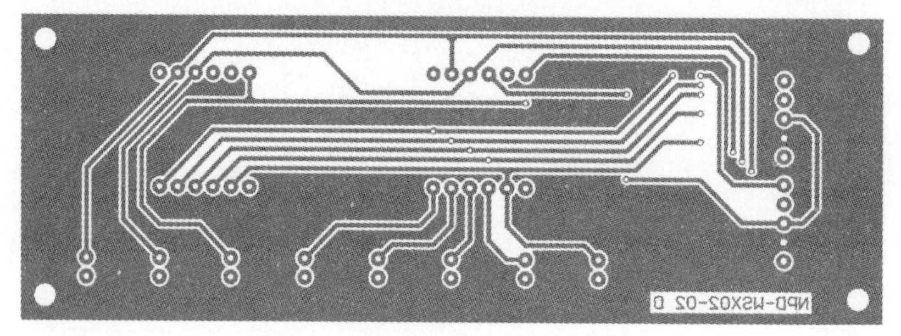

(b) 底 层

图 5.2.18 显示板 PCB 布局图

表 5.2.1 电能计量 IC 板器件清单(对应图 5.2.3)

序 号	名 称	型 号	数 量	编 号	备 注
1	贴片钽电容	10 μF/10 V	3	C_1～C_3	A 尺寸
2	贴片电容	0.1 μF	3	C_4～C_6	0805
3	贴片电容	0.033 μF	4	C_7～C_{10}	0805
4	贴片电容	22 pF	2	C_{11},C_{12}	0805
5	排针		1	CON_1	3P 直脚
6	贴片磁珠	150 Ω	2	FB_1,FB_2	0805
7	IC	ADE7755	1	IC_1	SSOP-24 封装,ADI
8	跳线		—	JP_1～JP_{10}	根据需要用导线连接
9	贴片电阻	1 kΩ	1	R_1	0805
10	贴片电阻	1 kΩ±1%	4	R_3～R_6	0805
11	贴片电阻	10 Ω	1	R_2	0805
12	晶体	49S/3.579 545 MHz	1	$XTAL_1$	

表 5.2.2 强电板器件清单(对应图 5.2.3)

序 号	名 称	型 号	数 量	编 号	备 注
1	薄膜电容	0.01 μF/400 V	1	C_{101}	有安规认证
2	薄膜电容	0.47 μF/400 V	1	C_{102}	有安规认证
3	电解电容	470 μF/35 V	1	C_{103}	
4	薄膜电容	0.1 μF	2	C_{104},C_{106}	
5	电解电容	100 μF/16 V	1	C_{105}	
6	接线端子		2	CON_{101},CON_{102}	25 A 以上,栅栏式

续表 5.2.2

序　号	名　称	型　号	数　量	编　号	备　注
7	插座	2510－2PH	1	CON_{103}	
8	稳压二极管	1N4744	1	D_{101}	15 V
9	二极管	1N4007	1	D_{102}	
10	磁珠	100 Ω	2	FB_{101}，FB_{102}	
11	IC	78L05	1	IC_{101}	TO－92 封装
12	贴片电阻	0 Ω	—	JP_{101}～JP_{110}	1206，校准时根据需要安装
13	LED	$\varphi3$	1	LED_{101}	红色
14	电阻	560 Ω/0.25 W	1	R_{101}	
15	电阻	1.2 kΩ/0.25 W	1	R_{102}	
16	电阻	2.2 kΩ/0.25 W	1	R_{103}	
17	电阻	5.1 kΩ/0.25 W	1	R_{104}	
18	电阻	9.1 kΩ/0.25 W	1	R_{105}	
19	电阻	18 kΩ/0.25 W	1	R_{106}	
20	电阻	39 kΩ/0.25 W	1	R_{107}	
21	电阻	75 kΩ/0.25 W	1	R_{108}	
22	电阻	150 kΩ/0.25 W	1	R_{109}	
23	电阻	300 kΩ/0.25 W	1	R_{110}	
24	电阻	330 kΩ/0.25 W	2	R_{111}，R_{112}	
25	电阻	470 Ω/5 W	1	R_{113}	
26	电阻	820 Ω/0.25 W	1	R_{114}	
27	分流器	350 μΩ	1	RS_{101}	锰铜合金
28	压敏电阻	14K420	1	RV_{101}	
29	光电耦合器	PS2501	1	OP_{101}	NEC

表 5.2.3　显示板器件清单（对应图 5.2.5）

序　号	名　称	型　号	数　量	编　号	备　注
1	贴片电容	0.1 μF	1	C_{201}	0805
2	贴片钽电容	220 μF/10 V	1	C_{202}	D 尺寸
3	数码管	0.56 寸 3 位共阴	2	DD_{201}，DD_{202}	红色，配插座
4	插座	2510－5PL	2	CON_{201}，CON_{202}	
5	IC	MAX7219	1	IC_{201}	SOP－24 封装，MAXIM
6	LED	$\varphi3$	4	LED_{201}～LED_{204}	红色
7	LED	$\varphi3$	2	LED_{205}，LED_{206}	黄色
8	LED	$\varphi3$	2	LED_{207}，LED_{208}	绿色
9	贴片电阻	10 kΩ	1	R_{201}	0805

表 5.2.4　按键板器件清单（对应图 5.2.4）

序　号	名　称	型　号	数　量	编　号	备　注
1	插座	2510－8PL	1	CON_{301}	
2	按键	B3F	7	S_{301}～S_{307}	12 mm×12 mm，配按键帽

表 5.2.5 单片机板器件清单(对应图 5.2.4)

序 号	名 称	型 号	数 量	编 号	备 注
1	整流桥	D3SB20,4A/200V	1	B_{401}	Shindengen
2	蜂鸣器	PKM24SPH3805	1	BUZ_{401}	3 脚压电自激式
3	独石电容	33 pF	2	C_{401},C_{402}	
4	电解电容	10 μF/16 V	1	C_{403}	
5	电解电容	100 μF/16 V	3	C_{404},C_{406},C_{410}	
6	薄膜电容	0.1 μF	4	C_{405},C_{407},C_{409},C_{411}	
7	电解电容	1 000 μF/25 V	1	C_{408}	
8	接线端子	MKDS 1,5/2-5,08	1	CON_{401}	PHOENIX CONTACT
9	插座	2510-2PH	1	CON_{402}	
10	插座	2510-5PH	1	CON_{403}	
11	插座	2510-8PH	1	CON_{404}	
12	IC	P89V51RD2	1	IC_{401}	配 IC 插座,其他兼容 MCS-51 指令系统的 DIP-40 封装单片机也可
13	IC	24LC01	1	IC_{402}	配 IC 插座
14	IC	7805	1	IC_{403}	配散热器
15	跳线	300 mil	2	J_{401},J_{402}	自制
16	跳线	400 mil	1	J_{403}	自制
17	LED	$\varphi5$	1	LED_{401}	绿色
18	三极管	2SC1815	2	Q_{401},Q_{402}	
19	电阻	10 kΩ/0.25 W	6	R_{401},R_{405},R_{408}~R_{411}	
20	电阻	150 kΩ/0.25 W	1	R_{402}	
21	电阻	620 Ω/0.25 W	1	R_{403}	
22	电阻	3.9 kΩ/0.25 W	1	R_{404}	
23	电阻	220 Ω/0.25 W	1	R_{406}	
24	电阻	1 kΩ/0.25 W	1	R_{407}	
25	排阻	RN9A103G	1	RA_{401}	10 kΩ×8
26	变压器	7.5 V/3 W	1	T_{401}	PCB 安装式
27	晶体	49S/12.000 MHz	1	$XTAL_{401}$	

表 5.2.6 实时时钟板器件清单(对应图 5.2.4)

序 号	名 称	型 号	数 量	编 号	备 注
1	超级电容	EECF5R5U105,1 F/5.5 V	1	C_{501}	Panasonic
2	贴片电容	0.1 μF	1	C_{502}	0805
3	贴片钽电容	10 μF/10 V	1	C_{503}	A 尺寸
4	排针		1	CON_{501}	6P 弯脚
5	二极管	MA2J728	1	D_{501}	SC-76 封装,Panasonic
6	IC	RS5C372A	1	IC_{501}	SSOP-8 封装,RICOH
7	贴片电阻	470 Ω	1	R_{501}	0805
8	贴片晶体	MC-306,32.768 kHz	1	$XTAL_{501}$	EPSON

3. 制作与调试

(1) 制 作

家用电器耗电测试计总共有6块PCB,制作过程中不要急于求成,要认真仔细逐块完成。电能计量IC板、实时时钟板和显示板都有不少贴片元件,焊接时要有耐心和技巧。

为了减小PCB面积,电能计量IC板没有在PCB上布局JP_1～JP_{10},而只有对应各设置端的焊盘,电路板焊接好后将各设置端焊盘就近与电源端或接地端短路即可完成相应的设置。强电板上的JP_{101}～JP_{110}先不安装,在校准时根据需要再安装。分流器和强电板是通过铜支撑柱连接的,将2根外径为8 mm具有M5螺纹的铜支撑柱焊接在强电板上,焊接时要保证2根铜支撑柱高度一致,并且在CON_{101}和CON_{102}相关走线的铜箔上镀一层锡,锡层要尽量厚,这样更加利于大电流通过。之后将分流器用M5的铜质螺钉固定在铜支撑柱上,一定要将螺钉旋紧,保证最小的接触电阻。电路焊好后,将电能计量IC板用带有不干胶的珍珠棉粘贴在强电板上预留的位置,再将排针焊好。

分流器一般有3个接线端,其中中间一端以及与其距离较远的一端为分流端,余下的一端为参考端。为了减少共模噪声干扰,分流端应通过双绞线与电能计量IC板电流通道输入端连接,并且连线要尽量短。差分输入必须要以一个共模端为参考,这里选择电路中的"地"为参考,分流器的参考端用导线与强电板的参考地相连。最后还需要将电能计量IC板的电压通道输入端与强电板的分压电阻网络用导线连接起来。连接线与分流器焊好后要用热缩管套封,并且各连线与强电板的连接处要用热熔胶加固,使整个电路板更可靠和耐用。制作好后的电能计量电路板如图5.2.19所示。

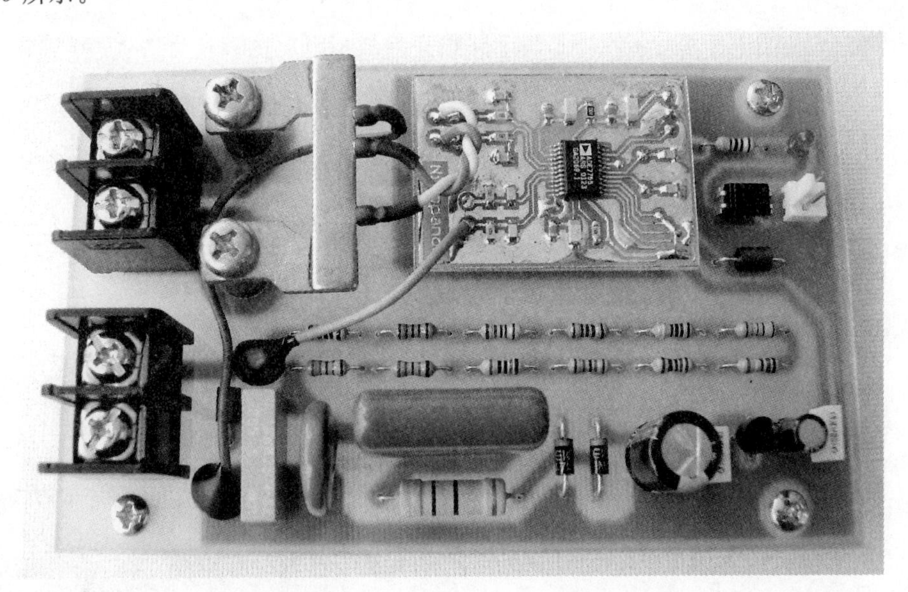

图5.2.19 制作完成的电能计量电路板

为了避免由于实时时钟板和显示板有故障而造成返工,在调试前暂时先不将这2块电路板固定在单片机板上。

(2) 调 试

本电路带有220 V市电,并且可能会连接功率较大的用电器,因此在调试和校准过程中一定要注意安全用电,采取必要的绝缘措施,调试时要集中精神,小心触电！带负载与市电连接时,应通过25 A的空气开关,以确保安全。

电路焊接好后可以先调试电能计量电路,对照电路原理图将电路检查几遍,确保焊接无误后按原理图将负载与电路连接妥当。通电后观察LED_{101},正常情况下LED会闪烁,负载功率越大,LED闪烁频率越高,为了便于观察,可以选功率稍大的负载,出于安全和节电考虑,一般以500～1 000 W的负载为宜。如果LED_{101}不闪烁则要检查ADE7755的电源是否正常,所有连接线以及电源和负载接入是否正确,逐步排查直到找出原因为止。

控制电路调试前要先确保实时时钟电路工作正常。给实时时钟板单独上电，用万用表应能测量到超级电容上的电压缓缓上升。在INTRB端接上拉电阻，正常情况下用示波器可以测量到INTRB端有32.768 kHz的脉冲输出，脉冲输出频率的准确程度也反映了时钟目前的准确程度，如有必要，可以在程序中对时钟校准。电路确认无误后就可以将实时时钟板安装在单片机板上，安装时保持实时时钟板与单片机板垂直，将实时时钟板的边缘紧贴单片机板压紧，之后再将排针焊好，如图5.2.20所示。

图 5.2.20 实时时钟电路板的安装

控制电路调试时不连接电能计量电路，而是用信号发生器来模拟电能计量电路输出脉冲，这样更容易获得所需要频率的脉冲，便于调试。可以将信号发生器输出电压调为5 V直接与电路相连，也可以将信号发生器按图5.2.3中脉冲输出部分的电路通过光电耦合器与电路相连。控制电路的调试主要是功能测试，硬件电路一般不会有太大问题。将显示板和按键板与单片机板连接好，上电后首先在自检时检查显示电路和蜂鸣器是否正常，之后就可以使信号发生器输出脉冲，对各项功能进行测试。由于超级电容充电需要较长时间，为了使时钟数据能够保存的时间长一些，首次使用或长时间不用后再次使用时最好让电路工作30分钟以上。

控制电路调试完毕后将显示板通过4根50 mm长的支撑柱安装在单片机板上，再用5芯排线与单片机板连接，最后制作好的控制电路板如图5.2.21所示。

(3) 校 准

家用电器耗电测试计是一种计量装置，经过校准后才可以使用。电能表生产厂家一般是采用标准电能表校验台来完成校准的，在实验室条件下家用电器耗电测试计可以参考电能表的校准方法来校准。将标准电压源和电流源与电能计量电路板连接妥当，用频率计测量输出脉冲的频率，通过JP_{101}～JP_{110}短路R_{101}～R_{110}来改变式5.2.3中提到的V_2。阻值越大的电阻对分压比影响越大，因此先短路阻值较大的电阻，即从R_{110}开始，再逐渐短路阻值小的电阻，反复调整直到输出脉冲频率与理论值最为接近时完成校准。如果有条件，将家用电器耗电测试计送交电能表生产厂家或相关检验部门校准则更加准确和省时。

图 5.2.21 制作完成的控制电路板

业余制作时，如果条件实在有限，也可以使用一个工作状态平稳、基本上为纯阻性的负载，如白炽灯、电炉、电暖气等配合万用表进行“业余校准”。将负载和家用电器耗电测试计连接好，用2台万用表分别测量负载的电压和电流，打开开关使负载开始工作，一段时间

后，当负载工作稳定电流基本不变时记下此时负载的工作电压。启动家用电器耗电测试计开始测试，再过一段时间后将测试计暂停，将显示电量与理论计算值比较，按上文提到的方法调整 JP_{101}～JP_{110}，重复以上过程直到显示电量与理论计算值最为接近时为止。“校准”时负载功率尽量选大些，当负载功率较小时要增加测量时间，此外可以多选几个负载多测量几次，平均各次的测量结果反复调整跳线使测试计尽量准确。当然这样算不上是真正的校准，但用经过“业余校准”的家用电器耗电测试计测试得到的数据对于一般用户还是很有参考价值的。

(4) 组　装

调试和校准完成后便可以进行最后的组装。由于电路带有强电，为了使用安全，外壳的绝缘性能一定要好。这里选用标准防水型仪用外壳，为阻燃塑料材质，绝缘性能好并且易于加工，非常适合于各类电子制作。

组装前要先对外壳进行加工，按图 5.2.22 在外壳面板上开 4 个窗口，由上到下分别是显示窗、按键窗、观察窗和插座窗，分别用于查看显示内容、安装按键板、察看各电路工作情况和安装电源插座。之后在面板背后显示窗和观察窗的相应位置分别安装一块比窗口尺寸略大的玻璃用来防尘，为了便于加工也可以用有机玻璃。在外壳侧面的适当位置可以再开一些密集的小孔或安装一块金属网，这样利于散热以及将蜂鸣器的声音传出。

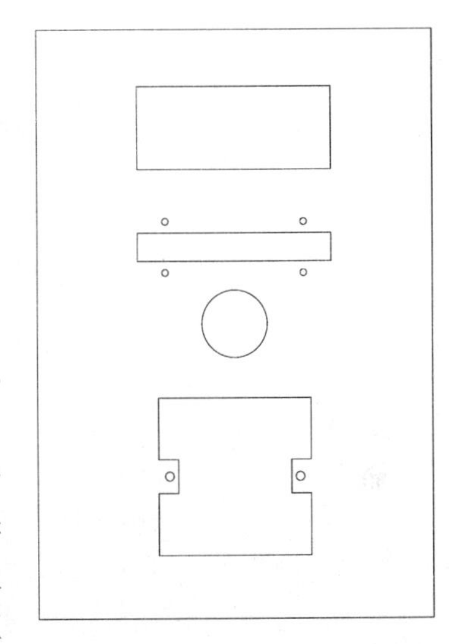

图 5.2.22　面板加工示意图

组装时先将按键板和电源插座用螺钉固定在面板上，电源插座最好选择带开关的标准 3 孔插座。如图 5.2.23 所示，在外壳上、下 2 个侧面分别安装一个 3 位大电流接线端子，低于 10 A 的负载可以直接通过电源插座连接，超过 10 A 的电器则通过接线端子连接。之后将电能计量电路板和控制电路板通过支撑柱安装在外壳适当位置，按图 5.2.23 将电路各部分连接好，主电源线和地线要选择截面面积为 $4\ mm^2$ 以上的铜导线，确保能通过 25 A 以上的电流。最后将按键板用 8 芯排线与单片机板连接，盖上面板后对整机进行一下简单测试，如果功能正常则用螺钉将面板固定好，家用电器耗电测试计就组装完成了，如图 5.2.24 所示。

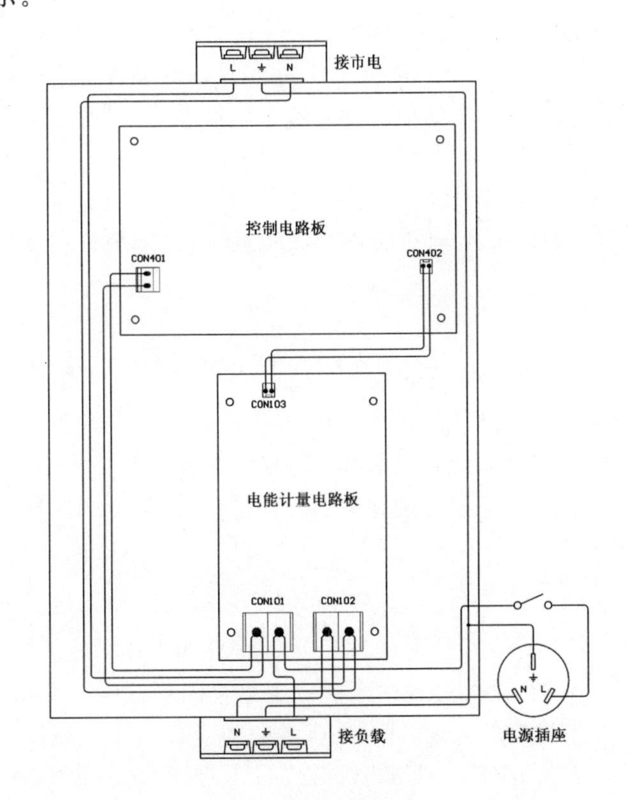

图 5.2.23　装配图

图 5.2.24　最后完成的家用电器耗电测试计

5.2.7 小　结

家用电器耗电测试计的设计、制作、调试和组装都相对比较复杂，完成整个制作需要投入一定的时间并且要有足够的耐心，但收获也是显而易见的。

家用电器耗电测试计电路中具有实时时钟，可以用于复费率计费测试，但本制作提供的程序未设计复费率计费，读者可以根据需要自行设计。一般情况下实时时钟的准确度能够满足要求，程序中未设计实时时钟校准程序，如果需要可以增加校准程序，进一步提高时钟准确度。读者也可以修改电路和程序增加更多实用的功能，如将测试数据传送至计算机进行用电情况统计、分析等。

在实际制作或转化为产品时也可以将全部电路采用双面板布局，这样可以减小 PCB 的尺寸并能够提高电路的可靠性，同时整机结构也变得紧凑，更加便于携带。此外还可以采用液晶显示来代替 LED 显示，从而降低功耗。

家用电器耗电测试计可以准确地了解各个电器的耗电情况，具有很强的实用性，对于节能有着引导意义，同时成本并不高，因此将之转化为产品也一定会具有很好的市场前景。

5.3 用 POS 机顾客显示屏制作的电子钟

5.3.1 概　述

电子收款机系统即通常所说的 POS(Point of Sale)机或 POS 终端，是一种安装有操作系统软件用于现金或非现金支付结算的设备，广泛应用于超市、商场、专卖店、餐馆等销售点。POS 机一般由计算机主机、视频显示器、键盘、读卡器、顾客显示屏、打印机和现金抽屉(钱箱)等多个设备组成。

随着现代商业和金融业的不断发展，POS 机也日益普及，POS 机及其相关设备的销售商也随之增多，在二手电子市场上也时常能够见到很多淘汰的 POS 机外部设备。POS 机工作强度很大、环境差，对设计和制造都有较高的要求，因此 POS 机产品一般都非常坚固和耐用，特别是一些国际品牌的产品制造精良，工作稳定性极佳，能够在恶劣环境下使用，淘汰的二手设备也还可以继续使用若干年。其实 POS 机的外部设备本身也是很理想的电子制作部件，稍稍花些心思就可以利用全新或二手的 POS 机外部设备设计制作出一些非常实用的电子装置，本节介绍一种用 POS 机顾客显示屏制作的电子钟。

本电子钟具有外观独特、功能多、显示直观以及能够在黑暗环境下使用等特点，它除了具有一般钟表常有的时间显示、日期显示、闹铃等功能外还具有周次显示和温度、湿度显示等实用功能，并且还能用语音播报日期、时间、温度和湿度，因而也适合盲人使用。

5.3.2 功能设计

本电子钟的功能设计以实用、操作简便和充分利用顾客显示屏为原则，同时与外观设计相结合，它具备了市场上常见的语音报时电子钟和万年历电子钟等多功能钟表类产品的基本功能。本电子钟日期设置范围为 2000-01-01～2099-12-31，时间设置范围为 0:00:00～23:59:59。考虑到电子钟主要在室内使用，温度和湿度的测量范围分别设计为 0～50 ℃和 10～90%RH，已能够满足一般的使用要求。

1. 显　示

本电子钟的显示设备即为顾客显示屏，显示内容如图 5.3.1 所示。显示分为 7 个部分，其中“日期显示”包括年、月、日，用于显示当天的日期，在设置状态下则显示设置的日期，设置过程中当前设置项会闪烁；“时间显示”包括时、分、秒，用于显示当前的时间，在时钟时间设置状态下显示设置的时钟时间，在闹铃时间设置状态下则显示设置的闹铃时间，设置过程中当前设置项会闪烁；“星期显示”用英文 MON、TUE、WED、THU、FRI、SAT 和 SUN 分别来表示星期一～星期六和星期日；“周次显示”用于显示当天所在周的周次；“闹铃指示”用于指示闹铃功能的开

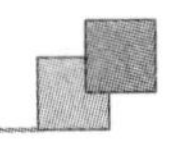

关状态以及区别时间设置状态，当闹铃功能开启时“闹铃指示”按图 5.3.1 所示的符号显示，当闹铃功能关闭时则“闹铃指示”右半部分的符号用“×”代替显示，在闹铃时间设置状态下“闹铃指示”会闪烁；“温度显示”用于显示当前环境的温度，单位为摄氏度，当测得的温度不在测量范围内或温度传感器发生故障时温度数值用字符“--”代替显示；“湿度显示”用于显示当前环境的相对湿度，以百分比表示，当测得的湿度不在测量范围内或湿度传感器发生故障时，湿度数值用字符“--”代替显示。

日期显示　时间显示

2008-12-26　12:47:38

FRI 52　19°C 65%RH

星期显示　周次显示　闹铃指示　温度显示　湿度显示

图 5.3.1　顾客显示屏显示内容

本电子钟电路板上设计有 3 个 LED，分别为电源指示、整点报时指示和语音电路工作状态指示，如图 5.3.2 所示。电源指示 LED 在电路正常工作时一直点亮，整点报时指示 LED 在整点语音报时功能开启后点亮，语音电路工作状态指示 LED 在语音播放时闪烁。

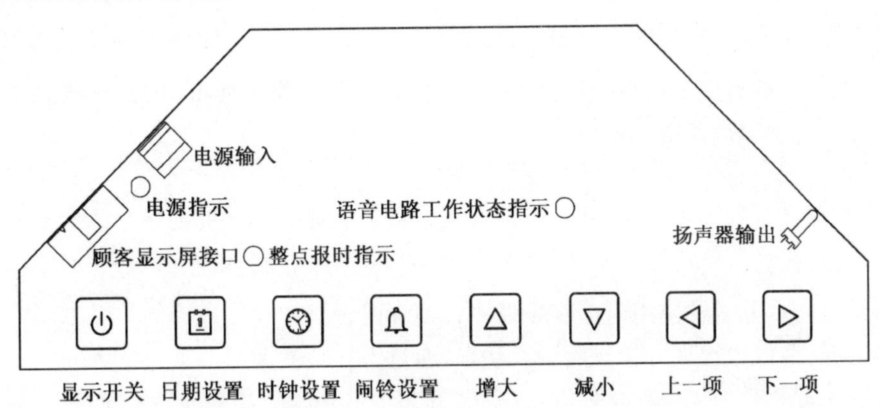

图 5.3.2　按键、LED 及各接口布局

2. 语音播报

为了使用更加方便以及适应不同用户的要求，本电子钟还设计了语音播报功能，可以作为除显示设备外的又一种日期、时间等信息输出方式。用户可以随时通过按键操作来聆听各信息的语音播报，还可以开启整点语音报时功能，每当整点时会自动播报一遍当前时间，为了不影响睡眠，整点语音报时功能仅在 8:00～21:00 这段时间有效。语音播报包括日期播报、时间播报和温度湿度播报 3 种，日期播报的内容为“叮咚_今天是_×年×月×日_星期×”；时间播报的内容为“叮咚_现在时间_×点×分”，逢整点则为“叮咚_现在时间_×点整”；温度湿度播报的内容为“叮咚_现在温度_×摄氏度_现在湿度_百分之×”，其中“_”为停顿，“×”为播报的数值(每 1 个“×”并不一定对应 1 个数字，具体含义由数值决定)，“叮咚”为提示音，用于引起人们注意以听清楚后续播报的内容。语音播报和闹铃的优先关系为“闹铃＞整点报时＞其他播报”，即整点报时能够打断其他语音播报，闹铃音则能够打断所有语音播报(包括整点报时)，在闹铃音播放过程中整点报时功能无效。

3. 按　键

如图 5.3.2 所示，本电子钟电路板上设计有 8 个按键，通过这些按键可以完成全部功能的操作，当按键按下后如果操作有效蜂鸣器会短鸣 1 声，否则蜂鸣器无声。各按键的详细功能如下：

① 显示开关键。

按下此键后可以按“打开显示→关闭显示”循环的顺序切换显示屏的开关状态，在时钟时间设置状态下按此键可以按“报时开启→报时关闭”循环的顺序切换整点语音报时功能的开关状态，在闹铃时间设置状态下按此键可以按“闹铃开启→闹铃关闭”循环的顺序切换闹铃功能的开关状态。

② 日期设置键。

按下此键后可以按“进入日期设置状态→退出日期设置状态”循环的顺序切换日期设置状态。

③ 时钟设置键。

按下此键后可以按“进入时钟时间设置状态→退出时钟时间设置状态”循环的顺序切换时钟时间设置状态。

④ 闹铃设置键。

按下此键后可以按“进入闹铃时间设置状态→退出闹铃时间设置状态”循环的顺序切换闹铃时间设置状态。

⑤ 增大键。

按下此键后可以播报一遍日期，在播报过程中再按此键可以停止播报，在设置状态下按此键后对应设置项的设置值加 1，如果按住按键不放保持 1 s 后设置值会自动连续加 1，直到按键释放为止，当设置值为最大值时按此键无效。

⑥ 减小键。

按下此键后可以播报一遍时间，在播报过程中再按此键可以停止播报，在设置状态下按此键后对应设置项的设置值减 1，如果按住按键不放保持 1 s 后设置值会自动连续减 1，直到按键释放为止，当设置值为最小值时按此键无效。

⑦ 上一项键。

按下此键后可以播报一遍温度湿度，在播报过程中再按此键可以停止播报，在设置状态下按此键可以返回上一设置项，当设置项为第一项时按此键无效。

⑧ 下一项键。

在设置状态下按此键可以进入下一设置项，当设置项为最后一项时按此键则保存设置值并退出设置状态。

4. 操　作

和一般的电子钟一样，本电子钟使用前也应先设置日期和时钟时间。

按下日期设置键或时钟设置键进入相应的设置状态，通过上一项键和下一项键选择年、月、日或时、分、秒等要设置的项目，再通过增大键和减小键修改设置值，各项设置完毕后按下一项键保存设置值并退出设置状态完成设置。设置过程中可以随时通过上一项键来更改已设置项的设置值，也可以再次按下日期设置键或时钟设置键退出设置状态而不保存设置值。

星期和周次无须设置，日期设置完毕后本电子钟会自动计算出星期和周次。

时钟时间设置的同时也能够通过显示开关键来开启或关闭整点语音报时功能。

闹铃根据需要来设置，闹铃时间设置与时钟时间设置类似，设置同时也能够通过显示开关键来开启或关闭闹铃功能。闹铃功能开启后，当时钟时间达到闹铃设置时间时闹铃音响起，此时可以按任意键来关闭闹铃音，如果一直没有按键被按下则 1 分钟后闹铃音自动关闭。

夜间或短时间不用可以通过显示开关键将显示屏关闭以降低功耗，同时也避免显示屏太亮影响睡眠。长时间不用应关闭电源，在断电的情况下电路内部时钟能够继续运行，日期、时间、闹铃等设置不会丢失。

5.3.3　硬件设计

本电子钟包括顾客显示屏和主机两部分，主机电路原理图如图 5.3.3 所示，电路主要包括顾客显示屏接口电路、实时时钟电路、温度及湿度测量电路、语音播放电路、单片机及其外围电路和电源电路几个部分。

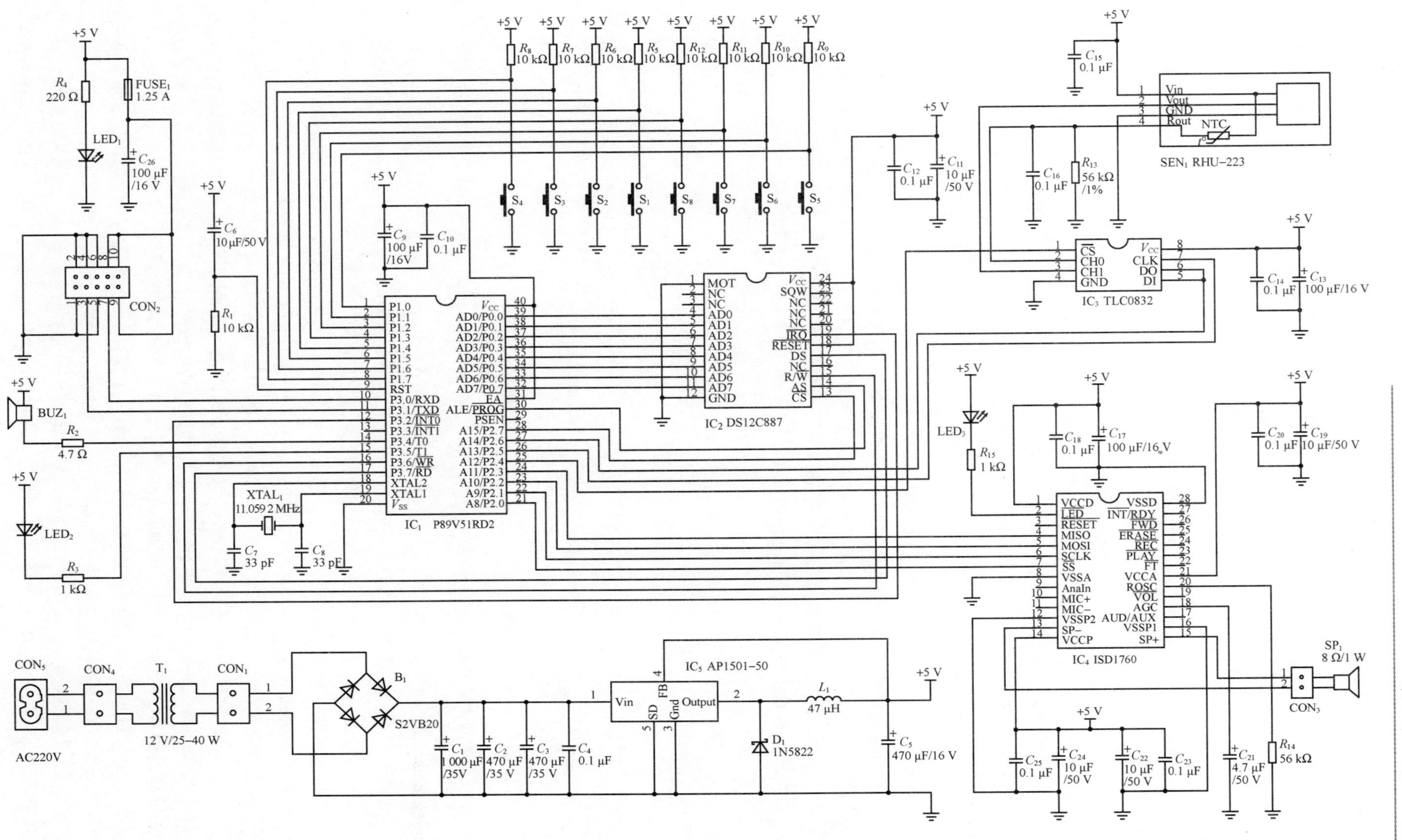

图 5.3.3　主机电路原理图

1. 顾客显示屏及其接口电路

顾客显示屏是POS机向顾客显示商品名和交易额等信息的设备，一般由显示屏和支撑柱两部分组成。根据显示屏内部显示器件的不同顾客显示屏可以分为LED型、LCD型和VFD(Vacuum Fluorescent Display，真空荧光显示器)型等几种，根据显示字符的不同常见的顾客显示屏又可以分为中文型和英文型两种。本电子钟的显示设备采用的是IBM 4614 SureOne系列POS机配套的顾客显示屏，它采用VFD显示器件。VFD是一种自身发光的器件，在黑暗环境下也可以使用，它具有亮度高、颜色鲜艳、可视角度大和寿命长等优点，广泛应用于仪器、办公自动化以及家用电器等产品。该显示屏为英文型，显示格式为20字符×2行，最多可以显示40个5×7点阵字符，每个字符尺寸为5.45 mm×9.50 mm，颜色为蓝绿色。

这款顾客显示屏通过串行接口控制，控制信号及电源通过Tyco/AMP的SDL(Shielded Data Link)接插件与控制设备连接。如图5.3.4所示，顾客显示屏上的SDL插座共有8个引脚，其中1～3脚为地，6～8脚为电源，工作电压为5 V，电源和地用了多个引脚主要是为了增大电流容量和提高可靠性；4脚为"忙"信号输出，当显示屏内部处于忙碌状态时此引脚输出高电平，此时不接收任何数据，当显示屏已经准备好接收数据时此引脚输出低电平；5脚为数据接收，此引脚与显示屏内部微控制器的RXD端相连，用于接收控制设备发送的数据。

由于串口通信采用5 V逻辑，所以电路中不需要电平转换IC。顾客显示屏配套的连接电缆两端均为SDL插头，考虑到SDL插座不易购买，所以在电路设计时顾客显示屏接口插座即图5.3.3中的CON_2选用了常用的10脚IDC(Insulation Displacement Connector)插座，连接时需要按图5.3.5的对应关系对电缆进行改造，将一端的SDL插头转换为IDC插头。如图5.3.3所示，当顾客显示屏与主机连接后其"忙"信号输出端和数据接收端分别与单片机IC_1的P3.0和P3.1/TXD相连，电源端与主机电路的5 V电源相连。当连接电缆老化破损、连接错误或顾客显示屏发生故障时，主机电源输出可能被短路，电路中保险管$FUSE_1$可以防止在这种情况下电源电路器件损坏。

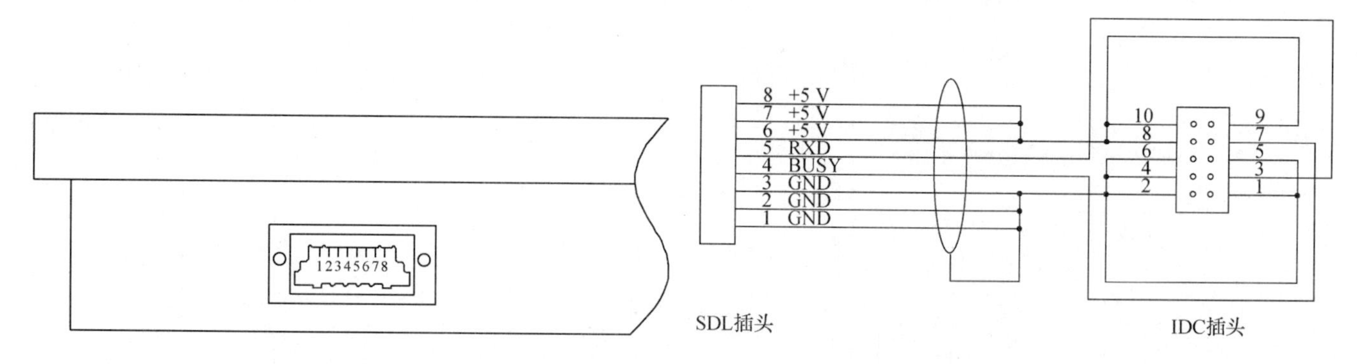

图5.3.4 顾客显示屏SDL插座引脚排列

图5.3.5 SDL插头与IDC插头的连接

2. 实时时钟电路

如图5.3.3所示，IC_2为MAXIM/DALLAS的实时时钟电路DS12C887，日期和时间的更新以及闹铃时间的检测均由该电路完成。DS12C887是一款常用的实时时钟电路，它是同系列产品DS1287和DS12887等型号的改进型，和这个系列的其他产品一样，DS12C887的引脚也与早期大量应用于IBM PC的实时时钟电路Motorola的MC146818兼容。与一般的实时时钟电路相比，DS12C887最突出的优点是器件本身包含了锂电池和晶体，内部锂电池可以保证时钟在断电的情况下运行10年之久，所以在实际应用时无须外接后备电源和晶体，简化电路设计的同时也方便了生产。此外DS12C887还具有可对2100年前的闰年自动补偿、利用世纪寄存器解决了"千年"问题、内部用户RAM可作为非易失性RAM使用、能够输出多种频率的方波等特点。

DS12C887可以选择Motorola和Intel两种总线时序，采用并行方式进行读写操作。本电路中DS12C887的MOT接地，选择Intel总线时序，适合于与MCS-51系列单片机接口。DS12C887与单片机的接口电路很简单，它和单片机扩展外部数据存储器的典型电路类似，只是不需要外接锁存器。DS12C887地址总线与数据总线复用，地址和数据均通过AD0～AD7传送，在AS下降沿时地址被锁存到DS12C887内部，AD0～AD7和AS分别与单片机的P0口和ALE连接。DS和R/W相当于一般数据存储器(如常用的62XXX系列SRAM)的OE和WE，分别与单片机的 RD 和 WR 连接。CS 为片选输入,低电平有效,本电路中 CS 通过单片机控制,在单片机 I/O 口有限的情况下 CS 也可以直接接地使 DS12C887 读写始终有效。IRQ 为中断请求输出,当中断产生时 IRQ 输出低电平,本电路中 IRQ 与单片机的 INT0 连接,IRQ 为漏极开路输出结构,可以与其他相同结构的中断源连接在一起来检测,由于 INT0 口内部有弱上拉,所以电路中 IRQ 没有再接上拉电阻。复位输入 RESET 与电源相连,始终禁止复位操作,上电和掉电均不会影响控制寄存器的设置。SQW 为方波输出,本电路中没有使用。

3. 温度及湿度测量电路

如图 5.3.3 所示,SEN_1为日本神荣(SHINYEI)的湿度传感器模块 RHU－223,它具有湿度测量范围宽、输出线性好、功耗低、体积小、重量轻和机械特性良好等优点。RHU－223 主要由湿度传感器和湿度变换电路组成,湿度传感器为神荣的湿敏电阻 HPR－MQ－M3,湿度变换电路将湿度的变化转换为模块第 2 脚输出电压即湿度电压的变化。RHU－223 的测量范围为 10%～90%RH,电源电压为 5 V 时对应的湿度电压为 0.74～3.19 V。温度对 RHU－223 测量结果的影响较小,对于一般的测量要求,在 10～40 ℃的室内环境下使用无须作温度补偿。RHU－223 模块上还安装有 1 个 NTC(Negative Temperature Coefficient,负温度系数)热敏电阻,因此 RHU－223 同时还可以用于温度测量。热敏电阻为芝浦(SHIBAURA)的 C16T－45,是一种表面贴装器件,它在 25 ℃时阻值为 50 kΩ,B 值(25/50)为 3 970 K。模块上的热敏电阻一端与电源连接,另一端直接通过模块第 4 脚引出,本电路中热敏电阻和 R_{13}构成电源分压电路,将温度的变化转换为 R_{13}分得的电压即温度电压的变化。

IC_3为 ADC(模数转换器),它对湿度电压和温度电压进行采样,将转换得到的数据送入单片机作进一步处理。本电路中的 ADC 选用 Texas Instruments 的 TLC0832,它是一款串行控制的 8 位逐次比较型 ADC,具有体积小、易于与微控制器接口和使用灵活等优点。TLC0832 有 2 个模拟输入端,可以通过软件配置为双通道单端输入或单通道差分输入,本电路按前者配置,湿度电压信号和温度电压信号分别送入 CH1 和 CH0。TLC0832 的参考电压即电源电压 V_{CC},因此湿度测量为绝对电压测量,V_{CC}的变化将会影响测量结果,而温度测量为相对电压测量即比率测量,V_{CC}的变化不会影响测量结果。TLC0832 与单片机接口共有 4 根线,分别为 CS、CLK、DO 和 DI。由于接口时序中 DI 输入数据时 DO 处于高阻状态,而 DO 输出数据时 DI 的状态已不再被内部电路检测,因此实际应用时可以将 DI 和 DO 连接在一起通过 1 个双向口来控制,这样能够简化电路并减少占用单片机 I/O 口。

4. 语音播放电路

语音播放由图 5.3.3 中的 IC_4来完成,IC_4为 Winbond/Nuvoton 的语音录放电路 ISD1760,在 12 kHz 的采样频率下录放总时间为 40 s,它是 ISD1700 系列电路中的一种。ISD1700 具有音质好、功能强大、可以分多段录放等优点,关于 ISD1700 的详细介绍及应用参见本书 4.3 节。在电子钟的实际应用中仅需要放音,录音可以在 IC 安装前通过语音录放装置或编程拷贝机来预先完成,因此本电路中仅保留了放音所必需的器件。R_{14}为振荡电阻,这里选 56 kΩ,对应的采样频率约为 12 kHz。为了方便测试及特殊情况下通过焊线或测试针应急录音,电路中也保留了自动增益控制端连接的电容 C_{21},一般情况下此电容也可以不接。LED_3为状态指示 LED,通过限流电阻 R_{15}与 IC_4连接,状态指示是 ISD1700 本身自带的功能,此 LED 不需要单片机或其他电路控制。

5. 单片机及其外围电路

如图 5.3.3 所示,IC_1为主机电路的控制核心,这里选用 NXP 半导体的 80C51 系列 40 脚低功耗单片机 P89V51。本电路需要控制的器件比较多,单片机除 P3.3 外的 I/O 口均被使用,其中 DS12C887 占用 12 个 I/O 口,TLC0832 占用 3 个 I/O 口,ISD1760 占用 4 个 I/O 口,8 个按键各占用 1 个 I/O 口。P3.0 和 P3.1 以及电源和地通过 CON_2引出与顾客显示屏连接,CON_2同时也可以作为单片机的在线编程接口,利用单片机的 ISP(In－System Programming)功能进行软件升级或调试。P3.4 和 P3.5 分别用来控制蜂鸣器和 LED,本电路使用压电式有源蜂鸣器,工作电流非常小,与 LED 一样可以由 I/O 口直接驱动。

6. 电源电路

如图 5.3.3 所示,电路中各器件以及顾客显示屏均为 5 V 电压供电。顾客显示屏的工作电流比较大,整个电路包括顾客显示屏在正常工作时总电流将近 1 A。如果用常用的线性稳压器如 7805 等供电,在电路工作时特别是在输入和输出压差较大的情况下器件的发热量很大，需要用大体积的散热器来散热，所以本电路采用工作效率比较高的DC－DC开关电源供电以使电路更轻巧。IC_5为DIODES/Anachip的降压型DC－DC变换器AP1501－50，它输出电压为5 V，输出电流可达3 A，在输入电压为12 V、输出电流为3 A时效率为80%。AP1501－50主要由误差放大器、振荡器、比较器、驱动器、基准电压源和过热保护等电路组成，并且其内部还集成了大电流开关管，使外围电路更加简单。AP1501－50的开关频率为150 kHz，与低频开关稳压器相比可以使用更小尺寸的滤波器件，减小电路体积的同时也能够降低成本。

交流220 V市电由CON_5接入，通过变压器T_1降为低压交流电，经过整流和滤波后送入AP1501－50的电压输入端Vin。AP1501－50推荐的输入电压范围为7～40 V，考虑到整流桥的压降及滤波电容和负载对输入电压的影响，变压器的次级电压可以在交流9～28 V之间选取。

输入滤波电容的耐压要留有余量，一般应为Vin实际输入电压最大值(空载时的输入电压)的1.5倍或更高。输入滤波电容C_1～C_3都是接在Vin与地之间，其主要作用是抑制输入电压的瞬态变化以及在开关管打开时提供电路所需的电流，本电路对输入滤波电容允许的RMS(均方根)纹波电流有一定的要求，一般至少应为直流负载电流的1/2。低ESR(Equivalent Series Resistance，等效串联电阻)电容往往允许的RMS纹波电流也比较大，所以电路中C_2和C_3选用了低ESR电容。C_1为普通大容量电容，这里采用多个小容量低ESR电容与普通电容并联而没有用单个大容量低ESR电容，其目的是在满足电路对电容性能要求的前提下降低成本，同时这样做也能够降低电容的整体高度，方便安装和外壳设计。C_4为小容量电容，其主要作用是抑制高频干扰以及提高器件在低温时的稳定性，一般情况下C_4也可以不接。

AP1501－50的Output为内部开关管输出端，与续流二极管D_1和储能电感L_1相连。D_1为3 A/40 V的肖特基二极管1N5822，其作用是在开关管关闭时为电感电流提供回路。L_1的主要作用是储存能量，所有的开关稳压器都有两种工作模式，分别为连续模式和非连续模式，二者的区别主要是流过电感的电流不同。在一个开关周期内，如果电路工作在连续模式则电感始终有电流流过，而工作在非连续模式则流过电感的电流在一段时间内为0，AP1501－50既可以工作在连续模式又可以工作在非连续模式。在大多数的应用中连续模式是首选的工作模式，这种模式能够提供更大的输出功率，开关管、续流二极管和电感的峰值电流更小，并且输出的纹波电压也更低，但这种模式特别是在低负载电流、高输入电压的情况下需要较大的电感来维持流过电感电流的连续性，电路体积和成本可能会略有增加，对于低负载电流和高输入电压的应用，开关稳压器更适合工作在非连续模式。本电路中L_1的电感值按工作在连续模式来选择，对于一般的应用电感值的大小可以根据负载电流和输入电压来确定，负载电流越小、输入电压越高选择的电感值也应越大，本电路电源最大负载电流和输入电压分别按2 A和15 V来设计，L_1取47 μH。

C_5为输出滤波电容，除了滤波外它还起到提高稳压器闭环控制稳定性的作用，为了尽可能地降低输出电压纹波，C_5应选用低ESR电容。C_5上的电压即输出的5 V工作电压同时也通过AP1501－50的输出电压反馈控制端FB送入内部误差放大器，实现闭环控制。

AP1501－50具有关断功能，当关断控制端SD的电压高于阈值电压(典型值为1.3 V)时输出关断，此功能对于延时启动、电源切换和过、欠压电源控制等应用非常有用。本电路SD接地，输出始终处于打开状态。

5.3.4 软件设计

本电子钟的软件相对比较复杂，主要包括主程序、按键处理子程序、时间日期更新子程序、星期周次计算子程序、温度湿度测量子程序、显示子程序、闹铃处理及语音播放子程序、外部中断0服务程序和定时器0溢出中断服务程序几个部分。

1. 主程序

主程序的流程图见图5.3.6，单片机初始化后即对各器件进行初始化。DS12C887初始化主要是选择数据模式、时间格式以及使能需要的中断；顾客显示屏初始化主要完成设置显示换行方式和定义闹铃指示等字库中没有的特殊字符；ISD1760初始化主要是对音量、音频输入、输出进行设置。

初始化后进入主循环程序，完成按键处理、时间更新、温度湿度测量、显示更新和语音播放处理等任务。

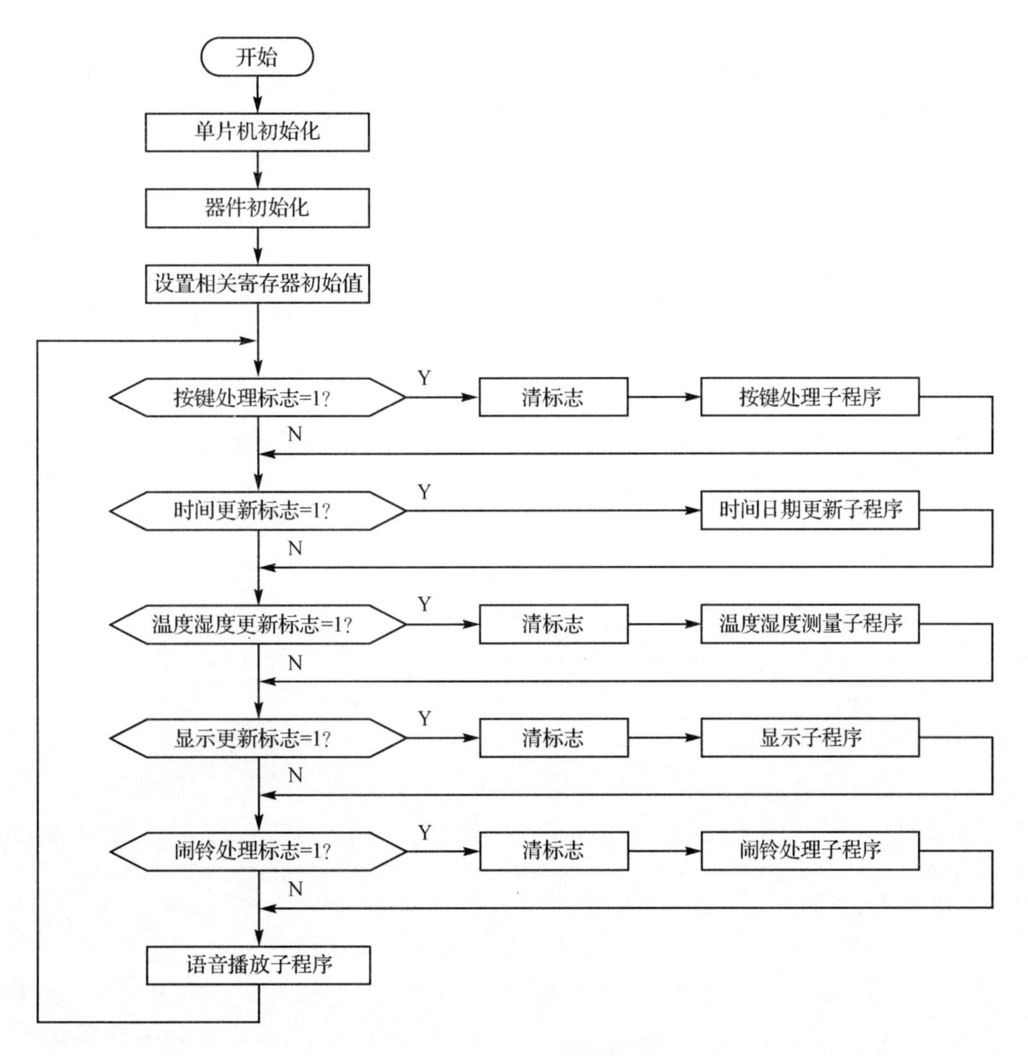

图 5.3.6　主程序流程图

2. 按键处理子程序

按键处理子程序流程图如图 5.3.7 所示，其主要任务是根据按键值完成相应的操作。

3. 时间日期更新子程序

时间日期更新子程序的主要任务是更新时间和日期寄存器的数值及判断和处理整点报时，这部分程序由时间更新标志控制执行，流程图如图 5.3.8 所示。从 DS12C887 读取时间和日期要先检测更新处理位 UIP，UIP 由 0 变为 1 后再过 244 μs 芯片内部更新时间、日期等寄存器的数据。因此当检测到 UIP 为 0 时 DS12C887 短时间内不会更新数据，单片机至少有 244 μs 的时间可以读取数据；而当检测到 UIP 为 1 时则 DS12C887 即将要更新数据，此时不能读取数据，否则可能得不到正确的结果。在读取数据时最好禁止中断，以免在读取过程中插入中断服务程序使读取过程超过 244 μs，从而导致读取到错误的数据。

4. 星期周次计算子程序

为了方便叙述和计算，这里用数字 1～7 分别表示星期一～星期日，这个数字称为星期值。星期计算子程序主要用于日期设置时自动计算星期值，周次计算子程序在每次时间更新后被调用来更新周次。

星期计算子程序实现通过某日的日期求得这一天的星期值，它相对比较简单，将已知星期值的一天（可以为任意一天，如 2000 年 1 月 1 日，星期六）作为参考日，由于每星期的天数固定为 7 天，所以只要计算出某日距参考日的天数即可推算出这一天的星期值。为了简化程序并加快计算速度，同时也为了兼顾接下来周次计算的需要，程序中将预先查好的 2000～2099 年每一年 1 月 1 日的星期值按年份列成表，这样只需要求得某日距当年 1 月 1 日的天数就可以计算星期值。

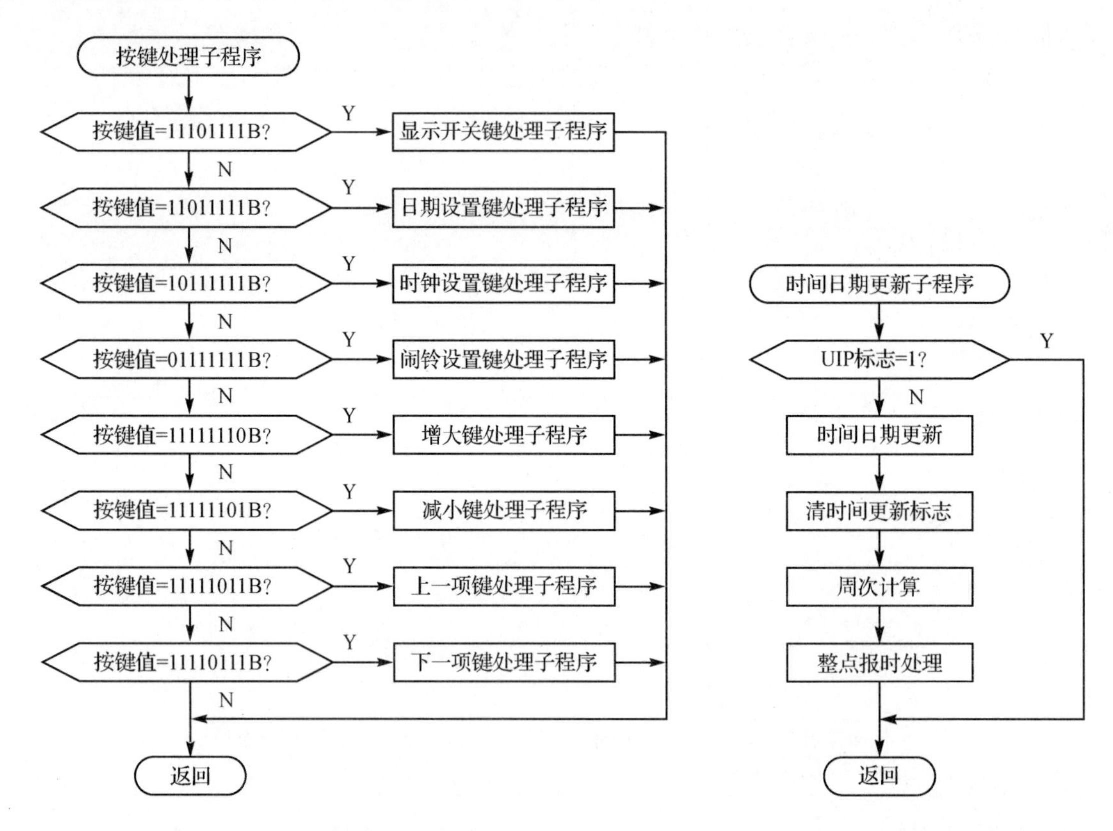

图 5.3.7 按键处理子程序流程图　　　　图 5.3.8 时间日期更新子程序流程图

某日距当年 1 月 1 日的天数可以通过下式计算：

$$d_{\mathrm{T}} = d_{\mathrm{M}} + d_{\mathrm{D}} \tag{5.3.1}$$

式中，d_{T}为某日距当年 1 月 1 日的总天数；d_{M}为某月 1 日距当年 1 月 1 日的天数，程序中将预先计算好的 d_{M}按月份列成表，由于表中 2 月按 28 天计算，所以闰年 2 月以后的 d_{M}应为查表所得数值加 1；d_{D}为某日距当月 1 日的天数，数值为当天日期减 1。

星期计算子程序流程图如图 5.3.9 所示，程序中先计算出 d_{T}，之后将之与 7 相除，再根据计算得到的余数 r 和查表得到的当年 1 月 1 日的星期值 n 推算出当日的星期值。

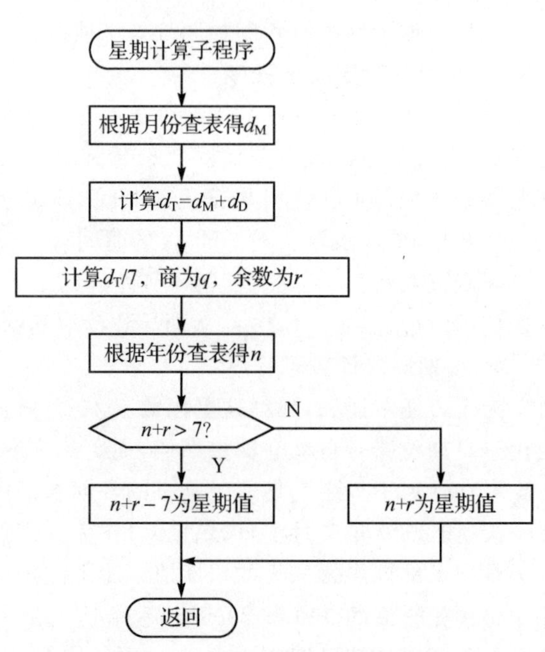

图 5.3.9 星期计算子程序流程图

周次在生产和教学中经常被用到，本电子钟也设计了周次显示功能。周次计算子程序实现通过某日的日期求得这一天所在周的周次，它与星期计算子程序相比复杂很多，主要是由于周次概念比较复杂，需要判断的条件很多，在研究周次的计算方法之前首先要了解清楚周次的概念。某一周的周次是指该周为当年的第几周，要计算某一天所在周的周次必须要知道当年第一周是从哪一天开始，关于这一点国际上有相关的标准，每年的第 1 周并不一定是该年第一天（1 月 1 日）所在的周。国际标准 ISO 8601 中规定星期一为每周的第一天，每年第一个星期四所在的周为该年的第 1 周，也等同为每年 1 月 4 日所在的周为该年的第 1 周。根据上述规定可以得出如下结论：

① 每年最初几天（不超过 3 天）有可能在上一年的最后一周；

② 每年最末几天（不超过 3 天）有可能在下一年的第一周；

③ 每年的最后一周可能为第 52 周也可能为第 53 周。

周次计算时要特别考虑以上 3 点，如果需要计算周次的某天为当年的最初几天，则程序中要判断该天所在周是当年的第 1 周还是上一年的最后一周；如果需要计算周次的某天为当年的最末几天，则程序中要判断该天所在周是当年的最后一周还是下一年的第 1 周；当判断结果为当年或上一年的最后一周时，还需要进一步判断该年的周次是否有第 53 周。

由于每周有 7 天，每年有 365 天(平年)或 366 天(闰年)，因此每年日期与星期的对应关系不外乎图 5.3.10 所示的 7 种情况(图中括号内的日期为闰年时的情况)。根据日期与星期的对应关系并结合上述 ISO 8601 的规定可以归纳出如下结论：

① 不论平年或闰年，只要该年 1 月 1 日为星期四则该年的周次就有第 53 周；

② 闰年该年 1 月 1 日为星期三则该年的周次也有第 53 周。

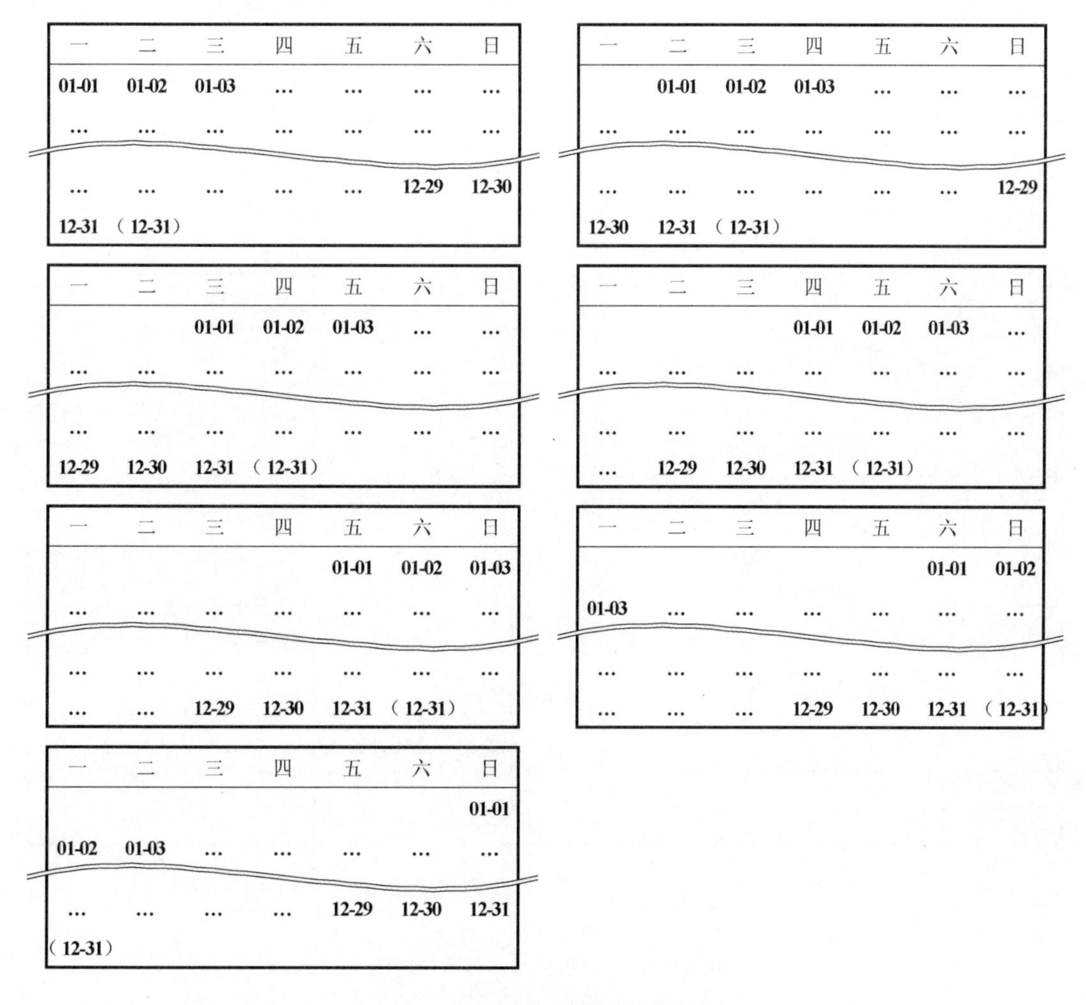

图 5.3.10 日期与星期的对应关系

周次计算子程序流程图如图 5.3.11 所示，程序的前半部分与星期计算类似，星期计算仅用到了 $d_T/7$ 的余数，而在周次计算中 $d_T/7$ 的商和余数均被用到。其中商 q 作为临时周次，余数 r 用于判断计算周次的这一天是否处于临时周次的那一周星期日之后(下一周)，如果是则临时周次要加 1，当年 1 月 1 日如果在第 1 周则临时周次要再加 1。之后得到的临时周次如果为 1～52 则临时周次即为最终周次的计算结果；如果临时周次为 0 则计算周次的这一天在上一年的最后一周；如果临时周次为 53 则这一天在当年的第 53 周或下一年的第 1 周。对于后两种情况程序根据上文提到的关于第 53 周的 2 点结论来判断得到最终周次的计算结果，当然，在不考虑算法通用的情况下为了简化程序也可以用某 2 个特定数值来分别表示是否有第 53 周，将 2000～2099 年每一年是否有第 53 周按年份列成表，程序根据年份查表通过判断所得数值来得到最终周次的计算结果。

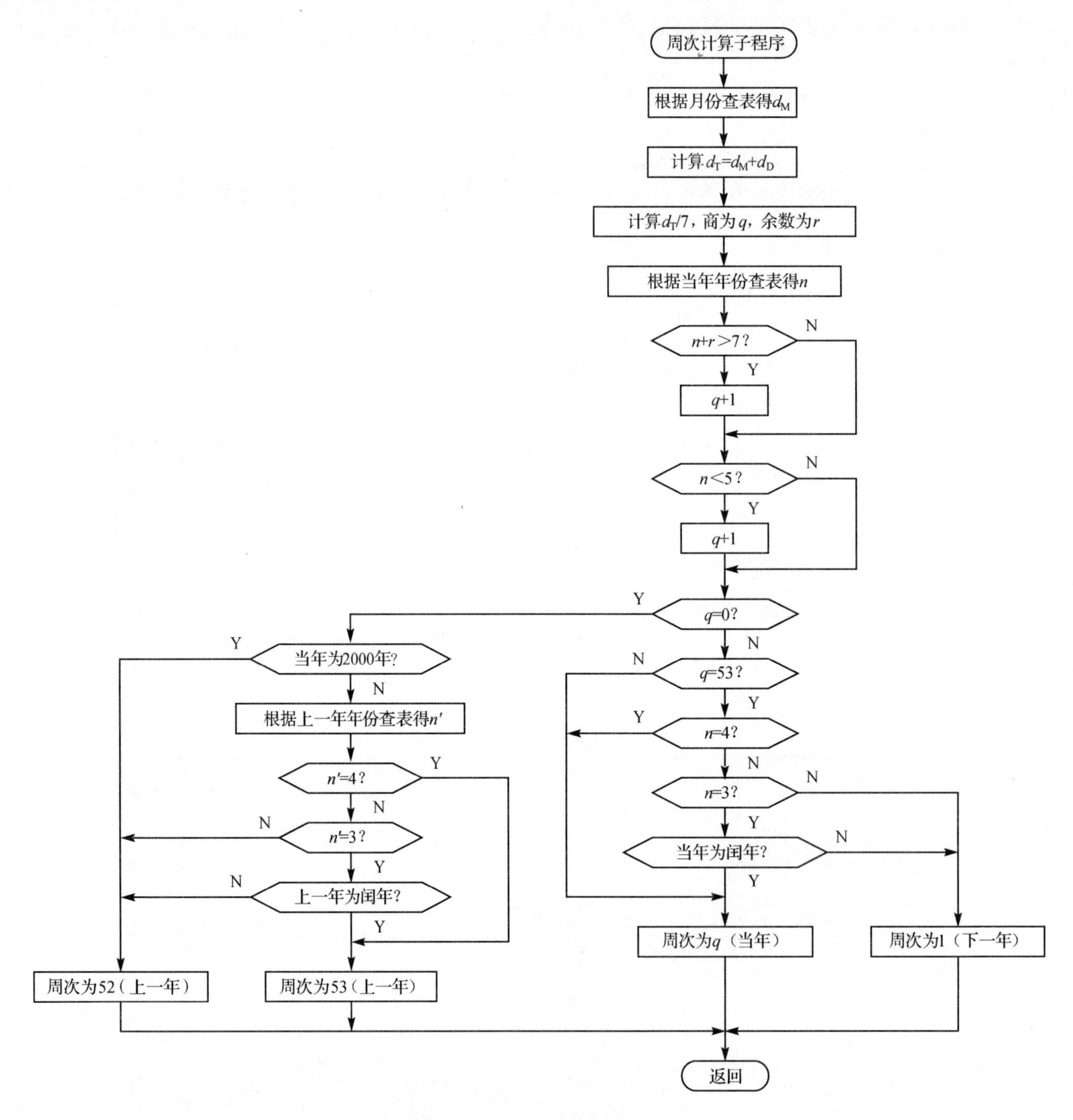

图 5.3.11　周次计算子程序流程图

星期计算和周次计算都涉及闰年的判断，闰年的一般判断规则为：

① 能被 4 整除但不能被 100 整除的年份为闰年；

② 能被 100 整除同时又能被 400 整除的年份也为闰年。

本程序中需要计算的年份为 2000～2099 年，对于这 100 年（包括 2000 年）能被 4 整除的年份即为闰年，程序中按此规则判断即可。

5. 温度湿度测量子程序

温度湿度测量子程序的主要任务是控制 TLC0832 对温度电压和湿度电压进行采样，根据处理后的采样数据通过查表得到对应的温度数值和湿度数值，如果处理后的采样数据超过允许范围则将相关错误标志置 1，这部分程序由温度湿度更新标志控制每秒执行一次。TLC0832 采用串行方式控制，时序比较简单，它可以输出高位在前、低位在后和低位在前、高位在后两种形式的转换结果数据，本程序采用前者。电子钟用于室内，工作环境相对比较理想，一般不需要设计太特殊的数字滤波程序，这里采用常用的去极值平均滤波法即去掉最大值和最小值后再求算术平均值的方法对采样数据进行处理，如果要求不高数字滤波程序也可以去掉。

6. 显示子程序

显示子程序的流程图如图 5.3.12 所示，它的主要任务是控制顾客显示屏更新显示内容，这部分程序由显示更新标志控制每秒执行 4 次。

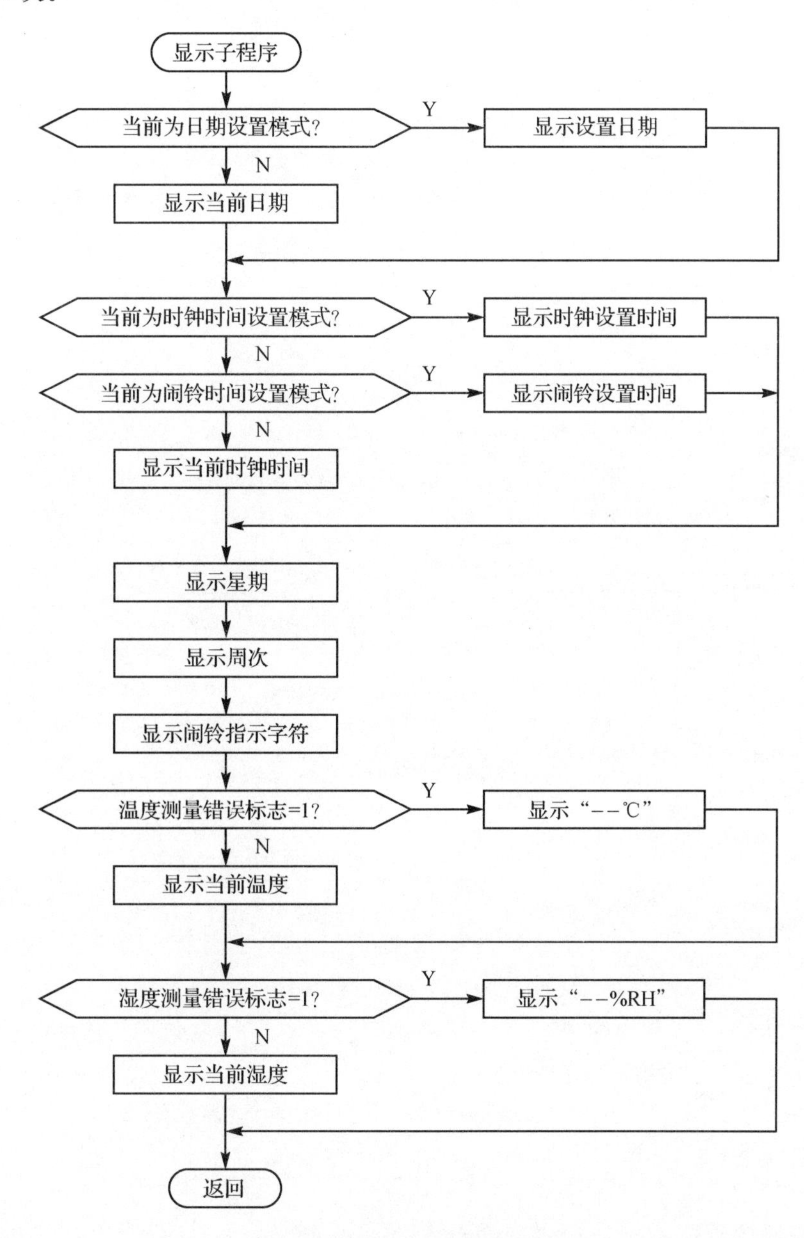

图 5.3.12　显示子程序流程图

本电子钟使用的顾客显示屏通过串行接口控制，通信时控制设备应按波特率为 9 600、8 位数据、无奇偶校验、2 位停止位来配置。控制设备每次发送 1 个字节的数据，发送前要先检测“忙”信号输出端的状态，如果为低电平则可以发送数据，否则要等待，直到“忙”信号输出端变为低电平才能发送数据。程序中用定时器/计数器 1 作波特率发生器，串行口工作模式设置为模式 3，即可变波特率 9 位 UART，第 9 位发送的数据固定为 1，将之作为 1 位停止位，这样每次发送数据时就有 2 位停止位，满足了控制设备与顾客显示屏通信的要求。

顾客显示屏串行通信数据分为字符码和命令码2种,控制设备每次发送的数据可以是字符码也可以是命令码。发送字符码能够在屏幕上显示出字符码对应的字符,发送命令码则可以完成字库设置、字符位置控制、显示测试及复位等操作,发送字符码和命令码以外的数据操作无效。

顾客显示屏内部带有9种字库,可以显示不同语言上百个常用字符,字库字符码的范围为20H~FFH(部分字符码对应的字符不能显示,具体由字库决定),数字、英文字母及常用标点符号等字符对应的字符码就是其ASCII码。为了方便用户显示一些特殊的文字或符号,顾客显示屏允许用户自定义10个5×7点阵的字符,其对应的字符码为15H~1EH。字符在屏幕上显示的位置由光标决定,光标是为了便于理解而引入的概念,显示屏工作时光标并不会在屏幕上显示,光标同时也可以看作是显示屏内部用于指示下一个字符显示位置的寄存器。上电后光标位于第1行最左边,显示屏在每次接收到字符码显示完1个字符后光标自动右移1位,当显示完第1行最右边1个字符后光标移至第2行最左边,当显示完第2行最右边1个字符后光标位置由换行方式设置(DC1/DC2模式选择)决定。

顾客显示屏有11条控制命令,对应有11种命令码。控制命令分为单字节命令和多字节命令,其中多字节命令在发送完命令码后还需要再发送若干字节的数据才能完成该命令的操作。各命令及其功能如表5.3.1所列。

表5.3.1 顾客显示屏控制命令及其功能

命令码	命令种类	命令名称	功能描述
02H	多字节命令	字库选择	字库由命令码后的下一个字节来指定,00H~08H分别对应一种字库
03H	多字节命令	用户字符定义	用户字符的字符码(15H~1EH)由命令码后的下一个字节来指定,在此之后的5个字节为用户字符的点阵数据,每1位数据对应点阵中的1点,"1"为点亮,"0"为熄灭
08H	单字节命令	退格	清除光标前的1个字符,光标左移1位(如果光标位于第2行最左边则光标移至第1行最右边;如果光标位于第1行最左边则光标移至第2行最右边)
09H	单字节命令	跳格	字符不发生变化,光标右移1位(如果光标位于第1行最右边则光标移至第2行最左边;如果光标位于第2行最右边则光标位置由DC1/DC2模式选择决定)
0AH	单字节命令	换行	如果光标位于第1行则光标移至第2行同一位置,字符不发生变化,如果光标位于第2行则分两种情况:当选择DC1模式时光标移至第1行同一位置,字符不发生变化;当选择DC2模式时第2行的显示内容移至第1行将第1行原来的显示内容覆盖,光标位置不发生变化
0DH	单字节命令	回车	字符不发生变化,光标移至当前行最左边
0FH	单字节命令	显示测试	显示测试过程为先显示一遍当前字库中字符码为20H~47H的字符,再将所有点点亮,最后所有点熄灭,显示屏复位至初始状态。执行此命令耗时比较长,其间"忙"信号输出端一直为高电平
10H	多字节命令	光标位置设置	光标位置由命令码后的下一个字节来指定,00H~27H分别对应显示屏中1个字符的位置,其中00H为第1行最左边,13H为第1行最右边,14H为第2行最左边,27H为第2行最右边,其他位置以此类推
11H	单字节命令	DC1模式选择	选择DC1模式,在此模式下,如果光标位于第2行最右边则在显示完光标位置的字符或执行跳格命令后光标移至第1行最左边
12H	单字节命令	DC2模式选择	选择DC2模式,在此模式下,如果光标位于第2行最右边则在显示完光标位置的字符或执行跳格命令后光标移至第2行最左边,同时第2行的显示内容移至第1行将第1行原来的显示内容覆盖
1FH	单字节命令	复位	字库、光标、DC1/DC2模式选择等均回到上电后的初始状态,显示屏所有点熄灭

7. 闹铃处理及语音播放子程序

闹铃处理子程序和语音播放子程序都涉及对ISD1760的操作,有关ISD1700操作的详细介绍参见本书4.3节。闹铃处理子程序主要是为闹铃音播放作准备工作,它由闹铃处理标志控制执行,程序流程图如图5.3.13所示。语音播放子程序的主要任务是根据闹铃状态标志或当前的日期、时间、温度、湿度控制ISD1760,将预先录制好的语音选择需要的一段或若干段进行播放,程序流程图如图5.3.14所示。语音播报要符合习惯,例如2:18应读作"两点十八分"而不能读作"二点一十八分",15:00应读作"十五点整"而不能读作"一十五点零分",因此送入语音播放子程序的语音段数据应先按语音播报习惯进行处理。

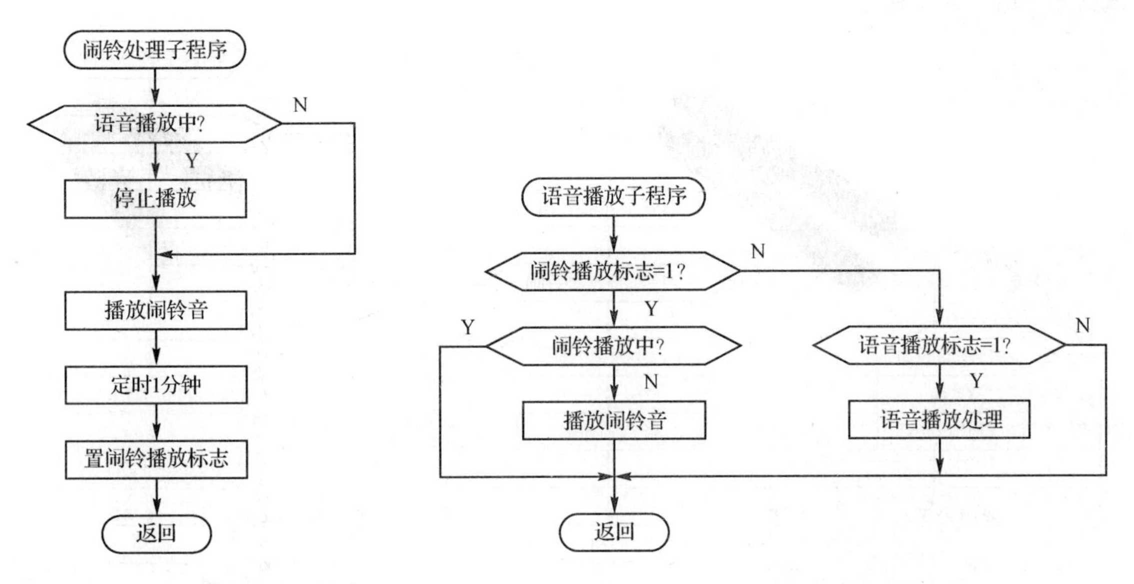

图 5.3.13　闹铃处理子程序流程图　　　　图 5.3.14　语音播放子程序流程图

8. 外部中断 0 服务程序

当 DS12C887 内部数据更新完成或时钟时间达到闹铃设置时间时，执行一次外部中断 0 服务程序，这部分程序的流程图如图 5.3.15 所示。

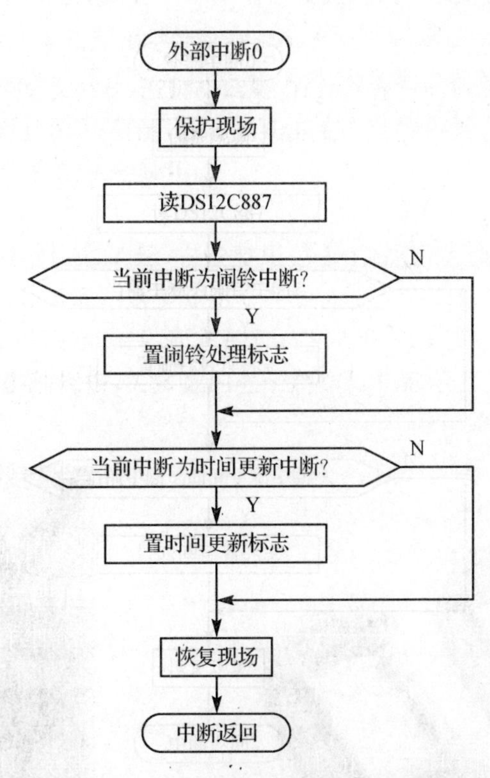

图 5.3.15　外部中断 0 服务程序流程图

9. 定时器 0 溢出中断服务程序

由于顾客显示屏的数据传输速率不高，显示子程序执行起来相对比较耗时，为了提高程序的实时性，按键检测由定时器 0 溢出中断服务程序来完成。此外定时器 0 溢出中断服务程序还完成温度湿度更新定时、显示更新定时和闪烁控制等需要定时处理的任务，这部分程序每隔 1 ms 执行一次，流程图如图 5.3.16 所示。

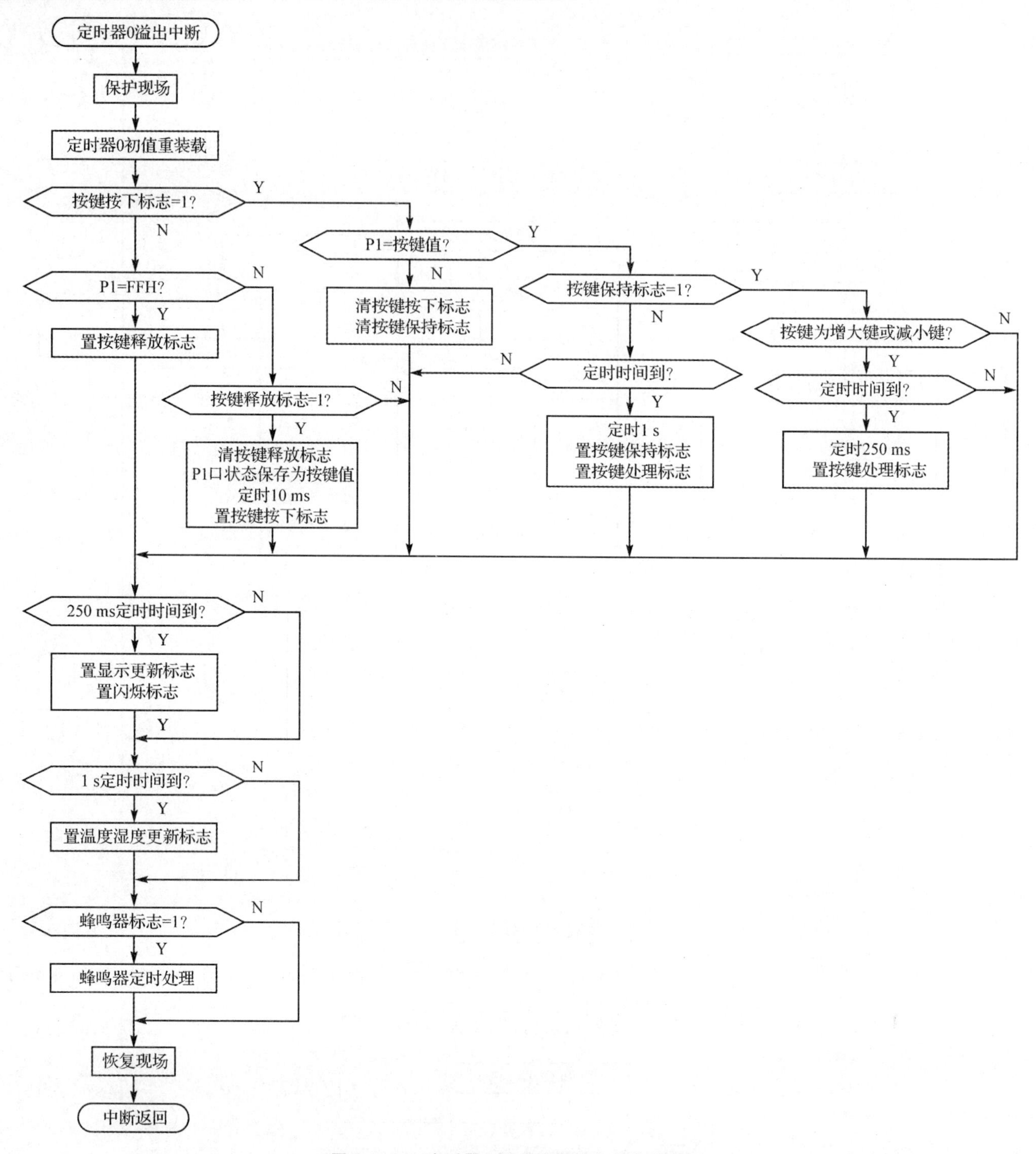

图 5.3.16 定时器 0 溢出中断服务程序流程图

5.3.5 制 作

1. PCB 设计与制作

(1) 主机 PCB

为了适应电子钟整体外观设计的需要，主机 PCB 形状设计为接近等腰梯形的对称多边形，如图 5.3.17 所示。由于电路中的器件很多并且部分器件的体积比较大，所以 PCB 的尺寸也比较大，轮廓尺寸约为 220 mm×85 mm。主机 PCB 采用单面板布局，可以用感光板自制也可以委托 PCB 工厂加工，板材要选用1.6 mm或 2.0 mm 的 FR-4 玻璃纤维板以保证机械强度。

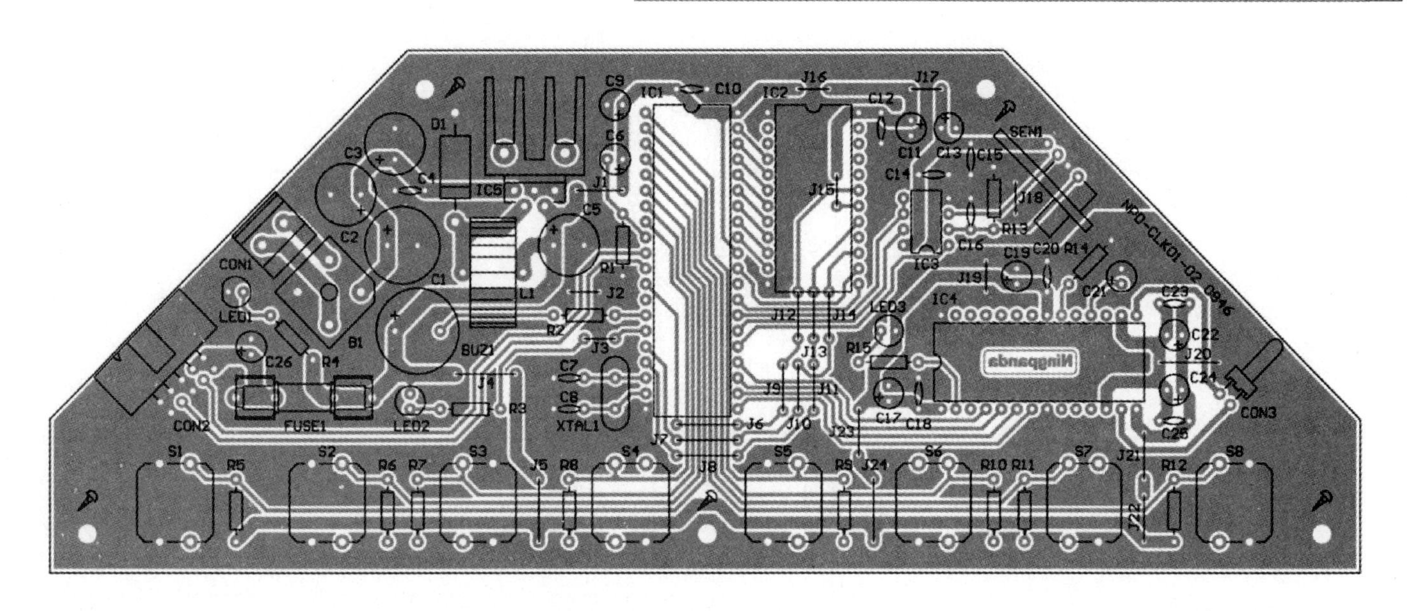

图 5.3.17　主机 PCB 布局图

主机 PCB 设计要与电子钟外观设计相结合，按键布局要均匀、对称，同时也要便于操作，插座的布局要考虑到易于接线、走线美观。安装孔要对称布局，由于 PCB 比较宽，可以多设计几个安装孔以防止在按键按压或 IC 插拔时 PCB 因受力过大或不均而损坏。

本电路比较复杂，PCB 布局时可以将电路划分为电源电路、单片机及其外围电路(包括实时时钟)、温度湿度测量电路(包括 ADC)及语音电路 4 个部分分别设计，各部分电路的电源和地要尽可能地分开处理，去耦电容要与相关器件靠近。虽然对于单面板来讲各部分电路完全按照理想情况布局比较困难，但实际布局时也应耐心地不断调整走线使之尽量合理。

电源部分的 C_1～C_4、D_1 要尽量靠近 IC_5，大电流的电源走线要粗而短并在周围铺地，电压反馈走线要远离电感。IC_5 器件本身的散热片与接地脚是连通的，因此与其配套的散热器也可以接地，但这里散热器的引脚并没有与地相连，主要是考虑到以下两点：第一，由于散热器本身可以散热，在焊接散热器引脚时需要烙铁有较高的温度才能够将之焊好，而大面积铺铜也可以散热，如果将散热器引脚与大面积铺铜相连，焊接时烙铁的热量散失更多，将更不容易焊接；第二，本电路中有测量温度和湿度的传感器，如果将散热器引脚与大面积铺铜相连，散热器的热量会通过 PCB 铜箔向各处传递，从而造成 PCB 升温，有可能影响温度和湿度的测量。

SEN_1 送入 IC_3 的电压信号走线要尽量短，避免迂回环绕，周围要大面积铺地。SEN_1 要远离散热器、整流桥、电感等发热或容易产生干扰的器件，以免影响温度和湿度测量的准确性。将 SEN_1 布局在 PCB 边缘，可以方便测量和调试。

IC_4 内部既有模拟电路又有数字电路，还有信号比较强的 PWM 扬声器驱动电路，PCB 的布局对其本身的噪声和音质都有一定影响。为了防止对其他部分电路产生干扰，在 PCB 布局时应注意扬声器输出的走线要尽量短并远离其他电路，同时在周围大面积铺地。关于这部分电路的布局本书 4.3 节中有详细的介绍。

(2) 电源插座 PCB

电源插座 PCB 的作用是连接市电与变压器初级。与主机 PCB 一样，电源插座 PCB 的外形也要适应电子钟整体外观设计的需要，因此这块 PCB 设计为六边形，其轮廓尺寸约为 86 mm×46 mm，如图 5.3.18 所示。电源插座 PCB 上只有 2 个器件，走线非常简单，在制作上这块 PCB 没有特殊要求，委托 PCB 工厂加工、用感光板或万能板自制均可，要求不高时也可以不制作这块 PCB，直接将变压器初级引线与带插头电源线连接。

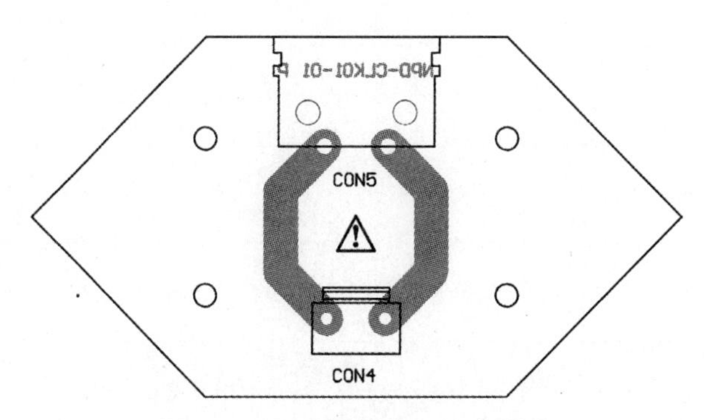

图 5.3.18　电源插座 PCB 布局图

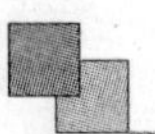

2. 器件选择

器件清单如表 5.3.2 所列，部分器件可以根据实际情况更改或替换。

表 5.3.2 器件清单

序号	名称	型号	数量	编号	备注
1	整流桥	S2VB20,2 A/200 V	1	B_1	Shindengen
2	蜂鸣器		1	BUZ_1	有源压电式
3	电解电容	1 000 μF/35 V	1	C_1	
4	电解电容	470 μF/35 V	2	C_2,C_3	低 ESR
5	独石电容	0.1 μF	10	C_4,C_{10},C_{12},C_{14}～C_{16},C_{18},C_{20},C_{23},C_{25}	
6	电解电容	470 μF/16 V	1	C_5	低 ESR
7	电解电容	10 μF/50 V	5	C_6,C_{11},C_{19},C_{22},C_{24}	
8	独石电容	33 pF	2	C_7,C_8	
9	电解电容	100 μF/16 V	4	C_9,C_{13},C_{17},C_{26}	
10	电解电容	4.7 μF/50 V	1	C_{21}	可不接
11	接线端子	MKDS 1,5/ 2-5,08	1	CON_1	PHOENIX CONTACT
12	IDC 插座		1	CON_2	10P 弯
13	插座	2510-2PL	1	CON_3	
14	插座	B3P-VH	1	CON_4	去掉中间脚
15	电源插座	AC-M11PB52	1	CON_5	2 芯 PCB 安装式
16	肖特基二极管	1N5822	1	D_1	
17	保险管	1.25 A/250 V	1	$FUSE_1$	慢熔，配插座
18	IC	P89V51RD2	1	IC_1	配 IC 插座，其他兼容 MCS-51 指令系统的 DIP-40 封装单片机也可
19	IC	DS12C887	1	IC_2	配 IC 插座
20	IC	TLC0832	1	IC_3	配 IC 插座
21	IC	ISD1760	1	IC_4	配 IC 插座
22	IC	AP1501-50	1	IC_5	TO-220 封装，配散热器
23	跳线	300 mil	10	J_1,J_9～J_{14},J_{21}～J_{23}	自制
24	跳线	200 mil	7	J_2,J_3,J_{15}～J_{19}	自制
25	跳线	400 mil	7	J_4～J_8,J_{20},J_{24}	自制
26	电感	47 μH	1	L_1	2 A
27	LED	φ5	1	LED_1	绿色
28	LED	φ5	1	LED_2	黄色
29	LED	φ5	1	LED_3	红色
30	电阻	10 kΩ/0.25 W	9	R_1,R_5～R_{12}	
31	电阻	4.7 Ω/0.25 W	1	R_2	
32	电阻	1 kΩ/0.25 W	2	R_3,R_{15}	
33	电阻	220 Ω/0.25 W	1	R_4	
34	电阻	56 kΩ±1%/0.25 W	1	R_{13}	

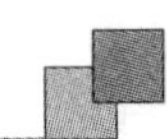

续表 5.3.2

序号	名称	型号	数量	编号	备注
35	电阻	56 kΩ/0.25 W	1	R_{14}	
36	按键	B3F	8	$S_1 \sim S_8$	12 mm×12 mm,配按键帽
37	湿度传感器模块	RHU-223B	1	SEN_1	
38	扬声器	8 Ω/1 W	1	SP_1	
39	变压器	12 V/25 W	1	T_1	环形
40	晶体	49S/11.059 2 MHz	1	$XTAL_1$	

DS12C887用量比较大,市场上有很多仿冒品和翻新货,这些伪劣产品走时不准,工作稳定性差,有的根本不能工作,购买时要仔细辨认。由于DS12C887内部具有锂电池和晶体等体积比较大的器件,所以它的外观也与众不同,比同样是DIP-24封装的IC要厚很多,并且所有空脚(NC)都没有引脚。DS12C887是在1片IC上方安装了电池等器件后装入1个外壳后封装制成,正品器件封装工艺良好,外壳和IC结合紧密,而伪劣产品做工粗糙,通过对比可以很容易识别真伪,此外器件表面印字、器件厚度以及引脚外观等也是重要的判断依据。

IC_3除TLC0832外也可以选用National Semiconductor的ADC0832,它与TLC0832可以互换。Linear Technology的LTC1091、LTC1291与TLC0832引脚也相同并且性能更好,分辨率分别为10位和12位,当然价格也高一些,本电路也可以使用这两款IC。

湿度传感器模块RHU-223有两种后缀,其主要差别是模块安装的接插件不同,A后缀产品和B后缀产品选用的接插件分别是脚间距为1.5 mm的针形插座和脚间距为2.54 mm的排针。本电路中模块直接安装在PCB上,适合选用RHU-223B,但RHU-223A更容易购买,由于这两种后缀的模块PCB完全相同,PCB上设计有两种接插件的安装焊盘,所以可以将RHU-223A的针形插座去掉,焊上4P弯针即可将RHU-223A作为RHU-223B使用。

与AP1501-50引脚兼容、性能相同或相近的器件非常多,National Semiconductor的LM2596T-5.0、ADD Microtech的AMC2596-5.0、MICREL的MIC4576-5.0等器件都可以在本电路中使用,在制作时可以选择容易购买的型号。这类IC一般可以分为固定输出电压型和可调输出电压型两种,前者又有多种电压值可选,器件类型和电压值通过型号后缀区分。当无法购买到所需电压值的固定输出电压型器件可以用可调输出电压型器件来代替,通过外接电阻将输出电压设置为所需要的电压。AP1501-50效率比较高,器件发热量不大,选用一般的成品小型散热器即可,散热器最好带有引脚以便于固定。

电容C_2、C_3和C_5应选用低ESR电容而不能用普通电容来代替,特别是C_5直接关系着输出电压纹波的大小,普通电容ESR高,允许的RMS纹波电流低,长时间工作会使电容温度上升从而导致其寿命缩短,并且输出电压纹波大,影响电源的质量。常用的低ESR电容主要有Rubycon的ZL、YXG、YXF等系列铝电解电容和NICHICON的PL、PJ等系列铝电解电容,三洋(SANYO)的OS-CON有机半导体铝固体电解电容也是不错的选择,但价格比较贵。对于同系列的电容一般容量越大或者耐压越高其ESR越低,允许的RMS纹波电流也越大,当然体积也随之增大,价格也更高。此外,相同容量和耐压但外形和体积不同的电容性能也略有不同,选择电容时应注意。

D_1要选用开关速度快、正向压降低的肖特基二极管,如1N5822、MBR340、SB560等,常用的1N4000和1N5400系列等普通整流二极管不能用于本电路。

电感可以购买适合于高频开关电源使用的环形、工字形、罐形或E字形磁芯成品电感,也可以自己绕制。自制时首选环形磁芯即磁环,它具有价格低、漏磁小、易于散热等优点,最常用的磁环是26材(外漆为黄/白色)和52材(外漆为绿/蓝色)铁粉芯磁环,52材磁导率与26材相同,但在高频下磁芯损耗相对更低,这两种材料的磁环虽然不是性能最好的,但价格便宜、容易购买,能够满足一般开关电源的要求。电感电流按2 A来设计,用线径为0.8 mm的高强度漆包线在外径为15 mm的磁环上密绕30～40匝,绕制的同时配合电感表或电桥调整匝数使电

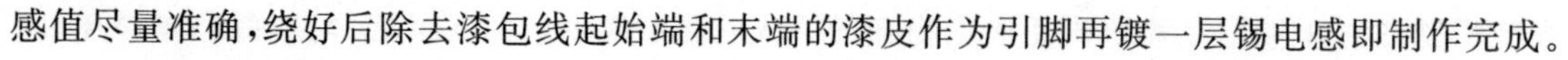

感值尽量准确,绕好后除去漆包线起始端和末端的漆皮作为引脚再镀一层锡电感即制作完成。

为了降低高度便于安装,T_1选择环形变压器,功率可以在 25～40 W 选择。

3. 制作与调试

(1) 电路制作

在电路焊接前首先要对部分器件进行加工。PCB 布局时 IC_5的 5 个引脚分为前后 2 排,这样可以增大引脚间距,便于更粗的走线与引脚连接。在电路焊接前应对 IC_5的引脚作成型处理,使引脚符合 PCB 安装的要求,关于引脚成型可以参考本书 2.2 节介绍的相关内容。引脚成型后即可将 IC_5用螺钉固定在散热器上,器件与散热器之间应涂少量导热硅脂以减小热阻。为了布局方便,PCB 上没有设计按键定位脚的安装孔,如果制作时选用的按键有定位脚应将之剪去。

本电路的器件比较多,焊接时要仔细。部分跳线布局在 IC 下方,焊接时应先焊这些跳线,以免遗漏。组成保险管座的 2 个弹性金属片焊接时要注意方向,应开口相对,否则无法安装保险管。焊接散热器引脚时烙铁头的热量会通过引脚传递到散热器造成散失,从而导致焊点处温度不足,使焊接变得困难,因此在焊接时应将烙铁温度调高或使用大功率烙铁以保证焊接质量。为了方便调试,SEN_1暂时先不焊接。

电路焊好后按图 5.3.2 所示的按键功能标识,制作 8 个按键帽盖在相应的按键上,关于按键帽的制作本书 2.6 节中有详细的介绍。

(2) 调　试

对照原理图仔细检查几遍焊好的电路板,确认无误即可开始调试。通电调试时先不要将 IC_1～IC_4插入 IC 插座,以免因电源电路有问题而损坏 IC。将变压器次级输出线与 CON_1连接妥当后通电,此时电源指示 LED 应点亮,由于电路基本处于空载状态,开关电源的输出电压会略高于 5 V,但一般不会高于 5.3 V。用万用表测量输出电压,如果正常则进行加载测试。用 1 个 5 Ω/10 W 的大功率电阻充当负载,将之用导线连接至 CON_2的电源端,插上保险管后通电,此时开关电源的输出电压应接近于 5 V。让电路连续工作 4～8 小时,其间要经常观察电路中各器件的状况及测量输出电压。在电路工作时 IC_5及散热器、整流桥、电感等器件会发热,一般情况下只要其表面温度不超过 50 ℃(感觉温热但不烫手)均可视为正常。整个测试过程中不应出现器件过热、冒烟甚至开裂等异常现象,并且输出电压也不应有较大的变化,否则应立即断电检查电路。电源电路连接比较简单,这部分电路有问题一般是由于器件本身质量不佳或没有按要求选择而导致。

电源电路调试好后即可将各 IC 插入相应的 IC 插座,并将顾客显示屏和扬声器与主机连接进行其他电路的调试。IC_4安装之前要预先将语音播报及闹铃用到的 27 段语音录制到芯片中,各段语音的内容及录音的方法本书 4.3 节中有详细的介绍。顾客显示屏与主机连接时要先改造连接电缆,将连接电缆一端的 SDL 插头剪掉,在一段长约 10 cm 间距为 1.27 mm 的 10 芯排线上安装好 IDC 插头,将排线中的各条线与连接电缆按图 5.3.5 对接,屏蔽层接地,各条线外面套一层热缩管防止短路,最后在连接好的电缆接头处再套一层热缩管以保护接头。原装连接电缆有屏蔽层,而续接的排线没有屏蔽层,因此为了能够可靠传送信号,改造续接的排线不要太长。

除电源电路以外的其他电路调试比较简单,可以与软件功能测试交叉进行。调试时用 1 个 200 kΩ 的电位器代替温度测量电路中的热敏电阻,再用另 1 个电位器对电源电压进行分压,将分得的电压作为湿度传感器模块输出的湿度电压,这样调节这 2 个电位器就能够模拟温度和湿度在整个测量范围内的变化。顾客显示屏每次上电后会执行一次"显示测试"命令,此命令由显示屏自动执行,无须控制设备发送任何数据,通过显示情况可以大致判断显示屏是否工作正常。本电子钟功能比较多,功能调试和测试都是比较耗时的工作。在测试过程中,可以设置一些日期、时间的特殊值(如闰年、具有第 53 周的年份)和临界值(如 59 分、59 秒、月末、年末等)来测试,这样更具有代表性,也更容易发现问题。全部功能测试完毕后如果不再作修改则调试完成。

调试完成后将湿度传感器模块焊接到主机电路板上,焊接时要注意模块电路板与主机电路板须垂直,并且模块边缘要紧贴主机电路板。最后制作完成的主机电路板如图 5.3.19 所示。

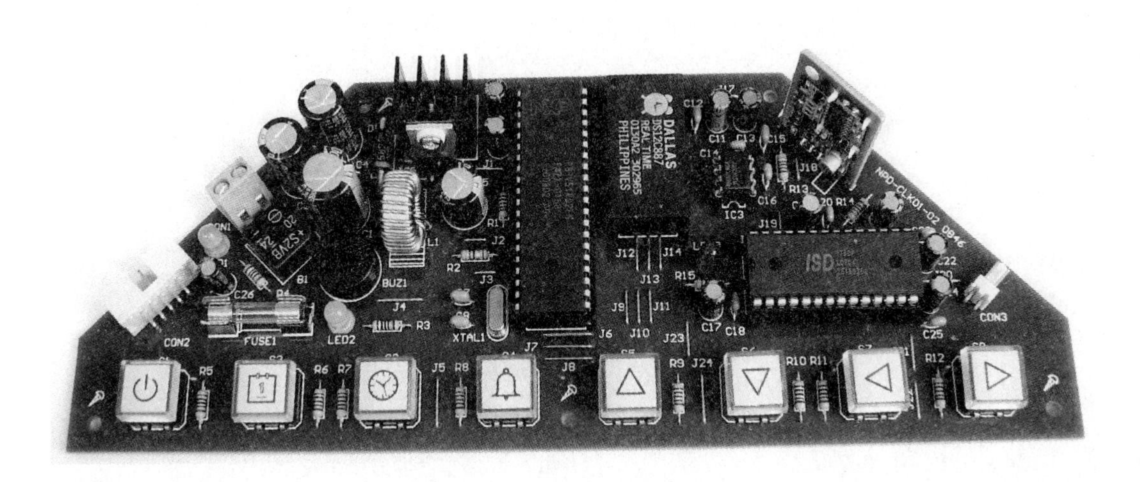

图 5.3.19　制作完成的主机电路板

(3) 组　装

本电子钟为开放式设计，不需要外壳。

组装前首先要制作面板、底板和引导板，这 3 块板均采用厚度在 5 mm 以上的透明有机玻璃板来加工。面板用来安装主机电路板、扬声器和固定顾客显示屏支撑柱，底板用来安装变压器和电源插座电路板，这 2 块板的开孔位置和各部件布局分别如图 5.3.20 和 5.3.21 所示。引导板的主要作用是保证顾客显示屏支撑柱垂直，各孔的尺寸与面板上对应孔的尺寸相同，如图 5.3.22 所示。

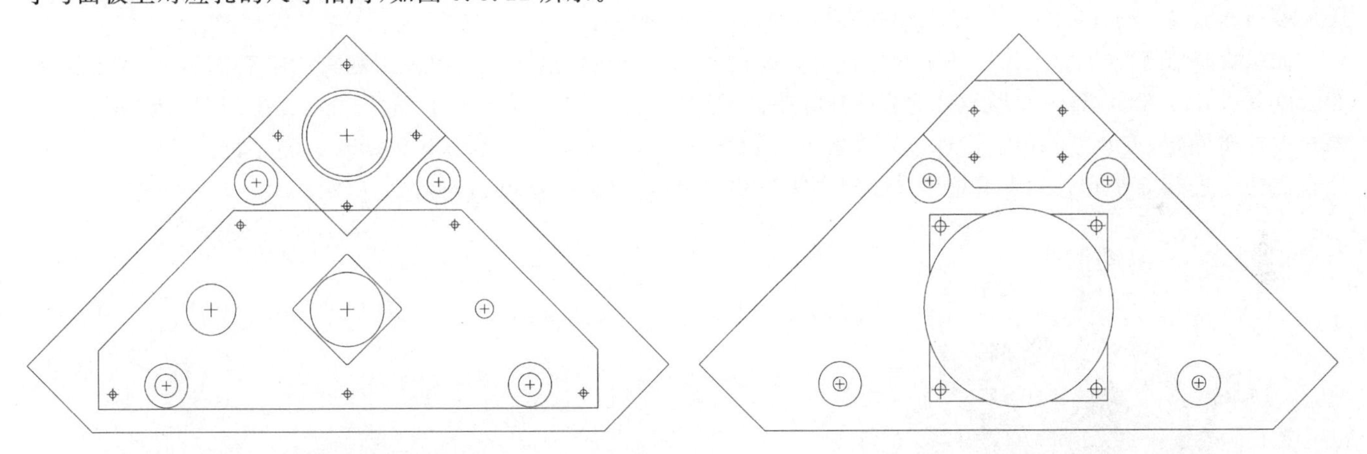

图 5.3.20　面板加工及各部件布局

图 5.3.21　底板加工及各部件布局

顾客显示屏配套的安装附件包括 1 个箍圈和 2 个支撑柱，如图 5.3.23 所示。箍圈与支撑柱、支撑柱之间以及支撑柱与 POS 机都是通过箍圈或支撑柱末端的八爪卡钩来连接和固定的，这种连接方式便于现场快速安装，将 2 个部件对准后轻轻一压即可连接在一起。POS 机外壳上具有与八爪卡钩相配套的卡口，顾客显示屏支撑柱通过这个卡口来固定，而本电子钟则通过自制的支撑柱引导板和支撑柱卡环来固定支撑柱，其结构与卡口类似。卡环的内径和高度应分别与八爪卡钩最细端的外径和长度相等，这里用直径为 32 mm 的塑料水管直接头来加工，取材相对比较容易。将塑料水管直接头截下长约 18 mm 的一段，再将截面打磨平整即加工完成。卡环的加工过程虽然比较简单，但加工要求很高，一定要保证尺寸准确、截面平滑且与水管直接头的孔垂直，否则可能导致安装困难甚至无法安装。

整机组装可以分为底板部件安装、面板部件安装、顾客显示屏安装和主机电路板安装 4 个步骤。

底板部件安装时先安装电源插座电路板再安装结构支撑柱，变压器比较重应在最后安装。电源插座电路板通过 4 个支撑柱用螺钉固定，此电路板带有市电，因而支撑柱不能太长，以免使用中不小心将手指伸入电路板与底板

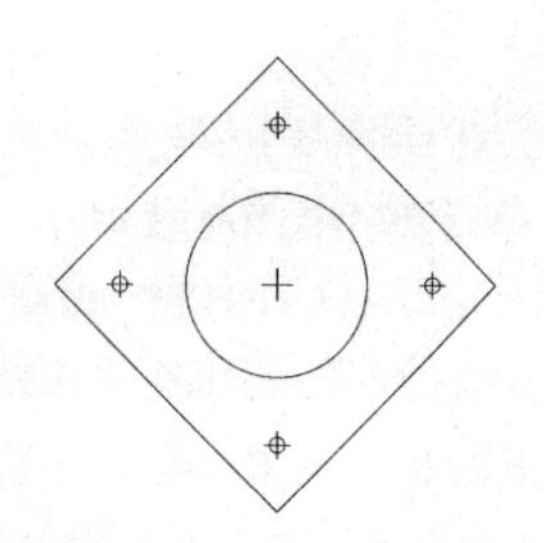

图 5.3.22 引导板加工

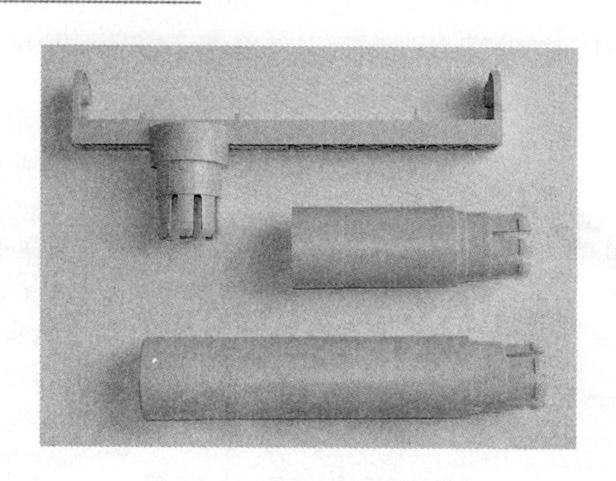

图 5.3.23 顾客显示屏配套附件

之间的缝隙中接触电路板的焊点而触电。结构支撑柱共有 4 根，它的主要作用是连接底板和面板，这里选用的是外径为 19 mm、长为 70 mm 的广告钉。广告钉即广告螺钉，也叫招牌螺钉，主要用于安装玻璃或有机玻璃招牌，它具有外观好、强度高、安装方便等优点，每套广告钉包括 1 枚专用螺钉和 1 个支柱，非常适合在电子制作中用来支撑和固定较厚的板材或较大较重的部件，而且它还具有很好的装饰作用。虽然结构支撑柱也可以选用一般的六棱铜柱，但其外观和强度与广告钉相比都差很多。为了使外观更加独特以及便于整机移动，本电子钟底板下方没有安装常用的橡胶底脚，取而代之的是 4 个塑料脚轮，这种脚轮主要用来做家具底脚，这里用的是最小号的，脚轮上带有 M6 的螺钉，这样在安装脚轮的同时也能够将广告钉的支柱固定在底板上。变压器安装时要注意引线方向，避免接线时过多交叉和缠绕。安装完毕的底板如图 5.3.24 所示。

面板部件安装时先安装支撑柱引导板再安装扬声器。引导板通过 4 个支撑柱用螺钉固定在面板下部，支撑柱的长度为 8 mm 左右，具体要根据有机玻璃板的厚度和顾客显示屏八爪卡钩的长度来确定。扬声器用带有不干胶的珍珠棉来固定，安装好扬声器再焊连接线很容易烫坏或污染面板，因此在扬声器安装前应先将连接线焊好。最后在面板上安装 5 个稍长的支撑柱用来固定主机电路板，安装好的面板如图 5.3.25 所示。

图 5.3.24 安装完成的底板

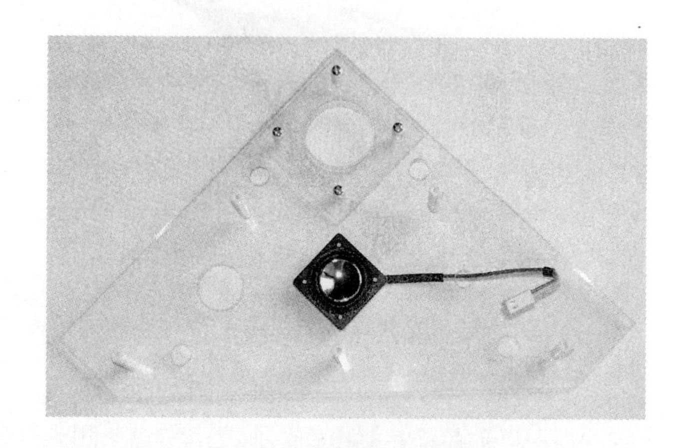

图 5.3.25 安装完成的面板

顾客显示屏安装时先将连接电缆的 SDL 插头插入显示屏插座，再将连接电缆穿过显示屏配套箍圈的孔并将箍圈安装在显示屏上，最后将支撑柱穿过面板和引导板的孔套上支撑柱卡环安装即完成，如图 5.3.26 所示。安装后如果支撑柱太松容易晃动可以通过增加引导板与面板连接支撑柱的长度或增加垫片来解决。顾客显示屏配有两种不同长度的支撑柱即高支撑柱和矮支撑柱，在安装时可以只安装高支撑柱或矮支撑柱，也可以两个支撑柱连接在一起安装，以便将显示屏调节到需要的高度。顾客显示屏的支撑柱和箍圈都是可活动结构，显示屏的方向和角度都可以根据需要随时调整。

最后将安装好顾客显示屏的面板用广告钉配套的专用螺钉固定在广告钉的支柱上，再将主机电路板用螺钉与相应的支撑柱固定并将各连接线接好，一款利用POS机顾客显示屏制作的电子钟就完成了，如图5.3.27所示。

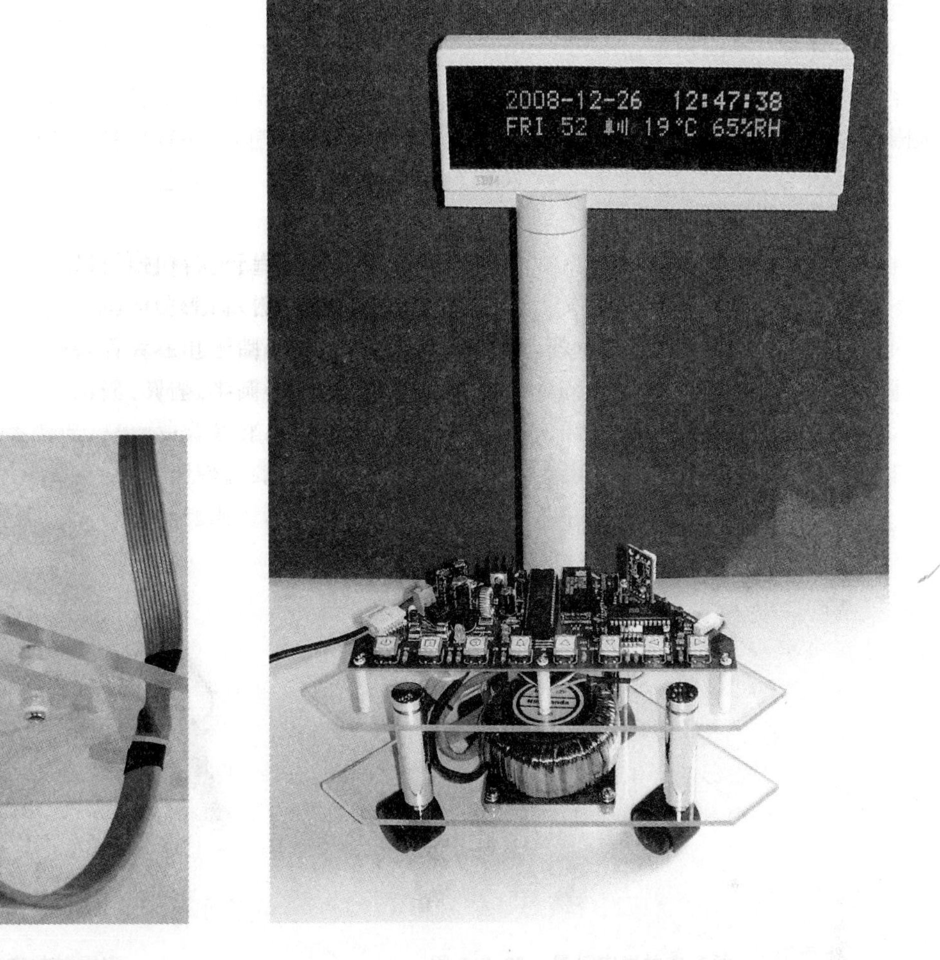

图5.3.26 顾客显示屏支撑柱的固定

图5.3.27 最后完成的电子钟

5.3.6 小 结

本电子钟采用POS机顾客显示屏作显示设备，是一款非常新颖的多功能计时装置，它的外观和结构均与众不同，其本身也是一件彰显个性的摆设。

虽然本电子钟已经具有不少功能，但读者仍然可以根据需要增加农历显示、不同时区时间显示、倒计时、贪睡闹铃以及摄氏度华氏度转换等功能，使之更加完善。读者还可以通过修改程序和录音内容来实现语音闹铃、语音节日提醒、语音待办事项提醒和其他语音播报功能，此外本电子钟也可以去掉顾客显示屏设计为单纯的语音时钟。

本电子钟温度和湿度的测量是按室内使用设计的，温度测量范围比较窄，湿度测量也没有作温度补偿，如果读者有特殊要求，可以根据实际情况修改程序或更换传感器来扩宽温度测量的范围以及提高湿度测量的准确度。在实际制作时也可以选用内部具有ADC的单片机，这样就不再需要外部ADC，湿度电压和温度电压信号直接送入单片机，能够简化电路并降低成本。

顾客显示屏具有可靠性高、显示效果好、字库丰富、接口简单以及通用性强等优点，购买淘汰或二手产品价格非常低廉，是电子制作理想的显示设备。除了本节介绍的电子钟以外，顾客显示屏还可以作为一些仪表类制作的表头或留言机、计算器等制作的显示屏，相信读者能够用类似显示设备设计制作出更有创意的电子装置。

第 6 章

用——实用与妙用

6.1 能识别家人的电子门铃

6.1.1 概 述

电子门铃并不是什么新鲜玩意儿，能发出音乐和“叮咚”声的电子门铃早已进入千家万户。随着电子技术的不断发展，无线门铃、对讲门铃、可视门铃等具有特殊功能的新式电子门铃纷纷出现，不同款式、不同档次的门铃在市场上可谓琳琅满目。对讲门铃和可视门铃可以通过声音和图像很容易识别出门外的人，但这类门铃成本很高，使用时还需要用户走到门铃前对门铃进行相应的操作，略显不便。这里介绍一种成本极其低廉同时又能够识别家人的电子门铃，用户通过门铃发出声音就可以判断出是家人归来还是客人到访，非常方便和实用。

目前新建住宅在入户门附近都会预留一个与门外门铃按钮相连的接线底盒，用户安装门铃时仅需将门铃上的按钮线与这个底盒内的连线接好即可。本门铃体积非常小，为“嵌入式”安装设计，即整个电路包括电池都装在接线底盒内，无须专门的外壳。这种结构方便了门铃的安装，具有十分独特的外观，同时也避免了为固定门铃而对墙面造成破坏。

6.1.2 原理分析

在小说和电影电视中经常会看到有关将敲门声作为暗号来识别“自己人”的描述，本门铃也借鉴了这种做法，只是敲门变成了按动按钮，暗号的识别由单片机来完成。用户和家人可以事先约定一种特殊的按门铃的方法即保密按法作为暗号，当单片机检测到门铃按钮是以保密按法按动时则发出特殊的声音来提醒用户，从而实现对家人的识别。保密按法主要是对一定时间内按钮按下的次数以及按钮按下和释放的时间作了约定，家人要按照约定的按法按门铃才能够被识别。保密按法如果太简单则客人容易无意中以保密按法按门铃而造成“错判”，太复杂又会增加操作难度，家人不便掌握，使用时容易造成“漏判”，因此在约定保密按法时要权衡考虑。毕竟门铃的作用是叫门而非门禁，一般情况下保密按法中有 3 个左右的约束条件就可以了。

本制作中门铃的保密按法如图 6.1.1(a)所示，其中“L”表示按钮按下，“H”表示按钮释放。按下按钮后扬声器即发出 2 次“叮咚”的声音，其间单片机继续对按钮进行检测，如果按钮以图 6.1.1(a)所示的按法按动，并且按下和释放的时间同时满足 $t_1<0.5$ s、$t_2<0.5$ s、$t_3>3$ s 这 3 个条件，则在“叮咚”声结束后会连续发出 10 次“嘀”的声音，如图 6.1.1(b)所示，指示出此时按门铃的是家人，否则在“叮咚”声后不会有任何声音，如图 6.1.1(c)所示。每次按响门铃后当声音结束并且按钮释放才能有效地进行下一次操作。不知道保密按法的客人以图 6.1.1(a)的按法按门铃的几率非常小，同时这种按法操作简单、容易记忆，保密性也很好，一般不会“错判”和“漏判”，能够满足大多数用户的要求。

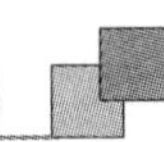

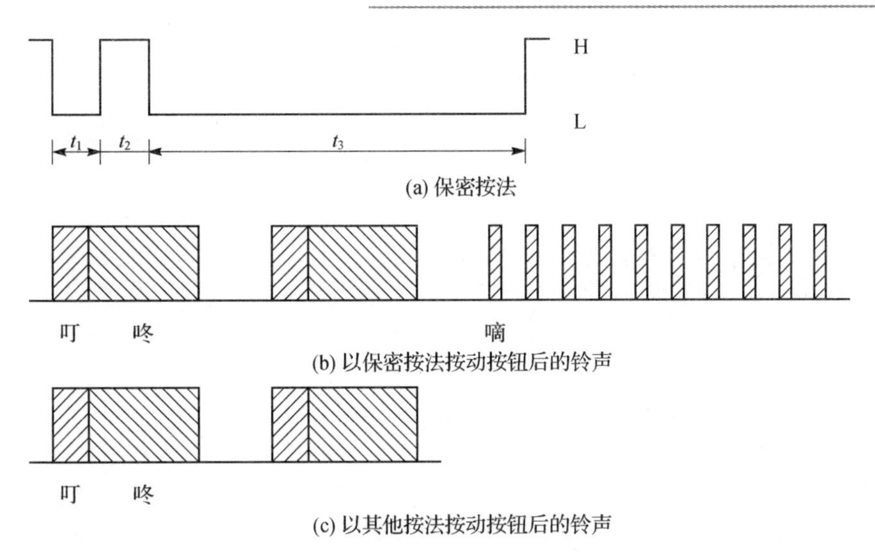

图 6.1.1　保密按法及门铃铃声

6.1.3　硬件设计

本门铃的电路原理图如图 6.1.2 所示，电路中没有使用一般门铃常用的音乐集成电路，各种铃声的产生、LED 闪烁以及门铃按钮的检测均由单片机完成。

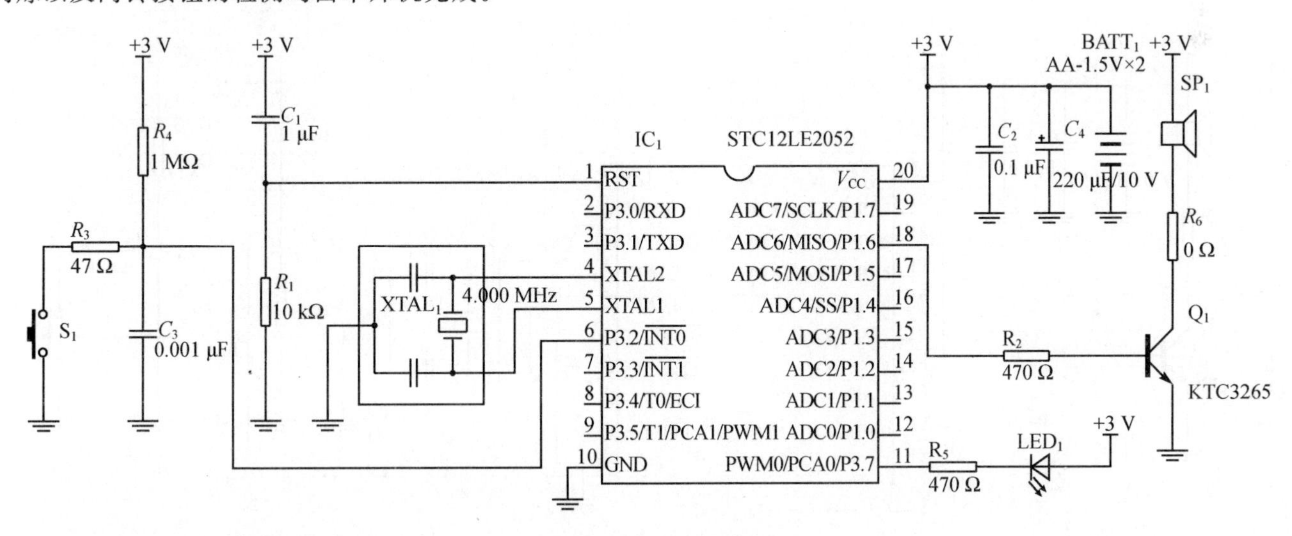

图 6.1.2　电路原理图

单片机选用 STC(宏晶科技)的 STC12LE2052，其引脚排列与常用的 AT89C2051 相同，兼容 MCS－51 指令系统，工作电压为 2.0～3.8 V，在掉电模式下电流不到 0.1 μA，非常适合电池供电的产品使用。整个电路使用 2 节 AA(5 号)1.5 V 电池供电，电路设计时要特别考虑功耗问题。虽然 STC12LE2052 内部具有 RC 振荡器，但误差较大，为了保证电路的一致性以及使铃声频率更准确，电路中还是使用了外部振荡器。

电路中 IC_1的 INT0 口用来检测门铃按钮，一般来讲门铃按钮的连接线都比较长，容易引入干扰，所以电路中增加了由 R_3和 C_3组成的滤波电路，防止由于受到干扰而引起“误动作”。R_3和 C_3的值不能选太大，以免信号发生畸变影响单片机对按钮的检测，上拉电阻 R_4选得比较大主要是为了降低功耗。

扬声器 SP_1通过 Q_1来驱动，为了能够提供足够的基极电流，P1.6 应设置为推挽输出。R_6主要是为了限制低阻抗扬声器的电流，保护 Q_1的同时降低功耗，一般情况下可以将 R_6短路。

LED_1的主要作用是为了美观，它会随着铃声响起而闪烁，尤其是在夜间具有非常好的视觉效果。LED_1仅在有人按动门铃时才会闪烁并且亮的时间非常短，耗电并不多，但如果想进一步降低门铃功耗延长电池使用寿命也可以将 LED_1和 R_1去掉。

6.1.4 软件设计

本门铃的软件比较简单，程序分为主程序、外部中断 0 服务程序和定时器 0 溢出中断服务程序三个部分。

1. 主程序

主程序的流程图如图 6.1.3 所示，初始化后进入主循环程序，其主要任务是检测门铃按钮的动作，识别保密按法。铃声结束并且按钮被释放后，单片机进入掉电模式，程序停止执行，功耗降为最低。当再次按下按钮单片机被"唤醒"后，程序返回继续执行。

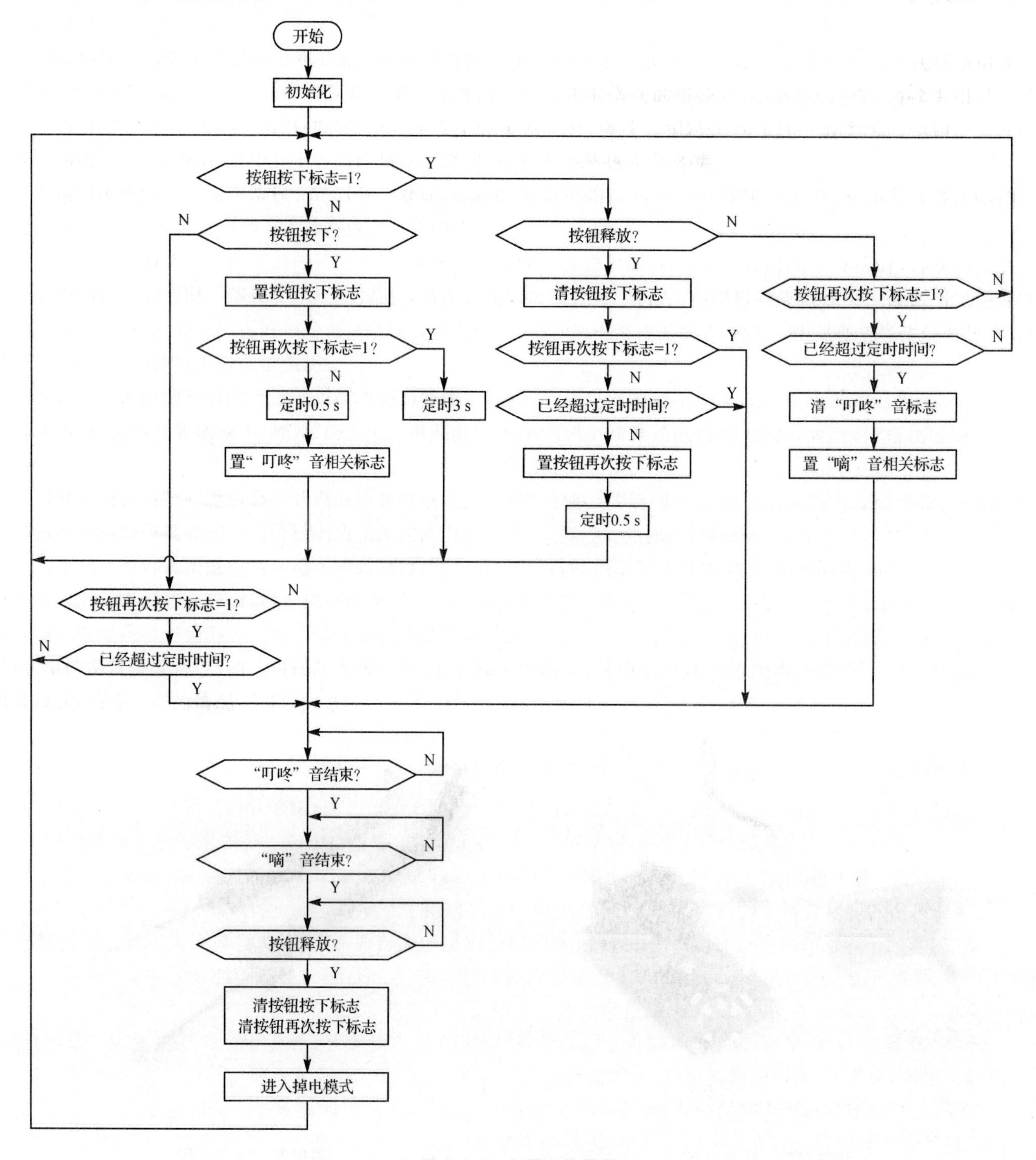

图 6.1.3 主程序流程图

2. 外部中断 0 服务程序

当门铃按钮按下后产生外部中断，外部中断 0 服务程序的指令只有 2 条，并没有执行实质性的任务，这里外部中断的作用仅是将单片机从掉电模式中“唤醒”。

3. 定时器 0 溢出中断服务程序

定时器 0 溢出中断服务程序的主要任务是产生不同的铃声、实现 LED 闪烁以及为按钮检测定时，流程图见图 6.1.4。铃声频率的选择参考了一般的“叮咚”门铃，同时也考虑了人耳的听觉特性，其中“叮”音的频率约 1.136 kHz，“咚”音的频率约 892.9 Hz，“嘀”音的频率约 1.7 kHz。为了能够产生这些频率的声音，程序中设计为每隔 294 μs 产生一次定时器 0 溢出中断。

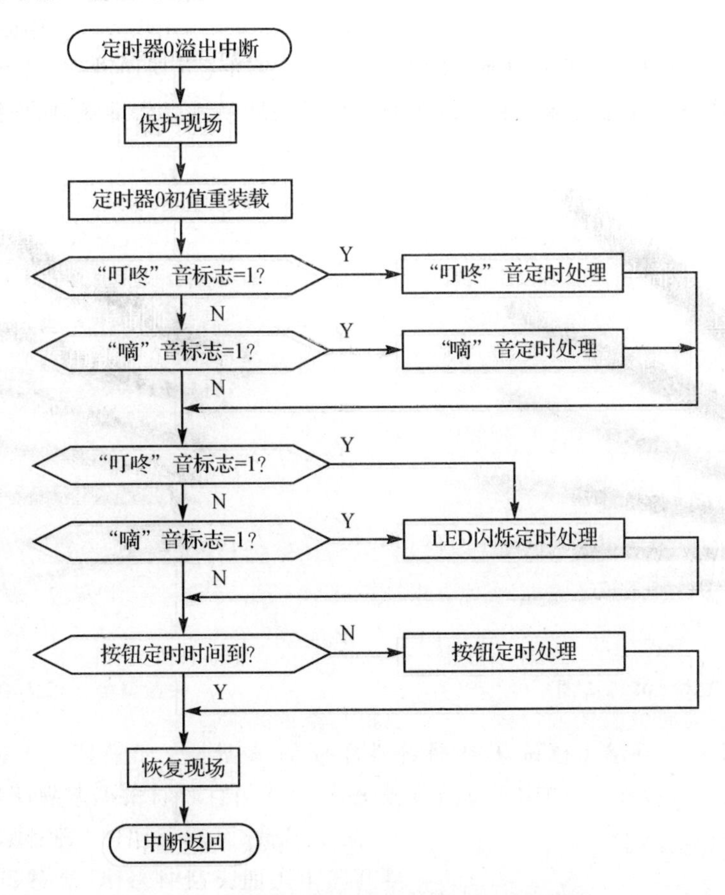

图 6.1.4　定时器 0 溢出中断服务程序流程图

6.1.5　制　作

1. PCB 设计与制作

本电路非常简单，电路中除了 LED_1 以外均为贴片元件，因此 PCB 尺寸非常小，仅 45 mm×18 mm，电路采用单面板布局，如图 6.1.5 所示。为了方便在线编程，IC_1 的相关引脚也设计了测试焊盘。

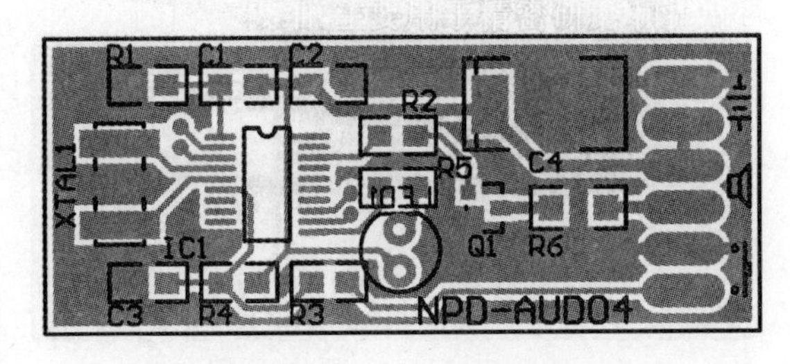

图 6.1.5　PCB 布局图

2. 器件选择

器件清单如表 6.1.1 所列，器件数量非常少，没有特殊要求，通用器件可以根据实际情况更改或代换。SP_1 可以选择直径约 30 mm 的小功率扬声器，如果不易购到可以从淘汰的头戴式耳机中拆取。

表 6.1.1 器件清单

序号	名称	型号	数量	编号	备注
1	电池	AA-1.5 V	2	$BATT_1$	配电池盒
2	贴片电容	1 μF	1	C_1	0805
3	贴片电容	0.1 μF	1	C_2	0805
4	贴片电容	0.001 μF	1	C_3	0805
5	贴片钽电容	220 μF/10 V	1	C_4	D尺寸
6	IC	STC12LE2052	1	IC_1	TSSOP-20 封装
7	LED	φ3	1	LED_1	蓝色
8	三极管	KTC3265	1	Q_1	SOT-23 封装
9	贴片电阻	10 kΩ	1	R_1	0805
10	贴片电阻	470 Ω	2	R_2,R_5	0805
11	贴片电阻	47 Ω	1	R_3	0805
12	贴片电阻	1 MΩ	1	R_4	0805
13	贴片电阻	0 Ω	1	R_6	1206
14	按钮		1	S_1	
15	扬声器	8 Ω/0.25 W	1	SP_1	φ30
16	贴片陶瓷振荡器	4.000 MHz	1	$XTAL_1$	3 脚

3. 制作与调试

电路中除了 LED_1 以外的器件均安装在焊接面，IC_1 引脚比较密，焊接时要注意。整个电路板焊完应先目测一下，检查各处有无短路、断路，之后即可通电测试功能是否正常。如果程序不作修改，本电路基本不用调试就可以使用。正常情况下待机电流应该在 0.1 μA 左右，如果电流偏大要仔细检查电路或软件，长期使用电池供电的电路对待机电流有很严格的要求，这一点调试时不能马虎。

本门铃没有外壳，面板为墙壁安装式白板。这种白板与常见的墙壁安装式开关、插座一样都是标准尺寸，与墙壁内安装的底盒配套使用，它的主要作用是盖住暂时不用的接线底盒或预留检查口，市场上有多种款式可以选择。制作时在白板中轴线上适当位置开直径 3 mm 和 30 mm 的孔各一个，分别用于安装 LED 和扬声器。

孔加工好后还需要根据扬声器孔的大小找一块尺寸约 45 mm×38 mm 的金属网作为扬声器的保护网罩，业余条件下可以从废旧音箱的金属网罩上裁剪，也可以找其他类似的材料来代替。这里用的金属网是通过将一种黑色金属网材料制成的笔筒展开压平整后裁剪得到的，如图 6.1.6 所示。将金属网用热熔胶固定在白板背面适当位置，金属网要将扬声器孔全部盖住，再将扬声器用热熔胶固定在金属网上，扬声器的接线端要朝电路板方向，以便于接线。热熔胶固定时要尽量均匀分布，不能大量堆积，也不能盖住扬声器以免损坏纸盆或影响接线，同时还要注意防止热熔胶通过金属网漏到面板正面而影响美观。

图 6.1.6 笔筒裁剪后得到的金属网

面板加工好后就可以进行最后的组装了，在电路板非焊接面的适当位置粘贴 2 块带有不干胶的珍珠棉，将 LED 从白板背面塞入预先加工好的小孔内，使 LED 从白板正面伸出，之后将电路板压紧使之与白板粘接牢固，最后将电池、扬声器及按钮引线焊好后组装就完成了。为了保护线路板并且增强绝缘性能，还可以再用较厚的塑料片或胶带将电路板封起来。组装好的门铃以及安装在墙壁上的效果分别如图 6.1.7 和图 6.1.8 所示。

图 6.1.7　最后组装完成的门铃内部

图 6.1.8　门铃安装在墙壁上的效果

6.1.6　小　结

门铃虽小但作用很大，能识别家人的电子门铃使普通门铃不再普通，以非常低的成本为生活带来了便利，不论在功能上还是外观上都胜过了市场上同等成本的电子门铃，经过作者长期使用证明识别效果非常好。

读者可以在本门铃的基础上进一步完善，设计出更理想的保密按法，还可以通过修改电路和程序使门铃发出更复杂、更悦耳的音乐声甚至和弦铃声。

本门铃如果转化为产品可以在程序中预先多设计几种保密按法和铃声，用户在使用时可以通过跳线来选择适合自己的保密按法和铃声，方便使用的同时也增加了保密性，能够满足更多用户的要求。

6.2　电子军棋

6.2.1　概　述

军棋又叫陆战棋，是一种流行已久的棋类娱乐品，由于其具有上手快、游戏灵活、娱乐性强等优点，多年来一直深受人们尤其是青少年的喜爱。近几年在传统军棋的基础上又出现了四国军棋，可以供更多人同时娱乐，并且还设计出更接近于真实战争的“陆海空三军棋”、“国际军棋”等新型棋类娱乐品。此外，游戏软件开发商也纷纷推出了各式各样的军棋类计算机网络游戏。

军棋主要有明棋（翻棋）和暗棋（对棋）两种玩法。明棋在游戏时将所有棋子打乱并且棋面向下摆在棋盘相应的位置，游戏开始后双方轮流翻开棋子，也可以按游戏规则移动已经翻开的己方棋子或“吃掉”对方的棋子，直到一方挖完另一方全部“地雷”并夺得“军旗”后游戏结束。暗棋在游戏时双方根据游戏规则及各自的部署安排，将棋子棋面朝自己摆在棋盘相应的位置，游戏开始后双方轮流移动己方的棋子或与对方棋子“交战”，“交战”时由第三方根据游戏规则来决定双方棋子的“存亡”，直到一方夺得另一方“军旗”后游戏结束。显然明棋玩法带有一定的运气成分，而暗棋玩法更能够让游戏者体会调兵遣将、运筹帷幄的感觉，具有更强的益智娱乐性。但是暗棋玩法不允许察看对方的棋子，因此一般都需要一名“裁判”，这给游戏造成了不便，当人数不够时只能放弃这种玩法，并且“裁判”的工作枯燥无味，就算人数够也不可能长时间让同一个人做“裁判”。

电子军旗就是针对上述矛盾而设计的，它不需要专人做“裁判”，操作十分简单，并且不会出现人为失误，判断更加准确，能够真正做到“公正无私”。

6.2.2　功能设计

这款电子军棋以传统军棋暗棋玩法为基础，适合双人游戏，它分为棋盘、棋子、裁判器和读棋器 4 个部分，其中棋盘和棋子为市场上常见的军棋成品，军棋购回后需要对棋子进行改造。

游戏时将裁判器和读棋器连接妥当，游戏双方分别称为A方和B方，各持本方的读棋器。当需要“交战”时，双方将各自要“交战”的棋子放入读棋器定位片中间的方孔内，并用手指压紧使棋子触点与读棋器触点紧密接触，“交战”结果由裁判器通过声光的形式来指示，其含义如表6.2.1所列。放棋子时要注意隐蔽，不要被对方看到自己的棋子。

表6.2.1 电子军棋声光指示含义

LED_1（红色）	LED_2（黄色）	蜂鸣器	含义
闪烁	灭	断续鸣叫	A方棋子战胜B方棋子，B方棋子“牺牲”
灭	闪烁	断续鸣叫	B方棋子战胜A方棋子，A方棋子“牺牲”
闪烁	闪烁	断续鸣叫	A、B双方棋子“同归于尽”
闪烁	闪烁	无声	无效操作
亮	灭	长鸣	A方夺得B方“军旗”，A方最后取胜，游戏结束
灭	亮	长鸣	B方夺得A方“军旗”，B方最后取胜，游戏结束
灭	灭	无声	无棋子或仅有一方有棋子

只有当游戏双方的棋子与读棋器均接触妥当后才会有正确的声光指示，其中“无效操作”是为了防止违规操作与误操作，如“炸弹”与“军旗”相遇、“地雷”与“地雷”相遇等情况。电子军棋的裁判规则为传统军棋的一般规则，即官衔大的棋子可以战胜官衔小的棋子，“工兵”可以战胜“地雷”，官衔相同或遇“炸弹”、“地雷”则“同归于尽”，夺得“军旗”则最后取胜，游戏结束。

电子军棋作为一种娱乐品应具备操作容易、便于携带的特点，因此在功能设计上要力求简洁，摒弃开关、按键操作，声光指示既要直观又要便于记忆，结构上也应尽量紧凑。

6.2.3 原理分析

军棋的棋子共有12种，分别为“司令”、“军长”、“师长”、“旅长”、“团长”、“营长”、“连长”、“排长”、“工兵”、“地雷”、“炸弹”和“军旗”。游戏双方的棋子种类和数量相同，各方每种棋子对应有不同的数量。将12种棋子按一定顺序排列，每一种棋子分别用1～12中的一个数值来表示，无棋子作为棋子的一种特殊情况来处理，用数值0来表示，这些数值称之为“棋子值”，很明显军棋一共有13种棋子值，如表6.2.2所列。

表6.2.2 电子军棋棋子内部电阻R_C选择及对应的A/D值

棋子	数量	棋子值	理论计算R_C/kΩ	实际选取R_C/Ω	根据R_C求得的A/D值	实际A/D值判断范围
无	—	0	∞	∞	0	0～12
军旗	1×2	1	110.471	100k	23	13～32
炸弹	2×2	2	50.235	51k	42	33～53
地雷	3×2	3	30.157	30k	64	54～74
工兵	3×2	4	20.118	20k	85	75～94
排长	3×2	5	14.094	15k	102	95～115
连长	3×2	6	10.078	10k	128	116～137
营长	2×2	7	7.210	7.5k	146	138～157
团长	2×2	8	5.059	5.1k	170	158～180
旅长	2×2	9	3.386	3.3k	192	181～202
师长	2×2	10	2.047	2k	213	203～223
军长	1×2	11	0.952	910	235	224～244
司令	1×2	12	0.039	0	255	245～255

在每个棋子内安装1个电阻，通过读棋器的触点与裁判器电路相连，棋子内的电阻R_C和电路中的固定电阻R_F构成电源V_{CC}分压电路，如图6.2.1所示。不同种类的棋子用不同阻值的电阻，这样电阻R_F分得的电压V_{IN}就不同，每种棋子对应一个电压值。单片机利用内部的模数转换器（ADC）将V_{IN}转换为对应的数值（A/D值），根据数值的大小即可识别出不同的棋子。

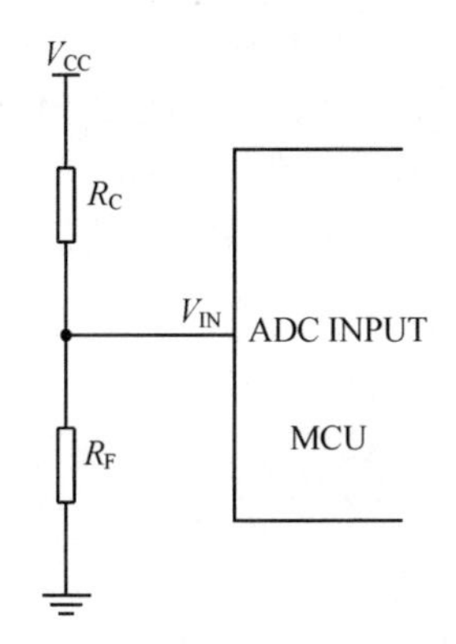

图6.2.1　电子军棋棋子识别原理

对于8位的ADC转换结果范围为0～255，每1个棋子值会对应1个A/D值。为了更容易分辨出不同的棋子，应当尽量使相邻2个棋子值所对应的A/D值之差达到最大值，换言之，这些A/D值理论上应该是数值区间[0,255]的12等分点及2个端点。电阻R_C的选取须满足上述要求，因此R_C可以通过下式计算：

$$256\times\frac{R_F}{R_F+R_C}=\frac{255}{12}\times n \tag{6.2.1}$$

式中，R_F取10 kΩ，n为棋子值。各棋子内的电阻R_C理论计算值和实际选取值如表6.2.2所列。

由于电阻精度有限并且ADC也有误差，每个棋子实际采样得到的A/D值相对于表6.2.2中的计算值会在一定范围内波动。为了方便程序处理，将各棋子A/D值波动允许的范围扩大至能够彼此连续，如表6.2.2所列，这样只要将实际采样得到的A/D值与各棋子A/D值范围的临界值作比较，即可确定被测棋子A/D值所在的范围，从而得到对应的棋子值。

游戏双方的棋子都用同样的办法得到相应的棋子值，之后再作进一步的判断和比较，通过声光的形式指示出“交战”结果。

6.2.4　硬件设计

电子军棋的电路原理图如图6.2.2所示，电路比较简单，包括电源电路和单片机及其外围电路两部分。“小体积”和“微功耗”是电路设计主要遵循的原则。

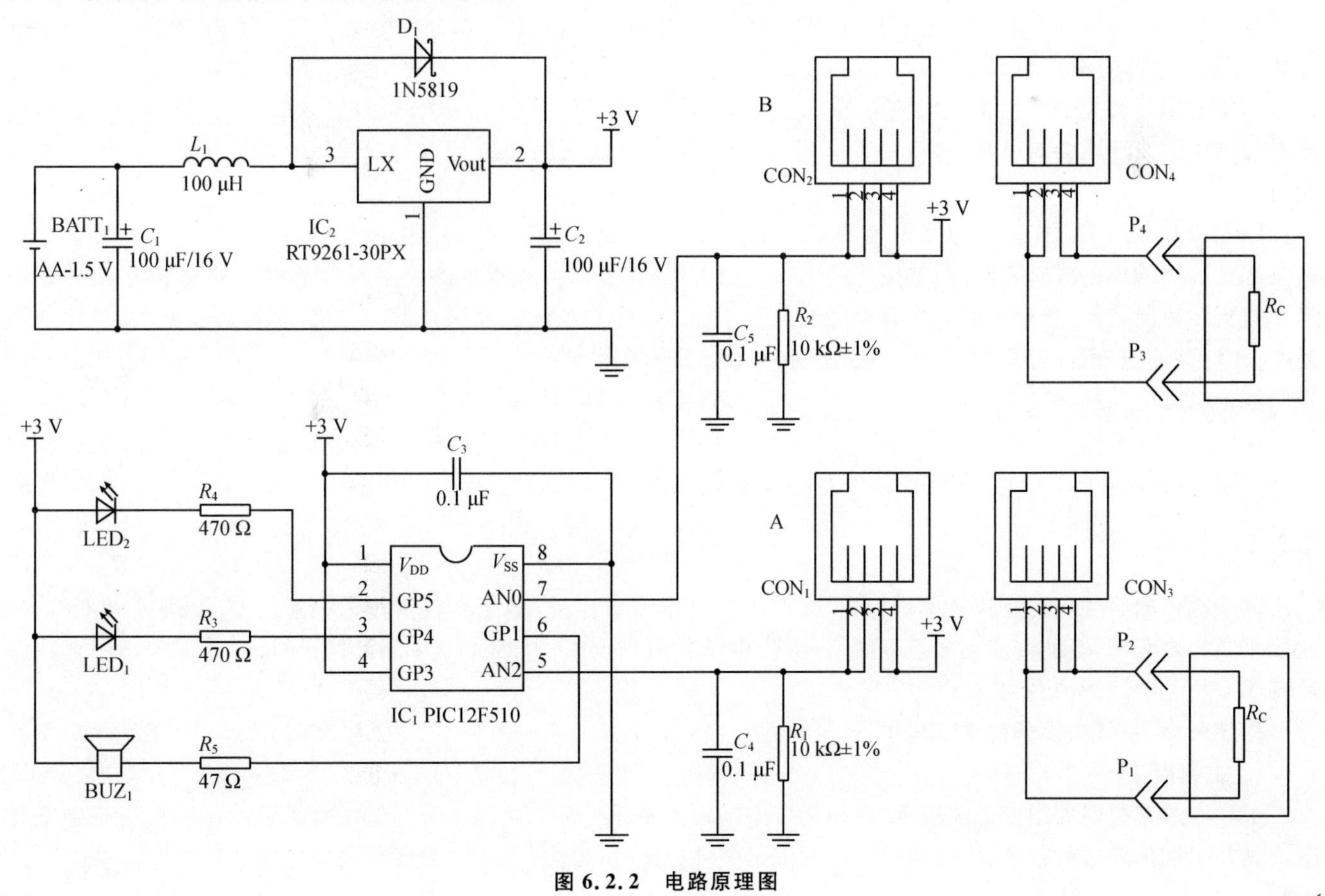

图6.2.2　电路原理图

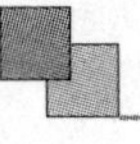

1. 电源电路

为了减小体积同时方便使用，整个电路采用1节AA(5号)1.5 V电池供电。IC_2为RT9261-30PX，是RICHTEK推出的升压型DC/DC变换器，它将电池电压升压至3 V作为单片机及其外围电路的工作电压。RT9261-30PX具有外围元件少、低功耗、低启动电压、高效率等特点，能够满足电子军棋电路的要求，当电池电压低至0.8 V时电路仍能够正常工作。

电路中输入端电容C_1可以降低电源阻抗，减小输出噪声，使输入电流平均化从而提高效率。输出端电容C_2的主要作用是使输出电压变得平滑，输出电压较高以及负载电流较大时，输出的纹波电压也会变大，C_2的作用更加重要。为了获得比较稳定的输出电压，应选用22 μF以上具有低ESR(等效串联电阻)的电容，当要求不高并且负载电流很小时，为了降低成本也可以选择质量较好的一般系列电解电容，但应适当增大容量。

电感L_1应尽量选择直流电阻较小的产品。虽然电感值在很宽的范围内选取本电路都可以工作，但是电感值过大会使最大输出电流减小，并且使最低输入工作电压变高，导致在低电压下升压困难，同时也增大了体积，增加了成本；电感值过小会使纹波电流变大，工作效率降低，并且有可能引起磁饱和，综合考虑以上因素L_1选100 μH。

D_1应选择正向压降低、开关速度快的肖特基二极管，本电路工作电压低、电流小，绝大多数的肖特基二极管都能满足要求，但是一定要选择反向漏电流I_R较小的肖特基二极管，否则空载电流偏大，待机功耗达不到要求。电路中D_1选择了1N5819而没有用同系列的1N5817也是由于前者I_R相对更小一些。此外，同一型号不同制造商生产的器件I_R的参数也会有一定的差别，在实际选择应注意。

电子军棋采用了低功耗设计，待机电流甚微，因此电路中无须设计电源开关。

2. 单片机及其外围电路

单片机选用Microchip的PIC12F510。这款单片机只有8个引脚，其中6个引脚可以作为I/O口，包括3个通道的8位ADC。PIC12F510还具备上电复位功能，可以选择内部振荡器作为系统时钟，这样就不需要外部复位电路和晶体，减少了外围器件的数量，满足了“小体积”的要求。PIC12F510工作电压范围为2.0～5.5 V，在掉电模式下电流为0.1 μA，同时也满足了“低功耗”的要求。

游戏双方棋子内的电阻与固定电阻R_1、R_2对电源电压进行分压，R_1、R_2分得的电压分别送入PIC12F510内部ADC的2个通道的输入端AN2和AN0。R_1、R_2均为10 kΩ，不论有无棋子，ADC输入信号源的阻抗均不会超过10 kΩ，能够满足数据表中对输入模拟电压源阻抗的要求。ADC的参考电压为电源电压，电压采样为比率测量，因此电源电压的波动不会对A/D转换结果有影响。C_4和C_5对输入的模拟信号进行滤波，可以增强电路的抗干扰能力。

PIC12F510的I/O口最大输出电流为25 mA，所以蜂鸣器和LED可以直接用I/O口驱动。蜂鸣器要选用工作电流比较小的压电式蜂鸣器，而电磁式蜂鸣器一般工作电流较大，在本电路中不推荐使用。限流电阻R_5根据蜂鸣器的实际情况选择，在蜂鸣器音量满意的情况下尽量减小工作电流。在同样的工作电流下，高亮度LED比普通亮度LED亮一些，所以电路中的LED应选用高亮度LED，在保证亮度的情况下降低LED工作电流，由此进一步降低整个电路的功耗。

要保证在掉电模式下电流最小，PIC12F510的所有输入引脚都必须与电源或地相连。因此，虽然没有使用GP3，但也不能将此引脚悬空，在本电路中GP3与电源相连。

6.2.5 软件设计

电子军棋的软件相对比较简单，但PIC12F510为基础型单片机，资源有限并且无中断，只有两级硬件堆栈，因此程序结构要合理，不能嵌套太多子程序。此外，由于看门狗定时器(WDT)是一直打开的，所以在程序中要适时地将WDT清零，以免发生不希望的复位。

程序分为主程序、棋子检测子程序、棋子识别子程序3个部分。

1. 主程序

主程序的流程图如图6.2.3所示，初始化后即进入主循环程序。主程序调用棋子检测子程序和棋子识别子程序检测并识别出双方的棋子，将得到的双方的棋子值进行比较，再控制LED和蜂鸣器把比较结果指示出来。

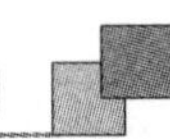

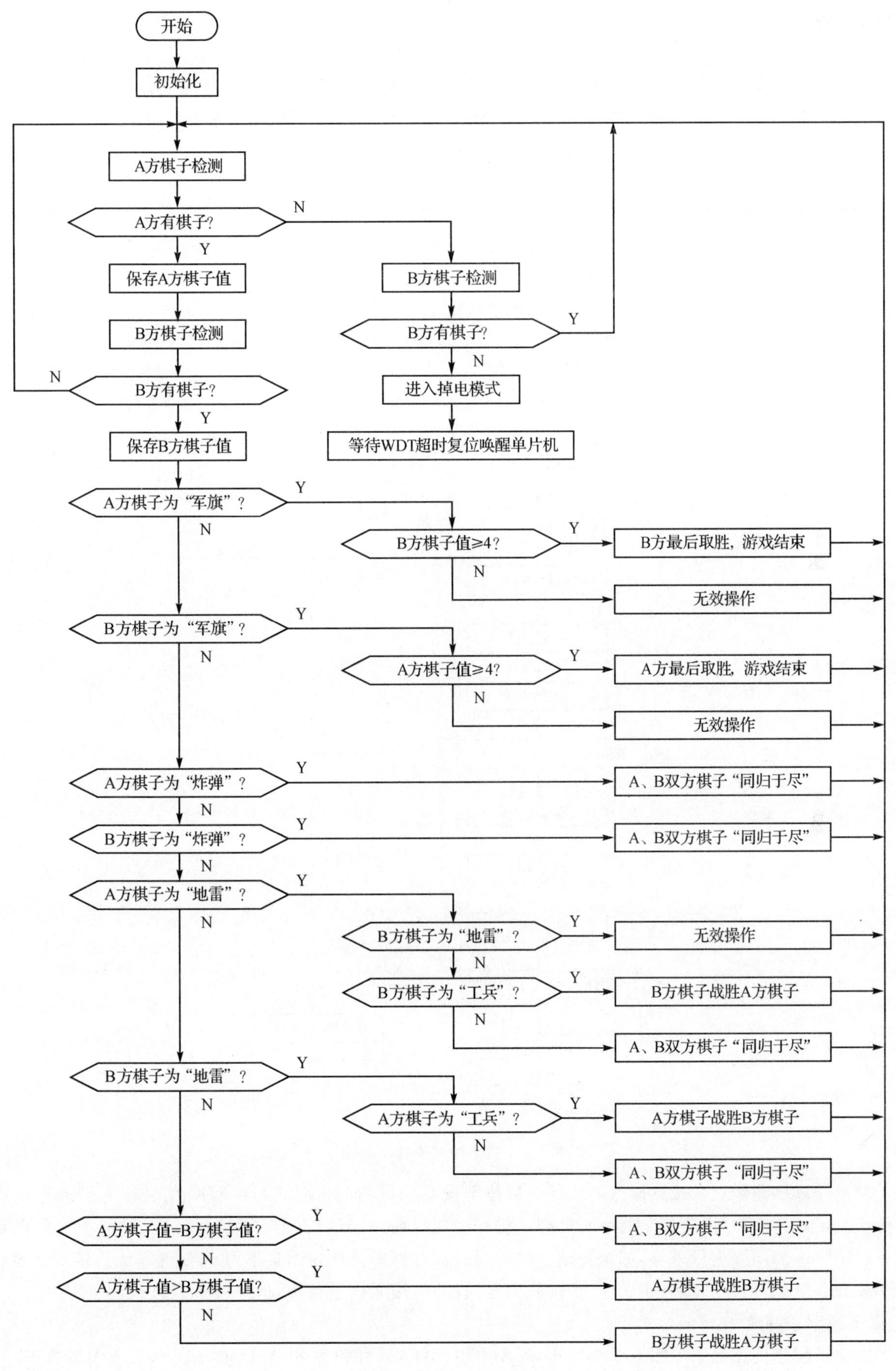
开始
初始化
A方棋子检测
A方有棋子?
N
Y
保存A方棋子值
B方棋子检测
B方有棋子?
Y
N
进入掉电模式
等待WDT超时复位唤醒单片机
B方棋子检测
N
B方有棋子?
Y
保存B方棋子值
A方棋子为“军旗”?
Y
N
B方棋子值≥4?
Y
B方最后取胜，游戏结束
N
无效操作
B方棋子为“军旗”?
Y
N
A方棋子值≥4?
Y
A方最后取胜，游戏结束
N
无效操作
A方棋子为“炸弹”?
Y
A、B双方棋子“同归于尽”
N
B方棋子为“炸弹”?
Y
A、B双方棋子“同归于尽”
N
A方棋子为“地雷”?
Y
N
B方棋子为“地雷”?
Y
无效操作
N
B方棋子为“工兵”?
Y
B方棋子战胜A方棋子
N
A、B双方棋子“同归于尽”
B方棋子为“地雷”?
Y
N
A方棋子为“工兵”?
Y
A方棋子战胜B方棋子
N
A、B双方棋子“同归于尽”
A方棋子值=B方棋子值?
Y
A、B双方棋子“同归于尽”
N
A方棋子值>B方棋子值?
Y
A方棋子战胜B方棋子
N
B方棋子战胜A方棋子

图 6.2.3　主程序流程图

当程序检测到游戏双方均未在读棋器放置棋子时则进入待机状态，单片机工作在掉电模式，功耗降至最低。在待机状态，利用内部 WDT 超时产生复位来“唤醒”单片机。程序中将预分频器分配给 WDT，通过改变分频比可以调节 WDT 超时溢出的周期。周期长短要适中，太长会导致棋子检测反应迟钝，太短又会使单片机有效工作时间增长，增大了功耗。因此 WDT 超时溢出周期要权衡实际情况来确定，本程序中每隔约 288 ms 产生一次 WDT 超时复位，同时将单片机从掉电模式中“唤醒”。不难看出，当无棋子时单片机绝大部分时间都在掉电模式下工作，因此平均电流非常小，满足了“低功耗”的设计要求。

2. 棋子检测子程序

棋子检测子程序的流程图如图 6.2.4 所示，其主要任务是检测有无棋子，得到被检测棋子最终的棋子值。

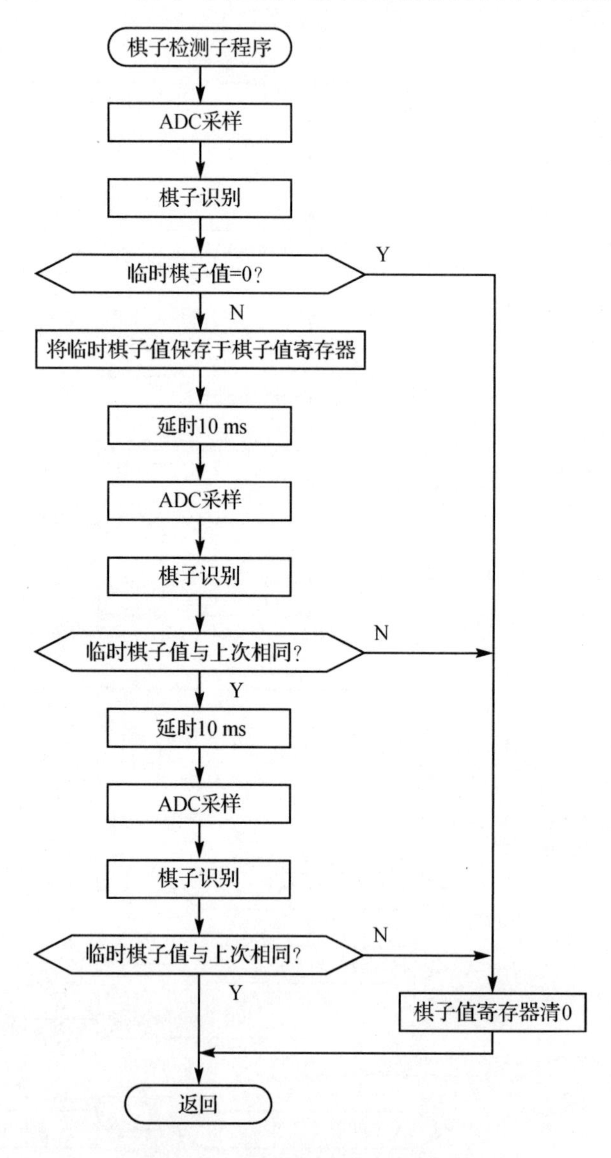

图 6.2.4 棋子检测子程序流程图

棋子触点与读棋器触点在接触时会产生像一般按键按下一样的“抖动”，对应 ADC 信号输入端的电压在一段时间内会不稳定，因此程序中应作“去抖动”处理。程序中通过调用 ADC 采样子程序和棋子识别子程序得到临时棋子值。以 10 ms 为间隔进行采样，如果连续 3 次得到的临时棋子值均相同且不为 0，则可以认为棋子已经放置妥当，将此时的临时棋子值作为最终棋子值，否则认为是“抖动”，按无棋子处理，最终棋子值为 0。

3. 棋子识别子程序

棋子识别子程序的流程图如图 6.2.5 所示，程序中将 ADC 采样得到的 A/D 值与表 6.2.2 中各棋子 A/D 值范围的临界值作比较，由此得到被检测棋子对应的临时棋子值。

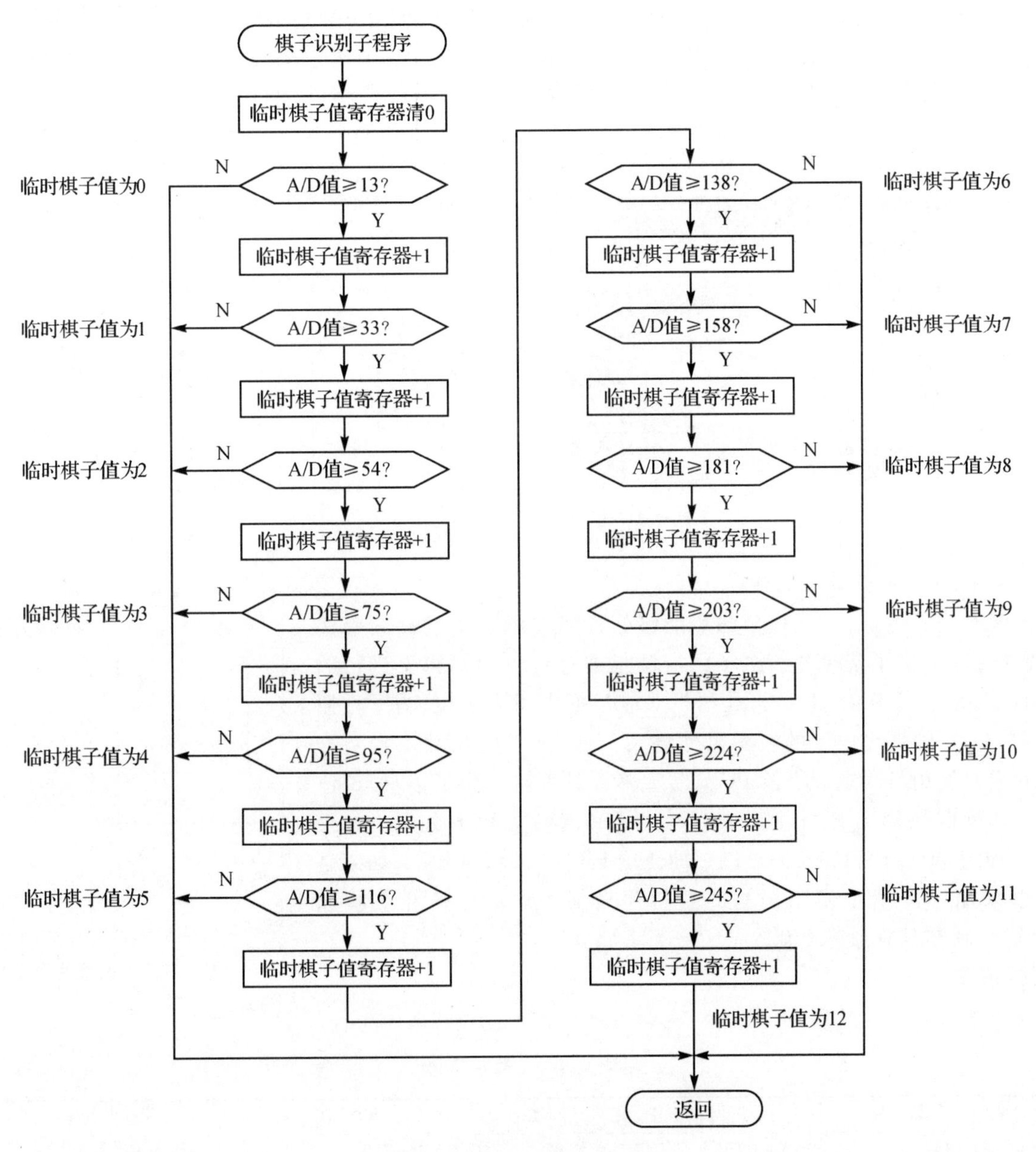

图 6.2.5　棋子识别子程序流程图

4. 配置位设置

调试和编程时必须要对配置字(Configuration Words)的各位即配置位进行设置，对于本程序应设置为选择 4 MHz内部振荡器、GP3/MCLR 引脚用作 GP3、使能 WDT。

6.2.6　制　作

1. PCB 及定位片、底板的设计与制作

(1) PCB 设计与制作

裁判器与读棋器的 PCB 如图 6.2.6 所示。裁判器 PCB 为尺寸约 63.5 mm×63.5 mm 的正方形，读棋器 PCB 为尺寸约 63.5 mm×31.75 mm 的长方形。读棋器 PCB 的长与裁判器 PCB 的边长相等，这样更容易找到或设计出合适的外壳。PCB 设计好后可以委托 PCB 工厂加工，也可以自己用万能板制作，PCB 板材选择 FR－4 玻璃纤维板。IC_2 为 SOT－89 贴片封装，安装在焊接面，设计时应注意。电池 $BATT_1$ 配套电池夹的引脚为片状，其对应的焊盘孔应设计为跑道形孔即“长孔”，图 6.2.6 中的各个“长孔”都是由 3 个圆孔组成，这样设计是为了方便自制 PCB，委托工厂加工 PCB 时则无须如此，直接在机械层画出“长孔”即可。

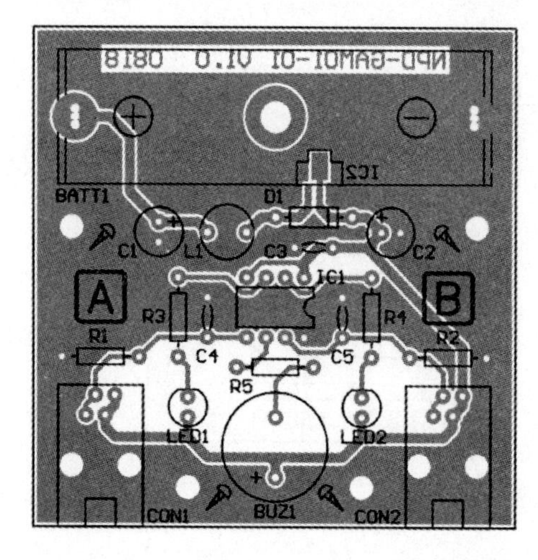

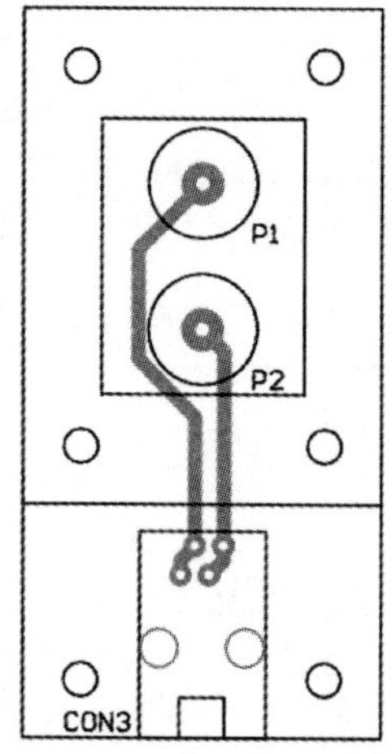

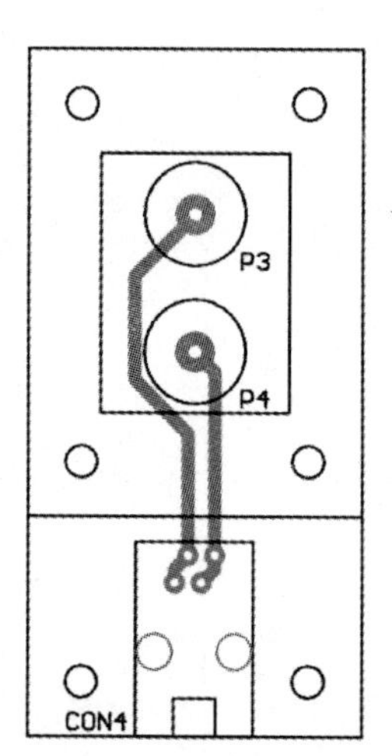

图 6.2.6 PCB 布局图

(2) 定位片、底板的设计与制作

为了方便游戏者的操作，使棋子触点能够与读棋器触点对准并紧密接触，这里特别设计了棋子定位片。棋子的定位是通过定位片对棋子进行约束来实现的，因此定位片中间长方形孔的尺寸应根据棋子来确定，为了方便棋子的取放，这个孔要比棋子的实际尺寸略大一些，加工时尺寸一定要准确。底板的主要作用是固定读棋器 PCB，便于游戏者手持。为了美观，定位片的宽度要和读棋器 PCB 相同，底板的尺寸也要和读棋器 PCB 相同。如果 PCB 由工厂加工，定位片和底板则可以一同使用 FR－4 的板材加工，如果是自制则可以采用厚度适中便于切割的塑料片来加工。定位片和底板如图 6.2.7 所示，制作时应加工 2 套。

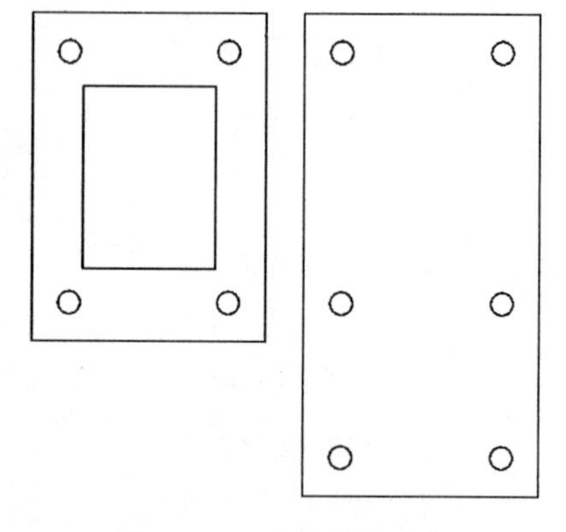

图 6.2.7 定位片及底板

2. 器件选择

器件清单如表 6.2.3 所列。

表 6.2.3 器件清单

序 号	名 称	规格型号	数 量	编 号	备 注
1	电池	AA－1.5V	1	$BATT_1$	配电池夹
2	蜂鸣器	SFM－14－I	1	BUZ_1	有源压电式
3	电解电容	100 μF/16 V	2	C_1，C_2	
4	独石电容	0.1 μF	3	C_3～C_5	
5	插座	RJ9－4P4C	4	CON_1～CON_4	其他类型也可
6	肖特基二极管	1N5819	1	D_1	
7	IC	PIC12F510	1	IC_1	配 IC 插座
8	IC	RT9261－30PX	1	IC_2	SOT－89 封装
9	电感	100 μH/100 mA	1	L_1	
10	LED	φ5	1	LED_1	红色高亮
11	LED	φ5	1	LED_2	黄色高亮
12	触点		4	P_1～P_4	用图钉自制
13	电阻	10 kΩ±1%/0.25 W	8	R_1，R_2，R_C(连长)	

续表 6.2.3

序　号	名　称	规格型号	数　量	编　号	备　注
14	电阻	470 Ω/0.25 W	2	R_3，R_4	
15	电阻	47 Ω/0.25 W	1	R_5	
16	电阻	30 kΩ±1%/0.25 W	6	R_C（地雷）	
17	电阻	20 kΩ±1%/0.25 W	6	R_C（工兵）	
18	电阻	100 kΩ±1%/0.25 W	2	R_C（军旗）	
19	电阻	910 Ω±1%/0.25 W	2	R_C（军长）	
20	电阻	3.3 kΩ±1%/0.25 W	4	R_C（旅长）	
21	电阻	15 kΩ±1%/0.25 W	6	R_C（排长）	
22	电阻	2 kΩ±1%/0.25 W	4	R_C（师长）	
23	电阻	0 Ω	2	R_C（司令）	用导线制作
24	电阻	5.1 kΩ±1%/0.25 W	4	R_C（团长）	
25	电阻	7.5 kΩ±1%/0.25 W	4	R_C（营长）	
26	电阻	51 kΩ±1%/0.25 W	4	R_C（炸弹）	

表 6.2.3 中的器件种类不多，但是须按要求选择。IC_2 也可以选用 XC6372、BL8505 等功能相同的 IC。制作各棋子用的电阻 R_C 和固定电阻 R_1、R_2 应选用精度为 1% 的金属膜电阻，以保证棋子的一致性，使 A/D 转换结果尽量接近计算值。为了方便安装，电池 $BATT_1$ 配套的电池夹应选择带引脚的 PCB 安装式电池夹。P_1～P_4 为读棋器的触点，可以采用镀镍的优质图钉来制作，既美观又耐用，而且十分廉价。CON_1～CON_4 为 RJ9－4P4C 插座，与之相配的插头为 4P4C 水晶头，和普通电话机连接听筒使用的接插件相同，这样裁判器和读棋器的连接就可以直接使用电话机与听筒连接所用的成品螺旋线，这种螺旋线随意拉扯也不易损坏，非常适合于连接读棋器这样的手持设备，当然连接线也可以根据需要的长度自制。

3. 制作与调试

(1) 棋子改造

用于制作电子军棋的棋子必须是塑料空心的，木质或实心的棋子都不适合改造，因此在制作前选购军棋时一定要注意。

对棋子进行改造时，首先将所有棋子的“棋面”即上面印字的塑料盖片取下，然后根据棋子的实际尺寸按图 6.2.8 在每个棋子上钻 4 个孔，孔的位置和间距一定要准确。由于棋子数量比较多，为了保证一致性并提高效率，可以根据尺寸用万能板制作一个简易“模具”来钻孔，如图 6.2.9 所示。因为孔的间距为 100 mil 的整数倍，所以在万能板上可以很容易找到 4 个满足尺寸要求的孔，根据孔的位置和棋子的尺寸确定好棋子边缘所在的位置，再将 2 条狭长形万能板粘贴在此位置用于棋子定位，这样就可以利用这个“模具”来钻孔了。钻孔时将棋子紧靠 2 条狭长形万能板，再在选好的 4 个孔的位置钻孔。

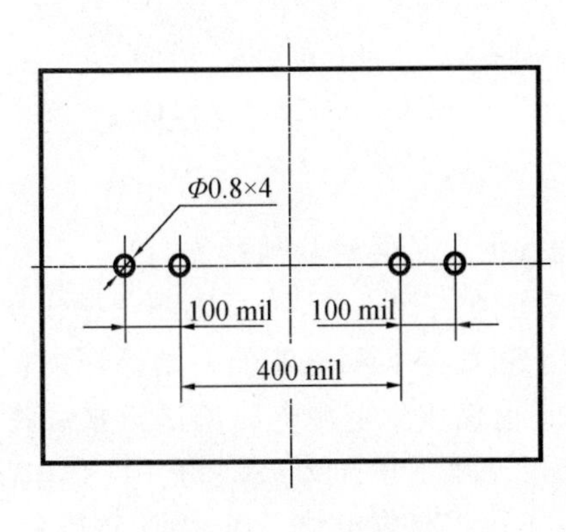

图 6.2.8　棋子钻孔尺寸

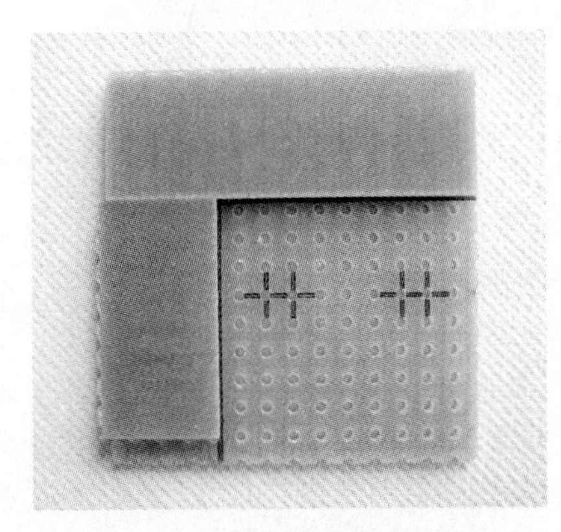

图 6.2.9　棋子钻孔用的简易模具

所有棋子钻好孔后即可安装电阻，如图 6.2.10 所示，电阻应通过中间 2 个孔由内向外安装，紧贴棋子底部，再将伸出棋子外的电阻引脚弯折后从两边 2 个孔反向插入棋子，之后将电阻引脚向里拉紧并剪掉多余的部分。引脚露在棋子外的部分则作为棋子的触点，因此每个棋子的电阻引脚拉紧时用力要一致，以保证触点形状相同，同时用力要适中，以免拉断引脚或损坏电阻。安装好电阻的棋子如图 6.2.11 所示。

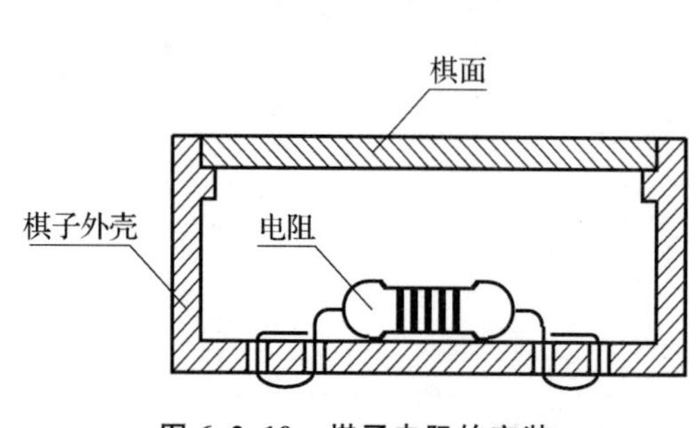

图 6.2.10　棋子电阻的安装

图 6.2.11　安装好电阻的棋子

所有棋子均按同样的方法安装好电阻，最后对照表 6.2.2 将“棋面”盖在相应的棋子上，棋子改造就完成了。

(2) 电路制作

电子军棋器件数量不多，电路焊接相对比较容易。IC_2 体积比较小，焊接时要小心引脚短路，焊接好的 IC_2 如图 6.2.12 所示。电池夹在焊好后还应通过安装孔固定，如果所选的电池夹底部比较厚并且安装孔为沉孔则用沉头螺钉固定，但如果电池夹底部比较薄无法加工沉孔时，应采用空心铆钉(如图 6.2.12 右上方所示)来固定而不能用螺钉，否则螺钉头部过高会影响电池的安装，这一点要特别注意。图钉在焊接前应将钉脚上的电镀层刮去，以免影响焊接效果。读棋器电路板焊好后还需将加工好的定位片和底板通过支撑柱与读棋器电路板固定在一起，如图 6.2.13 所示。

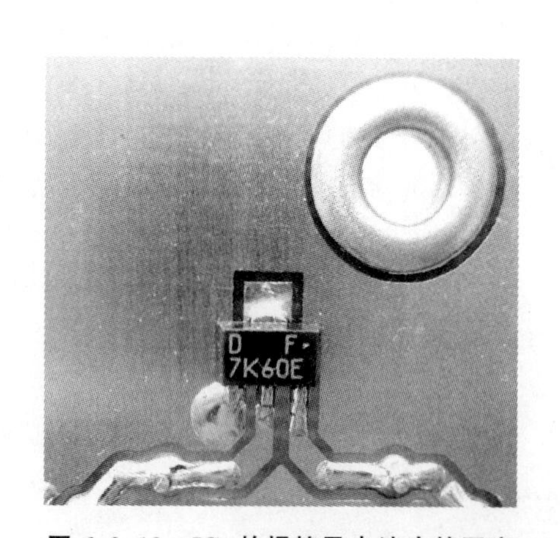

图 6.2.12　IC_2 的焊接及电池夹的固定

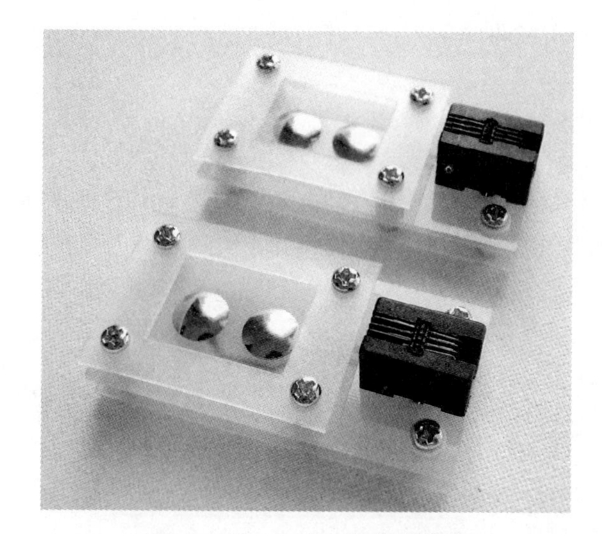

图 6.2.13　制作完成的读棋器

(3) 调试组装

电路焊接完毕后经检查确认无误即可进行调试，电路的调试主要是针对裁判器。

在不安装单片机的情况下装入电池给电路通电，如果升压电路工作正常，则可以测得输出电压为 3 V。在电池与电路间串入电流表测量空载电流，此时电流应在 20 μA 以下，如果实测电流偏大则要仔细检查电路中器件参数是否有误，D_1 反向漏电流 I_R 偏大往往会造成整个电路的电流也偏大。电源电路调试正常后将写入程序的单片机插入 IC 插座，通电后再次测量电流，这时电流应在空载电流的基础上增加 2 μA 左右，如果电流偏大很多则可能是程序有误或编程不成功、配置位设置不当等原因造成的。电子军棋是靠电池工作，因此对待机电流要求比较高，调试时要有足够的耐心，力争使待机电流降到最低。

待机电流满足要求后，则可以将 2 个读棋器与裁判器连接进行功能测试，主要是检查裁判器指示出各棋子“交战”的结果是否与预期结果相符。如果功能不作修改，电子军棋就基本完成了。

调试结束后，为了便于使用和携带，还应该为电子军棋配一个合适的外壳，这里选择了一种水彩笔的盒子作为电子军棋的外壳。将裁判器的电路板通过支撑柱固定在外壳中间偏上的位置，当平时不用时，剩余空间可以用来收纳读棋器和连接线，2 个读棋器分别放置在裁判器两侧，连接线则放置在裁判器和读棋器的下方，整个外壳空间没有丝毫浪费，上盖还可以盖上防止灰尘落入。游戏时将电子军棋置于游戏双方中间，打开上盖，双方各持一读棋器并与裁判器连接妥当，摆好棋子后即可“开战”。

最后完成的电子军棋如图 6.2.14 所示。

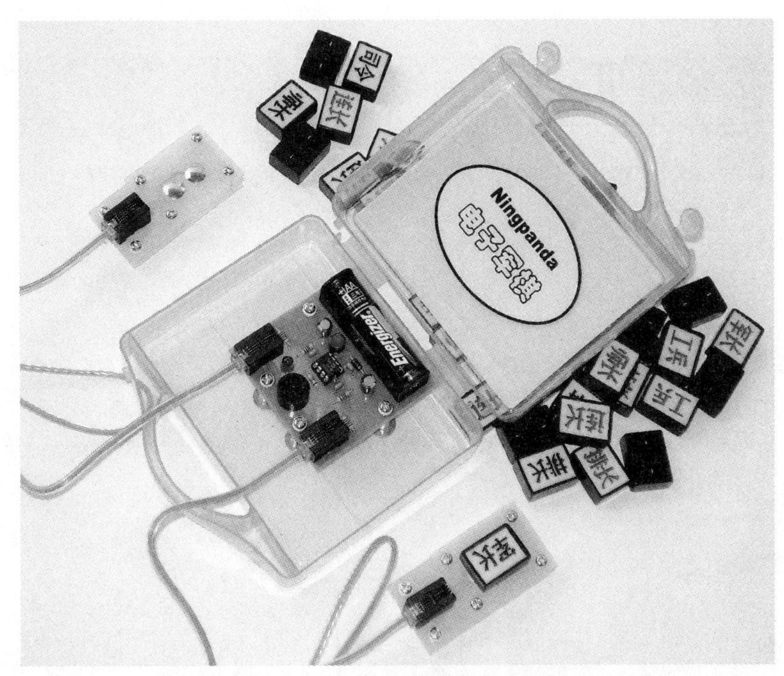

图 6.2.14　最后完成的电子军棋

6.2.7　小　结

虽然物质丰富的今天人们并不缺少娱乐品，但是用这样一款电子军棋“厮杀”几盘还是别有一番滋味的，更重要的是它是自己亲手制作的，是独一无二的。

读者可以修改程序以适应不同的游戏规则，例如有的游戏规则中规定一方司令“阵亡”后要亮出“军旗”等；同时也可以增加一些功能，如语音播放“交战”结果等，从而使电子军棋更具趣味性；还可以参考本制作，增加棋子的数量，用同样的原理设计制作出电子四国军棋。

电子军棋在硬件和软件上都采取了多种节电措施，待机电流不到 20 μA，使用 1 节 AA(5 号)碱性电池待机时间长达 2 年以上，满足一般电池供电产品对功耗的要求。同时电子军棋成本低廉，功能修改及软件升级方便，因此也可以进一步完善成为一种新型的娱乐产品。

6.3　用硬盘音圈电机制作的工艺品

6.3.1　概　述

硬盘是计算机的重要部件，它内部有两个电机，一个为主轴电机，另一个为音圈电机(Voice Coil Motor，VCM)，本节主要研究后者。音圈电机是一种将电能直接转化为直线或弧线运动机械能的装置，因其具有和扬声器音圈、磁体类似的结构而得名，它在使用时不需要中间传动转换机构，具有高响应、高速度、高加速度、高精度、控制方便等优点，在诸多领域特别是需要精密定位的机电一体化产品中得到广泛的应用。

硬盘音圈电机的主要任务是在伺服电路的控制下移动磁头臂，使磁头精确定位能够正确读写盘片上的数据。作者在对多款报废硬盘剖析研究的同时，发现硬盘损坏后音圈电机的精密机电结构一般都是完好的，由于音圈电机这个部件结构特殊，它往往可以再利用，至少是可以让它变成有用的东西。这里介绍一款别致的工艺品——电子摆，它就是用报废硬盘中的音圈电机制作的。

6.3.2 原理分析

硬盘音圈电机的外观如图 6.3.1 所示，它主要由定子和动子两部分组成。定子由 2 片磁体构成，一般制造成一个整体，也有的分为上下两部分，不论哪种形式的定子都是与硬盘外壳固定在一起的。动子为一个扇形或扇环形的线圈，其骨架和磁头臂是一体的，也有的线圈没有骨架，直接粘贴在磁头臂上。磁头臂通过轴承安装在与外壳固定的轴上，线圈布置在磁体中间，当线圈中有电流通过时，在安培力的作用下磁头臂会朝某个方向摆动。电子摆就是利用硬盘音圈电机动子能够在电路控制下灵活摆动这个特性设计的。

硬盘中磁头臂上一般还装有一些磁头信号处理电路，整个电路以及线圈通过扁平柔性 PCB 来与硬盘主电路板连接，在磁头臂摆动时，与线圈连接的柔性 PCB 也随之摆动。但是磁头臂原配的柔性 PCB 从长度和形状上来讲都无法满足制作电子摆的要求，用一般的导线在摆动时又容易折断，因此这里采用逆向思维来设计，即动子作"定子"，定子作"动子"。将磁头臂固定，让磁体摆动，这样线圈连接线就不会摆动，大大降低了对连接线的要求，用普通导线即可。

对于制作电子摆，磁体摆动的平面与水平面是垂直的，在静止状态下由于重力作用磁体所在位置为最低点。当线圈通过电流时磁体摆动，线圈中通过电流的方向不同磁体摆动的方向也不同。使线圈两端电压按图 6.3.2 的规律变化，周期性地改变电流方向并给线圈通电一段时间 t_{ON}，产生的安培力作为驱动力，磁体作受迫振动。一个周期内安培力作用两次，大小相等、方向相反。调节两次通电的间隔时间 t_{OFF} 则可以改变驱动力的频率，当这个频率与磁体摆动机构的固有频率相等时出现共振，此时振幅最大，电子摆的动感效果最佳。因此只要选择适当的 t_{ON} 和 t_{OFF}，磁体就能够以比较理想的效果不停摆下去。

图 6.3.1　硬盘中的音圈电机

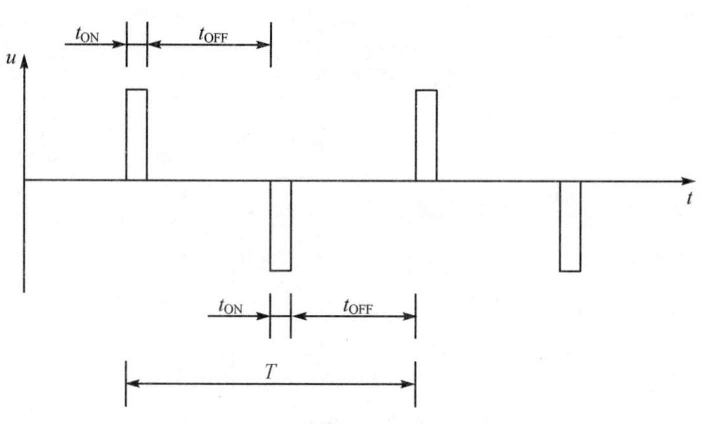

图 6.3.2　音圈电机线圈电压的变化

t_{ON}决定着驱动力，t_{ON}太小会导致驱动力不足、振幅太小，t_{ON}太大会影响驱动力的频率，使之无法接近固有频率出现共振，并可能造成线圈与磁体碰撞。在实际制作时，t_{ON}选择一个适当的固定值，本制作中，根据试验 t_{ON} 选 2 ms。由于电子摆振动系统的固有频率影响因素比较多，其大小不好确定，所以电路中设计了调节装置，根据最后制作完成的振动系统的实际情况再调节 t_{OFF}。

如果仅是周期性地给线圈通电而不改变电流方向，这样一个周期内安培力就只有一个方向并只作用一次。虽然这种设计方案电路会简单很多，也可以实现磁体摆动，并且通过调节也能够出现共振，但经过试验发现不改变电流方向的方案，实际摆动效果不及改变电流方向的方案，因此最后制作还是选择了后者。

6.3.3 硬件设计

电子摆的电路比较简单，原理图如图 6.3.3 所示。工作电压为 5 V，通过 CON_1 输入。

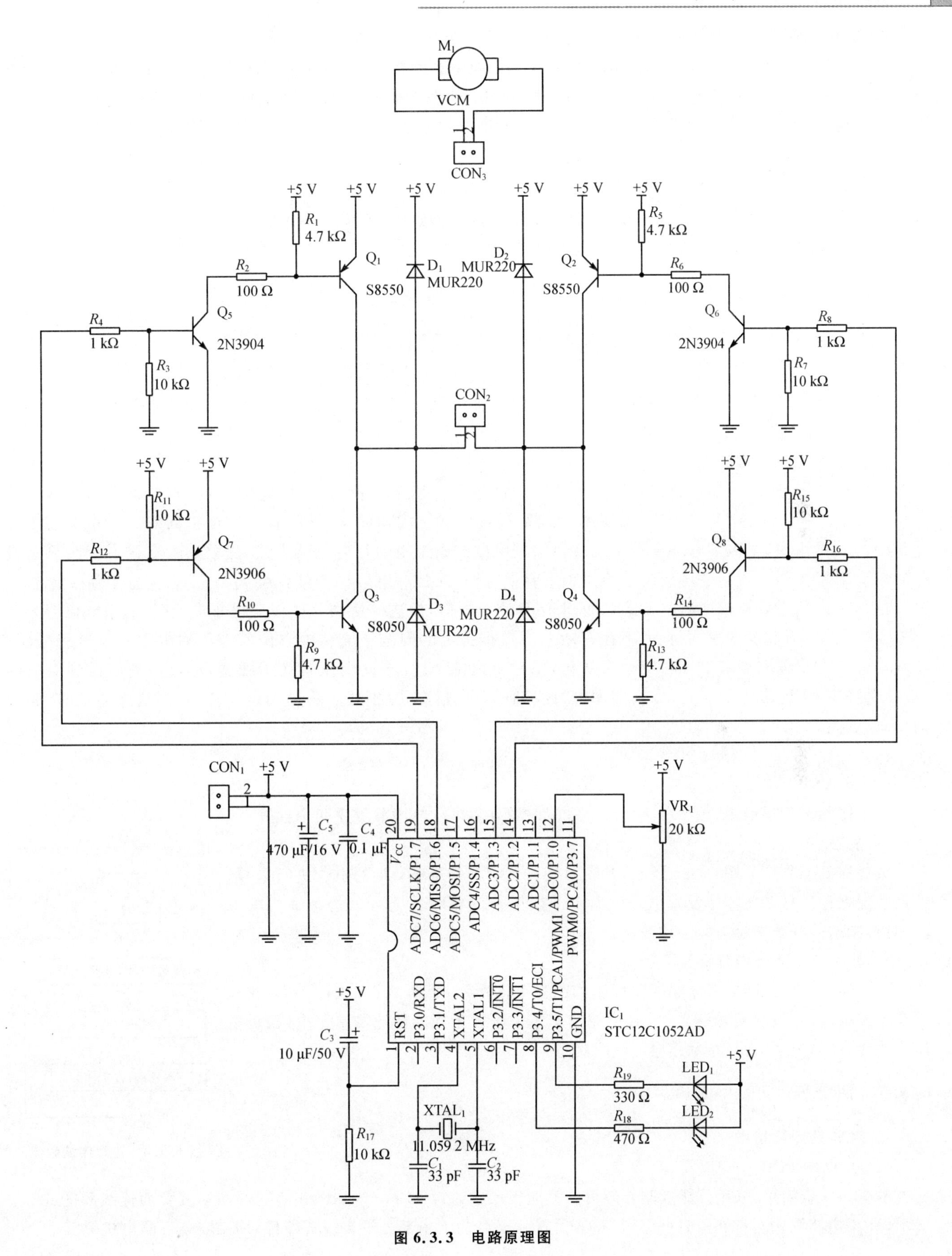

M1
VCM
CON3
+5 V
R1
4.7 kΩ
R2
100 Ω
Q1
S8550
D1
MUR220
D2
MUR220
Q2
S8550
R5
4.7 kΩ
R6
100 Ω
Q5
2N3904
R4
1 kΩ
R3
10 kΩ
Q6
2N3904
R8
1 kΩ
R7
10 kΩ
CON2
R11
10 kΩ
Q7
2N3906
R12
1 kΩ
R15
10 kΩ
Q8
2N3906
R16
1 kΩ
R10
100 Ω
Q3
S8050
D3
MUR220
D4
MUR220
Q4
S8050
R14
100 Ω
R9
4.7 kΩ
R13
4.7 kΩ
CON1
C5
470 μF/16 V
C4
0.1 μF
VR1
20 kΩ
Vcc
ADC7/SCLK/P1.7
ADC6/MISO/P1.6
ADC5/MOSI/P1.5
ADC4/SS/P1.4
ADC3/P1.3
ADC2/P1.2
ADC1/P1.1
ADC0/P1.0
PWM0/PCA0/P3.7
RST
P3.0/RXD
P3.1/TXD
XTAL2
XTAL1
P3.2/INT0
P3.3/INT1
P3.4/T0/ECI
P3.5/T1/PCA1/PWM1
GND
IC1
STC12C1052AD
C3
10 μF/50 V
R17
10 kΩ
XTAL1
11.059 2 MHz
C1
33 pF
C2
33 pF
R19
330 Ω
LED1
R18
470 Ω
LED2

图 6.3.3　电路原理图

1. H 桥电路

这里采用控制直流电动机换向常用的 H 桥电路来驱动音圈电机，CON_2接音圈电机。由于单片机 I/O 口能够提供的电流有限，电路中用 4 个三极管 Q_5～Q_8作预驱动，为驱动管 Q_1～Q_4提供足够的基极电流。音圈电机的工作电流比较小，Q_1～Q_4选用常用的 S8550 和 S8050 就可以满足要求。D_1～D_4为续流二极管，选用 MUR220。单片机的 4 个 I/O 口分别控制 H 桥 4 个“臂”的通断，从而改变音圈电机线圈电流的方向。I/O 口电平与音圈电机线圈两端电压(以 CON_2的第 1 脚为参考)的对应关系如表 6.3.1 所列。

表 6.3.1　单片机 I/O 口电平与音圈电机线圈电压的关系

P1.7	P1.6	P1.3	P1.2	电压
L	H	H	L	0
L	L	H	H	+
H	H	L	L	−

单片机输出的控制信号只允许为表 6.3.1 中的 3 种组合，其他组合方式可能会导致电子摆“刹车”或电源短路，这一点在编写程序时一定要注意。

2. 单片机及其外围电路

单片机选用 STC(宏晶科技)的 STC12C2052AD，这是一款单时钟/机器周期单片机，其引脚排列与常用的 AT89C2051 相同，兼容 MCS－51 指令系统，内部具有 8 个通道的 ADC。为了调节前面提到的 t_{OFF}，电路需要设计相应的人机输入接口，本电路没有采用常用的按键方式而采用的是电位器方式，这是因为在没有配套显示设备的情况下用按键方式调节对调节量的大小不容易把握，而且断电后调节数据会丢失，再次上电后需要重新调节。虽然可以利用单片机内部的 E^2PROM 来保存调节数据，但这样使调节操作变得非常烦琐，而用电位器方式调节操作简便、调节量直观，而且也不存在断电后数据丢失的问题。电路中电位器 VR_1对电源电压进行分压，其滑动端的电压随着调节工具的旋动而变化，单片机内部 ADC 将此电压转换为数据，经过处理后得到对应的 t_{OFF}。电路中 LED_1和 LED_2用来指示音圈电机线圈的通电情况，分别代表不同的电流方向，当线圈通电时，相应的 LED 点亮。

6.3.4　软件设计

电子摆的软件很简单，程序分为主程序和定时器 0 溢出中断服务程序两个部分。

1. 主程序

主程序的流程图如图 6.3.4 所示，其主要任务是对电位器滑动端的电压进行采样，数据经过处理后作为 t_{OFF}的设置值。根据电子摆工作的实际情况可以选择适当的方法，对得到的采样数据进行数字滤波。

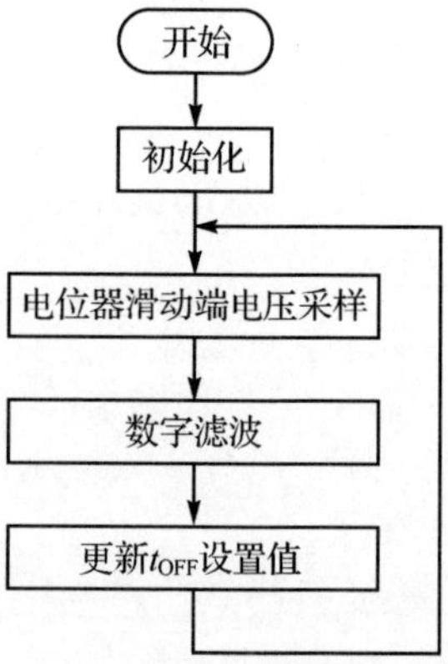

开始
初始化
电位器滑动端电压采样
数字滤波
更新t_{OFF}设置值

图 6.3.4　主程序流程图

2. 定时器 0 溢出中断服务程序

定时器 0 溢出中断服务程序的流程图如图 6.3.5 所示，每隔 2 ms 执行一次，它根据预先选定的 t_{ON}值和实时设置的 t_{OFF}值控制 H 桥，使 H 桥周期性地输出正电压、负电压或关闭，同时控制 LED 指示相应的输出状态。

6.3.5　制　作

1. PCB 设计与制作

(1) 主电路 PCB

本电路比较简单，采用万能板制作即可。万能板尺寸约为 64 mm×146 mm，器件布局及背面连线如图 6.3.6 所示，H 桥电路采用对称布局，这样更加整齐美观。PCB 的上半部分没有放置器件，用来安装音圈电机 PCB。

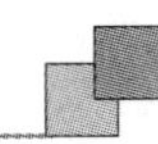

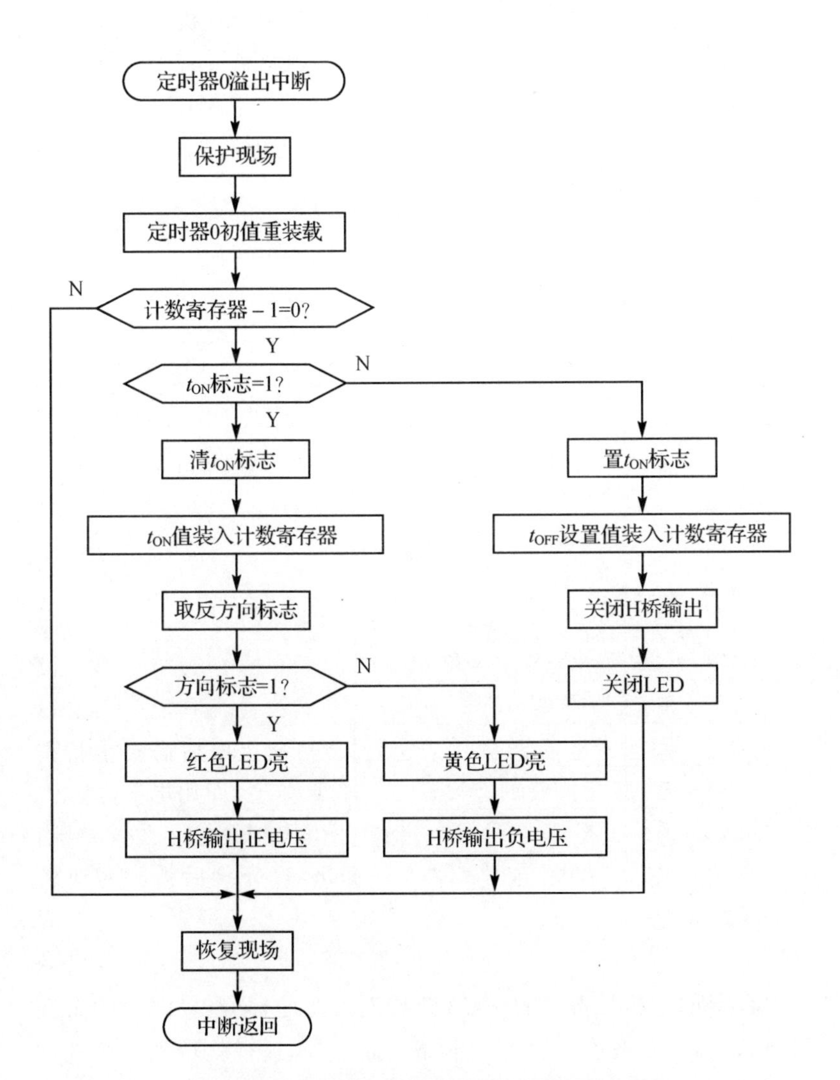

图 6.3.5　定时器 0 溢出中断服务程序流程图

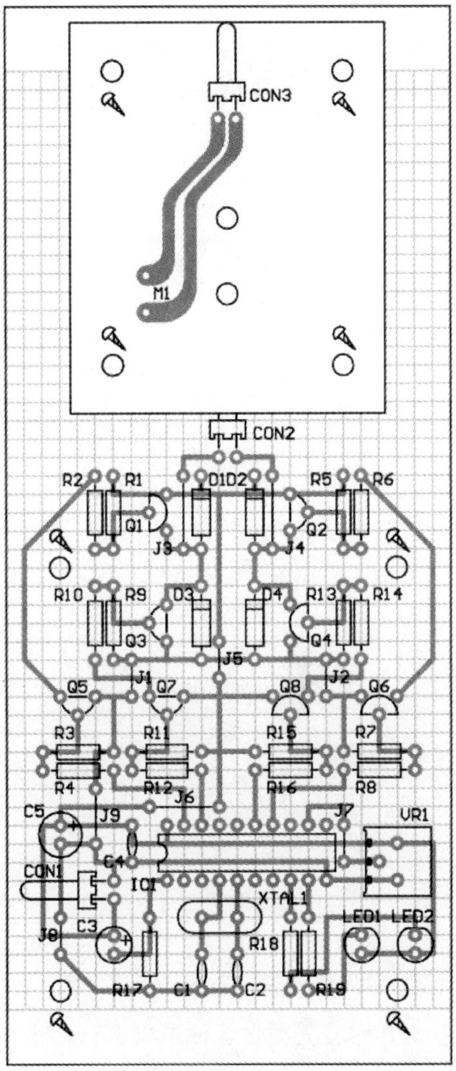

图 6.3.6　万能板器件布局及走线

(2) 音圈电机 PCB

音圈电机 PCB 尺寸约为 45 mm×54 mm，安装在主电路 PCB 的上部，如图 6.3.6 所示，这块电路板的主要作用是固定音圈电机并将其线圈与插座 CON_3 连接。电路板上线路非常简单，只有 2 条走线，可以用万能板、感光板来制作，甚至用刀刻的方法也可以。

2. 器件选择

制作电子摆所用的器件全部为常用器件，无特殊要求，有些器件可以根据实际情况更改或代换。器件清单如表 6.3.2 所列。

表 6.3.2　器件清单

序 号	名 称	规格型号	数 量	编 号	备 注
1	独石电容	33 pF	2	C_1,C_2	
2	电解电容	10 μF/50 V	1	C_3	
3	独石电容	0.1 μF	1	C_4	
4	电解电容	470 μF/16 V	1	C_5	

续表 6.3.2

序　号	名　称	规格型号	数　量	编　号	备　注
5	接线端子	2510－2PL	3	CON_1～CON_3	其他规格也可
6	二极管	MUR220	4	D_1～D_4	
7	IC	STC12C2052AD	1	IC_1	配 IC 插座
8	跳线	200 mil	5	J_1,J_2,J_5,J_7,J_8	自制
9	跳线	400 mil	3	J_3,J_4,J_6	自制
10	跳线	300 mil	1	J_9	自制
11	LED	$\varphi 3$	1	LED_1	红色
12	LED	$\varphi 3$	1	LED_2	黄色
13	三极管	S8550	2	Q_1,Q_2	
14	三极管	S8050	2	Q_3,Q_4	
15	三极管	2N3904	2	Q_5,Q_6	
16	三极管	2N3906	2	Q_7,Q_8	
17	电阻	4.7 kΩ/0.25 W	4	R_1,R_5,R_9,R_{13}	
18	电阻	100 Ω/0.25 W	4	R_2,R_6,R_{10},R_{14}	
19	电阻	10 kΩ/0.25 W	5	R_3,R_7,R_{11},R_{15},R_{17}	
20	电阻	1 kΩ/0.25 W	4	R_4,R_8,R_{12},R_{16}	
21	电阻	470 Ω/0.25 W	1	R_{18}	
22	电阻	330 Ω/0.25 W	1	R_{19}	
23	电位器	3386P－203	1	VR_1	其他规格也可
24	晶体	49S/11.059 2 MHz	1	$XTAL_1$	

3. 制作与调试

制作时首先要对音圈电机进行加工和改造。保留音圈电机原配柔性 PCB 与线圈焊接的部分，将多余的柔性 PCB 剪掉，再将磁头臂前端安装磁头比较薄有弹性的部分和磁头连同上面的电路一起去掉，这样就得到一个独立的磁头臂。一般磁头臂前端都会有一个圆孔，将这个孔扩至直径 3 mm，然后在磁头臂适当位置再钻一个直径 3 mm 的孔，这 2 个孔作为音圈电机与 PCB 的固定孔。如果磁头臂为多层结构，钻孔时应将各层都钻通。之后用原配螺钉将磁体与磁头臂连接起来，这个螺钉同时也是音圈电机的轴。硬盘中这个螺钉穿过轴承后直接旋入外壳内部对应的带螺纹的孔中，因而没有原配螺母，制作时需要自己去配，这个螺钉的螺纹是英制螺纹，与之相配的螺母相对比较少见，实在找不到时可以从常用的 DB9、DB25 等 D 形插座上拆取。连接妥当后音圈电机就成了一个单独的部件，最终这个部件是要垂直方向工作，因此安装好后要垂直放置，检查磁体是否可以灵活摆动，如果不够灵活则要调整轴承及螺母，或增加垫片来改善。在制作时尽量选用磁体为一个整体的音圈电机，否则还需要将磁体各部分相互固定连接。

焊接时先焊音圈电机 PCB，焊好后将加工改造后的音圈电机用 2 个支撑柱固定在这块 PCB 上。在音圈电机线圈的 2 个焊点上分别焊 1 根导线，再将导线焊在 PCB 上，导线与 PCB 的连接处用热熔胶加固。之后用万用表测量 CON_3 两端的直流电阻或直接通电看磁体是否摆动，确保音圈电机连接妥当。制作完成的音圈电机 PCB 见图 6.3.7。

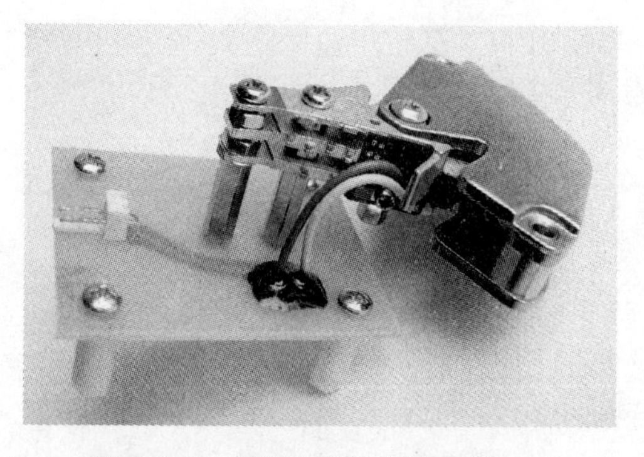

图 6.3.7　制作完成的音圈电机 PCB

主电路PCB元器件数量不多，全部焊好后对照原理图仔细检查，确认无误后即可通电测试。电源采用5 V稳压电源，因为音圈电机的线圈不是一直在通电，所以很省电，正常工作时电路平均工作电流不到20 mA。通电后应能够看到2个LED交替闪亮，之后用导线把CON_2和CON_3连接起来，接通音圈电机。将音圈电机PCB垂直放置，磁体应该会有所摆动，如果电路工作正常则可以进行最后的组装。

图6.3.8 制作支架用的小书架

音圈电机PCB通过4个支撑柱固定在主电路PCB上，支撑柱的长度要适当，太短容易使磁体和主电路PCB上的器件碰撞，太长又会造成电子摆重心偏移。为了使PCB能够垂直固定必须要有一个支架，这里用的支架是一种金属材质的小型书架，如图6.3.8所示。这种书架外表喷漆，比较容易加工，很适合做支架或底座。在支架适当位置钻4个直径3 mm的孔，再把主电路PCB通过4个较短的支撑柱与支架固定在一起。

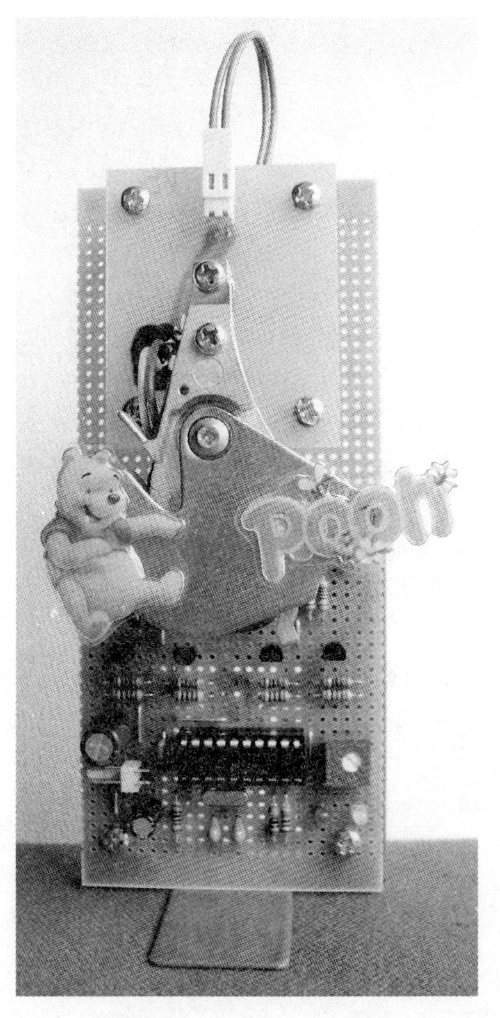

图6.3.9 最后完成的电子摆

将组装完成的电子摆放到水平桌面上，通电后反复调节电位器使磁体摆动的幅度达到最大，如果效果不理想也可以在程序中改变t_{ON}的值或t_{OFF}的范围。调试完毕后，可以将自己喜爱的小装饰品或照片、卡通图片等粘贴在磁体适当位置，一款别致的工艺品就完成了。

最后完成的电子摆如图6.3.9所示，作者制作时采用的是早期10 GB硬盘的音圈电机，读者制作时可以根据实际选择的硬盘音圈电机对整体结构作适当调整。

6.3.6 小 结

在剖析研究硬盘的同时制作这样一款独具匠心的电子摆，摆在案头是一个非常别致的工艺品，馈赠朋友则是一件很新奇的礼物，同时更能体会变废为宝的乐趣。有兴趣的读者也可以在本制作的基础上增加一些声光电路，使电子摆更加生动有趣。

硬盘音圈电机结构特殊、制造精良，配合电路可以完成很多动作，它可以用来制作各种具有动感的工艺摆设，也可以应用在玩具、智能机器人等制作中，相信读者会用它设计制作出更精妙的作品。

6.4 具有“星光闪烁”效果的彩灯控制器

6.4.1 概 述

形形色色的彩灯早在几十年前已经被人们广泛应用于各种场合，随着生活环境的日益改善以及城市基础建设水平的不断提高，用彩灯装饰街道和建筑物已经不仅是为了增添节日气氛，更成为一种时尚，同时彩灯也走进千家万户，成为现代居家装饰的一部分。

彩灯种类繁多，有霓虹灯、白炽灯、LED灯等，其中白炽灯价格低廉、使用简单，市场占有率非常高，尤其是由若干个小白炽灯泡组成的各种形式的彩灯串更是随处可见，一般场合或家用装饰都是选择这种彩灯。根据档次的不同，这种彩灯又大致可以分为无控制器和有控制器两种。无控制器的彩灯一般是由串联在其中的 1 个“闪光灯泡”来实现整串彩灯的闪烁，“闪光灯泡”内部具有类似于日光灯启辉器的双金属片触点切换机构，由于是机械控制，所以闪烁方式非常单一。有控制器的彩灯通过专门的电路控制单串或多串彩灯按一定规律闪烁，相对于无控制器的彩灯有较多的闪烁方式。不论是哪种彩灯都存在着一些明显的缺点，如闪烁效果单调、花样陈旧、控制不灵活等，不能满足现代时尚的要求。

这里介绍一种新颖的彩灯控制器，它可以控制多路彩灯或其他白炽灯负载，其主要特点是可以使彩灯具有“星光闪烁”的效果。与一般的彩灯控制器不同，这种彩灯控制器控制的每路彩灯不是立即熄灭或点亮，而是亮度有一个渐变的过程，逐渐由亮到暗再到灭或与之相反，视觉效果非常好。由于彩灯的亮灭是渐变的，灯泡灯丝就不会骤热或骤冷，这样也大大延长了彩灯的使用寿命。

6.4.2 功能设计

通过对市场现有彩灯控制器的了解，同时综合考虑功能及成本等因素，本彩灯控制器设计为 4 路输出，能够满足大多数场合的要求。

本彩灯控制器设计了 4 种工作模式，每种模式下彩灯闪烁的顺序或数量各不相同，按一定规律变化。图 6.4.1 给出了不同模式下各路彩灯一个循环周期内的工作情况，图中纵坐标表示彩灯的亮度，其中 A～D 为 4 路彩灯；横坐标表示时间，其中 0～3 为一个循环周期内的 4 拍，虽然有些模式的循环周期并非 4 拍，但为了编写程序时方便处理这里也按 4 拍来表示。不难看出，不论哪种工作模式，各路彩灯的亮度都是逐渐变化的，这也是本彩灯控制器的最大特点。用户可以根据各自的喜好和使用场合选择不同的工作模式，并且各模式下彩灯亮度变化的速度也有 4 档可以选择，增加了使用的灵活性，更能够满足不同用户的要求。

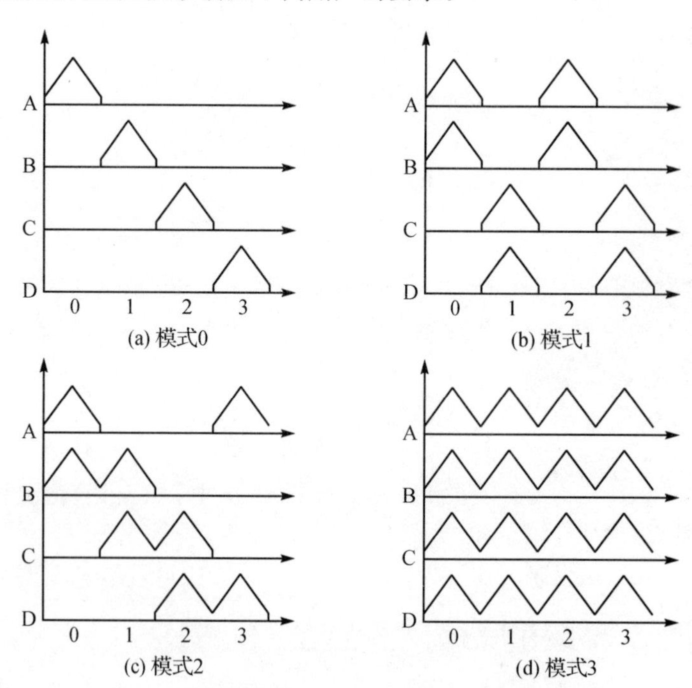

图 6.4.1 一个循环周期内各路彩灯亮度的变化

本彩灯控制器的操作面板布局如图 6.4.2 所示。用户通过 4 个按键可以完成对本彩灯控制器所有功能的操作，左边 2 个按键为模式选择键，可以在模式 0～模式 3 之间连续切换；右边 2 个按键为速度选择键，可以在速度0～速度 3 之间连续切换。9 个 LED 用于指示彩灯控制器的工作状态，其中上面的 1 个绿色 LED 为电源指示，正常工作时常亮；中间 4 个黄色 LED 为当前工作模式指示，从左到右分别表示模式 0～模式 3；下面 4 个红色 LED 为当前亮度变化速度指示，从左到右分别表示速度 0～速度 3，正常工作时，当前所选模式和速度对应的 LED 会常亮。

本彩灯控制器上电时默认的工作状态为模式 0 和速度 0。

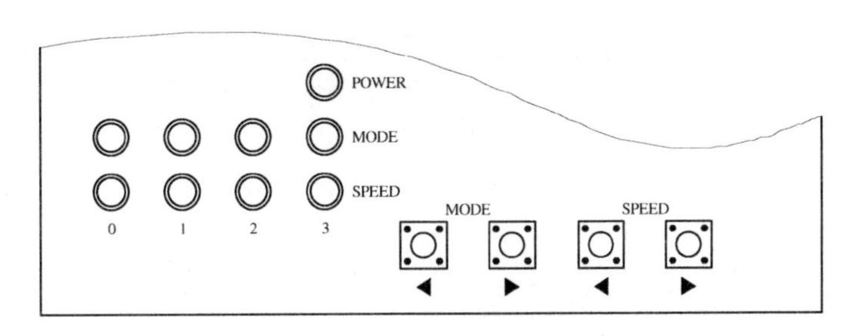

图 6.4.2　操作面板布局

6.4.3　原理分析

本彩灯控制器电路主要是实现控制 4 路彩灯的亮度按一定规律变化。对白炽灯调节亮度最常用也是最经济的办法就是采用双向可控硅移相调压，所谓“移相”，就是改变双向可控硅触发的时刻(触发信号的相位)，本电路也采用这种方式来调节彩灯的亮度。

双向可控硅为一种三端器件，可以双向导通，适合于交流应用。当门极触发电压达到阈值 V_{GT}，并且触发电流达到阈值 I_{GT}，保持一段时间后双向可控硅导通。当负载电流增加至擎住电流(latching current) I_L 后即进入擎住状态，此时即使将触发信号去掉双向可控硅也能够继续维持导通。当负载电流减小至维持电流(holding current) I_H 并且保持足够的时间，双向可控硅关断。

双向可控硅移相调压的原理如图 6.4.3 所示，为了方便分析和对比，本图中各波形未按比例绘制。图中 u_A 为由市电电网输入的交流电电压波形；u_B 为经过变压器降压及整流桥全波整流后的电压波形；u_C 为通过过零检测电路得到电压过零信号。在电压“过零”后延时 t_D 由单片机输出控制信号，波形如 u_D 所示。u_E 为对应在双向可控硅门极出现的触发信号，双向可控硅随即被触发导通，在下次“过零”时关断。u_F 为负载实际工作的电压波形，其中 α 为半周期内双向可控硅未导通时段对应的电角度，一般称为“控制角”，θ 为导通时段对应的电角度，一般称为“导通角”，$\theta=\pi-\alpha$。由图 6.4.3 可以看出，每个半周期双向可控硅的工作过程均相同。只要改变延时 t_D 的大小即改变双向可控硅触发的时刻就可以改变负载的平均工作电压，也就调节了彩灯的亮度，导通角 θ 越大，彩灯的亮度越高。

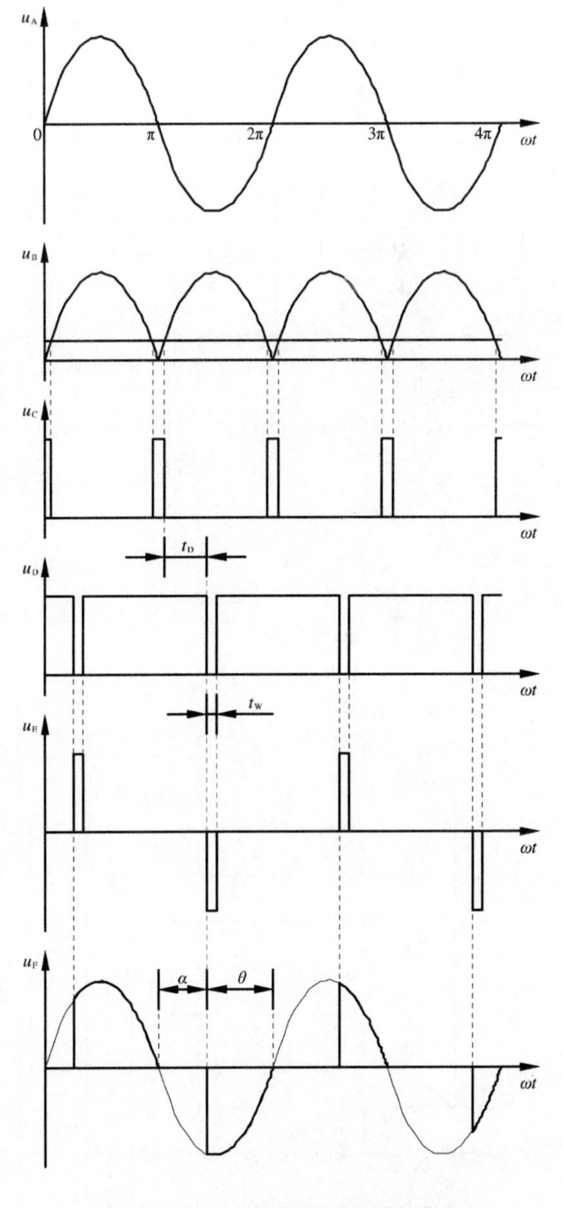

图 6.4.3　双向可控硅移相调压原理

6.4.4　硬件设计

本彩灯控制器完整的电路原理图如图 6.4.4 所示，电路以单片机为核心控制 4 路双向可控硅以及显示用的 LED，同时检测过零信号和按键状态。因为本彩灯控制器需要人去用手按动按键才能完成操作，所以电路采用强电弱电隔离的设计方案，以确保使用时的人身安全。为了分析和调试方便，电路图中所有与强电相关的器件编号均为三位数，并以“1”开头。

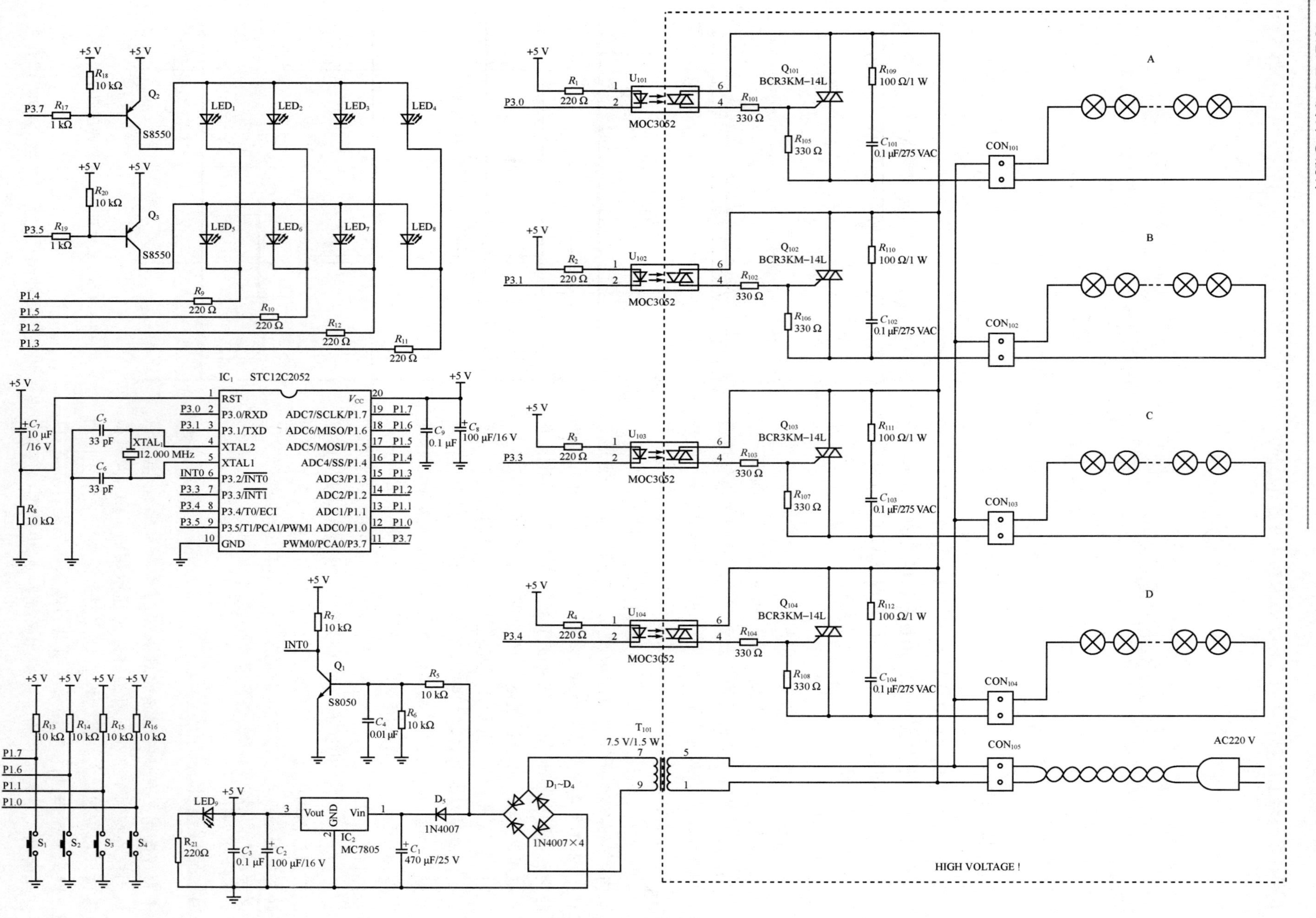
A
B
C
D
AC220 V
CON101
CON102
CON103
CON104
CON105
HIGH VOLTAGE !
R109 100 Ω/1 W
R110 100 Ω/1 W
R111 100 Ω/1 W
R112 100 Ω/1 W
C101 0.1 μF/275 VAC
C102 0.1 μF/275 VAC
C103 0.1 μF/275 VAC
C104 0.1 μF/275 VAC
Q101 BCR3KM-14L
Q102 BCR3KM-14L
Q103 BCR3KM-14L
Q104 BCR3KM-14L
R105 330 Ω
R106 330 Ω
R107 330 Ω
R108 330 Ω
R101 330 Ω
R102 330 Ω
R103 330 Ω
R104 330 Ω
U101 MOC3052
U102 MOC3052
U103 MOC3052
U104 MOC3052
R1 220 Ω
R2 220 Ω
R3 220 Ω
R4 220 Ω
+5 V
P3.0
P3.1
P3.3
P3.4
T101 7.5 V/1.5 W
D1~D4 1N4007×4
D5 1N4007
C1 470 μF/25 V
IC2 MC7805
Vin GND Vout
C2 100 μF/16 V
C3 0.1 μF
LED9
R21 220Ω
R5 10 kΩ
R6 10 kΩ
C4 0.01 μF
Q1 S8050
R7 10 kΩ
INT0
IC1 STC12C2052
RST
P3.0/RXD
P3.1/TXD
XTAL2
XTAL1
P3.2/INT0
P3.3/INT1
P3.4/T0/ECI
P3.5/T1/PCA1/PWM1
GND
VCC
ADC7/SCLK/P1.7
ADC6/MISO/P1.6
ADC5/MOSI/P1.5
ADC4/SS/P1.4
ADC3/P1.3
ADC2/P1.2
ADC1/P1.1
ADC0/P1.0
PWM0/PCA0/P3.7
C8 100 μF/16 V
C9 0.1 μF
XTAL1 12.000 MHz
C5 33 pF
C6 33 pF
C7 10 μF /16 V
R8 10 kΩ
LED1
LED2
LED3
LED4
LED5
LED6
LED7
LED8
R9 220 Ω
R10 220 Ω
R11 220 Ω
R12 220 Ω
Q2 S8550
Q3 S8550
R18 10 kΩ
R17 1 kΩ
R20 10 kΩ
R19 1 kΩ
P3.7
P3.5
P1.4
P1.5
P1.2
P1.3
R13 10 kΩ
R14 10 kΩ
R15 10 kΩ
R16 10 kΩ
S1
S2
S3
S4
P1.7
P1.6
P1.1
P1.0

图 6.4.4 电路原理图

1. 过零检测及电源电路

过零检测电路的作用是检测交流电源电压何时变为零即“通过”零电压的那一时刻，对于正弦交流电每个周期“过零”2 次，这个过零点将作为双向可控硅触发延时的基准。过零检测的具体电路有很多种，本彩灯控制器只是对灯的亮度进行控制，要求并不是很高，这里采用了一种比较简单通用的办法来得到过零信号，电路如图 6.4.5 所示。这种方法得到的过零信号与强电是隔离的，比常用的采用光电耦合器构成的过零检测电路要经济很多。

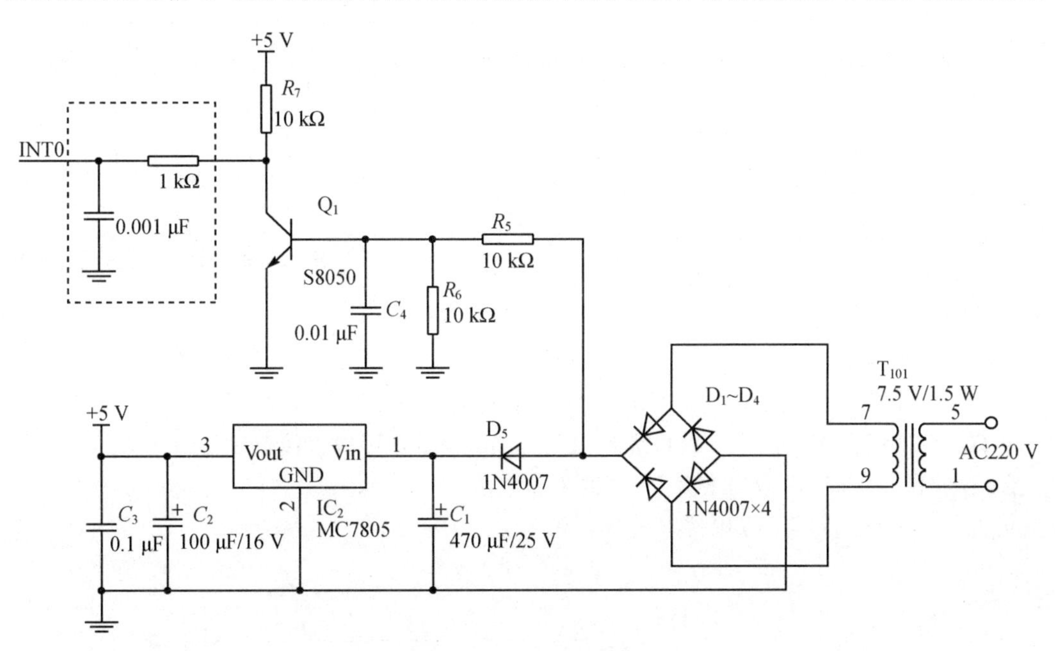

图 6.4.5　过零检测电路

变压器 T_{101} 次级输出 7.5 V 交流电，经过 $D_1 \sim D_4$ 整流后得到 100 Hz 的脉动直流电，如图 6.4.3 中 u_B 所示，之后通过电阻 R_5、R_6 分压后送入三极管 Q_1 的基极，Q_1 的集电极接上拉电阻，当 Q_1 基极电压达到约 0.7 V 时 Q_1 饱和导通，否则 Q_1 截止，由此在 Q_1 集电极得到的脉冲作为过零信号，如图 6.4.3 中 u_C 所示，这个信号送入单片机的外部中断口 INT0。D_5 起隔离的作用，防止电容 C_1 的滤波作用导致脉动直流电波形趋于平滑，无法得到过零信号。虚线框内的由电阻和电容构成的滤波电路能够减小电路对单片机的干扰，如果单片机的抗干扰性能较好并且工作环境比较理想也可以将此滤波电路去掉。

按图 6.4.5 电路中各器件参数计算可知，当整流后的脉动直流电电压高于约 1.4 V 时 Q_1 饱和导通，在单片机的外部中断口产生下降沿。很明显这个下降沿产生的时刻并非真正的“过零”时刻，而是略有延时，通过计算本电路这个延时大约为 420 μs。由于这个延时的存在，双向可控硅就无法在“过零”后被立即触发，从而输出的平均电压就不容易达到理论最大值，但是对于大多数的应用这一点不会对整体控制有太大影响，本电路也一样，在使用过程中，灯的亮度也无须达到理论最大值。如果一定要求使输出平均电压尽量接近最大值，可以用以下两种方法：一种是改变 R_5 和 R_6，使 R_6 分得的电压变大，这种方法能够使上文提到的延时变小，但改变程度还是有限的；另一种是再多加一级三极管反相电路，这样就可以在即将“过零”时提前得到过零信号，能够在“过零”后立即触发可控硅，但这样也引入了新的问题，那就是输出的平均电压不容易达到最小值，并且电路也略显复杂，因此在这个问题上要根据实际需要灵活取舍。

电源电路非常简单，D_5 隔离后的脉动直流电经 C_1 滤波后送入稳压器 MC7805，由此得到电路使用的 5 V 工作电压。

2. 可控硅触发电路

双向可控硅选择 Renesas Technology 的 BCR3KM－14L，通态电流有效值 $I_{T(RMS)}$ 为 3 A，断态重复峰值电压 V_{DRM} 为 700 V，其主要参数能够满足本彩灯控制器的要求。

如图 6.4.6 所示，相对于双向可控硅的 T_1 端，根据 T_2 端电压和门极信号 G 方向的不同可以组合出 4 种触发方式，分别对应一个象限。由于一般的双向可控硅在Ⅰ、Ⅱ、Ⅲ象限具有较高的灵敏度，所以绝大多数情况下双向可控硅使用这三个象限的触发方式。

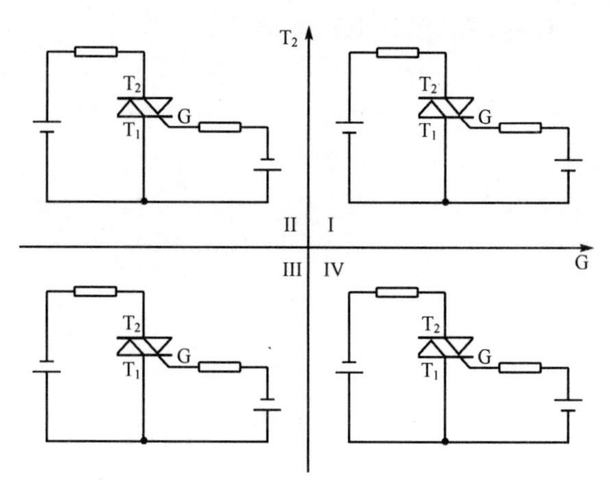

图 6.4.6　双向可控硅的触发方式

可控硅触发电路如图 6.4.7 所示，这里选用了 Fairchild Semiconductor 的光隔离双向可控硅驱动器 MOC3052，满足了本彩灯控制器强电弱电分离的设计要求。MOC3052 为随机相位触发型驱动器，可以在任意时刻由单片机控制其内部的 LED 发光，进而触发双向可控硅。电路中的 4 个双向可控硅均工作在Ⅰ、Ⅲ象限，T_2 端电压与门极信号 G 的方向在正负半周期均一致。

MOC3052 的数据表中推荐其内部 LED 的工作电流范围为 10～60 mA，这里取 15 mA，能够保证双向可控硅被可靠触发，同时又不至于消耗太多的电能。电路中 MOC3052 内部 LED 的限流电阻 R_{LED} 可以通过下式估算（忽略单片机内部 I/O 口输出晶体管的饱和压降）：

$$R_{LED} = (V_{CC} - V_F)/I_{FT} = (5\ V - 1.5\ V)/0.015\ A = 233\ \Omega \qquad (6.4.1)$$

式 6.4.1 中，V_{CC} 为系统工作电压；V_F 为 LED 的输入正向电压；I_{FT} 为 LED 的工作电流。由计算结果选择限流电阻 R_{LED} 为 220 Ω。STC12C2052 各 I/O 的口灌电流为 20 mA，因此可以直接驱动 LED。有一点要注意的是如果控制 LED 发光的脉冲比较窄时，应适当增大 LED 的工作电流。

R_L 为双向可控硅门极限流电阻，可以按下式计算：

$$R_L = V_P/I_{TSM} = 220\ V \times \sqrt{2}/1\ A = 311\ \Omega \qquad (6.4.2)$$

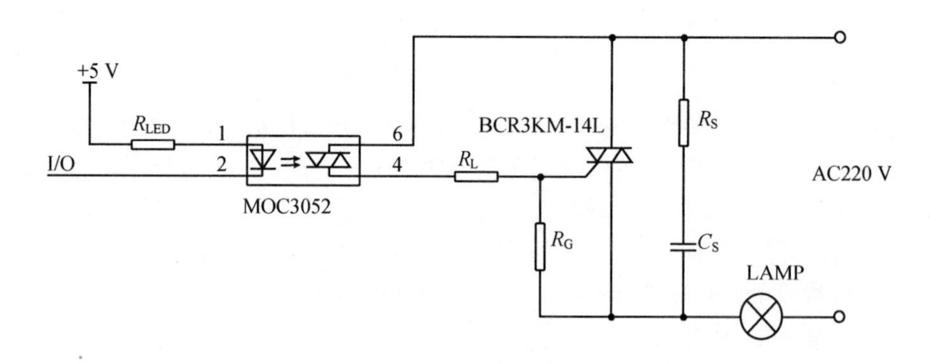

图 6.4.7　双向可控硅触发电路

式 6.4.2 中，V_P 为交流电压的峰值；I_{TSM} 为重复峰值浪涌电流。MOC3052 的数据表中规定 I_{TSM} 最大值为 1 A，通过计算可得对于 220 V 交流电压的应用 R_L 为 311 Ω，实际选 330 Ω。一些灵敏度比较高的双向可控硅门极阻抗很高，在某些使用环境下会造成误触发或控制不稳定，增加门极电阻 R_G 可以改善这个问题，R_G 一般可以在 100～500 Ω 的范围选取，但 R_G 也造成了触发双向可控硅所需要的电流变大，同时也导致触发有一些延时或相位变化。R_G 并不是必须的，可以根据实际情况选择。

虽然本彩灯控制器的负载为白炽灯，属于阻性负载，但是由于彩灯串一般比较长，而且不同的彩灯串又有不同的连接方式，导线迂回缠绕，等效电感不能忽略。同时为了增加控制器的通用性，作为一个电子制作，将来有可能改为控制电动机等感性负载，电路中还是设计了由电阻 R_S 和电容 C_S 构成的缓冲电路，按图 6.4.4 中的参数可以将临界断态电压上升率($dv/dt)c$ 控制在 5 V/μs 以下，确保器件不被损坏。

双向可控硅的触发脉冲宽度 t_W 选择为 50 μs，白炽灯基本上为纯阻性负载，通过 BCR3KM－14L 的数据表可知，对于本电路所提供的触发电流 50 μs 的单个脉冲已经能够保证双向可控硅被可靠触发。但是如果负载为感性负载，由于电流相位滞后于电压，为了可靠触发，要适当增加触发脉冲的宽度或用连续的脉冲串来触发，保证在触发脉冲结束前负载电流达到擎住电流 I_L。

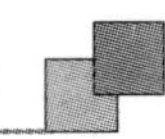

本彩灯控制器控制4路彩灯，每路负载都要独立控制，因此一共需要4路可控硅触发电路，各路电路参数完全相同，分别用1个单片机I/O口来控制。

3. 单片机及其按键、显示电路

单片机选用STC(宏晶科技)的STC12C2052，其性能与6.3节电路中使用的STC12C2052AD基本相同，只是内部没有ADC。本彩灯控制器设计有4个按键，这里采用最简单的按键检测电路，每个按键分别占用1个I/O口。用于指示模式和速度的8个LED分为2组，采用2×4扫描方式驱动，占用6个I/O口，电源指示LED直接与电源相连，无须单片机控制。

6.4.5 软件设计

本彩灯控制器的软件相对比较简单，程序分为主程序、外部中断0服务程序、定时器0溢出中断服务程序和定时器1溢出中断服务程序4个部分。

1. 主程序

主程序的流程图见图6.4.8，初始化后进入主循环程序，其主要任务是检测4个按键的动作，当有按键被按下则执行相应的按键处理程序。在按键处理程序中，根据操作完成对模式寄存器或速度寄存器的修改。

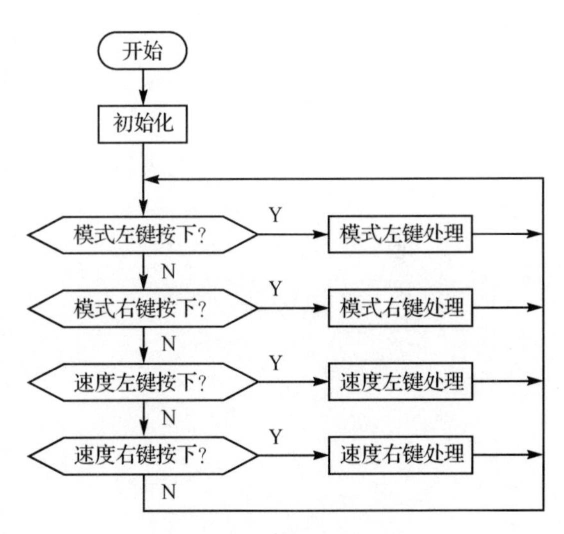

图6.4.8 主程序流程图

2. 外部中断0服务程序

外部中断0服务程序是整个程序中较为关键的一部分。初始化程序中设置为当单片机INT0口出现下降沿时产生外部中断，本电路中电压过零信号送入单片机INT0口，每当电压“过零”时产生一次外部中断。正常工作时，对于50 Hz交流电则每隔10 ms执行一次外部中断0服务程序。

外部中断0服务程序的流程图见图6.4.9，其主要任务是根据所选的速度和当前亮暗变化趋势改变定时器0的计数初值，同时开启定时器并使能定时器0溢出中断，由此改变6.4.3小节中提到的延时t_D。每次中断时都会改变一次t_D，不同的t_D对应彩灯不同的亮度，因此彩灯的亮度每秒会改变100次。在彩灯工作的每一拍中，当彩灯由暗变亮时t_D逐渐由大变小，在每次中断会减小Δt；当彩灯由亮变暗时t_D逐渐由小变大，在每次中断会增加Δt。

Δt可以按下式计算：

$$\Delta t = t_R/(t_S/t_I) \tag{6.4.3}$$

式中，t_R为t_D最大值与最小值的差；t_S为彩灯亮度变化半拍的时间，即由最暗到最亮或由最亮到最暗的时间；t_I为产生外部中断0的间隔时间(10 ms)。t_R理论上最大可以为10 ms，但实际上由于触发脉冲有一定的宽度，加之过零信号比实际的过零点有所延迟，t_R最大只能选8 ms左右，太大会导致中断程序执行混乱、失去控制，t_R也不能选太小，否则彩灯亮度变化范围有限，影响效果。本程序中t_R选7.2 ms，t_D的变化范围约为256～7 456 μs。4种速度对应的t_S分别为3 s、2 s、1 s、0.5 s，由式6.4.3计算出Δt分别为24 μs、36 μs、72 μs、144 μs。当单片机使用12 MHz的晶体时，定时器0所装载的初值在每次中断时的改变量Δ在数值上与Δt(μs)相等，在程序中通过查表的方式得到各速度对应的Δ。

3. 定时器0溢出中断服务程序

何时产生定时器0溢出中断由外部中断0服务程序中计算出的延时t_D决定。

定时器0溢出中断服务程序的流程图见图6.4.10，其主要任务是根据模式和节拍寄存器的值触发相应的双向可控硅。触发脉冲的宽度t_W为50 μs，在相应的I/O口输出触发信号后将定时器重新赋值，约50 μs后再次产生定时器0溢出中断时，去掉各双向可控硅的触发信号并禁止定时器0溢出中断。

4. 定时器1溢出中断服务程序

定时器1溢出中断服务程序的主要任务是显示扫描，每隔1 ms执行一次，流程图见图6.4.11。

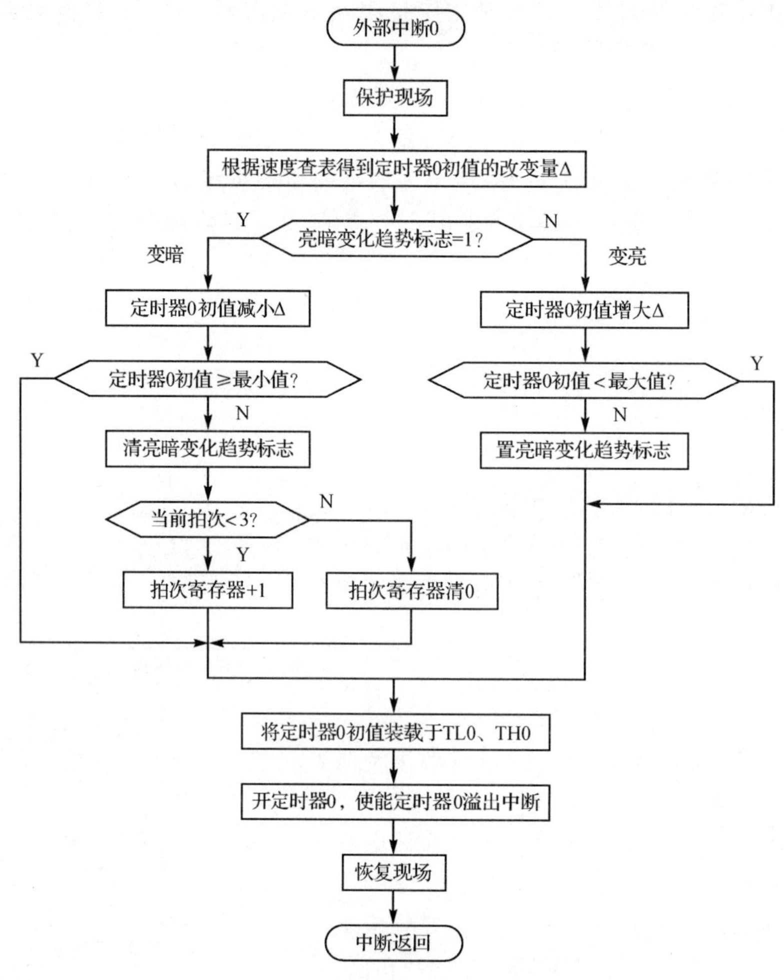

图 6.4.9　外部中断 0 服务程序流程图

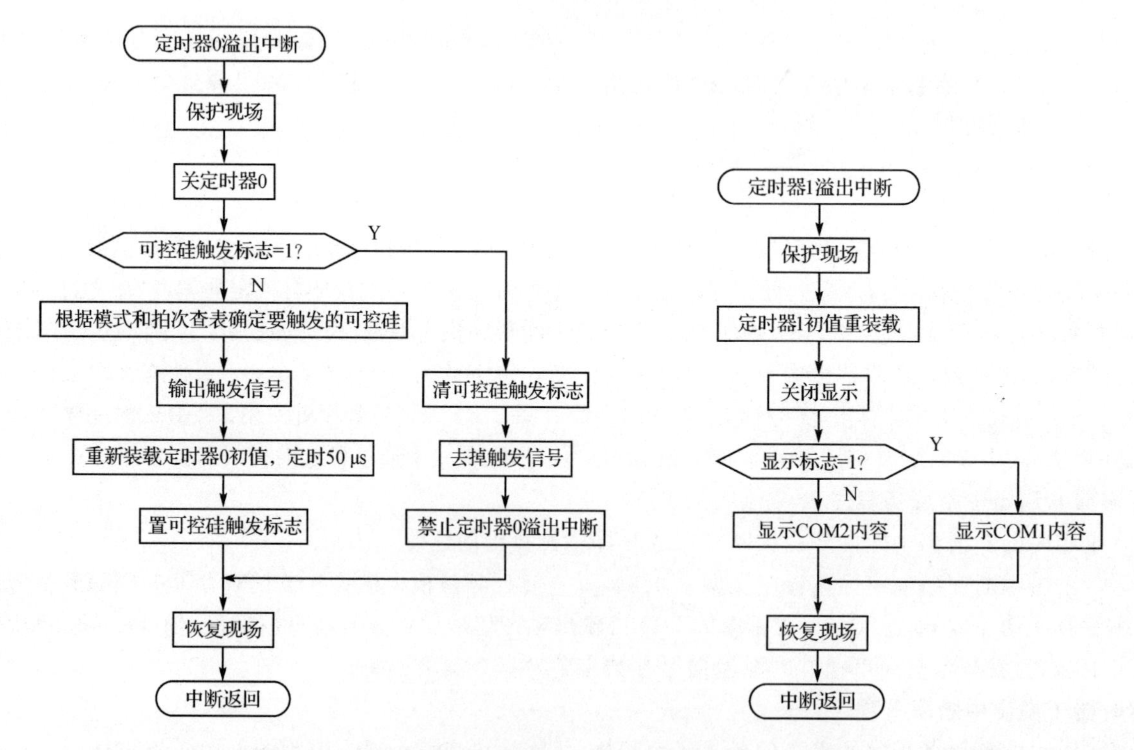

图 6.4.10　定时器 0 溢出中断服务程序流程图

图 6.4.11　定时器 1 溢出中断服务程序流程图

6.4.6 制　作

1. PCB设计与制作

本电路相对比较简单,PCB采用单面板即可,整个电路布局在一块 114 mm×114 mm 的正方形电路板上,如图 6.4.12 所示。在 PCB 设计时要注意本电路带有强电,应该将强电部分和弱电部分的器件分开布局,并且要保证有一定的距离。强电部分走线铜箔间的距离要满足安规中对爬电距离的要求,火线与零线铜箔间的最短距离要保证不小于 3 mm,如果有可能应在距离较近处开槽。

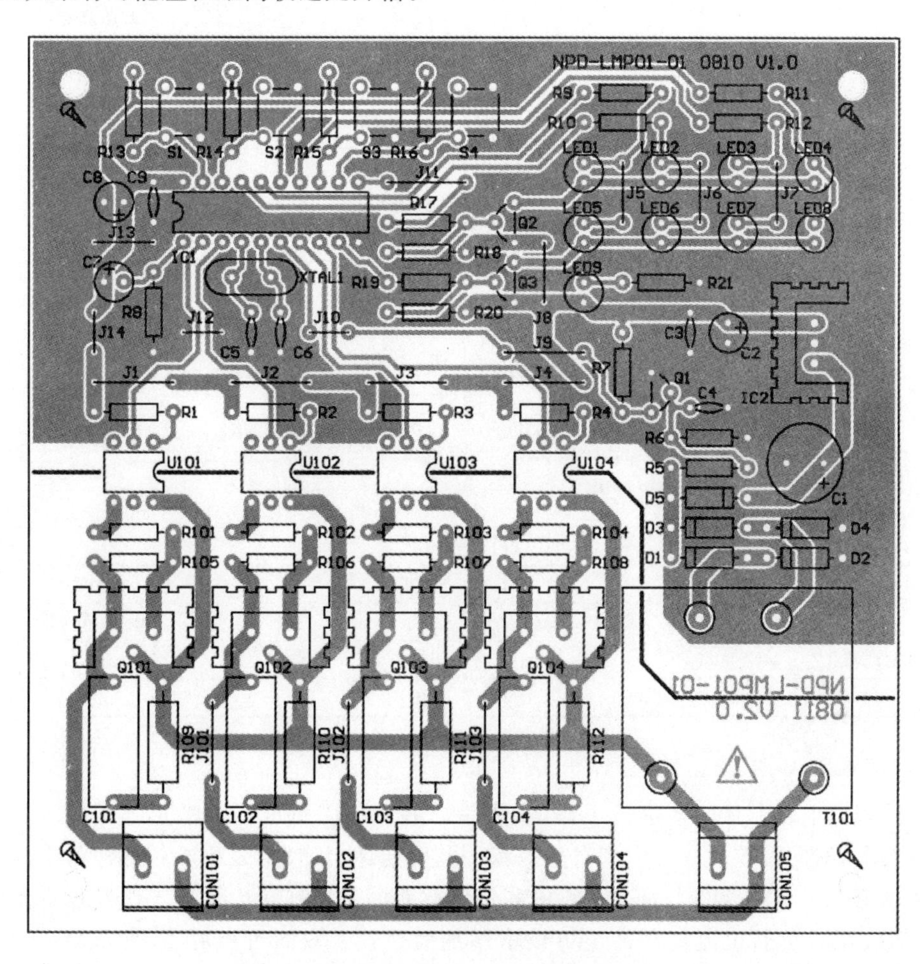

图 6.4.12　PCB 布局图

PCB设计好后可以用感光板自制也可以委托 PCB 工厂加工,电路板上有变压器等比较重的器件,为了保证电气性能和机械强度,PCB板材应选择 FR-4 玻璃纤维板。

2. 器件选择

器件清单如表 6.4.1 所列,绝大部分器件没有特殊要求,其中有些器件可以根据实际情况更改或代换。

表 6.4.1　器件清单

序 号	名 称	型 号	数 量	编 号	备 注
1	电解电容	470 μF/25 V	1	C_1	
2	电解电容	100 μF/16 V	2	C_2,C_8	
3	独石电容	0.1 μF	2	C_3,C_9	
4	独石电容	0.01 μF	1	C_4	
5	独石电容	33 pF	2	C_5,C_6	

续表 6.4.1

序 号	名 称	型 号	数 量	编 号	备 注
6	电解电容	10 μF/16 V	1	C_7	
7	薄膜电容	0.1 μF/275VAC	4	C_{101}～C_{104}	有安规认证
8	接线端子	MKDS 3/ 2-5,08	5	CON_{101}～CON_{105}	PHOENIX CONTACT
9	二极管	1N4007	5	D_1～D_5	
10	IC	STC12C2052	1	IC_1	配 IC 插座
11	IC	MC7805	1	IC_2	配散热器，其他 7805 也可
12	跳线	400 mil	10	J_1～J_4，J_9，J_{11}，J_{101}～J_{104}	自制
13	跳线	300 mil	5	J_5～J_8，J_{13}	自制
14	跳线	200 mil	3	J_{10}，J_{12}，J_{14}	自制
15	LED	φ3	4	LED_1～LED_4	红色
16	LED	φ3	4	LED_5～LED_8	黄色
17	LED	φ3	1	LED_9	绿色
18	三极管	S8050	1	Q_1	
19	三极管	S8550	2	Q_2，Q_3	
20	双向可控硅	BCR3KM-14L	4	Q_{101}～Q_{104}	配散热器，其他品牌参数接近也可
21	电阻	220 Ω/0.25 W	9	R_1～R_4，R_9～R_{12}，R_{21}	
22	电阻	10 kΩ/0.25 W	10	R_5～R_8，R_{13}～R_{16}，R_{18}，R_{20}	
23	电阻	1 kΩ/0.25 W	2	R_{17}，R_{19}	
24	电阻	330 Ω/0.25 W	8	R_{101}～R_{108}	
25	电阻	100 Ω/1 W	4	R_{109}～R_{112}	
26	按键	B3F	4	S_1～S_4	6 mm×6 mm
27	变压器	7.5 V/1.5 W	1	T_{101}	PCB 安装式
28	光隔离可控硅驱动器	MOC3052	4	U_{101}～U_{104}	TLP3052 也可
29	晶体	49S/12.000 MHz	1	$XTAL_1$	

3. 制作与调试

在动手焊接电路板之前还要做一些准备工作，主要是一些器件引脚成型和散热器的安装。为了使 PCB 的走线满足相关的安规要求，双向可控硅 3 个引脚对应焊盘的间距要适当增加，因此要对器件的引脚作成型处理，关于引脚成型可以参考本书 2.2 节的介绍。对于一般的彩灯负载双向可控硅在正常时工作发热不是很大，选用小型散热器即可，如果实际应用时负载电流很小甚至可以不用加散热器。双向可控硅 BCR3KM-14L 为绝缘型 TO-220 封装，使用时无须在器件与散热器之间加绝缘片，这也是选择这种封装的原因。这种绝缘型封装方便了生产或制作，尤其是工作时带有强电的器件，避免了很多不必要的麻烦。有很多双向可控硅并非绝缘型封装，器件上本身的散热片和某引脚是相通的，如果使用这类封装的器件安装散热器时应做好绝缘处理，以保证安全可靠。本电路中稳压器件 MC7805 输入与输出的压差不是很大，并且输出电流很小，发热量一般，所以也选择了和双向可控硅所用的一样的小型散热器。安装散热器时应当在器件上涂适量导热硅脂，以减小热阻。

电路中所有的器件均为直插器件，而且体积比较大，焊接难度不大。元件全部焊好后对照原理图多检查几遍，确认焊接无误后再进行下一步的调试。为确保安全，调试前用万用表测量一下电路板交流电源输入端的直流电阻，如果电阻非常小甚至接近于零，则电路可能存在短路情况，需要仔细排查，直到找出原因。

调试时各路输出先不接任何负载，IC 插座内也不要插入单片机，通电后观察电源指示 LED 的亮度是否正常，测量 MC7805 输出电压是否为 5 V。电压如果正常则可以进一步测量过零检测电路输出的脉冲是否正常，通过单片机的 IC 插座测量各按键按下相应的 I/O 口电平是否有变化，各 LED 能否正常发光。一切正常后就可以带负载调试，为了调试方便，可以用 4 个普通灯泡来代替 4 路彩灯，连接好负载后通电，此时各灯泡应该是熄灭的，用镊子或导线通过单片机 IC 插座将各可控硅控制端对地短路，相应的灯泡应该点亮，由此可确定可控硅驱动电路工作正常。如果有问题应检查焊接是否可靠，器件是否良好，本电路不是很复杂，一般情况不会有太大问题。

硬件电路调试完毕后就可以将写入程序的单片机插入IC插座，通电后进行软件调试。在软件调试过程中最常见的问题就是各路灯泡有“骤变”现象，即亮度变化到某个程度后突然变为最亮或熄灭，这种故障一般是由于t_D控制不当所致，可以通过仔细调整Δt进而改变t_D变化的范围来排除。功能测试通过后，一款新颖的彩灯控制器就制作完成了，图6.4.13为作者采用感光板自制PCB最后完成的彩灯控制器，读者可以在制作时参考。

图6.4.13　最后完成的彩灯控制器

最后切记：本电路带有220 V市电，在调试时一定要认真做好绝缘处理，小心触电！

6.4.7　小　结

制作这样一个彩灯控制器，每当夜幕降临时，各路彩灯此起彼伏，交相辉映，像满天繁星眨眼般的闪烁，它具有非常好的装饰效果，尤其到了节日更能烘托出喜庆和浪漫的气氛。使用时应将各路彩灯串的灯泡交错布局，这样会取得最佳的视觉效果。

读者对本彩灯控制器电路和程序稍作修改，即可增减彩灯的路数或更改彩灯控制及闪烁的方式，以满足不同使用场合的要求，同时本控制器也可以改为电动机、电热丝等电动电热设备的控制器。有条件的读者在制作时可以将整个电路装入一个合适的外壳，这样使用更加安全和方便。

本彩灯控制器采用可控硅移相调压的原理来实现彩灯亮度的控制，对市电电网有一定的干扰，因此如果将本控制器转化为产品还应该增加相应的滤波电路，减小对电网的干扰，满足EMC的相关要求。

6.5　另类电子制作

6.5.1　概　述

前面的章节已经介绍了不少款电子制作，这些制作都是由若干电子元器件和电路板构成能够工作的电路实现某种功能的装置。本节介绍的电子制作与前面所讲的电子制作概念完全不同，之所以称之为另类电子制作是因为这些制作中并没有实质的电路，但又确确实实是用电子器件和电路板制成的。这些制作打破了常规思维，挖掘出了电子器件甚至是已经报废的器件更多的用途，同时也拓宽了电子制造和制作工艺的应用领域。

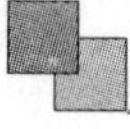

6.5.2 用感光板制作各种工艺品

感光板是电子爱好者常用的PCB制作材料，用它制作PCB具有成品质量好、操作简便等优点，可以用于业余电子制作和产品前期开发。用感光板制作PCB的过程实际上也就是将底版上打印或绘制的线条转化为电路板上铜箔线条的过程，只要制作方法得当就可以做到电路板上的铜箔线条与底版上的线条相差无几，也可谓"所见即所得"。由此可以设想，如果底版上不是PCB焊盘和走线而是自己喜欢的文字或图案，那电路板上一定也会制作出相应文字或图案的铜箔，根据这一思路再结合PCB的制作工艺便可以设计制作出各种各样的工艺品。用感光板制作工艺品的方法和流程与制作PCB大同小异，具体可以参考本书2.3节介绍的相关内容。

底版设计与制作是用感光板制作PCB的第一步，用感光板制作工艺品也同样，这一步直接关系到成品的质量，因此要特别认真和仔细。底版可以直接手绘也可以用计算机打印，为了方便修改、排版及保证品质推荐用计算机设计、制作底版。用感光板制作PCB的原理和工艺决定了底版与成品应为镜像关系，制作PCB用的底版一般都采用PCB设计软件来设计，这类软件本身具有镜像打印功能，而且很多时候都是按镜像关系来设计，很容易制作镜像底版。制作工艺品用的底版除了可以用PCB设计软件设计外还可以用各种文字或图像处理软件来设计，但很多软件都没有镜像打印功能，而按镜像关系设计又不是很方便，这时可以按以下方法来对设计好的底版进行镜像处理。

如果底版为图片则处理比较容易，可以用Photoshop、ACDSee或Windows附件中的"画图"等软件的"水平翻转"或"垂直翻转"功能将图片镜像，对于bmp格式的位图文件还可以利用"BMP to PCB"软件将图片转换为PCB格式，在Protel环境下作进一步处理。如果底版用Word等软件设计则可以将文字或图案转换为图片，软件支持图片格式导出时直接将底版保存为图片格式，不支持则可以用"打印屏幕键"或其他方法来"抓图"，"抓图"时应在不超出屏幕范围的前提下尽量放大文字或图案以获得更高的分辨率，转换后的图片如果满足要求则可以按上面介绍的图片镜像处理方法来处理。

"抓图"是一种低分辨率的做法，当文字较多、图案尺寸较大时"抓图"无法获得满意的效果，此时也可以用虚拟打印的方法来将底版镜像。首先通过"添加打印机"来安装一种具有镜像打印及PostScript输出功能的打印机驱动程序，Windows自带此驱动程序，选择HP LaserJet 4L/4ML PostScript、HP LaserJet 6P/6MP PostScript等都可以，安装时要注意"选择打印机端口"要选择"FILE(打印到文件)"，将添加的打印机作为虚拟打印机。之后再安装GhostScript和GhostView用于支持PostScript文件显示和打印。最后将底版通过刚安装的虚拟打印机打印，打印前在打印机属性高级选项中将PostScript选项的"镜像输出"更改为"是"，执行打印命令得到一个后缀为prn的文件即完成镜像处理，将这个文件用GhostView打开后再选择物理打印机打印便可制作出镜像底版。

感光板上的铜箔暴露在空气中会氧化，手指接触后也会留下指纹，因此各道工序(清洗后不要涂松香酒精溶液)完成后还需要进行喷漆处理以保护铜箔。需要特别注意的是，喷漆前一定要将感光板上的感光材料完全去除并用细砂纸将铜箔打磨光亮，否则将会影响漆膜质量和外观。喷漆方法和注意事项可以参考本书2.6节介绍的相关内容，时间和条件允许时为了使漆面更光亮还可以进行多次打磨和喷漆。

感光板为板材，它适合制作一些薄板类工艺品，如挂件、钥匙扣、像框和书签等。图6.5.1为用感光板制作的挂件，它适合悬挂于墙壁或在背面安装支撑杆摆放在桌面。挂件类工艺品尺寸一般都比较大，需要用整块感光板来制作。目前市场上能够购买到的感光板最大尺寸为20 cm×30 cm，因此制作的挂件也不能超过这个尺寸，如果一定要制作比较大的挂件可以根据文字和图案布局分成若干部分来制作，在悬挂时再将各部分拼接在一起。图6.5.2为用感光板制作的钥匙扣，这类工艺品尺寸比较小，用加工其他PCB剩余的边角料就能制作。一些边角料如果太小不适合制作钥匙扣也不要丢弃，它可以用来制作手机链或项链的个性吊坠，感光板的一分一毫都不会浪费。

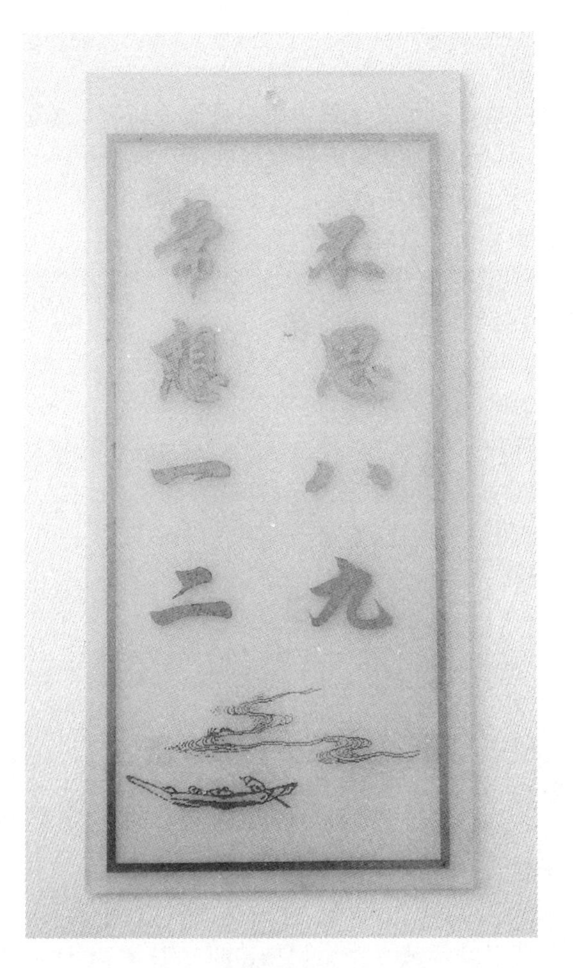

图 6.5.1　用感光板制作的挂件

图 6.5.2　用感光板制作的钥匙扣

图 6.5.3 为用感光板制作的像框，它与挂件类似，所不同的是制作像框需要在感光板上加工一个较大的孔，即露出相片的窗口，根据整体设计这个孔可以是圆形、方形、心形、多边形或其他形状，其中圆孔加工最为方便。为了方便摆放，感光板的背面还需要安装 2 个支撑柱作为支架，如图 6.5.4 所示。相片用双面胶或透明胶带粘贴在感光板背面，为了保护相片可以先将相片压膜过塑，也可以在相片与感光板之间再粘贴一块玻璃或有机玻璃。除了单独用感光板制作工艺品外，还可以将自己喜爱的小饰物、纪念币、徽章等物件固定在设计制作好的感光板上组合成更加别致的工艺品。

图 6.5.3　用感光板制作的像框

图 6.5.4　像框支架的安装

6.5.3 用废弃电子器件制作钥匙扣

在电子制作或产品开发的过程中经常会报废一些电子器件，主要包括由于使用不当或做破坏性试验而损坏的器件、焊接或安装过程中造成机械损坏而无法再使用的器件、编程若干次后无法再编程的多次可编程器件以及软件升级替换下来的 OTP 器件等。不论是由于什么原因报废，一般情况下这些器件的最终归宿就是作为电子垃圾丢弃。很多已报废的器件外观完好，丢弃实在可惜，换一个角度来审美，其实很多电子器件还是有一定观赏价值的，只需稍稍加工即可将电子垃圾变为小工艺品，这里介绍几种用废弃电子器件制作的钥匙扣。

在制作时首先应将器件的引脚去掉，以免贴身携带时划伤皮肤和钩挂衣物。为了具有良好的外观，引脚要齐根剪掉，之后用砂纸打磨平整，使引脚截面与周围材料在一个平面，如图 6.5.5 所示。PLCC 等封装的器件引脚是向里弯曲的，一般不会伤人，所以这类器件的引脚也可以保留。BGA 等封装的器件和一些贴片器件引脚十分短小，这类器件的引脚一般无须处理。

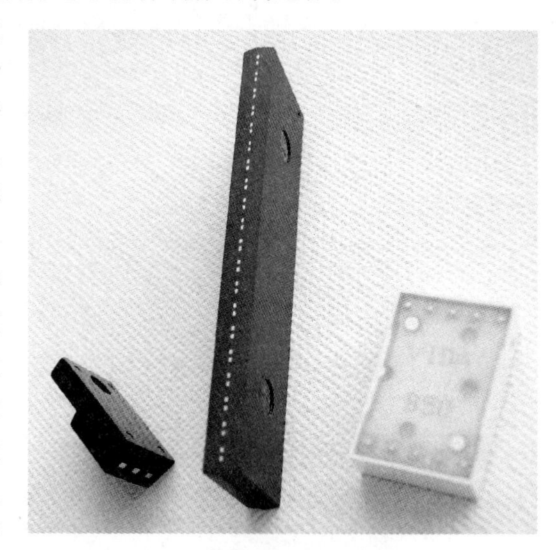

图 6.5.5 引脚的打磨

一些大功率 IC 及 TO－220、TO－3、TO－3P 等封装的器件本身有散热器安装孔，这样的器件制作钥匙扣非常简单，直接利用原有的孔安装好挂链或挂绳即可，如图 6.5.6 中(c)、(d)所示，这 2 个钥匙扣分别用 TO－3 和 TO－220 封装的器件制成。对于没有孔的器件制作钥匙扣则首先要钻孔，孔的位置可以根据整体设计和器件外观来确定，孔的直径以 1～2 mm 为宜。在塑封器件上钻孔时要特别小心，钻头要缓缓深入，不要一下钻透，以免器件开裂。钻好孔后通过钻的孔安装好挂链或挂绳钥匙扣即制作完成，如图 6.5.6 中(a)、(e)、(f)所示，这 3 个钥匙扣分别用 BGA、DIP－40 封装的器件和数码管制成。对于保留引脚的器件可以利用其引脚焊接 1 个金属圈来安装挂链或挂绳，这样就不用钻孔，制作钥匙扣更加方便简单。金属圈可以用较粗的单股铜线或电阻、电容等元件剪下的引脚来弯制，如图 6.5.6 中(b)所示，这个钥匙扣用 PLCC 封装的器件制成。

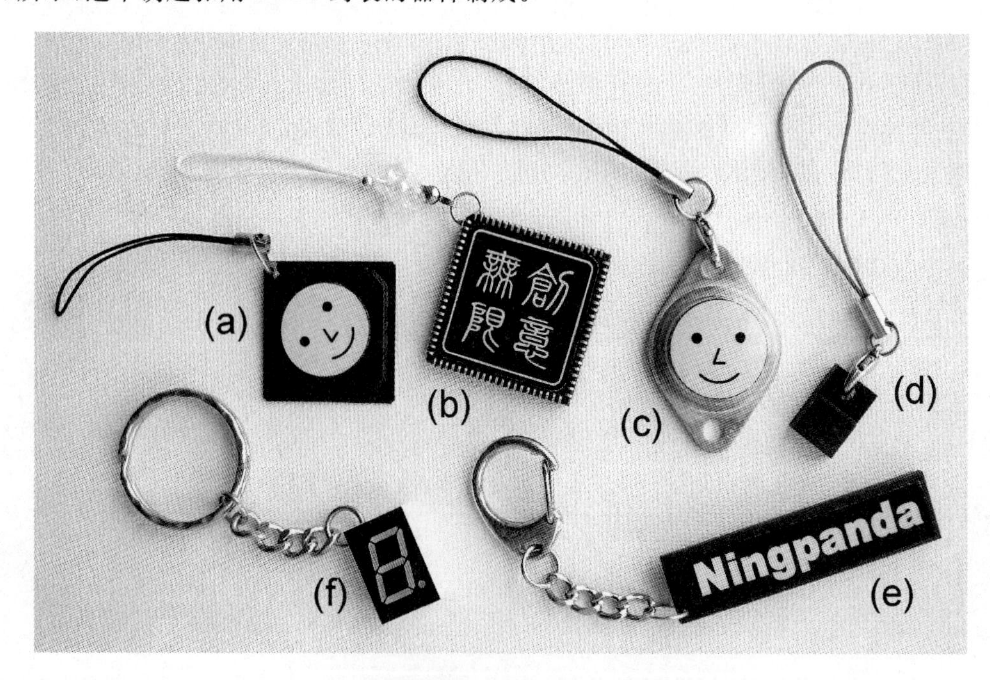

图 6.5.6 用废弃电子器件制作的钥匙扣

制作好后还可以将自己喜爱的图片、照片、座右铭等粘贴在器件适当位置，对于一些金属封装的器件还可以进行喷漆处理，这样可以防止生锈。

6.5.4 用纽扣电池制作中国象棋

电池是人们最熟悉的电子器件之一，使用电池供电的电器数不胜数。日常生活中使用的电池大多数为不可充电电池，它属于消耗品，当电池电能耗尽后只能丢弃。随着电池制造工艺的不断改良，如今的电池外观都很漂亮，大多数电池在电能耗尽后也不会破损或漏液，花些时间利用废弃的电池制作一些实用的东西不仅可以体会变废为宝的乐趣，还能够减少对环境的污染。这里介绍一种用纽扣电池制作的中国象棋。

制作象棋棋子所用的纽扣电池直径和厚度应分别在 20 mm 和 3 mm 以上以便于手持，CR2032、CR2450 和 CR2477 等型号的纽扣锂电池均可以用来制作棋子，其中 CR2032 最为常用，也相对更容易收集。一副象棋需要 32 个纽扣电池，这些电池要选用同一型号，以保证相同的直径和厚度，并且还应注意不要选择已经破损或漏液的电池，以免造成污染。

收集到足够数量符合要求的纽扣电池后即可动手制作象棋，制作过程并不复杂。首先用计算机绘制好棋面和棋盘并打印出来，打印棋面时应注意“将”“帅”两方的棋面要用不同颜色的纸打印，虽然棋面的文字已经能够区分两方的棋子，但不同颜色的棋面会更容易区分。之后在打印好棋面的纸的背后粘贴好双面胶并在正面贴一层透明胶带以保护棋面，将各棋子的棋面逐个用剪刀沿棋面边缘剪下。最后在每一个纽扣电池的负极粘贴一个棋面，棋子便做好了，如图 6.5.7 所示，粘贴前最好用酒精先清洗一下纽扣电池表面以使粘贴更牢固。为了使棋盘有一定硬度并更加耐磨，可以将打印好的棋盘像照片一样“过塑”。由于大部分纽扣电池的外壳都是铁质的，所以还可以将棋盘粘贴在磁性板上，这样棋子就不会轻易移位或滑落，和市场上的磁性象棋一样，可以旅游时在车上使用。最后制作完成的象棋如图 6.5.8 所示。

图 6.5.7 象棋棋子的制作

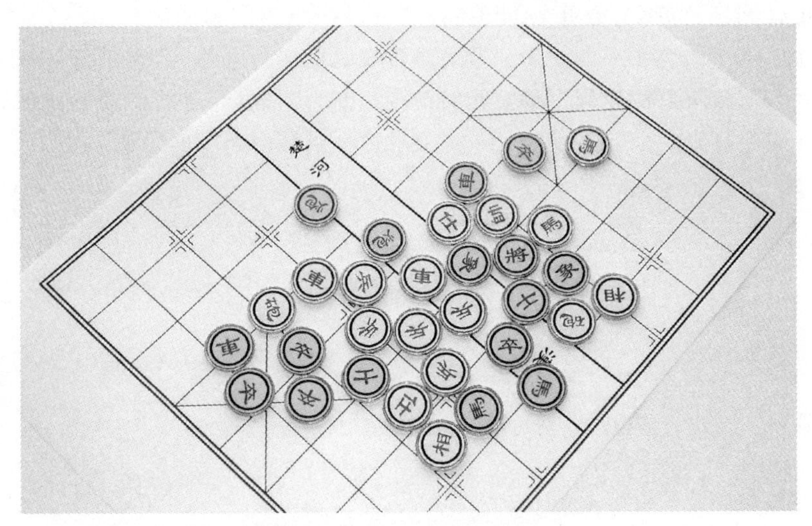

图 6.5.8 制作完成的中国象棋

这种象棋取材容易、制作简单，用类似的方法还可以设计制作出五子棋、飞行棋等更多的棋类娱乐品。

6.5.5 用电子器件制作抽象工艺品

电子器件种类繁多、外形各异，并且可以很容易地通过焊接的方式相互连接在一起，花些时间将不同外形的器件相互连接，只要搭配得当便可以制作出非常有个性的“抽象艺术品”。

如图 6.5.9 所示，这是一个用电子器件制作的工艺品小摆设——鹤，这只“鹤”由大小不同的电阻焊接而成，底座是一个剪掉引脚的 TO-3 金属封装三极管。制作这类工艺品首先要进行构思和设计，设计有两种方法，一种是根据主题选择器件，另一种是根据器件确定主题。前者对工艺品所表达的主题没有限制，但需要花较多时间去寻找外形合适的器件;后者器件已经确定,设计的难点是如何利用现有的器件来更贴切地表达某个主题,由于器件有限,所以能够表达的主题也有限,这种设计方法更适合废物利用。

设计时主要轮廓用体积较大的器件来“勾勒”,细节则用体积较小的器件或器件引脚来“刻画”,对于结构比较复杂的工艺品器件种类也比较多,设计也可以借助计算机来完成。器件连接时要充分利用其本身的引脚,必要时可以将多个引脚连在一起使用。这类工艺品对焊接的要求比较高,各焊点不但要光滑、饱满,而且还要与轮廓线条相协调,主干的焊点可以稍大,以保证机械强度,细节的焊点一定要小,以免影响细节线条的流畅性,焊接完毕后如果器件或焊点表面残留松香过多可以进行清洗。

这类工艺品造型新颖,制作简单,而且成本非常低,它也可以用损坏和废弃的器件来制作。从某种意义上来讲,这类工艺品也是抽象艺术与电子技术的结合体,它能够表达的题材非常广泛,除了上文中介绍的动物外,人物、建筑、车辆以及生活用品等都可以作为设计对象。

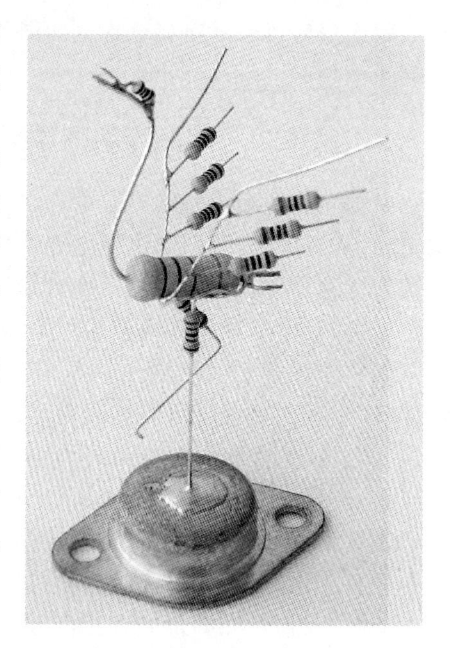

图 6.5.9　用电子器件制作的工艺品

6.5.6　小　结

本节介绍了 4 种特殊的电子制作,这里所用的材料与一般的电子制作并无区别,但这些材料在制作中的作用却大不相同,这里更加看重材料的外形,而对材料的性能并没有要求,因而报废器件对于这些制作也是大有用途的。这些制作可以用于闲暇之余自己消遣,也可以作为礼物馈赠他人。本节介绍的制作仅仅是举例,它更多的是提供一种设计思路,读者可以以此思路根据自己的具体条件和喜好,开动脑筋设计制作出更多、更精美、更有特色的作品。

本节作为全书的最后一节虽然没有实质性的电路,但它更能体现出创意融于电子的魅力,也是对创意电子设计与制作最好的诠释。创意能够使废物变为宝贝,创意能够使普通的东西不再普通,创意也能够使电子设计与制作更精彩,多思考、多动手就一定能够体会到其中无穷的乐趣。

附录 A 配套光盘内容介绍

A.1 编码规则

当自己设计制作的电路达到一定数量后，查找设计文档、资料和程序或寻找电路成品和配件就变得非常困难了，特别是对于设计制作年代比较久远的电路，往往花大量时间去翻箱倒柜却仍可能一无所获，相信很多电子爱好者也有同样的烦恼。为了解决上述问题，作者参考某些企业管理产品或项目的方法，为自己制作的每一件成品(每一块或每一组电路板)指定了一个唯一的编码，这里将之称为项目编码。平时设计制作电路时，将所有相关的文档、资料、程序以及成品、配件都标上项目编码或贴上印有项目编码的标签，按项目编码的顺序分类存放，同时制作好索引或作好记录，这样日后需要时根据索引或记录就能够很快找到。本书中介绍的这十余个制作也均有项目编码，一般标于 PCB 的丝印层或铜箔层。

如图 A.1.1 所示，项目编码由 3 部分组成。其中，第 1 部分固定为 3 个字母“NPD”，表示由 Ningpanda 设计制作；第 2 部分又包含类别代码和类别序号两部分，它主要用于区别不同的制作，类别代码为被编码的制作所属类别的英文单词前 3 个字母，图 A.1.1 所示的范例中“VID”即表示视频(Video)类制作，类别序号为 2 位十六进制数字，表示被编码的制作在这一类别中的次序；第 3 部分为系列序号，主要用于区别同种或同名制作的不同代设计，它也是 2 位十六进制数字，表示被编码的制作在这一系列中的次序。系列序号与常见的版本号类似，但其级别比版本号要略高一些，一般在重大改进或改变之后才会变更系列序号，对于非常简单或将来不打算升级换代的制作也可以将版本号作为系列序号。本书配套光盘中绝大部分电路原理图文件、PCB 布局图文件、源程序文件以及图片文件都以项目编码的第 2 部分为文件名。

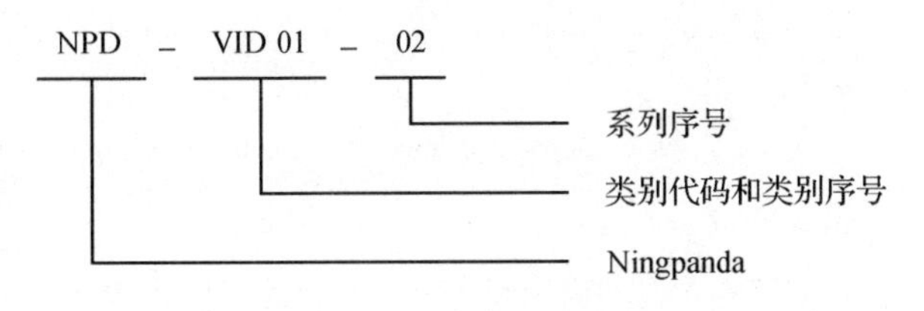

图 A.1.1 项目编码结构

A.2 光盘内容

本书配套光盘包含 3 个文件夹，文件夹名分别为 picture、program 和 sch_pcb。

- picture 该文件夹包含若干个子文件夹，各子文件夹以章节序号为文件夹名，本书各个章节的制作成品、相关部件以及制作过程的照片或图片文件存放于相应的子文件夹。此外，该文件夹还有一个名为 reference 的子文件夹，这个子文件夹内存放有一些作者制作的本书内容之外的电路成品或部件以及制作过程、制作环境的照片或图片文件，虽然这些照片或图片和本书内容无直接关系，但还是应部分读者朋友的要求将之整理后收录于本光盘，读者可以在实际制作时参考或在闲暇时欣赏。
- program 该文件夹包含若干个子文件夹，各子文件夹以章节序号为文件夹名，本书各个章节的软件项目文件、源程序文件以及编译产生的相关文件存放于相应的子文件夹。
- sch_pcb 该文件夹包含若干个子文件夹，各子文件夹以章节序号为文件夹名，本书各个章节的电路原理图文件和 PCB 布局图文件(均为 Protel99 格式)存放于相应的子文件夹。

附录 B

器件资料下载地址

为了方便读者更深入地了解本书介绍的电路、程序以及完成相关的制作，作者搜集整理了本书所提及器件的资料下载地址，读者可以根据需要下载阅读。由于篇幅所限，这里没有将所有器件的资料下载地址一一列出，而仅是列出了电路中的关键器件、专用器件或非常用器件的资料下载地址。

以下各器件按型号字符顺序排列，相应的资料下载地址均已经过测试，直到 2009 年 8 月 20 日仍是正确且有效的，读者下载时若地址已经失效，则请直接登录相应器件制造商的网站下载或通过搜索引擎搜索下载。

- 1N5819

  http://www.onsemi.com/pub_link/Collateral/1N5817-D.PDF
- 1N5822

  http://www.onsemi.com/pub_link/Collateral/1N5820-D.PDF
- 24C02

  http://www.atmel.com/dyn/resources/prod_documents/doc0180.pdf
- 24LC01

  http://ww1.microchip.com/downloads/en/DeviceDoc/21711J.pdf
- ADE7755

  http://www.analog.com/static/imported-files/data_sheets/ADE7755.pdf
- AL250

  http://www.averlogic.com/admin_en/product_en/pic8/540738.pdf
- AMS1117-3.3

  http://www.advanced-monolithic.com/pdf/ds1117.pdf
- AP1501-50

  http://www.diodes.com/datasheets/AP1501.pdf
- AT89C2051-12PI

  http://www.atmel.com/dyn/resources/prod_documents/doc0368.pdf
- AT89C4051-12PU

  http://www.atmel.com/dyn/resources/prod_documents/doc1001.pdf
- BAV99

  http://www.nxp.com/acrobat_download/datasheets/BAV99_SER_5.pdf
- BAW56

  http://www.nxp.com/acrobat_download/datasheets/BAV756S_BAW56_SER_5.pdf
- BCR3KM-14L

  http://documentation.renesas.com/eng/products/transistor/rej03g0330_bcr3km14l.pdf
- D3SB20

  http://www.shindengen.co.jp/product_e/semi/dlfiles.php?id=55&code=01&ln=L1&dmy=a.a

● DB3
http://www.st.com/stonline/products/literature/ds/7488/db3.pdf
● DS12C887
http://datasheets.maxim-ic.com/en/ds/DS12885-DS12C887A.pdf
● EECF5R5U105
http://www.panasonic.com/industrial/components/pdf/ABC0000CE4.pdf
● FAE485-E02
http://www.mitsumi.co.jp/Catalog/pdf/tuneram_fae385_a02_e.pdf
● FI1256 MK2
http://datasheet.digchip.com/000/000-1-FI1256.pdf
● HS0038B
http://www.vishay.com/docs/81732/tsop348.pdf
● HS1101
http://www.humirel.com/product/fichier/HS1101-HS1100.pdf
● HT7550
http://www.holtek.com/pdf/consumer/75xx_1v170.pdf
● ISD1700
http://www.nuvoton.com.tw/NR/rdonlyres/7A6DBE5D-A470-4DA0-B4AC-B618DD4F2BCF/0/ISD1700.pdf
● KTA1298
http://www.keccorp.com/data/databook/pdf/KTA/Eng/KTA1298.pdf
● KTC3265
http://www.keccorp.com/data/databook/pdf/KTC/Eng/KTC3265.pdf
● LA1837
http://www.semiconductor-sanyo.com/ds_e/EN8271.pdf
● LC72131
http://www.semiconductor-sanyo.com/ds_e/ENA0788.pdf
● LM2940CT-5.0
http://www.national.com/ds/LM/LM2940C.pdf
● LM385-1.2
http://www.onsemi.com/pub_link/Collateral/LM285-D.PDF
● LM4871
http://www.national.com/ds/LM/LM4871.pdf
● LMV339
http://www.national.com/ds/LM/LMV331.pdf
● MA2J728
http://www.semicon.panasonic.co.jp/ds4/SKH00014BED_discon.pdf
● MAX232
http://datasheets.maxim-ic.com/en/ds/MAX220-MAX249.pdf
● MAX3232
http://datasheets.maxim-ic.com/en/ds/MAX3222-MAX3241.pdf
● MAX7219
http://datasheets.maxim-ic.com/en/ds/MAX7219-MAX7221.pdf
● MC-306
http://ndap3-net.ebz.epson.co.jp/w/www/PDFS/epdoc_qd.nsf/2668203aa9368a6349256a9c001d58b3/b31e78693346a6f74925707c003ac525/$FILE/MC-306_405_406_E08X.pdf

- MOC3052
  http://www.fairchildsemi.com/ds/MO%2FMOC3052M.pdf
- MUR220
  http://www.onsemi.com/pub_link/Collateral/MUR220-D.PDF
- P89V51RD2
  http://www.nxp.com/acrobat_download/datasheets/P89V51RB2_RC2_RD2_4.pdf
- PIC12F510
  http://ww1.microchip.com/downloads/en/DeviceDoc/41268D.pdf
- PS2501
  http://www.necel.com/opto/en/pdf/PN10225EJ03V0DS.pdf
- PT2221-001
  http://www.princeton.com.tw/downloadprocess/downloadfile.asp? mydownload=PT2221M_PT2222M_s_1.pdf
- PT2257
  http://www.princeton.com.tw/downloadprocess/downloadfile.asp? mydownload=PT2257.pdf
- RHU-223
  http://www.shinyei.co.jp/kik/humidity_e/pdfs/RHURHU-22%20223%20Literature2.pdf
- RS5C372A
  http://www.ricoh.com/LSI/product_rtc/2wire/5c372/5c372a-e.pdf
- RT9261-30PX
  http://www.richtek.com/download_ds.jsp? s=266
- S2VB20
  http://www.shindengen.co.jp/product_e/semi/dlfiles.php? id=116&code=01&ln=L1&dmy=a.a
- SAA7111A
  http://www.nxp.com/acrobat_download/datasheets/SAA7111A_4.pdf
- STC12C2052/ STC12C2052AD/STC12LE2052
  http://www.mcu-memory.com/datasheet/stc/STC-AD-PDF/STC12C2052AD.pdf
- T830-800W
  http://www.st.com/stonline/products/literature/ds/3765.pdf
- TDA1521
  http://www.nxp.com/acrobat_download/datasheets/TDA1521_Q_CNV_2.pdf
- TDA2616
  http://www.nxp.com/acrobat_download/datasheets/TDA2616_Q_CNV_2.pdf
- TDA2822M
  http://www.st.com/stonline/products/literature/ds/1464.pdf
- TLC0832
  http://focus.ti.com/lit/ds/symlink/tlc0832.pdf
- TLC555
  http://focus.ti.com/lit/ds/symlink/tlc555.pdf
- TX2-5V
  http://pewa.panasonic.com/pcsd/product/sign/pdf/mech_eng_tx.pdf
- μPD6121
  http://www.necel.com/nesdis/image/U10114EJ6V0DS00.pdf

后 记

随着本书正文最后一个字符输入计算机，本书的撰写终于到了尾声，此时作者也感觉轻松了许多。本书原计划用 9 个月写成，但实际用了 16 个月，现在回想起写书的近 500 个日日夜夜仍历历在目。

几个月来，不断有读者通过网络询问作者本书何时出版，但作者对本书的内容和结构力求全面完整，对本书的文字和词汇也是再三斟酌，书稿未交就已经修改数次，因而一直无法告知读者本书确切的出版日期，让读者等得“花儿都谢了”。不过花儿谢了才能结果，如今这颗果实已经熟透，虽然不能说是硕果，但至少是颗新鲜、饱满、健康的果实。很多读者也建议作者先交稿，出版后万一书中有瑕疵或纰漏可以通过勘误表来弥补或者在后续版本出版时再修改。然而，作者认为不要做什么都等下次，第 1 次就要尽全力做好，否则永远都做不好，这也是作者的做事风格和理念，况且最早购买本书的读者也是最早支持作者的读者，没有任何理由让这些读者看到的书反而是瑕疵、纰漏最多或最不完美的版本。也正是因为这样，作者更加重视第 1 版，当然时间也用得长了些，在这里作者再次感谢北京航空航天大学出版社的理解和广大读者朋友的支持。

虽然作者已经尽力，但多少还是有一些遗憾。本书最初计划介绍 5 类近 40 个制作实例，但由于时间和篇幅所限，忍痛“砍掉”了很多内容，最终只选择了其中 4 类共 14 个制作实例，被“砍掉”的内容将来有机会再和读者朋友们分享。

写到这里，可以说本书的撰写已经完成，在不久后她就能和读者朋友们见面，如果本书能够对读者有所启发和帮助，能够提高读者电子设计与制作的水平，则作者幸甚。本书是作者写的第 1 本书，因而本书的完成只能算是一个起点，而不是终点，今后作者会继续利用图书这种传统的方式、这个经典的平台和广大读者朋友分享电子设计与制作的方法、经验和乐趣。

刘 宁

2010 年 1 月

于深圳南山

参考文献

[1] SAA7111A Enhanced Video Input Processor(EVIP)Data Sheet. Philips Semiconductors,1998.

[2] AL250/251 Video Scan Doubler Datasheets. Version 1.1. AverLogic Technologies Corporation,2005.

[3] FI1256 MK2 Desktop video tuner(system CCIR D/K)Data Sheet. Philips Components,1996.

[4] LM4871 3W Audio Power Amplifier with Shutdown Mode Datasheet. National Semiconductor Corporation,2003.

[5] PT2257 Electronic Volume Controller IC Data Sheet. Version 1.3. Princeton Technology Corporation,2006.

[6] ISD1700 Series Design Guide. Rev 1. Winbond Electronics Corporation,2007.

[7] LA1837 Single - Chip Home Stereo IC with Electronic Tuning Support Data Sheet. SANYO Electric,1997.

[8] LC72131,72131M AM/FM PLL Frequency Synthesizer Data Sheet. SANYO Electric,1996.

[9] HS1100/HS1101 RELATIVE HUMIDITY SENSOR TECHNICAL DATA. HUMIREL. Inc,2002.

[10] ADE7755 Energy Metering IC with Pulse Output Data Sheet. Rev. 0. Analog Devices,2002.

[11] AN - 559 A Low Cost Watt - Hour Energy Meter Based on the AD7755. Rev. A. Analog Devices,2000.

[12] 刘宁.半导体加速度传感器在电子称重系统中的应用[C]//Freescale 杯第五届嵌入式处理器(MCU/DSP/Analog/Sensor)设计应用大奖赛论文集.北京:《电子产品世界》杂志社,2004.

[13] 4614 SureOne Point - of - Sale Terminal Technical Reference Information Fifth Edition. IBM Corporation,1999.

[14] DS12885/DS12887/DS12887A/DS12C887/DS12C887A Real - Time Clock Data Sheet. Rev. 2. Maxim Integrated Products,2006.

[15] RHU - 223 series PRODUCT REFERENCE. SHINYEI KAISHA,2000.

[16] LM2596 SIMPLE SWITCHER Power Converter 150kHz 3A Step - Down Voltage Regulator Datasheet. National Semiconductor Corporation,2002.

[17] MOC3051M,MOC3052M 6 - Pin DIP Random - Phase Optoisolators Triac Drivers Datasheet. Rev. 1.0.3. Fairchild Semiconductor Corporation,2009.

[18] AN - 3004 Applications of Zero Voltage Crossing Optically Isolated Triac Drivers. Rev. 4.00. Fairchild Semiconductor Corporation,2002.